普通高等教育"十一五"国家级规划教材

物理光学与应用光学

（第四版）

石顺祥　王学恩　马　琳　编著

西安电子科技大学出版社

内 容 简 介

　　本书是在 2000 年出版的高等学校电子信息类规划教材《物理光学与应用光学》、2008 年出版的普通高等教育"十一五"国家级规划教材《物理光学与应用光学(第二版)》、2014 年出版的《物理光学与应用光学(第三版)》的基础上修订而成的。

　　本书以光的电磁理论为理论基础,以物理光学和应用光学为主体内容。第 1 章到第 4 章讨论了光在各向同性介质、各向异性介质中的传播规律,以及光的干涉、衍射、偏振特性,介绍了傅里叶光学、近场光学和二元光学的基础;第 5 章讨论了影响和控制光波传播特性的感应双折射效应;第 6 章介绍了光的吸收、色散和散射特性;第 7 章到第 10 章讲述了几何光学基础知识,讨论了光路计算、光在光学系统、光学仪器中的传播和成像特性、光学系统像差基础。

　　本书可作为光电子技术、电子科学与技术、光学工程、光信息科学与技术等电子、光电子信息类专业本科生的专业基础课教材,也可作为有关专业师生和科技人员的参考书。

图书在版编目(CIP)数据

物理光学与应用光学/石顺祥,王学恩,马琳编著. —4 版.
—西安:西安电子科技大学出版社,2021.9(2024.11 重印)
ISBN 978 - 7 - 5606 - 6203 - 9

Ⅰ. 物… Ⅱ. ① 石… ② 王… ③马… Ⅲ. ① 物理光学—高等学校—教材
② 应用光学—高等学校—教材 Ⅳ. ① O436 ② O439

中国版本图书馆 CIP 数据核字(2021)第 185652 号

责任编辑　宁晓蓉
出版发行　西安电子科技大学出版社(西安市太白南路 2 号)
电　　话　(029)88202421　88201467　　　邮　编　710071
网　　址　www.xduph.com　　　　　　　电子邮箱　xdupfxb001@163.com
经　　销　新华书店
印刷单位　陕西天意印务有限责任公司
版　　次　2021 年 9 月第 4 版　2024 年 11 月第 4 次印刷
开　　本　787 毫米×1092 毫米　1/16　印张 32
字　　数　757 千字
定　　价　76.00 元
ISBN 978 - 7 - 5606 - 6203 - 9

XDUP 6505004 - 4

前　言

　　《物理光学与应用光学》一书于 2000 年由西安电子科技大学出版社出版；2008 年、2014 年分别出版第二版、第三版，受到了同行的好评和厚爱，已被国内许多高校选作本科生教材或参考书。为适应我国相关学科专业的发展和需求，根据教学改革中本科生应掌握的知识结构定位和教学大纲要求，作者重新编写了《物理光学与应用光学》第四版。

　　本书以光的电磁理论为理论基础，以物理光学和应用光学为主体内容。物理光学部分为第 1～6 章，主要研究光的波动属性、光的传播规律和光与物质相互作用的基本特性。第 1 章到第 4 章讨论了光在各向同性介质、各向异性介质中的传播规律，以及光的干涉、衍射、偏振特性，突出了光的相干特性，介绍了傅里叶光学、近场光学和二元光学的基础；第 5 章讨论了影响和控制光波传播特性的感应双折射效应；第 6 章介绍了光的吸收、色散和散射特性。应用光学部分为第 7～10 章，主要研究光在几何光学元件、光学系统中的传播和成像。因通常的几何光学元件结构尺寸远大于光波长，其电磁理论结论与历史上基于实验定律建立的几何光学得到的结论相同，而几何光学处理方法简单明了，故本书采用几何光学方法讨论。第 7 章讲述了几何光学的基础知识；第 8 章到第 10 章讨论了光路计算、光在光学系统、光学仪器中的传播规律和成像特性、光学系统像差基础。

　　《物理光学与应用光学》第四版是在前三版内容的基础上编写而成的，根据新教学大纲的要求，主要对应用光学部分进行了增删修订，加强了对像差基础、光学系统设计软件的介绍。

　　本书在编写、修订过程中，得到了西安电子科技大学激光、红外教研室老师们的热情帮助，在此谨向他们表示诚挚的感谢。

　　由于作者水平有限，书中难免存在一些不足之处，殷切期望广大读者批评指正。

作　者

2021 年 7 月

于西安电子科技大学

第 三 版 前 言

《物理光学与应用光学》第一版于 2000 年作为高等学校电子信息类规划教材、第二版于 2008 年作为普通高等教育"十一五"国家级规划教材出版以来,受到国内同行的好评和厚爱,已被许多高校选作为本科生教材或参考书。为适应光学特别是光电子学、光电子技术的发展,根据相关专业本科生的知识结构定位和教学大纲要求,经过修改、充实内容,作者重新编写了《物理光学与应用光学》第三版。

众所周知,基础光学是由物理光学和几何光学两大部分组成的。物理光学主要研究光的基本属性、光的传播规律和光与物质相互作用的基本特性,其内涵包含波动光学和量子光学,分别讨论光的波动性和光的量子性。目前在国内多数工科高等学校的本科生教学中,为适应光电子学和光电子技术的发展需求,物理光学主要讲授波动光学内容,故也称为波动光学。几何光学主要研究光在常规光学元件中的传播规律,它实际上可以认为是波动光学在忽略光的波动效应,即视光的波长趋于零时的特殊情况,并由此引入光线的概念,研究光的直线传播特性,而通常将利用光的直线传播理论研究光在光学仪器中的传播和成像特性的内容称为应用光学。

本书是为工科高等学校光电子技术、电子科学与技术、光学工程、光信息科学与技术等专业本科生的专业基础课程"物理光学与应用光学"(或"光学""物理光学""应用光学")编写的教材,教学时数约为 80～90 学时,其先导课程是"普通物理(电磁学)""电磁场理论"。本书基于光学科学是研究光与物质相互作用的基本观点,根据本科生光学教学定位于经典和半经典理论体系,以光的电磁理论为理论基础,以物理光学和应用光学为主体内容。其中,物理光学部分基于光的电磁理论着重讲授光波在各向同性介质、各向异性介质中的传播规律,光波的干涉、衍射、偏振、感应双折射特性,光的吸收、色散、散射现象;应用光学部分着重讲授几何光学基础知识和光在光学仪器中的传播、成像特性。在编写安排上,本书强调了光的电磁本性,将应用光学内容视为波动光学在光波长趋于零时的特殊情况。在编写内容上,本书既注意保持光学学科的理论完整性,又突出了它在光电子技术中的特色:考虑到激光技术的发展、光在实际应用中的要求,加强了有关光的相干性的内容;考虑到光电子技术的应用,加强了光波传播特性控制的感应双折射效应及应用的内容;考虑到目前光学学科的发展和在光电子技术中的应用,结合相关章节内容,有机地介绍了傅里叶光学、近场光学、二元光学等新分支学科基础知识;考虑到知识更新,增加了左手材料和负折射现象、单轴晶体的负折射和负反射、数字全息等内容;为适应目前光学系统设计的实际需求,加强了光学系统设计软件应用的基础知识内容。本书在编写中,特别注意全书的系统性、逻辑性和严谨性,概念阐述准确、清晰,遇到与先导课程内容重复时,本书只引用其主要结论,给出必要的说明,以方便阅读和保持整体内容的连续性。为便于学生自学,每一章都选编了适量的例题和习题,并在书末给出了绝大部分习题的参考答案。

石顺祥编写本书第 1、2、4、5、6 章和第 3 章部分内容,王学恩编写第 7、8、9、10 章,马琳编写第 3 章大部分内容。全书由石顺祥统稿。

本书在编写过程中，得到了西安电子科技大学激光、红外教研室老师们的热情帮助，在此谨向他们表示诚挚的感谢。

由于作者水平有限，书中难免存在一些不足之处，殷切期望广大读者批评指正。

作　者

2014 年 2 月

于西安电子科技大学

第 二 版 前 言

本书系在 2000 年出版的高等学校电子信息类规划教材之一的《物理光学与应用光学》（石顺祥、张海兴、刘劲松编著）的基础上，根据普通高等教育"十一五"国家级规划教材的要求，重新编写的。

本书是为光电子技术、电子科学与技术、光信息科学与技术以及光学工程等专业本科生的专业基础课"物理光学与应用光学"（或"物理光学""应用光学"）编写的教材，教学时数为 80 学时。根据普通高等教育"十一五"国家级规划教材《物理光学与应用光学》编写大纲，本书以光的电磁理论为理论基础，以物理光学与应用光学为主体内容，着重讲授光在各向同性介质、各向异性介质中的传播规律，光的干涉、衍射、偏振特性，光的吸收、色散、散射现象，以及应用光学基础知识和光在光学仪器中的传播、成像特性。在编写内容上，既注意保持光学学科的理论完整性，又突出了它在光电子技术中的特色。考虑到光电子技术的发展、光电子技术实际应用中的要求，加强了有关光的相干性的内容，特别注意了光的电磁理论在光电子技术中的应用，并尽量反映光学学科的最新科技研究成果，介绍了傅里叶光学、近场光学、二元光学及与激光技术相关的基础知识。对于应用光学内容，本书是将其视为波动光学在不计光的波动效应，即认为光波长 $\lambda \to 0$ 时的特殊情况。考虑到目前光学设计的实际应用，增加了光学设计软件应用的基础知识内容。由于"物理光学与应用光学"课程是在"普通物理"和"电磁场理论"课程的基础上开设的，因而在遇到一些重复内容时，本书只引用其主要结论，给出必要的说明，以方便阅读和保持整体内容的连续性。本书在内容选取和编写上，特别注意适合于学生自学的需求，每一章都选编了例题和习题，并在最后给出了部分习题参考答案。

本书由石顺祥编写第 1、2、4、5、6 章和第 3 章部分内容，王学恩编写第 7、8、9、10章，刘劲松编写第 3 章大部分内容，并由石顺祥统编全书。

本书在编写过程中，得到了西安电子科技大学激光教研室和红外教研室老师们的热情帮助，在此谨向他们表示诚挚的感谢。

由于编者水平有限，书中难免存在一些不足之处，殷切期望广大读者批评指正。

编　者
2008 年 1 月
于西安电子科技大学

第 一 版 前 言

本书系按(原)电子工业部制定的 1996~2000 年全国电子信息类专业教材编审出版规划,由全国高校光电子技术专业教学指导委员会评审、确定出版的中标规划教材。责任编委是西安电子科技大学安毓英教授,天津大学李昱教授担任主审。

本书是为光电子技术专业、电子科学与技术专业及光学工程专业等本科生的专业基础课"物理光学与应用光学"编写的教材,教学时数 72 学时。根据全国高校光电子技术专业教学指导委员会确定的编写大纲,本书以光的电磁理论为理论基础,以物理光学与应用光学为主体内容,着重讲授光在各向同性介质、各向异性介质中的传播规律,光的干涉、衍射、偏振特性,光的吸收、色散、散射现象,以及几何光学基础知识和光在光学仪器中的传播和成像特性。在编写内容上,既注意保持光学学科的理论完整性,又突出了它在光电子技术中的特色。考虑到激光技术的发展,光在实际应用中的要求,加深了有关光的相干性的内容,特别注意了光学原理在光电子技术中的应用,并尽量反映最新科技成果,介绍了傅里叶光学、近场光学、微光学及与激光技术相关的基础知识。由于"物理光学与应用光学"课程是在"普通物理"和"电磁场理论"基础上开设的,所以在遇到一些重复内容时,本书只引用其主要结论,给出必要的说明,以方便阅读和保持整体内容的连续性。本书在内容选取和编写上,特别注意适合于学生自学的需求,每一章都选编了例题和习题,并在最后给出了部分习题参考答案。

本书由石顺祥编写第 1、2、4、5、6 章和第 3 章部分内容,张海兴编写第 7、8、9 章,刘劲松编写第 3 章,并由石顺祥统编全稿。在编写过程中,得到了全国高校光电子技术专业教学指导委员会的关心和指导,也得到了西安电子科技大学激光教研室老师的热情帮助,责任编委安毓英教授和主审李昱教授为书稿提出了许多宝贵的意见,在此谨向他们表示诚挚的感谢。

由于编者水平有限,书中难免存在一些缺点和错误,殷切期望广大读者批评指正。

编 者
1999 年 9 月

本书符号特别说明

1. 按照国家标准，本书矢量用单字母表示时，采用了黑体斜体，如 $\boldsymbol{a}$、$\boldsymbol{M}$。在实际教学应用中，由于用手书写矢量时难以表现黑体，故可以方便地采用顶上带有箭线的白体斜体字母表示矢量，如 $\vec{a}$、$\vec{M}$。

2. 按照国家标准，张量也应采用黑体斜体字母表示，但本书为了与矢量区别，张量采用了黑体正体字母表示，如 $\mathbf{T}$、$\boldsymbol{\varepsilon}$。

相应地，在实际教学应用中，手写二阶张量时，可以采用顶上带有两条箭线的白体斜体字母如 $\overset{\rightrightarrows}{T}$、$\overset{\rightrightarrows}{\varepsilon}$ 或者采用 $\overset{\frown}{T}$、$\overset{\frown}{\varepsilon}$ 表示；手写三阶张量时，可以采用顶上带有三条箭线的白体斜体字母如 $\overset{\Rrightarrow}{T}$、$\overset{\Rrightarrow}{\varepsilon}$ 表示，在不产生误解的情况下，也可以采用顶上带有两条箭线的白体斜体字母 $\overset{\rightrightarrows}{T}$、$\overset{\rightrightarrows}{\varepsilon}$ 表示，或者采用 $\overset{\frown}{T}$、$\overset{\frown}{\varepsilon}$ 表示；以此类推。

目　　录

绪　　论

我们生活在一个充满着光明的世界里，光是我们最熟悉的现象之一。没有光，就没有光合作用，就没有生命，也就没有人类。那么，光是什么？光的本性是什么？这个问题很早就引起了人们的关注，人们对光进行了各种各样的广泛研究，并且为此争论了若干个世纪。可以说，人们对于光的本性的认识过程，是认识论的最好印证。为此，在这里沿着光学历史发展的足迹，简单地回顾人们对于光的本性认识发展过程中的几个主要里程碑。

众所周知，早在我国春秋战国时期的墨翟及其弟子所著的《墨经》中，就已经记载了光的直线传播特性以及光在镜面上的反射现象。比《墨经》晚一百多年，在古希腊数学家欧几里德(Euclid)所著的《光学》中，也研究了平面镜成像问题。经过漫长的光学发展时期，到了 17 世纪下半叶，对光的认识有两派针锋相对的观点：一派是以牛顿(Newton)为首的微粒说，另一派是以惠更斯(Huygens)为首的波动说。微粒说认为，光是由光源飞出来的微粒流。这种观点可以解释光的直线传播特性，光的反射定律和折射定律，并预言光在密度较大的介质中的传播速度大于光在密度较小的介质中的传播速度；波动说则认为，光是类似于水波、声波在"以太"中传播的弹性波。这种观点成功地解释了光的反射定律、折射定律，以及光在方解石中产生的双折射现象，并且认为光在密度较大的介质中的传播速度小于光在密度较小的介质中的传播速度。对于这两种截然不同的观点，由于受到当时生产水平所限，尚不能证明哪个观点正确，特别是，由于那时候牛顿已经是威望很高的权威科学家，因而从 17 世纪到整个 18 世纪，微粒说占了主导地位。

到了 19 世纪，人们进行了几个重要的实验：杨氏(Young)干涉实验，光的衍射实验，测量光在水中传播速度的实验，并得到了光在水中的传播速度小于光在空气中传播速度的结论。这些实验结果动摇了牛顿微粒说的基础，人们记起了惠更斯的波动说，菲涅耳(Fresner)等许多科学家对波动理论进行了研究，并在其后的数十年发展了"弹性以太"理论。但是，这种"弹性以太"理论也不能说明光的本性。19 世纪中叶，麦克斯韦(Maxwell)在前人研究的基础上，建立了电磁理论，预言了电磁波的存在，特别是指出光也是一种电磁波。19 世纪 80 年代，赫兹(Hertz)用实验证实了电磁波的存在，并测定了电磁波的速度恰好等于光的速度。尽管这时关于"以太"的问题尚未解决，但麦克斯韦理论已为光波特性的研究奠定了理论基础。后来，迈克尔逊(Michelson)实验否定了"以太"的存在，也就否定了弹性波性质的波动说，更加确立了光的电磁波理论学说。

随着科学技术的发展，特别是黑体辐射能量按波长分布的规律和光电效应的发现，光的微粒说向波动说提出了新的挑战。于是，光的波动说与微粒说又在一个新的层次上展开了争论。

20 世纪初，由于爱因斯坦(Einstein)量子理论的提出和发展，人们对光的认识更加深化。由光的干涉、衍射和偏振等现象所证实的光的波动性，以及由黑体辐射、光电效应及康普顿(Compton)效应所证实的光的量子性——粒子性，都客观地反映了光的特性，光实际上具有波粒二重性。这两种看起来完全不同的属性的统一，实际上是一切微观粒子的共同特性，这个观点使人们对光的本性有了更深刻的认识。正是在这个理论的推动下，20世纪60年代激光问世，一度沉寂的光学又焕发了青春，开始了一个新的发展时期，出现并发展了许多新兴光学学科，例如全息光学、傅里叶光学、薄膜光学、集成光学、纤维光学、非线性光学、统计光学，以及近场光学和衍射光学，等等。应当指出的是，人们对光的本性的认识还远远没有完结，对光的本性、传播规律及光与物质相互作用的研究，仍然是一个不断探索、不断深化的研究课题。

光学是人们研究光的本性，光的产生、传播、接收和应用的科学。从光与物质相互作用的基本观点出发，根据所研究的问题、现象和条件的不同，光学有三种基本理论研究体系：经典理论体系、半经典理论体系和全量子理论体系。在经典理论体系中，认为光是经典电磁波场，利用麦克斯韦电磁理论(电磁光学)描述；介质由经典粒子组成，利用经典(牛顿)力学描述。在半经典理论体系中，光仍被认为是经典电磁波场，利用麦克斯韦电磁理论(电磁光学)描述；介质则由具有量子性的粒子组成，利用量子力学描述。在全量子理论体系中，认为光是量子化的光场，利用量子光学描述；介质由具有量子性的粒子组成，利用量子力学描述。从目前光学的实际应用看，利用经典理论、半经典理论体系已经能够处理所遇到的大部分光学问题。因此，利用光的电磁理论可以较好地处理目前光电子学和光电子技术应用中的大部分光传播与控制问题。

在光学学科中，通常认为基础光学由物理光学和几何光学组成。物理光学研究的是光的基本属性、光的传播规律和光与物质的相互作用。物理光学的内涵有波动光学和量子光学两部分内容，前者主要研究光的波动性，后者主要研究光的量子性。目前在国内大多数工科高等学校的本科生教学中，物理光学主要讲授波动光学内容，故也称为波动光学，并以光的电磁理论为理论基础，根据麦克斯韦基本方程，研究光在各种介质(线性、非线性，无限大、有限空间，均匀、非均匀，各向同性、各向异性)中的传播规律及光波传播的控制。几何光学主要研究的是光在几何光学元件、光学系统中的传播规律。从历史上看，几何光学理论是建立在许多实验定律基础之上的，但因这些基本实验定律均可由光的电磁理论严格地推导出来，故几何光学理论可以看作是光的电磁理论在短波长($\lambda \rightarrow 0$)下的近似，在这种情况下，引入光线的概念描述光在几何光学元件、光学系统中的传播和成像，处理方法简单明了，对于大多数光学工程应用都可以得到较满意的近似结果。通常，将利用光的直线传播理论，研究光在光学系统、光学仪器中的传播和成像特性的内容称做应用光学。

根据工科高等学校与光电子学、光电子技术相关专业的本科生教学大纲要求和知识结构定位，本书以光的电磁理论为理论基础，以物理光学和应用光学为主体内容，主要讲授光波在各向同性介质、各向异性介质中的传播规律，光波的干涉、衍射、偏振、感应双折射特性，光的吸收、色散、散射现象，几何光学基础知识和光在光学系统、光学仪器中的传播、成像特性，光学系统像差基础。

第 1 章　光在各向同性介质中的传播特性

19 世纪 60 年代，麦克斯韦建立了经典电磁理论，并把光学现象和电磁现象联系起来，指出光也是一种电磁波，从而产生了光的电磁理论。光的电磁理论是描述光波动现象的基本经典理论。

本章基于光的电磁理论，简单地综述光波的基本特性，着重讨论光在各向同性介质中的传播特性，光在介质界面上的反射和折射特性。这些内容是全书讨论的基础。

1.1　光　波　的　特　性

1.1.1　光电磁波及麦克斯韦电磁方程

1. 电磁波谱

自从 19 世纪人们证实了光是一种电磁波后，又经过大量的实验，进一步证实了 X 射线、γ 射线也都是电磁波，它们的电磁特性相同，只是频率（或波长）不同而已。按电磁波的频率（或波长）次序排列成谱，称为电磁波谱，如图 1-1 所示，其中太赫兹波（0.1 THz～10 THz）是近年来兴起的一个研究热点。通常所说的光学频谱（或光波频谱）包括红外线、可见光和紫外线。由于光的频率极高（10^{12} Hz～10^{16} Hz），数值极大，使用起来很不方便，因而更常采用波长表征，光谱区域的波长范围约从 1 mm 到 10 nm。习惯上，人们又将红外线、可见光和紫外线细分如下：

红外线（1 mm～0.78 μm）
- 远红外　1 mm～30 μm
- 中红外　30 μm～1.4 μm
- 近红外　1.4 μm～780 nm

可见光（780 nm～380 nm）
- 红　色　780 nm～620 nm
- 橙　色　620 nm～600 nm
- 黄　色　600 nm～580 nm
- 绿　色　580 nm～490 nm
- 蓝　色　490 nm～450 nm
- 紫　色　450 nm～380 nm

紫外线（380 nm～10 nm）
- 近紫外　380 nm～315 nm
- 远紫外　315 nm～280 nm
- 极远（真空）紫外　280 nm～10 nm

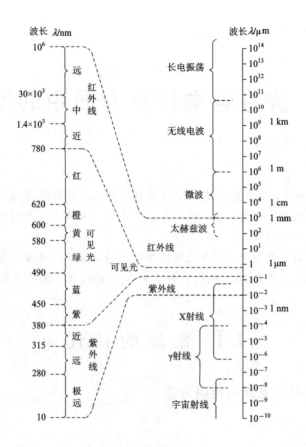

图 1-1 电磁波谱

2. 麦克斯韦电磁方程

根据光的电磁理论,光波具有电磁波的所有性质,并且可以从电磁场满足的基本方程——麦克斯韦方程组推导出来。从麦克斯韦方程组出发,结合具体的边界条件及初始条件,可以定量地研究光的各种传播特性。麦克斯韦方程组的微分形式为

$$\nabla \cdot \boldsymbol{D} = \rho \tag{1.1-1}$$

$$\nabla \cdot \boldsymbol{B} = 0 \tag{1.1-2}$$

$$\nabla \times \boldsymbol{E} = -\frac{\partial \boldsymbol{B}}{\partial t} \tag{1.1-3}$$

$$\nabla \times \boldsymbol{H} = \boldsymbol{J} + \frac{\partial \boldsymbol{D}}{\partial t} \tag{1.1-4}$$

式中,$\boldsymbol{D}$、$\boldsymbol{E}$、$\boldsymbol{B}$、$\boldsymbol{H}$ 分别表示电感应强度(电位移矢量)、电场强度、磁感应强度、磁场强度;ρ 是自由电荷体密度;$\boldsymbol{J}$ 是传导电流密度。这种微分形式的方程组将任意时刻、空间任一点上的电、磁场的时空关系与同一时空点的场源联系在一起。

3. 物质方程

光波在各种介质中的传播过程实际上就是光与介质相互作用的过程。因此,在运用麦克斯韦方程组处理光的传播特性时,必须考虑介质的属性,以及介质对电磁场量的影响。描述介质特性对电磁场量影响的方程,即是物质方程:

$$D = \varepsilon E \tag{1.1-5}$$

$$B = \mu H \tag{1.1-6}$$

$$J = \sigma E \tag{1.1-7}$$

式中，$\varepsilon = \varepsilon_0 \varepsilon_r$，为介电常数，描述介质的电学性质，$\varepsilon_0$ 是真空中介电常数，ε_r 是相对介电常数；$\mu = \mu_0 \mu_r$，为介质磁导率，描述介质的磁学性质，μ_0 是真空中磁导率，μ_r 是相对磁导率；σ 为电导率，描述介质的导电特性。

应当指出的是，在一般情况下，介质的光学特性具有不均匀性，ε、μ 和 σ 应是空间位置的坐标函数，即应当表示成 $\varepsilon(x, y, z)$、$\mu(x, y, z)$ 和 $\sigma(x, y, z)$；若介质的光学特性是各向异性的，则 ε、μ 和 σ 应当是张量 $\boldsymbol{\varepsilon}$、$\boldsymbol{\mu}$ 和 $\boldsymbol{\sigma}$，因而物质方程应为如下形式：

$$D = \boldsymbol{\varepsilon} \cdot E \tag{1.1-8}$$

$$B = \boldsymbol{\mu} \cdot H \tag{1.1-9}$$

$$J = \boldsymbol{\sigma} \cdot E \tag{1.1-10}$$

即 D 与 E、B 与 H、J 与 E 一般不再同向；当光强度很强时，光与介质的相互作用过程会表现出非线性光学特性，因而描述介质光学特性的量不再是常数，而应是与光场强 E 有关系的量，例如介电常数应为 $\boldsymbol{\varepsilon}(E)$、电导率应为 $\boldsymbol{\sigma}(E)$。对于均匀的各向同性介质，ε、μ 和 σ 是与空间位置和方向无关的常数；在线性光学范畴内，ε、σ 与光场强无关；在透明、无耗介质中，$\sigma = 0$；非铁磁性材料的 μ_r 可视为 1。

本书主要讨论光在无限大、均匀、各向同性和各向异性介质中的传播特性，对于光在有限空间、非均匀介质中的传播和非线性光学等内容，将在其它教科书中讨论。

4. 波动方程

麦克斯韦方程组描述了电磁现象的变化规律，指出任何随时间变化的电场，将在周围空间产生变化的磁场，任何随时间变化的磁场，将在周围空间产生变化的电场，变化的电场和磁场之间相互联系，相互激发，并且以一定速度向周围空间传播。因此，交变电磁场就是在空间以一定速度由近及远传播的电磁波，应当满足电磁波动方程。

下面，我们从麦克斯韦方程组出发，推导出电磁波动方程，并且限定所讨论的区域远离辐射源，不存在自由电荷和传导电流，介质为各向同性的均匀介质。此时，麦克斯韦方程组可简化为

$$\nabla \cdot D = 0 \tag{1.1-11}$$

$$\nabla \cdot B = 0 \tag{1.1-12}$$

$$\nabla \times E = -\frac{\partial B}{\partial t} \tag{1.1-13}$$

$$\nabla \times H = \frac{\partial D}{\partial t} \tag{1.1-14}$$

对 (1.1-13) 式两边取旋度，并将 (1.1-14) 式代入，可得

$$\nabla \times (\nabla \times E) = -\mu \varepsilon \frac{\partial^2 E}{\partial t^2}$$

利用矢量微分恒等式

$$\nabla \times (\nabla \times A) = \nabla(\nabla \cdot A) - \nabla^2 A$$

并考虑到 (1.1-11) 式，可得

$$\nabla^2 \boldsymbol{E} - \mu\varepsilon \frac{\partial^2 \boldsymbol{E}}{\partial t^2} = 0 \qquad\qquad (1.1-15a)$$

同理可得

$$\nabla^2 \boldsymbol{H} - \mu\varepsilon \frac{\partial^2 \boldsymbol{H}}{\partial t^2} = 0 \qquad\qquad (1.1-15b)$$

若令

$$v = \frac{1}{\sqrt{\mu\varepsilon}} \qquad\qquad (1.1-16)$$

可将以上两式变化为

$$\left.\begin{array}{l} \nabla^2 \boldsymbol{E} - \dfrac{1}{v^2} \dfrac{\partial^2 \boldsymbol{E}}{\partial t^2} = 0 \\[2mm] \nabla^2 \boldsymbol{H} - \dfrac{1}{v^2} \dfrac{\partial^2 \boldsymbol{H}}{\partial t^2} = 0 \end{array}\right\} \qquad (1.1-17)$$

这个方程组就是交变电磁场所满足的波动方程，它说明了交变电磁场是以速度 v 在介质中传播的电磁波动，并由此可以得到电磁波在真空中的传播速度 c：

$$c = \frac{1}{\sqrt{\mu_0 \varepsilon_0}}$$

根据光的电磁理论，方程(1.1-17)也即是光波电磁场满足的波动方程，c 即是光波在真空中的传播速度。1983 年第十七届国际计量大会决定，真空中光速的定义值为

$$c = 2.997\,924\,58 \times 10^8 \text{ m/s}$$

为描述光波在介质中传播的快慢，引入表征介质光学性质的一个很重要的参量——折射率 n：

$$n = \frac{c}{v} = \sqrt{\mu_r \varepsilon_r} \qquad\qquad (1.1-18)$$

除铁磁性介质外，大多数介质的磁性都很弱，可以认为 $\mu_r \approx 1$。因此，折射率可表示为

$$n = \sqrt{\varepsilon_r} \qquad\qquad (1.1-19)$$

此式称为麦克斯韦关系。对于一般介质，ε_r 或 n 都是频率的函数，具体的函数关系取决于介质的特性。

5. 光电磁场的能量和能流密度

光的电磁理论指出，光电磁场是一种特殊形式的物质，既然是物质，就必然有能量，其电磁场能量密度为

$$w = \frac{1}{2}(\boldsymbol{E} \cdot \boldsymbol{D} + \boldsymbol{H} \cdot \boldsymbol{B}) \qquad\qquad (1.1-20)$$

而光电磁场又是一种电磁波，它所具有的能量将以速度 v 向外传播。为了描述光电磁能量的传播，引入能流密度——坡印廷(Poynting)矢量 $\boldsymbol{S}$，它定义为

$$\boldsymbol{S} \stackrel{\mathrm{d}}{=} \boldsymbol{E} \times \boldsymbol{H} \qquad\qquad (1.1-21)$$

表示单位时间内，通过垂直于传播方向上的单位面积的能量。

对于一种沿 z 方向传播的平面光波，光场表示式为

$$\left.\begin{array}{l} \boldsymbol{E} = \boldsymbol{e}_x E_0 \cos(\omega t - kz) \\[2mm] \boldsymbol{H} = \boldsymbol{h}_y H_0 \cos(\omega t - kz) \end{array}\right\} \qquad (1.1-22)$$

式中，e_x、h_y 是光电场、光磁场振动方向上的单位矢量，E_0、H_0 是光电场、光磁场振幅，ω 是光波的圆频率，k 是平面光波沿 z 方向波矢量(或传播矢量)k 的大小，或称为波数。平面光波的能流密度 S 为

$$S = s_z E_0 H_0 \cos^2(\omega t - kz) \tag{1.1-23}$$

式中，s_z 是能流密度方向上的单位矢量。因为由(1.1-13)式关系，平面光波场有 $\sqrt{\varepsilon}E_0 = \sqrt{\mu}H_0$，所以 S 可写为

$$S = s_z \frac{n}{\mu_0 c} E_0^2 \cos^2(\omega t - kz) \tag{1.1-24}$$

该式表明，这个平面光波的能量沿 z 方向以波动形式传播。由于光的频率很高，例如可见光为 10^{14} 量级，因而 S 的大小 S 随时间的变化很快。而相比较而言，目前光探测器的响应时间都较慢，例如响应最快的光电二极管仅为 10^{-8} s～10^{-10} s，远远跟不上光能量的瞬时变化，只能给出 S 的平均值。所以，在实际应用中都利用能流密度的时间平均值$\langle S \rangle$表征光电磁场的能量传播，并称$\langle S \rangle$为光强，以 I 表示。假设光探测器的响应时间为 T，则

$$\langle S \rangle = \frac{1}{T} \int_0^T S \, \mathrm{d}t$$

将(1.1-24)式代入，并进行积分，可得

$$I = \langle S \rangle = \frac{1}{2} \frac{n}{\mu_0 c} E_0^2 = \frac{1}{2} \sqrt{\frac{\varepsilon}{\mu_0}} E_0^2 = \alpha E_0^2 \tag{1.1-25}$$

式中，$\alpha = \dfrac{n}{2\mu_0 c} = \dfrac{\sqrt{\varepsilon/\mu_0}}{2}$，是比例系数。由此可见，在同一种介质中，光强与电场强度振幅的平方成正比。一旦通过测量知道了光强，便可计算出光波电场的振幅 E_0。例如，一束 1×10^5 W 的激光，用透镜聚焦到 1×10^{-10} m^2 的面积上，则在透镜焦平面上的光强度约为

$$I = \frac{10^5}{10^{-10}} = 10^{15} \text{ W/m}^2$$

相应的光电场强度振幅为

$$E_0 = \left(\frac{2\mu_0 cI}{n}\right)^{1/2} = 0.87 \times 10^9 \text{ V/m}$$

这样强的电场能够产生极高的温度，足以将目标烧毁。

应当指出，在有些应用场合，由于只考虑某一种介质中的光强，只关心光强的相对值，因而往往省略比例系数，把光强写成

$$I = \langle E^2 \rangle = E_0^2$$

如果考虑的是不同介质中的光强，比例系数不能省略。

1.1.2　几种特殊形式的光波

上面得到的光电场 E 和光磁场 H 所满足的波动方程(1.1-17)，可以表示为如下的一般形式：

$$\nabla^2 f - \frac{1}{v^2} \frac{\partial^2 f}{\partial t^2} = 0 \tag{1.1-26}$$

这是一个二阶偏微分方程，根据其光场解形式的不同，光波可分类为平面光波、球面光波、

柱面光波或高斯光束。

1. 平面光波

首先说明，光波中包含有电场矢量 E 和磁场矢量 H，从波的传播特性来看，它们处于同样的地位，但是从光与介质的相互作用来看，其作用不同。在通常应用的情况下，磁场的作用远比电场弱，甚至不起作用。例如，实验证明，使照相底片感光的是电场，不是磁场；对人眼视网膜起作用的也是电场，不是磁场。因此，通常把光波中的电场矢量 E 称为光矢量，把电场 E 的振动称为光振动，在讨论光的波动特性时，只考虑电场矢量 E 即可。

1) 波动方程的平面光波解

在直角坐标系中，拉普拉斯算符的表示式为

$$\nabla^2 = \frac{\partial^2}{\partial x^2} + \frac{\partial^2}{\partial y^2} + \frac{\partial^2}{\partial z^2}$$

为简单起见，假设 f 不含 x、y 变量，则波动方程为

$$\frac{\partial^2 f}{\partial z^2} - \frac{1}{v^2} \frac{\partial^2 f}{\partial t^2} = 0 \tag{1.1-27}$$

为了求解该波动方程，先将其改写为

$$\left(\frac{\partial}{\partial z} - \frac{1}{v} \frac{\partial}{\partial t} \right)\left(\frac{\partial}{\partial z} + \frac{1}{v} \frac{\partial}{\partial t} \right) f = 0$$

令 $p = z - vt$，$q = z + vt$，可以证明

$$\frac{\partial}{\partial p} = \frac{1}{2}\left(\frac{\partial}{\partial z} - \frac{1}{v} \frac{\partial}{\partial t} \right)$$

$$\frac{\partial}{\partial q} = \frac{1}{2}\left(\frac{\partial}{\partial z} + \frac{1}{v} \frac{\partial}{\partial t} \right)$$

因而，上面的方程变为

$$\frac{\partial^2 f}{\partial p \partial q} = 0$$

求解该方程，f 可表示为

$$f = f_1(p) + f_2(q) = f_1(z - vt) + f_2(z + vt) \tag{1.1-28}$$

对于式中的 $f_1(z - vt)$，凡 $(z - vt)$ 为常数的点都处于相同的振动状态。如图 $1-2(a)$ 所示，$t = 0$ 时的波形为 I，$t = t_1$ 时的波形 II 相对于波形 I 平移了 vt_1，…，由此可见，$f_1(z - vt)$ 表示的是沿 z 方向以速度 v 传播的波。类似分析可知，$f_2(z + vt)$ 表示的是沿 $-z$ 方向以速度 v 传播的波。将某一时刻振动相位相同的点连结起来，所组成的曲面叫波阵

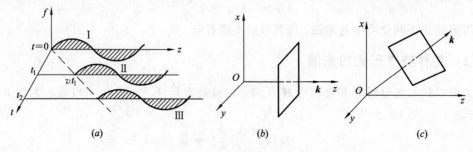

图 $1-2$ 平面波图示

面。由于此时的波阵面是垂直于传播方向 z 的平面(图 $1-2(b)$),因而 f_1 和 f_2 是平面光波,$(1.1-28)$式是平面光波情况下波动方程$(1.1-27)$的一般解。在通常情况下,沿任一方向 k、以速度 v 传播的平面波的波阵面,如图 $1-2(c)$所示。平面光波可视为无限大的平面光源产生的光波。

2) 单色平面光波

(1) **单色平面光波的三角函数表示**　$(1.1-28)$式是波动方程在平面光波情况下的一般解形式,根据具体条件的不同,可以采取不同的具体函数表示。最简单、最普遍采用的是三角函数形式,即

$$f = A\cos(\omega t - kz) + B\sin(\omega t + kz) \tag{1.1-29}$$

若只计沿 $+z$ 方向传播的平面光波,其电场表示式为

$$E = eE_0\cos(\omega t - kz) = eE_0\cos\left[\omega\left(t - \frac{z}{v}\right)\right]$$

$$= eE_0\cos\left[2\pi\left(\frac{t}{T} - \frac{z}{\lambda}\right)\right] \tag{1.1-30}$$

这就是我们熟知的平面简谐光波的三角函数表示式。式中,e 是 E 振动方向上的单位矢量。

$(1.1-30)$式表示的平面简谐光波是一个单色平面光波。所谓单色,即指单频。一个单色平面光波是一个在时间上无限延续,空间上无限延伸的光波动,在时间、空间中均具有周期性,其时间周期性用周期(T)、频率(ν)、圆频率(ω)表征,而由$(1.1-30)$式形式的对称性,其空间周期性可用 λ、$1/\lambda$、k 表征,并分别可以称为空间周期、空间频率和空间圆频率。单色平面光波的时间周期性与空间周期性密切相关,并由 $\nu = v/\lambda$ 相联系。

(2) **单色平面光波的复数表示**　为便于运算,经常把平面简谐光波的波函数写成复数形式。例如,可以将沿 z 方向传播的平面光波表示为

$$E = E_0 e^{-i(\omega t - kz)} \tag{1.1-31}$$

采用这种形式,就可以用简单的指数函数运算代替比较繁杂的三角函数运算。例如,在光学应用中,经常因为要确定光强而求光电场振幅的平方 E_0^2,对此,只需将复数形式的光电场乘以它的共轭复数即可:

$$E \cdot E^* = E_0 e^{-i(\omega t - kz)} \cdot E_0 e^{i(\omega t - kz)} = E_0^2$$

应当指出的是,任意描述真实存在的物理量的参量都应当是实数,在这里采用复数形式只是数学上运算方便的需要。由于对$(1.1-31)$式取实部即为$(1.1-30)$式所示的函数,所以,对复数形式的量进行线性运算,只有取实部后才有物理意义,才能与利用三角函数形式进行同样运算得到相同的结果。因此,光波场表示式与其复数形式之间,应有

$$E(z, t) = E_0\cos(\omega t - kz) = \mathrm{Re}\left[E_0 e^{-i(\omega t - kz)}\right]$$

很容易证明,光电磁能量密度的时间平均值为

$$\langle w \rangle = \mathrm{Re}\left[\frac{1}{4}(E \cdot D^* + H \cdot B^*)\right] \tag{1.1-32}$$

光能流密度的时间平均值为

$$\langle S \rangle = \mathrm{Re}\left(\frac{1}{2}E \times H^*\right) \tag{1.1-33}$$

上式中,通常定义

$$S = \frac{1}{2} \boldsymbol{E} \times \boldsymbol{H}^* \qquad\qquad (1.1-34)$$

为复坡印廷矢量。

还应当指出，由于对复数函数 $\exp[-\mathrm{i}(\omega t - kz)]$ 和 $\exp[\mathrm{i}(\omega t - kz)]$ 两种形式取实部可以得到相同的结果，所以对于平面简谐光波场，采用 $\exp[-\mathrm{i}(\omega t - kz)]$ 和 $\exp[\mathrm{i}(\omega t - kz)]$ 两种形式完全等效。因此，在不同的文献书籍中，根据作者的习惯不同，可以采取其中任意一种形式。本书若无特殊说明，均采用 $\exp[-\mathrm{i}(\omega t - kz)]$ 形式。

对于平面简谐光波的复数表示式，可以将时间相位因子与空间相位因子分开来写：

$$\boldsymbol{E} = \boldsymbol{E}_0 \, \mathrm{e}^{\mathrm{i}kz} \, \mathrm{e}^{-\mathrm{i}\omega t} = \widetilde{\boldsymbol{E}} \mathrm{e}^{-\mathrm{i}\omega t} \qquad\qquad (1.1-35)$$

式中

$$\widetilde{\boldsymbol{E}} = \boldsymbol{E}_0 \, \mathrm{e}^{\mathrm{i}kz} \qquad\qquad (1.1-36)$$

称为复振幅。若考虑光场的初相位，则复振幅可表示为

$$\widetilde{\boldsymbol{E}} = \boldsymbol{E}_0 \, \mathrm{e}^{\mathrm{i}(kz-\varphi_0)} \qquad\qquad (1.1-37)$$

复振幅反映了光场振动的振幅和相位随空间的变化。在许多应用中，由于因子 $\exp(-\mathrm{i}\omega t)$ 在空间各处都相同，因此只考察光场振动的空间分布时，可将其略去不计，仅讨论复振幅的变化。

进一步，若平面简谐光波沿着任一波矢量 $\boldsymbol{k}$ 方向传播，则光电场的三角函数形式表示式为

$$\boldsymbol{E} = \boldsymbol{E}_0 \cos(\omega t - \boldsymbol{k} \cdot \boldsymbol{r} + \varphi_0) \qquad\qquad (1.1-38)$$

复数形式表示式为

$$\boldsymbol{E} = \boldsymbol{E}_0 \, \mathrm{e}^{-\mathrm{i}(\omega t - \boldsymbol{k} \cdot \boldsymbol{r} + \varphi_0)} \qquad\qquad (1.1-39)$$

相应的复振幅为

$$\widetilde{\boldsymbol{E}} = \boldsymbol{E}_0 \, \mathrm{e}^{\mathrm{i}(\boldsymbol{k} \cdot \boldsymbol{r} - \varphi_0)} \qquad\qquad (1.1-40)$$

在信息光学中，经常遇到相位共轭光波的概念。所谓相位共轭光波，是指两列同频率的光波，它们的复振幅之间是复数共轭的关系。假设有一个平面光波的波矢量 $\boldsymbol{k}$ 平行于 xOz 平面（见图 1-3），在 $z=0$ 平面上的复振幅为

$$\widetilde{\boldsymbol{E}} = \boldsymbol{E}_0 \, \mathrm{e}^{-\mathrm{i}\varphi_0} \, \mathrm{e}^{\mathrm{i}kx\sin\gamma} \qquad\qquad (1.1-41)$$

式中的 γ 为 $\boldsymbol{k}$ 与 z 轴的夹角，则相应的相位共轭光波复振幅为

$$\widetilde{\boldsymbol{E}}^* = \boldsymbol{E}_0 \, \mathrm{e}^{\mathrm{i}\varphi_0} \, \mathrm{e}^{-\mathrm{i}kx\sin\gamma} = \boldsymbol{E}_0 \, \mathrm{e}^{\mathrm{i}\varphi_0} \, \mathrm{e}^{\mathrm{i}kx\sin(-\gamma)}$$
$$(1.1-42)$$

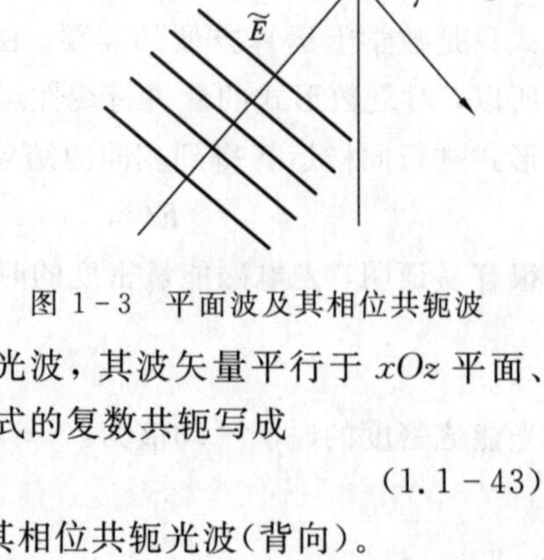

图 1-3 平面波及其相位共轭波

该式表明，此相位共轭光波是与 $\widetilde{\boldsymbol{E}}$ 波来自同一侧的平面光波，其波矢量平行于 xOz 平面、与 z 轴夹角为 $-\gamma$。如果对照 (1.1-42) 式，把 (1.1-40) 式的复数共轭写成

$$\widetilde{\boldsymbol{E}}^* = \boldsymbol{E}_0 \, \mathrm{e}^{\mathrm{i}\varphi_0} \, \mathrm{e}^{-\mathrm{i}\boldsymbol{k} \cdot \boldsymbol{r}} \qquad\qquad (1.1-43)$$

则这个沿 $-\boldsymbol{k}$ 方向，即与 $\widetilde{\boldsymbol{E}}$ 波反向传播的平面光波也是其相位共轭光波（背向）。

2. 球面光波

一个各向同性的点光源，它向外发射的光波是球面光波，其等相位面是以点光源为中心、随着距离的增大而逐渐扩展的同心球面，如图 1-4 所示。

球面光波所满足的波动方程仍然是(1.1-26)式，只是由于球面光波的球对称性，其波动方程仅与 r 有关，与坐标 θ、φ 无关，因而球面光波的振幅只随距离 r 变化。若忽略场的矢量性，采用标量场理论，可将波动方程表示为

$$\nabla^2 f - \frac{1}{v^2}\frac{\partial^2 f}{\partial t^2} = 0 \qquad (1.1-44)$$

式中，$f = f(r, t)$。

对于球面光波，利用球坐标讨论比较方便。此时，(1.1-44)式可表示为

$$\frac{1}{r^2}\frac{\partial}{\partial r}\left(r^2\frac{\partial f}{\partial r}\right) - \frac{1}{v^2}\frac{\partial^2 f}{\partial t^2} = 0 \quad (1.1-45)$$

即

$$\frac{\partial^2 (rf)}{\partial r^2} - \frac{1}{v^2}\frac{\partial^2 (rf)}{\partial t^2} = 0$$

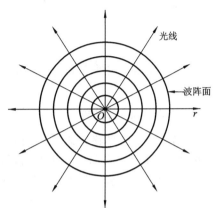

图 1-4　球面光波示意图

一般解为

$$f = \frac{f_1(r - vt)}{r} + \frac{f_2(r + vt)}{r} \qquad (1.1-46)$$

其中，$f_1(r-vt)$ 代表从原点沿 r 正方向向外发散的球面光波；$f_2(r+vt)$ 代表向原点传播的会聚球面光波。球面波的振幅随 r 成反比例变化。

最简单的简谐球面光波——单色球面光波的波函数为

$$E = \frac{A_1}{r}\cos(\omega t - kr) \qquad (1.1-47)$$

其复数形式为

$$E = \frac{A_1}{r}e^{-i(\omega t - kr)} \qquad (1.1-48)$$

复振幅为

$$\tilde{E} = \frac{A_1}{r}e^{ikr} \qquad (1.1-49)$$

上面三式中的 A_1 为离开点光源单位距离处的振幅值。

3. 柱面光波

一个各向同性的无限长线光源，向外发射的波是柱面光波，其等相位面是以线光源为中心轴、随着距离的增大而逐渐扩展的同轴圆柱面，如图 1-5 所示。

柱面光波所满足的波动方程可以采用以 z 轴为对称轴、不含 z 的圆柱坐标系形式描述：

$$\frac{1}{r}\frac{\partial}{\partial r}\left(r\frac{\partial f}{\partial r}\right) - \frac{1}{v^2}\frac{\partial^2 f}{\partial t^2} = 0 \qquad (1.1-50)$$

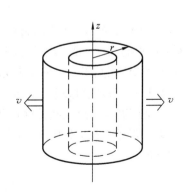

图 1-5　柱面光波示意图

式中，$r = \sqrt{x^2 + y^2}$。可以证明，当 r 较大（远大于波长）时，其单色柱面光波场解的表示式为

$$E = \frac{A_1}{\sqrt{r}} e^{-i(\omega t - kr)} \tag{1.1-51}$$

复振幅为

$$\widetilde{E} = \frac{A_1}{\sqrt{r}} e^{ikr} \tag{1.1-52}$$

可以看出，柱面光波的振幅与 $\sqrt{r}$ 成反比。式中的 A_1 是离开线光源单位距离处光波场的振幅值。

4. 高斯(Gauss)光束

由激光器产生的激光束既不是上面讨论的均匀平面光波，也不是均匀球面光波，而是一种振幅和等相位面都在变化的高斯球面光波，称为高斯光束。在由激光器产生的各种模式的激光中，最基本、应用最多的是基模（TEM$_{00}$）高斯光束，因此，在这里仅介绍基模高斯光束。有关这种高斯光束的产生、传输特性的详情，可参阅介绍激光原理的教材。

考虑到高斯光束的轴对称性，可以采用圆柱坐标系形式的波动方程：

$$\left(\frac{\partial^2}{\partial r^2} + \frac{1}{r} \frac{\partial}{\partial r} + \frac{\partial^2}{\partial z^2} - \frac{1}{v^2} \frac{\partial^2}{\partial t^2} \right) E = 0 \tag{1.1-53}$$

并可以证明，下述单色基模高斯光束标量波光场是这个波动方程的一种解：

$$E_{00}(r, z, t) = \frac{E_0}{w(z)} e^{-\frac{r^2}{w^2(z)}} e^{i\left[k\left(z + \frac{r^2}{2R(z)} \right) - \arctan\frac{z}{f} \right]} e^{-i\omega t} \tag{1.1-54}$$

式中，E_0 为常数，其余参量定义为

$$\left. \begin{array}{l} r^2 = x^2 + y^2 \\[2mm] k = \dfrac{2\pi n_0}{\lambda} \\[2mm] w(z) = w_0 \sqrt{1 + \left(\dfrac{z}{f} \right)^2} \\[2mm] R(z) = z + \dfrac{f^2}{z} \\[2mm] f = \dfrac{\pi n_0 w_0^2}{\lambda} \end{array} \right\} \tag{1.1-55}$$

这里，λ 为光波长；n_0 为介质折射率；w_0 为基模高斯光束的束腰半径；f 为高斯光束的共焦参数或瑞利长度；$R(z)$ 为与传播轴线相交于 z 点的高斯光束等相位面的曲率半径；$w(z)$ 为与传播轴线相交于 z 点的高斯光束等相位面上的光斑半径。

由(1.1-54)式可以看出，基模高斯光束具有以下基本特征：

① 基模高斯光束在横截面内的光电场振幅分布按照高斯函数的规律从中心（即传播轴线）向外平滑地下降，如图 1-6 所示。由中心振幅值下降到 $1/e$ 点所对应的宽度，定义为光斑半径

$$w(z) = w_0 \sqrt{1 + \left(\frac{z}{f} \right)^2} \tag{1.1-56}$$

该式可变换为

$$\frac{w^2(z)}{w_0^2} - \frac{z^2}{f^2} = 1 \qquad (1.1-57)$$

可见，基模高斯光束的光斑半径随着坐标 z 按双曲线的规律扩展，如图 1-7 所示。

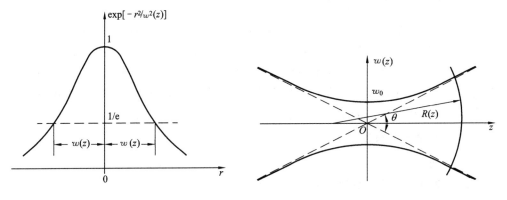

图 1-6　高斯分布与光斑半径　　　图 1-7　高斯光束的扩展

② 基模高斯光束场的相位因子

$$\varphi_{00}(r, z) = k\left(z + \frac{r^2}{2R(z)}\right) - \arctan\frac{z}{f} \qquad (1.1-58)$$

决定了基模高斯光束的空间相移特性。其中，kz 描述了高斯光束的几何相移；$\arctan(z/f)$ 描述了高斯光束在空间传输到 z 处、相对于几何相移的附加相移；因子 $\dfrac{kr^2}{2R(z)}$ 则表示与横向坐标 r 有关的相移，它表明高斯光束的等相位面是以 $R(z)$ 为半径的球面。$R(z)$ 随 z 的变化规律为

$$R(z) = z + \frac{f^2}{z} \qquad (1.1-59)$$

由该式可见：

当 $z=0$ 时，$R(z) \to \infty$，表明束腰所在处的等相位面为平面；

当 $z \to \pm\infty$ 时，$|R(z)| \approx z \to \infty$，表明离束腰无限远处的等相位面亦为平面，且曲率中心就在束腰处；

当 $z=\pm f$ 时，$|R(z)|=2f$，达到极小值；

当 $0<z<f$ 时，$R(z)>2f$，表明等相位面的曲率中心在 $(-\infty, -f)$ 区间上；

当 $z>f$ 时，$z<R(z)<z+f$，表明等相位面的曲率中心在 $(-f, 0)$ 区间上。

③ 基模高斯光束既非平面波，又非均匀球面波，它的发散度采用远场发散角表征。远场发散角 θ_{1/e^2} 定义为 $z \to \infty$ 时，强度为中心的 $1/e^2$ 点所夹角的全宽度，即

$$\theta_{1/e^2} = \lim_{z \to \infty} \frac{2w(z)}{z} = \frac{2\lambda}{\pi n_0 w_0} \qquad (1.1-60)$$

显然，高斯光束的发散度由束腰半径 w_0 决定。

由上所述，基模高斯光束在其传播轴线附近可以看做是一种非均匀的球面波，其等相位面是曲率中心不断变化的球面，振幅和强度在横截面内保持高斯分布。

最后还应强调，上面所讨论的特殊形式的单色平面波、单色球面波、单色柱面波和单色高斯光束，都是波动方程(1.1-17)在不同光源、不同介质条件下的一种特解。在光电子

技术理论和应用中，运用最多，且最简单的是单色平面波，特别是它们构成了通常的光波频率谱的谱元。

1.1.3　光波场的频率域表示

如前所述，光波是一种电磁波，在各种介质中传播的光波场均应是波动方程在相应条件下的解，其光波场的一般形式为 $E = E(r, t)$，是时间和空间的函数。因此，对于光波场特性的研究可以在时间域内和空间域内进行。实际上，在光电子技术理论和应用中，还经常根据数学上的傅里叶变换，在时间频率域和空间频率域内研究光波场的传播特性。这一节将给出光波场的频率域表示。

1. 光波场的时间频率域表示

1）复色光波

前面，我们讨论了频率为 ω 的单色平面光波

$$E = E_0 \cos(\omega t - kz + \varphi_0) \qquad (1.1-61)$$

实际上，严格的单色光波是不存在的，我们所能得到的各种光波均为复色光波。所谓复色波，是指某光波由若干单色光波组合而成，或者说它包含有多种频率成分，它在时间上是有限的波列。复色光波的电场是所含各个单色光波电场的叠加，即

$$E = \sum_{l=1}^{N} E_{0l} \cos(\omega_l t - k_l z + \varphi_{0l}) \qquad (1.1-62)$$

2）光波的时间频率谱

在一般情况下，若只考虑光波场在时间域内的变化，可以表示为时间的函数 $E(t)$。通过傅里叶变换，它可以展成如下形式：

$$E(t) = \mathrm{F}^{-1}[E(\nu)] = \int_{-\infty}^{\infty} E(\nu)\, \mathrm{e}^{-\mathrm{i}2\pi\nu t}\, \mathrm{d}\nu \qquad (1.1-63)$$

式中，$\exp(-\mathrm{i}2\pi\nu t)$ 为傅氏空间（时间频率域或简称频率域）中频率为 ν 的一个基元成分，取实部后得 $\cos(2\pi\nu t)$。因此，可将 $\exp(-\mathrm{i}2\pi\nu t)$ 视为频率为 ν 的单位振幅简谐振荡。$E(\nu)$ 随 ν 的变化称为 $E(t)$ 的频谱分布，或简称频谱。这样，(1.1-63)式可理解为：一个随时间变化的光波场振动 $E(t)$，可以视为许多单频成分（单色）简谐振荡的叠加，各频率成分相应的振幅为 $E(\nu)$，并且 $E(\nu)$ 按下式计算：

$$E(\nu) = \mathrm{F}[E(t)] = \int_{-\infty}^{\infty} E(t)\, \mathrm{e}^{\mathrm{i}2\pi\nu t}\, \mathrm{d}t \qquad (1.1-64)$$

一般情况下，由上式计算出来的 $E(\nu)$ 为复数，它就是 ν 频率分量的复振幅，可表示为

$$E(\nu) = |E(\nu)|\, \mathrm{e}^{\mathrm{i}\varphi(\nu)} \qquad (1.1-65)$$

式中，$|E(\nu)|$ 为光场振幅的大小；$\varphi(\nu)$ 为相位角。因而，$|E(\nu)|^2$ 表征了 ν 频率分量的功率，称 $|E(\nu)|^2$ 为光波场的功率谱。

由上所述，一个时间域光波场 $E(t)$ 可以在频率域内通过它的频谱描述。下面，给出几种经常运用的光波场 $E(t)$ 的频谱分布。

（1）无限长时间的等幅振荡　其表达式为

$$E(t) = E_0 \mathrm{e}^{-\mathrm{i}2\pi\nu_0 t} \qquad -\infty < t < \infty \qquad (1.1-66)$$

式中，E_0、ν_0 为常数，且 E_0 可以取复数值。由(1.1-64)式，它的频谱为

$$E(\nu) = \int_{-\infty}^{\infty} E_0 e^{-i2\pi\nu_0 t} e^{i2\pi\nu t} \, dt = E_0 \int_{-\infty}^{\infty} e^{i2\pi(\nu-\nu_0)t} \, dt = E_0 \delta(\nu - \nu_0) \qquad (1.1-67)$$

该式表明，等幅振荡光场对应的频谱只含有一个频率成分 ν_0，我们称其为理想单色振动。其功率谱为 $|E(\nu)|^2$，如图 $1-8$ 所示。

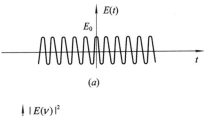

(a)

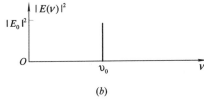

(b)

图 1-8 等幅振荡及其频谱图

（2）**持续有限时间的等幅振荡** 其表达式为（设振幅等于 1）

$$E(t) = \begin{cases} e^{-i2\pi\nu_0 t} & -\dfrac{T}{2} \leqslant t \leqslant \dfrac{T}{2} \\ 0 & \text{其他} \end{cases} \qquad (1.1-68)$$

这时

$$E(\nu) = \int_{-T/2}^{T/2} e^{-i2\pi\nu_0 t} e^{i2\pi\nu t} \, dt = T \frac{\sin\pi T(\nu-\nu_0)}{\pi T(\nu-\nu_0)} \qquad (1.1-69)$$

或表示成

$$E(\nu) = T\,\text{sinc}\,[T(\nu-\nu_0)] \qquad (1.1-70)$$

相应的功率谱为

$$|E(\nu)|^2 = T^2 \text{sinc}^2[T(\nu-\nu_0)] \qquad (1.1-71)$$

如图 $1-9$ 所示。可见，这种光场频谱的主要部分集中在从 ν_1 到 ν_2 的频率范围之内，主峰

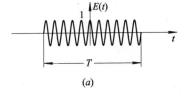

(a)

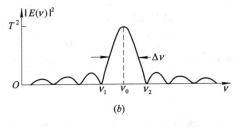

(b)

图 1-9 有限正弦波及其频谱图

中心位于 ν_0 处，ν_0 是振荡的表观频率，或称为中心频率。

为表征频谱分布特性，定义最靠近 ν_0 的两个强度为零的点所对应的频率 ν_2 和 ν_1 之差的一半为这个有限正弦波的频谱宽度 $\Delta\nu$。由(1.1-71)式，当 $\nu=\nu_0$ 时，$|E(\nu_0)|^2=T^2$；当 $\nu=\nu_0\pm1/T$ 时，$|E(\nu)|^2=0$，所以有

$$\Delta\nu = \frac{1}{T} \tag{1.1-72}$$

因此，振荡持续的时间越长，频谱宽度越窄。

（3）**衰减振荡** 其表达式为

$$E(t) = \begin{cases} \mathrm{e}^{-\beta t}\,\mathrm{e}^{-\mathrm{i}2\pi\nu_0 t} & t\geqslant 0 \\ 0 & t<0 \end{cases} \tag{1.1-73}$$

相应的 $E(\nu)$ 为

$$E(\nu) = \int_{-\infty}^{\infty} \mathrm{e}^{-\beta t}\,\mathrm{e}^{-\mathrm{i}2\pi\nu_0 t}\,\mathrm{e}^{\mathrm{i}2\pi\nu t}\,\mathrm{d}t = \int_0^{\infty} \mathrm{e}^{[\,2\pi(\nu-\nu_0)+\mathrm{i}\beta\,]t}\,\mathrm{d}t$$

$$= \frac{\mathrm{i}}{2\pi(\nu-\nu_0)+\mathrm{i}\beta} \tag{1.1-74}$$

功率谱为

$$|E(\nu)|^2 = E(\nu)E^*(\nu)$$

$$= \frac{1}{4\pi^2(\nu-\nu_0)^2+\beta^2} \tag{1.1-75}$$

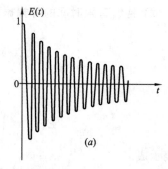

如图 1-10 所示。因此，这个衰减振荡也可视为无限多个振幅不同、频率连续变化的简谐振荡的叠加，ν_0 为其中心频率。这时，把最大强度一半所对应的两个频率 ν_2 和 ν_1 之差 $\Delta\nu$，定义为这个衰减振荡的频谱宽度。

由于 $\nu=\nu_2$（或 ν_1）时，$|E(\nu_2)|^2=|E(\nu_0)|^2/2$，即

$$\frac{1}{4\pi^2(\nu_2-\nu_0)^2+\beta^2} = \frac{1}{2}\frac{1}{\beta^2}$$

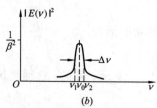

化简后得

$$\nu_2 - \nu_0 = \frac{\beta}{2\pi}$$

因而

图 1-10　衰减振荡及其频谱图

$$\Delta\nu = \nu_2 - \nu_1 = (\nu_2-\nu_0) + (\nu_0-\nu_1) = \frac{\beta}{\pi} \tag{1.1-76}$$

最后，再次强调指出，在上面的有限正弦振荡和衰减振荡中，尽管表达式中含有 $\exp(-\mathrm{i}2\pi\nu_0 t)$ 的因子，但 $E(t)$ 已不再是单频振荡了。换言之，我们只能说这种振荡的表观频率为 ν_0，而不能简单地说振荡频率为 ν_0。只有以某一频率作无限长时间的等幅振荡，才可以说是严格的单色光。

3) **准单色光**

前面已经指出，理想的单色光是不存在的，实际上能够得到的只是接近于单色光的准

单色光。例如，上面讨论的持续有限时间的等幅振荡，如果其振荡持续时间很长，以致于 $1/T \ll \nu_0$，则 $E(\nu)$ 的主值区间 $(\nu_0 - 1/T) < \nu < (\nu_0 + 1/T)$ 很窄，可认为接近于单色光；对于衰减振荡，若 β 很小（相当于振荡持续时间很长），则频谱宽度也很窄，也接近于单色光。对于一个实际的表观频率为 ν_0 的振荡，若其振幅随时间的变化比振荡本身缓慢得多，则这种振荡的频谱就集中于 ν_0 附近的一个很窄的频段内，可认为是中心频率为 ν_0 的准单色光，其光场振动表达式为

$$E(t) = E_0(t) \mathrm{e}^{-\mathrm{i}2\pi\nu_0 t} \tag{1.1-77}$$

在光电子技术应用中，经常运用的调制光波均可认为是准单色光（或称准单色光波）。

现在考察一个在空间某点以表观频率 ν_0 振动、振幅为高斯函数的准单色光波

$$E(t) = A\mathrm{e}^{\frac{-4(t-t_0)^2}{\Delta t^2}} \mathrm{e}^{-\mathrm{i}(2\pi\nu_0 t + \varphi_0)} \tag{1.1-78}$$

其振动曲线如图 1-11(a) 所示。在 $t = t_0$ 时，振幅最大，且为 A；当 $|t - t_0| = \Delta t/2$ 时，振幅降为 A/e。由此可见，参数 Δt 表征振荡持续的有效时间。

对于这种高斯型准单色光波的频谱分布，可由傅里叶变换确定：

$$E(\nu) = \int_{-\infty}^{\infty} A\mathrm{e}^{\frac{-4(t-t_0)^2}{\Delta t^2}} \mathrm{e}^{-\mathrm{i}(2\pi\nu_0 t + \varphi_0)} \mathrm{e}^{\mathrm{i}2\pi\nu t} \, \mathrm{d}t$$

对该积分作自变量代换，将被积函数分为实部和虚部并分别进行积分，得到

$$E(\nu) = \frac{1}{2}\sqrt{\pi} \Delta t A \mathrm{e}^{-\pi^2 \Delta t^2 (\nu - \nu_0)^2/4} \mathrm{e}^{-\mathrm{i}[2\pi(\nu_0 - \nu)t_0 + \varphi_0]} \tag{1.1-79}$$

相应的功率谱为

$$|E(\nu)|^2 = \frac{1}{4}\pi \Delta t^2 A^2 \mathrm{e}^{-\pi^2 \Delta t^2 (\nu - \nu_0)^2/2} \tag{1.1-80}$$

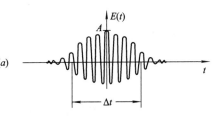
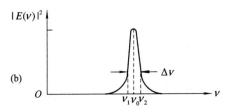

图 1-11　高斯型准单色光波及其频谱图

其频谱图如图 1-11(b) 所示。可见，高斯型准单色光波的频谱也是高斯型，其中心频率为 ν_0。这时，定义最大强度的 $1/\mathrm{e}$ 处所对应的两个频率 ν_2 和 ν_1 之差 $\Delta\nu$ 为这个波列的频谱宽度。

根据上述定义，有 $|E(\nu_2)|^2 = \dfrac{|E(\nu_0)|^2}{\mathrm{e}}$，计算可得 $\nu_2 - \nu_0 = \dfrac{\sqrt{2}}{\pi\Delta t}$。因此

$$\Delta\nu = \nu_2 - \nu_1 = \frac{2\sqrt{2}}{\pi\Delta t} \tag{1.1-81}$$

该频谱宽度 $\Delta\nu$ 表征了高斯型准单色光波的单色性程度。

2. 光波场的空间频率域表示

1）空间频率

如前所述，假设频率为 ω 的单色平面光波场表示式为

$$E = E_0 \mathrm{e}^{-\mathrm{i}(\omega t - kz + \varphi_0)} = E_0 \mathrm{e}^{-\mathrm{i}\left[2\pi\left(\frac{1}{T}t - \frac{1}{\lambda}z\right) + \varphi_0\right]} \tag{1.1-82}$$

在空间域内，其波数 k 可称为空间圆频率，波长 λ 可称为光波场的空间周期，相应波长的

倒数可以称光波场在光波传播方向上的空间频率，即

$$f_k = \frac{1}{\lambda} \tag{1.1-83}$$

它表示光波场沿波矢 $\boldsymbol{k}$ 方向每增加单位长度，光波场增加的周期数。

应当注意，光波的空间频率是观察方向的函数。例如，对于图 1-12 所示沿 z 轴方向传播的平面光波，在波的传播方向（z）上，空间周期是 λ，空间频率是 $f_z = 1/\lambda$；在 $\boldsymbol{r}$ 方向上观察时，空间周期是 λ_r，相应的空间频率为

$$f_r = \frac{1}{\lambda_r} = \frac{\cos\theta}{\lambda} \tag{1.1-84}$$

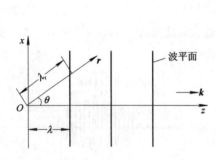

图 1-12　沿 z 轴传播的平面光波

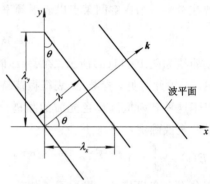

图 1-13　沿 xOy 面内 θ 方向传播的平面光波

显然，当 $\theta = \pi/2$ 时，沿 x 方向的空间频率为零。对于图 1-13 所示、在 xOy 平面内沿 $\boldsymbol{k}$ 方向传播的平面光波：

$$E = E_0 e^{-i(\omega t - \boldsymbol{k}\cdot\boldsymbol{r} + \varphi_0)} = E_0 e^{-i(\omega t - k_x x - k_y y + \varphi_0)} \tag{1.1-85}$$

在 $\boldsymbol{k}$ 方向上的空间频率为 $f_k = 1/\lambda$；在 x 方向上的空间频率为 $f_x = \dfrac{1}{\lambda_x} = \dfrac{\cos\theta}{\lambda}$；在 y 方向上的空间频率为 $f_y = \dfrac{1}{\lambda_y} = \dfrac{\sin\theta}{\lambda}$；在 z 方向上的空间频率为 $f_z = \dfrac{1}{\lambda_z} = 0$。因为

$$k^2 = k_x^2 + k_y^2 = \left(\frac{2\pi}{\lambda_x}\right)^2 + \left(\frac{2\pi}{\lambda_y}\right)^2 \tag{1.1-86}$$

所以有

$$f_k^2 = f_x^2 + f_y^2 \tag{1.1-87}$$

对于图 1-14 所示的沿任意空间方向 $\boldsymbol{k}$ 传播的平面光波：

$$E = E_0 e^{-i(\omega t - \boldsymbol{k}\cdot\boldsymbol{r} + \varphi_0)} = E_0 e^{-i(\omega t - k_x x - k_y y - k_z z + \varphi_0)} \tag{1.1-88}$$

因为

$$\left.\begin{array}{l} k_x = k\cos\alpha \\ k_y = k\cos\beta \\ k_z = k\cos\gamma \end{array}\right\} \tag{1.1-89}$$

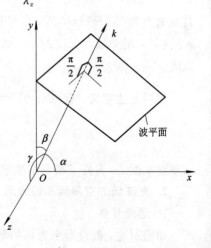

图 1-14　沿任意方向传播的平面光波

所以，空间频率为

$$f_x = \frac{\cos\alpha}{\lambda}$$
$$f_y = \frac{\cos\beta}{\lambda}$$ $\Bigg\}$ (1.1-90)
$$f_z = \frac{\cos\gamma}{\lambda}$$

因此，该平面光波可表示为

$$E = E_0 e^{-i[\omega t - 2\pi(f_x x + f_y y + f_z z) + \varphi_0]}$$ (1.1-91)

应当指出，对于一个沿任意方向 k 传播的平面光波，因为波数 k 与频率 ν 有如下关系：

$$k = \sqrt{k_x^2 + k_y^2 + k_z^2} = \frac{\omega}{v} = \frac{2\pi\nu}{v}$$ (1.1-92)

所以，在 k 的三个分量中只有两个是独立变量，只要知道了 k 在 xOy 平面上的两个分量 k_x 和 k_y，即可由

$$k_z = \sqrt{\left(\frac{2\pi\nu}{v}\right)^2 - k_x^2 - k_y^2}$$ (1.1-93)

确定 k_z，从而也就确定了 k。因此，在任意 $z = z_0$ 的 xy 平面上，平面光波的复振幅可以表示为

$$\widetilde{E} = E_0 e^{ik_z z_0} e^{i(k_x x + k_y y)} = \widetilde{E}_0 e^{i(k_x x + k_y y)}$$
$$= \widetilde{E}_0 e^{i2\pi(f_x x + f_y y)}$$ (1.1-94)

式中，$\widetilde{E}_0 = E_0 e^{ik_z z_0}$。

由上述可见，一个平面光波的空间传播特性也可以用空间频率这个特征参量描述。当研究平面光波沿着传播方向的空间周期分布时，每一个空间频率对应于一定波长的单色波。当研究垂直于 z 轴的一个平面上单色光波的复振幅分布时，每一组空间频率（f_x、f_y）值对应于一个沿一定方向传播的单色平面光波。

2）光波的空间频率谱

上面讨论的是一个单色均匀平面光波的空间频率问题。实际上，在光学图像及光信息处理应用中，经常讨论的是在一个平面（例如，入瞳平面或物平面）上的二维信息，即单色光波场中任一 xOy 平面上的复振幅分布 $\widetilde{E}(x, y)$。此时可以利用二维傅里叶变换，将 $\widetilde{E}(x, y)$ 这个二维空间坐标函数分解成无数个形式为 $\exp[i2\pi(f_x x + f_y y)]$ 的基元函数的线性组合，即

$$\widetilde{E}(x, y) = F^{-1}[\widetilde{E}(f_x, f_y)]$$
$$= \iint_{-\infty}^{\infty} \widetilde{E}(f_x, f_y) e^{i2\pi(f_x x + f_y y)} \, df_x \, df_y$$ (1.1-95)

式中的基元函数 $\exp[i2\pi(f_x x + f_y y)]$ 可视为由空间频率（f_x，f_y）决定、沿一定方向传播的平面光波，其传播方向的方向余弦为 $\cos\alpha = f_x \lambda$，$\cos\beta = f_y \lambda$，相应该空间频率成分的基元函数所占比例的大小由 $\widetilde{E}(f_x, f_y)$ 决定。通常称 $\widetilde{E}(f_x, f_y)$ 随（f_x，f_y）的变化分布为 $\widetilde{E}(x, y)$ 的空间频率谱，简称为空间频谱（或角谱）。因此，可以把任意 z 平面上的单色光波场复振幅视为沿空间不同方向传播的单色平面光波的叠加，其每一个平面光波分量与一组空间频率（f_x，f_y）相对应：

$$\widetilde{E}(x, y, z) = \iint\limits_{-\infty}^{\infty} \widetilde{E}_z(f_x, f_y) e^{i2\pi(f_x x + f_y y)} \, \mathrm{d}f_x \, \mathrm{d}f_y \qquad (1.1-96)$$

1.1.4 光波的速度

这一节在讨论了复色光波的基础上，进一步讨论光波速度的含义。

1. 单色光波的速度

1) 单色光波的能量传播速度（能流速度）

由光的电磁理论，光波携带着电磁能量在空间传播，能量传播速度为

$$\boldsymbol{v}_r = \frac{\boldsymbol{S}}{w} \qquad (1.1-97)$$

对于(1.1-30)式所示的波矢为 $\boldsymbol{k}$ 的单色平面光波，能量传播速度的方向为波矢 $\boldsymbol{k}$ 方向，大小为

$$v_r = \frac{\omega}{k} = \frac{c}{\sqrt{\mu_r \varepsilon_r}} \qquad (1.1-98)$$

2) 单色光波的相速度

假设单色光波电场的表示式为

$$E = E(\boldsymbol{r}) \cos[\omega t - \varphi(\boldsymbol{r})] \qquad (1.1-99)$$

式中的 $E(\boldsymbol{r})$ 和 $\varphi(\boldsymbol{r})$ 随空间位置变化，一般情况下，光波在空间上不是周期的。相应于

$$\omega t - \varphi(\boldsymbol{r}) = 常数$$

的空间曲面为该单色光波的等相位面，满足上式的 $\boldsymbol{r}$ 是这个相位状态在不同时刻的空间位置。将上式两边对时间求导数，可得

$$\omega \mathrm{d}t - \nabla \varphi \cdot \mathrm{d}\boldsymbol{r} = 0 \qquad (1.1-100)$$

设 $\boldsymbol{r}_0$ 为 $\mathrm{d}\boldsymbol{r}$ 方向上的单位矢量，并写成 $\mathrm{d}\boldsymbol{r} = \boldsymbol{r}_0 \mathrm{d}s$，则有

$$\frac{\mathrm{d}s}{\mathrm{d}t} = \frac{\omega}{\boldsymbol{r}_0 \cdot \nabla \varphi} \qquad (1.1-101)$$

当 $\boldsymbol{r}_0$ 垂直于等相位面，即 $\boldsymbol{r}_0 = \dfrac{\nabla \varphi}{|\nabla \varphi|}$ 时，上式值最小，其值为

$$v(\boldsymbol{r}) = \frac{\omega}{|\nabla \varphi|} \qquad (1.1-102)$$

该 $v(\boldsymbol{r})$ 就是等相位面的传播速度，简称为相速度。对于波矢量为 $\boldsymbol{k}$ 的平面单色光波，其空间相位项为

$$\varphi(\boldsymbol{r}) = \boldsymbol{k} \cdot \boldsymbol{r} - \varphi_0$$

因此

$$\nabla \varphi = \boldsymbol{k}$$

所以，波矢为 $\boldsymbol{k}$ 的平面单色光波的相速度方向为波矢 $\boldsymbol{k}$ 方向，大小为

$$v = \frac{\omega}{k} = \frac{c}{\sqrt{\mu_r \varepsilon_r}} \qquad (1.1-103)$$

等于其能量传播速度。

应当指出，(1.1-101)式所给出的一般单色光波的 $\mathrm{d}s/\mathrm{d}t$ 表示式并不是相速度在 $\boldsymbol{r}_0$ 方

向上的分解，即其相速度不能作为一个矢量。还应当注意，相速度是单色光波所特有的一种速度，由于一般单色光波的相速度不是光波能量的传播速度，所以当 $n=\sqrt{\mu_r\varepsilon_r}<1$ 时，例如在色散介质的反常色散区，就有相速度 v 大于真空中光速 c 的情况，这并不违背相对论的结论。

2. 复色光波的速度

如前所述，实际上的光波都不是严格的单色光波，而是复色光波，它的光电场是所包含各个单色光波电场的叠加，即

$$E = \sum_{l=1}^{N} E_{0l}\cos(\omega_l t - k_l z) \qquad (1.1-104)$$

为简单起见，以二色波为例进行说明。

如图 $1-15(a)$ 所示的二色波的光电场为

$$E = E_{01}\cos(\omega_1 t - k_1 z) + E_{02}\cos(\omega_2 t - k_2 z) \qquad (1.1-105)$$

假设 $E_{01}=E_{02}=E_0$，且 $|\omega_1-\omega_2|\ll\omega_1,\omega_2$，则

$$E = E(z,t)\cos(\bar{\omega}t - \bar{k}z) \qquad (1.1-106)$$

式中

$$E(z,t) = 2E_0\cos(\omega_m t - k_m z)$$

$$\omega_m = \frac{1}{2}(\omega_1-\omega_2) = \frac{1}{2}\Delta\omega$$

$$k_m = \frac{1}{2}(k_1-k_2) = \frac{1}{2}\Delta k$$

$$\bar{\omega} = \frac{1}{2}(\omega_1+\omega_2)$$

$$\bar{k} = \frac{1}{2}(k_1+k_2)$$

该式表明：这个二色波是如图 $1-15(b)$ 所示的、频率为 $\bar{\omega}$、振幅随时间和空间在 0 到 $2E_0$ 之间缓慢变化的光波。这种复色波可以叫做波群或振幅调制波。

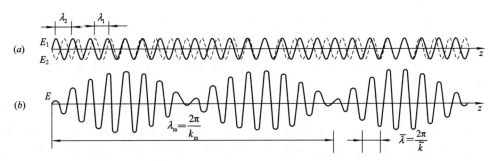

图 $1-15$ 两个单色光波的叠加

对于上述复色光波，$E(z,t)$ 为其光场的振幅（包络），$(\bar{\omega}t-\bar{k}z)$ 为其光场的相位。这种复色光波的传播速度包含两种含义：等相位面的传播速度和等振幅面的传播速度，前者也称为相速度，后者也称为群速度或包络速度。应当强调的是，复色波的相速度是一个近似的概念，只有该复色波所包含的单色波的相速度都相等时才有实际意义。

1) 复色光波的相速度

若令(1.1-106)式的复色光波相位为常数($\bar{\omega}t-\bar{k}z=$常数),则某时刻等相位面的位置 z 对时间的变化率 $\mathrm{d}z/\mathrm{d}t$ 即为等相位的传播速度——复色光波的相速度,且有

$$v = \frac{\mathrm{d}z}{\mathrm{d}t} = \frac{\bar{\omega}}{\bar{k}} \qquad (1.1-107)$$

2) 复色光波的群速度

由复色光波表示式(1.1-106)可见,它的振幅是时间和空间的余弦函数,在任一时刻,满足($\omega_{\mathrm{m}}t-k_{\mathrm{m}}z$)=常数的 z 值,代表了某等振幅面的位置,该等振幅面位置对时间的变化率即为等振幅面的传播速度——复色光波的群速度,且有

$$v_g = \frac{\mathrm{d}z}{\mathrm{d}t} = \frac{\omega_{\mathrm{m}}}{k_{\mathrm{m}}} = \frac{\Delta\omega}{\Delta k}$$

当 $\Delta\omega$ 很小时,可以写成

$$v_g = \frac{\mathrm{d}\omega}{\mathrm{d}k} \qquad (1.1-108)$$

由波数 $k = \frac{\omega}{v}$,v_g 可表示为

$$v_g = \frac{\mathrm{d}(kv)}{\mathrm{d}k} = v + k\frac{\mathrm{d}v}{\mathrm{d}k} \qquad (1.1-109)$$

由 $k = \frac{2\pi}{\lambda}$,有 $\mathrm{d}k = -\frac{2\pi}{\lambda^2}\mathrm{d}\lambda$,可将上式变为

$$v_g = v - \lambda\frac{\mathrm{d}v}{\mathrm{d}\lambda} \qquad (1.1-110)$$

由 $v = \frac{c}{n}$,有 $\mathrm{d}v = -\frac{c}{n^2}\mathrm{d}n$,上式还可表示为

$$v_g = v\left(1 + \frac{\lambda}{n}\frac{\mathrm{d}n}{\mathrm{d}\lambda}\right) \qquad (1.1-111)$$

该式表明,在折射率 n 随波长变化的色散介质中,复色光波的相速度不等于群速度:对于正常色散介质($\mathrm{d}n/\mathrm{d}\lambda<0$),$v>v_g$;对于反常色散介质($\mathrm{d}n/\mathrm{d}\lambda>0$),$v<v_g$;在无色散介质($\mathrm{d}n/\mathrm{d}\lambda=0$)中,复色光波的相速度等于群速度,实际上,只有真空才属于这种情况。

应当指出:

① 复色光波是由许多单色光波组成的,只有复色光波的频谱宽度 $\Delta\omega$ 很窄,各个频率集中在某一"中心"频率附近时,才能构成(1.1-106)式所示的波群,上述关于复色光波速度的讨论才有意义。如果 $\Delta\omega$ 较大,得不到稳定的波群,则复色波群速度的概念没有意义。

② 波群在介质中传播时,由于介质的色散效应,使得不同单色光波的传播速度不同。因此,随着传播的推移,波群发生"弥散",严重时,其形状完全与初始波群不同。由于不存在不变的波群,其群速度的概念也就没有意义。所以,只有在色散很小的介质中传播时,群速度才可以视为一个波群的传播速度。

③ 由于光波的能量正比于光电场振幅的平方,而复色光波群速度是波群等振幅点的传播速度,所以在群速度有意义的情况下,它即是光波能量的传播速度(能流速度)。

1.1.5 平面光波的横波性、偏振态及其表示

这一节主要讨论无界、理想介质中平面光波的基本特性：横波性和偏振性。

1. 平面光波的横波特性

假设平面光波的电场和磁场分别为

$$\boldsymbol{E} = \boldsymbol{E}_0 \, \mathrm{e}^{-\mathrm{i}(\omega t - \boldsymbol{k} \cdot \boldsymbol{r})} \tag{1.1-112}$$

$$\boldsymbol{H} = \boldsymbol{H}_0 \, \mathrm{e}^{-\mathrm{i}(\omega t - \boldsymbol{k} \cdot \boldsymbol{r})} \tag{1.1-113}$$

将其代入麦克斯韦方程(1.1-11)式和(1.1-12)式，可得

$$\boldsymbol{k} \cdot \boldsymbol{D} = 0 \tag{1.1-114}$$

$$\boldsymbol{k} \cdot \boldsymbol{B} = 0 \tag{1.1-115}$$

对于各向同性介质，因为 $\boldsymbol{D} /\!/ \boldsymbol{E}$，有

$$\boldsymbol{k} \cdot \boldsymbol{E} = 0 \tag{1.1-116}$$

对于非铁磁性介质，因为 $\boldsymbol{B} = \mu_0 \boldsymbol{H}$，有

$$\boldsymbol{k} \cdot \boldsymbol{H} = 0 \tag{1.1-117}$$

这些关系说明，平面光波的电场矢量和磁场矢量均垂直于波矢方向(波阵面法线方向)。因此，平面光波是横电磁波。

如果将(1.1-112)式、(1.1-113)式代入(1.1-13)式，可以得到

$$\boldsymbol{B} = \frac{1}{\omega} \boldsymbol{k} \times \boldsymbol{E} \tag{1.1-118}$$

$$\boldsymbol{H} = \frac{1}{\omega \mu_0} \boldsymbol{k} \times \boldsymbol{E} \tag{1.1-119}$$

由此可见，$\boldsymbol{E}$ 与 $\boldsymbol{B}$、$\boldsymbol{H}$ 相互垂直，因此，$\boldsymbol{k}$、$\boldsymbol{D}(\boldsymbol{E})$、$\boldsymbol{B}(\boldsymbol{H})$ 三矢量构成右手螺旋关系。又因为 $\boldsymbol{S} = \boldsymbol{E} \times \boldsymbol{H}$，所以有 $\boldsymbol{k} /\!/ \boldsymbol{S}$，即在各向同性介质中，平面光波的波矢方向($\boldsymbol{k}$)与能流方向($\boldsymbol{s}$)相同。进一步，根据上面的关系式，还可以写出

$$\frac{|\boldsymbol{E}|}{|\boldsymbol{H}|} = \sqrt{\frac{\mu}{\varepsilon}} \tag{1.1-120}$$

即 $\boldsymbol{E}$ 与 $\boldsymbol{H}$ 的数值之比为正实数，因此 $\boldsymbol{E}$ 与 $\boldsymbol{H}$ 同相位。

综上所述，可以将一个沿 z 方向传播、电场矢量限于 xOz 平面的电磁场矢量关系，绘于图1-16所示。

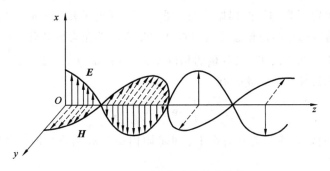

图 1-16　平面光波的横波特性

2. 平面光波的偏振特性

平面光波是横电磁波，其光场矢量的振动方向与光波传播方向垂直。一般情况下，在垂直平面光波传播方向的平面内，光场振动方向相对光传播方向是不对称的，光波性质随光场振动方向的不同而发生变化。我们将这种光振动方向相对光传播方向不对称的性质，称为光波的偏振特性。它是横波区别于纵波的最明显标志。

1) 光波的偏振态

根据空间任一点光电场 E 的矢量末端在不同时刻的轨迹不同，可将其偏振状态分为线偏振、圆偏振和椭圆偏振。

设光波沿 z 方向传播，电场矢量为

$$E = E_0 \cos(\omega t - kz + \varphi_0) \tag{1.1-121}$$

为表征该光波的偏振特性，可将其表示为沿 x、y 方向振动的两个独立分量的线性组合，即

$$E = iE_x + jE_y \tag{1.1-122}$$

其中

$$E_x = E_{0x} \cos(\omega t - kz + \varphi_x)$$

$$E_y = E_{0y} \cos(\omega t - kz + \varphi_y)$$

将上二式中的变量 t 消去，经过运算可得

$$\left(\frac{E_x}{E_{0x}}\right)^2 + \left(\frac{E_y}{E_{0y}}\right)^2 - 2\left(\frac{E_x}{E_{0x}}\right)\left(\frac{E_y}{E_{0y}}\right)\cos\varphi = \sin^2\varphi \tag{1.1-123}$$

式中，$\varphi = \varphi_y - \varphi_x$。这个二元二次方程在一般情况下表示的几何图形是椭圆，如图 1-17 所示。

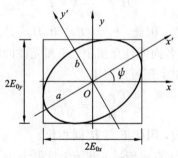

图 1-17 椭圆偏振诸参量

在(1.1-123)式中，相位差 φ 和振幅比 E_y/E_x 的不同，决定了椭圆形状和空间取向的不同，从而也就决定了光的不同偏振状态。图 1-18 画出了几种不同 φ 值相应的椭圆偏振态。实际上，线偏振态和圆偏振态都可以被认为是椭圆偏振态的特殊情况。

(1) **线偏振光** 当 E_x、E_y 二分量的相位差 $\varphi = m\pi (m = 0, \pm 1, \pm 2, \cdots)$ 时，椭圆退化为一条直线，称为线偏振光。此时有

$$\frac{E_y}{E_x} = \frac{E_{0y}}{E_{0x}} e^{-i\varphi} = \frac{E_{0y}}{E_{0x}} e^{-im\pi} \tag{1.1-124}$$

当 m 为零或偶数时，光场振动方向在 Ⅰ、Ⅲ 象限内；当 m 为奇数时，光场振动方向在 Ⅱ、Ⅳ 象限内。

由于在同一时刻，线偏振光传播方向上各点的光矢量都在同一平面内，因此又叫做平面偏振光。通常将包含光场矢量和传播方向的平面称为振动面。

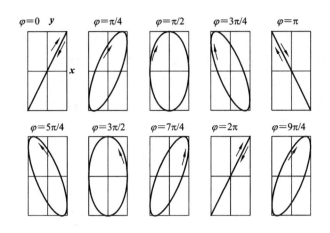

图 1-18　不同 φ 值相应的椭圆偏振

(2) **圆偏振光**　当 E_x、E_y 的振幅相等（$E_{0x}=E_{0y}=E_0$），相位差 $\varphi=m\pi/2$（$m=\pm1$，±3，±5，…）时，椭圆方程退化为圆方程

$$E_x^2 + E_y^2 = E_0^2$$

该光称为圆偏振光。用复数形式表示时，有

$$\frac{E_y}{E_x} = e^{\mp i\frac{\pi}{2}} = \mp i \qquad (1.1-125)$$

式中，负、正号分别对应右旋和左旋圆偏振光。所谓右旋或左旋，与观察的方向有关，通常规定逆着光传播的方向看，E 为顺时针方向旋转时，称为右旋圆偏振光，反之，称为左旋圆偏振光。

(3) **椭圆偏振光**　在一般情况下，光场矢量在垂直传播方向的平面内大小和方向都改变，它的末端轨迹是由(1.1-123)式决定的椭圆，故称为椭圆偏振光。在某一时刻，传播方向上各点对应的光矢量末端分布在具有椭圆截面的螺线上(图 1-19)。椭圆的长、短半轴和取向与二分量 E_x、E_y 的振幅和相位差有关。其旋向取决于相位差 φ：当 $2m\pi<\varphi<(2m+1)\pi$ 时，为右旋椭圆偏振光；当 $(2m-1)\pi<\varphi<2m\pi$ 时，为左旋椭圆偏振光。

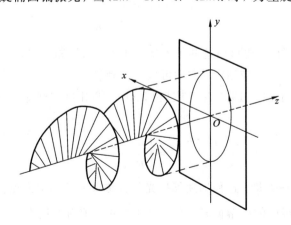

图 1-19　椭圆偏振光

2) 偏振态的表示法

由以上讨论可知，两个振动方向相互垂直的线偏振光叠加时，通常形成椭圆偏振光，其电场矢端轨迹的椭圆长、短轴之比及空间取向，随二线偏振光的振幅比 E_{0y}/E_{0x} 及其相位差 φ 变化，它们决定了该光的偏振态。下面，进一步讨论几种经常采用的偏振态表示法。

（1）**三角函数表示法** 如前所述，两个振动方向相互垂直的线偏振光 E_x 和 E_y 叠加后，一般情况下将形成椭圆偏振光：

$$\left(\frac{E_x}{E_{0x}}\right)^2 + \left(\frac{E_y}{E_{0y}}\right)^2 - 2\left(\frac{E_x}{E_{0x}}\right)\left(\frac{E_y}{E_{0y}}\right)\cos\varphi = \sin^2\varphi$$

E_{0x}、E_{0y} 和 φ 决定了该椭圆偏振光的状态。在实际应用中，经常采用由椭圆长、短轴构成的新直角坐标系 $x'Oy'$ 中的两个正交电场分量 $E_{x'}$ 和 $E_{y'}$ 描述偏振态，如图 1-17 所示。新旧坐标系之间电矢量的关系为

$$\left.\begin{array}{l} E_{x'} = E_x\cos\psi + E_y\sin\psi \\ E_{y'} = -E_x\sin\psi + E_y\cos\psi \end{array}\right\} \tag{1.1-126}$$

式中，$\psi(0\leqslant\psi<\pi)$ 是椭圆长轴与 x 轴间的夹角。设 $2a$ 和 $2b$ 分别为椭圆之长、短轴的长度，则新坐标系中的椭圆参量方程为

$$\left.\begin{array}{l} E_{x'} = a\cos(\tau + \varphi_0) \\ E_{y'} = \pm b\sin(\tau + \varphi_0) \end{array}\right\} \tag{1.1-127}$$

式中的正、负号相应于两种旋向的椭圆偏振光，$\tau = \omega t - kz$。令

$$\left.\begin{array}{l} \dfrac{E_{0y}}{E_{0x}} = \tan\alpha \quad 0\leqslant\alpha\leqslant\dfrac{\pi}{2} \\[2mm] \pm\dfrac{b}{a} = \tan\chi \quad -\dfrac{\pi}{4}\leqslant\chi\leqslant\dfrac{\pi}{4} \end{array}\right\} \tag{1.1-128}$$

则已知 E_{0x}、E_{0y} 和 φ，即可由下面的关系式求出相应的 a、b 和 ψ：

$$\left.\begin{array}{l} (\tan2\alpha)\cos\varphi = \tan2\psi \\ (\sin2\alpha)\sin\varphi = \sin2\chi \end{array}\right\} \tag{1.1-129}$$

$$E_{0x}^2 + E_{0y}^2 = a^2 + b^2 \tag{1.1-130}$$

反之，如果已知 a、b 和 ψ，也可由这些关系式求出 E_{0x}、E_{0y} 和 φ。这里的 χ 和 ψ 表征了振动椭圆的形状和取向，在实际应用中，它们可以直接测量。

（2）**琼斯矩阵表示法** 1941 年，琼斯（Jones）利用一个列矩阵表示电矢量的 x、y 分量：

$$\begin{bmatrix} E_x \\ E_y \end{bmatrix} = \begin{bmatrix} E_{0x}\,\mathrm{e}^{-\mathrm{i}\varphi_x} \\ E_{0y}\,\mathrm{e}^{-\mathrm{i}\varphi_y} \end{bmatrix} \tag{1.1-131}$$

这个矩阵通常称为琼斯矢量。这种描述偏振光的方法是一种确定光波偏振态的简便方法。

对于在 Ⅰ、Ⅲ 象限中的线偏振光，有 $\varphi_x = \varphi_y = \varphi_0$，琼斯矢量为

$$\begin{bmatrix} E_x \\ E_y \end{bmatrix} = \begin{bmatrix} E_{0x} \\ E_{0y} \end{bmatrix}\mathrm{e}^{-\mathrm{i}\varphi_0} \tag{1.1-132}$$

对于右旋、左旋圆偏振光，有 $\varphi_y - \varphi_x = \pm\dfrac{\pi}{2}$，$E_{0x} = E_{0y} = E_0$，其琼斯矢量为

$$\begin{bmatrix} E_x \\ E_y \end{bmatrix} = \begin{bmatrix} 1 \\ \mp i \end{bmatrix} E_0 \mathrm{e}^{-i\varphi_0} \qquad (1.1-133)$$

考虑到光强 $I = E_x^2 + E_y^2$，有时将琼斯矢量的每一个分量除以 $\sqrt{I}$，得到标准的归一化琼斯矢量。例如，x 方向振动的线偏振光、y 方向振动的线偏振光、45°方向振动的线偏振光、振动方向与 x 轴成 θ 角的线偏振光、左旋圆偏振光、右旋圆偏振光的标准归一化琼斯矢量形式分别为：

$$\begin{bmatrix} 1 \\ 0 \end{bmatrix},\ \begin{bmatrix} 0 \\ 1 \end{bmatrix},\ \frac{\sqrt{2}}{2}\begin{bmatrix} 1 \\ 1 \end{bmatrix},\ \begin{bmatrix} \cos\theta \\ \sin\theta \end{bmatrix},\ \frac{\sqrt{2}}{2}\begin{bmatrix} 1 \\ i \end{bmatrix},\ \frac{\sqrt{2}}{2}\begin{bmatrix} 1 \\ -i \end{bmatrix}$$

如果两个偏振光满足如下关系，则称此二偏振光是正交偏振态：

$$\boldsymbol{E}_1 \cdot \boldsymbol{E}_2^* = \begin{bmatrix} E_{1x} & E_{1y} \end{bmatrix}\begin{bmatrix} E_{2x}^* \\ E_{2y}^* \end{bmatrix} = 0 \qquad (1.1-134)$$

例如，x、y 方向振动的二线偏振光、右旋圆偏振光与左旋圆偏振光等均是互为正交的偏振光。

利用琼斯矢量可以很方便地计算二偏振光的叠加：

$$\begin{bmatrix} E_x \\ E_y \end{bmatrix} = \begin{bmatrix} E_{1x} \\ E_{1y} \end{bmatrix} + \begin{bmatrix} E_{2x} \\ E_{2y} \end{bmatrix} = \begin{bmatrix} E_{1x} + E_{2x} \\ E_{1y} + E_{2y} \end{bmatrix}$$

亦可很方便地计算偏振光 $\boldsymbol{E}_i$ 通过几个偏振元件后的偏振态：

$$\begin{bmatrix} E_{tx} \\ E_{ty} \end{bmatrix} = \begin{bmatrix} a_n & b_n \\ c_n & d_n \end{bmatrix}\cdots\begin{bmatrix} a_2 & b_2 \\ c_2 & d_2 \end{bmatrix}\begin{bmatrix} a_1 & b_1 \\ c_1 & d_1 \end{bmatrix}\begin{bmatrix} E_{ix} \\ E_{iy} \end{bmatrix}$$

式中，$\begin{bmatrix} a_n & b_n \\ c_n & d_n \end{bmatrix}$ 为表示第 n 个光学元件偏振特性的琼斯矩阵，可由光学手册查到。

（3）斯托克斯参量表示法　　如前所述，为表征椭圆偏振状态，必须有三个独立参量，例如振幅 E_x、E_y 和相位差 φ，或者椭圆的长、短半轴 a、b 和表示椭圆取向的 ψ 角。1852 年斯托克斯(Stockes)提出用四个参量（斯托克斯参量）描述一光波的强度和偏振态，在实用上更为方便。与琼斯矢量不同的是，这种表示法描述的光可以是完全偏振光、部分偏振光和完全非偏振光，也可以是单色光、非单色光。可以证明，对于任意给定的光波，这些参量都可由简单的实验加以测定。

一个平面单色光波的斯托克斯参量是：

$$\left.\begin{aligned} s_0 &= E_x^2 + E_y^2 \\ s_1 &= E_x^2 - E_y^2 \\ s_2 &= 2E_x E_y \cos\varphi \\ s_3 &= 2E_x E_y \sin\varphi \end{aligned}\right\} \qquad (1.1-135)$$

其中只有三个参量是独立的，因为它们之间存在下面的恒等式关系：

$$s_0^2 = s_1^2 + s_2^2 + s_3^2 \qquad (1.1-136)$$

参量 s_0 显然正比于光波的强度，参量 s_1、s_2 和 s_3 则与图 1-17 所示的表征椭圆取向的 ψ 角 $(0 \leqslant \psi < \pi)$ 和表征椭圆率及椭圆转向的 χ 角 $(-\pi/4 \leqslant \chi \leqslant \pi/4)$ 有如下关系：

$$\left.\begin{array}{l} s_1 = s_0 \cos2\chi \, \cos2\psi \\ s_2 = s_0 \cos2\chi \, \sin2\psi \\ s_3 = s_0 \sin2\chi \end{array}\right\} \qquad (1.1-137)$$

（4）**邦加莱球表示法**　邦加莱球是 1892 年由邦加莱（Poincare）提出的可表示任一偏振态的图示法。邦加莱球在晶体光学中非常有用，可以很形象地表示出光穿过晶体偏振态的连续变化，确定晶体对于传输光偏振态的影响。

邦加莱球是一个半径为 s_0 的球面 Σ，其上任意点 P 的直角坐标为 s_1、s_2 和 s_3，而 2χ 和 2ψ 则是相应的球面角坐标，2χ 是球上的经度，2ψ 是球上的纬度（图 1-20）。根据前面所述各参量的含义，任一椭圆偏振光可由 2χ 和 2ψ 完全确定其偏振态，因而可以由球面上的一个点代表一个偏振态，球面上所有点的组合就代表了所有各种可能的偏振态。

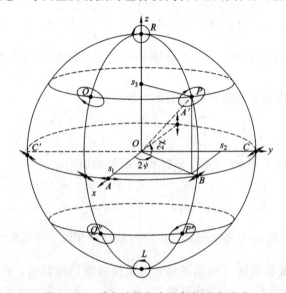

图 1-20　单色波偏振态的邦加球表示法

一个单色平面光波，当其强度给定（$s_0=$ 常数）时，对于它的每一个可能的偏振态，Σ 上都有一点与之对应，反之亦然。因为当椭圆偏振光是右旋时 χ 为正，而左旋时 χ 为负，所以 Σ 赤道面（xy 平面）上半部分的点代表右旋椭圆偏振光，下半部分的点代表左旋椭圆偏振光。对于线偏振光，因其相位差 φ 是零或 π 的整数倍，按（1.1-135）式，斯托克斯参量 s_3 为零，所以各线偏振光分别由赤道面上的点代表。对于圆偏振光，因为 $E_{0x} = E_{0y}$，有 $2\chi = 90°$，所以分别由南、北极两点代表左、右旋圆偏振光。因为任一直径与球面两个交点的 ψ 角相差 $\pi/2$，而 χ 变号，表明这两个点正好对应于一对正交的偏振态。

邦加莱球除了表示为上述半径为 s_0 的球面外，还可表示为一个半径为 1（对应于场振幅归一化）的球面。

1.2　光波在介质界面上的反射和折射

光在传播过程中遇到介质界面时，总是要发生反射和折射。由光的电磁理论可知，光在介质界面上的反射和折射,实质上是光与介质相互作用的结果,理论分析非常复杂。在这里,采用简化的处理方法,不考虑光与介质的微观作用,只根据麦克斯韦方程组和边界条件进行讨论。

1.2.1 反射定律和折射定律

光由一种介质入射到另一种介质时,在界面上将产生反射和折射。现假设二介质为均匀、透明、各向同性介质,分界面为无穷大的平面,入射、反射和折射光均为平面光波,其电场表示式为

$$\boldsymbol{E}_l = \boldsymbol{E}_{0l} \mathrm{e}^{-\mathrm{i}(\omega_l t - \boldsymbol{k}_l \cdot \boldsymbol{r})} \quad l = \mathrm{i, r, t} \quad (1.2-1)$$

式中,脚标 i、r、t 分别代表入射光、反射光和折射光;$\boldsymbol{r}$ 是界面上任意点的矢径,在图 1-21 所示的坐标情况下,有

$$\boldsymbol{r} = \boldsymbol{i}x + \boldsymbol{j}y$$

根据电磁场的边界条件,可以得到如下关系:

$$\omega_\mathrm{i} = \omega_\mathrm{r} = \omega_\mathrm{t} \quad (1.2-2)$$

$$(\boldsymbol{k}_\mathrm{i} - \boldsymbol{k}_\mathrm{r}) \cdot \boldsymbol{r} = 0 \quad (1.2-3)$$

$$(\boldsymbol{k}_\mathrm{i} - \boldsymbol{k}_\mathrm{t}) \cdot \boldsymbol{r} = 0 \quad (1.2-4)$$

这些关系表明:

① 入射光、反射光和折射光具有相同的频率;

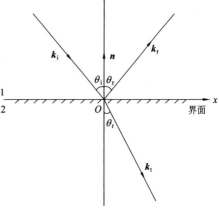

② 入射光、反射光和折射光均在入射面内,波矢 $\boldsymbol{k}_\mathrm{i}$、$\boldsymbol{k}_\mathrm{r}$ 和 $\boldsymbol{k}_\mathrm{t}$ 间的关系如图 1-22 所示。

图 1-21 平面光波在界面上的反射和折射

进一步,根据图 1-21 所示的几何关系,可由 (1.2-3) 式和 (1.2-4) 式得到

$$k_\mathrm{i} \sin\theta_\mathrm{i} = k_\mathrm{r} \sin\theta_\mathrm{r} \quad (1.2-5)$$

$$k_\mathrm{i} \sin\theta_\mathrm{i} = k_\mathrm{t} \sin\theta_\mathrm{t} \quad (1.2-6)$$

又因为 $k = n\omega/c$,可将上二式改写为

$$n_\mathrm{i} \sin\theta_\mathrm{i} = n_\mathrm{r} \sin\theta_\mathrm{r} \quad (1.2-7)$$

$$n_\mathrm{i} \sin\theta_\mathrm{i} = n_\mathrm{t} \sin\theta_\mathrm{t} \quad (1.2-8)$$

这就是介质界面上的反射定律和折射定律,在给定介质和入射光方向的情况下,它们给出了反射光、折射光的方向。折射定律又称为斯涅耳(Snell)定律。

1.2.2 菲涅耳公式、反射率和透射率

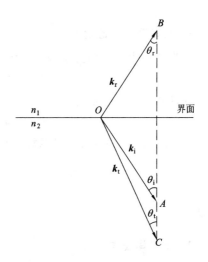

图 1-22 $\boldsymbol{k}_\mathrm{i}$、$\boldsymbol{k}_\mathrm{r}$、$\boldsymbol{k}_\mathrm{t}$ 三波矢关系

光的电磁理论除了给出描述光在介质界面上传播方向的反射定律和折射定律外,还给出了入射、反射光和折射光之间的光场振幅、相位和能量关系。

光在介质界面上的反射和折射特性与光场矢量的振动方向密切相关。由于平面光波的横波特性,光场矢量可在垂直传播方向的平面内的任意方向上振动,而它总可以分解成垂直于入射面振动的分量和平行于入射面振动的分量,一旦这两个分量的反射、折射特性确

定，则任意方向上振动的光的反射、折射特性也即确定。菲涅耳(Fresnel)公式就是确定这两个振动分量反射、折射特性的定量关系式。

1. s 分量和 p 分量

通常把电矢量垂直于入射面振动的分量称做 s 分量(或称为横电波——TE 波)，把电矢量平行于入射面振动的分量称做 p 分量(或称为横磁波——TM 波)，并约定在入射光、反射光和透射光中，它们应保持电磁波的横波特性。应指出的是，这里的 TE 波和 TM 波的称谓与波导中定义的 TE 波和 TM 波不同。为讨论方便起见，规定 s 分量和 p 分量的正方向如图 1-23 所示。

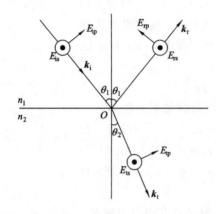

图 1-23　s 分量和 p 分量的正方向

2. 反射系数和透射系数

假设介质中的电场矢量表示式为

$$\boldsymbol{E}_l = \boldsymbol{E}_{0l} e^{-i(\omega t - \boldsymbol{k}_l \cdot \boldsymbol{r})} \qquad l = i, r, t \tag{1.2-9}$$

其 s 分量和 p 分量表示式为

$$\boldsymbol{E}_{lm} = \boldsymbol{E}_{0lm} e^{-i(\omega t - \boldsymbol{k}_l \cdot \boldsymbol{r})} \qquad m = s, p \tag{1.2-10}$$

则定义 s 分量、p 分量的反射系数、透射系数分别为

$$r_m = \frac{E_{0rm}}{E_{0im}} \tag{1.2-11}$$

$$t_m = \frac{E_{0tm}}{E_{0im}} \tag{1.2-12}$$

3. 菲涅耳公式

假设界面上的入射光、反射光和折射光同相位，根据电磁场的边界条件及 s 分量、p 分量的正方向规定，可得

$$E_{is} + E_{rs} = E_{ts} \tag{1.2-13}$$

和

$$H_{ip}\cos\theta_1 - H_{rp}\cos\theta_1 = H_{tp}\cos\theta_2 \tag{1.2-14}$$

利用 $\sqrt{\mu}H = \sqrt{\varepsilon}E$，上式变为

$$(E_{is} - E_{rs})n_1\cos\theta_1 = E_{ts}n_2\cos\theta_2 \tag{1.2-15}$$

再利用折射定律，并由(1.2-13)式和(1.2-15)式中消去 E_{ts}，经整理可得

$$\frac{E_{rs}}{E_{is}} = \frac{\sin(\theta_2 - \theta_1)}{\sin(\theta_2 + \theta_1)}$$

将(1.2-10)式代入上式，利用(1.2-3)式关系，并根据反射系数定义，得到

$$r_s = -\frac{\sin(\theta_1 - \theta_2)}{\sin(\theta_1 + \theta_2)} \qquad (1.2-16)$$

再由(1.2-13)式和(1.2-15)式中消去 E_{rs}，经运算整理得

$$t_s = \frac{2n_1 \cos\theta_1}{n_1 \cos\theta_1 + n_2 \cos\theta_2} \qquad (1.2-17)$$

将所得到的表示式(及相应的其他形式——读者可以自己推导)写成一个方程组，就是著名的菲涅耳公式：

$$r_s = \frac{E_{0rs}}{E_{0is}} = -\frac{\sin(\theta_1 - \theta_2)}{\sin(\theta_1 + \theta_2)} = \frac{n_1 \cos\theta_1 - n_2 \cos\theta_2}{n_1 \cos\theta_1 + n_2 \cos\theta_2}$$

$$= -\frac{\tan\theta_1 - \tan\theta_2}{\tan\theta_1 + \tan\theta_2} \qquad (1.2-18)$$

$$r_p = \frac{E_{0rp}}{E_{0ip}} = \frac{\tan(\theta_1 - \theta_2)}{\tan(\theta_1 + \theta_2)} = \frac{n_2 \cos\theta_1 - n_1 \cos\theta_2}{n_2 \cos\theta_1 + n_1 \cos\theta_2}$$

$$= \frac{\sin2\theta_1 - \sin2\theta_2}{\sin2\theta_1 + \sin2\theta_2} \qquad (1.2-19)$$

$$t_s = \frac{E_{0ts}}{E_{0is}} = \frac{2\cos\theta_1 \sin\theta_2}{\sin(\theta_1 + \theta_2)} = \frac{2n_1 \cos\theta_1}{n_1 \cos\theta_1 + n_2 \cos\theta_2} \qquad (1.2-20)$$

$$t_p = \frac{E_{0tp}}{E_{0ip}} = \frac{2 \cos\theta_1 \sin\theta_2}{\sin(\theta_1 + \theta_2)\cos(\theta_1 - \theta_2)} = \frac{2n_1 \cos\theta_1}{n_2 \cos\theta_1 + n_1 \cos\theta_2} \qquad (1.2-21)$$

由于这些系数首先是由菲涅耳用弹性波理论得到的，所以又叫做菲涅耳系数。

于是，如果已知界面两侧的折射率 n_1、n_2 和入射角 θ_1，就可由折射定律确定折射角 θ_2，进而可由上面的菲涅耳公式求出反射系数和透射系数。图 1-24 绘出了按光学玻璃 ($n=1.5$)和空气界面计算，在 $n_1 < n_2$(光由光疏介质射向光密介质)和 $n_1 > n_2$(光由光密介质射向光疏介质)两种情况下，反射系数、透射系数随入射角 θ_1 的变化曲线。

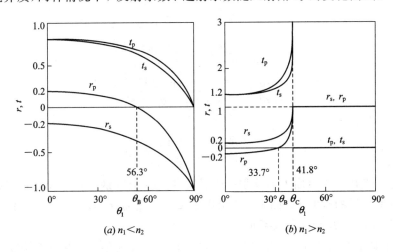

图 1-24 r_s、r_p、t_s、t_p 随入射角 θ_1 的变化曲线

4. 反射率和透射率

菲涅耳公式给出了入射光、反射光和折射光光场之间的振幅和相位关系(有关相位关系在后面还将深入讨论),进一步还可给出它们之间的能量关系。现在,讨论反映它们之间能量关系的反射率和透射率。在讨论过程中,不计介质的吸收、散射等能量损耗,因此,入射光能量在反射光和折射光中重新分配,而总能量保持不变。

如图 1-25 所示,若有一个平面光波以入射角 θ_1 斜入射到介质分界面上,平面光波的强度为 I_i,则每秒入射到界面上单位面积的能量为

$$W_i = I_i \cos\theta_1 \qquad (1.2-22)$$

考虑到光强表示式(1.1-25),上式可写成

$$W_i = \frac{1}{2}\sqrt{\frac{\varepsilon_1}{\mu_0}}E_{0i}^2 \cos\theta_1 \quad (1.2-23)$$

类似地,反射光和折射光的能量表示式为

$$W_r = \frac{1}{2}\sqrt{\frac{\varepsilon_1}{\mu_0}}E_{0r}^2 \cos\theta_1 \quad (1.2-24)$$

$$W_t = \frac{1}{2}\sqrt{\frac{\varepsilon_2}{\mu_0}}E_{0t}^2 \cos\theta_2 \quad (1.2-25)$$

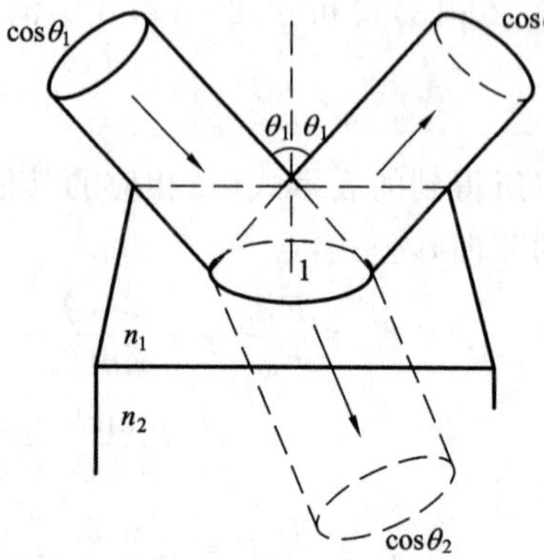

图 1-25 光束截面积在反射和折射时的变化(在分界面上光束截面积为 1)

由此可以得到反射率、透射率的表达式分别为

$$R = \frac{W_r}{W_i} = r^2 \qquad\qquad (1.2-26)$$

$$T = \frac{W_t}{W_i} = \frac{n_2\cos\theta_2}{n_1\cos\theta_1}t^2 \qquad\qquad (1.2-27)$$

将菲涅耳公式代入,即可得到入射光中 s 分量和 p 分量的反射率和透射率的表示式分别为

$$R_s = r_s^2 = \frac{\sin^2(\theta_1-\theta_2)}{\sin^2(\theta_1+\theta_2)} \qquad\qquad (1.2-28)$$

$$R_p = r_p^2 = \frac{\tan^2(\theta_1-\theta_2)}{\tan^2(\theta_1+\theta_2)} \qquad\qquad (1.2-29)$$

$$T_s = \frac{n_2}{n_1}\frac{\cos\theta_2}{\cos\theta_1}t_s^2 = \frac{\sin 2\theta_1 \sin 2\theta_2}{\sin^2(\theta_1+\theta_2)} \qquad\qquad (1.2-30)$$

$$T_p = \frac{n_2}{n_1}\frac{\cos\theta_2}{\cos\theta_1}t_p^2 = \frac{\sin 2\theta_1 \sin 2\theta_2}{\sin^2(\theta_1+\theta_2)\cos^2(\theta_1-\theta_2)} \qquad\qquad (1.2-31)$$

由上述关系式,显然有

$$R_s + T_s = 1 \qquad\qquad (1.2-32)$$

$$R_p + T_p = 1 \qquad\qquad (1.2-33)$$

综上所述,光在介质界面上的反射、透射特性由三个因素决定:入射光的偏振态,入射角,界面两侧介质的折射率。图 1-26 给出了按光学玻璃($n=1.52$)和空气界面计算得到的反射率 R 随入射角 θ_1 变化的关系曲线,可以看出:

① 相应于某个入射角 θ_1,一般情况下,$R_s \neq R_p$,即反射率与偏振状态有关。在小角度(正入射)和大角度(掠入射)情况下,$R_s \approx R_p$。在正入射时

$$R_s = R_p = \left(\frac{n_2 - n_1}{n_2 + n_1}\right)^2 \qquad (1.2-34)$$

相应有

$$T_s = T_p = \frac{4n_1 n_2}{(n_1 + n_2)^2} \qquad (1.2-35)$$

在图 $1-26(a)$ 中掠入射（$\theta_1 \approx 90°$）时，

$$R_s \approx R_p \approx 1$$

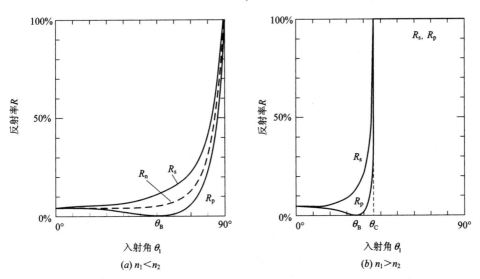

图 $1-26$ R 随入射角 θ_1 的变化关系

当光以某一特定角度 $\theta_1 = \theta_B$ 入射时，R_s 和 R_p 相差最大，且 $R_p = 0$，在反射光中不存在 p 分量。此时，根据菲涅耳公式有 $\theta_B + \theta_2 = 90°$，即该入射角与相应的折射角互为余角。利用折射定律，可得该特定角度满足

$$\tan\theta_B = \frac{n_2}{n_1} \qquad (1.2-36)$$

这个 θ_B 角称为布儒斯特（Brewster）角。例如，当光由空气射向玻璃时，$n_1 = 1$，$n_2 = 1.52$，布儒斯特角 $\theta_B = 56°40'$。

② 反射率 R 随入射角 θ_1 变化的趋势是：$\theta_1 < \theta_B$ 时，R 数值小，由 $R_s = R_p = 4.3\%$ 缓慢地变化；$\theta_1 > \theta_B$ 时，R 随着 θ_1 的增大急剧上升，到达 $R_s = R_p = 1$。

但是，对于图 $1-26(b)$ 所示的光由光密介质射向光疏介质（$n_1 > n_2$）和图 $1-26(a)$ 所示的光由光疏介质射向光密介质（$n_1 < n_2$）两种不同情况的反射规律有一个重大差别：当 $n_1 > n_2$ 时，存在一个临界角 θ_C，当 $\theta_1 > \theta_C$ 时，光波发生全反射。由折射定律，相应于临界角时的折射角 $\theta_2 = 90°$，因此有

$$\sin\theta_C = \frac{n_2}{n_1} \qquad (1.2-37)$$

例如，当光由玻璃射向空气时，临界角 $\theta_C = 41°8'$。对于 $n_1 < n_2$ 的情况，不存在全反射现象。

③ 反射率与界面两侧介质的折射率有关。图 $1-27$ 给出了在 $n_1 = 1$ 的情况下，光正入

射介质时，介质反射率 R 随其折射率 n 的变化曲线。可以看出，在一定范围内，R 与 n 几乎是线性关系，当 n 大到一定程度时，R 的上升就变得很缓慢了。在实际工作中，一定要注意 n 对 R 的影响。例如，正入射时，普通玻璃（$n=1.5$）的反射率 $R\approx4\%$，红宝石（$n=1.769$）的反射率为 7.7%，而对红外透明的锗片，$n=4$，其反射率高达 36%，一次反射就几乎要损失近 40% 的光。

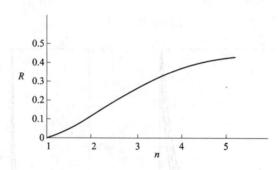

图 1-27　垂直入射时 R 随 n 变化的关系

1.2.3　反射和折射的相位特性

前面已经指出，菲涅耳公式描述了反射光、折射光与入射光之间的振幅和相位关系。下面，我们较详细地讨论反射光和折射光的相位特性。

首先要说明，当平面光波在透明介质界面上反射和折射时，由于折射率是实数，菲涅耳公式中不会出现虚数项（全反射时，r_s 和 r_p 为复数，这种情况后面讨论），反射系数 r 和透射系数 t 只能取正、负值，这表示反射光和折射光电场的 s、p 分量不是与入射光同相就是反相。

1. 折射光与入射光的相位关系

由图 1-24 可以看出，在入射角从 $0°$ 到 $90°$ 的变化范围内，不论光波以什么角度入射至界面，也不论界面两侧折射率的大小如何，s 分量和 p 分量的透射系数 t 总是取正值，因此，折射光总是与入射光同相位。

2. 反射光与入射光的相位关系

反射光与入射光的相位关系比较复杂。下面，首先讨论反射光和入射光中 s、p 分量的相位关系，然后讨论反射光和入射光的相位关系。

1）反射光和入射光中 s、p 分量的相位关系

（1）**光波由光疏介质射向光密介质**（$n_1<n_2$）　由图 1-24(a) 可见，$n_1<n_2$ 时，反射系数 $r_s<0$，说明反射光中的 s 分量与入射光中的 s 分量相位相反，或者说反射光中的 s 分量相对入射光中的 s 分量存在一个 π 相位突变，这即为图 1-28(a) 所表示的 $\varphi_{rs}=\pi$。而 p 分量的反射系数 r_p 在 $\theta_1<\theta_B$ 范围内，$r_p>0$，说明反射光中的 p 分量与入射光中的 p 分量相位相同（$\varphi_{rp}=0$）；在 $\theta_1>\theta_B$ 范围内，$r_p<0$，说明反射光中的 p 分量相对入射光中的 p 分量有 π 相位突变（$\varphi_{rs}=\pi$），此相位特性如图 1-28(b) 所示。

（2）**光波由光密介质射向光疏介质**（$n_1>n_2$）　由图 1-24(b) 可见，入射角 θ_1 在 $0°$ 到 θ_C 的范围内，s 分量的反射系数 $r_s>0$，说明反射光中的 s 分量与入射光中的 s 分量同相位，

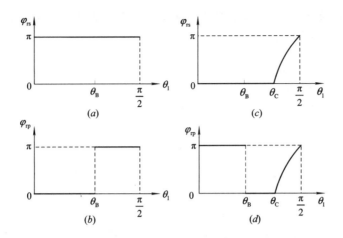

图 1-28 φ_{rs} 、 φ_{rp} 随入射角 θ_1 的变化

正如图 1-28(c) 所示的 $\varphi_{rs}=0$ 。p 分量的反射系数 r_p 在 $\theta_1<\theta_B$ 范围内，$r_p<0$，说明反射光中的 p 分量相对入射光中的 p 分量有 π 相位突变($\varphi_{rp}=\pi$)，而在 $\theta_B<\theta_1<\theta_C$ 范围内，$r_p>0$，说明反射光中的 p 分量与入射光中的 p 分量相位相同，如图 1-28(d) 所示。

2）反射光和入射光的相位关系

为了正确确定在界面入射点处的反射光（合成）场与入射光（合成）场的相位关系，必须考虑图 1-23 所示的 s、p 分量光电场振动正方向的规定。下面，以几种特殊的反射情况说明反射光场与入射光场之间的相位关系。

（1）**小角度入射的反射特性**

① $n_1<n_2$ 。为明显起见，我们考察 $\theta_1=0°$ 的正入射情况。由图 1-24(a)，有 $r_s<0$，$r_p>0$。考虑到图 1-23 所示的光电场振动正方向的规定，入射光和反射光的 s 分量、p 分量方向如图1-29 所示。由于 $r_s<0$，反射光中的 s 分量与规定正方向相反（即为垂直纸面向内方向）；由于 $r_p>0$，反射光中的 p 分量与规定正方向相同（逆着反射光线看，指向右侧），所以，在入射点处，合成的反射光场矢

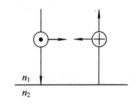

图 1-29 正入射时产生 π 相位突变

量 E_r 相对入射光场 E_i 反向，相位发生 π 突变，或半波损失。在 θ_1 非零、小角度入射时，都将近似产生 π 相位突变，或半波损失。

② $n_1>n_2$ 。正入射时，由图 1-24(b) 有 $r_p<0$，$r_s>0$。考虑到图 1-23 所示的光电场振动正方向的规定，入射光和反射光的 s 分量、p 分量方向如图 1-30 所示。于是，在入射点处，入射光场矢量 E_i 与反射光场矢量 E_r 同方向，即二者同相位，反射光没有半波损失。

（2）**掠入射的反射特性** 若 $n_1<n_2$，$\theta_1\approx90°$，由 (1.2-18) 式和 (1.2-19) 式有 $|r_s|=|r_p|$，$r_s<0$，$r_p<0$。考虑到图 1-23 的光电场振动正方向规定，其入射光和反射光的 s 分量、p 分量方向如图 1-31 所示。因此，在

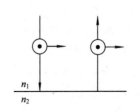

图 1-30 正入射无相位突变

入射点处，入射光场矢量 E_i 与反射光场矢量 E_r 方向近似相反，即掠入射时的反射光在 $n_1 < n_2$ 时将产生半波损失。

图 1-31 掠入射时的相位突变

3）薄膜上下表面的反射

以上讨论了光在一个界面上反射时的相位特性。对于从平行平面薄膜两表面反射的 1、2 两束光，有如图 1-32 所示的四种情形：$n_1 < n_2$，$\theta_1 < \theta_B$；$n_1 < n_2$，$\theta_1 > \theta_B$；$n_1 > n_2$，$\theta_1 < \theta_B$；$n_1 > n_2$，$\theta_1 > \theta_B$。由图可见，就 1、2 两束反射光而言，其 s、p 分量的方向总是相反的。因此，薄膜上下两侧介质相同时，上下两界面反射光的光场相位差，除了有光程差的贡献外，还有 π 的附加相位差。

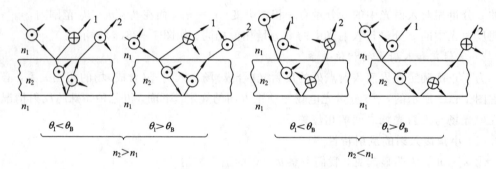

图 1-32 薄膜上下表面的反射

1.2.4 反射和折射的偏振特性

光波在介质界面上的反射和折射除如前所述能改变光的传播方向、光波场、光能量分配外，还会改变光的偏振特性。

1. 偏振度

前面讨论了平面光波按其光矢量端点的变化轨迹定义的线偏振光、圆偏振光和椭圆偏振光的偏振特性。实际上，由普通光源发出的光波都不是单一的平面波，而是许多光波的组合：它们具有各种可能的振动方向，在各个振动方向上振动的振幅在观察时间内的平均值相等，其间相位完全独立无关，这种光称为完全非偏振光，或称自然光。如果由于外界的作用，使各个振动方向上的振动强度不相等，就变成部分偏振光。如果使光场矢量有确定不变的或有规则变化的振动方向，则变为完全偏振光。部分偏振光可以看做是完全偏振光和自然光的混合，而完全偏振光可以是线偏振光、椭圆偏振光、圆偏振光，若不特别说明，在这里都是指线偏振光。

为便于研究，可将任意光场矢量视为两个独立正交分量（例如，s 分量和 p 分量）的叠加，因此，任意光波能量都可表示为

$$W = W_s + W_p \qquad (1.2-38)$$

在完全非偏振光中，$W_s = W_p$；在部分偏振光中，$W_s \neq W_p$；在完全偏振光中，或 $W_s = 0$，或 $W_p = 0$。

为表征光波的偏振特性，引入偏振度 P。偏振度的定义为：在部分偏振光的总强度中，完全偏振光所占的比例，即

$$P = \frac{I_L}{I_{总}} \qquad (1.2-39)$$

偏振度还可以表示为

$$P = \frac{I_M - I_m}{I_M + I_m} \qquad (1.2-40)$$

式中，I_M 和 I_m 分别为两个特殊（正交）方向上所对应的最大和最小光强。

对于完全非偏振光，$P=0$；对于完全偏振光，$P=1$。一般的 P 值表示部分偏振光，P 值愈接近 1，光的偏振程度愈高。

2. 反射和折射的偏振特性

由菲涅耳公式可知，通常 $r_s \neq r_p$，$t_s \neq t_p$，因此，反射光和折射光的偏振状态相对入射光会发生变化，导致入射自然光时，其反射光和折射光可能变成部分偏振光或完全偏振光；入射光是线偏振光时，反射光和折射光尽管可能仍然是线偏振光，其光的振动方向可能会发生变化。

1）自然光的反射、折射特性

自然光的反射率为

$$R_n = \frac{W_r}{W_{in}} \qquad (1.2-41)$$

由于入射的自然光能量 $W_{in} = W_{is} + W_{ip}$，且 $W_{is} = W_{ip}$，因此

$$R_n = \frac{W_{rs} + W_{rp}}{W_{in}} = \frac{W_{rs}}{2W_{is}} + \frac{W_{rp}}{2W_{ip}} = \frac{1}{2}(R_s + R_p) \qquad (1.2-42)$$

相应的反射光偏振度为

$$P_r = \left| \frac{I_{rp} - I_{rs}}{I_{rp} + I_{rs}} \right| = \left| \frac{R_p - R_s}{R_p + R_s} \right| \qquad (1.2-43)$$

折射光的偏振度为

$$P_t = \left| \frac{I_{tp} - I_{ts}}{I_{tp} + I_{ts}} \right| = \left| \frac{T_p - T_s}{T_p + T_s} \right| \qquad (1.2-44)$$

根据前面有关反射率和折射率的讨论，在不同入射角的情况下，自然光的反射、折射和偏振特性如下：

① 自然光正入射（$\theta_1 = 0°$）和掠入射界面（$\theta_1 \approx 90°$）时，$R_s = R_p$，$T_s = T_p$，因而 $P_r = P_t = 0$，即反射光和折射光仍然是自然光。

② 自然光斜入射界面时，因 R_s 和 R_p、T_s 和 T_p 不相等，所以反射光和折射光都变成了部分偏振光。

③ 自然光正入射界面时，反射率为

$$R_n = \left(\frac{n_2 - n_1}{n_2 + n_1}\right)^2 \qquad (1.2-45)$$

例如，光由空气（$n_1 = 1$）正入射至玻璃（$n_1 = 1.52$）时，$R_n = 4.3\%$；正入射至红宝石（$n_2 = 1.769$）时，$R_n = 7.7\%$；正入射至锗片（$n_2 = 4$）时，$R_n = 36\%$。

④ 自然光斜入射至界面上时，反射率为

$$R_n = \frac{1}{2}\left[\frac{\sin^2(\theta_1 - \theta_2)}{\sin^2(\theta_1 + \theta_2)} + \frac{\tan^2(\theta_1 - \theta_2)}{\tan^2(\theta_1 + \theta_2)}\right] \qquad (1.2-46)$$

随着入射角的变化，自然光反射率的变化规律为：(i) 光由光疏介质射向光密介质（例如，由空气射向玻璃）时，由图 1-26(a) 可见，在 $\theta_1 < 45°$ 范围内，R_n 基本不变，且近似等于 4.3%；在 $\theta_1 > 45°$ 时，随着 θ_1 的增大，R_n 较快地变大；(ii) 光由光密介质射向光疏介质时，在入射角大于临界角范围内，将发生全反射；(iii) 当 $\theta_1 = \theta_B$ 时，由于 $R_p = 0$，$P_r = 1$，因而反射光为完全偏振光。例如，光由空气射向玻璃时，布儒斯特角为

$$\theta_B = \arctan\frac{n_2}{n_1} = 56°40'$$

由反射率公式可得 $R_s = 15\%$，因此，反射光强为

$$I_r = R_n I_i = \frac{1}{2}(R_s + R_p)I_i = 0.075 I_i$$

这说明反射光为偏振光，但反射光强很小。对于透射光，因 $I_{rp} = 0$，有 $I_{tp} = I_{ip}$。又由于入射光是自然光，有 $I_{ip} = 0.5 I_i$，因而 $I_{tp} = 0.5 I_i$。进一步，因为

$$I_{ts} = I_{is} - I_{rs} = 0.5 I_i - 0.075 I_i = 0.425 I_i$$

所以透射光的偏振度为

$$P_t = \left|\frac{I_{tp} - I_{ts}}{I_{tp} + I_{ts}}\right| = 0.081$$

因此，透射光的光强很大（$I_t = 0.925 I_i$），但偏振度很小。

由上所述可以看出，要想通过单次反射的方法获得强反射的线偏振光、高偏振度的透射光是很困难的。在实际应用中，经常采用"片堆"达到上述目的。"片堆"是由一组平行平面玻璃片（或其他透明的薄片，如石英片等）叠在一起构成的，如图 1-33 所示，将这些玻璃片放在圆筒内，使其表面法线与圆筒轴构成布儒斯特角（θ_B）。当自然光沿圆筒轴（以布儒斯特角）入射并通过"片堆"时，因透过"片堆"的折射光连续不断地以相同的状态入射和折射，每通过一次界面，都从折射光中反射掉一部分垂直纸面振动的分量，最后使通过"片堆"的透射光接近为一个平行于入射面的线偏振光。

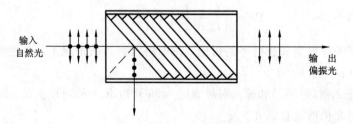

图 1-33 用"片堆"产生偏振光

在激光技术中，外腔式气体激光器放电管的布儒斯特窗口，就是上述"片堆"的实际应

用。如图 1-34 所示，当平行入射面振动的光分量通过窗片时，没有反射损失，因而这种光分量在激光器中可以起振，形成激光。而垂直纸面振动的光分量通过窗片时，将产生高达 15% 的反射损耗，不可能形成激光。由于在激光产生的过程中，光在腔内往返运行，类似于光通过"片堆"的情况，因而输出的激光将是在平行于激光管轴和窗片法线组成的平面内振动的线偏振光。

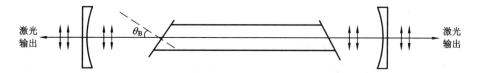

图 1-34　外腔式气体激光器

2) 线偏振光反射的振动面旋转

一束线偏振光入射至界面上，由于垂直入射面分量和平行入射面分量的振幅反射系数不同，相对入射光而言，反射光的振动面将发生旋转。例如，一束入射的线偏振光振动方位角 $\alpha_i = 45°$，则其平行分量和垂直分量相等，即 $E_{0s}^{(i)} = E_{0p}^{(i)}$。若如图 1-35 所示，该光的入射角 $\theta_1 = 40°$，则 s 分量和 p 分量的振幅反射系数分别为 $r_s = -0.2845$，$r_p = 0.1245$，反射光中二分量的振幅分别为

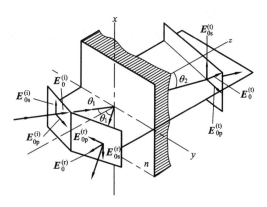

图 1-35　振动面的旋转

$$E_{0s}^{(r)} = r_s E_{0s}^{(i)} = -0.2845 E_{0s}^{(i)}$$

$$E_{0p}^{(r)} = r_p E_{0p}^{(i)} = 0.1245 E_{0p}^{(i)}$$

因此，反射光的振动方位角为

$$\alpha_r = \arctan \frac{E_{0s}^{(r)}}{E_{0p}^{(r)}} = \arctan \left(-\frac{0.2845}{0.1245} \right) = -66°24'$$

相对入射光而言，振动面远离入射面。

对于折射光，由于其 s 分量和 p 分量均无相位突变，且 $E_{0p}^{(t)} > E_{0s}^{(t)}$，所以 $\alpha_t < 45°$，即折射光的振动面转向入射面。

由此可见，线偏振光入射至界面，其反射光和折射光仍为线偏振光，但其振动方向发生改变。一般情况下，反射光和折射光的振动方位角可由下式分别求出：

$$\left. \begin{array}{l} \tan\alpha_r = \dfrac{E_{0s}^{(r)}}{E_{0p}^{(r)}} \\[2mm] \tan\alpha_t = \dfrac{E_{0s}^{(t)}}{E_{0p}^{(t)}} \end{array} \right\} \tag{1.2-47}$$

并且，假设方位角的变化范围是从 $-\pi/2$ 到 $\pi/2$。利用菲涅耳公式可以直接得到

$$\left. \begin{array}{l} \tan\alpha_r = -\dfrac{\cos(\theta_1 - \theta_2)}{\cos(\theta_1 + \theta_2)} \tan\alpha_i \\[2mm] \tan\alpha_t = \cos(\theta_1 - \theta_2) \tan\alpha_i \end{array} \right\} \tag{1.2-48}$$

由于 $0 \leqslant \theta_1 \leqslant \pi/2$，$0 \leqslant \theta_2 < \pi/2$，所以有

$$| \tan\alpha_r | \geqslant | \tan\alpha_i | \qquad (1.2-49a)$$

$$| \tan\alpha_t | \leqslant | \tan\alpha_i | \qquad (1.2-49b)$$

对于反射光，当 $\theta_1 = 0$ 或 $\theta_1 = \pi/2$，即正入射或掠入射时，(1.2-49a)式中的等号成立，在一般入射角时，振动面远离入射面；对于折射光，当 $\theta_1 = 0$，即正入射时，(1.2-49b)式中的等号成立，在一般入射角时，振动面转向入射面。

1.2.5　全反射

由前面的讨论已知，当光由光密介质射向光疏介质时，会发生全反射现象。在光电子技术应用中，利用全反射现象的情况很多，例如，光在光纤中的传输原理，就是基于全反射现象。下面，较深入地讨论全反射现象的特性。

1. 反射波

如前所述，光由光密介质射向光疏介质$(n_1 > n_2)$时，产生全反射的临界角 θ_C 满足下式关系：

$$\sin\theta_C = \frac{n_2}{n_1} \qquad (1.2-50)$$

由该式可见，当 $\theta_1 > \theta_C$ 时，会出现 $\sin\theta_1 > n_2/n_1$ 的现象，这显然是不合理的。此时，折射定律 $n_1 \sin\theta_1 = n_2 \sin\theta_2$ 不再成立。但是，为了能够将菲涅耳公式应用于全反射的情况，在形式上仍然要利用关系式

$$\sin\theta_2 = \frac{n_1}{n_2} \sin\theta_1$$

为此，应将 $\cos\theta_2$ 写成如下的虚数形式：

$$\cos\theta_2 = \sqrt{1 - \sin^2\theta_2} = i\sqrt{\sin^2\theta_2 - 1}$$

$$= i\sqrt{\left(\frac{n_1 \sin\theta_1}{n_2}\right)^2 - 1} \qquad (1.2-51)$$

有关 $\cos\theta_2$ 取虚数的意义及其取正号的原因，留在后面说明。

将(1.2-51)式代入菲涅耳公式，得到复反射系数

$$\tilde{r}_s = \frac{\cos\theta_1 - i\sqrt{\sin^2\theta_1 - n^2}}{\cos\theta_1 + i\sqrt{\sin^2\theta_1 - n^2}} = | \tilde{r}_s | e^{i\varphi_{rs}} \qquad (1.2-52)$$

$$\tilde{r}_p = \frac{n^2\cos\theta_1 - i\sqrt{\sin^2\theta_1 - n^2}}{n^2\cos\theta_1 + i\sqrt{\sin^2\theta_1 - n^2}} = | \tilde{r}_p | e^{i\varphi_{rp}} \qquad (1.2-53)$$

并且有

$$| \tilde{r}_s | = | \tilde{r}_p | = 1 \qquad (1.2-54)$$

$$\tan\frac{\varphi_{rs}}{2} = n^2 \tan\frac{\varphi_{rp}}{2} = -\frac{\sqrt{\sin^2\theta_1 - n^2}}{\cos\theta_1} \qquad (1.2-55)$$

式中，$n = n_2/n_1$，是二介质的相对折射率；$|\tilde{r}_s|$、$|\tilde{r}_p|$ 为反射光与入射光的 s 分量、p 分量光场振幅大小之比；φ_{rs}，φ_{rp} 为全反射时，反射光中的 s 分量、p 分量光场相对入射光的相位变化。由上式可见，发生全反射时，反射光强等于入射光强，而反射光的相位变化较复杂，其大致规律如图 1-28(c)、(d)所示。

应特别指出，在全反射时，反射光中的 s 分量和 p 分量的相位变化不同，它们之间的相位差取决于入射角 θ_1 和二介质的相对折射率 n，由下式决定：

$$\Delta\varphi = \varphi_{rs} - \varphi_{rp} = 2\arctan\frac{\cos\theta_1\ \sqrt{\sin^2\theta_1 - n^2}}{\sin^2\theta_1} \qquad (1.2-56)$$

因此，在 n 一定的情况下，适当地控制入射角 θ_1，即可改变 $\Delta\varphi$，从而改变反射光的偏振状态。例如，图 1-36 所示的菲涅耳菱体就是利用这个原理将入射的线偏振光变为圆偏振光的。对于图示之玻璃菱体（$n=1.51$），当 $\theta_1 = 54°37'$（或 $48°37'$）时，有 $\Delta\varphi = 45°$。因此，垂直菱体入射的线偏振光，若其振动方向与入射面的法线成 $45°$ 角，则在菱体内上下两个界面进行两次全反射后，s 分量和 p 分量的相位差为 $90°$，因而输出光为圆偏振光。

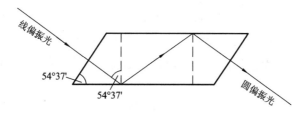

图 1-36　菲涅耳菱体

2. 衰逝波

当光由光密介质射向光疏介质，并在界面上发生全反射时，透射光强为零。这就有一个问题：此时在光疏介质中有无光场呢？

更深入地研究全反射现象表明：在发生全反射时，光波场将透入到第二个介质很薄的一层（约为光波波长）范围内，并沿着界面传播一段距离，再返回第一个介质。这个透入到第二个介质中表面层内的波叫衰逝波（倏逝波）。

现假设介质界面为 xOy 平面，入射面为 xOz 平面，则在一般情况下可将透射波场表示为

$$\boldsymbol{E}_t = \boldsymbol{E}_{0t}e^{-i(\omega t - \boldsymbol{k}_t \cdot \boldsymbol{r})} = \boldsymbol{E}_{0t}e^{-i(\omega t - k_t x\sin\theta_2 - k_t z\cos\theta_2)}$$

考虑到 (1.2-51) 式后，上式可改写为

$$\begin{aligned}\boldsymbol{E}_t &= \boldsymbol{E}_{0t}e^{-i(\omega t - k_t x\sin\theta_2 - ik_t z\sqrt{\sin^2\theta_1 - n^2}/n)}\\&= \boldsymbol{E}_{0t}e^{-k_t z\sqrt{\sin^2\theta_1 - n^2}/n}e^{-i(\omega t - k_t x\sin\theta_1/n)}\end{aligned} \qquad (1.2-57)$$

式中，$n = n_2/n_1$。这是一个沿着 z 方向振幅衰减，沿着界面 x 方向传播的非均匀波（图 1-37），

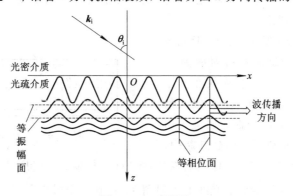

图 1-37　衰逝波

也就是全反射时的衰逝波。由此可以说明前面讨论的正确性：只有 $\cos\theta_2$ 取虚数形式，(1.2-51)式取正号，才可以得到这个客观上存在的衰逝波。

由(1.2-57)式可见，衰逝波沿 x 方向的传播常数为 $(k_t \sin\theta_1)/n$，因此，它沿 x 方向传播的波长为

$$\lambda_x = \frac{2\pi}{(k_t\sin\theta_1)/n} = \frac{\lambda}{\sin\theta_1} \qquad (1.2-58)$$

沿 x 方向传播的速度为

$$v_x = \frac{v}{\sin\theta_1} \qquad (1.2-59)$$

式中，λ、v 分别为光在第一个介质中的波长和速度。

由(1.2-57)式还可看出，衰逝波沿 x 方向传播，沿 z 方向的平均能流为零，其振幅沿 z 方向衰减。通常，定义衰逝波振幅沿 z 方向衰减到表面振幅 $1/e$ 处的深度为衰逝波在第二个介质中的穿透深度。穿透深度 z_0 很容易由 $k_t z_0 \sqrt{\sin^2\theta_1 - n^2}/n = 1$ 求得，即

$$z_0 = \frac{n}{k_t \sqrt{\sin^2\theta_1 - n^2}} \qquad (1.2-60)$$

例如，$n_1 = 1.52$，$n_2 = 1$，$\theta_1 = 45°$时，$z_0 = 0.4\lambda$。因此，衰逝波的穿透深度为波长的量级。

进一步的研究表明，发生全反射时，光由第一个介质进入第二个介质的能量入口处和返回能量的出口处，相隔约半个波长，即如图1-38所示，存在一个横向位移，此位移通常称为古斯—哈恩斯(Goos-Hänchen)位移。

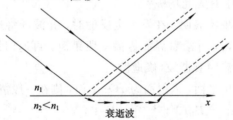

图 1-38 古斯—哈恩斯位移

3. 全反射现象应用举例

1) 光纤传光原理

在光电子技术中，光纤通信和光纤传感是非常重要的应用领域，而在光纤中的传光原理，正是基于全反射现象。

光纤是如图1-39所示的圆柱形光波导，由折射率为 n_1 的纤芯和折射率为 n_2 的包层组成，且有 $n_1 > n_2$。当光线在子午面内由光纤端面进入光纤纤芯，并以入射角 θ 射到纤芯和包层界面上时，如果入射角 θ 大于临界角 θ_C，将全反射回到纤芯中，

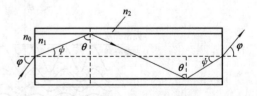

图 1-39 光纤传光原理

并在纤芯中继续不断地全反射，以锯齿形状在光纤内传输，直至从另一端折射输出。根据全反射的要求，对于光纤端面上光线的入射角 φ，存在一个最大角 φ_M，它可以根据全反射条件由临界角关系求出：

$$\sin\varphi_{M} = \frac{1}{n_0} \sqrt{n_1^2 - n_2^2} \tag{1.2-61}$$

当 $\varphi > \varphi_M$ 时，光线将透过界面进入包层，并向周围空间产生辐射损耗，因此，光纤不能有效地传递光能。通常将 $(n_0 \sin\varphi_M)$ 称为光纤的数值孔径（NA），显然，数值孔径表示式为

$$NA = \sqrt{n_1^2 - n_2^2} \approx \sqrt{2n_1^2 \left(\frac{n_1 - n_2}{n_1}\right)} = n_1 \sqrt{2\Delta} \tag{1.2-62}$$

式中

$$\Delta = \frac{n_1 - n_2}{n_1} \tag{1.2-63}$$

称为纤芯和包层的相对折射率差，一般光纤的 Δ 值为 0.01～0.05。

2）光纤液面计

利用全反射现象可以制成测量液面高度的光纤液面计，其原理结构如图 1-40 所示。光源发出的光由光纤耦合进棱镜，经棱镜全反射后由另一根光纤进入光电探测器。当液面在图示 AA' 以下时，棱镜处在空气中，光在其底面上产生全反射，进入到光电探测器中的光很强；当液面上升到 AA' 以上时，全反射条件被破坏，进入探测器的光将大大减弱。于是，可以通过进入探测器光强的变化，测量出液面在 AA' 之上，还是在 AA' 以下。

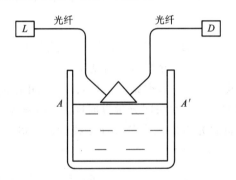

图 1-40 光纤液面计原理图

1.2.6 左手材料和负折射现象

1. 左手材料

尽管到目前为止人们并未在自然界中发现介电常数 ε 和磁导率 μ 都是负值的介质，但早在 1968 年，苏联科学家 Veselago 就从理论上研究了这种介质的电磁学性质。实事上，麦克斯韦方程组是描述宏观电磁现象的普遍理论，因此介电常数 ε 和磁导率 μ 取负值时麦克斯韦方程组仍然适用。在各向同性介质中，对于单色平面波，麦克斯韦方程组的旋度方程为

$$\mathbf{k} \times \mathbf{E} = \omega\mu\mathbf{H} \tag{1.2-64}$$

$$\mathbf{k} \times \mathbf{H} = -\omega\varepsilon\mathbf{E} \tag{1.2-65}$$

而且，只要介质的 ε 和 μ 同号，则 $k^2 = \omega^2\varepsilon\mu/c^2 > 0$，$k$ 取实数，平面波就能在介质中传播。

根据(1.2-64)式和(1.2-65)式，对于 ε 和 μ 均为正值的常规材料，$\mathbf{E}$、$\mathbf{H}$ 和 $\mathbf{k}$ 三者方向构成右手螺旋关系，而对于 ε 和 μ 均为负值的非常规材料，$\mathbf{E}$、$\mathbf{H}$ 和 $\mathbf{k}$ 三者方向构成左手

螺旋关系，如图1-41所示。因此，通常称上述常规材料为右手材料，而称非常规材料为左手材料。应当指出的是，在左手材料中，坡印廷矢量 S 和电场 E、磁场 H 的关系(1.1-21)式仍然成立，所以在左手材料中，波矢 k 与坡印廷矢量 S 反向，因此，其相速度 v_p 方向与群速度 v_g 方向正好相反。

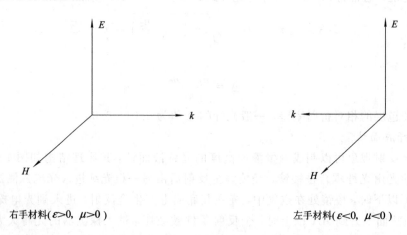

右手材料($\varepsilon > 0$, $\mu > 0$)   左手材料($\varepsilon < 0$, $\mu < 0$)

图1-41　右手材料和左手材料中的 E、H 和 k 方向关系

2. 负折射现象

光电磁波在左手材料中传播时会发生一系列反常现象，例如负折射现象、逆多普勒效应、逆切伦科夫辐射等。这里只简单介绍负折射现象。

如图1-42所示，光波从介质1入射到左手材料2，应用电磁场的边界条件，经过界面后的光电磁场切向分量方向不变，而法向分量方向反向。再考虑左手材料的 E、H、k 满足左手螺旋关系，入射光和折射光将出现在分界面法线的同一侧，这就是左手材料的负折射现象。

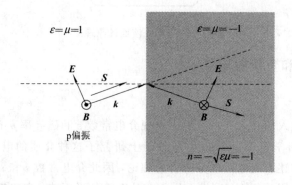

图1-42　负折射现象

如果定义左手材料的折射率为负值：

$$n = - \sqrt{\varepsilon\mu} \qquad\qquad (1.2-66)$$

并在折射光线与入射光线处在界面法线同一侧时取 $\theta_t < 0$，则折射定律(1.2-8)式仍然成立。正因如此，左手材料又称为负折射(NIR)材料。

目前，左手材料均需要人工合成，而且通常由形成负介电常数 ε 和负磁导率 μ 的单元结构复合而成。例如，利用等离子体(气体等离子体、金属内自由电子等离子体)激元，在一定条件下，可以使材料的介电常数为负，而利用开口环共振器则有可能实现磁导率为负值。2001 年，人们利用人工合成的左手材料，实验观察到了微波的负折射现象。其后，人们又不断地实验观察到了逆多普勒效应、逆切伦科夫辐射等现象。

1.3 光波在金属表面上的反射和折射

前面两节讨论了光在非导电的各向同性介质及其界面上的传播规律。对于金属而言，它与各向同性介质的主要差别是电导率(σ)不等于零，且因电导率与焦耳热损耗有关，所以将导致光在金属中传播时产生损耗衰减，以致于几乎不透明。尽管这样，金属在光学中仍起着重要的作用，例如，金属表面可以作为很好的反射镜。

下面，首先简单介绍光波在金属中的传播特性，然后讨论光波在金属表面上的反射和折射特性。

1. 光波在金属中的传播

设金属是一种介电常数为 ε、磁导率为 μ、电导率为 σ 的均匀各向同性介质，考虑到物质方程 $\boldsymbol{J} = \sigma \boldsymbol{E}$，麦克斯韦方程(1.1-4)式可表示为

$$\nabla \times \boldsymbol{H} - \left(\frac{\sigma}{\varepsilon} \boldsymbol{D} + \frac{\partial \boldsymbol{D}}{\partial t} \right) = 0 \tag{1.3-1}$$

对于频率为 ω 的单色波，上式变为

$$\nabla \times \boldsymbol{H} - \left(1 + \mathrm{i} \frac{\sigma}{\varepsilon \omega} \right) \frac{\partial \boldsymbol{D}}{\partial t} = 0 \tag{1.3-2}$$

若令复数 α 为

$$\alpha = 1 + \mathrm{i} \frac{\sigma}{\varepsilon \omega} \tag{1.3-3}$$

上式可改写为

$$\nabla \times \boldsymbol{H} - \alpha \frac{\partial \boldsymbol{D}}{\partial t} = 0 \tag{1.3-4}$$

由于金属中的电导率 σ 很大，即使某时刻存在电荷密度 ρ，也会很快地衰减为零。因此，可视金属中的电荷密度 $\rho = 0$。这样，采用类似 1.1 节中的推导过程，可得金属中光波所满足的波动方程为

$$\left. \begin{array}{l} \nabla^2 \boldsymbol{E} - \mu \varepsilon \alpha \dfrac{\partial^2 \boldsymbol{E}}{\partial t^2} = 0 \\[2mm] \nabla^2 \boldsymbol{H} - \mu \varepsilon \alpha \dfrac{\partial^2 \boldsymbol{H}}{\partial t^2} = 0 \end{array} \right\} \tag{1.3-5}$$

这两个波动方程与(1.1-15)式的差别在于以复数值 $\mu \varepsilon \alpha$ 代替了 $\mu \varepsilon$。

对于金属中的单色平面光波，其电场表示式为

$$E = E_0 \mathrm{e}^{-\mathrm{i}(\omega t - \tilde{k} \boldsymbol{k}_0 \cdot \boldsymbol{r})} \tag{1.3-6}$$

式中，$\boldsymbol{k}_0$ 为波矢方向的单位矢量；$\tilde{k}$ 为"复波数"，且

$$\tilde{k} = \omega \sqrt{\mu \varepsilon \alpha} = \omega \sqrt{\mu \left(\varepsilon + \mathrm{i} \frac{\sigma}{\omega} \right)} \tag{1.3-7}$$

若令

$$\tilde{k} = \tilde{n}k = \tilde{n}\,\frac{\omega}{c} \tag{1.3-8}$$

则

$$\tilde{n} = c\sqrt{\mu\left(\varepsilon + \mathrm{i}\,\frac{\sigma}{\omega}\right)} \tag{1.3-9}$$

该 $\tilde{n}$ 是金属中的复折射率。如果将 $\tilde{n}$ 写成实、虚部形式：

$$\tilde{n} = n' + \mathrm{i}n'' \tag{1.3-10}$$

可解得

$$(n')^2 = c^2\left[\frac{\mu\varepsilon + \sqrt{\mu^2\varepsilon^2 + \dfrac{\mu^2\sigma^2}{\omega^2}}}{2}\right] \tag{1.3-11}$$

$$(n'')^2 = \frac{\mu^2\sigma^2 c^2}{2\omega^2}\left[\frac{1}{\mu\varepsilon + \sqrt{\mu^2\varepsilon^2 + \dfrac{\mu^2\sigma^2}{\omega^2}}}\right] \tag{1.3-12}$$

于是，金属中的单色平面光波电场表示式为

$$E = E_0\,\mathrm{e}^{-\mathrm{i}\left[\omega t - \frac{\omega}{c}(n'+\mathrm{i}n'')(\boldsymbol{k}_0 \cdot \boldsymbol{r})\right]} = E_0\,\mathrm{e}^{-\frac{\omega}{c}n''(\boldsymbol{k}_0 \cdot \boldsymbol{r})}\,\mathrm{e}^{-\mathrm{i}\left[\omega t - \frac{\omega}{c}n'(\boldsymbol{k}_0 \cdot \boldsymbol{r})\right]} \tag{1.3-13}$$

这说明，在金属中传播的单色平面光波是一个衰减的平面波，n' 是光在金属中传播时的折射率，n'' 是描述光在金属中传播时衰减特性的量，它们都是光频率 ω 的函数。

2. 光在金属表面上的反射和折射

对于光在金属表面上的反射和折射，其讨论方法与电介质界面的情况相同。

如图 1-43 所示，设 $z=0$ 平面为分界面，上半空间为空气，下半空间为金属。

首先讨论 s 分量的反射、折射特性。

设空气中入射光的电场表达式为

$$E_\mathrm{i} = E_{0\mathrm{i}}\,\mathrm{e}^{-\mathrm{i}\left[\omega t - (k\sin\theta_\mathrm{i})x + (k\cos\theta_\mathrm{i})z\right]} \qquad z \geqslant 0 \tag{1.3-14}$$

相应的反射光和金属中折射光的电场形式为

$$E_\mathrm{r} = E_{0\mathrm{r}}\,\mathrm{e}^{-\mathrm{i}\left[\omega t - (k\sin\theta_\mathrm{r})x - (k\cos\theta_\mathrm{r})z\right]} \qquad z > 0 \tag{1.3-15}$$

$$E_\mathrm{t} = E_{0\mathrm{t}}\,\mathrm{e}^{-\mathrm{i}\left[\omega t - (\tilde{k}\sin\theta_\mathrm{t})x + (\tilde{k}\cos\theta_\mathrm{t})z\right]} \qquad z < 0 \tag{1.3-16}$$

按照与 1.2 节类似的步骤，可以得到反射光、折射光的方向关系：

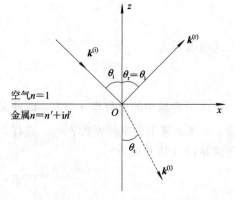

图 1-43　金属表面的反射和折射

$$\left.\begin{array}{l} \theta_\mathrm{i} = \theta_\mathrm{r} \\ \tilde{k}\,\sin\theta_\mathrm{t} = k\,\sin\theta_\mathrm{i} \end{array}\right\} \tag{1.3-17}$$

由于 $\tilde{k}$ 为复数，所以 θ_t 也为复数。

若设金属中折射光波矢分量的大小为

$$\left.\begin{array}{l} k_x^{(\mathrm{t})} = \tilde{k}\,\sin\theta_\mathrm{t} \\ k_z^{(\mathrm{t})} = \tilde{k}\,\cos\theta_\mathrm{t} \end{array}\right\} \tag{1.3-18}$$

则由(1.3-17)式，$k_x^{(t)}$ 应为实数，且有

$$\sin\theta_t = \frac{k}{\tilde{k}}\sin\theta_i$$

所以

$$
\begin{aligned}
k_z^{(t)} &= \tilde{k}\cos\theta_t = \tilde{k}\sqrt{1-\sin^2\theta_t} \\
&= \sqrt{\tilde{k}^2 - k^2\sin^2\theta_i} = k\sqrt{\tilde{n}^2 - \sin^2\theta_i} \\
&= k\sqrt{((n')^2 - (n'')^2 - \sin^2\theta_i) + i2n'n''}
\end{aligned}
$$

为方便起见，将 $k_z^{(t)}$ 表示成如下复数形式

$$k_z^{(t)} = k_z^{(t)'} + ik_z^{(t)''}$$

则金属中的折射光电场表示式可写为

$$E_t = E_{0t}e^{-i[\omega t - (\tilde{k}\sin\theta_t)x + (k_z^{(t)'} + ik_z^{(t)''})z]} = E_{0t}e^{k_z^{(t)''}z}e^{-i[\omega t - (\tilde{k}\sin\theta_t)x + k_z^{(t)'}z]} \tag{1.3-19}$$

这时，菲涅耳公式仍然成立，只是 θ_t 为复数角度。由(1.2-20)式有

$$t_s = \frac{2\cos\theta_i\sin\theta_t}{\sin(\theta_i + \theta_t)} = |t_s|e^{i\varphi_{ts}} \tag{1.3-20}$$

于是，金属中的折射光电场表示式为

$$E_t = E_{0i}|t_s|e^{k_z^{(t)''}z}e^{-i[\omega t - (k\sin\theta_i)x + k_z^{(t)'}z - \varphi_{ts}]} \tag{1.3-21}$$

上式说明，金属中的折射光是一个沿 $-z$ 方向衰减的非均匀波，相应于 $z=$ 常数的平面为等振幅面，满足

$$(k\sin\theta_i)x - k_z^{(t)'}z = 常数$$

的平面为等相位面，如图 1-44 所示。由 (1.3-21)式还可以看出，在界面上的任意点、任意时刻，折射光与入射光都相差一个相位 φ_{ts}。

对于金属良导体 $(\sigma/(\varepsilon\omega)\gg1)$，由上面有关的计算公式可得

$$k_z^{(t)'} \approx k_z^{(t)''} \approx \sqrt{\frac{\omega\mu\sigma}{2}} \tag{1.3-22}$$

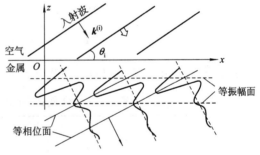

图 1-44　金属中的折射波

定义光波振幅衰减到表面振幅 $1/e$ 的传播距离为穿透深度，则由上式及(1.3-21)式，穿透深度为

$$z_0 = \frac{1}{k_z^{(t)''}} \approx \sqrt{\frac{2}{\omega\mu\sigma}} \tag{1.3-23}$$

例如，对于铜，$\mu=\mu_0=4\pi\times10^{-7}$ H/m，$\sigma\approx5.9\times10^7(\Omega\cdot m)$，如果光波频率 $\nu=5\times10^{14}$ Hz（黄光），可算得 $z_0\approx3\times10^{-6}$ mm=3 nm。显然，入射光只能透入金属表面很薄的一层。所以，在通常情况下，金属是不透明的，只有把它做成很薄的薄膜(比如镀铝的半透膜)时，才可以变成半透明的。

至于由金属表面向空气中的反射波，由于波矢 $k^{(r)}$ 为实数值，因而它是按照反射定律 $(\theta_r=\theta_i)$ 传播的均匀波(等振幅面与等相位面一致)。不过，由于 r_s 为复数值，

$$r_s = -\frac{\sin(\theta_i - \theta_t)}{\sin(\theta_i + \theta_t)} = |r_s|e^{i\varphi_{rs}} \tag{1.3-24}$$

所以，在界面上的反射波与入射波也相差一个相位 φ_{rs}。

上面给出的 φ_{ts} 和 φ_{rs} 除与入射角 θ_i 有关外，还与 $\tilde{n}$ 有关，也即与金属的物质常数 ε、μ、σ 以及光的频率 ω 有关。

对于 p 分量的反射、折射特性，亦可作同样的讨论，反射系数也是复数值

$$r_p = \frac{\tan(\theta_i - \theta_t)}{\tan(\theta_i + \theta_t)} = |\,r_p\,|\,e^{i\varphi_{rp}} \tag{1.3-25}$$

但是，由于 φ_{rp} 与 φ_{rs} 不同，因此金属表面的反射将改变入射光的偏振态。若入射光为线偏振光，其振动面与入射面间有一定的夹角，则由于反射光的 s 分量和 p 分量之间有一个相位差 $\Delta\varphi = \varphi_{rs} - \varphi_{rp}$，使得反射光变成椭圆偏振光。对于椭圆偏振光的参数进行测量，就可以确定出金属材料的复折射率 $\tilde{n}$，从而可求出 ε、μ、σ 等物质常数。

金属界面的反射率公式与介质的情况相同，只是折射率应由复折射率替代。例如，光波垂直入射到空气－金属界面上时，s 分量和 p 分量的反射系数为

$$r_p = -r_s = \frac{\tilde{n} - 1}{\tilde{n} + 1} = r \tag{1.3-26}$$

反射率为

$$R = |\,r\,|^2 = \left|\frac{\tilde{n} - 1}{\tilde{n} + 1}\right|^2 \tag{1.3-27}$$

若将 $\tilde{n} = n' + in''$ 代入上式，则有

$$R = \frac{(n')^2 + (n'')^2 + 1 - 2n'}{(n')^2 + (n'')^2 + 1 + 2n'} \tag{1.3-28}$$

表 1-1 列出了一些金属对于钠黄光的折射率和反射率数值。

表 1-1　金属的光学常数($\lambda = 0.5893\ \mu\mathrm{m}$)

金　属	n'	n''	R
银	0.20	3.44	0.94
铝	1.44	5.23	0.83
金(电解的)	0.47	2.83	0.82
铜	0.62	2.57	0.73
铁(蒸发的)	1.51	1.63	0.33

3. 金属表面反射的频率特性

上面指出，金属与各向同性介质的主要差别是有很大的电导率 σ，根据电子理论的观点，这种电导率起因于金属中有密度很大的自由电子(约 $10^{22}/\mathrm{cm}^3$)。当光照射到清洁磨光的金属表面上时，自由电子将在光电磁场的作用下强迫振动，产生次波，这些次波构成了很强的反射波和较弱的透射波，并且这些透射波将很快地被吸收掉。

由于不同金属所具有的自由电子密度不同，因而反射光的能力不同。一般说来，自由电子密度越大(电导率越大)，反射本领就越大。对于同一种金属，由上面的分析已经看出，入射光频率(波长)不同，反射率也不同。频率较低的红外线主要对金属中的自由电子发生

作用，而频率较高的可见光和紫外光可对金属中的束缚电子发生作用。由于束缚电子本身的固有频率正处在可见光和紫外光区，它将使得金属的反射能力降低，透射能力增大，因而使其呈现出非金属的光学性质。例如，如图1-45所示，银对红光和红外光的反射率很大，并有显著吸收；在紫外光区，反射率很低，在$\lambda = 0.316\ \mu m$附近，反射率降到4.2%，相当于玻璃的反射，而透射率则明显增大。铝的反射本领随波长的变化比较平缓，对于紫外光仍有相当高的反射率，铝的这

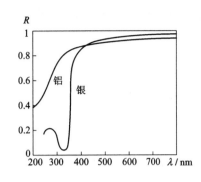

图1-45 银和铝反射率与波长的关系

一特性及其所具有的很好的抗腐蚀性，使它常被用作反射镜的涂料。

例　题

例 1-1　设一频率为$\nu = 10^{14}$ Hz、振幅为1的单色平面光波，$t=0$时刻在xOy平面（$z=0$）上的相位分布如图1-46所示：等相位线与x轴垂直，$\varphi=0$的等相位线坐标为$x=-5\ \mu m$，φ随x线性增加，x每增加$4\ \mu m$，相位增加2π。求此光波场的三维空间表达式、波矢、空间频率。

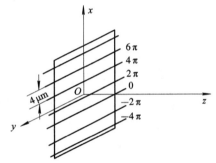

解：该单色平面光波的波数为

$$k = \frac{2\pi\nu}{c} = 2.094 \times 10^{3}\ mm^{-1}$$

由于x每增加$4\ \mu m$相位增加2π，所以k_x（沿x方向每增加单位长度，相位增加量）为

$$k_x = \frac{2\pi}{4\ \mu m} = 1.571 \times 10^{3}\ mm^{-1}$$

因为沿y轴的相位不变化，所以$k_y = 0$，故k_z为

$$k_z = \sqrt{k^2 - k_x^2 - k_y^2} = 1.385 \times 10^{3}\ mm^{-1}$$

图1-46 例1-1用图

该单色平面光波的波矢为

$$\boldsymbol{k} = k\boldsymbol{k}_0 = 2.094 \times 10^{3}\boldsymbol{k}_0$$
$$= k_x\boldsymbol{i} + k_j\boldsymbol{j} + k_z\boldsymbol{k}$$
$$= 1.571 \times 10^{3}\boldsymbol{i} + 1.385 \times 10^{3}\boldsymbol{k}\ mm^{-1}$$

可见，波法线在xOz平面内，波法线方向与z轴的夹角α（见图1-47）为

$$\alpha = \arctan\frac{k_x}{k_z} = 48°36'$$

由于$k_y = 0$，所以在$z=0$面上、$t=0$时刻的相位为

$$\varphi = k_x x + \varphi_0$$

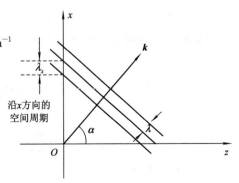

图1-47 平面光波的空间特性

又由于在 $x = -5\ \mu\text{m}$ 处，$\varphi = 0$，因而可求得

$$\varphi_0 = 2.5\pi$$

因此，光波电场的三维空间表示式为

$$E(x,y,z) = e^{i(k_x x + k_y y + k_z z + \varphi_0)} = e^{i(1.571 \times 10^3 x + 1.385 \times 10^3 z + 2.5\pi)}$$

该单色平面光波的空间频率为

$\boldsymbol{k}$ 方向的空间频率　$f = \dfrac{1}{\lambda} = \dfrac{k}{2\pi} = 333\ \text{mm}^{-1}$

x 方向的空间频率　$f_x = \dfrac{1}{\lambda_x} = \dfrac{k_x}{2\pi} = 250\ \text{mm}^{-1}$

y 方向的空间频率　$f_y = \dfrac{1}{\lambda_y} = \dfrac{k_y}{2\pi} = 0$

z 方向的空间频率　$f_z = \dfrac{1}{\lambda_z} = \dfrac{k_z}{2\pi} = 220\ \text{mm}^{-1}$

例 1-2　图 1-48 中的 M_1、M_2 是两块平行放置的玻璃片（$n = 1.50$），背面涂黑。一束自然光以 θ_B 角入射到 M_1 上的 A 点，反射至 M_2 上的 B 点，再出射。试确定 M_2 以 AB 为轴旋转一周时，出射光强的变化规律。

解：由题设条件知，当 M_2 绕 AB 轴旋转时，二镜的入射角 θ_i 均为 θ_B，且有

$$\theta_i = \theta_B = \arctan \frac{n_2}{n_1} = 56.31°$$

$$\theta_t = 90° - \theta_i = 33.69°$$

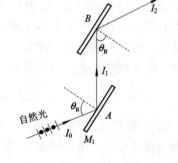

图 1-48　例 1-2 用图

由于二镜背面涂黑，因而不必考虑折射光。

对于 M_1，有

$$R_p = (r_p)^2 = 0$$

$$R_s = (r_s)^2 = \left[-\frac{\sin(\theta_i - \theta_t)}{\sin(\theta_i + \theta_t)} \right]^2 = 0.1479$$

由于入射光是自然光，p、s 分量无固定相位关系，光强相等，故

$$R = \frac{1}{2}(R_p + R_s) = 0.074 = \frac{I_1}{I_0}$$

式中，I_0 是入射自然光强；I_1 是沿 AB 的反射光强，它是垂直于图面振动的线偏振光。

对于 M_2，假设在绕 AB 旋转的任一位置上，入射面与图面的夹角为 θ，则沿 AB 的入射光可以分解为 p 分量和 s 分量，其振幅分别为

$$E_p = \sqrt{I_1}\,\sin\theta, \quad E_s = \sqrt{I_1}\,\cos\theta$$

它们之间有一定的相位差。由于 $\theta_i = \theta_B$，因而

$$r_p = 0$$

$$r_s = -\frac{\sin(\theta_i - \theta_t)}{\sin(\theta_i + \theta_t)} = -0.3846$$

因此，出射光的振幅为

$$E'_p = 0$$

$$E'_s = r_s E_s = (-0.3846) \sqrt{I_1} \cos\theta$$

即最后的出射光强为

$$I_2 = (E'_s)^2 = 0.011 I_0 \cos^2\theta$$

结论：当 M_2 绕 AB 旋转时，出射光强变化，出射光强最大值 $I_M = 0.011 I_0$，最小值 $I_m = 0$。出射光强依 M_2 相对于 M_1 的方位变化，符合马吕斯(Malus)定律。在本题的装置中，M_1 相当于起偏镜，M_2 相当于检偏镜，出射光相对于 M_2 的入射面来说，是垂直分量的线偏振光。

例 1-3 一束右旋圆偏振光(迎着光的传播方向看)从玻璃表面垂直反射出来，若迎着反射光的方向观察，它的偏振状态如何？

解： 选取直角坐标系如图 1-49(a)所示，玻璃面为 xOy 面，右旋圆偏振光沿 $-z$ 方向入射，在 xOy 面上入射光电场矢量的分量为

$$E_{ix} = A \sin\left(\omega t + \frac{\pi}{2}\right)$$

$$E_{iy} = A \sin\omega t$$

所观察到的入射光电场矢量的端点轨迹如图 1-49(b)所示。

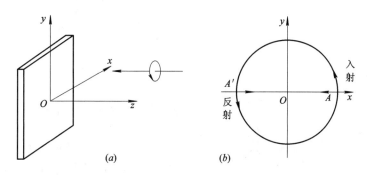

图 1-49　例 1-3 用图

根据菲涅耳公式，玻璃面上的反射光相对入射面而言有一个 π 相位突变，因而反射光的电场分量表示式为

$$E_{rx} = A \sin\left(\omega t + \frac{\pi}{2} + \pi\right) = -A \sin\left(\omega t + \frac{\pi}{2}\right)$$

$$E_{ry} = A \sin(\omega t + \pi) = -A \sin\omega t$$

其旋向仍然是由 x 轴旋向 y 轴，所以，迎着反射光的传播方向看，是左旋圆偏振光。

结论：垂直入射光为右旋圆偏振光，经玻璃反射后变为左旋圆偏振光。

例 1-4 空气中有一薄膜($n=1.46$)，两表面严格平行。今有一平面偏振光以 30°角射入，其振动平面与入射面夹角为 45°，如图 1-50 所示。由其上表面反射的光①和经下表面反射后的反射光④的光强各为多少？它们在空间的取向如何？它们之间的相位差是多少？

解： 如图 1-51(a)所示，将入射平面光分解成 s、p 分量，由于入射光振动面和入射面夹角是 45°，因而 $E_s = E_p = E_i/\sqrt{2}$。

首先求反射光①的振幅及空间取向。因入射角 $\theta_1 = 30°$，故在 $n=1.46$ 介质中的折射角 $\theta_2 = \arcsin(\sin\theta_1/n) = 20°$，所以，反射光①的 s、p 分量的振幅为

$$E_{s1} = \frac{E_i}{\sqrt{2}}\left[-\frac{\sin(\theta_1-\theta_2)}{\sin(\theta_1+\theta_2)}\right] = -0.227\frac{E_i}{\sqrt{2}}$$

$$E_{p1} = \frac{E_i}{\sqrt{2}}\left[\frac{\tan(\theta_1-\theta_2)}{\tan(\theta_1+\theta_2)}\right] = 0.148\frac{E_i}{\sqrt{2}}$$

合振幅为

$$E_1 = \sqrt{E_{s1}^2 + E_{p1}^2} = 0.271\frac{E_i}{\sqrt{2}}$$

振动面与入射面的夹角为

$$\alpha_1 = \arctan\left|\frac{E_{s1}}{E_{p1}}\right| = \arctan\frac{0.227}{0.148} = 56.86°$$

光强为

$$I_1 = |E_1|^2 = 0.0366 I_i$$

对于光②，其 s、p 分量的振幅为

$$E_{s2} = \frac{E_i}{\sqrt{2}}\frac{2\sin\theta_2\cos\theta_1}{\sin(\theta_1+\theta_2)} = 0.773\frac{E_i}{\sqrt{2}}$$

$$E_{p2} = \frac{E_i}{\sqrt{2}}\left[\frac{2\sin\theta_2\cos\theta_1}{\sin(\theta_1+\theta_2)\cos(\theta_1-\theta_2)}\right] = 0.785\frac{E_i}{\sqrt{2}}$$

E_2、E_{s2}、E_{p2} 的方向被标在图 1-51(b) 中。

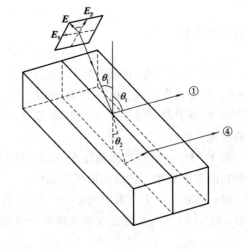

图 1-50 例题 1-4 用图

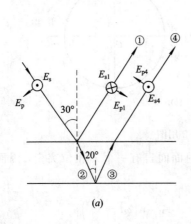

(a)

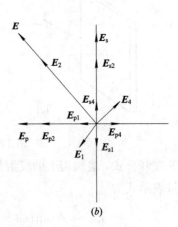

(b)

图 1-51 光路及振动方向示意

光③是第二个界面的反射光，相应第二个界面的角度关系为 $\theta_1 = 20°$，$\theta_2 = 30°$，其 s、p 分量的振幅为

$$E_{s3} = E_{s2}\left[-\frac{\sin(\theta_1-\theta_2)}{\sin(\theta_1+\theta_2)}\right] = 0.773\frac{E_i}{\sqrt{2}}\frac{\sin10°}{\sin50°} = 0.175\frac{E_i}{\sqrt{2}}$$

$$E_{p3} = E_{p2}\frac{\tan(\theta_1-\theta_2)}{\tan(\theta_1+\theta_2)} = 0.785\frac{E_i}{\sqrt{2}}\frac{\tan(-10°)}{\tan50°} = -0.116\frac{E_i}{\sqrt{2}}$$

因而，光④的 s、p 分量振幅为

$$E_{s4} = E_{s3}\frac{2\sin\theta_2\cos\theta_1}{\sin(\theta_1+\theta_2)} = 0.175\frac{E_i}{\sqrt{2}}\frac{2\sin30°\cos20°}{\sin50°} = 0.215\frac{E_i}{\sqrt{2}}$$

$$E_{p4} = E_{p3} \frac{2 \sin\theta_2 \cos\theta_1}{\sin(\theta_1 + \theta_2) \cos(\theta_1 - \theta_2)} = -0.116 \frac{E_i}{\sqrt{2}} \frac{2 \sin30° \cos20°}{\sin50° \cos10°} = -0.145 \frac{E_i}{\sqrt{2}}$$

合振幅为

$$E_4 = \sqrt{E_{s4}^2 + E_{p4}^2} = 0.259 \frac{E_i}{\sqrt{2}}$$

振动面和入射面的夹角为

$$\alpha_4 = \arctan \left| \frac{E_{s4}}{E_{p4}} \right| = 56.19°$$

其振动方向也被表示在图 1-51(b)中，它的光强为

$$I_4 = |E_4|^2 = 0.0336 I_i$$

结论：光①和光④的光强很接近，而且，光①和光④的振动在空间上的取向几乎一致，但其相位相反。

例 1-5　一光学系统由两片分离的平面透镜组成，两片透镜的折射率分别为 1.5 和 1.7，求此系统的反射光能损失。如果透镜表面镀上增透膜使其表面反射率降为 1%，该系统的光能损失又是多少？

解：本题属于光波在介质界面上的能量反射和透射问题，需利用菲涅耳公式以及反射率和透射率公式。

（1）该光学系统包括 4 个界面。若考虑光束通常是接近正入射通过各界面，则 $\theta_i = \theta_r = 0°$，$R = \left(\frac{n_2 - n_1}{n_2 + n_1} \right)^2$，其中，$n_1 = 1$，$n_2 = 1.5$ 和 1.7。因而，各界面的反射率分别为

$$R_1 = R_2 = \left(\frac{1.5 - 1}{1.5 + 1} \right)^2 = 0.040$$

$$R_3 = R_4 = \left(\frac{1.7 - 1}{1.7 + 1} \right)^2 = 0.067$$

如果入射到系统的光能为 W，则相继透过各面的光能为

$$W_1 = (1 - R_1)W = (1 - 0.040)W = 0.960W$$

$$W_2 = (1 - R_2)W_1 = 0.960W_1 = (0.960)^2 W = 0.922W$$

$$W_3 = (1 - R_3)W_2 = 0.933 \times 0.922W = 0.860W$$

$$W_4 = (1 - R_4)W_3 = 0.933 \times 0.860W = 0.802W$$

系统的反射光能损失约为 20%。

（2）若各界面的反射率均降为 1%，即

$$R_1 = R_2 = R_3 = R_4 = 0.01$$

则

$$W_4 = (1 - R_1)^4 W = (1 - 0.01)^4 W = 0.960W$$

系统的反射光能损失为 4%。

例 1-6　一束自然光以 70° 角入射到空气—玻璃（$n = 1.5$）分界面上，求反射率，并确定反射光的偏振度。

解：根据(1.2-42)式及(1.2-28)式、(1.2-29)式，界面反射率为

$$R_n = \frac{1}{2}(r_s^2 + r_p^2)$$

因为

$$r_s = \frac{\cos\theta_1 - n\cos\theta_2}{\cos\theta_1 + n\cos\theta_2} = \frac{\cos\theta_1 - \sqrt{n^2 - \sin^2\theta_1}}{\cos\theta_1 + \sqrt{n^2 - \sin^2\theta_1}} = -0.55$$

$$r_p = \frac{n^2\cos\theta_1 - \sqrt{n^2 - \sin^2\theta_1}}{n^2\cos\theta_1 + \sqrt{n^2 - \sin^2\theta_1}} = -0.21$$

所以反射率为

$$R_n = 0.17$$

根据(1.2-43)式，反射光的偏振度为

$$P_r = \left| \frac{I_{rp} - I_{rs}}{I_{rp} + I_{rs}} \right| = \left| \frac{R_p I_{ip} - R_s I_{is}}{R_p I_{ip} + R_s I_{is}} \right|$$

由于入射光是自然光，$I_{is} = I_{ip} = I_i/2$，又由于 $R_s = r_s^2 = 0.303$，$R_p = r_p^2 = 0.044$，所以

$$P_r = \frac{0.303 - 0.044}{0.303 + 0.044} = 74.6\%$$

例 1-7　欲使线偏振的激光通过红宝石棒时，在棒的端面没有反射损失，棒端面对棒轴倾角 α 应取何值？光束入射角 φ_1 应为多大？入射光的振动方向如何选取？已知红宝石的折射率 $n = 1.76$，光束在棒内沿棒轴方向传播(图 1-52)。

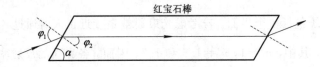

图 1-52　例 1-7 用图

解：根据光在界面上的反射特性，若没有反射损耗，入射角应当为布儒斯特角，入射光的振动方向应为 p 分量方向。因此，入射角 φ_1 应为

$$\varphi_1 = \theta_B = \arctan\frac{n_2}{n_1} = \arctan 1.76 = 60.39°$$

因为光沿布儒斯特角入射时，其入射角和折射角互为余角，所以折射角

$$\varphi_2 = 90° - \theta_B = 29.61°$$

由图 1-52 的几何关系，若光在红宝石内沿棒轴方向传播，则 α 与 φ_2 互成余角，所以

$$\alpha = \varphi_1 = 60.39°$$

入射光的振动方向在图面内、垂直于传播方向。

习　　题

1-1　计算由下式表示的平面波电矢量的振动方向、传播方向、相位速度、振幅、频率、波长：

$$\boldsymbol{E} = (-2\boldsymbol{i} + 2\sqrt{3}\boldsymbol{j})e^{i(\sqrt{3}x + y + 6\times10^8 t)}$$

1-2　一个线偏振光在玻璃中传播时的表示式为

$$\boldsymbol{E} = 10^2\cos\left[\pi\times10^{15}\times\left(\frac{z}{0.65c} - t\right)\right]\boldsymbol{i}$$

求该光的频率、波长，玻璃的折射率。

1-3 两束振动方向相同的单色光波在空间某一点产生的光振动分别表示为 $E_1 = a_1 \cos(\omega t - \alpha_1)$ 和 $E_2 = a_2 \cos(\omega t - \alpha_2)$。若 $\omega = 2\pi \times 10^{15}$ Hz，$a_1 = 6$ V/m，$a_2 = 8$ V/m，$\alpha_1 = 0$，$\alpha_2 = \pi/2$，求合振动的表示式。

1-4 两束振动方向相同、振幅为 A、波长同为 400 nm 的平面光波照射在 xy 平面上，它们的传播方向与 xz 平面平行，与 z 轴的夹角分别为 $10°$ 和 $-10°$，求 xy 平面上的光场复振幅分布及空间频率。

1-5 振幅为 A，波长为 $\frac{2}{3} \times 10^4$ nm 的单色平面波的方向余弦为 $\cos\alpha = \frac{2}{3}$，$\cos\beta = \frac{1}{3}$，$\cos\gamma = \frac{2}{3}$，试求它在 xy 平面上的复振幅及空间频率。

1-6 已知单色平面光波的频率为 $\nu = 10^{14}$ Hz，在 $z = 0$ 平面上相位线性增加的情况如图 1-53 所示。求 f_x，f_y，f_z。

1-7 求下列函数的傅里叶频谱，并绘出原函数和频谱图：

(1) $E(x) = \begin{cases} A \sin 2\pi f_0 x & |x| \leqslant L \\ 0 & |x| > L \end{cases}$

(2) $E(x) = \begin{cases} A \sin^2 2\pi f_0 x & |x| \leqslant L \\ 0 & |x| > L \end{cases}$

(3) $E(x) = \begin{cases} e^{-\alpha x} & \alpha > 0, x > 0 \\ 0 & x < 0 \end{cases}$

(4) 高斯函数 $E(x) = e^{-\pi x^2}$

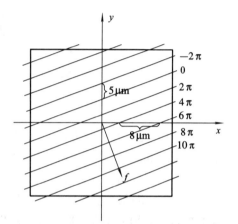

图 1-53 题 1-6 用图

1-8 试确定下列各组光波表示式所代表的偏振态：

(1) $E_x = E_0 \sin(\omega t - kz)$，$E_y = E_0 \cos(\omega t - kz)$

(2) $E_x = E_0 \cos(\omega t - kz)$，$E_y = E_0 \cos(\omega t - kz + \pi/4)$

(3) $E_x = E_0 \sin(\omega t - kz)$，$E_y = -E_0 \sin(\omega t - kz)$

1-9 一束沿 z 方向传播的椭圆偏振光 $\boldsymbol{E}(z,t) = \boldsymbol{i}A \cos(kz - \omega t) + \boldsymbol{j}A \cos\left(kz - \omega t - \frac{\pi}{4}\right)$，试求该偏振椭圆的方位角和椭圆长半轴及短半轴大小。

1-10 在椭圆偏振光中，设椭圆的长轴与 x 轴的夹角为 α，椭圆的长、短轴各为 $2a_1$、$2a_2$，E_x、E_y 的相位差为 φ。求证

$$\tan 2\alpha = \frac{2E_{x0} E_{y0}}{E_{x0}^2 - E_{y0}^2} \cos\varphi$$

1-11 已知冕牌玻璃对 0.3988 μm 波长光的折射率为 $n = 1.525\ 46$，$dn/d\lambda = -1.26 \times 10^{-1}/\mu$m，求光在该玻璃中的相速度和群速度。

1-12 试计算下面两种色散规律的群速度（表示式中的 v 是相速度）：

(1) 电离层中的电磁波，$v = \sqrt{c^2 + b^2\lambda^2}$，其中，$c$ 是真空中的光速，λ 是介质中的电磁波波长，b 是常数。

(2) 充满色散介质（$\varepsilon = \varepsilon(\omega)$，$\mu = \mu(\omega)$）的直波导管中的电磁波，$v = c\omega / \sqrt{\omega^2 \varepsilon\mu - c^2 a^2}$，

其中，c 是真空中的光速，a 是与波导管截面有关的常数。

1-13 求从折射率 $n=1.52$ 的玻璃平板反射和折射的光的偏振度。入射光是自然光，入射角分别为 $0°，20°，45°，56°40′，90°$。

1-14 自然光以布儒斯特角入射到由 10 片玻璃片叠成的玻片堆上，试计算透射光的偏振度。

1-15 一左旋圆偏振光以 $50°$ 角入射到空气-玻璃分界面上（图 1-54），试求反射光和透射光的偏振态。

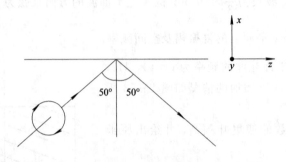

图 1-54 题 1-15 用图

1-16 光矢量振动方向与入射面成 $45°$ 的线偏振光，入射到两种透明介质的分界面上，若入射角 $\theta_1=50°$，$n_1=1$，$n_2=1.5$，则反射光的光矢量振动方向与入射面成多大角度？若 $\theta_1=60°$，则该角度又为多大？

1-17 望远镜之物镜为一双胶合透镜（图 1-55），其单透镜的折射率分别为 1.52 和 1.68，采用折射率为 1.60 的树脂胶胶合。问物镜胶合前后的反射光能损失分别为多少。

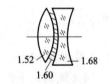

图 1-55 题 1-17 用图

1-18 若要使光经红宝石（$n=1.76$）表面反射后成为完全偏振光，入射角应等于多少？求在此入射角的情况下，折射光的偏振度 P_t。

1-19 如图 1-56 所示，光线穿过平行平板，由 n_1 进入 n_2 界面的振幅反射系数为 r，透射系数为 t，由 n_2 进入 n_1 界面的振幅反射系数为 r'，透射系数为 t'。试证明：相应于平行和垂直于图面振动的光分量有：

① $r_\perp = -r'_\perp$；

② $r_\parallel = -r'_\parallel$；

③ $t_\perp \cdot t'_\perp + r_\perp^2 = 1$；

④ $t_\parallel \cdot t'_\parallel + r_\parallel^2 = 1$；

⑤ $1 + r_\parallel \cdot r'_\parallel = t_\parallel \cdot t'_\parallel$。

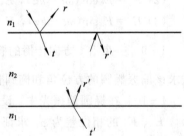

图 1-56 题 1-19 用图

1-20 一束自然光从空气垂直入射到玻璃表面，试计算玻璃表面的反射率 $R_0 = ?$ 此反射率 R_0 与反射光波长是否有关？为什么？若光束以 $45°$ 角入射，则其反射率 $R_{45} = ?$ 由此说明反射率与哪些因素有关（设玻璃折射率为 1.52）？

1-21 太阳光（自然光）以 $60°$ 角入射到窗玻璃（$n=1.5$）上，试求太阳光的透射比。

1-22 如图 1-57 所示，光束垂直入射到 45° 直角棱镜的一个侧面，并经斜面反射后由第二个侧面射出。若入射光强为 I_0，求从棱镜透过的出射光强 I。设棱镜的折射率为 1.52，且不考虑棱镜的吸收。

1-23 如图 1-58 所示，用棱镜改变光束方向，并使光束垂直棱镜表面射出，入射光是平行于纸面振动的 He-Ne 激光($\lambda=0.6328~\mu m$)。问入射角 φ_i 等于多少时透射最强。由此计算出该棱镜底角 α 应为多大($n=1.52$)？若入射光是垂直纸面振动的 He-Ne 激光，则能否满足反射损失小于 1‰ 的要求？

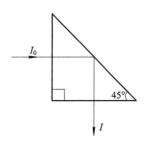

图 1-57 题 1-22 用图

1-24 如图 1-59 所示，当光从空气斜入射到平行平面玻璃片上时，经上、下表面反射的光 R_1 和 R_2 之间相位关系如何？它们之间是否有附加的"半波程差"？对入射角大于和小于布儒斯特角的两种情况分别进行讨论。

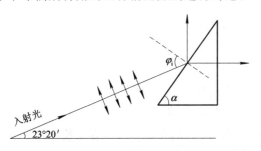

图 1-58 题 1-23 用图

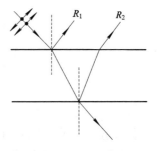

图 1-59 题 1-24 用图

1-25 如图 1-60 所示，玻璃块周围介质(水)的折射率为 1.33。若光束射向玻璃块的入射角为 45°，问玻璃块的折射率至少应为多大才能使透入光束发生全反射。

1-26 线偏振光在 n_1 和 n_2 介质的界面上发生全反射，线偏振光的方位角 $\alpha=45°$。证明当 $\cos\theta=\sqrt{\dfrac{1-n^2}{1+n^2}}$ 时(θ 是入射角)，反射光 s 波和 p 波的相位差有最大值。式中，$n=n_2/n_1$。

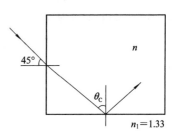

图 1-60 题 1-25 用图

1-27 图 1-61 所示的一根圆柱形光纤，纤芯折射率为 n_1，包层折射率为 n_2，且 $n_1 > n_2$。

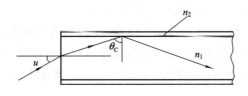

图 1-61 题 1-27 用图

(1) 证明入射光的最大孔径角 $2u$(保证光在纤芯和包层界面发生全反射)满足关系式

$$\sin u = \sqrt{n_1^2 - n_2^2}$$

(2) 若 $n_1 = 1.62$，$n_2 = 1.52$，求最大孔径角 $2u$。

1-28　图 1-62 表示一弯曲圆柱形光纤，纤芯直径为 D，曲率半径为 R。

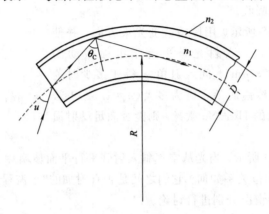

图 1-62　题 1-28 用图

(1) 证明入射光的最大孔径角 $2u$ 满足关系式

$$\sin u = \sqrt{n_1^2 - n_2^2 \left(1 + \frac{D}{2R}\right)^2}$$

(2) 若 $n_1 = 1.62$，$n_2 = 1.52$，$D = 70\ \mu m$，$R = 12\ mm$，求最大孔径角 $2u$。

1-29　若入射光是线偏振的，在全反射的情况下，入射角应为多大方能使在入射面内振动和垂直入射面振动的两反射光间的相位差为极大？这个极大值等于多少？

1-30　产生圆偏振光的穆尼菱体如图 1-63 所示，试证明：如果菱体的折射率为 1.65，则顶角 A 约为 $60°$。

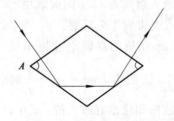

图 1-63　题 1-30 用图

1-31　今有一线偏振光在玻璃—空气界面上发生全反射，线偏振光的振动方向与入射面夹角为 $\theta(\theta \neq 0, \pi/2)$，玻璃折射率为 $n = 1.5$。试确定该线偏振光以多大角度入射时才能使反射光场中的 s 分量与 p 分量相位差等于 $40°$。

1-32　今有一振动方向与入射面的法线成 $45°$ 角的线偏振光，以 $54°37'$ 由玻璃斜入射到空气界面上，玻璃折射率为 $n = 1.51$。试确定反射光的偏振状态。

1-33　铝在 $\lambda = 0.5\ \mu m$ 时，$n' = 1.5$，$n'' = 3.2$，求光正入射时的反射率和反射光场的相位变化。

第 2 章 光 的 干 涉

光的干涉、衍射现象是光的波动性的基本特征，也是许多光学仪器和测量技术的基础。本章研究光的干涉特性，主要讨论产生干涉的基本条件，典型的双光束干涉装置，双光束、多光束干涉特性及常用的干涉仪、薄膜技术，特别强调了光的相干性，简单介绍了相干性的定量描述。

2.1 双光束干涉

2.1.1 产生干涉的基本条件

1. 两束光的干涉现象

光的干涉是指两束或多束光在空间相遇时，在重叠区内形成稳定的强弱强度分布的现象。

例如，图 2-1 所示的两列单色平面线偏振光

$$E_1 = E_{01}\cos(\omega_1 t - k_1 \cdot r + \varphi_{01}) \qquad (2.1-1)$$

和

$$E_2 = E_{02}\cos(\omega_2 t - k_2 \cdot r + \varphi_{02}) \qquad (2.1-2)$$

在空间 P 点相遇，它们的振动方向间的夹角为 θ，则在 P 点处的总光强为

$$\begin{aligned} I &= I_1 + I_2 + 2\sqrt{I_1 I_2}\cos\theta\cos\varphi \\ &= I_1 + I_2 + 2I_{12} \end{aligned} \qquad (2.1-3)$$

式中，I_1、I_2 是二光束的光强；φ 是二光束的相位差，且有

$$\left. \begin{aligned} \varphi &= k_2 \cdot r - k_1 \cdot r + \varphi_{01} - \varphi_{02} + \Delta\omega t \\ \Delta\omega &= \omega_1 - \omega_2 \\ I_{12} &= \sqrt{I_1 I_2}\cos\theta\cos\varphi \end{aligned} \right\}$$

$$(2.1-4)$$

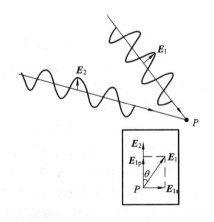

图 2-1 两列光波在空间重叠

由此可见，二光束叠加后的总强度并不等于这两列波的强度和，而是多了一项交叉项 I_{12}，它反映了这两束光的干涉效应，通常称为干涉项。干涉现象就是指这两束光在重叠区内形成的稳定的光强分布。所谓稳定，是指用肉眼或记录仪器能观察到或记录到条纹分布，即在一定时间内存在着相对稳定的条纹分布。显然，如果干涉项 I_{12} 远小于两光束光强中较小

的一个，就不易观察到干涉现象；如果两束光的相位差随时间变化，使光强度条纹图样产生移动，且当条纹移动的速度快到肉眼或记录仪器分辨不出条纹图样时，就观察不到干涉现象了。

在能观察到稳定的光强分布的情况下，满足

$$\varphi = 2m\pi \qquad m = 0, \pm 1, \pm 2, \cdots \qquad (2.1-5)$$

的空间位置为光强极大值处，且光强极大值 I_M 为

$$I_M = I_1 + I_2 + 2\sqrt{I_1 I_2}\cos\theta \qquad (2.1-6)$$

满足

$$\varphi = (2m+1)\pi \quad m = 0, \pm 1, \pm 2, \cdots \qquad (2.1-7)$$

的空间位置为光强极小值处，且光强极小值 I_m 为

$$I_m = I_1 + I_2 - 2\sqrt{I_1 I_2}\cos\theta \qquad (2.1-8)$$

当两束光强相等，即 $I_1 = I_2 = I_0$ 时，相应的极大值和极小值分别为

$$I_M = 2I_0(1 + \cos\theta) \qquad (2.1-9)$$

$$I_m = 2I_0(1 - \cos\theta) \qquad (2.1-10)$$

2. 产生干涉的条件

首先引入一个表征干涉效应程度的参量——干涉条纹可见度，由此深入分析产生干涉的条件。

1）干涉条纹可见度（对比度）

干涉条纹可见度定义为

$$V \overset{\mathrm{d}}{=} \frac{I_M - I_m}{I_M + I_m} \qquad (2.1-11)$$

当干涉光强的极小值 $I_m = 0$ 时，$V = 1$，二光束完全相干，条纹最清晰；当 $I_M = I_m$ 时，$V = 0$，二光束完全不相干，无干涉条纹；当 $I_M \neq I_m \neq 0$ 时，$0 < V < 1$，二光束部分相干，条纹清晰度介于上面两种情况之间。

2）产生干涉的条件

由上述二光束叠加的光强分布关系(2.1-3)式可见，影响光强条纹稳定分布的主要因素是：二光束频率、二光束振动方向夹角和二光束的相位差。

（1）**对干涉光束的频率要求**　由二干涉光束相位差的关系式可以看出，当二光束频率相等，$\Delta\omega = 0$ 时，干涉光强不随时间变化，可以得到稳定的干涉条纹分布。当二光束的频率不相等，$\Delta\omega \neq 0$ 时，干涉条纹将随着时间产生移动，且 $\Delta\omega$ 愈大，条纹移动速度愈快；当 $\Delta\omega$ 大到一定程度时，肉眼或探测仪器就将观察不到稳定的条纹分布。因此，为了产生干涉现象，要求二干涉光束的频率尽量相等。

（2）**对二干涉光束振动方向的要求**　由(2.1-9)式、(2.1-10)式可见，当二光束光强相等时

$$V = \cos\theta \qquad (2.1-12)$$

因此，当 $\theta = 0$、二光束的振动方向相同时，$V = 1$，干涉条纹最清晰；当 $\theta = \pi/2$、二光束正交振动时，$V = 0$，不发生干涉；当 $0 < \theta < \pi/2$ 时，$0 < V < 1$，干涉条纹清晰度介于上面两种情况之间。所以，为了产生明显的干涉现象，要求二光束的振动方向相同。

（3）**对二干涉光束相位差的要求**　由(2.1-3)式可见，为了获得稳定的干涉图形，二干涉光束的相位差必须固定不变，即要求二等频单色光波的初相位差恒定。实际上，考虑到光源的发光特点，这是最关键的要求。

可见，要获得稳定的干涉条纹，则：① 两束光波的频率应当相同；② 两束光波在相遇处的振动方向应当相同；③ 两束光波在相遇处应有固定不变的相位差。这三个条件就是两束光波发生干涉的必要条件，通常称为相干条件。

3. 实现光束干涉的基本方法

由上面的讨论可见，为了实现光束干涉，对于光波提出了严格的要求，因此也就对产生干涉光波的光源提出了严格要求。通常称满足相干条件的光波为相干光波，能够产生相干光波的光源叫相干光源。为了更深刻地理解光的干涉特性，首先简单地介绍光源的发光性质。

1）原子发光的特点

众所周知，一个光源包含有许许多多个发光的原子（和分子），每个原子（和分子）都是一个发光中心，我们看到的每一束光都是由这些原子（和分子）发射和汇集出来的。但是每个单个原子（和分子）的发光都不是无休止的，每次发光动作只能持续一定的时间，这个时间很短（实验证明，原子发光时间一般都小于 10^{-8} 秒），因而每次发光只能产生有限的一段波列。进一步，由光的辐射理论知道，普通光源的发光方式主要是自发辐射，即各原子都是一个独立的发光中心，其发光动作杂乱无章，彼此无关。因而，不同原子产生的各个波列之间、同一个原子先后产生的各个波列之间，都没有固定的相位关系，这样的光波叠加，当然不会产生干涉现象。或者说，在一极短的时间内，其叠加的结果可能是加强，而在另一极短的时间内，其叠加的结果可能是减弱，于是在一有限的观察时间 τ 内，二光束叠加的强度是时间 τ 内的平均，即为

$$\langle I \rangle = \frac{1}{\tau} \int_0^\tau I \mathrm{d}\tau = \frac{1}{\tau} \int_0^\tau (I_1 + I_2 + 2\sqrt{I_1 I_2} \cos\theta \cos\varphi) \, \mathrm{d}\tau$$

$$= I_1 + I_2 + 2\sqrt{I_1 I_2} \cos\theta \frac{1}{\tau} \int_0^\tau \cos\varphi \, \mathrm{d}\tau$$

如果在 τ 内各时刻到达的波列相位差 φ 无规则地变化，φ 将在 τ 内多次（可能在 10^8 次以上）经历 0 与 2π 之间的一切数值，这样，上式的积分为零，即

$$\frac{1}{\tau} \int_0^\tau \cos\varphi \, \mathrm{d}\tau = 0$$

因此

$$\langle I \rangle = I_1 + I_2$$

即二光束叠加的平均光强恒等于二光波的光强之和，不发生干涉。由此看来，不仅从两个普通光源发出的光不会产生干涉，就是从同一个光源的两个不同部分发出的光也是不相干的。因此，普通光源是一种非相干光源。

20 世纪 60 年代人们发明的一种新型光源——激光器所产生的激光有很好的相干性，它是一种相干光源。有关它的相干特性，将在后面专门讨论。

2）获得相干光的方法

由上面关于相干条件的讨论可知，利用两个独立的普通光源是不可能产生干涉的，即

使使用两个相干性很好的独立激光器发出的激光束来进行干涉实验，也是相当困难的事情，其原因是它们的相位关系不固定。

在光学中，获得相干光、产生明显可见干涉条纹的唯一方法就是把一个波列的光分成两束或几束光波，然后再令其重合，产生稳定的干涉效应。这种"一分为二"的方法，可以使二干涉光束的初相位差保持恒定。

一般获得相干光的方法有两类：分波面法和分振幅法。分波面法是将一个波列的波面分成两部分或几部分，由这每一部分发出的波再相遇时，必然是相干的，下面讨论的杨氏干涉就属于这种干涉方法。分振幅法通常是利用透明薄板的第一、二表面对入射光的依次反射或透射，将入射光的振幅分解为若干部分，当这些不同部分的光波相遇时将产生干涉。分振幅法是一种很常见的获得相干光、产生干涉的方法，下面讨论的平行平板产生的干涉就属于这种干涉方法。

2.1.2　双光束干涉

1. 分波面法双光束干涉

在实验室中为了演示分波面法的双光束干涉，最常采用的是图 2-2 所示的双缝干涉实验。用一束 He-Ne 激光照射两个狭缝 S_1、S_2，就会在缝后的白色屏幕上观察到明暗交替的双缝干涉条纹。为了研究分波面法双光束干涉现象的特性，下面较详细地讨论杨氏双缝干涉实验。

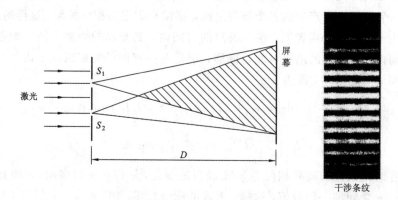

图 2-2　双缝干涉实验

在图 2-3 所示的杨氏双缝干涉实验原理图中，间距为 d 的 S_1 和 S_2 双缝从来自狭缝 S 的光波波面上分割出很小的两部分作为相干光源，它们发出的两列光波在观察屏上叠加，形成干涉条纹。

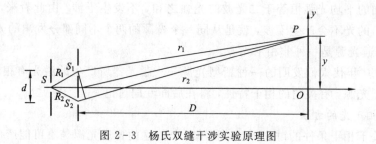

图 2-3　杨氏双缝干涉实验原理图

由于狭缝 S 和双缝 S_1、S_2 都很窄，均可视为次级线光源。从线光源 S 发出的光波经 SS_1P 和 SS_2P 两条不同路径，在观察屏 P 点上相交，其光程差为

$$\Delta = (R_2 - R_1) + (r_2 - r_1) = \Delta R + \Delta r$$

在 $d \ll D$，且在 y 很小的范围内考察时，相应二光的相位差为

$$\varphi = \frac{2\pi}{\lambda}\Delta \approx \frac{2\pi}{\lambda}\left(\frac{yd}{D} + \Delta R\right) \tag{2.1-13}$$

① 如果 S_1、S_2 到 S 的距离相等，$\Delta R = 0$，则对应 $\varphi = 2m\pi (m = 0, \pm 1, \pm 2, \cdots)$ 的空间点，即

$$y = m\frac{D\lambda}{d} \tag{2.1-14}$$

处为光强极大，呈现干涉亮条纹；对应 $\varphi = (2m+1)\pi$ 的空间点，即

$$y = \left(m + \frac{1}{2}\right)\frac{D\lambda}{d} \tag{2.1-15}$$

处为光强极小，呈现干涉暗条纹。

因此，干涉图样如图 2-2 所示，是与 y 轴垂直、明暗相间的直条纹。相邻两亮(暗)条纹间的距离是条纹间距 ε，且有

$$\varepsilon = \Delta y = \frac{D\lambda}{d} = \frac{\lambda}{w} \tag{2.1-16}$$

其中 $w = \frac{d}{D}$ 称做光束会聚角。可见，条纹间距与会聚角成反比；与波长成正比，波长长的条纹较短波长的条纹疏。在实验中，可以通过测量 D、d 和 ε，计算求得光波长 λ。

② 如果 S_1、S_2 到 S 的距离不同，$\Delta R \neq 0$，则对应

$$y = \frac{m\lambda - \Delta R}{w} \tag{2.1-17}$$

的空间点是亮条纹；对应

$$y = \frac{\left(m + \frac{1}{2}\right)\lambda - \Delta R}{w} \tag{2.1-18}$$

的空间点是暗条纹。即干涉图样相对于 $\Delta R = 0$ 的情况，沿着 y 方向发生了平移。

除了上述杨氏干涉实验外，菲涅耳双棱镜(图 2-4)、菲涅耳双面镜(图 2-5)和洛埃镜(图 2-6)都属于分波面法双光束干涉的实验装置。

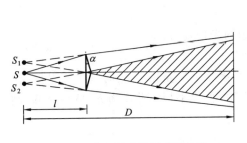

图 2-4 菲涅耳双棱镜干涉装置

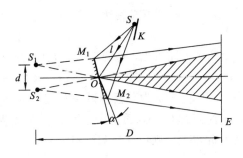

图 2-5 菲涅耳双面镜干涉装置

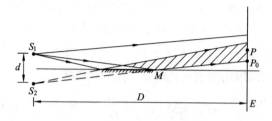

图 2-6 洛埃镜干涉装置

这些实验的共同点是:

① 在两束光的叠加区内到处都可以观察到干涉条纹,只是不同地方条纹的间距、形状不同而已。这种在整个光波叠加区内随处可见干涉条纹的干涉,称为非定域干涉。与非定域干涉相对应的是定域干涉,有关干涉的定域问题,将在后面的讨论中提及,并在 2.5 节中较详细讨论。

② 在这些干涉装置中,都有限制光束的狭缝或小孔,因而干涉条纹的强度很弱,以致于在实际中难以应用。

③ 当用白光进行干涉实验时,由于干涉条纹的光强极值条件与波长有关,除了 $m=0$ 的条纹仍是白光以外,其他级次的干涉条纹均为不同颜色(对应着不同波长)分离的彩色条纹。

2. 分振幅法双光束干涉

与分波面法双光束干涉相比,分振幅法产生干涉的实验装置因其既可以使用扩展光源,又可以获得清晰的干涉条纹,而被广泛地运用。在干涉计量技术中,这种方法已成为众多的重要干涉仪和干涉技术的基础。但也正是由于使用了扩展光源,其干涉条纹变成了定域的。

1) 平行平板产生的干涉——等倾干涉

平行平板产生干涉的装置如图 2-7 所示,由扩展光源发出的每一簇平行光线经平行平板反射后,都会聚在无穷远处,或者通过图示的透镜会聚在焦平面上,产生定域的等倾干涉。

(1) **等倾干涉的强度分布** 根据光波通过透镜成像的理论分析,光经平行平板后,通过透镜在焦平面 F 上所产生的干涉强度分布(图样),与无透镜时在无穷远处形成的干涉强度分布(图样)相同。其规律主要取决于光经平板反射后,所产生的两束光到达焦平面 F 上 P 点的光程差。

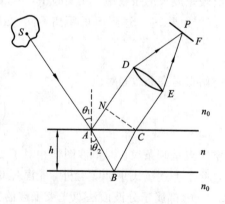

图 2-7 平行平板干涉的光程图示

由图示光路可见,这两束光因几何程差引起的光程差为

$$\Delta = n(AB + BC) - n_0 AN$$

式中,n 和 n_0 分别为平板折射率和周围介质的折射率,N 是由 C 点向 AD 所引垂线的垂足,自 N 点和 C 点到透镜焦平面 P 点的光程相等。假设平板的厚度为 h,入射角和折射角分别为 θ_1 和 θ_2,则由几何关系有

$$AB = BC = \frac{h}{\cos\theta_2}$$

— 64 —

$$AN = AC\ \sin\theta_1 = 2h\ \tan\theta_2\ \sin\theta_1$$

再利用折射定律

$$n\ \sin\theta_2 = n_0\ \sin\theta_1$$

可得到光程差为

$$\Delta = 2nh\ \cos\theta_2 = 2h\ \sqrt{n^2 - n_0^2\ \sin^2\theta_1} \qquad (2.1-19)$$

进一步，考虑到由于平板两侧的折射率与平板折射率不同，无论是 $n_0 > n$，还是 $n_0 < n$，从平板两表面反射的两支光中总有一支发生"半波损失"。所以，两束反射光的光程差还应加上由界面反射引起的附加光程差 $\lambda/2$，故

$$\Delta = 2nh\ \cos\theta_2 + \frac{\lambda}{2} \qquad (2.1-20)$$

如果平板两侧的介质折射率不同，并且平板折射率的大小介于两种介质折射率之间，则两支反射光间无"半波损失"贡献，此时的光程差仍采用(2.1-19)式形式。

由此可以得到焦平面上的光强分布为

$$I = I_1 + I_2 + 2\ \sqrt{I_1 I_2}\ \cos(k\Delta) \qquad (2.1-21)$$

式中，I_1 和 I_2 分别为两支反射光的强度。显然，形成亮暗干涉条纹的位置，由下述条件决定：相应于光程差 $\Delta = m\lambda (m=0, 1, 2, \cdots)$ 的位置为亮条纹；相应于光程差 $\Delta = (m+1/2)\lambda$ 的位置为暗条纹。

如果设想平板是绝对均匀的，折射率 n 和厚度 h 均为常数，则光程差只决定于入射光在平板上的入射角 θ_1（或折射角 θ_2）。因此，具有相同入射角的光经平板两表面反射所形成的反射光，在其相遇点上有相同的光程差，也就是说，凡入射角相同的光，处在同一干涉条纹上。正因如此，通常把这种干涉条纹称为等倾干涉。

（2）**等倾干涉条纹的特性**　等倾干涉条纹的形状与观察透镜放置的方位有关，当如图 2-8 所示，透镜光轴与平行平板 G 垂直时，等倾干涉条纹是一组同心圆环，其中心对应

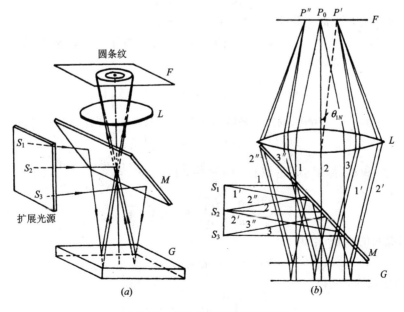

图 2-8　产生等倾圆条纹的装置

$\theta_1 = \theta_2 = 0$ 的干涉光线。

图 $2-8(a)$ 是观察等倾圆环条纹的一个简便装置，S 为一扩展光源，它发出的光线经过半反射镜 M 后，以各种角度入射到平行平板 G 上，通过平板上、下表面反射的光经半反射镜 M 后，被透镜 L 会聚在焦平面 F 上，形成了一组等倾干涉圆环。每一圆环与光源各点发出的具有相同入射角(在不同平面上)的光线对应。由于光源上每一点都相应有一组等倾圆环干涉条纹，它们彼此准确重合，没有位移，因而光源的扩大，除了增加条纹的强度外，对条纹的可见度没有影响。例如，光源上的 S_1、S_2、S_3(图 2.8(b))各点发出的平行光线 1、2、3，经 M 反射后垂直投射到 G 上，由 G 上、下表面反射的两束光通过 M 和 L 后，会聚于透镜焦点 P_0，P_0 就是焦平面上等倾干涉圆环的圆心。由 S_1、S_2、S_3 各点发出的另外的平行光线 $1'$、$2'$、$3'$(图中未绘出)和 $1''$(图中未绘出)、$2''$、$3''$ 通过该系统后，分别会聚于焦平面上的 P' 和 P''。可见，等倾条纹的位置只与形成条纹的光束入射角有关，而与光源上发光点的位置无关，所以光源的大小不会影响条纹的可见度。

① 等倾圆环的条纹级数。由 $(2.1-20)$ 式可见，愈接近等倾圆环中心，其相应的入射光线的角度 θ_2 愈小，光程差愈大，干涉条纹级数愈高。偏离圆环中心愈远，干涉条纹级数愈小，是等倾圆环的重要特征。

设中心点的干涉级数为 m_0，由 $(2.1-20)$ 式有

$$\Delta_0 = 2nh + \frac{\lambda}{2} = m_0 \lambda \qquad (2.1-22)$$

因而

$$m_0 = \frac{\Delta_0}{\lambda} = \frac{2nh}{\lambda} + \frac{1}{2} \qquad (2.1-23)$$

通常，m_0 不一定是整数，即中心未必是最亮点，故经常把 m_0 写成

$$m_0 = m_1 + \varepsilon \qquad (2.1-24)$$

其中，m_1 是靠中心最近的亮条纹的级数(整数)，$0 < \varepsilon < 1$。

② 等倾亮圆环的半径。由中心向外计算，第 N 个亮环的干涉级数为 $[m_1 - (N-1)]$，该亮环的张角为 θ_{1N}，它可由

$$2nh \cos\theta_{2N} + \frac{\lambda}{2} = [m_1 - (N-1)]\lambda \qquad (2.1-25)$$

与折射定律 $n_0 \sin\theta_{1N} = n \sin\theta_{2N}$ 确定。将 $(2.1-22)$ 式与 $(2.1-25)$ 式相减，得到

$$2nh(1 - \cos\theta_{2N}) = (N-1+\varepsilon)\lambda$$

一般情况下，θ_{1N} 和 θ_{2N} 都很小，近似有 $n \approx \frac{n_0 \theta_{1N}}{\theta_{2N}}$，$1 - \cos\theta_{2N} \approx \frac{\theta_{2N}^2}{2} \approx \frac{n_0^2 \theta_{1N}^2}{2n^2}$，因而由上式可得

$$\theta_{1N} \approx \frac{1}{n_0} \sqrt{\frac{n\lambda}{h}} \sqrt{N-1+\varepsilon} \qquad (2.1-26)$$

相应第 N 条亮纹的半径 r_N 为

$$r_N = f \tan\theta_{1N} \approx f\theta_{1N} \qquad (2.1-27)$$

式中，f 为透镜焦距，所以

$$r_N = f \frac{1}{n_0} \sqrt{\frac{n\lambda}{h}} \sqrt{N-1+\varepsilon} \qquad (2.1-28)$$

由此可见，较厚平行平板产生的等倾干涉圆环的半径，比较薄平板产生的圆环半径小。

③ 等倾圆环相邻条纹的间距为

$$e_N = r_{N+1} - r_N \approx \frac{f}{2n_0}\sqrt{\frac{n\lambda}{h(N-1+\varepsilon)}} \qquad (2.1-29)$$

该式说明，愈向边缘（N 愈大），条纹愈密。

（3）透射光的等倾干涉条纹　如图 2-9 所示，由光源 S 发出、透过平板和透镜到达焦平面上 P 点的两束光，没有附加半波光程差的贡献，光程差为

$$\Delta = 2nh\,\cos\theta_2 \qquad (2.1-30)$$

它们在透镜焦平面上同样可以产生等倾干涉条纹。

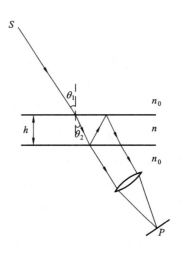

由于对应于光源 S 发出的同一入射角的光束，经平板产生的两束透射光和两束反射光的光程差恰好为 $\lambda/2$，相位差为 π，因此，透射光与反射光的等倾干涉条纹是互补的，即对应于反射光干涉条纹中的亮条纹，在透射光干涉条纹中恰是暗条纹，反之亦然。

应当指出，当平板表面的反射率很低时，两支透射光的强度相差很大，因此它们所产生的干涉条纹的可见度很低，而与其相比，反射光的等倾干涉条纹可见度要大得多。

图 2-9　透射光等倾条纹的形成

图 2-10 绘出了对于空气-玻璃界面，接近正入射时所产生的反射光等倾条纹强度分布（图2-10(b)）和透射光等倾条纹的强度分布（图2-10(d)）。所以，在平行板表面反射率较低的情况下，通常应用的是反射光的等倾干涉。

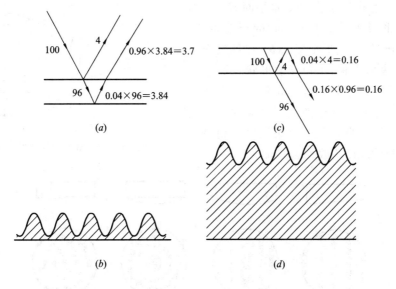

图 2-10　平板干涉的反射光条纹和透射光条纹比较

2）楔形平板产生的干涉——等厚干涉

楔形平板是指平板的两表面不平行，但其夹角很小。楔形平板产生干涉的原理如图 2-11 所示。扩展光源中的某点 S_0 发出一束光，经楔形板两表面反射的两束光相交于 P

点，产生干涉，其光程差为

$$\Delta = n(AB + BC) - n_0(AP - CP)$$

光程差的精确值一般很难计算。但由于在实用的干涉系统中，板的厚度通常都很小，楔角都不大，因此可以近似地利用平行平板的计算公式代替，即

$$\Delta = 2nh\ \cos\theta_2 \qquad (2.1-31)$$

式中，h 是楔形板在 B 点的厚度；θ_2 是入射光在 A 点的折射角。考虑到光束在楔形板表面可能产生的"半波损失"，两表面反射光的光程差应为

$$\Delta = 2nh\ \cos\theta_2 + \frac{\lambda}{2} \qquad (2.1-32)$$

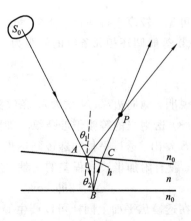

图 2-11　楔形平板的干涉

显然，对于一定的入射角（当光源距平板较远，或观察干涉条纹用的仪器孔径很小时，在整个视场内可视入射角为常数），光程差只依赖于反射光处的平板厚度 h，所以，干涉条纹与楔形板的厚度一一对应。因此，通常将这种干涉称为等厚干涉，相应的干涉条纹称为等厚干涉条纹。

（1）**等厚干涉条纹图样**　对于图 2-12 所示的垂直照射楔形板产生干涉的系统，位于垂直透镜 L_1 前焦面上的扩展光源发出的光束，经透镜 L_1 后被分束镜 M 反射，垂直投射到楔形板 G 上，由楔形板上、下表面反射的两束光通过分束镜 M、透镜 L_2 投射到观察平面 E 上。不同形状的楔形板将得到不同形状的干涉条纹。图 2-13 给出了 (a) 楔形平板、(b) 柱形表面平板、(c) 球形表面平板、(d) 任意形状表面平板的等厚干涉条纹。不管哪种形状的等厚干涉条纹，相邻两亮条纹或两暗条纹间对应的光程差均相差一个波长，所以从一个条纹过渡到另一个条纹，平板的厚度均改变 $\lambda/(2n)$。

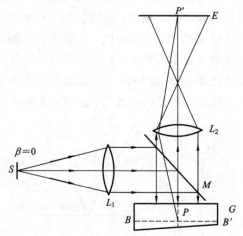

图 2-12　观察等厚干涉的系统

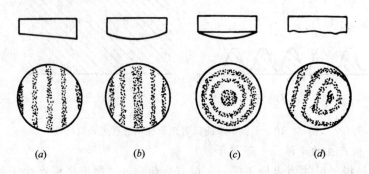

图 2-13　不同形状平板的等厚干涉条纹

（2）**劈尖的等厚干涉条纹**　如图 2-14 所示，当光垂直照射劈尖时，会在上表面产生平行于棱线的等间距干涉条纹。相应亮线位置的厚度 h 满足

$$2nh + \frac{\lambda}{2} = m\lambda \qquad m = 1, 2, \cdots$$

$$(2.1-33)$$

相应暗线位置的厚度 h 满足

$$2nh + \frac{\lambda}{2} = \left(m + \frac{1}{2}\right)\lambda \qquad m = 0, 1, 2, \cdots$$

$$(2.1-34)$$

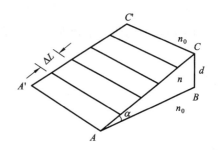

图 2-14　劈尖的干涉条纹

显然，棱线总处于暗条纹的位置。如果考虑到光在上表面（或下表面）上会产生"半波损失"，在棱线处上、下表面的反射光总是抵消，则在棱线位置上总为光强极小值就是很自然的了。

若劈尖上表面共有 N 个条纹，则对应的总厚度为

$$d = N\frac{\lambda}{2n}$$

$$(2.1-35)$$

式中，N 可以是整数，亦可以是小数。

相邻亮条纹（或暗条纹）间的距离，即条纹间距为

$$\Delta L = \frac{\lambda}{2n\sin\alpha}$$

$$(2.1-36)$$

由此可见，劈角 α 越小，条纹间距越大；反之，劈角 α 越大，条纹间距越小。因此，当劈尖上表面绕棱线旋转时，随着 α 的增大，条纹间距变小，条纹将向棱线方向移动。

由（2.1-36）式还可看出，条纹间距与入射光波长有关，波长较长的光所形成的条纹间距较大，波长短的光所形成的条纹间距较小。这样，使用白光照射时，除光程差等于零的条纹仍为白光外，其附近的条纹均带有颜色，颜色的变化均为内侧波长短，外侧波长长。当劈尖厚度较大时，由于白光相干性差的影响，又呈现为均匀白光。由此可知，利用白光照射的这种特点，可以确定零光程差的位置，并按颜色来估计光程差的大小。

（3）**牛顿环**　如图 2-15 所示，在一块平面玻璃上放置一曲率半径 R 很大的平凸透镜，在透镜凸表面和玻璃板的平面之间便形成一厚度由零逐渐增大的空气薄层。当以单色光垂直照射时，在空气层上会形成一组以接触点 O 为中心的中央疏、边缘密的圆环条纹，称为牛顿环。它的形状与等倾圆条纹相同，但牛顿环内圈的干涉级次小，外圈的干涉级次大，恰与等倾圆条纹相反。

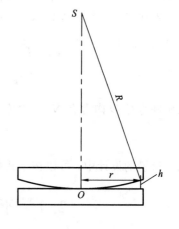

图 2-15　牛顿环的形成

若由中心向外数第 N 个暗环的半径为 r，则由图 2-15 可知

$$r^2 = R^2 - (R-h)^2 = 2Rh - h^2$$

由于透镜凸表面的曲率半径 R 远大于暗环对应的空气层厚度,所以上式可改写为

$$h = \frac{r^2}{2R} \qquad\qquad (2.1-37)$$

因第 N 个暗环的干涉级次为 $(N+1/2)$,故可由暗环满足的光程差条件写出

$$2h + \frac{\lambda}{2} = \left(N + \frac{1}{2}\right)\lambda$$

由此可得

$$h = N\frac{\lambda}{2} \qquad\qquad (2.1-38)$$

$$R = \frac{r^2}{N\lambda} \qquad\qquad (2.1-39)$$

由该式可见,若通过实验测出第 N 个暗环的半径为 r,在已知所用单色光波长的情况下,即可算出透镜的曲率半径。

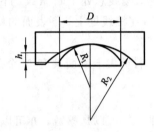

在牛顿环中心 $(h=0)$ 处,由于两反射光的光程差(计及"半波损失")为 $\Delta = \lambda/2$,所以是一个暗点,而在透射光方向上可以看到一个强度互补的干涉图样,这时的牛顿环中心是一个亮点。

牛顿环除了用于测量透镜曲率半径 R 外,还常用来检验光学元件的表面质量。例如,图 2-16 所示的玻璃样板检验法就利用了与牛顿环类似的干涉条纹,这种条纹形成在样板表面和待测元件表面之间的空气层上,俗称为"光圈"。根据光圈的形状、数目以及用手加压后条纹的移动,就可以检验出元件表面的误差。例如,当被检元件表面与样板表面完全贴合时,条纹消失,在白光下呈均匀照明;当条纹

图 2-16 用样板检验光学
零件表面质量

是图示的同心圆环时,表示元件表面没有局部误差,并且从光圈数的多少,可以确定样板和元件表面曲率半径偏差的大小。假设元件表面的曲率半径为 R_1,样板的曲率半径为 R_2,则二表面曲率差为 $\Delta C = \frac{1}{R_1} - \frac{1}{R_2}$。由图 2-16 的几何关系有

$$h = \frac{D^2}{8}\left(\frac{1}{R_1} - \frac{1}{R_2}\right) = \frac{D^2}{8}\Delta C \qquad\qquad (2.1-40)$$

如果元件直径 D 内含有 N 个光圈,则利用(2.1-38)式可得

$$N = \frac{D^2}{4\lambda}\Delta C \qquad\qquad (2.1-41)$$

在光学透镜的设计中,可以按上式换算光圈数与曲率差之间的关系。

2.2 平行平板的多光束干涉

上一节讨论了平行平板的双光束干涉现象,实际上它只是在表面反射率较小情况下的一种近似处理。由于光束在平板内会如图 2-17 所示不断地反射和折射,而这种多次反射、折射对于反射光和透射光在无穷远或透镜焦平面上的干涉都有贡献,所以在讨论干涉现象

时，必须考虑平板内多次反射和折射的效应，即应讨论多光束干涉。

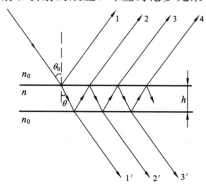

图 2-17　光束在平行平板内的多次反射和折射

1. 平行平板多光束干涉的强度分布——爱里(Airy)公式

现在讨论如图 2-18 所示、在透镜焦平面上产生的平行平板多光束干涉的强度分布。

假设 E_{0i} 为入射光电矢量的复振幅，与 P 点(或 P' 点)对应的多光束的出射角为 θ_0，它们在平板内的入射角为 θ，则相邻两反射光或透射光之间的光程差为

$$\Delta = 2nh\cos\theta \qquad (2.2-1)$$

相应的相位差为

$$\varphi = k\Delta = \frac{4\pi}{\lambda}nh\cos\theta \qquad (2.2-2)$$

若光从周围介质射入平板时的反射系数为 r，透射系数为 t，光从平板射出时的反射系数为 r'，透射系数为 t'，则从平板反射出的各个光束的复振幅为

$$E_{01r} = rE_{0i}$$
$$E_{02r} = r'tt'E_{0i}e^{i\varphi}$$
$$\vdots$$
$$E_{0lr} = tt'r'^{(2l-3)}E_{0i}e^{i(l-1)\varphi}$$
$$\vdots$$

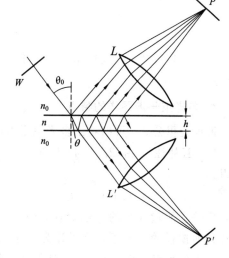

图 2-18　在透镜焦平面上产生的多光束干涉

所有反射光在 P 点叠加，其合成场复振幅为

$$E_r = E_{01r} + \sum_{l=2}^{\infty}E_{0lr} = E_{01r} + \sum_{l=2}^{\infty}tt'r'^{(2l-3)}E_{0i}e^{i(l-1)\varphi}$$

$$= E_{01r} + tt'r'E_{0i}e^{i\varphi}\sum_{n=0}^{\infty}r'^{2n}e^{in\varphi}$$

根据菲涅耳公式可以证明：

$$r = -r'$$
$$tt' = 1 - r^2$$

由平板表面反射系数、透射系数与反射率、透射率的关系：

$$r^2 = r'^2 = R$$

— 71 —

$$tt' = 1 - R = T$$

并利用

$$\sum_{n=0}^{\infty} x^n = \frac{1}{1-x}$$

可得

$$E_{0r} = \frac{(1 - e^{i\varphi})\sqrt{R}}{1 - Re^{i\varphi}} E_{0i} \qquad (2.2-3)$$

再由 $I = E \cdot E^*$，可得到反射光强与入射光强的关系为

$$I_r = \frac{F \sin^2 \frac{\varphi}{2}}{1 + F \sin^2 \frac{\varphi}{2}} I_i \qquad (2.2-4)$$

式中的参量 F 定义为

$$F \stackrel{\mathrm{d}}{=} \frac{4R}{(1-R)^2} \qquad (2.2-5)$$

类似地，也可得到透射光强与入射光强的关系式：

$$I_t = \frac{1}{1 + F \sin^2 \frac{\varphi}{2}} I_i \qquad (2.2-6)$$

(2.2-4)式和(2.2-6)式即是反射光干涉场和透射光干涉场的强度分布公式，通常称为爱里公式。

2. 多光束干涉图样的特点

根据爱里公式，可以看出多光束干涉的干涉图样有如下特点。

（1）**互补性** 由(2.2-4)式和(2.2-6)式可以得到

$$I_r + I_t = I_i \qquad (2.2-7)$$

该式反映了能量守恒的普遍规律，即在不考虑吸收和其他损耗的情况下，反射光强与透射光强之和等于入射光强。若反射光因干涉加强，则透射光必因干涉而减弱，反之亦然。即是说，反射光强分布与透射光强分布互补。

（2）**等倾性** 由爱里公式可以看出，干涉光强随 R 和 φ 变化，在特定 R 的条件下，干涉光强仅随 φ 变化。根据(2.2-2)关系式，也可以说干涉光强只与光束倾角有关，这正是等倾干涉条纹的特性。因此，平行平板在透镜焦平面上产生的多光束干涉条纹是等倾干涉条纹。当实验装置中的透镜光轴垂直于平板（图2-19）时，所观察到的等倾干涉条纹是一组同心圆环。

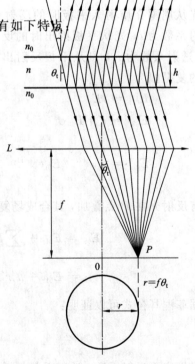

图 2-19 多光束干涉的实验装置

（3）**光强分布的极值条件**　由爱里公式可以看出，在反射光方向上，当

$$\varphi = (2m+1)\pi \qquad m = 0, 1, 2, \cdots \qquad (2.2-8)$$

时，形成亮条纹，其反射光强为

$$I_{\text{rM}} = \frac{F}{1+F}I_{\text{i}} \qquad (2.2-9)$$

当

$$\varphi = 2m\pi \qquad m = 0, 1, 2, \cdots \qquad (2.2-10)$$

时，形成暗条纹，其反射光强为

$$I_{\text{rm}} = 0 \qquad (2.2-11)$$

对于透射光，形成亮条纹和暗条纹的条件分别是

$$\varphi = 2m\pi \qquad m = 0, 1, 2, \cdots \qquad (2.2-12)$$

和

$$\varphi = (2m+1)\pi \qquad m = 0, 1, 2\cdots \qquad (2.2-13)$$

其相应的光强分别为

$$I_{\text{tM}} = I_{\text{i}} \qquad (2.2-14)$$

和

$$I_{\text{tm}} = \frac{1}{1+F}I_{\text{i}} \qquad (2.2-15)$$

应当说明的是，在前面讨论平行平板双光束干涉时，二反射光的光程差计入了第一束反射光"半波损失"的贡献，表示式为 $\Delta = 2nh\cos\theta_2 + \lambda/2$（式中的 θ_2 即是这里的 θ）；而在讨论平行平板多光束干涉时，除了第一个反射光外，其他相邻二反射光间的光程差均为 $\Delta = 2nh\cos\theta$，对于第一束反射光的特殊性（"半波损失"问题）已由菲涅耳系数 $r = -r'$ 表征了。因此，这里得到的光强分布极值条件，与只计头两束反射光时的双光束干涉条件，实际上是相同的，自然，其干涉条纹的分布也完全相同。

3. 透射光的特点

这里，只详细讨论透射光的干涉条纹特点。在不同表面反射率 R 的情况下，透射光强的分布如图 2-20 所示，图中横坐标是相邻两透射光束间的相位差 φ，纵坐标为相对光强。

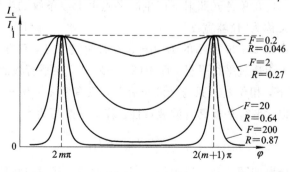

图 2-20　多光束干涉的透射光强分布曲线

由该图示曲线分布可以得到如下规律：

(1) **光强分布与反射率 R 有关** R 很小时，干涉光强的变化不大，即干涉条纹的可见度很低。R 增大时，透射光暗条纹的强度降低，条纹可见度提高。控制 R 的大小，可以改变光强的分布。

(2) **条纹锐度与反射率 R 有关** 随着 R 增大，极小值下降，亮条纹宽度变窄。但因相对透射光强的极大值与 R 无关，所以，在 R 很大时，透射光的干涉条纹是在暗背景上的细亮条纹。与此相反，反射光的干涉条纹则是在亮背景上的细暗条纹，由于它不易辨别，故极少应用。能够产生极明锐的透射光干涉条纹，是多光束干涉的最显著和最重要的特点。

在 $I_t/I_i \sim \varphi$ 曲线上，若用条纹的半峰值全宽度 $\varepsilon = \Delta\varphi$ 表征干涉条纹的锐度，则如图 2-21 所示，在 $\varphi = 2m\pi \pm \dfrac{\Delta\varphi}{2}$ 时，

$$\frac{I_t}{I_i} = \frac{1}{2} = \frac{1}{1 + F\sin^2\left(m\pi \pm \dfrac{\Delta\varphi}{4}\right)}$$

从而有

$$F\sin^2\frac{\Delta\varphi}{4} = F\sin^2\frac{\varepsilon}{4} = 1$$

若 F 很大（即 R 较大），ε 必定很小，有 $\sin\dfrac{\varepsilon}{4} \approx \dfrac{\varepsilon}{4}$，$F\left(\dfrac{\varepsilon}{4}\right)^2 = 1$，因而可得

$$\varepsilon = \frac{4}{\sqrt{F}} = \frac{2(1-R)}{\sqrt{R}} \qquad (2.2-16)$$

显然，R 愈大，ε 愈小，条纹愈尖锐。

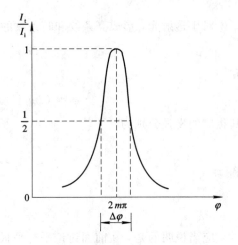

图 2-21 条纹的半宽度图示

条纹锐度除了用 ε 表示外，还常用相邻两条纹间的相位差（2π）与条纹半宽度（ε）之比 N 表征：

$$N = \frac{2\pi}{\varepsilon} = \frac{\pi\sqrt{R}}{1-R} = \frac{\pi\sqrt{F}}{2} \qquad (2.2-17)$$

此比值称为条纹精细度。R 愈大，亮条纹愈细，N 值愈大。当 $R \to 1$ 时，$N \to \infty$，这对于利用这种条纹进行测量的应用，十分有利。

应当指出，上述 ε 是在单色光照射下产生的多光束干涉条纹的半宽度，它不同于准单色光的谱线宽度，故又称为"仪器宽度"。

(3) **频率特性** 由图 2-20 所示的 $I_t/I_i \sim \varphi$ 分布曲线可见，只有相邻透射光相位差处在半宽度 $\Delta\varphi$ 内的光才能透过平行平板。而由 (2.2-2) 式，在平行板的结构（n, h）确定，入射光方向一定的情况下，相位差 φ 只与光波长有关，只有使 $\varphi = 2m\pi$ 的光波长才能最大地透过该平行平板。所以，平行平板具有滤波特性。若将 φ 改写为

$$\varphi = \frac{4\pi}{c}nh\nu\cos\theta \qquad (2.2-18)$$

并以 ν 为横坐标，可绘出如图 2-22 所示的 $I_t/I_i \sim \nu$ 曲线，其滤波特性显而易见。

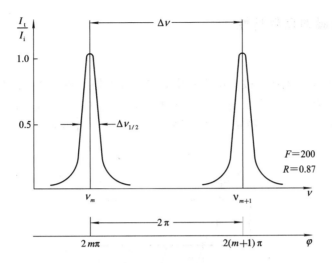

图 2-22 平行平板的滤波特性

通常将相应于条纹半宽度 $\Delta\varphi$ 的频率范围 $\Delta\nu_{1/2}$ 称为滤波带宽，且

$$\Delta\nu_{1/2} = \frac{\Delta\varphi}{\dfrac{4\pi}{c}nh\,\cos\theta} \qquad (2.2-19)$$

利用(2.2-16)式，可以改写为

$$\Delta\nu_{1/2} = \frac{c(1-R)}{2\pi nh\,\sqrt{R}\,\cos\theta} \qquad (2.2-20)$$

进一步，由 $\nu_m = c/\lambda_m$，有

$$|\,\Delta\nu_m\,| = \frac{c}{\lambda_m^2}\Delta\lambda_m$$

相应于 $\varphi = 2m\pi$ 的光波长为

$$\lambda_m = \frac{2nh\,\cos\theta}{m}$$

所以，透射带宽可用波长表示：

$$(\Delta\lambda_m)_{1/2} = \frac{2(1-R)nh\,\cos\theta}{m^2\pi\,\sqrt{R}} = \frac{\Delta}{m^2 N} = \frac{\lambda_m}{mN} \qquad (2.2-21)$$

通常称 $(\Delta\lambda_m)_{1/2}$ 为透射带的波长宽度。显然，R 愈大，N 愈大，相应的 $(\Delta\lambda_m)_{1/2}$ 愈小。

2.3 光 学 薄 膜

所谓光学薄膜，是指在一块透明的平整玻璃基片或金属光滑表面上，用物理或化学的方法涂敷的透明介质薄膜。它的基本作用是满足不同光学系统对反射率和透射率的不同要求。光学薄膜在近代科学技术中有着广泛的应用，并已制成了各种各样的薄膜器件。对于这些薄膜系统的理论和技术研究，已经形成了光学中的一个重要分支——薄膜光学。本节主要是应用多光束干涉原理，讨论薄膜系统的反射特性，并简单介绍薄膜波导应用。

2.3.1 光学薄膜的反射特性

1. 单层膜

在玻璃基片的光滑表面上镀一层折射率和厚度都均匀的透明介质薄膜，当光束入射到薄膜上时，将在膜内产生多次反射，并且在薄膜的两表面上有一系列互相平行的光束射出，如图2-23所示。计算这些光束的干涉特性，便可了解单层膜的光学性质。

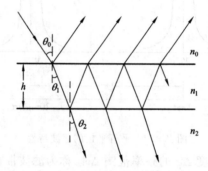

图 2-23　单层介质膜的反射与透射

假设薄膜的厚度为 h，折射率为 n_1，基片折射率为 n_2，光由折射率为 n_0 的介质入射到薄膜上，采用类似于平行平板多光束干涉的处理方法，可以得到单层膜的反射系数为

$$r = \frac{E_{0r}}{E_{0i}} = \frac{r_1 + r_2 e^{i\varphi}}{1 + r_1 r_2 e^{i\varphi}} = |r| e^{i\varphi_r} \tag{2.3-1}$$

式中 r_1 是薄膜上表面的反射系数，r_2 是薄膜下表面的反射系数，φ 是相邻两个出射光束间的相位差，且有

$$\varphi = \frac{4\pi}{\lambda} n_1 h \cos\theta_1 \tag{2.3-2}$$

φ_r 是单层膜反射系数的相位因子，由下式决定：

$$\tan\varphi_r = \frac{r_2(1 - r_1^2)\sin\varphi}{r_1(1 + r_2^2) + r_2(1 + r_1^2)\cos\varphi} \tag{2.3-3}$$

由此可得单层膜的反射率 R 为

$$R = \left|\frac{E_{0r}}{E_{0i}}\right|^2 = \frac{r_1^2 + r_2^2 + 2r_1 r_2 \cos\varphi}{1 + r_1^2 r_2^2 + 2r_1 r_2 \cos\varphi} \tag{2.3-4}$$

当光束正入射到薄膜上时，薄膜两表面的反射系数分别为

$$r_1 = \frac{n_0 - n_1}{n_0 + n_1} \tag{2.3-5}$$

和

$$r_2 = \frac{n_1 - n_2}{n_1 + n_2} \tag{2.3-6}$$

将其代入(2.3-4)式，即可得到正入射时单层膜的反射率公式：

$$R = \frac{(n_0 - n_2)^2 \cos^2 \frac{\varphi}{2} + \left(\frac{n_0 n_2}{n_1} - n_1\right)^2 \sin^2 \frac{\varphi}{2}}{(n_0 + n_2)^2 \cos^2 \frac{\varphi}{2} + \left(\frac{n_0 n_2}{n_1} + n_1\right)^2 \sin^2 \frac{\varphi}{2}} \tag{2.3-7}$$

对于一定的基片和介质膜，n_0、n_2 为常数，可由上式得到 R 随 φ 即随 n_1h 的变化规律。图 2-24 给出了 $n_0=1$，$n_2=1.5$，对给定波长 λ_0 和不同折射率的介质膜，按(2.3-7)式计算出的单层膜反射率 R 随膜层光学厚度 n_1h 的变化曲线。

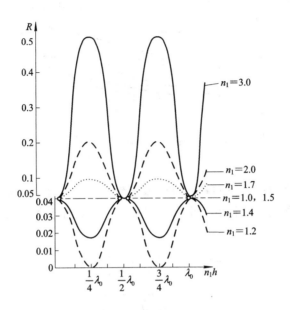

图 2-24　介质膜反射率随光学厚度的变化

由此曲线可得如下结论：

① $n_1=n_0$ 或 $n_1=n_2$ 时，R 和未镀膜时的反射率 R_0 一样。

② $n_1<n_2$ 时，$R<R_0$，该单层膜的反射率较之未镀膜时减小，透过率增大，即该膜具有增透的作用，称为增透膜。

进一步考察图 2-24 的变化曲线可以看出，当 $n_1<n_2$，且 $n_1h=\lambda_0/4$ 时，反射率最小，$R=R_m$，有最好的增透效果。这个最小反射率为

$$R_m=\left(\frac{n_0n_2-n_1^2}{n_0n_2+n_1^2}\right)^2=\left(\frac{n_0-n_1^2/n_2}{n_0+n_1^2/n_2}\right)^2 \qquad (2.3-8)$$

由该式可见，当镀膜材料的折射率 $n_1=\sqrt{n_0n_2}$ 时，$R_m=0$，此时达到完全增透的效果。例如，在 $n_0=1$，$n_2=1.5$ 的情况下，要实现 $R_m=0$，就应选取 $n_1=1.22$ 的镀膜材料。可是在实际上，折射率如此低的镀膜材料至少目前还未找到。现在多采用氟化镁($n=1.38$)材料镀制单层增透膜，其最小反射率 $R_m\approx1.3\%$。

应当指出，(2.3-8)式表示的反射率是在光束正入射时针对给定波长 λ_0 得到的，亦即对一个给定的单层增透膜，仅对某一波长 λ_0 才为 R_m，对于其他波长，由于该膜层光学厚度不是它们的 1/4 或其奇数倍，增透效果要差一些。此时，只能按(2.3-7)式对这些波长的反射率进行计算。图 2-25 中的 E 曲线给出了在 $n_2=1.5$ 的玻璃基片上，涂敷光学厚度为 $\lambda_0/4(\lambda_0=0.55\ \mu m)$ 的氟化镁膜时，单层膜反射率随波长的变化特性。由该曲线可见，这个单层膜对红光和蓝光的反射率较大，所以，观察该膜系时就会看到它的表面呈紫红色。

另外，(2.3-7)式是在光束正入射的情况下推导出来的，如果我们赋予式中 n_0、n_1、n_2 以稍微不同的意义，(2.3-7)式也适用于光束斜入射的情况。根据菲涅耳公式(1.2-18)式

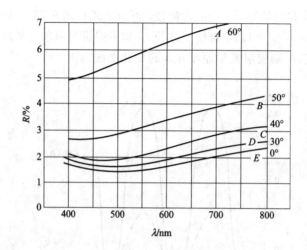

图 2-25　单层氟化镁膜的反射率随波长和入射角的变化

和(1.2-19)式，在折射率不同的两个介质界面上，例如对于薄膜上表面，光束斜入射时的反射系数为

$$r_{1s} = -\frac{n_1 \cos\theta_1 - n_0 \cos\theta_0}{n_1 \cos\theta_1 + n_0 \cos\theta_0} \tag{2.3-9}$$

$$r_{1p} = \frac{\dfrac{n_1}{\cos\theta_1} - \dfrac{n_0}{\cos\theta_0}}{\dfrac{n_1}{\cos\theta_1} + \dfrac{n_0}{\cos\theta_0}} \tag{2.3-10}$$

显然，若对 s 分量以 $\bar{n}$ 代替 $n \cos\theta$，对 p 分量以 $\bar{n}$ 代替 $n/\cos\theta$，则上面两式在形式上与正入射时的表达式相同，$\bar{n}$ 称为有效折射率。因此，若以相应的有效折射率替代实际折射率 n_0、n_1、n_2，则(2.3-7)式同样适用于斜入射情形。在(2.3-7)式中，对 s 分量和 p 分量分别用相应的有效折射率替代，就可分别求出 s 分量和 p 分量光斜入射时的反射率，取其平均值即可得到入射自然光的反射率。当然，此时的计算工作量是很大的，通常都由电子计算机来完成。图 2-25 给出了在几种不同入射角情况下，计算得到的反射率随波长变化的曲线 A、B、C、D、E。可见，随入射角增大，反射率增加，同时反射率极小值位置向短波方向移动。

③ $n_1 > n_2$ 时，$R > R_0$，单层膜的反射率较未镀膜时增大，即该膜具有增反的作用，称为增反膜。

进一步考察图 2-24 的变化曲线可以看出，当 $n_1 > n_2$，且 $n_1 h = \lambda_0/4$ 时，反射率最大，$R = R_M$，有最好的增反效果，其最大反射率为

$$R_M = \left(\frac{n_0 n_2 - n_1^2}{n_0 n_2 + n_1^2}\right)^2 = \left(\frac{n_0 - n_1^2/n_2}{n_0 + n_1^2/n_2}\right)^2 \tag{2.3-11}$$

尽管该式在形式上与(2.3-8)式相同，但因 n_1 值不同，对应的反射率 R，一个是最大，一个是最小。对于经常采用的增反膜材料硫化锌，其折射率为 2.35，相应的单层增反膜的最大反射率为 33%。

④ 对于 $n_1 h = \lambda_0/2$ 的半波长膜，不管膜层折射率比基片折射率大还是小，单层膜对 λ_0 的反射率都和未镀膜时的基片反射率相同，即为

$$R = \left(\frac{n_0 - n_2}{n_0 + n_2}\right)^2 \qquad (2.3-12)$$

这说明，对于波长为 λ_0 的光，膜层厚度增加（或减小）$\lambda_0/2$，对反射率没有影响。

2. 多层膜

单层膜的功能有限，通常只用于增透、分束，实际上更多地采用多层膜系。为了确定多层膜系的光学特性，可以按照前面求场的方法进行，但其过程非常繁杂。下面介绍两种常用的处理方法：等效界面法和矩阵法。

1）等效界面法

现有如图 2-26 所示的双层薄膜，为确定其膜系反射率，首先考察与基片相邻的第二层膜（折射率和厚度分别为 n_2 和 h_2）与基片组成的单层膜系的反射系数。若设这个反射系数为 $\bar{r}$，则根据（2.3-1）式，有

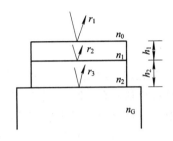

图 2-26 双层膜

$$\bar{r} = \frac{r_2 + r_3 e^{i\varphi_2}}{1 + r_2 r_3 e^{i\varphi_2}} \qquad (2.3-13)$$

式中，r_2 和 r_3 分别为 n_1-n_2 界面和 n_2-n_G 界面的反射系数；φ_2 是由这两个界面反射的相邻两光束相位差，且

$$\varphi_2 = \frac{4\pi}{\lambda} n_2 h_2 \cos\theta_2 \qquad (2.3-14)$$

式中，θ_2 是光束在第二膜层中的折射角。

进一步，我们可将上述单层膜系看成是具有折射率为 n_I 的一个"新基片"，并称 n_I 为等效折射率。这个"新基片"与第一层膜的新界面称为等效界面（图 2-27），其反射系数即为 $\bar{r}$，由（2.3-13）式给出。

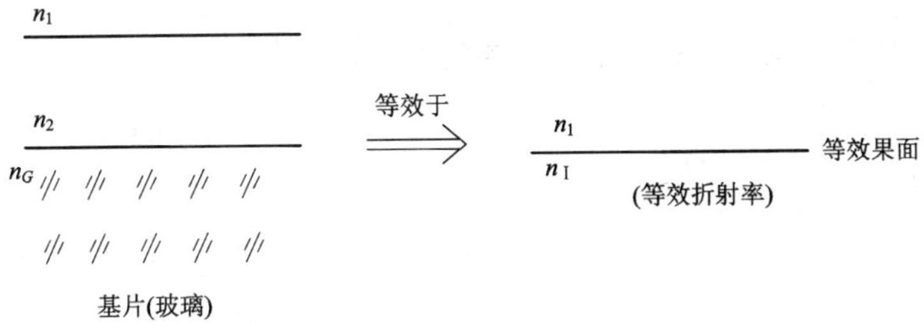

n_1

n_2

n_G // // // // //

// // // // //

基片(玻璃)

等效于 $\Longrightarrow$

n_1

n_I ———————— 等效界面

(等效折射率)

图 2-27 等效界面

对于第一层膜与"新基片"组成的单层膜系，再一次利用（2.3-1）式，就可得到光束在双层膜系上的反射系数

$$r = \frac{r_1 + \bar{r} e^{i\varphi_1}}{1 + r_1 \bar{r} e^{i\varphi_1}} \qquad (2.3-15)$$

式中，r_1 是 n_0-n_1 界面的反射系数；

$$\varphi_1 = \frac{4\pi}{\lambda} n_1 h_1 \cos\theta_1 \qquad (2.3-16)$$

θ_1 是光束在第一层膜中的折射角。将（2.3-13）式代入（2.3-15）式，并求 r 与其共轭复数的乘积，便可得到双层膜系的反射率

$$R = \frac{c^2 + d^2}{a^2 + b^2} \qquad (2.3-17)$$

式中

$$a = (1 + r_1 r_2 + r_2 r_3 + r_3 r_1) \cos \frac{\varphi_1}{2} \cos \frac{\varphi_2}{2} - (1 - r_1 r_2 + r_2 r_3 - r_3 r_1) \sin \frac{\varphi_1}{2} \sin \frac{\varphi_2}{2}$$

$$b = (1 - r_1 r_2 - r_2 r_3 + r_3 r_1) \sin \frac{\varphi_1}{2} \cos \frac{\varphi_2}{2} + (1 + r_1 r_2 - r_2 r_3 - r_3 r_1) \cos \frac{\varphi_1}{2} \sin \frac{\varphi_2}{2}$$

$$c = (r_1 + r_2 + r_3 + r_1 r_2 r_3) \cos \frac{\varphi_1}{2} \cos \frac{\varphi_2}{2} - (r_1 - r_2 + r_3 - r_1 r_2 r_3) \sin \frac{\varphi_1}{2} \sin \frac{\varphi_2}{2}$$

$$d = (r_1 - r_2 - r_3 + r_1 r_2 r_3) \sin \frac{\varphi_1}{2} \cos \frac{\varphi_2}{2} + (r_1 + r_2 - r_3 - r_1 r_2 r_3) \cos \frac{\varphi_1}{2} \sin \frac{\varphi_2}{2}$$

以上讨论的是双层膜系,对于两层以上的膜系,计算将更加复杂。但是利用上述等效界面的概念,原则上可以计算出任意多层膜的反射率。如图 2-28 所示,有一个 K 层膜系,各膜层的折射率分别为 n_1、n_2、……、n_K,厚度分别为 h_1、h_2、……、h_K,界面反射系数分别为 r_1、r_2、……、r_{K+1}。采用与处理双层膜相同的办法,从与基片相邻的第 K 层膜开始,构成一个等效界面,其反射系数为

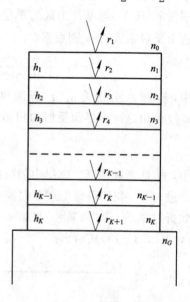

图 2-28 多层膜

$$\bar{r}_K = \frac{r_K + r_{K+1} e^{i\varphi_K}}{1 + r_K r_{K+1} e^{i\varphi_K}} \qquad (2.3-18)$$

式中

$$\varphi_K = \frac{4\pi}{\lambda} n_K h_K \cos\theta_K \qquad (2.3-19)$$

再把第 $K-1$ 层膜加进去,构成一个新的等效界面,求出反射系数

$$\bar{r}_{K-1} = \frac{r_{K-1} + \bar{r}_K e^{i\varphi_{K-1}}}{1 + r_{K-1} \bar{r}_K e^{i\varphi_{K-1}}} \qquad (2.3-20)$$

式中

$$\varphi_{K-1} = \frac{4\pi}{\lambda} n_{K-1} h_{K-1} \cos\theta_{K-1} \qquad (2.3-21)$$

将这个计算过程一直重复到与空气相邻的第一层膜,最终可求得整个膜系的反射系数和反射率。显然,如果多层膜的层数较多(目前有的多层膜的层数多达上百层),反射率 R 的表达式将非常复杂。在实际计算中,可不必写出表达式,只需把上述递推公式排成程序,由电子计算机进行计算。

2)矩阵法

矩阵法是研究多层薄膜理论最广泛采用的方法,其理论基础是麦克斯韦电磁方程,对于基本研究和数值计算,它均具有快捷和普遍的优点。在此,仅介绍有关的基本概念和结论。

对于图 2-29 所示的多层膜系,为了能全面地描述其光学特性,对于沿 z 方向传输的光波,定义介质光学导纳为磁场强度的切向分量与电场强度的切向分量之比:

$$Y = \frac{H_t}{E_t} \qquad\qquad (2.3-22)$$

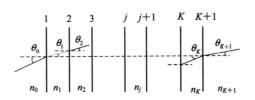

图 2-29 多层膜系示意

对于沿 $-z$ 方向传输的光波，介质的光学导纳为

$$Y = -\frac{H_t}{E_t} \qquad\qquad (2.3-23)$$

根据麦克斯韦电磁理论，第 j 界面的边界条件可写成：

$$\left.\begin{aligned} E_{jt} &= E_{zjt} + E_{-zjt} = E'_{zjt} + E'_{-zjt} \\ H_{jt} &= Y_{j-1}(E_{zjt} - E_{-zjt}) = Y_j(E'_{zjt} - E'_{-zjt}) \end{aligned}\right\} \qquad (2.3-24)$$

式中，E_{zjt}、E_{-zjt} 和 E'_{zjt}、E'_{-zjt} 分别为第 j 界面左侧和右侧、沿 z 方向和 $-z$ 方向传输的切向分量场。定义导纳矩阵 $\boldsymbol{V}_j$ 为

$$\boldsymbol{V}_j = \begin{bmatrix} 1 & 1 \\ Y_j & -Y_j \end{bmatrix} \qquad\qquad (2.3-25)$$

则(2.3-24)式可写成矩阵形式：

$$\begin{bmatrix} E_{zjt} \\ E_{-zjt} \end{bmatrix} = \boldsymbol{V}_{j-1}^{-1} \boldsymbol{V}_j \begin{bmatrix} E'_{zjt} \\ E'_{-zjt} \end{bmatrix} = \boldsymbol{W}_{(j-1),j} \begin{bmatrix} E'_{zjt} \\ E'_{-zjt} \end{bmatrix} \qquad (2.3-26)$$

该式描述了光从第 j 界面的右侧透射到左侧时电矢量矩阵的传递，称 $\boldsymbol{W}_{(j-1),j} = \boldsymbol{V}_{j-1}^{-1} \boldsymbol{V}_j$ 为第 j 界面的透射矩阵。

考虑到光在膜层中传输时的相移 φ_j，有

$$\begin{bmatrix} E'_{zj} \\ E'_{-zj} \end{bmatrix} = \begin{bmatrix} e^{-i\varphi_j} & 0 \\ 0 & e^{i\varphi_j} \end{bmatrix} \begin{bmatrix} E_{z(j+1)} \\ E_{-z(j+1)} \end{bmatrix} \qquad (2.3-27)$$

若令

$$\boldsymbol{U}_j = \begin{bmatrix} e^{-i\varphi_j} & 0 \\ 0 & e^{i\varphi_j} \end{bmatrix} \qquad\qquad (2.3-28)$$

为第 j 个膜层的相位矩阵，则整个膜系的传递公式为

$$\begin{aligned} \begin{bmatrix} E_{z1t} \\ E_{-z1t} \end{bmatrix} &= \boldsymbol{W}_{0,1}\boldsymbol{U}_1\boldsymbol{W}_{1,2}\boldsymbol{U}_2\cdots\boldsymbol{W}_{(K-1),K}\boldsymbol{U}_K\boldsymbol{W}_{K,(K+1)} \begin{bmatrix} E'_{z(K+1)t} \\ E'_{-z(K+1)t} \end{bmatrix} \\ &= \boldsymbol{V}_0^{-1}\boldsymbol{V}_1\boldsymbol{U}_1\boldsymbol{V}_1^{-1}\boldsymbol{V}_2\boldsymbol{U}_2\cdots\boldsymbol{V}_{K-1}^{-1}\boldsymbol{V}_K\boldsymbol{U}_K\boldsymbol{V}_K^{-1}\boldsymbol{V}_{K+1} \begin{bmatrix} E'_{z(K+1)t} \\ E'_{-z(K+1)t} \end{bmatrix} \end{aligned} \qquad (2.3-29)$$

进一步，如果定义第 j 层膜的特征矩阵 $\boldsymbol{M}_j$ 为

$$\boldsymbol{M}_j = \boldsymbol{V}_j\boldsymbol{U}_j\boldsymbol{V}_j^{-1} \qquad\qquad (2.3-30)$$

将导纳矩阵、透射矩阵的关系式代入，可得

$$M_j = \begin{bmatrix} \cos\varphi_j & -\mathrm{i}\sin\varphi_j/Y_j \\ -\mathrm{i}Y_j\sin\varphi_j & \cos\varphi_j \end{bmatrix} \qquad (2.3-31)$$

此时，可将(2.3-29)式改写为

$$\begin{bmatrix} E_{z1t} \\ E_{-z1t} \end{bmatrix} = \boldsymbol{V}_0^{-1}\boldsymbol{M}\boldsymbol{V}_{K+1}\begin{bmatrix} E'_{z(K+1)t} \\ E'_{-z(K+1)t} \end{bmatrix} = \boldsymbol{S}\begin{bmatrix} E'_{z(K+1)t} \\ E'_{-z(K+1)t} \end{bmatrix} \qquad (2.3-32)$$

式中，$\boldsymbol{M}=\prod\limits_{j=1}^{K}\boldsymbol{M}_j$，为多层膜系的特征矩阵；$\boldsymbol{S}=\boldsymbol{V}_0^{-1}\boldsymbol{M}\boldsymbol{V}_{K+1}$，为膜系的传递矩阵，它描述了膜系将光波电场的切向分量从一端传到另一端的特性。若用 $\boldsymbol{V}_0$ 乘以(2.3-32)式，则可以得到

$$\begin{bmatrix} E_{1t} \\ H_{1t} \end{bmatrix} = \boldsymbol{M}\begin{bmatrix} E_{(K+1)t} \\ H_{(K+1)t} \end{bmatrix} \qquad (2.3-33)$$

显然，多层膜系的特征矩阵传递了电磁场的切向分量。

如果多层膜基底材料的折射率为 n_{K+1}，则根据光的电磁理论，由(2.3-33)式可得

$$\begin{bmatrix} B \\ C \end{bmatrix} = \boldsymbol{M}\begin{bmatrix} 1 \\ n_{K+1} \end{bmatrix} \qquad (2.3-34)$$

并且，多层膜系的光学导纳为

$$Y = \frac{C}{B} \qquad (2.3-35)$$

根据光学导纳的概念，多层膜系的反射系数 r 和反射率 R 为

$$r = \frac{n_0 - Y}{n_0 + Y} \qquad (2.3-36)$$

$$R = \left(\frac{n_0-Y}{n_0+Y}\right)\left(\frac{n_0-Y}{n_0+Y}\right)^* \qquad (2.3-37)$$

于是，只要利用多层膜系的特征矩阵 $\boldsymbol{M}$ 求出该膜系的光学导纳 Y，即可由上二式确定出它的反射系数 r 和反射率 R。利用类似的处理方法，也可以确定出多层膜系的透射率。

(2.3-34)式在薄膜光学中具有特别重要的意义，它构成了几乎全部计算的基础。

3. 多层高反射膜

目前，经常采用的多层高反射膜是一种由光学厚度均为 $\lambda_0/4$ 的高折射率膜层和低折射率膜层交替镀制的膜系，如图2-30所示。这种膜系称为 $\lambda_0/4$ 膜系，通常采用下面的符号表示：

$$GHLHLH\cdots LHA = G(HL)^pHA \qquad p=1,2,3\cdots$$

其中，G 和 A 分别代表玻璃基片和空气；H 和 L 分别代表高折射率膜层和低折射率膜层；p 表示一共有 p 组高低折射率交替层，总膜层数为 $(2p+1)$。半波长的光学厚度应写成 HH 或 LL。

$\lambda_0/4$ 膜系之所以能获得高反射率，从多光束干涉原理来看是很容易理解的：根据平板多光束干涉的讨论，当膜层两侧介质的折射率大于(或小于)膜层的折射率时，若膜层的诸反射光束中相继两光束的相位差等于 π，则该波长的反射光获得最强烈的反射。而图2-30所示的膜系恰恰能使它包含的每一层膜都满足上述条件，所以入射光在每一膜层上都获得强烈的反射，经过若干层的反射之后，入射光就几乎全部被反射回去。

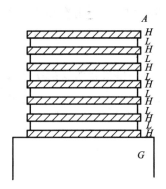

图 2-30　$\lambda_0/4$ 膜系的多层高反射膜示意图

$\lambda_0/4$ 膜系的优点是计算和制备工艺简单，镀制时容易采用极值法进行监控；缺点是层数多，R 不能连续改变。目前发展了一种非 $\lambda_0/4$ 膜系，即每层膜的光学厚度不是 $\lambda_0/4$，具体厚度要由计算确定。其优点是只要较少的膜层就能达到所需要的反射率，缺点是计算和制备工艺较复杂。

根据上述等效界面的概念，对于多层 $\lambda_0/4$ 膜系，在正入射情况下的反射率可如下计算：

由图 2-30，若在基片 G 上镀一层 $\lambda_0/4$ 的高折射率光学膜，其反射率为

$$R_1 = \left(\frac{n_A - n_1}{n_A + n_1} \right)^2$$

式中

$$n_1 = \frac{n_H^2}{n_G}$$

是镀第一层膜后的等效折射率。若在高折射率膜层上再镀一层低折射率膜层，其反射率为

$$R_2 = \left(\frac{n_A - n_{\text{II}}}{n_A + n_{\text{II}}} \right)^2$$

式中

$$n_{\text{II}} = \frac{n_L^2}{n_{\text{I}}} = \left(\frac{n_L}{n_H} \right)^2 n_G$$

是镀双层膜后的等效折射率。依此类推，当膜层为偶数 $(2p)$ 层时，$(HL)^p$ 膜系的等效折射率为

$$n_{2p} = \left(\frac{n_L}{n_H} \right)^{2p} n_G \tag{2.3-38}$$

相应的反射率为

$$R_{2p} = \left(\frac{n_A - n_{2p}}{n_A + n_{2p}} \right)^2 \tag{2.3-39}$$

当膜层为奇数 $(2p+1)$ 层时，$(HL)^p H$ 膜系的等效折射率为

$$n_{2p+1} = \left(\frac{n_H}{n_L} \right)^{2p} \frac{n_H^2}{n_G} \tag{2.3-40}$$

相应的反射率为

$$R_{2p+1} = \left(\frac{n_A - n_{2p+1}}{n_A + n_{2p+1}} \right)^2 \tag{2.3-41}$$

表 2-1 列出了多层膜的等效折射率、反射率和透射率(不计吸收)的计算值。计算数据为：$n_A = 1$，$n_G = 1.52$，$n_H = 2.3$(ZnS)，$n_L = 1.38$(MgF$_2$)，括号内表明的是该膜的物理成分。

表 2-1　多层膜的反射率和透射率

膜　系	层　数	等效折射率	反射率/%	透射率/%
GA	0		4.3	95.7
GHA	1	3.48	30.6	69.4
$GHLA$	2	0.547	8.6	91.4
$GHLHA$	3	9.665	66.2	33.8
$G(HL)^2 A$	4	0.197	45.2	54.8
$G(HL)^2 HA$	5	26.84	86.1	13.9
$G(HL)^3 A$	6	0.071	75.0	25.0
$G(HL)^3 HA$	7	74.53	94.8	5.2
$G(HL)^4 A$	8	0.026	90.0	10.0
$G(HL)^4 HA$	9	207	98.0	2.0
$G(HL)^5 HA$	11	575	99.30	0.70
$G(HL)^6 HA$	13	1596	99.75	0.25
$G(HL)^7 HA$	15	4434	99.91	0.09
$G(HL)^8 HA$	17	1.23×10^5	99.97	0.03
$G(HL)^9 HA$	19	3.42×10^5	99.99	0.01

若采用矩阵法进行计算，则在正入射情况下，膜系为奇数($2p+1$)层时，膜系导纳由(2.3-34)式和(2.3-35)式得

$$Y = \left(\frac{n_H}{n_L}\right)^{2p} \frac{n_H^2}{n_G} \qquad (2.3-42)$$

膜系反射率为

$$R = \left(\frac{n_A - (n_H/n_L)^{2p}(n_H^2/n_G)}{n_A + (n_H/n_L)^{2p}(n_H^2/n_G)}\right)^2 \qquad (2.3-43)$$

与等效界面法所得结果相同。

由上述计算结果可见：

① 要获得高反射率，膜系的两侧最外层均应为高折射率层(H 层)，因此，高反射率膜一定是奇数层。

② $\lambda_0/4$ 膜系为奇数层时，层数愈多，反射率 R 愈大。

③ 上述膜系的全部结果只对一种波长 λ_0 成立，这个波长称为该膜系的中心波长。当入射光偏离中心波长时，其反射率要相应地下降。因此，每一种 $\lambda_0/4$ 膜系只对一定波长范围的光才有高反射率，如图 2-31 所示。图中给出了几种不同层数的 ZnS - MgF$_2$ $\lambda_0/4$ ($\lambda_0 = 0.46~\mu$m)膜系的反射特性曲线。可以看出，随着膜系层数的增加，高反射率的波长区趋于一个极限，所对应的波段称为该反射膜的反射带宽。对于图示情况，带宽约为 200 nm。

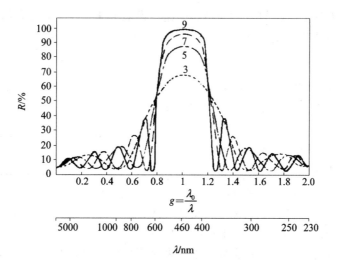

图 2-31　几种不同层数的 $\lambda_0/4$ 膜系的反射率曲线

反射膜系的反射带宽计算公式为

$$2\Delta g = \frac{4}{\pi}\arcsin\frac{n_H - n_L}{n_H + n_L} \qquad (2.3-44)$$

式中，$g = \lambda_0/\lambda$。由此可见，反射带半宽度 Δg 只与 n_H/n_L 有关，n_H/n_L 愈大，带宽就愈大。例如，对于由 $ZnS(n_H = 2.34)$ 和 $MgF_2(n_L = 1.38)$ 材料镀制的 $\lambda_0 = 0.6328\ \mu m$ 的反射膜，其反射带半宽度为

$$\Delta g = \frac{2}{\pi}\arcsin\frac{2.34 - 1.38}{2.34 + 1.38} \approx 0.17$$

相应反射带边缘的 g 值为

$$g_1 = 1 + \Delta g = 1.17$$
$$g_2 = 1 - \Delta g = 0.83$$

因此，其反射带边缘波长为

$$\lambda_1 = \frac{\lambda_0}{g_1} = \frac{0.6328}{1.17} \approx 0.5409\ \mu m$$

$$\lambda_2 = \frac{\lambda_0}{g_2} = \frac{0.6328}{0.83} \approx 0.7624\ \mu m$$

所以这个膜系对 $0.55\sim0.76\ \mu m$ 范围内的光均有高反射率。故在白光照射时，这种膜系的反射光为橙黄色，而透射光为青蓝色。

2.3.2　薄膜波导

上面的讨论说明了光学薄膜可用于控制光学元器件的反射率和透射率。现在作为光学薄膜的另外一种重要应用，讨论薄膜波导。

对于薄膜波导的研究，是伴随着集成光学的发展进行的。集成光学类似于半导体技术中的集成电路，把一些光学元件，如发光元件、光放大元件、光传输元件、光耦合元件和接收元件等，以薄膜形式集成在同一衬底上，构成了一个具有独立功能的微型光学系统。这种集成光路具有体积小、性能稳定可靠、效率高、功耗小等许多优点，自 20 世纪 60 年代

末期以来，它作为一个崭新的光学领域，迅速地发展起来。在此，只介绍薄膜波导传输光的基本工作原理及光耦合的概念。

1. 薄膜波导传输光的基本原理

薄膜波导如图 2-32 所示。它实际上是沉积在衬底(n_G)上的一层折射率为 n、厚度约为 $1\sim 10$ μm 的薄膜，其上层为覆盖层，可以是空气或其他介质，折射率为 n_0，且有 $n>n_0$、n_G。若覆盖层和衬底的折射率相同，则称为对称波导；若它们的折射率不同，则称为非对称波导。

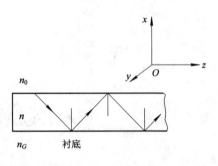

图 2-32　薄膜波导

假设在薄膜波导中传输的是平面光波，则可用光线描述它的传输规律。正如 1.2 节所指出的那样，光在折射率不同的介质界面上将发生反射和折射，当 $n>n_0$、$n>n_G$ 时，会发生全反射现象，产生全反射的条件是入射角大于临界角。相应薄膜波导上、下表面的临界角分别为

$$\theta_{C\pm} = \arcsin \frac{n_0}{n} \qquad (2.3-45)$$

和

$$\theta_{C\mp} = \arcsin \frac{n_G}{n} \qquad (2.3-46)$$

光在薄膜波导中传输的基本原理就是这种界面全反射。从几何光学的角度来看，光在薄膜内沿着"Z"字形路径，向着 z 方向传输。

2. 薄膜波导的模式特性

1）模式方程

假设薄膜在 y、z 方向上无限延伸，平面光波在薄膜中的入射面为 xOz 平面，它在薄膜上、下表面之间来回反射，其波矢量分别为图 2-33 中的 k_A 和 k_B。这个平面光波可分解为沿波导方向（z 方向）和沿横向（x 方向）行进的两个分量，相应的传播常数为 $\beta=k_0 n \sin\theta_i$ 和 $\gamma=k_0 n \cos\theta_i$，并且满足 $(k_0 n)^2 = \beta^2 + \gamma^2$，这里的 k_0 是光波在真空中的波数。于是，对于顺着传播常数为 β、沿 z 方向行进的波运动的观察者来说，如果能观察

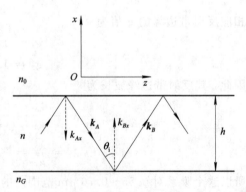

图 2-33　波导内平面波的分解

到按"Z"字形来回反射行进的平面波，则这个波的存在就必然满足横向往返干涉加强的条件，即在上、下界面间往返一周的相位变化为 2π 的整数倍，可表示为

$$2k_0 nh \cos\theta_i + \varphi_1 + \varphi_2 = 2m\pi \qquad m = 0, 1, 2, \cdots \qquad (2.3-47)$$

该式即是光能够在薄膜波导中传输所必须满足的条件，称为模式方程，它是波导光学中的基本方程。式中，θ_i 是光波在薄膜表面上的入射角，φ_1 和 φ_2 分别是光波在薄膜上、下表面全反射时的相位变化，对于 s 分量的光波（或称为 TE 波），φ_1 由下式决定（见(1.2-55)）式：

$$\tan\frac{\varphi_1}{2} = -\frac{\sqrt{\sin^2\theta_i - \left(\frac{n_0}{n}\right)^2}}{\cos\theta_i} \qquad (2.3-48)$$

对于 p 分量的波(或称为 TM 波),φ_1 满足下式关系:

$$\tan\frac{\varphi_1}{2} = -\left(\frac{n}{n_0}\right)^2 \frac{\sqrt{\sin^2\theta_i - \left(\frac{n_0}{n}\right)^2}}{\cos\theta_i} \qquad (2.3-49)$$

把上二式中的 n_0 改为 n_G,即可写出相应的 φ_2 表示式。

由上所述,能够在薄膜波导中传输的光波,在横向(x 方向)表现为驻波,在波导方向(z 方向)上是具有传播常数 β 的行波,相应的波导波长为

$$\lambda_g = \frac{2\pi}{\beta} \qquad (2.3-50)$$

通常,将薄膜波导中能够传输的光波称为导模;将不满足全反射条件,不能在薄膜波导中有效传输的光波称为辐射模。由于辐射模在界面上不满足全反射条件,在上、下界面上只能部分反射,势必有一部分能量会辐射出去,导致光能量不能沿波导有效传输。

由模式方程可以看出,对于一定的波导结构(n、n_0、n_G 和 h 是常数),对应不同的 m 值,有不同的 θ_i 角,相应为不同的传输模式。图 2-34 给出了相应于 $m=0,1,2,3$ 的光波,在波导中所走的"Z"字形路径,与其对应的传输模式分别为 TE_0、TE_1、TE_2、TE_3 和 TM_0、TM_1、TM_2、TM_3,m 是光波在波导中传输的

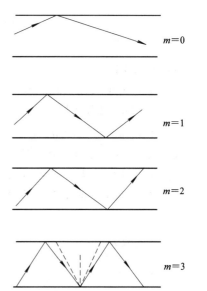

图 2-34 薄膜波导中与 m 值相应的
不同光的"Z"形路径

模阶数。通常称 $m=0$ 的传输模式为基模,而称其它模式为高阶模。另外还可以看出,如果在波导中传输的光波包含有不同的波长,则对应于某一个 m 值,不同的波长有不同的 θ_i 角,因此,沿着传输方向的光波速度不同,故(2.3-47)式也称为色散方程。

2) 单模传输条件

如上所述,(2.3-47)式实际上是光波能够在薄膜波导中传输所必须满足的条件。在一般情况下,对于一定的薄膜波导,相应于某一波长的光波可以多种模式传输,叫做多模光波传输。在一定条件下,如果某种光波只能以单一模式(通常是基模)在波导中传输,就是单模光波传输。下面,讨论单模光波传输的条件。

在这里,仅讨论 TE 波传输的情况,对于 TM 波的传输,情况完全类似。

假定薄膜波导是非对称的,并且 $n_G > n_0$。若入射角 $\theta_i = \theta_{C下}$,则光波在薄膜下表面处于全反射的临界状态,在薄膜上表面为全反射,因此

$$\varphi_2 = 0 \qquad (2.3-51)$$

$$\varphi_1 = -2\arctan\frac{\sqrt{\sin^2\theta_i - \left(\frac{n_0}{n}\right)^2}}{\cos\theta_i} = -2\arctan\sqrt{\frac{n_G^2 - n_0^2}{n^2 - n_G^2}} \qquad (2.3-52)$$

上式中利用了关系 $\cos\theta_i = \sqrt{1-\sin^2\theta_i} = \sqrt{1-(n_G/n)^2}$。于是，模式方程变为

$$k_0 h \sqrt{n^2 - n_0^2} = m\pi + \arctan\sqrt{\frac{n_G^2 - n_0^2}{n^2 - n_G^2}} \qquad (2.3-53)$$

在一定的波导结构(h, n, n_0, n_G)情况下，由该式决定的波长 $f_c = 2\pi/k_0$ 叫截止波长。凡波长大于 λ_C 的光波均因不满足全反射条件，不能在波导中传输。由(2.3-53)式可见，不同模式(m)光波的截止波长不同，对于基模 $TE_0(m=0)$，截止波长最长，且为

$$(\lambda_C)_{m=0} = \frac{2\pi h \sqrt{(n^2 - n_G^2)}}{\arctan\sqrt{\dfrac{n_G^2 - n_0^2}{n^2 - n_G^2}}} \qquad (2.3-54)$$

显然，当光波长小于$(\lambda_C)_{m\neq0}$时，在波导中将产生多模传输；当光波长小于基模截止波长$(\lambda_C)_{m=0}$，但大于其他模式的截止波长时，将单模传输。应当指出的是，相应于不同薄膜波导厚度 h，截止波长不同。

对于对称波导$(n_0=n_G)$，由(2.3-53)式，有$(\lambda_C)_{m=0}=\infty$。这表明，对称波导的基模没有截止波长，任何波长都可传输。

如果波导尺寸大，或者波长小，薄膜波导多模传输时，能够传输模式的数目可由(2.3-53)式得到。对于对称波导情形，(2.3-53)式为

$$k_0 h \sqrt{n^2 - n_G^2} = m\pi \qquad (2.3-55)$$

因此，模式数 m 为

$$m = \frac{2h}{\lambda} \sqrt{n^2 - n_G^2} \qquad (2.3-56)$$

对于非对称波导，模式数目应由(2.3-53)式计算。但在 m 较大时，(2.3-53)式右边第二项可以忽略，可近似用(2.3-56)式计算。

3. 薄膜波导的光耦合

在薄膜波导的应用中，一个非常重要的问题是如何将外来的光能量耦合到薄膜内，或者如何将薄膜内传输的光能量耦合输出。由于薄膜非常薄，要想将外来光直接射入薄膜(图2-35)，并使入射光波与薄膜波导中一定模式相匹配，是非常困难的。

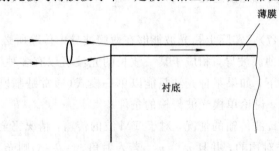

图 2-35　薄膜波导的横向光耦合

现在普遍采用的耦合方式有下面几种：

1) 棱镜耦合

如图2-36所示，将一个小棱镜放在薄膜上面，棱镜底面与薄膜上表面之间保持一个很小的空气隙，厚度约为 $\lambda/8 \sim \lambda/4$，适当地选择入射激光束的入射角，使之在棱镜底面发

生全反射，将会有一个衰逝波场延伸到棱镜底面之下，通过这个场的作用，棱镜中的激光束能量可以转移到薄膜中，或者将薄膜中的光能量转移到棱镜中。

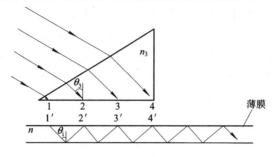

图 2-36　棱镜耦合

下面具体分析这种耦合器是怎样实现能量耦合的。在图 2-36 中画出了射入棱镜激光束的四条等间距光线，它们射到棱镜底面上的 1、2、3、4 点，这四个点分别与薄膜波导中某模式光波"Z"字形路径的 1′、2′、3′、4′ 点对应。当第一支光线到达点 1 时，在薄膜中正对着的点 1′ 处激起一个可以在波导中传输的光波，这个光波沿 z 方向的传播速度为

$$v = \frac{\omega}{\beta} = \frac{c}{n \sin\theta_i} \qquad (2.3-57)$$

当第二支光线到达 2 时，也同样在薄膜中正对着的点 2′ 位置激起一个光波。如果由第一支光线激起的光波从点 1′ 传输到点 2′ 所需要的时间，恰与第二支光线到达 2 点滞后第一支光线到达 1 点的时间相等，则在薄膜内传输的光波由于不断地有新的同相光波加入而变得越来越强，因此，可以形成这种传输模式。设棱镜折射率为 n_3，激光束在棱镜底面上的入射角为 θ_3，点 1 和点 2 之间的距离为 d，不难求出光波到达 2 点较到达 1 点的滞后时间是 $(dn_3 \sin\theta_3/c)$。另外，波导内的光波从点 1′ 到点 2′ 的时间是 $(dn \sin\theta_i/c)$。当两个时间相等时，有

$$n \sin\theta_i = n_3 \sin\theta_3 \qquad (2.3-58)$$

称该关系式为同步条件，要使棱镜耦合器有效地工作，必须满足这一条件。

对于任一波导模式，θ_i 是一定的，因此总可以通过调整入射到棱镜上的激光束方向，使 θ_3 满足同步条件，将棱镜内的光波耦合到这一波导模式中。对于均匀空气隙，耦合率可达 80% 以上。

2) 光栅耦合

图 2-37 是一个光栅耦合器。在薄膜表面用全息术或其他方法形成一个光栅层，当激光入射到该光栅上时，将发生衍射。如果某一级衍射光的波矢量沿波导方向的分量与薄膜中的某个模式的传播常数 β 相等，则这一级衍射光波在薄膜中激起的光波就满足同步条件，此衍射光波就与这个模式发生耦合，光能量被输入薄膜。光栅耦合比较稳定可靠，结构紧凑，耦合效率可达 70% 以上。

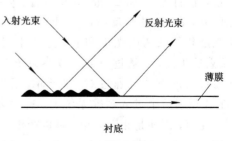

图 2-37　光栅耦合

3) 楔形薄膜耦合

这种耦合器的耦合是利用非对称波导的截止特性实现的。由(2.3-53)式不难看出，对于每一种模式都存在一个截止膜厚，如果膜厚小于这个值，这个模式便不能传输。这时由于该模式在下表面的入射角小于临界角，光束将折射到衬底里。如图 2-38 所示，膜厚从 x_a 到 x_b 逐渐减小到零，在 x_c 处恰好等于截止膜厚，从 x_a 到 x_b 的距离一般为 $10 \sim 100$ 个波长。详细计算表明，在 x_c 附近 8 个波长范围内，能量逐渐地从薄膜耦合到衬底中。在衬底中，有 80% 以上的能量集中在薄膜表面附近约 $15°$ 角的范围内。利用相反的过程也可以把能量从衬底耦合到薄膜中。

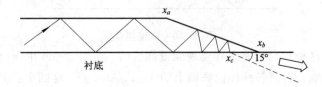

图 2-38　楔形薄膜耦合

2.4　典型干涉仪

干涉仪是利用光波的干涉效应制成的精密仪器，它在近代科学研究及技术中，有着极其重要的应用。这一节仅就几种典型的常用干涉仪，介绍其工作原理和应用。

2.4.1　迈克尔逊干涉仪

迈克尔逊干涉仪是 1881 年迈克尔逊设计制作的。它闻名于世是因为迈克尔逊曾用它作过三个重要的实验：迈克尔逊—莫雷(Morley)以太漂移实验；第一次系统地研究了光谱线的精细结构；首次将光谱线的波长与标准米进行了比较，建立了以光波长为基准的标准长度。

1. 迈克尔逊干涉仪的工作原理

迈克尔逊干涉仪的结构简图如图 2-39 所示，G_1 和 G_2 是两块折射率和厚度都相同的平行平面玻璃板，分别称为分光板和补偿板，G_1 背面有镀银或镀铝的半反射面 A，G_1 和 G_2 互相平行。M_1 和 M_2 是两块平面反射镜，它们与 G_1 和 G_2 成 $45°$ 角放置。从扩展光源 S 发出的光，在 G_1 的半反射面 A 上反射和透射，并被分为强度相等的两束光 Ⅰ 和 Ⅱ，光束 Ⅰ 射向 M_1，经 M_1 反射后折回，并透过 A 进入观察系统 L(人眼或其他观察仪器)；光束 Ⅱ 通过 G_2 并经 M_2 反射后折回到 A，在 A 反射后也进入观察系统 L。这两束光由于来自同一光束，因而是相干光束，可以产生干涉。

迈克尔逊干涉仪干涉图样的性质，可以采用下面的方式讨论：相对于半反射面 A，作出平面反射镜 M_2

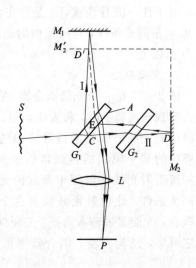

图 2-39　迈克尔逊干涉仪

的虚像 M_2'，它在 M_1 附近。于是，可以认为观察系统 L 所观察到的干涉图样，是由实反射面 M_1 和虚反射面 M_2' 构成的虚平板产生的，虚平板的厚度和楔角可通过调节 M_1 和 M_2 反射镜控制。因此，迈克尔逊干涉仪可以产生厚的或者薄的平行平板（M_1 和 M_2' 平行）和楔形平板（M_1 和 M_2' 有一小的夹角）的干涉现象。扩展光源可以是单色性很好的激光源，也可以是单色性很差的（白光）光源。如果调节 M_2，使得 M_2' 与 M_1 平行，所观察到的干涉图样就是一组在无穷远处（或在 L 的焦平面上）的等倾干涉圆环。当 M_1 向 M_2' 移动时（虚平板厚度减小），圆环条纹向中心收缩，并在中心——消失。M_1 每移动一个 $\lambda/2$ 的距离，在中心就消失一个条纹。于是，可以根据条纹消失的数目，确定 M_1 移动的距离。根据(2.1-29)式，此时条纹变粗（因为 h 变小，e_N 变大），同一视场中的条纹数变少。当 M_1 与 M_2' 完全重合时，因为对于各个方向入射光的光程差均相等，所以视场是均匀的。如果继续移动 M_1，使 M_1 逐渐离开 M_2'，则条纹不断从中心冒出，并且随虚平板厚度的增大，条纹越来越细，且变密。

如果调节 M_2，使 M_2' 与 M_1 相互倾斜一个很小的角度，且当 M_2' 与 M_1 比较接近，观察面积很小时，所观察到的干涉图样近似是定域在楔表面上或楔表面附近的一组平行于楔边的等厚条纹。在扩展光源照明下，如果 M_1 与 M_2' 的距离增加，则条纹将偏离等厚线，发生弯曲，弯曲的方向是凸向楔棱一边（图 2-40），同时条纹可见度下降。干涉条纹弯曲的原因如下：如前所述，干涉条纹应当是等光程差线，当入射光不是平行光时，对于倾角较大的光束，若要与倾角较小的入射光束等光程差，其平板厚度应增大（这可由 $\Delta = 2nh\cos\theta_2$ 看出）。由图 2-40 可见，靠近楔板边缘的点对应的入射角较大，因此，干涉条纹越靠近边缘，越偏离到厚度更大的地方，即弯曲方向是凸向楔棱一边。在楔板很薄的情况下，光束入射角引起的光程差变化不明显，干涉条纹仍可视作一些直线条纹。对于楔形板的

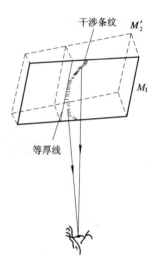

图 2-40　干涉条纹偏离等厚线

条纹，与平行平板条纹一样，M_1 每移动一个 $\lambda/2$ 距离，条纹就相应地移动一个。

在干涉仪中，补偿板 G_2 的作用是消除分光板分出的两束光Ⅰ和Ⅱ的不对称性。不加 G_2 时，光束Ⅰ经过 G_1 三次，而光束Ⅱ经过一次。由于 G_1 有一定厚度，导致Ⅰ与Ⅱ有一附加光程差。加入 G_2 后，光束Ⅱ也三次经过同样的玻璃板，因而得到了补偿。不过，对于单色光照明，这种补偿并非必要，因为光束Ⅰ经过 G_1 所增加的光程，完全可以用光束Ⅱ在空气中的行程补偿。但对于白光光源，因为玻璃有色散，不同波长的光有不同的折射率，通过玻璃板时所增加的光程不同，无法用空气中的行程补偿，因而观察白光条纹时，补偿板不可缺少。

白光条纹只有在楔形虚平板极薄（M_1 与 M_2' 的距离仅为几个波长）时才能观察到，这时的条纹是带彩色的。如果 M_1 和 M_2' 相交错，交线上的条纹对应于虚平板的厚度 $h=0$。当 G_1 不镀半反射膜时，因在 G_1 中产生的内反射光线Ⅰ和外反射光线Ⅱ之间有一附加光程差 $\lambda/2$，所以白色条纹是黑色（暗）的；镀上半反射膜后，附加程差与所镀金属及厚度有关，但

通常均接近于零,所以白光条纹一般是白色(亮)的。交线条纹的两侧是彩色条纹。

迈克尔逊干涉仪的主要优点是两束光完全分开,并可由一个镜子的平移来改变它们的光程差,因此可以很方便地在光路中安置测量样品。这些优点使其有许多重要的应用,并且是许多干涉仪工作的基础。

2. 迈克尔逊干涉仪应用举例

1) 激光比长仪

应用迈克尔逊干涉仪和稳频 He-Ne 激光器可以进行长度的精密计量。在图 2-41 所示的装置中,光电计数器用来记录干涉条纹的数目,光电显微镜给出起始和终止信号。当光电显微镜对准待测物体的起始端时,它向记录仪发出一个信号,使记录仪开始记录干涉条纹数。当物体测量完时,光电显微镜对准物体的末端,发出一个终止信号,使记录仪停止工作。这样,利用

$$\Delta h = m \frac{\lambda}{2} \tag{2.4-1}$$

就可算出待测物体的长度。式中,m 是从物体起端到末端记录仪记录的条纹数。

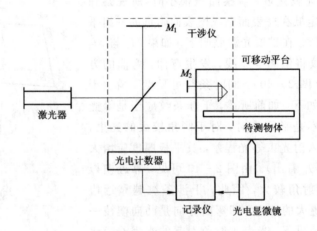

图 2-41 激光比长仪示意

在测量过程中,难免有机械振动的影响,它可能使 M_2 后退几个微米,会产生几十个干涉条纹数的误差。为此,应采用可逆计数器,不管 M_2 怎么移动,它只记录向一个方向移动所对应的干涉条纹数。

激光比长仪可用于大型工件的精密测量、米尺刻度的自动校正、丝杆精度的检验等。

2) 光纤迈克尔逊干涉仪

随着光纤技术的发展,光纤传感器已经获得了广泛的应用。在众多的光纤传感器中,有许多装置的工作原理实际上是由光纤构成的迈克尔逊干涉仪。图 2-42 是一种光纤迈克尔逊测长干涉仪的原理图,其中 P 是光纤定向耦合器,它将来自激光器的光分成两束,分别经参考臂光纤和信号臂光纤射向固定反射镜 M_1 和

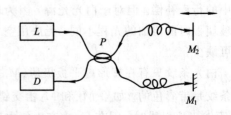

图 2-42 光纤迈克尔逊测长干涉仪原理图

移动反射镜 M_2，其反射光波经该二光纤由定向耦合器耦合到光电探测器 D 上，通过光电探测器记录干涉条纹的变化数，即可确定出 M_2 移动的距离，实现长度的测量。

2.4.2 马赫-泽德干涉仪

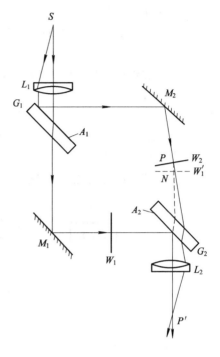

马赫-泽德(Mach-Zehnder)干涉仪是一种大型光学仪器，它广泛应用于研究空气动力学中气体的折射率变化、可控热核反应中等离子体区的密度分布，并且在测量光学零件、制备光信息处理中的空间滤波器等许多方面，也有极其重要的应用。特别是，它已在光纤传感技术中被广泛采用。

马赫-泽德干涉仪也是一种分振幅干涉仪，与迈克尔逊干涉仪相比，在光通量的利用率上，大约要高出一倍。这是因为在迈克尔逊干涉仪中，有一半光通量将返回到光源方向，而马赫-泽德干涉仪却没有这种返回光源的光。

马赫-泽德干涉仪的结构如图 2-43 所示。G_1、G_2 是两块分别具有半反射面 A_1、A_2 的平行平面玻璃板，M_1、M_2 是两块平面反射镜，四个反射面通常安排成近乎平行，其中心分别位于

图 2-43 马赫-泽德干涉仪

一个平行四边形的四个角上，平行四边形长边的典型尺寸是(1~2) m，光源 S 置于透镜 L_1 的焦点上。S 发出的光束经 L_1 准直后在 A_1 上分成两束，它们分别由 M_1、A_2 反射和由 M_2 反射、A_2 透射，进入透镜 L_2，出射的两光相遇，产生干涉。

假设 S 是一个单色点光源，所发出的光波经 L_1 准直后入射到反射面 A_1 上，经 A_1 透射和反射、并由 M_1 和 M_2 反射的平面光波的波面分别为 W_1 和 W_2，则在一般情况下，W_1 相对于 A_2 的虚像 W_1' 与 W_2 互相倾斜，形成一个空气隙，在 W_2 上将形成平行等距的直线干涉条纹(图中画出了两支出射光线在 W_2 的 P 点虚相交)，条纹的走向与 W_2 和 W_1' 所形成空气楔的楔棱平行。当有某种物理原因(例如，使 W_2 通过被研究的气流)使 W_2 发生变形，则干涉图形不再是平行等距的直线，从而可以从干涉图样的变化测出相应物理量(例如，所研究区域的折射率或密度)的变化。

在实际应用中，为了提高干涉条纹的亮度，通常都利用扩展光源，此时干涉条纹是定域的，定域面可根据 $\beta=0$ 作图法求出(详见 2.5 节)。当四个反射面严格平行时，条纹定域在无穷远处，或定域在 L_2 的焦平面上；当 M_2 和 G_2 同时绕自身垂直轴转动时，条纹虚定域于 M_2 和 G_2 之间(图 2-44)。于是，通过调节 M_2 和 G_2，可

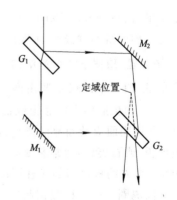

图 2-44 马赫-泽德干涉仪中
条纹的定域

使条纹定域在 M_2 和 G_2 之间的任意位置上，从而可以研究任意点处的状态。例如，为了研究尺寸较大的风洞中任一平面附近的空气涡流，将风洞置于 M_2 和 G_2 之间，并在 M_1 和 G_1 之间的另一支光路上放置补偿，调节 M_2 和 G_2，使定域面在风洞中选定的平面上，由透镜 L_2 和照相机拍摄下这个平面上的干涉图样。只要比较有气流和无气流时的条纹图样，就可以确定出气流所引起空气密度的变化情况。

在光纤传感器中，大量利用光纤马赫-泽德干涉仪进行工作。图 2-45 是一种用于温度传感器的马赫-泽德干涉仪结构示意图。由激光器发出的相干光，经分束器分别送入两根长度相同的单模光纤，其中参考臂光纤不受外场作用，而信号臂放在需要探测的温度场中，由二光纤出射的两个激光束产生干涉。由于温度的变化引起信号臂光纤的长度、折射率变化，从而使信号臂传输光的相位发生变化，导致了由二光纤输出光的干涉效应变化，通过测量此干涉效应的变化，即可确定外界温度的变化。

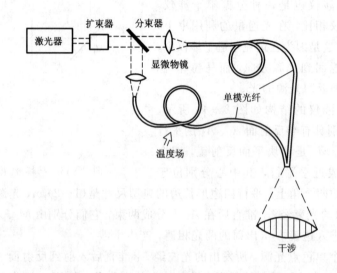

图 2-45　马赫-泽德光纤干涉仪温度传感器

2.4.3　法布里-珀罗干涉仪

法布里-珀罗(Fabry-Perot)干涉仪是一种应用非常广泛的干涉仪，其特殊价值在于，它除了是一种分辨本领极高的光谱仪器外，还可构成激光器的谐振腔。

1. 法布里-珀罗干涉仪的结构

法布里-珀罗干涉仪主要由两块平行放置的平面玻璃板或石英板 G_1、G_2 组成，如图 2-46 所示。两板的内表面镀银或铝膜、或多层介质膜以提高表面反射率。为了得到尖锐的条纹，两镀膜面应精确地保持平行，其平行度一般要求达到$(1/20\sim1/100)\lambda$。干涉仪的两块玻璃板(或石英板)通常制成有一个小楔角$(1'\sim10')$，以避免没有镀膜表面产生的反射光的干扰。如果两板之间的光程可以调节，这种干涉装置称为法布里-珀罗干涉仪；如果两板间放一间隔圈——一种殷钢制成的空心圆柱形间隔器，使两板间的距离固定不变，则称为法布里-珀罗标准具。

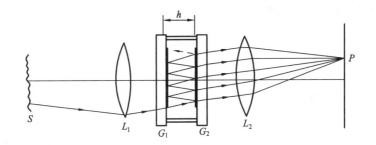

图 2 - 46　法布里-珀罗干涉仪简图

法布里-珀罗干涉仪采用扩展光源照明，其中一支光的光路如图 2 - 46 所示，在透镜 L_2 的焦平面上形成图 2 - 47(b) 所示的等倾同心圆条纹。将该条纹与迈克尔逊干涉仪产生的等倾干涉条纹(图 2 - 47(a))比较可见，法布里-珀罗干涉仪产生的条纹要精细得多，但是两种条纹的角半径和角间距计算公式相同。条纹干涉级决定于空气平板的厚度 h，通常法布里-珀罗干涉仪的使用范围是(1～200) mm，在一些特殊装置中，h 可大到 1 m。以 $h=5$ mm 计算，中央条纹的干涉级约为 20 000，可见其条纹干涉级很高，因而这种仪器只适用于单色性很好的光源。

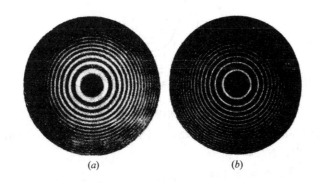

(a) 　　　　　　　　　(b)

图 2 - 47　迈克尔逊干涉仪与法布里-珀罗干涉仪中的干涉条纹的比较

应当指出，当干涉仪两板内表面镀金属膜时，由于金属膜对光产生强烈吸收，使得整个干涉图样的强度降低。假设金属膜的吸收率为 A，则根据能量守恒关系有

$$R + T + A = 1 \qquad (2.4 - 2)$$

当干涉仪两板的膜层相同时，由(2.2 - 6)式和上式可以得到考虑膜层吸收时的透射光干涉图样强度公式：

$$\frac{I_t}{I_i} = \left(1 - \frac{A}{1-R}\right)^2 \frac{1}{1 + F \sin^2 \frac{\varphi}{2}} \qquad (2.4 - 3)$$

其中

$$\varphi = \frac{4\pi}{\lambda} nh \cos\theta + 2\varphi' \qquad (2.4 - 4)$$

这里，φ' 是光在金属内表面反射时的相位变化，R 应理解为金属膜内表面的反射率。可见，由于金属膜的吸收，干涉图样强度降低到原来的 $1/[1 - A/(1-R)]^2$，严重时，峰值强度只有入射光强的几十分之一。

2. 法布里-珀罗干涉仪的应用举例

1) 研究光谱线的超精细结构

由于法布里-珀罗标准具能够产生十分细而亮的等倾干涉条纹，因而它的一个重要应用就是研究光谱线的精细结构，即将一束光中不同波长的光谱线分开——分光。作为一个分光元件来说，衡量其特性的好坏有三个技术指标：能够分光的最大波长间隔——自由光谱范围；能够分辨的最小波长差——分辨本领；使不同波长的光分开的程度——角色散。

(1) **自由光谱范围——标准具常数**　由多光束干涉的讨论已经知道，有两个波长为 λ_1 和 λ_2 (且 $\lambda_2 > \lambda_1$) 的光入射至标准具，由于两种波长的同级条纹角半径不同，因而将得到如图 2-48 所示的两组干涉圆环，且 λ_2 的干涉圆环直径比 λ_1 的干涉圆环直径小，前者用实线表示，后者用虚线表示。随着 λ_1 和 λ_2 的差别增大，同级圆环半径相差也变大。当 λ_1 和 λ_2 相差很大，以致于 λ_2 的第 m 级干涉条纹与 λ_1 的第 $m+1$ 级干涉条纹重叠，就引起了不同级次的条纹混淆，达不到分光之目的。所以，对于一个标准具分光元件来说，存在一个允许的最大分光波长差，称为自由光谱范围 $(\Delta\lambda)_f$。

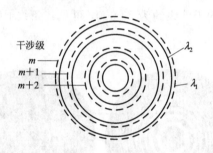

图 2-48　法布里-珀罗标准具的两套干涉环

对于靠近条纹中心的某一点 ($\theta \approx 0$) 处，λ_2 的第 m 级条纹与 λ_1 的第 $m+1$ 级条纹发生重叠时，其光程差相等，有

$$(m+1)\lambda_1 = m\lambda_2 = m[\lambda_1 + (\Delta\lambda)_f]$$

因此，

$$(\Delta\lambda)_f = \frac{\lambda_1}{m} = \frac{\lambda_1^2}{2nh} \tag{2.4-5}$$

自由光谱范围 $(\Delta\lambda)_f$ 也称作仪器的标准具常数，它是分光元件的重要参数。例如，对于 $h = 5$ mm 的标准具，入射光波长 $\lambda = 0.546\,1\ \mu m$，$n=1$ 时，由上式可得 $(\Delta\lambda)_f = 0.3 \times 10^{-4}\ \mu m$。

(2) **分辨本领**　分光仪器所能分辨开的最小波长差 $(\Delta\lambda)_m$ 称为分辨极限，并称

$$A = \frac{\lambda_1}{(\Delta\lambda)_m} \tag{2.4-6}$$

为分辨本领。

在这里，首先遇到了一个问题：什么是"能分辨开"？显然，对于不同的观察者，这个"能分辨开"是不同的。为此，必须要选择一个公认的标准。而在光学仪器中，通常采用的标准是瑞利 (Rayleigh) 判据。

瑞利判据在这里指的是，两个等强度波长的亮条纹只有当它们的合强度曲线中央极小值低于两边极大值的 81% 时，才算被分开 (图 2-49)。现在，按照这个判据来计算标准具的分辨本领。

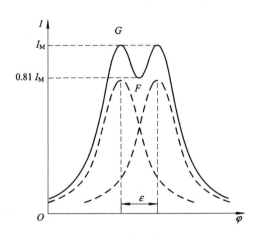

图 2-49　两个波长的亮条纹刚好被分辨开时的强度分布

如果不考虑标准具的吸收损耗，λ_1 和 λ_2 的透射光合强度为

$$I = \frac{I_{1i}}{1 + F \sin^2 \frac{\varphi_1}{2}} + \frac{I_{2i}}{1 + F \sin^2 \frac{\varphi_2}{2}} \qquad (2.4-7)$$

式中，φ_1 和 φ_2 是在干涉场上同一点的两个波长条纹所对应的相位差。设 $I_{1i} = I_{2i} = I_i$，$\varphi_1 - \varphi_2 = \varepsilon$，则在合强度极小值处(图 2-49 中的 F 点)，$\varphi_1 = 2m\pi + \varepsilon/2$，$\varphi_2 = 2m\pi - \varepsilon/2$，因此极小值强度为

$$\begin{aligned} I_m &= \frac{I_i}{1 + F \sin^2\left(m\pi + \frac{\varepsilon}{4}\right)} + \frac{I_i}{1 + F \sin^2\left(m\pi - \frac{\varepsilon}{4}\right)} \\ &= \frac{2I_i}{1 + F \sin^2 \frac{\varepsilon}{4}} \end{aligned} \qquad (2.4-8)$$

在合强度极大值处(图 2-49 中的 G 点)，$\varphi_1 = 2m\pi$，$\varphi_2 = 2m\pi - \varepsilon$，故极大值强度为

$$I_M = I_i + \frac{I_i}{1 + F\sin^2 \frac{\varepsilon}{2}} \qquad (2.4-9)$$

按照瑞利判据，两个波长条纹恰能分辨的条件是

$$I_m = 0.81 I_M \qquad (2.4-10)$$

因此有

$$\frac{2I_i}{1 + F \sin^2 \frac{\varepsilon}{4}} = 0.81 \left[I_i + \frac{I_i}{1 + F \sin^2 \frac{\varepsilon}{2}} \right]$$

由于 ε 很小，$\sin(\varepsilon/2) \approx \varepsilon/2$，可解得

$$\varepsilon = \frac{4.15}{\sqrt{F}} = \frac{2.07\pi}{N} \qquad (2.4-11)$$

式中，N 是条纹的精细度。再由(2.4-4)式，略去 φ' 的影响，有

$$|\Delta\varphi| = \frac{4\pi h \cos\theta}{\lambda^2}\Delta\lambda = 2m\pi\frac{\Delta\lambda}{\lambda} \tag{2.4-12}$$

由于此时两波长刚被分辨开，$\Delta\varphi = \varepsilon$，因而标准具的分辨本领为

$$A = \frac{\lambda}{(\Delta\lambda)_m} = \frac{2mN}{2.07} = 0.97mN \tag{2.4-13}$$

可见，分辨本领与条纹干涉级数和精细度成正比。由于法布里-珀罗标准具的干涉条纹很窄，条纹精细度 N 较大，特别是条纹干涉级次很高，所以标准具的分辨本领极高。例如，若 $h=5$ mm，$N\approx30(R\approx0.9)$，$\lambda=0.5$ μm，则在接近正入射时，标准具的分辨本领为

$$A \approx 0.97\frac{2h}{\lambda}N \approx 6\times10^5$$

这相当于在 $\lambda=0.5$ μm 上，标准具能分辨的最小波长差 $(\Delta\lambda)_m$ 为 0.0083×10^{-4} μm，这样高的分辨本领是一般光谱仪所达不到的。应当指出，上面的讨论是把 λ_1 和 λ_2 的谱线视为单色谱线，由于任何实际谱线的本身都有一定的宽度，所以标准具的分辨本领达不到这样高。

有时把 $(2.4-13)$ 式中的 $0.97N$ 称为标准具的有效光束数 N'，于是 $(2.4-13)$ 式可以写成

$$A = mN' \tag{2.4-14}$$

（3）**角色散**　角色散是用来表征分光仪器能够将不同波长的光分开程度的重要指标。它定义为单位波长间隔的光，经分光仪所分开的角度，用 $\mathrm{d}\theta/\mathrm{d}\lambda$ 表示。$\mathrm{d}\theta/\mathrm{d}\lambda$ 愈大，不同波长的光经分光仪分得愈开。

由法布里-珀罗干涉仪透射光极大值条件

$$\Delta = 2nh \cos\theta = m\lambda$$

不计平行板材料的色散，两边进行微分，可得

$$\frac{\mathrm{d}\theta}{\mathrm{d}\lambda} = \left|\frac{m}{2nh \sin\theta}\right| \tag{2.4-15}$$

或

$$\frac{\mathrm{d}\theta}{\mathrm{d}\lambda} = \left|\frac{\cot\theta}{\lambda}\right| \tag{2.4-16}$$

可见，角度 θ 愈小，仪器的角色散愈大。因此，在法布里-珀罗干涉仪的干涉环中心处光谱最纯。

2）干涉滤光片

滤光片的作用是只让某一波段范围的光通过，而其余波长的光不能通过。通常，滤光片的性能指标有三个：

① 中心波长 λ_0。它是指透光率最大 (T_M) 时的波长；

② 透射带的波长半宽度 $\Delta\lambda_{1/2}$。它是透过率为最大值一半 $(T=T_M/2)$ 处的波长范围，$\Delta\lambda_{1/2}$ 大者为宽带滤光片，小者为窄带滤光片；

③ 峰值透过率 T_M。

滤光片按其结构可分为两类：

① 吸收滤光片。它是利用物质对光波的选择性吸收进行滤光的，例如，红、绿玻璃以及各种有色液体等，具体滤光性能可参看有关手册。

② 干涉滤光片。它是利用多光束干涉原理实现滤光的。

前者由于使用的物质有限，不能制造出在任意波长处、具有所希望带宽的滤光片，而后者从原理上讲，可以制成在任何中心波长处、有任意带宽的滤光片，因此在精密测量技术中得到广泛的应用。在这里，将根据光学薄膜多光束干涉原理，讨论法布里-珀罗型干涉滤光片、红外线滤光片及偏振滤光片。

(1) **法布里-珀罗型干涉滤光片**　常用的法布里-珀罗型干涉滤光片有两种：一种是全介质干涉滤光片，如图 2-50 所示：在平板玻璃 G 上镀两组膜系 $(HL)^p$ 和 $(LH)^p$，再加上保护玻璃 G' 制成，而这两组膜系也可以看做为两组高反射膜 $H(LH)^{p-1}$ 和 $(HL)^{p-1}H$ 中间夹着一层间隔层 LL；另一种是金属膜干涉滤光片，如图 2-51 所示，在平板玻璃 G 上镀一层高反射率的银膜 S，银膜之上再镀一层介质薄膜 F，然后再镀一层高反射率的银膜，最后加保护玻璃 G'。可见，这两种滤光片都可以看做是一种间隔很小的法布里-珀罗标准具，其性能指标如下：

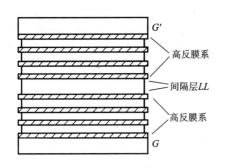

图 2-50　全介质干涉滤光片　　　图 2-51　金属反射膜干涉滤光片

① 滤光片的中心波长。在正入射时，透射光产生极大值的条件为

$$2nh = m\lambda \qquad m = 1, 2, 3, \cdots$$

由此可得滤光片的中心波长为

$$\lambda = \frac{2nh}{m} \tag{2.4-17}$$

对于一定的光学厚度 nh，λ 的数值只取决于 m，对应不同的 m 值，中心波长不同。例如，对于间隔层折射率为 $n=1.5$、厚度为 $h=6\times10^{-5}$ cm 的干涉滤光片，在可见光区域内有 $\lambda=0.6\ \mu m(m=3)$ 和 $0.45\ \mu m(m=4)$ 两个中心波长。当间隔层厚度增大时，中心波长的数目就更多些。为了把不需要的中心波长滤去，可附加普通的有色玻璃片(兼作保护玻璃) G 和 G'。

由(2.4-17)式可以求得相邻干涉级($\Delta m=1$)的中心波长差为

$$\Delta\lambda = \frac{\lambda^2}{2nh} \tag{2.4-18}$$

② 透射带的波长半宽度。透射带的波长半宽度 $\Delta\lambda_{1/2}$ 由(2.2-21)式确定，

$$\Delta\lambda_{1/2} = \frac{2nh(1-R)}{m^2\pi\sqrt{R}} = \frac{\lambda^2}{2\pi nh}\frac{1-R}{\sqrt{R}} \tag{2.4-19}$$

或表示为

$$\Delta\lambda_{1/2} = \frac{\lambda}{m}\frac{1-R}{\sqrt{R}} = \frac{2\lambda}{m\pi\sqrt{F}} \tag{2.4-20}$$

上式表明，m、R 愈大，$\Delta\lambda_{1/2}$ 愈小，干涉滤光片的输出单色性愈好。

③ 峰值透射率。峰值透射率是指对应于透射率最大的中心波长的透射光强与入射光强之比，即

$$T_{M} = \left(\frac{I_t}{I_i}\right)_M \tag{2.4-21}$$

若不考虑滤光片的吸收和表面散射损失，则峰值透射率为 1。实际上，由于高反射膜的吸收和散射会造成光能损失，峰值透射率不可能等于 1。特别是金属反射膜滤光片，吸收尤为严重，由(2.4-3)式可得对应于中心波长的峰值透射率为

$$T_{M} = \left(1 - \frac{A}{1-R}\right)^2 \tag{2.4-22}$$

由于吸收，峰值透射率一般在 30% 以下。表 2-2 列出了几种滤光片的三个主要参数，其中最后一种滤光片的透射率曲线如图 2-52 所示。

表 2-2　几种干涉滤光片的特性

类　型	中心波长/nm	峰值透射率	波长半宽度/nm
$M-2L-M$	531	0.30	13
$M-4L-M$	535	0.26	7
$MLH-2L-HLM$	547	0.43	4.8
$M(LH)^2-2L-(HL)^2M$	605	0.38	2
$HLH-2L-HLH$	518.5	0.90	38
$(HL)^3H-2L-H(LH)^3$	520	0.70	4
$(HL)^5-2H-(LH)^5$	660	0.50	2

注：M 代表金属膜；L 代表光学厚度为 $\lambda_0/4$ 的低折射率膜层，前四种 L 介质是氟化镁，后三种 L 介质是冰晶石；H 代表光学厚度为 $\lambda_0/4$ 的高折射率膜层，均为硫化锌。

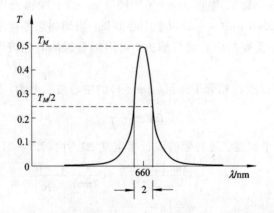

图 2-52　一种典型的多层介质膜干涉滤光片透射率曲线

（2）**红外线滤光片**　在 2.3 节中，已讨论了多层高反射膜的反射率光谱特性（见图 2-31）。图 2-53 给出了以波长 λ 为横坐标时的七层膜系透射率光谱曲线，可以看出，膜厚的变化将改变截止带的位置。若取 $nh=0.130\ \mu m$，膜系反射可见光而透过红外光。因此，如果在光源的反射镜上镀上这种膜系，就制成了冷光镜。例如，可将其用于电影放映机中，以减少电影胶片的受热和增强银幕上的亮度。理论和实践均已表明，采用两个高反射膜堆中间夹一个过渡层的膜系，可以成为很好的冷光膜，例如，结构为 $G(HL)_1^4 H_1 L_2 (HL)_3^4 H_3 A$ 的膜系。在这个膜系的结构符号中，下脚标 1、2、3 表示 λ_1、λ_2、λ_3 三个控制波长，且有 $\lambda_2 = (\lambda_1 + \lambda_3)/2$，高折射率膜层用 ZnS，低折射率膜层用 MgF_2。当三个波长分别为 $\lambda_1 = 0.65\ \mu m$，$\lambda_2 = 0.565\ \mu m$，$\lambda_3 = 0.480\ \mu m$ 时，该膜系的反射带宽为 $0.3\ \mu m$ 左右。

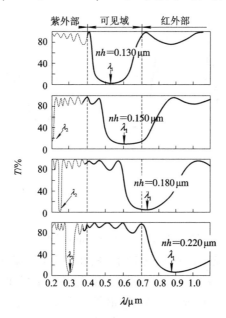

图 2-53　膜厚变化对截止带的影响

与上述情况相反，如果采用 $nh=0.220\ \mu m$ 的膜层，则反射红外线而透过可见光，所以可用做放映机的光源与胶片之间的红外截止滤光片，称之为冷滤光片。

（3）**偏振滤光片**　利用多层膜的反射特性还可以制作成偏振滤光片。

由前面的讨论已知，在玻璃上镀高折射率薄膜，可以增大反射率，当光束斜入射时，其反射率的大小因 p 分量和 s 分量而异，并且在某个入射角上，反射光中的 p 分量可以变为 0。所以，与只有玻璃板时的情况相同，这种高反膜也可以起偏振元件的作用，但这时的反射率如图 2-54 所示，比没有薄膜时高得多。如果镀上 $ZnS + MgF_2 + ZnS$ 三层膜，则在膜的偏振角上，s 分量的剩余反射率可以达到 90%，因此是一个很好的偏振元件。若如图 2-55(a) 所示，

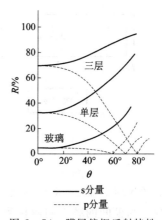

图 2-54　膜层偏振反射特性

将三层膜夹在棱镜中间(在斜面上镀上三层膜,然后胶合起来),并使光以接近全反射的角度入射,则可得到图 2-55(b)所示的带宽为几纳米的透射带,构成一个单色滤光片,并将 p 分量和 s 分量分离开来。由于光线斜入射照射至三层膜,p 分量和 s 分量在反射时的相位变化不同,形成了图中的两个透射带。为了消除这种偏差,可以用双折射材料作为胶合物质,通过双折射将相位变化抵消,这就是所谓的消双折射全反射滤光片。进一步,若如图 2-56 所示,把棱镜各面都镀上三层膜,然后把它们用稍厚一些的香胶胶合起来而不发生干涉,就可以得到偏振度高达 98% 的偏振滤光片。它的主要缺点是视场很窄。

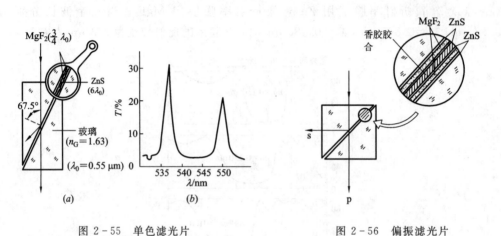

图 2-55 单色滤光片　　　　　　　图 2-56 偏振滤光片

3) 激光器谐振控

如图 2-57(a)所示的激光器主要由两个核心部件组成:激光工作物质(激活介质)和由 M_1、M_2 构成的谐振腔。激光工作物质在激励源的作用下,为激光的产生提供了增益,其增益曲线如图 2-57(b)中的虚线所示。谐振腔为激光的产生提供了正反馈,并具有选模作用,它实际上就是由 M_1、M_2 构成的法布里-珀罗干涉仪。激光器产生的激光频率是一系列满足干涉条件的振荡频率,相应于激光器的纵模。由于激光输出必须满足一定的阈值条件,因而激光输出频率只有如图 2-57(b)所示的 A、B、C 等少数几个。

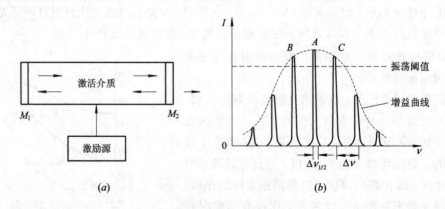

图 2-57 激光器及其纵模

由激光理论知道,对于激光器的每一个纵模,都有一定的频率宽度,称为单模线宽;相邻两个纵模间的频率间隔称为纵模间隔。若不计激光工作物质对振荡频率特性的影响,这些频率特性均可由法布里-珀罗干涉仪理论得出：

（1）**纵模频率**　激光器输出的纵模频率实际上是满足法布里-珀罗干涉仪干涉亮条纹条件的一系列频率。在正入射情况下，满足下面的关系：

$$2nL = m\lambda \qquad m = 1, 2, 3\cdots \tag{2.4-23}$$

式中，n 和 L 分别是谐振腔内介质的折射率和谐振腔长度；m 是干涉级次（纵模阶次）。由此可得纵模频率为

$$\nu_m = m\frac{c}{2nL} \qquad m = 1, 2, 3\cdots \tag{2.4-24}$$

相应的波长为

$$\lambda_m = \frac{2nL}{m} \tag{2.4-25}$$

（2）**纵模间隔**　根据（2.4-24）式，纵模间隔为

$$\Delta\nu = \nu_m - \nu_{m-1} = \frac{c}{2nL} \tag{2.4-26}$$

可见，它只与谐振腔长度和折射率有关。

（3）**单模线宽**　由多光束干涉条纹锐度的分析，干涉条纹的相位差半宽度为

$$\Delta\varphi = \frac{2(1-R)}{\sqrt{R}} \tag{2.4-27}$$

而由（2.2-2）式有

$$|\Delta\varphi| = 4\pi nL\frac{\Delta\lambda}{\lambda^2} \tag{2.4-28}$$

因此，当光波包含有许多波长时，与相位差半宽度相应的波长差为

$$\Delta\lambda_{1/2} = \frac{\lambda^2}{4\pi nL}|\Delta\varphi| = \frac{\lambda^2}{2\pi nL}\frac{1-R}{\sqrt{R}}$$

$$= \frac{2nL}{m^2\pi}\frac{1-R}{\sqrt{R}} \tag{2.4-29}$$

或以频率表示，相应的谱线宽度为

$$\Delta\nu_{1/2} = \frac{c\Delta\lambda}{\lambda^2} = \frac{c}{2\pi nL}\frac{1-R}{\sqrt{R}} \tag{2.4-30}$$

由上式可见，谐振腔的反射率越高，或腔长越长，谱线宽度越小。例如，一支 He-Ne 激光器，$L=1\text{ m}$，$R=98\%$，可算出 $\Delta\nu_{1/2}=1\text{ MHz}$。实际上，由于激光工作物质对激光器输出的激光单色性影响很大，就使得激光谱线宽度远小于该计算值。

2.5　光的相干性

前面讨论了光波的干涉效应及产生干涉的条件，并指出，为了进行干涉实验，可以采用分波面法或分振幅法获得相干光。通过大量实验人们发现，利用不同的光源进行同一干涉实验，得到的干涉现象不同、条纹可见度不同，即使利用同一光源进行同一干涉实验，一旦实验条件变化，其干涉现象也会不同、条纹可见度也会变化。研究表明，出现这种差别是由光的基本属性——光的相干性决定的，而这种基本属性主要源自相应的光源。对于

光的相干性及相应光源相干性的研究，在光电子技术应用中，特别是对于有关信息处理的应用，至关重要。

这一节将较详细地讨论光的相干性概念，并简单介绍相干性的经典描述，以及激光的相干性。

2.5.1 光的相干性

在前面讨论双(多)光束干涉时，引入了表征干涉效应程度的参量——干涉条纹可见度 V：当 $V=1$ 时，干涉条纹最清晰，表示这二(多)光束完全相干；当 $V=0$ 时，无干涉条纹，表示它们完全不相干；当 $0<V<1$ 时，条纹清晰度介于上面两种情况之间，表示它们部分相干。

进一步，人们在利用分波面法和分振幅法进行干涉实验时发现，光源的特性直接影响了二(多)光束的干涉程度，其条纹可见度 V 可能等于 1，小于 1，甚至等于 0。这种光源特性主要是指光源的大小和复色性，它们决定了所产生光波的干涉特性——光的相干性。下面，首先讨论光源特性对条纹可见度的影响，然后引入光的相干性概念。

1. 光源特性对干涉条纹可见度的影响

1) 光源大小对干涉条纹可见度的影响

若图 2-3 所示的杨氏干涉实际是指杨氏双孔干涉实验，则 S_1、S_2 和 S 均为针孔，S 相应于点光源，S_1 和 S_2 双孔分别从来自点光源 S 的光波波面上分割出很小的两部分，进行干涉实验。在这种情况下，将产生清晰的干涉条纹，$V=1$。如果 S 变为扩展光源，则其干涉条纹可见度将下降。这是因为，在扩展光源中包含有许多点光源，每个点光源都将通过干涉系统在干涉场中产生各自的一组干涉条纹，由于各个点光源位置不同，它们所产生的干涉条纹之间有位移(如图 2-58 中的下部曲线)，干涉场中的总光强分布为各条纹的强度总和(图 2-58 中的上部曲线)，其暗点强度不再为零，因此可见度下降。当扩展光源大到一定程度时，条纹可见度可能下降为零，完全看不到干涉条纹。

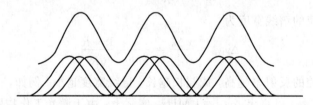

图 2-58 多组条纹的叠加

下面，我们具体讨论光源的大小对干涉条纹可见度的影响。

假设在杨氏双孔干涉实验系统中，光源如图 2-59(a)所示，是以 S 为中心的扩展光源 $S'S''$，则可将其想象为由许多无穷小的元光源组成，整个扩展光源在干涉场中所产生的光强度便是这些元光源所产生的光强度之和。若考察干涉场中的某一点 P，则位于光源中点 S 的元光源(宽度为 $\mathrm{d}x$)在 P 点产生的光强度为

$$\mathrm{d}I_S = 2I_0\,\mathrm{d}x\left(1 + \cos\frac{2\pi}{\lambda}\Delta\right) \tag{2.5-1}$$

式中，$I_0\,\mathrm{d}x$ 是元光源通过 S_1 或 S_2 在干涉场中 P 点所产生的光强度；Δ 是元光源发出的光

波经 S_1 和 S_2 到达 P 点的光程差。对于距离 S 为 x 的 C 点处的元光源（图 $2-59(b)$），它在 P 点产生的光强度为

$$dI = 2I_0 \, dx \left(1 + \cos \frac{2\pi}{\lambda} \Delta' \right) \qquad (2.5-2)$$

式中，Δ' 是由 C 处元光源发出、经 S_1 和 S_2 到达 P 点的两支相干光的光程差。

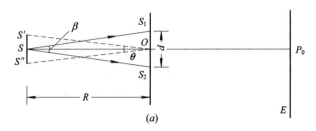

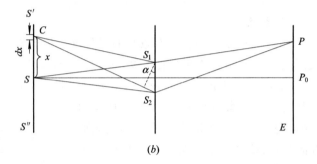

图 $2-59$　扩展光源的杨氏干涉

由图 $2-59$ 中几何关系可以得到如下近似结果：

$$CS_2 - CS_1 \approx \alpha d \approx \left(\frac{x + \dfrac{d}{2}}{R} \right) d \approx \frac{xd}{R} = x\beta$$

式中，$\beta = d/R$ 是 S_1 和 S_2 对 S 的张角。因此

$$\Delta' = \Delta + x\beta$$

所以，$(2.5-2)$ 式可以写成

$$dI = 2I_0 \, dx \left[1 + \cos \frac{2\pi}{\lambda} (\Delta + x\beta) \right] \qquad (2.5-3)$$

于是，宽度为 b 的扩展光源在 P 点产生的光强度为

$$
\begin{aligned}
I &= \int_{-b/2}^{b/2} 2I_0 \left[1 + \cos \frac{2\pi}{\lambda} (\Delta + x\beta) \right] dx \\
&= 2I_0 b + 2I_0 \frac{\lambda}{\pi\beta} \sin \frac{\pi b\beta}{\lambda} \cos \frac{2\pi}{\lambda} \Delta \qquad (2.5-4)
\end{aligned}
$$

式中，第一项与 P 点的位置无关，表示干涉场的平均强度；第二项表示干涉场光强度周期性地随 Δ 变化。由于第一项平均强度随着光源宽度的增大而增强，而第二项的大小不会超过 $2I_0 \lambda / (\pi\beta)$，所以随着光源宽度的增大，条纹可见度将下降。根据 $(2.5-4)$ 式，可求得条纹可见度为

$$V = \left| \frac{\lambda}{\pi b\beta} \sin \frac{\pi b\beta}{\lambda} \right| \qquad (2.5-5)$$

图 2-60 绘出了 V 随光源宽度 b 变化的曲线。可见，随着 b 的增大，条纹可见度 V 将通过一系列极大值和零值后逐渐趋于零。当 $b=0$、光源为点光源时，$V=1$；当 $0<b<\lambda/\beta$ 时，$0<V<1$；当 $b=\lambda/\beta$ 时，$V=0$。

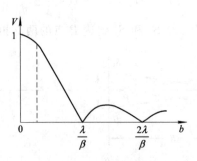

图 2-60 条纹可见度随光源宽度的变化

2) 光源复色性对干涉条纹可见度的影响

光源的复色性（非单色性）直接影响着干涉条纹的可见度。对于图 2-7 所示的平行平板干涉实验，已假设所用光源 S 是单色的扩展光源。实际上，任何光源都包含有一定的光谱宽度 $\Delta\lambda$，在干涉实验中，$\Delta\lambda$ 范围内的每一种波长的光都将在透镜焦平面 F 上产生各自的一组干涉条纹，并且各组条纹除零干涉级外，相互间均有位移（如图 2-61(a) 的下部曲线所示），其相对位移量随着干涉光束间光程差 Δ 的增大而增大，所以干涉场总强度分布（图 2-61(a) 的上部曲线）的条纹可见度随着光程差的增大而下降，并降为零（如图 2-61(b) 所示）。因此，复色性光源的光谱宽度限制了干涉条纹的可见度。

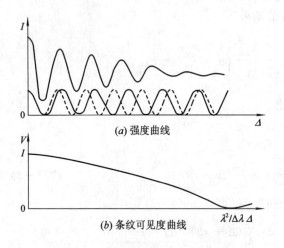

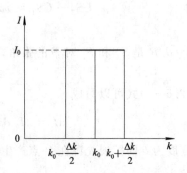

图 2-61 光源复色性对条纹的影响　　图 2-62 Δk 范围内光谱分量的强度相等

为了讨论光源复色性对干涉条纹可见度的影响，可以假设光源在 $\Delta\lambda$ 范围内各个波长上的强度相等，或以波数 $k(=2\pi/\lambda)$ 表示，在 Δk 宽度内不同波数的光谱分量强度相等（图 2-62），则元波数宽度 dk 的光谱分量在干涉场中产生的强度为

$$dI = 2I_0\, dk(1+\cos k\Delta) \tag{2.5-6}$$

式中，I_0 表示光强度的光谱分布（谱密度），按假设是常数；$I_0\, dk$ 是 dk 元宽度内的光强度。在 Δk 宽度内各光谱分量产生的总光强度为

$$I = \int_{k_0 - \Delta k/2}^{k_0 + \Delta k/2} 2I_0 (1 + \cos k\Delta) \, \mathrm{d}k = 2I_0 \Delta k \left[1 + \frac{\sin\left(\frac{\Delta k}{2}\Delta\right)}{\frac{\Delta k}{2}\Delta} \cos(k_0 \Delta) \right] \qquad (2.5-7)$$

上式中的第一项是常数，表示干涉场的平均光强度；第二项随光程差 Δ 变化，但变化的幅度越来越小。由上式可得条纹可见度为

$$V = \left| \frac{\sin\left(\frac{\Delta k}{2}\Delta\right)}{\frac{\Delta k}{2}\Delta} \right| \qquad (2.5-8)$$

可见，条纹可见度 V 由 Δk 和 Δ 决定。对于一定的 Δ，条纹可见度 V 随着 Δk 的增大而下降：当 $\Delta k = 0$，光源为单色光源时，$V=1$；当 $0 < \Delta k < 2\pi/\Delta$ 时，$0 < V < 1$；当 $\Delta k = 2\pi/\Delta$ 时，$V = 0$。对于一定的 Δk，V 随 Δ 的变化规律如图 2-61(b) 所示。

上面的讨论中，假设了在 $\Delta\lambda$（或 Δk）内的光谱强度是等强度分布的。实际上，光源并非等强度分布，但根据实际光谱分布求得的可见度曲线，与图 2-61(b) 所示的曲线相差不大，故与 $V=0$ 相应的最大光程差的数量级，仍可由 (2.5-8) 式确定。

最后应当指出，上面讨论光源特性对干涉条纹可见度的影响时，分别是以杨氏实验讨论光源大小的影响，以平行平板实验讨论光源复色性的影响。实际上，对于每种干涉实验，光源的大小和复色性均有影响。

2. 光的相干性

如上所述，在干涉实验中，光源的特性直接决定了所产生光波的干涉条纹可见度 V，而干涉条纹可见度 V 表征了光波之间的干涉程度，所以，光源的特性直接决定了所产生光波的干涉效应能力。进一步，根据光波产生干涉的条件，干涉条纹可见度 V 的大小实质上反映了干涉光波场间的空、时相关性，而这种相关性是由相应光源决定的，属于光波的基本属性，称为光的相干性。根据描述光波场空、时相关特性的不同，光的相干性分为空间相干性和时间相干性。

1）光的空间相干性

上述关于光源大小对干涉条纹可见度 V 影响的讨论，实际上是考察了扩展光源 $S'S''$ 所产生的光波波面上 S_1 和 S_2 两点光场的相关性，如果该二光场相关，则知道了 S_1 点的光场（大小和相位），便可确定出 S_2 点的光场，且由这两点光场产生的光波在周围空间可以产生干涉现象；如果该二光场不相关，则这两点光场产生的光波在周围空间不能产生干涉现象。这种在垂直于传播方向的波面上空间点光场间的相关性，称为该光的空间相干性。

当光源是点光源时，所考察的任意两点 S_1 和 S_2 的光场都是空间相关的，因此所产生的光波是理想的空间相干光波；当光源是扩展光源时，所考察 S_1 和 S_2 两点的光场不一定空间相关，所产生光波的空间相干性变差，其具有光场空间相关性的空间范围与光源的大小成反比。根据 (2.5-5) 式，对于一定的光波长和干涉装置，当光源宽度 b 较大且满足 $b \geqslant \lambda R/d$ 或 $b \geqslant \lambda/\beta$ 时，通过 S_1 和 S_2 两点的光场空间不相关，因此它们在空间将不产生干涉现象。通常称

$$b_{\mathrm{C}} = \frac{\lambda}{\beta} \qquad (2.5-9)$$

为光源产生光波空间相干的临界宽度，式中的 $\beta = d/R$ 是干涉装置中两小孔 S_1 和 S_2 对 S 的张角。当光源宽度不超过临界宽度的 $1/4$ 时，由 $(2.5-5)$ 式可计算出相应的可见度 $V \geqslant 0.9$。通常称这个光源宽度为许可宽度 b_p，且

$$b_p = \frac{b_c}{4} = \frac{\lambda}{4\beta} \tag{2.5-10}$$

实际上，可以利用这个许可宽度确定干涉仪应用中的光源宽度的容许值。

我们也可以从另一个角度考察光的空间相干性范围。对于一定的光源宽度 b，通常称所产生的光通过 S_1 和 S_2 点恰好不发生干涉时所对应的距离为横向相干宽度，以 d_t 表示，

$$d_t = \frac{\lambda R}{b} \tag{2.5-11}$$

横向相干宽度 d_t 也可以用扩展光源对 O 点（$S_1 S_2$ 连线的中点）的张角 θ 表示：

$$d_t = \frac{\lambda}{\theta} \tag{2.5-12}$$

如果扩展光源是方形的，由它照明平面上的空间相干范围的面积（相干面积）为

$$A_C = d_t^2 = \left(\frac{\lambda}{\theta}\right)^2 \tag{2.5-13}$$

理论上可以证明，对于圆形光源，其照明平面上的横向相干宽度为

$$d_t = \frac{1.22\lambda}{\theta} \tag{2.5-14}$$

相干面积为

$$A_C = \pi\left(\frac{1.22\lambda}{2\theta}\right)^2 = \pi\left(\frac{0.61\lambda}{\theta}\right)^2 \tag{2.5-15}$$

例如，直径为 1 mm 的圆形光源，若 $\lambda = 0.6\ \mu m$，在距光源 1 m 的地方，由 $(2.5-14)$ 式计算出的横向相干宽度约为 0.7 mm。因此，杨氏双孔干涉实验装置中两小孔 S_1 和 S_2 的实际距离，必须小于 0.7 mm 才能产生干涉现象。而与此相应的相干面积 $A_C \approx 0.38\ mm^2$。又如，从地面上看太阳是一个角直径 $\theta = 0°32' = 0.009\ rad$ 的非相干光源，若认为太阳是一个亮度均匀的圆盘面，并只考虑 $\lambda = 0.55\ \mu m$ 的可见光，则太阳光直射地面时，它在地面上的相干面积是直径约为 0.08 mm 的圆面积。

有时侯，利用相干孔径角 β_C 表征空间相干范围会更直观方便。当 b 和 λ 给定时，凡是在该孔径角以外的两点（如 S_1' 和 S_2'）都是不相干的，在孔径角以内的两点（如 S_1'' 和 S_2''）都具有一定程度的相干性（图 2-63）。公式

$$b\beta_C = \lambda \tag{2.5-16}$$

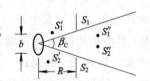

图 2-63 相干孔径角

表示相干孔径角 β_C 与光源宽度 b 成反比，通常称该式为空间相干性的反比公式。

2）光的时间相干性

上面关于光源复色性对干涉条纹可见度 V 影响的讨论，实际上是考察了某一时刻、光源所产生的光沿着光波传播方向上光程差为 Δ 的两个不同点处光场之间的相关性，如果这两个不同点的光场相关，则知道了某一点的光场（大小和相位），便可确定出另一点的光场，并且由这两点光场可以产生干涉现象；如果该二光场不相关，则这两点光场不能产生

干涉现象。由于光波以恒定速度传播，有 $l = ct$，所以也可以说，上面的讨论实际上是考察了对于空间中的某一点，光源在相差时间 τ 的不同二时刻所产生光场的相关性。通常将这种表征光波在在时域内不同时刻光场的相关性的属性，称为光的时间相干性。

根据前面的讨论，对于单色光源，所产生光波的光谱宽度 $\Delta\lambda = 0$，无论上述二点光程差 Δ 为多大，干涉条纹的可见度恒等于 1；对于复色光源，所产生光波的光谱宽度 $\Delta\lambda \neq 0$，只有 $\Delta = 0$，即二点的光程相等时，才能保证 $V = 1$，一旦 $\Delta \neq 0$，其可见度就要下降。当

$$\Delta = \frac{2\pi}{\Delta k} = \frac{\lambda^2}{\Delta\lambda} \qquad (2.5-17)$$

时，$V = 0$，完全不相干。由(2.5-17)式确定的 Δ 是所产生光波能够发生干涉的最大光程差，通常称为相干长度，用 Δ_C 表示。显然，光源的光谱宽度愈宽，$\Delta\lambda$ 愈大，相干长度 Δ_C 愈小。

考虑到光传播速度 c 是常数，也可以采用相干时间 τ_C 来度量光的时间相干性。τ_C 定义为

$$\tau_C = \frac{\Delta_C}{c} \qquad (2.5-18)$$

式中，c 是光的速度。凡是光源在相干时间 τ_C 内不同时刻发出的光，均可以产生干涉现象，而在大于 τ_C 时间发出的光波之间，不能产生干涉。由(2.5-17)式，再利用波长宽度 $\Delta\lambda$ 与频率宽度 $\Delta\nu$ 的如下关系：

$$\frac{\Delta\lambda}{\lambda} = \frac{\Delta\nu}{\nu}$$

相干时间 τ_C 可以表示为

$$\tau_C = \frac{\nu}{\Delta\nu} \frac{1}{\nu} = \frac{1}{\Delta\nu} \qquad (2.5-19)$$

即有

$$\tau_C \Delta\nu = 1 \qquad (2.5-20)$$

该式说明，$\Delta\nu$ 愈小(光的单色性愈好)，τ_C 愈大，光的时间相干性愈好。单色光是理想的时间相干光

进一步，考虑到光源的跃迁辐射，光的相干长度 Δ_C 和相干时间 τ_C 的物理意义是：任意一个实际光源所发出的光波都是一段段有限波列的组合，若这些波列的持续时间为 τ，则相应的空间长度为 $L = c\tau$，由于它们的初相位是独立的，因而它们之间不相干。但对于一个波列，其波列内光场是相干的，因此，由同一波列分出的两个子波列，只要经过不同路径到达某点能够相遇，就会产生干涉。所以，实际上相干时间 τ_C 就是波列的持续时间 τ，相干长度 Δ_C 就是波列的空间长度 L。

3. 干涉的定域性

在前面讨论双光束干涉时曾经指出，当采用点(或线)光源进行干涉实验时，所观察到的干涉现象是非定域的；当采用扩展光源进行干涉实验时，所观察到的干涉现象是定域的。对于干涉条纹可见度尚佳的区域，称为干涉条纹的定域区。干涉实验中存在的这种定域性问题，实际上是光的空间相干性效应。

1) 点光源产生干涉的非定域性

点光源产生的光是理想的空间相干光。在分波面法杨氏双孔干涉实验中，当 S 为单色点光源时，所产生光通过 S_1 和 S_2 两个小孔后，在空间任一点处均可观察到清晰的干涉条

纹，即干涉是非定域的。

对于图 2-64 所示的分振幅法平行平板干涉实验，当用点光源 S 照射平行平板时，在与 S 同侧的空间任意点 P 上，总会有从 S 发出、由平行板上下表面反射产生的两束光在该点相交。由于这两束光来自同一点光源，其光场总是相关的，无论 P 点在空间什么位置，总可以观察到干涉条纹，因此，干涉是非定域的。

类似地，如图 2-65 所示，当由点光源照射楔形板时，其干涉也是非定域的。

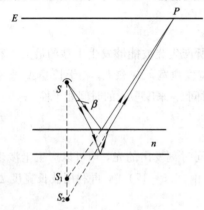
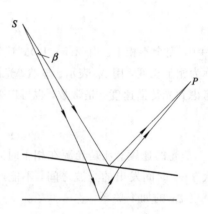

图 2-64　点光源照射平行平板　　　　图 2-65　点光源照射楔形平板

2）扩展光源产生干涉的定域性

扩展光源产生的光是非理想空间相干光。当利用扩展光源进行干涉实验时，将得到定域干涉，也可以说，定域干涉是扩展光源进行干涉的特征。

（1）杨氏干涉的定域性

如图 2-66 所示，当用扩展光源照射双孔实验装置时，由于扩展光源可视为大量独立、互不相干的点光源的集合，其干涉图样为各点光源在观察点处所产生的相互错位的条纹强度之和，条纹可见度将降低。当观察点处的条纹可见度降低到干涉条纹不可分辨时，视为该处不发生干涉，因此，干涉是定域的。由图 2-58 可见，扩展光源引起空间某处干涉条纹可见度的降低，取决于扩展光源上各点光源在该处产生干涉条纹错开的程

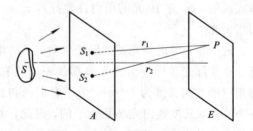

图 2-66　用扩展非单色光源照明的杨氏实验

度，而条纹错开的相对距离，又取决于相应点光源到该处光程差的差别。通常认为，光源上两个点光源通过干涉系统到达空间 P 点的光程差差别小于 $\lambda/4$ 时，所引起的条纹可见度的下降仍能保证较清晰地观察到干涉条纹。所以，干涉条纹的定域区可视为满足如下条件的空间点 P 的集合：对于这些 P 点，光源上任意两点 S_m 和 S_n 所对应的光程差的差别均不大于 $\lambda/4$。若该区域中有一曲面上的点所对应的光程差相等，或其差别取最小值，则称其为条纹定域的中心。

（2）平行平板和楔形平板的干涉定域性。

当用扩展光源进行平行平板和楔形平板干涉实验时，其干涉是定域的。如果光源的横向

宽度为 b，观察点对应的相干孔径角为 β_c，则要在 P 点附近观察到干涉条纹，必须满足条件

$$\beta < \beta_c = \frac{\lambda}{b} \qquad (2.5-21)$$

或者说，能够满足这一关系的 P 点所在区域，即是干涉条纹定域的区域。随着扩展光源尺寸的增大，β_c 将减小，相应的条纹定域区也要减小。

那么，如何确定干涉条纹的定域区域呢？由上述讨论可知，干涉条纹定域区随着扩展光源尺寸 b 的大小发生变化，但无论扩展光源的尺寸 b 多大，其干涉条纹定域区都必然包含对应 $\beta=0$ 的那些点，所以定域区域可以通过 $\beta=0$ 的作图法确定。

对于平行平板情况，如图 2-67 所示，相应点光源 S_1（或 S_2）的 $\beta=0$ 表示由 S_1（或 S_2）发出一条光线，该光线经平行平板上下表面反射所产生的两条平行光线，通过透镜在其焦平面上相交于 P 点。对于扩展光源上所有点源发出的一组平行光线（$\beta=0$），经平行平板反射后，都将通过透镜后会聚于其焦平面上的一点。由此说明，使用扩展光源时，平行平板的干涉条纹定域在透镜的焦平面上，或没有透镜时，定域在无穷远处。

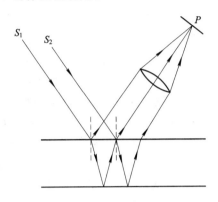

图 2.67　定域在透镜焦平面的图示

对于楔形平板情况，如图 2-68(a) 所示，主截面（垂直于楔形板棱线的平面）内的入射光线 SA_1 和 SA_2（$\beta=0$），分别由楔形板两表面反射，其反射光线交于 P_1 和 P_2 点。同样，还可以通过作图得到相应于另外入射光线的 P_3、P_4……交点（图中未画出），这些点一般处在一个空间曲面上，这个曲面就是楔形板（相应于 $\beta=0$）的干涉定域面。在这种情况下，光源与楔形平板的棱线各在一方，其定域面在楔形板的上方。对于图 2-68(b) 所示的情况，光源和楔形平板的棱线在同一方，其定域面在楔形板的下方，该定域面是由反射光反向延长相交得到的，故称为虚定域面。而与之相对应的(a)情况的定域面，叫实定域面。

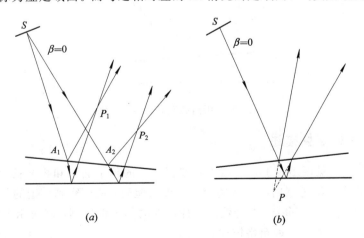

图 2-68　楔形平板干涉条纹的定域

实验证明，楔形平板两表面间的楔角愈小，定域面离平板愈远；楔形板变成平行平板时，定域面就过渡到无穷远处。在楔形平板两表面间的楔角不是太小，或者在厚度不规律

变化的薄膜情况下，厚度足够小，其定域面实际上很接近楔形平板或薄膜表面。因此，观察薄板产生的定域干涉条纹时，通常都是把眼睛、放大镜或显微镜调节在薄板的表面上。如果用照相机拍摄条纹，则要将物镜对薄板表面调焦，使之成像于底片平面。在日常生活中，我们注视水面上的油膜或肥皂泡等薄膜的表面时，看到薄膜在日光照射下显现出五彩缤纷的色彩，就是复色光在薄膜表面上形成的彩色干涉条纹。

上面，利用 $\beta=0$ 作图法得到了干涉条纹的定域面。实际上，干涉条纹不只发生在定域面上，在定域面附近，凡是满足 $\beta < \lambda/b$ 的区域，均能看到干涉条纹。例如，光源尺寸为 5 cm，对于单色光 $\lambda=0.5\ \mu m$，在 $\beta < 2''$ 所确定的区域内都可以看到干涉条纹，只是条纹可见度随着离开定域面的距离增大，逐渐下降而已。因此，干涉定域是有一定深度的，并且，定域深度的大小与光源尺寸成反比。光源尺寸愈大，干涉定域的深度愈小；反之，光源尺寸愈小，干涉定域的深度愈大；光源为点光源时，定域深度为无限大，干涉变成非定域的了。此外，定域深度也与干涉装置本身有关，例如对于非常薄的平板或薄膜，不论考察点 P 在何处，它对应的 β 角实际上都很小，因此，干涉定域的深度很大。这样，即使使用尺寸很大的光源，定域区域也包含薄板或薄膜表面，所以当我们把眼睛或观察仪器调节在薄板或薄膜表面时，能够看到清晰的干涉条纹。

在寻找干涉条纹时，通常用眼睛直接观察比通过物镜成像更容易进行。这是由于人的眼睛能够自动调节，使最清晰的干涉条纹成像在视网膜上，而且因为眼睛的瞳孔比透镜的瞳孔小得多，它限制了进入瞳孔的光束，如图 2-69 所示，扩展光源中只有其中一部分 S_2S_3 发出的光能反射进瞳孔，故用眼睛直接观察时，扩展光源的实际宽度要小一些，使得定域深度增大，更便于找到干涉条纹。

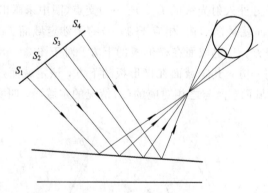

图 2-69　眼睛瞳孔对光束的限制

2.5.2　相干性的定量描述

上面，从条纹可见度出发引入了描述光波相干性的相干面积和相干长度，并指出，利用相干面积和相干长度范围内的光波场进行干涉实验时，能观察到稳定的干涉条纹。实际上，由于这种"稳定的干涉条纹"本身就是一种定性的相干性判据，因而相干面积和相干长度的概念也只是相干性的一种粗略描述。

在光的相干性的经典理论中，通常利用复相干函数和复相干度对光的相干性进行定量描述，它们与干涉条纹的可见度有直接联系，通过实验测量干涉条纹可见度，即可由它们很方便地确定光的相干性。为此，下面首先引入复相干函数和复相干度，然后利用它们描述光的相干性。

1. 复相干函数和复相干度

作为一般情况，考察采用扩展非单色光源照明的杨氏干涉实验。如图 2-66 所示，扩展非单色光源 S 照明光屏 A 上的两个小孔 S_1 和 S_2，由 S_1 和 S_2 发出的二光在观察屏 E 上叠加，产生干涉条纹。

假设在 t 时刻，由扩展非单色光源照射 S_1 和 S_2 两点的复数光场分别为 $E_1(t)$ 和 $E_2(t)$，在屏幕 E 的 P 点上，来自 S_1 和 S_2 的光场分别为 $E_1(t-t_1)$ 和 $E_2(t-t_2)$（在这里，不计小孔的衍射效应，并且忽略光场由 S_1 和 S_2 到 P 点的变化），其中，$t_1 = r_1/c$ 和 $t_2 = r_2/c$ 分别是光波由 S_1 和 S_2 传播到 P 点的时间，则在 t 时刻 P 点的总光场为

$$E_P(t) = E_1(t-t_1) + E_2(t-t_2) \qquad (2.5-22)$$

由于实际的光场大小和相位都随时间极迅速地变化，考虑某点的瞬时光强度没有多大的实际意义，通常只考察在某一时间间隔内的平均光强度，即 P 点的光强度为

$$I_P(t) = \langle E_P(t)E_P^*(t) \rangle \qquad (2.5-23)$$

将 (2.5-22) 式代入后，得到

$$I_P = \langle E_1(t-t_1)E_1^*(t-t_1) \rangle + \langle E_2(t-t_2)E_2^*(t-t_2) \rangle$$
$$+ \langle E_1(t-t_1)E_2^*(t-t_2) \rangle + \langle E_1^*(t-t_1)E_2(t-t_2) \rangle \qquad (2.5-24)$$

考虑到实际情况，可以假设光场是稳定的，即它们的统计性质不随时间变化，或者说上式中各个量的时间平均值与时间原点的选择无关，可令 $t=t_1$。因此，(2.5-24) 式可改写为

$$I_P = \langle E_1(0)E_1^*(0) \rangle + \langle E_2(\tau)E_2^*(\tau) \rangle + \langle E_1(0)E_2^*(\tau) \rangle + \langle E_1^*(0)E_2(\tau) \rangle$$
$$(2.5-25)$$

式中，$\tau = t_1 - t_2$，$\langle E_1(0)E_1^*(0) \rangle$ 和 $\langle E_2(\tau)E_2^*(\tau) \rangle$ 分别为 S_1 和 S_2 在 P 点产生的光强 I_1 和 I_2，而

$$\langle E_1(0)E_2^*(\tau) \rangle + \langle E_1^*(0)E_2(\tau) \rangle = 2\mathrm{Re}\Gamma_{12}(\tau) \qquad (2.5-26)$$

这里的 $\mathrm{Re}\Gamma_{12}(\tau)$ 是函数

$$\Gamma_{12}(\tau) = \langle E_1(0)E_2^*(\tau) \rangle \qquad (2.5-27)$$

的实部。函数 $\Gamma_{12}(\tau)$ 在数学上是求 $(E_1(0)E_2^*(\tau))$ 的时间平均值，它是两个光场 E_1 和 E_2 的互相干函数，是相干理论中的一个基本量，表征了 S_1 和 S_2 两点光场的互相关程度。于是，(2.5-25) 式可表示为

$$I_P = I_1 + I_2 + 2\mathrm{Re}\Gamma_{12}(\tau) \qquad (2.5-28)$$

其中，$2\mathrm{Re}\Gamma_{12}(\tau)$ 称为干涉项，由于它的存在，P 点的总光强 I_P 可以大于、小于或等于 (I_1+I_2)。

当 S_1 和 S_2 两点重合时，互相干函数 $\Gamma_{12}(\tau)$ 变成自相干函数

$$\Gamma_{11}(\tau) = \langle E_1(0)E_1^*(\tau) \rangle \qquad (2.5-29)$$

或

$$\Gamma_{22}(\tau) = \langle E_2(0)E_2^*(\tau) \rangle \qquad (2.5-30)$$

并且，当 $\tau=0$ 时，有

$$\Gamma_{11}(0) = I_1, \quad \Gamma_{22}(0) = I_2 \qquad (2.5-31)$$

它们也即是 S_1 和 S_2 点的光强度。若将互相干函数 $\Gamma_{12}(\tau)$ 归一化，可以得到归一化的互相

干函数 $\gamma_{12}(\tau)$

$$\gamma_{12}(\tau) = \frac{\Gamma_{12}(\tau)}{\sqrt{\Gamma_{11}(0)\Gamma_{22}(0)}} = \frac{\Gamma_{12}(\tau)}{\sqrt{I_1 I_2}} \qquad (2.5-32)$$

通常称 $\gamma_{12}(\tau)$ 为复相干度。复相干度一般是 τ 的复周期函数，它的模值满足 $0 \leqslant |\gamma_{12}(\tau)| \leqslant 1$，用它来描述光场的相干性更为方便。$|\gamma_{12}| = 1$ 时，表示光场完全相干；$0 < |\gamma_{12}| < 1$ 时，表示光场部分相干；$|\gamma_{12}| = 0$ 时，表示光场不相干。利用复相干度，可以将 (2.5-28) 式表示为

$$I_P = I_1 + I_2 + 2\sqrt{I_1 I_2}\, \mathrm{Re}\gamma_{12}(\tau) \qquad (2.5-33)$$

该式就是稳定光场的普遍干涉定律。

考察 (2.5-33) 式可以得到，屏幕上干涉条纹的可见度为

$$V = \frac{2\sqrt{I_1 I_2}}{I_1 + I_2} |\gamma_{12}| \qquad (2.5-34)$$

当 $I_1 = I_2$ 时，得到

$$V = |\gamma_{12}| \qquad (2.5-35)$$

由此可见，S_1 和 S_2 的光强度相等时，复相干度的模就是屏幕上干涉条纹的可见度。在光场完全相干（$|\gamma_{12}| = 1$）时，条纹可见度 $V = 1$；光场完全不相干（$|\gamma_{12}| = 0$）时，条纹可见度 $V = 0$；光场部分相干（$0 < |\gamma_{12}| < 1$）时，条纹可见度 $0 < V < 1$。

2. 光的相干性的定量描述

1) 光的空间相干性

在图 2-66 所示的干涉装置中，如果 S 是一个单色扩展光源，并且仅考察观察屏中距 S_1 和 S_2 等距离 P_0 点附近的干涉条纹，则讨论光的相干性效应时其空间相干性起主要作用。此时，复相干度为

$$\gamma_{12}(0) = \frac{\langle E_1(0) E_2^*(0)\rangle}{\sqrt{I_1 I_2}} \qquad (2.5-36)$$

它实际上是 S_1 和 S_2 两点光场空间相干性的量度，称为这两点的空间相干度。

由于单色扩展光源 S 可以看做是大量同频率的单色点光源的集合，因而在 S_1 和 S_2 点处的光场分别为

$$\left.\begin{aligned} E_1(t) &= \int \frac{a(s)}{\rho_1(s)} \mathrm{e}^{-\mathrm{i}[\omega_0 t - k\rho_1(s) + \varphi(s)]}\, \mathrm{d}s \\ E_2(t) &= \int \frac{a(s)}{\rho_2(s)} \mathrm{e}^{-\mathrm{i}[\omega_0 t - k\rho_2(s) + \varphi(s)]}\, \mathrm{d}s \end{aligned}\right\} \qquad (2.5-37)$$

式中，s 是扩展光源上各点的坐标；$a(s)$ 是各点的振幅；$\rho_1(s)$ 和 $\rho_2(s)$ 分别是各点到 S_1 和 S_2 的距离；$\varphi(s)$ 是典型的随机相位；积分域是全部扩展光源。于是

$$I_1 = \int \frac{a^2(s)}{\rho_1^2(s)}\, \mathrm{d}s$$

$$I_2 = \int \frac{a^2(s)}{\rho_2^2(s)}\, \mathrm{d}s$$

$$\langle E_1(0) E_2^*(0)\rangle = \int \frac{a^2(s)}{\rho_1(s)\rho_2(s)} \mathrm{e}^{\mathrm{i}k[\rho_1(s) - \rho_2(s)]}\, \mathrm{d}s$$

复相干度 $\gamma_{12}(0)$ 为

$$\gamma_{12}(0) = \frac{\int \frac{a^2(s)}{\rho_1(s)\rho_2(s)} e^{ik[\rho_1(s)-\rho_2(s)]} \, ds}{\sqrt{\int \frac{a^2(s)}{\rho_1^2(s)} \, ds} \sqrt{\int \frac{a^2(s)}{\rho_2^2(s)} \, ds}} \qquad (2.5-38)$$

2）光的时间相干性的定量描述

在图 2-66 所示的干涉装置中，如果 S 是一个非单色的点光源，并且 S 到 S_1 和 S_2 的距离相等，因而 S_1 和 S_2 处的光场相同，均为 $E(t)$，则所考察的光的相干性效应仅为光的时间相干性。P 点的干涉效应由取决于光场的互相干函数，变为取决于光场的自相干函数，相应的光场归一化自相干函数为

$$\gamma(\tau) = \frac{\langle E(0)E^*(\tau) \rangle}{I} \qquad (2.5-39)$$

通常称该 $\gamma(\tau)$ 为时间相干度，它是经历不同时间、从 S_1 和 S_2 传播到 P 点的两个光场之间时间相干性的定量描述。

如果 S 是一个单色点光源，其时间相干度的模 $|\gamma(\tau)| = 1$，它产生的是一个完全相干光，所得到的干涉条纹可见度 $V = 1$。

对于高斯分布型准单色光波，其光场表示式为

$$E(t) = \int_{-\infty}^{\infty} A e^{-\beta^2(\nu-\nu_0)^2} e^{-i[2\pi\nu t + \varphi(\nu)]} \, d\nu \qquad (2.5-40)$$

它可以看做是各种频率成分的组合，不同频率成分的振幅按 $A = e^{-\beta^2(\nu-\nu_0)^2}$ 函数形式分布，相位 $\varphi(\nu)$ 则为典型的随机分布。于是，

$$I = \langle E(0)E^*(0) \rangle = \int_{-\infty}^{\infty} A^2 e^{-2\beta^2(\nu-\nu_0)^2} \, d\nu = \sqrt{\frac{\pi}{2}} \frac{A^2}{\beta} \qquad (2.5-41)$$

$$\langle E(0)E^*(\tau) \rangle = \int_{-\infty}^{\infty} A^2 e^{-2\beta^2(\nu-\nu_0)^2} e^{i2\pi\nu\tau} \, d\nu = \sqrt{\frac{\pi}{2}} \frac{A^2}{\beta} e^{-\frac{\pi^2\tau^2}{2\beta^2}} e^{i2\pi\nu_0\tau} \qquad (2.5-42)$$

由此可得

$$\gamma(\tau) = \frac{\langle E(0)E^*(\tau) \rangle}{I} = e^{-\frac{\pi^2\tau^2}{2\beta^2}} e^{i2\pi\nu_0\tau} \qquad (2.5-43)$$

$$|\gamma(\tau)| = e^{-\frac{\pi^2\tau^2}{2\beta^2}} \qquad (2.5-44)$$

故高斯分布型准单色光的时间相干度的模，也呈高斯函数形式，它即是高斯分布型准单色光进行上述干涉实验时的干涉条纹可见度。

3）光的空、时相干性的定量描述

当光源既是扩展光源，光源上各点又发出非单色光时，光场的空、时相干性的贡献都存在。这时，既要描述空间任意两点光场的相干性，又要描述这两点光场各在不同时刻的相干性，即需要考察 S_1 点在 t_1 时刻的光场与 S_2 点在 $t_2 = t_1 + \tau$ 时刻光场之间的相关程度，此时的复相干度为

$$\gamma_{12}(\tau) = \frac{\langle E_1(0)E_2^*(\tau) \rangle}{\sqrt{I_1 I_2}} \qquad (2.5-45)$$

通常，$\gamma_{12}(\tau)$ 是 7 个自变量的函数：

$$\gamma_{12}(\tau) = f(\underbrace{x_1, y_1, z_1}_{S_1 \text{坐标}}, \underbrace{x_2, y_2, z_2}_{S_2 \text{坐标}}, \tau) \qquad (2.5-46)$$

当 7 个维度都取遍$(-\infty, \infty)$区间时，就对一个光波的空、时相干性作了全面的描述。对于单纯的空间相干度$\gamma_{12}(0)$，具有 6 个自变量：$x_1, y_1, z_1, x_2, y_2, z_2$；对于单纯的时间相干度$\gamma(\tau)$，只与时间差$\tau$有关。

2.5.3 激光的相干性

前面，从一般概念上讨论了光的相干性，即光波空间中任意两点光场间的相互关联程度。如果这两点光场相位差是恒定的，则在传播中相遇时，会产生稳定的干涉条纹，该光是完全相干的。如果这两点光场相位差是完全任意的，并随着时间无规则变化，则在传播中相遇时，不能产生干涉条纹，该光是完全非相干光。

实际上，光的相干性是光的一种基本属性，它主要取决于相应光源的发光特性。对于普通光源，其发光机制是发光中心（原子、分子或电子）的自发辐射过程，不同发光中心发出的波列，或同一发光中心在不同时刻发出的波列的相位都是随机的，因此产生光的相干性极差，或着说是非相干光。当然，若对普通光源利用单色仪分光，通过狭缝后得到的光的单色性会很好，其时间相干性也就很好；在杨氏干涉实验中，如果遮住大部分光源的发光表面，只留下极小的针孔让光通过，也可以获得很好的空间相干光，得到很清晰的干涉条纹。但是，这样获得的相干光的强度很弱，以致于实际上无法应用，因此普通光源是一种非相干光源，几乎无法开展相干光信息处理的应用。而对于 1960 年梅曼（Maiman）制造出的第一台红宝石激光器，以及以后发展起来的各种激光器，是一种与普通光源完全不同的新型光源。它的发光机制是发光中心的受激辐射过程，通过受激辐射过程产生的光与激励种子光同频率、同传播方向、同偏振方向和同相位，其相干性非常好。因此，激光器所产生的激光是一种非常好的相干光，激光器是一种非常好的相干光源，并已成为光电子技术应用中的基本光源。

1. 激光的空间相干性

激光的空间相干性主要取决于它的横模特性。所谓横模，是指由于激光器谐振腔的作用所形成的横向场结构分布。图 2-70 示出了几种常见的激光横模强度分布图样。对应于每种横模的激光都是优良的相干光，在其整个场分布的横截面内都是空间相干的，即横截面上各点光场振动都相互关联。但是，对于多横模激光器，可将其看做是多个光源的组合，

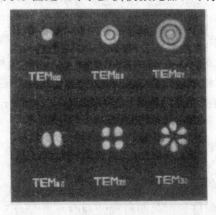

图 2-70 圆形镜腔横模的强度图样

它们的频率、偏振及位置各不相同，因而彼此不相干，导致多横模激光器的相干性变差。因此，在光信息处理和计量中都应采用选模技术，以使激光运转在单横模状态。

理论研究表明，光波的空间相干性与其方向性（用光束发散角描述）紧密相关。对于普通光源，其空间相干性很差，发散角很大。而对于激光器，它有很好的空间方向性，光束发散角很小。例如，输出孔径（$2a$）为 3 mm 的 He - Ne 气体激光器（$\lambda = 0.6328\ \mu m$），当它工作于基横模（TEM_{00}）状态时，其发散角 θ 可以达到 3×10^{-4} rad，接近于它的孔径衍射极限 $\theta_m \approx \lambda/(2a) \approx 2 \times 10^{-4}$ rad。激光器的这种优良的空间相干性和方向性，对其聚焦性能有重要影响。可以证明，一束发散角为 θ 的基横模高斯激光束被焦距为 f 的透镜聚焦时，焦平面上的光斑直径 D 为

$$D = f\theta \qquad (2.5-47)$$

而在衍射极限 θ_m 的情况下，有

$$D_m \approx \frac{f}{2a}\lambda \qquad (2.5-48)$$

这说明，在理想情况下，可将激光巨大的能量聚焦在直径为光波长量级的范围内，形成极高的能量密度。

2. 激光的时间相干性

由（2.5 - 20）式，光的相干时间与光的单色性（频谱宽度）$\Delta\nu$ 有如下简单的关系：

$$\tau_C \Delta\nu = 1 \qquad (2.5-49)$$

可见，光的单色性愈好，其相干时间愈长，时间相干性愈好。

对于普通光源，由于其自发辐射的发光机制，单色性很差，因而时间相干性很差。在激光出现之前，单色性最好的光源是 Kr^{86} 灯的 0.6057 μm 波长谱线，其谱线宽度 $\Delta\lambda = 0.47 \times 10^{-6}\ \mu m$，单色性为 $\Delta\lambda/\lambda = 7.6 \times 10^{-7}$，由相干长度关系式

$$\Delta_C = \left(\frac{\lambda}{\Delta\lambda}\right)\lambda \qquad (2.5-50)$$

可估算出它的相干长度约为 1 m 量级。这就是说，若将 Kr^{86} 灯用于干涉测长技术，能实现的最大测长量程不会超过 1 m。

对于基横模（TEM_{00}）激光器，其单色性取决于它的纵模结构和模式的频谱宽度。所谓纵模，是指由于激光器谐振腔的作用，所形成的纵向场结构分布。对于单纵模气体激光器，其理想的谱线宽度很小，单色性极好。例如，一个 1 mW 的 He - Ne 激光器，若其长度 $L = 1$ m，损耗为 0.01，则谱线宽度极限为 $\Delta\nu_s \approx 5 \times 10^{-4}$ Hz。实际中，激光器经常工作于多纵模状态，并且由于各种因素（如温度、振动、气流、激励等）的影响，其实际的单色谱线宽度会大大超过谱线极限 $\Delta\nu_s$。因此，为了提高激光的单色性，需要采用各种选频措施。一支经过选频的单支稳频气体激光器，其单色谱宽可以达到 $10^6 \sim 10^3$ Hz，采用非常严格的稳频措施，在 He - Ne 激光器中已经观察到 2 Hz 的谱线宽度。正是由于激光器的这种高单色性，使其相干长度大大提高。例如，经过稳频的气体激光器，其单色性 $\Delta\nu/\nu$ 可达 $10^{-10} \sim 10^{-13}$ 量级，相应的相干长度约为 $1 \sim 1000$ km。如此之长的相干长度，可用于精密干涉测长中，可将量程提高到 $1 \sim 1000$ km，并且因此建立起一系列全新的分析测量技术，有可能对各种物理、化学、生物学过程进行深入的研究和控制。

最后应说明，前面介绍的从经典相干性理论出发，引入相干函数和相干度概念对相干

性的描述，是针对普通的热辐射光源的相干性而言的。由于激光器（受激辐射振荡光源）和热光源（自发辐射光源）本质不同，其辐射具有不同的统计特性，因此利用经典相干性理论描述激光器的相干性，有一定的局限性，或者说是一种近似的描述方法。

例　题

例 2-1　讨论平面光波和球面光波的干涉。

解： 如图 2-71 所示，有一球面光波 $\tilde{O}$ 和一平面光波 $\tilde{R}$ 在空间相遇，产生干涉。

当平面光波正入射时，球面光波的复振幅（近轴情形）为

$$\tilde{E}_O(x, y) = E_O e^{ik\frac{x^2+y^2}{2z_0}}$$

平面光波的复振幅为

$$\tilde{E}_R(x, y) = E_R e^{iC}$$

式中，初相位 C 是一个常数，可取为零。在干涉场（xOy 平面）中任一点，两束光的合振幅为

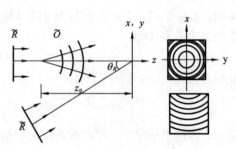

图 2-71　平面波和球面波的相干叠加

$$\tilde{E}(x, y) = \tilde{E}_O(x, y) + \tilde{E}_R(x, y)$$

合光强度为

$$
\begin{aligned}
I(x, y) &= \tilde{E}(x, y) \cdot \tilde{E}^*(x, y) \\
&= E_O^2 + E_R^2 + 2E_O E_R \cos\left(k\frac{x^2+y^2}{2z_0}\right)
\end{aligned}
$$

当满足

$$k\frac{x^2+y^2}{2z_0} = 2m\pi \qquad m = 0, 1, 2, \cdots$$

时，光强度为极大（亮条纹）。因此，干涉场中亮条纹方程为

$$x^2 + y^2 = R^2 \quad \text{及} \quad R = \sqrt{2\lambda z_0 m} \qquad m = 0, 1, 2, \cdots$$

该式表明，此时的干涉条纹是一组半径 R 与干涉级 m 的平方根成正比的同心圆。

如果平面光波是斜入射，且入射方向与 z 轴夹角为 θ_R，则有

$$\tilde{E}_R(x, y) = E_R e^{ikx\sin\theta_R}$$

此时干涉场中的光强度为

$$I(x, y) = E_O^2 + E_R^2 + 2E_O E_R \cos\left[k\left(\frac{x^2+y^2}{2z_0} - x\sin\theta_R\right)\right]$$

亮条纹方程为

$$y^2 + (x - z_0\sin\theta_R)^2 = R^2 \quad \text{及} \quad R = \sqrt{z_0^2\sin^2\theta_R + 2\lambda z_0 m}$$

可见，干涉条纹仍然是同心圆环，但圆心已离开坐标原点。如果 z_0 很大，在近轴处只能看到圆弧状条纹。

例 2-2　图 2-72 表示一双缝实验，波长为 λ 的单色平面光入射到缝宽均为 $b(b \gg \lambda)$ 的双缝上，因而在远处的屏幕上观察到干涉图样。将一块厚度为 t、折射率为 n 的薄玻璃片放在缝和屏幕之间。

（1）讨论 P_0 点的光强度特性。

（2）如果将一个缝的宽度增加到 $2b$，而另一个缝的宽度保持不变，P_0 点的光强度发生怎样的变化？（假设薄片不吸收光。）

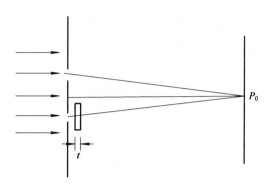

图 2-72 例 2-2 用图

解：（1）由图 2-72 可见，从两个缝发出的光，到达 P_0 点时的相位差为

$$\varphi = \frac{2\pi}{\lambda}nt - \frac{2\pi}{\lambda}t = (n-1)\frac{2\pi t}{\lambda}$$

因而 P_0 点的光强为

$$I = 4I_0 \cos^2\left[(n-1)\frac{\pi t}{\lambda}\right]$$

由上式可见，当相位差满足

$$\frac{\varphi}{2} = (n-1)\frac{\pi t}{\lambda} = m\pi \qquad m = 1, 2, \cdots$$

或者说，薄片厚度满足

$$t = \frac{m\lambda}{n-1}$$

时，P_0 点的光强最大；当相位差满足

$$\frac{\varphi}{2} = (n-1)\frac{\pi t}{\lambda} = (2m+1)\frac{\pi}{2} \qquad m = 0, 1, 2, \cdots$$

或者说，薄片厚度满足

$$t = \frac{(2m+1)\lambda}{2(n-1)}$$

时，P_0 点的光强最小。

（2）当上面的缝宽度增加到 $2b$ 时，P_0 点的光场复振幅为

$$E = (2E_0 + E_0 e^{i\varphi})e^{ikr} = E_0 e^{ikr}(2 + e^{i\varphi})$$

由此求出 P_0 点的光强度为

$$\begin{aligned}
I = EE^* &= \left[(E_0 e^{ikr}(2 + e^{i\varphi})\right]\left[E_0 e^{-ikr}(2 + e^{-i\varphi})\right]\\
&= E_0^2\left[4 + 1 + 2(e^{i\varphi} + e^{-i\varphi})\right]\\
&= E_0^2(5 + 4\cos\varphi)\\
&= I_0\left[5 + 4\cos\frac{2\pi t}{\lambda}(n-1)\right]
\end{aligned}$$

例 2-3 用 $\lambda = 0.5~\mu m$ 的绿光照射肥皂膜，若沿着与肥皂膜平面成 30°角的方向观

察，看到膜最亮。假设此时的干涉级次最低，并已知肥皂水的折射率为 1.33，求此膜的厚度。当垂直观察时，应改用多大波长的光照射才能看到膜最亮？

解： 已知由平行平板两表面反射的两支光的光程差表示式为

$$\Delta = 2h \sqrt{n^2 - n_0^2 \sin^2\theta_1} + \frac{\lambda}{2}$$

在观察到膜最亮时，应满足干涉加强的条件

$$\Delta = 2h \sqrt{n^2 - n_0^2 \sin^2\theta_1} + \frac{\lambda}{2} = m\lambda \qquad m = 1, 2, \cdots$$

由此可得膜厚 h 为

$$h = \frac{\left(m - \dfrac{1}{2}\right)\lambda}{2 \sqrt{n^2 - n_0^2 \sin^2\theta_1}}$$

按题意，$m=1$，可求得肥皂膜厚度

$$h = 1.24 \times 10^{-5} \text{ cm}$$

若垂直观察时看到膜最亮，设 $m=1$，应有

$$2nh = \frac{1}{2}\lambda$$

由此得

$$\lambda = 4nh$$

将 $n=1.33$ 和 $h=1.24 \times 10^{-5}$ cm 代入上式，求得波长为

$$\lambda = 0.66 \ \mu m$$

例 2-4 单色光源 S 照射平行平板 G，经反射后，通过透镜 L 在其焦平面 E 上产生等倾干涉条纹（图 2-73）。光源不直接照射透镜。光波长 $\lambda=0.6 \ \mu m$，板厚 $d=1.6$ mm，折射率 $n=1.5$，透镜焦距 $f=40$ mm。若屏 E 上的干涉环中心是暗的，则屏上所看到的第一个暗环半径 r 是多少？为了在给定的系统参数下看到干涉环，照射在板上的谱线最大允许宽度 $\Delta\lambda$ 又是多少？

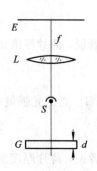

图 2-73 例 2-4 用图

解： 设干涉环中心的干涉级次为 m_0（不一定为整数），则由平板上、下表面反射出来的两支光的光程差

$$\Delta = 2nd \cos\theta_{2N} + \frac{\lambda}{2}$$

可以得到如下关系

$$\Delta_0 = 2nd + \frac{\lambda}{2} = m_0\lambda$$

由此，

$$m_0 = \frac{2nd}{\lambda} + \frac{1}{2} = 8000 + \frac{1}{2}$$

若将 m_0 写成

$$m_0 = m_1 + \varepsilon$$

则 m_1 是最靠近中心的亮条纹的干涉级次。因在本题条件下，$m_1=8000$，$\varepsilon=1/2$，中心是暗点，所以 m_1 也即是中心暗点的干涉级次。因此，对应第 N 个暗环的干涉级次为

$$m_N = m_1 - N$$

且有

$$2nd\,\cos 2\theta_{2N} + \frac{\lambda}{2} = m_N\lambda + \frac{\lambda}{2} = m_1\lambda - N\lambda + \frac{\lambda}{2}$$

整理可得

$$2nd(1 - \cos\theta_{2N}) = N\lambda$$

在一般情况下，θ_{1N} 和 θ_{2N} 都很小，由折射定律有 $n \approx n_0\theta_{1N}/\theta_{2N}$，而 $1 - \cos\theta_{2N} \approx \theta_{2N}^2/2 \approx (n_0\theta_{1N}/n)^2/2$，代入上式可得

$$\theta_{1N} = \frac{1}{n_0}\sqrt{\frac{n\lambda}{d}}\,\sqrt{N}$$

因而第 N 个暗环半径的表示式为

$$r_N = f\tan\theta_{1N} \approx f\theta_{1N} = \frac{f}{n_0}\sqrt{\frac{n\lambda}{d}}\,\sqrt{N}$$

第一个暗环的半径为

$$r_1 = \frac{f}{n_0}\sqrt{\frac{n\lambda}{d}} = 0.95\text{ cm}$$

为能看到干涉环，最大允许谱线宽度 $\Delta\lambda$ 应满足

$$m_1(\lambda + \Delta\lambda) = (m_1 + 1)\lambda$$

由此可求得最大允许的谱线宽度为

$$\Delta\lambda = \frac{\lambda}{m_1} = 0.75 \times 10^{-4}\ \mu m$$

例 2-5　红外波段的光通过锗(Ge)片($n = 4$)窗口时，其光能至少损失多少？若在锗片两表面镀上硫化锌($n = 2.35$)膜层，其光学厚度为 1.25 μm，则波长为 5 μm 的红外光垂直入射该窗口时，光能损失多少？

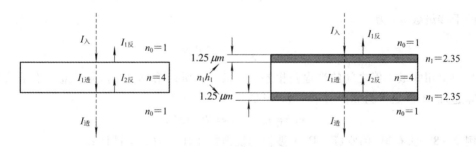

图 2-74　例 2-5 用图

解：镀膜前，光由空气垂直入射锗片表面的反射率为

$$R = \left(\frac{n-1}{n+1}\right)^2 = \left(\frac{4-1}{4+1}\right)^2 = 0.36$$

则透过光相对强度为

$$T = (1 - R)^2 = (1 - 0.36)^2 = 0.4096$$

因为光垂直入射介质界面时的反射率最小，所以红外波段光通过锗片窗口时，至少有近 60% 的光能被反射损失掉了。

镀膜后，因为光学厚度为 1.25 μm，刚好是波长的 1/4，属于 $\lambda/4$ 膜系，其表面反射

率为

$$R = \left(\frac{n_0 n_2 - n_1{}^2}{n_0 n_2 + n_1{}^2}\right)^2 = \left(\frac{4 - 2.35^2}{4 + 2.35^2}\right)^2 = 0.0256$$

透过光相对强度为

$$T = (1-R)^2 = (1-0.0256)^2 = 0.9495$$

即大约有 5% 的光能损失。

例 2-6 在玻璃基片($n_G=1.52$)上镀两层光学厚度为 $\lambda_0/4$ 的介质薄膜,如果第一层膜的折射率为 1.26,则为实现该膜系对正入射波长为 λ_0 的光全增透的目的,第二层膜的折射率应为多少?

解: 已知镀两层光学厚度为 $\lambda_0/4$ 的介质薄膜,按等效折射率概念,其反射率为

$$R_2 = \left(\frac{1-n_2}{1+n_2}\right)^2$$

为实现该膜系对正入射波长为 λ_0 的光全增透,则 $R_2 = 0$,$n_2 = \left(\frac{n_L}{n_H}\right)^2 n_G = 1$,且第一层为低折射率膜。因此,第二层膜应为高折射率膜层,其折射率为

$$n_H = n_L \sqrt{n_G} = 1.26 \times \sqrt{1.52} = 1.553$$

例 2-7 观察迈克尔逊干涉仪,我们看到一个由同心明、暗环所包围的圆形中心暗斑。该干涉仪的一个臂比另一个臂长 2 cm,且 $\lambda = 0.5\ \mu m$。试求中心暗斑的级数,以及第 6 个暗环的级数。

解: 对于由虚平板产生的等倾干涉条纹,最小值满足如下干涉条件:

$$2nh\,\cos\theta_N + \frac{\lambda}{2} = \left(m + \frac{1}{2}\right)\lambda$$

按题意,中心为暗斑,应有

$$2nh = m_0\lambda$$

相应的干涉级数 m_0 为

$$m_0 = \frac{2nh}{\lambda} = 80\ 000$$

因为每两个相邻最小值之间的光程差相差一个波长,所以第 N 个暗环(注意,不是从中心暗点算起)的干涉级次为 $m_N = m_0 - N$,于是

$$m_6 = m_0 - 6 = 79\ 994$$

例 2-8 法布里-珀罗(F-P)干涉仪的反射振幅比 $r=0.9$,试计算

(1) 最小分辨本领;

(2) 要能分辨开氢红线 $H_a(0.6563\ \mu m)$ 的双线($\Delta\lambda = 0.1360 \times 10^{-4}\ \mu m$),F-P 干涉仪的最小间隔为多大?

解: (1) F-P 干涉仪的分辨本领为

$$A = mN' = 0.97m\,\frac{\pi r}{1-r^2}$$

当 $r=0.9$ 时,最小分辨本领为

$$A_{min} = 0.97 \times 1 \times \frac{\pi \times 0.9}{1-0.9^2} = 14.43$$

（2）要分辨 H_a 的双线，即要求分辨本领为

$$\frac{\lambda}{\Delta\lambda} = \frac{0.6563}{0.136 \times 10^{-4}} = 48\ 257.35$$

由于 A 正比于 m，所以相应的级次为

$$m = \frac{48\ 257.35}{14.43} = 3344$$

F-P 干涉仪的间距应为

$$d = m\frac{\lambda}{2} = 3344 \times \frac{0.6563}{2}\ \mu m = 1.097\ mm$$

例 2-9 设计一块 F-P 干涉滤光片，使其中心波长 $\lambda_0 = 0.6328\ \mu m$，波长半宽度 $\Delta\lambda_{1/2} \leqslant 0.1\lambda_0$，并求它在反射光损失为 10% 时的最大透过率。

解：根据波长半宽度关系式

$$\Delta\lambda_{1/2} = \frac{\lambda_0^2}{2nh} \cdot \frac{1}{N} = \frac{\lambda_0^2}{\lambda_0}\frac{1}{N} = \frac{\lambda_0}{N} \leqslant 0.1\lambda_0$$

应有 $N \geqslant 10$。又由精细度 N 的表示式，有

$$\frac{\pi\sqrt{R}}{1-R} \geqslant 10$$

求解该方程得到

$$R \geqslant 73.14\%$$

若该干涉滤光片通过镀介质膜制造，并选 $n_H = 2.34$，$n_L = 1.38$，经查表 2-1，得到镀 5 层反射膜时的 $R = 86.1\%$，满足题意要求，所以干涉滤光片的膜系结构为 $(HL)^2 H - 2L - H(LH)^2$。

当考虑光损失时，该 F-P 干涉滤光片的最大透过率为

$$T_M = \left(1 - \frac{A}{1-R}\right)^2 = \left(1 - \frac{0.1}{1-0.7314}\right)^2 = 39.7\%$$

由上面的讨论可以看出，提高光的透过率与压缩 $\Delta\lambda_{1/2}$ 是相互制约的，需要根据实际要求折衷考虑。

例 2-10 杨氏实验中，S 为中心波长 500 nm、线宽 10 nm 的复色点光源。求观察屏上干涉条纹消失的级次。

解：本题属于光波的时间相干性问题。

已知非单色光源发出的光波波列长度为

$$L_0 = \frac{\lambda^2}{\Delta\lambda}$$

在杨氏实验中，两个次波源 S_1 和 S_2 在干涉观察点上产生相干加强的光程差为

$$\Delta r = r_2 - r_1 = m\lambda$$

可见，随着光程差的增加，干涉级次也在不断地增加；当光程差大于波列的长度时，从同一波列分成的两个相干波列在观察点处不能相遇，不发生干涉。因此，相应于观察屏上光强分布可见度下降为零的光程差为

$$\Delta r = r_2 - r_1 = m\lambda = L_0$$

对应的干涉级次 m 就是观察屏上条纹消失的级次，解得

$$m = \frac{\lambda}{\Delta\lambda} = \frac{500}{10} = 50$$

习 题

2-1 平行光线以 θ 角通过一厚度为 d、折射率为 n 的平行平面板,其相位改变了多少?

2-2 如图 2-75 所示,两相干平面光夹角为 α,在垂直于角平分线的方位上放置一观察屏,试证明屏上的干涉亮条纹的间距为

$$l = \frac{\lambda}{2\sin\frac{\alpha}{2}}$$

2-3 如图 2-76 所示,两相干平面光波的传播方向与干涉场法线的夹角分别为 θ_0 和 θ_R,试求干涉场上的干涉条纹间距。

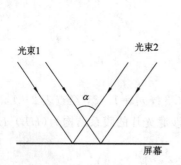

图 2-75 题 2-2 用图

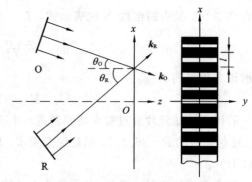

图 2-76 题 2-3 用图

2-4 两列波长相同的单色平面光波照射到 xy 平面上,它们的振幅分别为 A_1 和 A_2,传播方向的方向余弦分别为 $(\cos\alpha_1, \cos\beta_1, \cos\gamma_1)$ 和 $(\cos\alpha_2, \cos\beta_2, \cos\gamma_2)$。试求 xy 平面上的光强度分布和空间周期。

2-5 在杨氏实验装置中,光源波长为 $0.64\ \mu m$,两缝间距为 $0.4\ mm$,光屏离缝的距离为 $50\ cm$。

(1)试求光屏上第一亮条纹与中央亮条纹之间的距离;

(2)若 P 点离中央亮条纹为 $0.1\ mm$,则两束光在 P 点的相位差是多少?

(3)求 P 点的光强度和中央点的光强度之比。

2-6 在杨氏实验装置中,两小孔的间距为 $0.5\ mm$,光屏离小孔的距离为 $50\ cm$。当以折射率为 1.60 的透明薄片贴住小孔 S_2（图 2-77）时,发现屏上的条纹移动了 $1\ cm$,试确定该薄片的厚度。

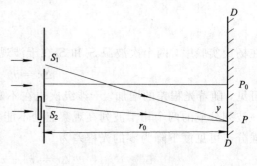

图 2-77 题 2-6 用图

2-7 在双缝实验中，缝间距为 0.45 mm，观察屏离缝 115 cm，现用读数显微镜测得 10 个干涉条纹（准确地说是 11 个亮纹或暗纹）之间的距离为 15 mm，试求所用波长。用白光实验时，干涉条纹有什么变化？

2-8 双缝间距为 1 mm，离观察屏 1 m，用钠光灯做光源，它发出两种波长的单色光 $\lambda_1 = 589.0$ nm 和 $\lambda_2 = 589.6$ nm，问这两种单色光的第 10 级亮条纹之间的间距是多少。

2-9 一波长为 0.55 μm 的绿光入射到间距为 0.2 mm 的双缝上，求离双缝 2 m 远处的观察屏上干涉条纹的间距。若双缝间距增加到 2 mm，条纹间距又是多少？

2-10 在菲涅耳双面镜干涉实验中，光波长为 0.5 μm。光源和观察屏到双面镜交线的距离分别为 0.5 m 和 1.5 m，双面镜夹角为 10^{-3} rad。

（1）求观察屏上的条纹间距；

（2）屏上最多可以看到多少条亮条纹？

2-11 试求能产生红光（$\lambda = 0.7$ μm）的二级反射干涉条纹的肥皂薄膜厚度。已知肥皂膜的折射率为 1.33，且平行光与法向成 30°角入射。

2-12 波长为 0.40~0.76 μm 的可见光正入射在一块厚度为 1.2×10^{-6} m、折射率为 1.5 的薄玻璃片上，试问从玻璃片反射的光中哪些波长的光最强？

2-13 图 2-78 给出了测量铝箔厚度 D 的干涉装置结构，两块薄玻璃板尺寸为 75 mm×25 mm。在钠黄光（$\lambda = 0.5893$ μm）照明下，从劈尖开始数出 60 个条纹（准确地说应为 61 个亮条纹或暗条纹），相应的距离是 30 mm，试求铝箔的厚度 D。若改用绿光照明，从劈尖开始数出 100 个条纹，其间距离为 46.6 mm，试求这个绿光的波长。

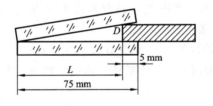

图 2-78 题 2-13 用图

2-14 如图 2-79 所示的尖劈形薄膜，右端厚度 h 为 0.005 cm，折射率 $n = 1.5$，波长为 0.707 μm 的光以 30°角入射到上表面，求在这个面上产生的条纹数。若以两块玻璃片形成的空气尖劈代替，产生多少条纹？

2-15 如图 2-80 所示，平板玻璃由两部分组成（冕牌玻璃 $n = 1.50$，火石玻璃 $n = 1.75$），平凸透镜用冕牌玻璃制成，其间隙充满二硫化碳（$n = 1.62$），这时牛顿环是何形状？

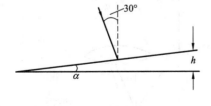

图 2-79 题 2-14 用图

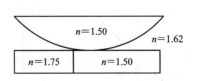

图 2-80 题 2-15 用图

2-16 利用牛顿环干涉条纹可以测定凹曲面的曲率半径，结构如图 2-81 所示。试证明第 m 个暗环的半径 r_m 与凹面半径 R_2、凸面半径 R_1、光波长 λ_0 之间的关系为

$$r_m^2 = m\lambda_0 \frac{R_1 R_2}{R_2 - R_1}$$

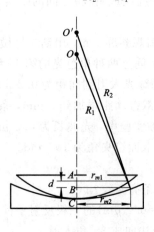

图 2-81 题 2-16 用图

2-17 在观察牛顿环时，用 $\lambda_1 = 0.5 \ \mu m$ 的第 6 个亮环与用 λ_2 的第 7 个亮环重合，求波长 $\lambda_2 = $?

2-18 平行平面玻璃板的厚度 h_0 为 0.1 cm，折射率为 1.5，在 λ 为 0.6328 μm 的单色光中观察干涉条纹。当温度升高 1 ℃时，在垂直方向观察，发现有两个新的干涉条纹向外移动，计算该玻璃的膨胀系数。

2-19 如图 2-82 所示，当迈克尔逊干涉仪中的 M_2 反射镜移动距离为 0.233 mm 时，数得移动条纹数为 792 条，求光波长。

2-20 在迈克尔逊干涉仪的一个臂中引入 100.0 mm 长、充一个大气压空气的玻璃管，用 $\lambda = 0.5850 \ \mu m$ 的光照射。如果将玻璃管内逐渐抽成真空，发现有 100 条干涉条纹移动，求空气的折射率。

2-21 在观察迈克尔逊干涉仪中的等倾条纹时，已知光源波长 $\lambda = 0.59 \ \mu m$，聚光透镜焦距为 0.5 m，如图 2-83 所示。求当空气层厚度为 0.5 mm 时，第 5、20 序条纹的角半径、半径和干涉级。

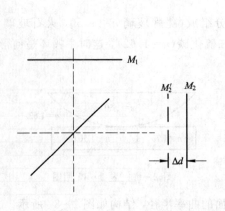

图 2-82 题 2-19 用图

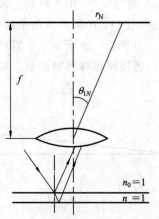

图 2-83 题 2-21 用图

2-22 红宝石激光棒两端面平行差为 $10''$，将其置于图 2-84 所示的泰曼(Twyman)干涉仪的一支光路中，光波的波长为 632.8 nm。若棒放入前，仪器调整为无干涉条纹，则棒放入后应该看到间距多大的条纹？设红宝石棒的折射率 $n=1.76$。

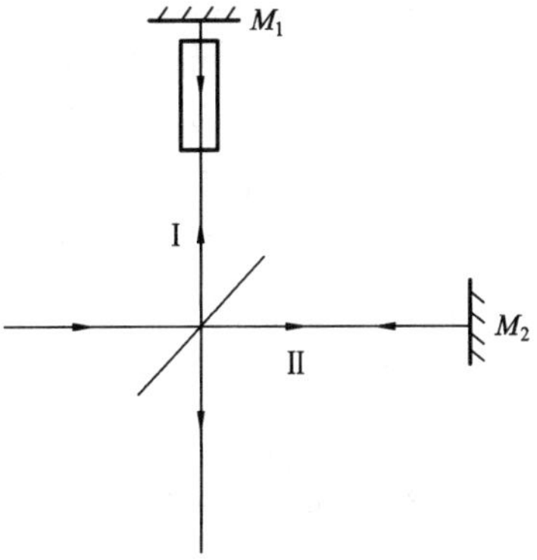

2-23 设一玻璃片两面的反射系数(反射振幅与入射振幅之比)均为 $r=90\%$，并且没有吸收，试计算第 1 至第 5 次反射光及透射光的相对强度，并用公式表示第 n 次反射光及透射光的相对强度。

2-24 已知一组 F-P 标准具的间距为 1 mm，10 mm，60 mm 和 120 mm，对于 $\lambda=0.55$ μm 的入射光

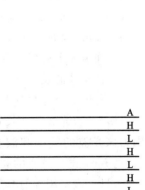

图 2-84 题 2-22 用图

来说，其相应的标准具常数为多少？为测量 $\lambda=0.6328$ μm、波长宽度为 0.01×10^{-4} μm 的激光，应选用多大间距的 F-P 标准具？

2-25 某光源发出波长很接近的二单色光，平均波长为 600 nm。通过间隔 $d=10$ mm 的 F-P 干涉仪观察时，看到波长为 λ_1 的光所产生的干涉条纹正好在波长为 λ_2 的光所产生的干涉条纹的中间，问二光波长相差多少。

2-26 已知 F-P 标准具反射面的反射系数为 $r=0.8944$，求：

(1) 条纹半宽度；

(2) 条纹精细度。

2-27 He-Ne 激光通过平板玻璃片($n=1.52$)窗口时，其光能至少损失多少？若在平板玻璃片两表面镀上氟化镁($n=1.38$)膜层，其光学厚度为激光波长的 1/4，则 He-Ne 激光垂直入射该窗口时，光能损失多少？

2-28 在光学玻璃基片($n_G=1.52$)上镀制硫化锌膜层($n=2.35$)，入射光波长 $\lambda=0.5$ μm，求正入射时给出最大反射率和最小反射率的膜厚及相应的反射率。

2-29 在某种玻璃基片($n_G=1.6$)上镀制单层增透膜，膜材料为氟化镁($n=1.38$)，控制膜厚，对波长 $\lambda_0=0.5$ μm 的光在正入射时给出最小反射率。试求这个单层膜在下列条件下的反射率：

(1) 波长 $\lambda_0=0.5$ μm，入射角 $\theta_0=0°$；

(2) 波长 $\lambda_0=0.6$ μm，入射角 $\theta_0=0°$；

(3) 波长 $\lambda_0=0.5$ μm，入射角 $\theta_0=30°$；

(4) 波长 $\lambda_0=0.6$ μm，入射角 $\theta_0=30°$。

2-30 在照相物镜上镀一层光学厚度为 $5\lambda_0/4$($\lambda_0=0.55$ μm)的低折射率膜，试求在可见光区内反射率最大的波长。薄膜呈什么颜色？

2-31 在玻璃基片上镀两层光学厚度为 $\lambda_0/4$ 的介质薄膜，如果第一层的折射率为1.35，问：为了达到在正入射时膜系对波长为 λ_0 的光全增透的目的，第二层薄膜的折射率应为多少。(玻璃基片折射率 $n_G=1.6$。)

2-32 计算比较下述两个 7 层 $\lambda/4$ 膜系(图 2-85)的

图 2-85 题 2-32 用图

等效折射率和反射率：

(1) $n_G = 1.50$, $n_H = 2.40$；$n_L = 1.38$；

(2) $n_G = 1.50$, $n_H = 2.20$, $n_L = 1.38$。

由此说明膜层折射率对膜系反射率的影响。

2-33 有一干涉滤光片间隔层厚度为 2×10^{-4} mm，折射率 $n = 1.5$，试求：

(1) 正入射情况下，滤光片在可见光区内的中心波长；

(2) 透射带的波长半宽度（设高反膜的反射率 $R = 0.9$）；

(3) 倾斜入射时，入射角分别为 $10°$ 和 $30°$ 时的透射光波长。

2-34 在薄膜波导中传输一个 $\beta = 0.8nk_0$ 的模式，薄膜折射率 $n = 2.0$，$h = 3$ mm，光波波长 $\lambda = 0.9$ μm。问光波沿 z 方向每传输 1 cm，在波导的一个表面上反射多少次。

2-35 对于实用波导，$n + n_G \approx 2n$，试证明厚度为 h 的对称波导，传输 m 阶模的必要条件为

$$\Delta n = n - n_G \geqslant \frac{m^2 \lambda^2}{8nh^2}$$

式中，λ 是光波在真空中的波长。

2-36 太阳直径对地球表面的张角 2θ 约为 $0°32'$，如图 2-86 所示。在暗室中若直接用太阳光作光源进行双缝干涉实验（不用限制光源尺寸的单缝），则双缝间距不能超过多大？（设太阳光的平均波长 $\lambda = 0.55$ μm，日盘上各点的亮度差可以忽略。）

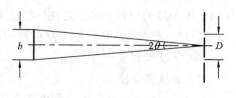

图 2-86 题 2-36 用图

2-37 在杨氏干涉实验中，照明两小孔的光源是一个直径为 2 mm 的圆形光源。光源发射光的波长 $\lambda = 0.5$ μm，它到小孔的距离为 1.5 m。问两小孔能够发生干涉的最大距离是多少。

2-38 菲涅耳双棱镜实验中，光源到双棱镜和观察屏的距离分别为 25 cm 和 1 m。光的波长 λ 为 0.546 μm。问要观察到清晰的干涉条纹，光源的最大横向宽度是多少。（双棱镜的折射率 $n = 1.52$，折射角 $\alpha = 30'$。）

2-39 在洛埃镜实验中，光源 S_1 到观察屏的垂直距离为 1.5 m，到洛埃镜面的垂直距离为 2 mm，洛埃镜长 40 cm，置于光源和屏之间的中央。

(1) 确定屏上可以看到条纹的区域的大小；

(2) 若光波波长 $\lambda = 0.5$ μm，条纹间距是多少？在屏上可以看见几个条纹？

(3) 写出屏上光强分布的表达式。

2-40 若光波的波长宽度为 $\Delta\lambda$，频率宽度为 $\Delta\nu$，试证明 $|\Delta\nu/\nu| = |\Delta\lambda/\lambda|$。式中 ν 和 λ 分别为该光波的频率和波长。对于波长为 632.8 nm 的 He-Ne 激光，波长宽度 $\Delta\lambda = 2 \times 10^{-8}$ nm，试计算它的频率宽度和相干长度。

2-41 假定用发射真空波长为 λ_1 和 λ_2 的双线光源照明迈克尔逊干涉仪，当移动一面镜子时，条纹周期性地出现与消失。如果平面镜的位移 Δd 引起条纹可见度有一个周期的变化，试用 $\Delta\lambda = \lambda_1 - \lambda_2$、$\lambda_1$ 和 λ_2 写出 Δd 的表达式。

第 3 章　光　的　衍　射

　　光的衍射现象是光波动性的另一个主要标志，也是光波在传播过程中的最重要属性之一。光的衍射在近代科学技术中已获得了极其重要的应用。

　　这一章将在基尔霍夫（Kirchhoff）标量衍射理论的基础上，研究两种最基本的衍射现象和应用：菲涅耳衍射和夫琅和费（Fraunhofer）衍射，并结合光衍射理论和应用的发展简介傅里叶光学、衍射光学和近场光学原理基础。

3.1　衍射的基本理论

3.1.1　光的衍射现象

　　光的衍射是指光波在传播过程中遇到障碍物时，所发生的偏离直线传播的现象。光的衍射，也可以叫光的绕射，即光可绕过障碍物，传播到障碍物的几何阴影区域中，并在障碍物后的观察屏上呈现出光强的不均匀分布。通常将观察屏上的不均匀光强分布称为衍射图样。

　　如图 3-1 所示，让一个足够亮的点光源 S 发出的光透过一个圆孔 Σ，照射到屏幕 K 上，并且逐渐改变圆孔的大小，就会发现：当圆孔足够大时，在屏幕上看到一个均匀光斑，光斑的大小就是圆孔的几何投影（图 3-1(a)）；随着圆孔逐渐减小，起初光斑也相应地减小，而后光斑开始模糊，并且在圆斑外面产生若干围绕圆斑的同心圆环（图 3-1(b)），当使用单色光源时，这是一组明暗相间的同心环带，当使用白色光源时，这是一组色彩相间的彩色环带；此后再使圆孔变小，光斑及圆环不但不跟着变小，反而会增大起来。这就是光的衍射现象。

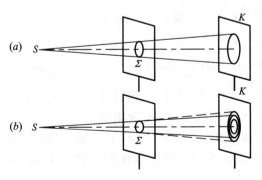

图 3-1　光的衍射现象

光的衍射现象与光的干涉现象就其实质来讲，都是相干光波叠加引起的光强的重新分布，所不同之处在于，干涉现象是有限个相干光波的叠加，而衍射现象则是无限多个相干光波的叠加结果。因此，对衍射现象的理论处理，从本质上来说与干涉现象相同，但是由于衍射现象的特殊性，在数学上遇到了很大的困难，以至许多有实际意义的问题得不到严格的解，因而，实际的衍射理论都是一些近似解法。下面介绍的基尔霍夫衍射理论就是一种适用于标量波的衍射，是能够处理大多数衍射问题的基本理论。

3.1.2 惠更斯-菲涅耳原理

最早成功地用波动理论解释衍射现象的是菲涅耳，他将惠更斯原理进一步用光的干涉理论加以补充，并予以发展。

惠更斯原理是描述波动传播过程的一个重要原理，其主要内容是：如图 3-2 所示的波源 S，在某一时刻所产生波的波阵面为 Σ，则 Σ 面上的每一点都可以看做是一个次波源，它们发出球面次波，其后某一时刻的波阵面 Σ'，即是该时刻这些球面次波的包迹面，波阵面的法线方向就是该波的传播方向（波矢方向，在各向同性介质中也即是光线方向）。惠更斯原理能够很好地解释光的直线传播，光的反射和折射方向，但不能说明衍射过程及其强度分布。

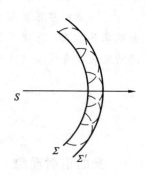

图 3-2 惠更斯原理

菲涅耳在研究了光的干涉现象后，考虑到次波来自于同一光源，应该相干，因而波阵面 Σ' 上每一点的光振动应该是在光源和该点之间任一波面（例如 Σ 面）上的各点发出的次波场叠加的结果。这就是惠更斯-菲涅耳原理。

利用惠更斯-菲涅耳原理可以解释衍射现象：在任意给定的时刻，任一波面上的点都起着次波波源的作用，它们各自发出球面次波，障碍物以外任意点上的光强分布，即是没有被阻挡的各个次波源发出的次波在该点相干叠加的结果。

根据惠更斯-菲涅耳原理，图 3-3 所示的一个单色光源 S 对于空间任意点 P 的作用，可以看做是 S 和 P 之间任一波面 Σ 上各点发出的次波在 P 点相干叠加的结果。假设 Σ 波面上任意点 Q 的光场复振幅为 $\tilde{E}(Q)$，在 Q 点取一个面元 $d\sigma$，则 $d\sigma$ 面元上的次波源对 P 点光场的贡献为

$$d\tilde{E}(P) = CK(\theta)\tilde{E}(Q)\frac{e^{ikr}}{r}d\sigma$$

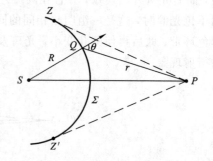

图 3-3 单色点光源 S 对 P 点的光作用

式中，C 是比例系数；$r = \overline{QP}$，$K(\theta)$ 称为倾斜因子，它是与元波面法线和 $\overline{QP}$ 的夹角 θ（称为衍射角）有关的量，按照菲涅耳的假设：当 $\theta = 0$ 时，K 有最大值；随着 θ 的增大，K 迅速减小；当 $\theta \geqslant \pi/2$ 时，$K = 0$。因此，图中波面 Σ 上只有 ZZ' 范围内的部分对 P 点光振动有贡献。所以 P 点的光场复振幅为

$$\widetilde{E}(P) = C \iint\limits_{\Sigma} \widetilde{E}(Q) \frac{\mathrm{e}^{ikr}}{r} K(\theta) \,\mathrm{d}\sigma \qquad (3.1-1)$$

这就是惠更斯-菲涅耳原理的数学表达式，称为惠更斯-菲涅耳公式。

当 S 是点光源时，Q 点的光场复振幅为

$$\widetilde{E}(Q) = \frac{A}{R} \mathrm{e}^{ikR} \qquad (3.1-2)$$

式中，R 是光源到 Q 点的距离。在这种情况下，$\widetilde{E}(Q)$ 可以从积分号中提出来，但是由于 $K(\theta)$ 的具体形式未知，不可能由 $(3.1-1)$ 式确切地确定 $\widetilde{E}(P)$ 值。因此，从理论上来讲，这个原理是不够完善的。

3.1.3 基尔霍夫衍射公式

基尔霍夫的研究弥补了菲涅耳理论的不足，他从微分波动方程出发，利用场论中的格林(Green)定理，给出了惠更斯-菲涅耳原理较完善的数学表达式，将空间 P 点的光场与其周围任一封闭曲面上的各点光场建立起了联系，得到了菲涅耳理论中没有确定的倾斜因子 $K(\theta)$ 的具体表达式，建立起了光的衍射理论。这个理论将光场视作标量来处理，只考虑电场或磁场的一个横向分量的标量振幅，而假定其它有关分量也可以用同样方法独立处理，完全忽略了电磁场矢量分量间的耦合特性，因此称为标量衍射理论。尽管这是一种近似处理，但在一定条件下，仍与实验结果很好地符合。不过在处理诸如高分辨率衍射光栅理论等问题中，为了得到精确的结果，必须要进一步考虑光场的矢量属性。

1. 基尔霍夫积分定理

假设有一个单色光波通过闭合曲面 Σ 传播(图3-4)，在 t 时刻、空间 P 点处的光电场为

$$E(P,t) = \widetilde{E}(P)\mathrm{e}^{-i\omega t} \qquad (3.1-3)$$

若 P 是无源点，该光场应满足如下的标量波动方程：

$$\nabla^2 E - \frac{1}{c^2}\frac{\partial^2 E}{\partial t^2} = 0 \qquad (3.1-4)$$

将 $(3.1-3)$ 式代入，可得

$$\nabla^2 \widetilde{E}(P) + k^2 \widetilde{E}(P) = 0 \qquad (3.1-5)$$

式中，$k=\omega/c$，该式即为亥姆霍兹(Helmholtz)方程。

现在假设有另一个任意复函数 $\widetilde{G}$，它也满足亥姆霍兹方程

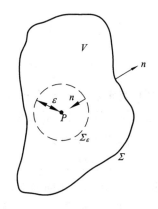

图 3-4　积分曲面

$$\nabla^2 \widetilde{G} + k^2 \widetilde{G} = 0 \qquad (3.1-6)$$

且在 Σ 面内和 Σ 面上有连续的一、二阶偏微商(个别点除外)。如果作积分

$$Q = \iint\limits_{\Sigma} \left(\widetilde{G}\frac{\partial \widetilde{E}}{\partial n} - \widetilde{E}\frac{\partial \widetilde{G}}{\partial n} \right)\mathrm{d}\sigma \qquad (3.1-7)$$

其中，$\partial/\partial n$ 表示在 Σ 上每一点沿向外法线方向的偏微商，则由格林定理，有

$$\iiint\limits_{V} (\widetilde{G}\nabla^2\widetilde{E} - \widetilde{E}\nabla^2\widetilde{G}) \,\mathrm{d}V = \iint\limits_{\Sigma} \left(\widetilde{G}\frac{\partial \widetilde{E}}{\partial n} - \widetilde{E}\frac{\partial \widetilde{G}}{\partial n} \right) \mathrm{d}\sigma$$

式中，V 是 Σ 面包围的体积。利用亥姆霍兹方程关系，左边的被积函数在 V 内处处为零，

因而

$$\iiint_V (\widetilde{G}\nabla^2\widetilde{E} - \widetilde{E}\nabla^2\widetilde{G})\,\mathrm{d}V = 0$$

根据 $\widetilde{G}$ 所满足的条件，可以选取 $\widetilde{G}$ 为球面波的波函数：

$$\widetilde{G} = \frac{\mathrm{e}^{\mathrm{i}kr}}{r} \tag{3.1-8}$$

这个函数除了在 $r=0$ 点外，处处解析。因此，(3.1-7)式中的 Σ 应选取图 3-4 所示的复合曲面 $\Sigma+\Sigma_\epsilon$，其中 Σ_ϵ 是包围 P 点、半径为小量 ϵ 的球面，该积分为

$$\iint_{\Sigma+\Sigma_\epsilon}\left(\widetilde{G}\frac{\partial\widetilde{E}}{\partial n} - \widetilde{E}\frac{\partial\widetilde{G}}{\partial n}\right)\mathrm{d}\sigma = 0 \tag{3.1-9}$$

由(3.1-8)式，有

$$\frac{\partial\widetilde{G}}{\partial n} = \cos(\boldsymbol{n},\boldsymbol{r})\frac{\partial\widetilde{G}}{\partial r} = -\cos(\boldsymbol{n},\boldsymbol{r})\left(\frac{1}{r}-\mathrm{i}k\right)\frac{\mathrm{e}^{\mathrm{i}kr}}{r} \tag{3.1-10}$$

对于 Σ_ϵ 面上的点，$\cos(\boldsymbol{n},\boldsymbol{r})=-1$，$r=\epsilon$，所以，

$$\frac{\partial\widetilde{G}}{\partial n} = \left(\frac{1}{r}-\mathrm{i}k\right)\frac{\mathrm{e}^{\mathrm{i}kr}}{r}$$

因此

$$\iint_{\Sigma_\epsilon}\left(\widetilde{G}\frac{\partial\widetilde{E}}{\partial n} - \widetilde{E}\frac{\partial\widetilde{G}}{\partial n}\right)\mathrm{d}\sigma = 4\pi\epsilon^2\left[\frac{\mathrm{e}^{\mathrm{i}k\epsilon}}{\epsilon}\frac{\partial\widetilde{E}}{\partial n} - \widetilde{E}\left(\frac{1}{\epsilon}-\mathrm{i}k\right)\frac{\mathrm{e}^{\mathrm{i}k\epsilon}}{\epsilon}\right]$$

$$\xrightarrow{\epsilon\to 0} -4\pi\widetilde{E}(P)$$

故有

$$\widetilde{E}(P) = \frac{1}{4\pi}\iint_\Sigma\left[\frac{\partial\widetilde{E}}{\partial n}\left(\frac{\mathrm{e}^{\mathrm{i}kr}}{r}\right) - \widetilde{E}\frac{\partial}{\partial n}\left(\frac{\mathrm{e}^{\mathrm{i}kr}}{r}\right)\right]\mathrm{d}\sigma \tag{3.1-11}$$

这就是亥姆霍兹-基尔霍夫积分定理。它将 P 点的光场与周围任一闭合曲面 Σ 上的光场联系了起来，实际上可以看做是惠更斯-菲涅耳原理的一种较为完善的数学表达式。

2. 基尔霍夫衍射公式

现在将基尔霍夫积分定理应用于小孔衍射问题，在采用某些近似后，可以化成与惠更斯-菲涅耳公式基本相同的形式。

如图 3-5 所示，有一个无限大的不透明平面屏，其上有一开孔 Σ，用点光源 S 照明，并设 Σ 的线度 δ 满足

$$\lambda < \delta \ll \mathrm{Min}(r,l)$$

其中 $\mathrm{Min}(r,l)$ 表示 r、l 中较小的一个。为了应用基尔霍夫积分定理求 P 点的光场，围绕 P 点作一闭合曲面。该闭合曲面由三部分组成：开孔 Σ，不透明屏的部分背照面 Σ_1 和以 P 点为中心、R 为半径的大球的部分球面 Σ_2。在这种情况下，P 点的光场复振幅为

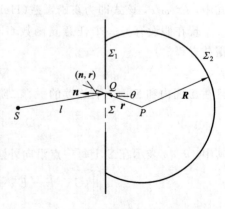

图 3-5　球面波在孔径 Σ 上的衍射

$$\widetilde{E}(P) = \frac{1}{4\pi} \iint\limits_{\Sigma+\Sigma_1+\Sigma_2} \left[\frac{\partial \widetilde{E}}{\partial n} \left(\frac{e^{ikr}}{r} \right) - \widetilde{E} \frac{\partial}{\partial n} \left(\frac{e^{ikr}}{r} \right) \right] d\sigma \qquad (3.1-12)$$

下面确定这三个面上的 $\widetilde{E}$ 和 $\partial \widetilde{E}/\partial n$。

对于 Σ 和 Σ_1 面,基尔霍夫假定:

① 在 Σ 上,$\widetilde{E}$ 和 $\partial \widetilde{E}/\partial n$ 的值由入射光波决定,与不存在屏时的值完全相同。因此

$$\widetilde{E} = \frac{A}{l} e^{ikl} \qquad (3.1-13)$$

$$\frac{\partial \widetilde{E}}{\partial n} = \cos(\boldsymbol{n},\boldsymbol{l}) \left(ik - \frac{1}{l} \right) \frac{A}{l} e^{ikl} \qquad (3.1-14)$$

式中,A 是离点光源单位距离处的振幅,$\cos(\boldsymbol{n},\boldsymbol{l})$ 表示外向法线 $\boldsymbol{n}$ 与从 S 到 Σ 上某点 Q 的矢量 $\boldsymbol{l}$ 之间夹角的余弦。

② 在不透明屏的背照面 Σ_1 上,$\widetilde{E}=0$,$\partial \widetilde{E}/\partial n=0$。

通常称这两个假定为基尔霍夫边界条件。应当指出,这两个假定都是近似的,因为屏的存在必然会干扰 Σ 处的场,特别是开孔边缘附近的场。在 Σ_1 上,光场值也并非处处绝对为零。但是严格的衍射理论表明,在上述开孔线度的限制下,误差并不大,作为近似理论处理,仍然可以采用这种假定。

对于 Σ_2 面,$r=R$,$\cos(\boldsymbol{n},\boldsymbol{R})=1$,且有

$$\frac{\partial}{\partial n} \left(\frac{e^{ikR}}{R} \right) = \left(ik - \frac{1}{R} \right) \frac{e^{ikR}}{R} \xrightarrow{R \gg 1} ik \frac{e^{ikR}}{R}$$

因此,在 Σ_2 上的积分为

$$\frac{1}{4\pi} \iint\limits_{\Sigma_2} \frac{e^{ikR}}{R} \left(\frac{\partial \widetilde{E}}{\partial n} - ik\widetilde{E} \right) d\sigma = \frac{1}{4\pi} \iint\limits_{\Omega} \frac{e^{ikR}}{R} \left(\frac{\partial \widetilde{E}}{\partial n} - ik\widetilde{E} \right) R^2 \, d\omega$$

式中,Ω 是 Σ_2 对 P 点所张的立体角,$d\omega$ 是立体角元。索末菲(Sommerfeld)指出,在辐射场中,

$$\lim_{R \to \infty} \left(\frac{\partial \widetilde{E}}{\partial n} - ik\widetilde{E} \right) R = 0$$

(索末菲辐射条件),而当 $R \to \infty$ 时,$(e^{ikR}/R)R$ 是有界的,所以上面的积分在 $R \to \infty$ 时(球面半径 R 取得足够大)为零。

通过上述讨论可知,在 $(3.1-12)$ 式中,只需要考虑对孔径面 Σ 的积分,即

$$\widetilde{E}(P) = \frac{1}{4\pi} \iint\limits_{\Sigma} \left[\frac{\partial \widetilde{E}}{\partial n} \left(\frac{e^{ikr}}{r} \right) - \widetilde{E} \frac{\partial}{\partial n} \left(\frac{e^{ikr}}{r} \right) \right] d\sigma$$

将 $(3.1-10)$ 式和 $(3.1-13)$、$(3.1-14)$ 式代入上式,略去法线微商中的 $1/r$ 和 $1/l$(它们比 k 要小得多)项,得到

$$\widetilde{E}(P) = -\frac{i}{\lambda} \iint\limits_{\Sigma} \widetilde{E}(l) \frac{e^{ikr}}{r} \left[\frac{\cos(\boldsymbol{n},\boldsymbol{r}) - \cos(\boldsymbol{n},\boldsymbol{l})}{2} \right] d\sigma \qquad (3.1-15)$$

此式称为菲涅耳-基尔霍夫衍射公式。与 $(3.1-1)$ 式进行比较,可得

$$\widetilde{E}(Q) = \widetilde{E}(l) = \frac{A}{l} e^{ikl}$$

$$K(\theta) = \frac{\cos(\boldsymbol{n},\boldsymbol{r}) - \cos(\boldsymbol{n},\boldsymbol{l})}{2}$$

$$C = -\frac{i}{\lambda}$$

因此，如果将积分面元 $d\sigma$ 视为次波源的话，(3.1-15)式可解释为：① P 点的光场是 Σ 上无穷多次波源产生的，次波源的光场复振幅与入射光波在该点的光场复振幅 $\tilde{E}(Q)$ 成正比，与波长 λ 成反比；② 因子 $(-i)$ 表明，次波源的光场振动相位超前于入射光波 $\pi/2$；③ 倾斜因子 $K(\theta)$ 表示了次波的振幅在各个方向上是不同的，其值在 0 与 1 之间。如果一平行光垂直入射到 Σ 上，则 $\cos(\boldsymbol{n},\boldsymbol{l}) = -1$，$\cos(\boldsymbol{n},\boldsymbol{r}) = \cos\theta$，因而

$$K(\theta) = \frac{1 + \cos\theta}{2} \tag{3.1-16}$$

当 $\theta = 0$ 时，$K(\theta) = 1$，这表明在波面法线方向上的次波贡献最大；当 $\theta = \pi$ 时，$K(\theta) = 0$。这一结论说明，菲涅耳在关于次波贡献的研究中，假设 $K(\pi/2) = 0$ 是不正确的。

在上面的讨论中，我们假定了光从光源到 P 点除有衍射屏外，没有遇到其它任何面，且入射光波是球面波。将这种讨论推广到光波为更复杂形状的情况，结果发现，只要波阵面各点的曲率半径比波长大得多，所包含的角度足够小，则基尔霍夫理论的结果与惠更斯-菲涅耳原理推断的结果仍大体相同。

进一步研究菲涅耳-基尔霍夫衍射公式，可以得到两个很重要的结论：

(1) 亥姆霍兹互易定理 由菲涅耳-基尔霍夫衍射公式可以看出，该式对于光源和观察点是对称的，这意味着 S 点源在 P 点产生的效果，与在 P 点放置同样强度的点源在 S 点产生的效果相同。有时称这个结论为亥姆霍兹互易定理(或可逆定理)。

(2) 巴俾涅(Babinet)原理 由基尔霍夫衍射公式的讨论，可以得到关于互补屏衍射的一个很有用的原理——巴俾涅原理。

所谓互补屏，是指这样的两个衍射屏，其中一个屏的开孔(通光)部分正好对应另一个屏的不透明部分；反之亦然，如图 3-6 所示。假设 $\tilde{E}_1(P)$ 和 $\tilde{E}_2(P)$ 分别表示两个衍射屏 Σ_1 和 Σ_2 开孔部分的积分，而两个屏的开孔部分加起来正好是整个平面，因此，

$$\tilde{E}_0(P) = \tilde{E}_1(P) + \tilde{E}_2(P) \tag{3.1-17}$$

这个结论就是巴俾涅原理。该式说明，两个互补屏在衍射场中某点单独产生的光场复振幅之和等于无衍射屏、光波自由传播时在该点产生的光场复振幅。因为光波自由传播时，光场复振幅容易计算，所以利用巴俾涅原理可以方便地由一种衍射屏的衍射光场，求出其互补衍射屏产生的衍射光场。

图 3-6 互补衍射屏

由巴俾涅原理立即可以得到如下两个结果：① 若 $\tilde{E}_1(P) = 0$，则 $\tilde{E}_2(P) = \tilde{E}_0(P)$。因此，放置一个屏时，相应于光场为零的那些点，在换上它的互补屏时，光场与没有屏时一样；② 若 $\tilde{E}_0(P) = 0$，则 $\tilde{E}_1(P) = -\tilde{E}_2(P)$。这就意味着在 $\tilde{E}_0(P) = 0$ 的那些点，$\tilde{E}_1(P)$ 和 $\tilde{E}_2(P)$ 的相位差为 π，而光强度 $I_1(P) = |\tilde{E}_1(P)|^2$ 和 $I_2(P) = |\tilde{E}_2(P)|^2$ 相等。就是说，两

个互补屏不存在时光场为零的那些点，互补屏产生完全相同的光强度分布。例如，当一个点源通过一理想透镜成像时，像平面上的光分布除了点源像 O 点附近外，其它各处强度皆为零。这时，如果把互补屏放在物与像之间，则除 O 点附近以外，均有 $I_1 = I_2$。

3. 基尔霍夫衍射公式的近似

前面已经指出，确定一个特定衍射问题的严格解是很困难的，即便是对于一些极简单的衍射问题，利用在一定条件下得到的菲涅耳-基尔霍夫衍射公式，也会因被积函数形式复杂而得不到解析形式的积分结果。为此，必须根据实际条件对基尔霍夫衍射公式作进一步近似处理。

1) 傍轴近似

在一般的光学系统中，对成像起主要作用的是那些与光学系统光轴夹角极小的傍轴光线。对于傍轴光线，图 3-7 所示的开孔 Σ 的线度和观察屏上的考察范围都远小于开孔到观察屏的距离，因此，下面的两个近似条件通常都成立：

① $\cos(\boldsymbol{n}, \boldsymbol{r}) \approx 1$，于是 $K(\theta) \approx 1$；

② $r \approx z_1$。

这样，(3.1-15)可以简化为

$$\widetilde{E}(P) = -\frac{\mathrm{i}}{\lambda z_1} \iint_{\Sigma} \widetilde{E}(Q) \mathrm{e}^{\mathrm{i}kr} \, \mathrm{d}\sigma \tag{3.1-18}$$

在这里，指数中的 r 未用 z_1 代替，这是因为指数中 r 所影响的是次波场的相位，r 的微小变化都会引起相位的很大变化，因而会对干涉效应产生显著的影响，所以不可用常数 z_1 替代。

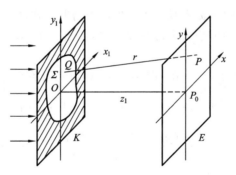

图 3-7　孔径 Σ 的衍射

2) 距离近似——菲涅耳近似和夫朗和费近似

(1) **衍射区的划分**　为了对距离的影响有一明确的概念，首先考察单色平面光波经过衍射小孔后的衍射现象。图 3-8 表示一个单色平面光波垂直照射圆孔 Σ 的衍射情况。若在离 Σ 很近的 K_1 处观察透过的光，将看到边缘比较清晰的光斑，其形状、大小和圆孔基本相同，可以看做是圆孔的投影，这时光的传播大致可以看做是直线传播。若距离再远些，例如在 K_2 面上观察时，将看到一个边缘模糊的稍微大些的圆光斑，光斑内有一圈圈的亮暗环，这时已不能看做是圆孔的投影了。随着观察平面距离的增大，光斑范围不断扩大，但光斑中圆环数逐渐减少，而且环纹中心表现出从亮到暗，又从暗到亮的变化。当观察平面距离很远时，如在 K_4 位置，将看到一个较大的中间亮、边缘暗，且在边缘外有较弱的亮、暗圆环的光斑。此后，观察距离再增大，只是光斑扩大，但光斑形状不改变。

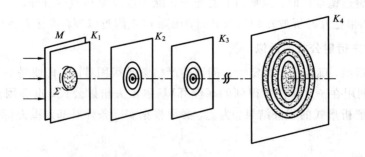

图 3-8 衍射现象的演变

从上述衍射现象的演变可以看出，离衍射孔不同距离处，衍射图样是不同的。因此，可将衍射区划分为衍射效应可以忽略的几何投影区、衍射效应不能忽略的近场衍射区（衍射图样形状随距离变化，如 K_2、K_3 及其前后的范围）和远场衍射区（衍射图样基本形状保持不变，如 K_4 面所在区域）。当然，近场、远场的划分是相对的，对一定波长的光来说，衍射孔径愈大，相应的近场和远场的距离也愈远。此外，如果入射光波不是平面波而是发散的球面波，则近场图样将移到更远的距离范围，而远场图样可能不再出现。

根据采用的距离近似的不同，衍射区还有另一种划分方法：衍射效应可以忽略的几何投影区，衍射效应不能忽略的菲涅耳衍射区（包括在几何投影区以后的所有区域），以及衍射图样基本形状保持不变的夫朗和费区。这种衍射区的划分方法认为，夫朗和费衍射只是菲涅耳衍射的特殊情况。

（2）**菲涅耳近似和夫朗和费近似**　用基尔霍夫衍射公式计算衍射孔的衍射时，可以按照离衍射孔距离的不同将衍射公式进行两种不同的近似。下面求出相应的两种衍射的近似计算公式。

① 菲涅耳近似。如图 3-7 所示，设 $\overline{QP}=r$，则由几何关系有

$$r=\sqrt{z_1^2+(x-x_1)^2+(y-y_1)^2}=z_1\sqrt{1+\left(\frac{x-x_1}{z_1}\right)^2+\left(\frac{y-y_1}{z_1}\right)^2}$$

$$=z_1\left\{1+\frac{1}{2}\left[\frac{(x-x_1)^2+(y-y_1)^2}{z_1^2}\right]-\frac{1}{8}\left[\frac{(x-x_1)^2+(y-y_1)^2}{z_1^2}\right]^2+\cdots\right\}$$

当 z_1 大到满足

$$\frac{k}{8}\frac{[(x-x_1)^2+(y-y_1)^2]_{max}^2}{z_1^3}\ll\pi \tag{3.1-19}$$

时，上式第三项及以后的各项都可略去，简化为

$$r=z_1\left\{1+\frac{1}{2}\left[\frac{(x-x_1)^2+(y-y_1)^2}{z_1^2}\right]\right\}$$

$$=z_1+\frac{x^2+y^2}{2z_1}-\frac{xx_1+yy_1}{z_1}+\frac{x_1^2+y_1^2}{2z_1} \tag{3.1-20}$$

这一近似称为菲涅耳近似，在这个区域内观察到的衍射现象叫菲涅耳衍射。

在菲涅耳近似下，P 点的光场复振幅为

$$\widetilde{E}(x,y)=-\frac{i}{\lambda z_1}\iint\limits_{\Sigma}\widetilde{E}(x_1,y_1)e^{ikz_1\left[1+\frac{(x-x_1)^2+(y-y_1)^2}{2z_1^2}\right]}\,dx_1\,dy_1 \tag{3.1-21}$$

② 夫朗和费近似。当观察屏离孔的距离很大,满足

$$k \frac{(x_1^2 + y_1^2)_{\max}}{2z_1} \ll \pi \qquad (3.1-22)$$

时,可将 r 进一步简化为

$$r = z_1 + \frac{x^2 + y^2}{2z_1} - \frac{xx_1 + yy_1}{z_1} \qquad (3.1-23)$$

这一近似称为夫朗和费近似,在这个区域内观察到的衍射现象叫夫朗和费衍射。

在夫朗和费近似下,P 点的光场复振幅为

$$\widetilde{E}(x, y) = -\frac{\mathrm{i}e^{\mathrm{i}kz_1}}{\lambda z_1} e^{\mathrm{i}k\frac{x^2+y^2}{2z_1}} \iint\limits_{\Sigma} \widetilde{E}(x_1, y_1) e^{-\mathrm{i}k\frac{xx_1+yy_1}{z_1}} \, \mathrm{d}x_1 \, \mathrm{d}y_1 \qquad (3.1-24)$$

由以上讨论可见,菲涅耳衍射和夫朗和费衍射是傍轴近似下的两种衍射情况,二者的区别条件是观察屏到衍射屏的距离 z_1 与衍射孔的线度 (x_1, y_1) 之间的相对大小。例如,当 $\lambda = 0.63\ \mu\mathrm{m}$,孔径线度为 2 mm,观察距离 $z_1 \gg 1$ cm 时,为菲涅耳衍射;$z_1 \gg 3$ m 时,为夫朗和费衍射。

下面将分别讨论菲涅耳衍射和夫朗和费衍射。由于在所讨论的实际问题中,夫朗和费衍射问题可以得到解析解,并且它是光学仪器中最常见的衍射现象,而菲涅耳衍射问题则需近似求解,所以首先讨论夫朗和费衍射现象。

3.2　夫朗和费衍射

3.2.1　夫朗和费衍射装置

由上节的讨论可知,对于夫朗和费衍射,观察屏必须放置在远离衍射屏的地方。如图 3-9(a) 所示,设 xOy 平面是远离开孔平面的观察平面,按照惠更斯-菲涅耳原理,xOy 平面上任一点 P 的光场,可以看做是开孔处入射波面 Σ 上各点次波波源发出的球面次波在 P 点产生光场的叠加。由于 P 点很远,从波面上各点到 P 点的光线近似平行,因而 P 点的光场也就是由 Σ 面上各点沿 θ 方向发射光场的叠加。如果在孔后面(紧靠孔面)放置一个焦距为 f 的透镜 L(图 3-9(b)),则由于透镜的作用,与光轴夹角为 θ 的入射平行光线将会聚在后焦平面上的 P' 点。因此,图 3-9(b) 中的 P' 点与图 3-9(a) 中的 P 点一一对应。因而,当利用透镜进行衍射实验时,在其焦平面上得到的衍射图样就是

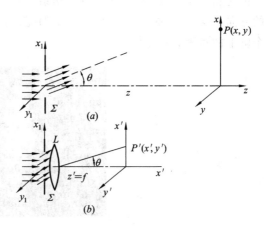

图 3-9　远场与透镜后焦面对应

不用透镜时的远场衍射图样,只是空间范围缩小,光能集中罢了。所以,实际上讨论夫朗和费衍射的问题都是在透镜的焦平面上进行。

如果只考虑单色平面光波垂直入射到开孔平面上的夫朗和费衍射，则通常都采用图3-10所示的夫朗和费衍射装置：单色点光源 S 放置在透镜 L_1 的前焦平面上，所产生的平行光垂直入射到开孔 Σ 上，由于开孔的衍射，在透镜 L_2 的后焦平面上可以观察到开孔 Σ 的夫朗和费衍射图样，其光场复振幅分布由(3.1-24)式给出。

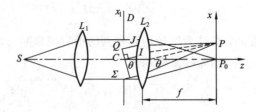

图 3-10 夫朗和费衍射装置

现在假设开孔面上的光场均匀分布，可令 $\widetilde{E}(x_1,y_1)=A=$ 常数；因为透镜紧贴孔径，可视 $z_1 \approx f$，所以，后焦平面上的光场复振幅可表示为

$$\widetilde{E}(x,y) = C \iint_{\Sigma} e^{-ik(xx_1+yy_1)/f}\, dx_1\, dy_1 \tag{3.2-1}$$

式中

$$C = -\frac{iA}{\lambda f} e^{ik(f+\frac{x^2+y^2}{2f})} \tag{3.2-2}$$

3.2.2 夫朗和费矩形孔和圆孔衍射

1. 夫朗和费矩形孔衍射

对于图 3-10 所示的夫朗和费衍射装置，若衍射孔是矩形孔，则在透镜焦平面上观察到的衍射图样如图 3-11 所示。这个衍射图样的主要特征是衍射亮斑集中分布在两相互垂直的方向（x 轴和 y 轴）上，并且 x 轴上的亮斑宽度与 y 轴上亮斑宽度之比，恰与矩形孔在两个轴上的宽度关系相反。

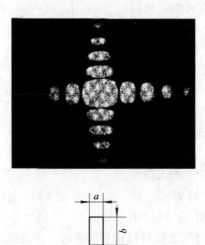

图 3-11 夫朗和费矩形孔衍射图样

图 3-12 是夫朗和费矩形孔衍射装置的光路图。根据（3.2-1）式，透镜焦平面上 $P(x,y)$ 点的光场复振幅为

$$\widetilde{E}(x,y) = C \int_{-b/2}^{b/2} \int_{-a/2}^{a/2} \mathrm{e}^{-\mathrm{i}k(xx_1+yy_1)/f} \, \mathrm{d}x_1 \, \mathrm{d}y_1$$

$$= \widetilde{E}_0 \frac{\sin\alpha}{\alpha} \cdot \frac{\sin\beta}{\beta} \tag{3.2-3}$$

式中，$\widetilde{E}_0 = \widetilde{E}_0(0,0) = Cab$ 是观察屏中心点 P_0 处的光场复振幅；a、b 分别是矩形孔沿 x_1、y_1 轴方向的宽度；α、β 分别为

$$\alpha = \frac{kax}{2f} \tag{3.2-4}$$

$$\beta = \frac{kby}{2f} \tag{3.2-5}$$

则在 $P(x,y)$ 点的光强度为

$$I(x,y) = I_0 \left(\frac{\sin\alpha}{\alpha}\right)^2 \left(\frac{\sin\beta}{\beta}\right)^2 \tag{3.2-6}$$

式中，I_0 是 P_0 点的光强度，且有 $I_0 = |Cab|^2$。

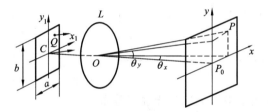

图 3-12　夫朗和费矩形孔衍射光路

下面，根据（3.2-6）式，对夫朗和费矩形孔的衍射图样进行讨论。

（1）**衍射光强分布**　对于沿 x 轴的光强度分布，因 $y=0$，有

$$I = I_0 \left(\frac{\sin\alpha}{\alpha}\right)^2 \tag{3.2-7}$$

当 $\alpha=0$ 时（对应于 P_0 点），有主极大，$I_M/I_0=1$。在 $\alpha = m\pi (m=\pm1,\pm2,\cdots)$ 处，有极小值，$I_m=0$，与这些 α 值相应的点是暗点，暗点的位置为

$$x = m\frac{2\pi f}{ka} = m\frac{f\lambda}{a} \tag{3.2-8}$$

相邻两暗点之间的间隔为

$$\Delta x = \frac{f\lambda}{a} \tag{3.2-9}$$

在相邻两个暗点之间有一个强度次极大，次极大的位置由下式决定：

$$\frac{\mathrm{d}}{\mathrm{d}\alpha}\left[\left(\frac{\sin\alpha}{\alpha}\right)^2\right] = 0$$

即

$$\tan\alpha = \alpha \tag{3.2-10}$$

这个方程可以利用图解法求解。如图 3-13 所示，在同一坐标系中分别作出曲线 $F=\tan\alpha$ 和 $F=\alpha$，其交点即为方程的解。头几个次极大所对应的 α 值，已列于表 3-1 中。

表 3-1　矩形孔衍射沿 x 轴的光强度分布

α	$\left(\dfrac{\sin\alpha}{\alpha}\right)^2$	
0	1	主极大
π	0	极小
$1.430\pi=4.493$	0.047 18	次极大
2π	0	极小
$2.459\pi=7.725$	0.016 94	次极大
3π	0	极小
$3.470\pi=10.90$	0.008 34	次极大
4π	0	极小
$4.479\pi=14.07$	0.005 03	次极大
5π	0	极小

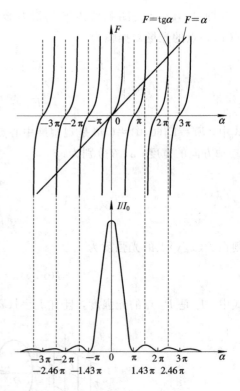

图 3-13　用作图法求衍射次极大

在图 3-13 中还给出了沿 x 方向的光强度分布。

夫朗和费矩形孔衍射在 y 轴上的光强度分布由

$$I = I_0\left(\frac{\sin\beta}{\beta}\right)^2 \qquad (3.2-11)$$

决定,其分布特性与 x 轴类似。

在 x、y 轴以外各点的光强度,可按(3.2-6)式进行计算,图 3-14 给出了一些特征点的光强度相对值。显然,尽管在 xOy 面内存在一些次极大点,但它们的光强度极弱。

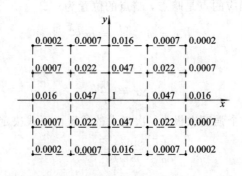

图 3-14　夫朗和费矩形孔衍射图样中一些特征点的相对强度

（2）**中央亮斑**　矩形孔衍射的光能量主要集中在中央亮斑处,其边缘在 x、y 轴上的位置是

$$x = \pm \frac{f\lambda}{a} \quad \text{和} \quad y = \pm \frac{f\lambda}{b} \qquad (3.2-12)$$

中央亮斑面积为

$$S_0 = \frac{4f^2\lambda^2}{ab} \qquad (3.2-13)$$

该式说明，中央亮斑面积与矩形孔面积成反比，在相同波长和装置下，衍射孔愈小，中央亮斑愈大，但是，由

$$I_0 = |Cab|^2 = \frac{A^2 a^2 b^2}{f^2\lambda^2} \qquad (3.2-14)$$

可见，相应的 P_0 点光强度愈小。

（3）**衍射图形状** 当孔径尺寸 $a=b$，即为方形孔径时，沿 x、y 方向有相同的衍射图样。当 $a \neq b$，即对于矩形孔径，其衍射图样沿 x、y 方向的形状虽然一样，但线度不同。例如，$a < b$ 时，衍射图样沿 x 轴亮斑宽度比沿 y 轴的亮斑宽度大，如图 3-11 所示。

2. 夫朗和费圆孔衍射

由于光学仪器的光瞳通常是圆形的，因而讨论圆孔衍射现象对于光学仪器的应用，具有重要的实际意义。

夫朗和费圆孔衍射的讨论方法与矩形孔衍射的讨论方法相同，只是由于圆孔结构的几何对称性，采用极坐标处理更加方便。如图 3-15 所示，设圆孔半径为 a，圆孔中心 O_1 位于光轴上，则圆孔上任一点 Q 的位置坐标为 ρ_1、φ_1，与相应的直角坐标 x_1、y_1 的关系为

$$x_1 = \rho_1 \cos\varphi_1$$

$$y_1 = \rho_1 \sin\varphi_1$$

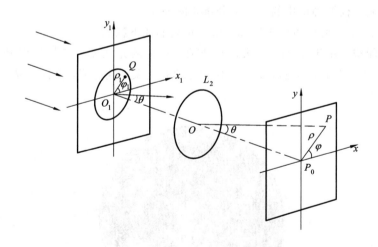

图 3-15 夫朗和费圆孔衍射光路

类似地，观察屏上任一点 P 的位置坐标 ρ、φ 与相应的直角坐标的关系为

$$x = \rho \cos\varphi$$

$$y = \rho \sin\varphi$$

由此，按照 (3.2-1) 式，在经过坐标变换后，P 点的光场复振幅为

$$\widetilde{E}(\rho,\varphi) = C \int_0^a \int_0^{2\pi} e^{-ik\rho_1\theta\cos(\varphi_1-\varphi)} \rho_1 \, d\rho_1 \, d\varphi_1 \qquad (3.2-15)$$

式中

$$\theta = \frac{\rho}{f} \qquad (3.2-16)$$

是衍射方向与光轴的夹角,称为衍射角。在这里,已利用了 $\sin\theta\approx\theta$ 的近似关系。

根据零阶贝塞尔函数的积分表示式

$$J_0(x) = \frac{1}{2\pi} \int_0^{2\pi} e^{ix\cos\alpha} \, d\alpha$$

可将(3.2-15)式变换为

$$\widetilde{E}(\rho,\varphi) = C \int_0^a 2\pi J_0(k\rho_1\theta)\rho_1 \, d\rho_1$$

这里已利用了 $J_0(k\rho_1\theta)$ 为偶函数的性质。再由贝塞尔函数的性质

$$\int x J_0(x) dx = x J_1(x)$$

可得

$$\widetilde{E}(\rho,\varphi) = \frac{2\pi C}{(k\theta)^2} \int_0^{ka\theta} (k\rho_1\theta) J_0(k\rho_1\theta) \, d(k\rho_1\theta) = \frac{2\pi a^2 C}{ka\theta} J_1(ka\theta) \qquad (3.2-17)$$

式中,$J_1(x)$ 为一阶贝塞尔函数。因此,P 点的光强度为

$$I(\rho,\varphi) = (\pi a^2)^2 |C|^2 \left[\frac{2J_1(ka\theta)}{ka\theta}\right]^2 = I_0 \left[\frac{2J_1(\Phi)}{\Phi}\right]^2 \qquad (3.2-18)$$

式中,$I_0 = S^2(A/\lambda f)^2$ 是光轴上 P_0 点的光强;$S=\pi a^2$ 是圆孔面积;$\Phi=ka\theta$ 是圆孔边缘与中心点在同一 θ 方向上光线间的相位差。(3.2-18)式就是夫朗和费圆孔衍射的光强度分布公式,它是光学仪器理论中的一个十分重要的公式。

由(3.2-18)式,可以得到夫朗和费圆孔衍射的如下特点:

(1) **衍射图样**　由于 $\Phi=ka\theta$,夫朗和费圆孔衍射的光强度分布仅与衍射角 θ 有关(或者,由于 $\theta=\rho/f$,仅与 ρ 有关),而与方位角 φ 坐标无关。这说明,夫朗和费圆孔衍射图样是圆形条纹(图 3-16)。

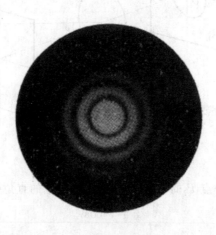

图 3-16　圆孔夫朗和费衍射图样

（2）**衍射图样的极值特性**　由贝塞尔函数的级数定义，可将(3.2-18)式表示为

$$\frac{I}{I_0}=\left[\frac{2J_1(\Phi)}{\Phi}\right]^2=\left[1-\frac{\Phi^2}{2!2^2}+\frac{\Phi^4}{2!3!2^4}-\cdots\right]^2 \quad (3.2-19)$$

该强度分布曲线如图 3-17 所示。当 $\Phi=0$ 时，即对应光轴上的 P_0 点，有 $I=I_0$，它是衍射光强的主极大值。当 Φ 满足 $J_1(\Phi)=0$ 时，$I=0$，这些 Φ 值决定了衍射暗环的位置。在相邻两个暗环之间存在一个衍射次极大值，其位置由满足下式的 Φ 值决定：

$$\frac{d}{d\Phi}\left[\frac{J_1(\Phi)}{\Phi}\right]=-\frac{J_2(\Phi)}{\Phi}=0 \quad (3.2-20)$$

这些次极大值位置即为衍射亮环的位置。上式中，$J_2(\Phi)$ 为二阶贝塞尔函数。表 3-2 列出了中央的几个亮环和暗环的 Φ 值及相对光强大小。

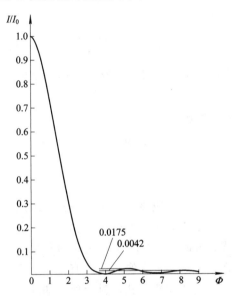

图 3-17　夫朗和费圆孔衍射光强度分布

表 3-2　圆孔衍射的光强分布

条 纹 序 数	Φ	$[2J_1(\Phi)/\Phi]^2$	光 能 分 布
中央亮纹	0	1	83.78%
第一暗纹	$1.220\pi=3.832$	0	0
第一亮纹	$1.635\pi=5.136$	0.017 5	7.22%
第二暗纹	$2.233\pi=7.016$	0	0
第二亮纹	$2.679\pi=8.417$	0.004 15	2.77%
第三暗纹	$3.238\pi=10.174$	0	0
第三亮纹	$3.699\pi=11.620$	0.001 6	1.46%

　　由上面的讨论可知，衍射图样中两相邻暗环的间距不相等，距离中心愈远，间距愈小。这一点与矩形孔的衍射图样有别。

（3）**爱里斑**　由表 3-2 可见，中央亮斑集中了入射在圆孔上能量的 83.78%，这个亮斑叫爱里斑。爱里斑的半径 ρ_0 由第一光强极小值处的 Φ 值决定，即

$$\Phi_{10} = \frac{ka\rho_0}{f} = 1.22\pi$$

因此

$$\rho_0 = 1.22f\frac{\lambda}{2a} = 0.61f\frac{\lambda}{a} \qquad (3.2-21)$$

或以角半径 θ_0 表示

$$\theta_0 = \frac{\rho_0}{f} = 0.61\frac{\lambda}{a} \qquad (3.2-22)$$

爱里斑的面积为

$$S_0 = \frac{(0.61\pi f\lambda)^2}{S} \qquad (3.2-23)$$

式中，S 为圆孔面积。可见，圆孔面积愈小，爱里斑面积愈大，衍射现象愈明显。只有在 $S = 0.61\pi f\lambda$ 时，$S_0 = S$。

3. 光学成像系统的分辨本领(分辨率)

光学成像系统的分辨本领是指能分辨开两个靠近的点物或物体细节的能力，它是光学成像系统的重要性能指标。

1) 瑞利判据

从几何光学的观点看，每个像点应该是一个几何点，因此，对于一个无像差的理想光学成像系统，其分辨本领应当是无限的，即两个点物无论靠得多近，像点总可分辨开。但实际上，光波通过光学成像系统时，总会因光学孔径的有限性产生衍射，这就限制了光学成像系统的分辨本领。通常，由于光学成像系统具有光阑、透镜外框等圆形孔径，因而讨论它们的分辨本领时，都是以夫朗和费圆孔衍射为理论基础。

如图 3-18 所示，设有 S_1 和 S_2 两个非相干点光源，间距为 ε，它们到直径为 D 的圆孔距离为 R，则 S_1 和 S_2 对圆孔的张角 α 为

$$\alpha = \frac{\varepsilon}{R} \qquad (3.2-24)$$

由于圆孔的衍射效应，S_1 和 S_2 将分别在观察屏上形成各自的衍射图样。假设其爱里斑关于圆孔的张角为 θ_0，则由(3.2-22)式有

$$\theta_0 = 1.22\frac{\lambda}{D} \qquad (3.2-25)$$

当 $\alpha > \theta_0$ 时，两个爱里斑能完全分开，即 S_1 和 S_2 可以分辨；

当 $\alpha < \theta_0$ 时，两个爱里斑分不开，S_1 和 S_2 不可分辨；

当 $\alpha \approx \theta_0$ 时，情况比较复杂，不同的人或仪器对爱里斑重叠之分辨有不同的感觉。

为了定量地表征分辨本领，需要给出一个简单、公认的标准，目前常采用的仍然是瑞利判据。

根据瑞利判据，将一个点物衍射图样的中央极大位置与另一个点物衍射图样的第一个极小位置重合的状态作为光学成像系统的分辨极限，认为此时光学系统恰好可分辨开这两个点物。这时，两点物衍射图样的重叠区中点光强度约为每个衍射图样中心最亮处光强度

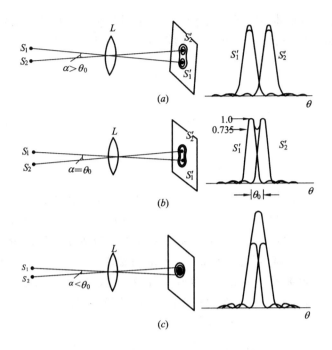

图 3-18 两个点物的衍射像的分辨

的 73.5%(对于缝隙形光阑,约为 81%)。

于是,由于衍射效应,一个光学成像系统对点物成像的爱里斑角半径 θ_0 决定了该系统的分辨极限。

2) 几种光学成像系统的分辨本领

(1) **人眼睛的分辨本领**　人眼的成像作用可以等价于一个单凸透镜。通常人眼睛的瞳孔直径约为 1.5 mm~6 mm(视入射光强的大小而定)。当人眼瞳孔直径为 2 mm 时,对于最敏感的光波波长 $\lambda=0.55\ \mu m$,按(3.2-25)式可以算得人眼的最小分辨角 α_e 为

$$\alpha_e = 1.22\frac{\lambda}{D_e} = 3.3 \times 10^{-4}\ \text{rad} \qquad (3.2-26)$$

通常由实验测得的人眼最小分辨角约为 $1'(=2.9\times10^{-4}\text{rad})$,与上面计算的结果基本相符。

(2) **望远镜的分辨本领**　望远镜的作用相当于增大人眼睛的瞳孔。设望远镜物镜的圆形通光孔径直径为 D,若有两个物点恰好能为望远镜所分辨开,则根据瑞利判据,这两个物点对望远镜的张角 α 为

$$\alpha = \theta_0 = 1.22\frac{\lambda}{D} \qquad (3.2-27)$$

这也就是望远镜的最小分辨角公式。该式表明,望远镜物镜的直径 D 愈大,分辨本领愈高,并且,这时像的光强也增加了。例如,天文望远镜物镜的直径做得很大(可达十几米),原因之一就是为了提高分辨本领。对于 $\lambda=0.55\ \mu m$ 的单色光来说,10 m 直径望远镜的最小分辨角 $\alpha\approx0.0138'=0.671\times10^{-7}$ rad,比人眼的分辨本领要大 3000 倍左右。通常在设计望远镜时,为了充分利用望远镜物镜的分辨本领,应使望远镜的放大率保证物镜的最小分辨角经望远镜放大后等于眼睛的最小分辨角,即放大率应为

$$M = \frac{\alpha_e}{\alpha} = \frac{D}{D_e} \qquad (3.2-28)$$

— 145 —

（3）**照相物镜的分辨本领**　照相物镜一般都是用于对较远物体的成像，感光底片的位置大致与照相物镜的焦平面重合。若照相物镜的孔径为 D，相应第一极小的衍射角为 θ_0，则底片上恰能分辨的两条直线之间的距离 ε' 为

$$\varepsilon' = f\theta_0 = 1.22f\frac{\lambda}{D} \tag{3.2-29}$$

习惯上，照相物镜的分辨本领用底片上每毫米内能成多少条恰能分开的线条数 N 表示，N 为

$$N = \frac{1}{\varepsilon'} = \frac{1}{1.22\lambda}\frac{D}{f} \tag{3.2-30}$$

式中，D/f 是照相物镜的相对孔径。可见，照相物镜的相对孔径愈大，分辨本领愈高。例如，对于 $D/f=1:3.5$ 的常用照相物镜，若 $\lambda=0.55~\mu m$，则 $N=425$ 条/mm。作为照相系统总分辨本领的要求来说，感光底片的分辨本领应大于或等于物镜的分辨本领。例如，对于上面的例子，应选择分辨本领大于 425 条/mm 的底片。

（4）**显微镜的分辨本领**　显微镜由物镜和目镜组成，在一般情况下系统成像的孔径为物镜框，因此，限制显微镜分辨本领的是物镜框（即孔径光阑）。

显微镜物镜的成像如图 3-19 所示。点物 S_1 和 S_2 位于物镜前焦点外附近，由于物镜的焦距很短，因而 S_1 和 S_2 发出的光波以很大的孔径角入射到物镜，其像 S_1' 和 S_2' 离物镜较远。虽然 S_1 和 S_2 离物镜很近，它们的像也是物镜边缘（孔径光阑）的夫朗和费衍射图样，其爱里斑的半径为

$$\rho_0 = l'\theta_0 = 1.22\frac{l'\lambda}{D} \tag{3.2-31}$$

式中，l' 是像距；D 是物镜直径。如果两衍射图样中心 S_1' 和 S_2' 之间距离 $\varepsilon'=\rho_0$，则按照瑞利判据，两衍射图样刚好可以分辨，此时的二点物间距 ε 就是物镜的最小分辨距离。

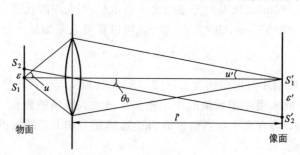

图 3-19　显微镜的分辨本领

由于显微镜物镜的成像满足阿贝（Abbe）正弦条件

$$n\varepsilon\sin u = n'\varepsilon'\sin u' \tag{3.2-32}$$

式中，n 和 n' 分别是物方和像方折射率，在 $n'=1$ 时，因 $l'\gg D$，有

$$\sin u' \approx u' = \frac{D/2}{l'} \tag{3.2-33}$$

因而，能分辨两点物的最小距离为

$$\varepsilon = \frac{\varepsilon'}{n}\frac{\sin u'}{\sin u} = 1.22\frac{l'\lambda}{D}\frac{D/2l'}{n\sin u} = \frac{0.61\lambda}{n\sin u} = \frac{0.61\lambda}{NA} \tag{3.2-34}$$

式中，$NA = n\sin u$ 称为物镜的数值孔径。由此可见，提高显微镜分辨本领的途径是：① 增大物镜的数值孔径，例如，利用油浸物镜可以获得最大的数值孔径(约 1.4)；② 减小波长，例如，电子显微镜利用电子束的波动性成像，由于其波长可达 10^{-3} nm，因而分辨本领将比可见光显微镜提高几十万倍，只是由于电子显微镜的数值孔径较小，其分辨本领实际上仅提高千倍以上。

3.2.3 夫朗和费单缝和多缝衍射

1. 夫朗和费单缝衍射

对于上面讨论的夫朗和费矩形孔衍射，如果矩形孔一个方向的尺寸比另一个方向大得多，如 $b \gg a$，则该矩形孔的衍射就变成一个单(狭)缝衍射(图 3 - 20(a))。这时，沿 y 方向的衍射效应不明显，只在 x 方向有亮暗变化的衍射图样(图 3 - 20(b))。

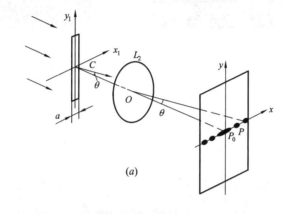

(a)

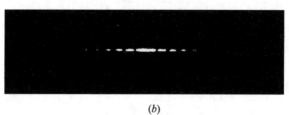

(b)

图 3 - 20　单缝夫朗和费衍射装置

按照(3.2 - 1)式，衍射屏上 P 点的光场复振幅为

$$\widetilde{E}(P) = C \int_{-a/2}^{a/2} e^{-ikxx_1/f}\, \mathrm{d}x_1 = \widetilde{E}_0 \frac{\sin\alpha}{\alpha} \qquad (3.2 - 35)$$

式中，$\widetilde{E}_0 = Ca$ 是观察屏中心点 P_0 处的光场复振幅。相应 P 点的光强度为

$$I = I_0 \left(\frac{\sin\alpha}{\alpha}\right)^2 \qquad (3.2 - 36)$$

式中，$I_0 = |\widetilde{E}_0|^2$，$\alpha = \dfrac{kax}{2f} = \dfrac{\pi a}{\lambda}\dfrac{x}{f} \approx \dfrac{\pi a\,\sin\theta}{\lambda}$，$\theta$ 为衍射角。在衍射理论中，通常称 $\left(\dfrac{\sin\alpha}{\alpha}\right)^2$ 为单缝衍射因子。因此，矩形孔衍射的相对强度分布是两个单缝衍射因子的乘积。

在单缝衍射实验中，常采用与单缝平行的线光源代替点光源，这时，在观察屏上将得到一些与单缝平行的直线衍射条纹(图 3 - 21)。

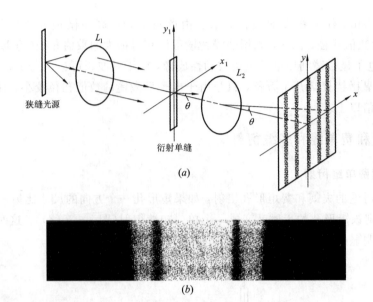

图 3-21　用线光源照明的单缝夫朗和费衍射装置

单缝衍射图样的主要特征是：

（1）**单色光照明的衍射光强分布**　单色光照明时，当 $\alpha=0$，对应于 $\theta=0$ 的衍射位置是光强中央主极大值（亮条纹）；当 $\alpha=m\pi$ 时，对应于满足

$$\sin\theta = m\frac{\lambda}{a} \qquad m=\pm1,\pm2,\cdots \tag{3.2-37}$$

的衍射角方向为光强极小值（暗条纹）。对（3.2-37）式两边取微分，有

$$\cos\theta\,\Delta\theta = \Delta m\frac{\lambda}{a}$$

由此可得相邻暗条纹的角宽度 $\Delta\theta$ 为

$$\Delta\theta = \frac{\lambda}{a\cos\theta} \tag{3.2-38}$$

在衍射角很小时，相邻暗条纹的角宽度为

$$\Delta\theta \approx \frac{\lambda}{a} \tag{3.2-39}$$

对于中央亮条纹，其角宽度 $\Delta\theta_0$ 为 $\Delta\theta$ 的两倍，即

$$\Delta\theta_0 = 2\Delta\theta = \frac{2\lambda}{a} \tag{3.2-40}$$

上式说明，当 λ 一定时，a 小，则 $\Delta\theta$ 大，衍射现象显著。例如，$a=100\lambda$ 时，$\Delta\theta=0.573°$，即第一极小偏离入射光方向仅 $0.573°$，光能量的大部分沿 $\theta=0°$ 方向传播，衍射不明显，可视为直线传播；当 $a=10\lambda$ 时，第一极小偏离入射光方向达 $5.7°$，衍射效应显著；当 $a\approx\lambda$ 时，$\Delta\theta\sim90°$，中央主极大已扩大到整个开孔的几何阴影区。

（2）**白光照明**　白光照明时，衍射条纹呈现彩色，中央是白色，向外依次是由紫到红变化。

2. 夫朗和费多缝衍射

所谓多缝，是指在一块不透光的屏上，刻有 N 条等间距、等宽度的通光狭缝。夫朗和费多缝衍射的装置如图 3-22 所示。其每条狭缝均平行于 y_1 方向，沿 x_1 方向的缝宽为 a，相邻狭缝的间距为 d。在研究多缝衍射时，必须注意缝后透镜 L_2 的作用。由于 L_2 的存在，使得衍射屏上每个单缝的衍射条纹位置与缝的位置无关，即缝垂直于光轴方向平移时，其衍射条纹的位置不变，因此，利用平行光照射多缝时，其每一个单缝都要产生自己的衍射，形成各自的一套衍射条纹。当每个单缝等宽时，各套衍射条纹在透镜焦平面上完全重叠，其总光强分布为它们的干涉叠加。

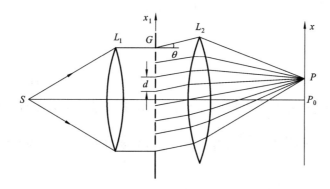

图 3-22 夫朗和费多缝衍射装置

1) 多缝衍射的光强分布

假设图 3-22 中的 S 是线光源，则 N 个狭缝受到平面光波的垂直照射。如果选取最下面的狭缝中心作为 x_1 的坐标原点，并只计 x 方向的衍射，则按照(3.2-1)式，观察屏上 P 点的光场复振幅为

$$\widetilde{E}(P) = C \int_l e^{-ikxx_1/f}\, dx_1$$

$$= C\left[\int_{-\frac{a}{2}}^{\frac{a}{2}} e^{-ikxx_1/f}\, dx_1 + \int_{d-\frac{a}{2}}^{d+\frac{a}{2}} e^{-ikxx_1/f}\, dx_1 + \cdots + \int_{(N-1)d-\frac{a}{2}}^{(N-1)d+\frac{a}{2}} e^{-ikxx_1/f}\, dx_1 \right]$$

$$= C[1 + e^{-i\varphi} + e^{-i2\varphi} + \cdots + e^{-i(N-1)\varphi}] \int_{-\frac{a}{2}}^{\frac{a}{2}} e^{-ikxx_1/f}\, dx_1$$

$$= Ca\, e^{-i(N-1)\frac{\varphi}{2}} \frac{\sin\alpha}{\alpha} \frac{\sin\frac{N\varphi}{2}}{\sin\frac{\varphi}{2}} \tag{3.2-41}$$

式中

$$\varphi = \frac{2\pi}{\lambda} d\, \sin\theta \tag{3.2-42}$$

它表示在 x_1 方向上相邻的两个间距为 d 的平行等宽狭缝，在 P 点产生光场的相位差。相应于 P 点的光强度为

$$I(P) = I_0 \left(\frac{\sin\alpha}{\alpha}\right)^2 \left[\frac{\sin\frac{N\varphi}{2}}{\sin\frac{\varphi}{2}}\right]^2 \tag{3.2-43}$$

式中，I_0 是单缝衍射情况下 P_0 点的光强。

由上述讨论可以看出，平行光照射多缝时，其每个狭缝都将在 P 点产生衍射场，由于这些光场均来自同一光源，彼此相干，将因干涉效应，使观察屏上的光强度重新分布。因此，多缝衍射现象包含有衍射和干涉双重效应。

由(3.2-43)式可见，N 个狭缝的衍射光强关系式中包含有两个因子：一个是单缝衍射因子 $\left(\dfrac{\sin\alpha}{\alpha}\right)^2$；另外一个因子是 $\left[\dfrac{\sin(N\varphi/2)}{\sin(\varphi/2)}\right]^2$，根据以上公式的推导过程可以看出，它是 N 个等振幅、等相位差的光束干涉因子。因此，多缝衍射图样具有等振幅、等相位差多光束干涉和单缝衍射的特征。对于 4 缝衍时，$N=4$，P 点的光强为

$$I(P) = I_0 \left(\frac{\sin\alpha}{\alpha}\right)^2 \left[\frac{\sin 2\varphi}{\sin\dfrac{\varphi}{2}}\right]^2 \tag{3.2-44}$$

根据此式，绘出了图 3-23 所示 $d=3a$ 情况下的 4 缝衍射强度分布曲线，其中，图(a)是等振幅 4 光束干涉强度分布 $\left(\dfrac{\sin^2 2\varphi}{\sin^2(\varphi/2)}\right)$ 曲线，图(b)是单缝衍射强度分布 $\left(\dfrac{\sin^2\alpha}{\alpha^2}\right)$ 曲线，图(c)是 4 缝衍射强度 $\left[I_0\dfrac{\sin^2\alpha}{\alpha^2}\dfrac{\sin^2 2\varphi}{\sin^2\dfrac{\varphi}{2}}\right]$ 分布曲线。由该图可见，4 缝衍射强度分布是等振幅 4

光束干涉和单缝衍射的共同效应结果，实际上也可看做是等振幅 4 光束干涉受到单缝衍射

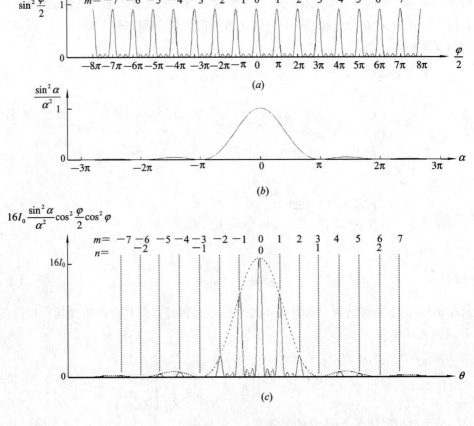

图 3-23 4 缝衍射强度分布曲线

的调制。

综上所述，多缝衍射是干涉和衍射的共同效应，它可以看做是等振幅、等相位差多光束干涉受到单缝衍射的调制。需要指出的是，单缝衍射因子只与单缝本身的性质有关，而多光束干涉因子则源于狭缝的周期性排列，与单缝本身的性质无关。因此，如果有 N 个性质相同，但形状与上述狭缝有异的孔径周期排列，则在其衍射强度分布公式中，仍将有上述的多光束干涉因子。此时，只要把单个衍射孔径的衍射因子求出来，乘以多光束干涉因子，就是这种周期性孔径衍射的光强度分布。

为了更清楚起见，图 3-24 给出了夫朗和费单缝和五种多缝的衍射图样照片。

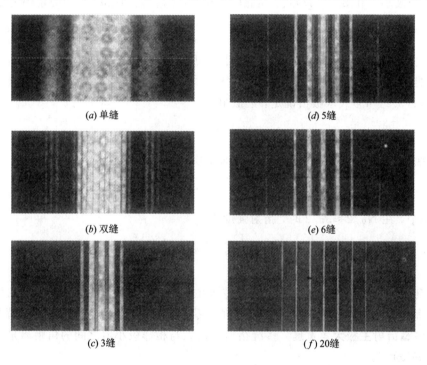

(a) 单缝   (d) 5缝

(b) 双缝   (e) 6缝

(c) 3缝   (f) 20缝

图 3-24 夫朗和费单缝、双缝、多缝衍射的衍射图样照片

2）多缝衍射图样特性

多缝衍射图样特性可以由多光束干涉和单缝衍射特性确定。

（1）多缝衍射的强度极值。

① 多缝衍射主极大。由多光束干涉因子可以看出，当

$$\varphi = 2m\pi \qquad m = 0, \pm 1, \pm 2, \cdots$$

或

$$d\,\sin\theta = m\lambda \qquad\qquad\qquad (3.2-45)$$

时，多光束干涉因子为极大值，称此时的多缝衍射为主极大。由于 $\lim\limits_{\varphi \to 2m\pi}\left[\dfrac{\sin(N\varphi/2)}{\sin(\varphi/2)}\right] = N$，因而多缝衍射主极大强度为

$$I_{\mathrm{M}} = N^2 I_0 \left(\frac{\sin\alpha}{\alpha}\right)^2 \qquad\qquad (3.2-46)$$

它们是单缝衍射在各级主极大位置上所产生强度的 N^2 倍，其中，零级主极大的强度最大，

等于 $N^2 I_0$。

② 多缝衍射极小。当 $N\varphi/2$ 等于 π 的整数倍，而 $\varphi/2$ 不是 π 的整数倍，即

$$\frac{N\varphi}{2} = (Nm + m')\pi \qquad m = 0, \pm 1, \pm 2, \cdots; \quad m' = 1, 2, \cdots, N-1$$

或

$$d\sin\theta = \left(m + \frac{m'}{N}\right)\lambda \tag{3.2-47}$$

时，多缝衍射强度最小，为零。比较(3.2-45)式和(3.2-47)式可见，在两个主极大之间，有 $(N-1)$ 个极小。由(3.2-47)式，相邻两个极小(零值)之间($\Delta m' = 1$)的角距离 $\Delta\theta$ 为

$$\Delta\theta = \frac{\lambda}{Nd\cos\theta} \tag{3.2-48}$$

③ 多缝衍射次极大。由多光束干涉因子可见，在相邻两个极小值之间，除了是主极大外，还可能是强度极弱的次极大。在两个主极大之间，有 $(N-2)$ 个次极大，次极大的位置可以通过对(3.2-43)式求极值确定，近似由

$$\sin^2 \frac{N\varphi}{2} = 1$$

求得。例如，在 $m=0$ 和 $m=1$ 级主极大之间，次极大位置出现在

$$\frac{N\varphi}{2} \approx \frac{3}{2}\pi, \ \frac{5}{2}\pi, \ \cdots, \ \frac{2N-3}{2}\pi$$

共 $(N-2)$ 个。在 $N\varphi/2 \approx 3\pi/2$ 时，衍射强度为

$$I \approx \frac{I_0}{\left(\sin\frac{\varphi}{2}\right)^2} \approx \frac{I_0}{\left(\frac{\varphi}{2}\right)^2} \approx N^2 I_0 \left(\frac{2}{3\pi}\right)^2 = 0.045 I_M$$

即最靠近零级主极大的次极大强度，只有零级主极大的 4.5%。此外，次极大的宽度随着 N 的增大而减小。当 N 很大时，它们将与强度零点混成一片，成为衍射图样的背景。

(2) **多缝衍射主极大角宽度** 多缝衍射主极大与相邻极小值之间的角距离是 $\Delta\theta$，主极大的条纹角宽度为

$$2\Delta\theta = \frac{2\lambda}{Nd\cos\theta} \tag{3.2-49}$$

该式表明，狭缝数 N 愈大，主极大的角宽度愈小。

(3) **缺级** 由于多缝衍射是干涉和衍射的共同效应，因而存在缺级现象。对于某一级干涉主极大的位置，如果恰有 $\sin\alpha/\alpha = 0$，即相应的衍射角 θ 同时满足

$$d\sin\theta = m\lambda \qquad m = 0, \pm 1, \pm 2, \cdots$$
$$a\sin\theta = n\lambda \qquad n = \pm 1, \pm 2, \cdots$$

或

$$m = \frac{d}{a}n \tag{3.2-50}$$

则该级主极大将消失，多缝衍射强度变为零，成为缺级。对于上面讨论的 4 缝衍射强度分布情况，由于 $d=3a$，所以如图 3-23(c)所示，$m = \pm 3, \pm 6, \cdots$ 为缺级。

从以上讨论可以看出，在多缝衍射中，随着狭缝数目的增加，衍射图样有两个显著的变化：一是光的能量向主极大的位置集中(为单缝衍射的 N^2 倍)；二是亮条纹变得更加细

而亮(约为双光束干涉线宽的 $1/N$)。对于一个 $N=10^4$ 的多缝来说，这将使主极大光强增大 10^8 倍，条纹宽度缩为万分之一。

另外，由(3.2-45)式可知，干涉主极大位置随入射光的波长变化，同一级次的主极大方向(衍射角 θ)，将随着波长的增加而增大，并且，当衍射角 θ 不大时，这种变化近于线性关系。

3.2.4 巴俾涅原理应用

前面讨论了圆孔、单缝的衍射现象，如果在光路中的障碍物改换为圆盘、细丝(窄带)，其衍射特性如何呢？当然，我们可以利用菲涅耳-基尔霍夫衍射公式重新求解，但是如果根据巴俾涅原理处理，就可使问题大大简化。

例如，对于图 3-21 所示的用线光源照明单缝的夫朗和费衍射装置，如果将单缝衍射屏换成同样宽度的不透光窄带(或细丝)，则在衍射图样中央以外的地方，将有与单缝衍射类似的衍射图样。这是因为单缝和窄带是一对互补屏，在观察屏上，除中央点外，均有 $\tilde{E}_0(P)=0$，所以根据巴俾涅原理，除中央点外，单缝和窄带(或细丝)的衍射图样相同。因此，可以直接将单缝衍射特性应用于窄带(或细丝)衍射中。例如，窄带(或细丝)衍射的暗条纹间距公式为

$$e = \Delta x = f\frac{\lambda}{a} \qquad\qquad (3.2-51)$$

在窄带(细丝)衍射的实验中，如果测出了衍射暗条纹的间距 e，就可以计算出窄带(细丝)的宽度(直径)。目前已经应用的激光细丝测径仪，就是利用这个原理测量细丝(例如金属或纤维丝)直径的。

3.3 菲涅耳衍射

菲涅耳衍射是在菲涅耳近似条件成立的距离范围内所观察到的衍射现象。通常应用的菲涅耳衍射区域，其观察屏离开衍射屏的距离比夫朗和费衍射区更近些。此时，照射到衍射屏上的光波波阵面和离开衍射屏到达观察屏上的波阵面都不能作为平面处理。因此，直接运用菲涅耳-基尔霍夫公式定量计算菲涅耳衍射，其数学处理非常复杂。实际上都采用数值计算方法，或者在半定量处理问题时，采用物理概念清晰、简单的菲涅耳波带作图法讨论。在这里，首先较详细地讨论菲涅耳波带法，然后简要介绍几种特殊情况下的积分解法。

3.3.1 菲涅耳衍射的菲涅耳波带法

1. 菲涅耳圆孔衍射——菲涅耳波带法

1) 菲涅耳波带法

图 3-25 绘出了一个单色点光源 S 照射圆孔衍射屏的情况，P_0 是圆孔中垂线上的一点，在某时刻通过圆孔的波面为 MOM'，半径为 R。

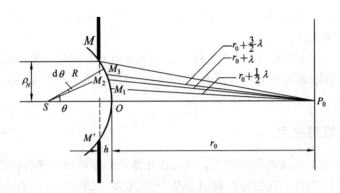

图 3-25　圆孔衍射的波带法示意图

现在以 P_0 为中心，以 $r_1,r_2,\cdots,r_N$ 为半径，在波面上作圆，把 MOM' 分成 N 个环带，所选取的半径为

$$r_1 = r_0 + \frac{\lambda}{2}$$

$$r_2 = r_0 + \frac{2\lambda}{2}$$

$$\vdots$$

$$r_N = r_0 + \frac{N\lambda}{2}$$

因此，相邻两个环带上的相应两点到 P_0 点的光程差为半个波长，这样的环带叫菲涅耳半波带（或菲涅耳波带）。

根据惠更斯-菲涅耳原理，P_0 点的光场振幅应为各波带在 P_0 点产生光场振幅的叠加，假定点源和 P_0 点到衍射屏的距离都比波长大得多，可视同一波带上点的倾斜因子相同，P_0 点的光振幅近似为

$$A_N = a_1 - a_2 + a_3 - a_4 + \cdots \pm a_N \qquad (3.3-1)$$

式中，设 $a_1,a_2,\cdots,a_N$ 分别为第 1、第 2、……、第 N 个波带在 P_0 点产生光场振幅的绝对值。当 N 为奇数时，a_N 前面取＋号；N 为偶数时，a_N 前面取－号。这种取法是由于相邻的波带在 P_0 点引起的振动相位相反决定的。因此，为利用菲涅耳波带法求 P_0 点的光强，首先应求出各个波带在 P_0 点振动的振幅。

由惠更斯-菲涅耳原理可知，各波带在 P_0 点产生的振幅 a_N 主要由三个因素决定：波带的面积大小 ΔS_N；波带到 P_0 点的距离 $\bar{r}_N$；波带对 P_0 点连线的倾斜因子 $K(\theta)$，且有

$$a_N \propto \frac{\Delta S_N}{\bar{r}_N} K(\theta) \qquad (3.3-2)$$

（1）**波带面积** ΔS_N　在图 3-26 中，设圆孔对 P_0 点共露出 N 个波带，这 N 个波带相应的波面面积是

$$S_N = 2\pi Rh \qquad (3.3-3)$$

式中，h 为 $\overline{OO'}$ 长度。因为

$$\rho_N^2 = R^2 - (R-h)^2 = r_N^2 - (r_0+h)^2$$

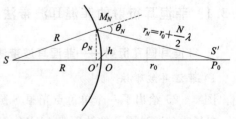

图 3-26　求波带面积

所以

$$h = \frac{r_N^2 - r_0^2}{2(R + r_0)} \qquad (3.3-4)$$

又由于 $r_N = r_0 + N\lambda/2$，故有

$$r_N^2 = r_0^2 + Nr_0\lambda + N^2\left(\frac{\lambda}{2}\right)^2 \qquad (3.3-5)$$

将(3.3-4)式、(3.3-5)式代入(3.3-3)式中，得

$$S_N = \frac{\pi R}{R + r_0}\left(Nr_0\lambda + N^2\frac{\lambda^2}{4}\right) \qquad (3.3-6)$$

同样也可以求得 $(N-1)$ 个波带所对应的波面面积为

$$S_{N-1} = \frac{\pi R}{R + r_0}\left[(N-1)r_0\lambda + (N-1)^2\frac{\lambda^2}{4}\right] \qquad (3.3-7)$$

两式相减，即得第 N 个波带的面积为

$$\Delta S_N = S_N - S_{N-1} = \frac{\pi R\lambda}{R + r_0}\left[r_0 + \left(N - \frac{1}{2}\right)\frac{\lambda}{2}\right] \qquad (3.3-8)$$

由此可见，波带面积随着序数 N 的增大而增加。但由于通常波长 λ 相对于 R 和 r_0 很小，λ^2 项可以略去，因此可视各波带面积近似相等。

（2）**各波带到 P_0 点的距离** $\overline{r}_N$ 因为 r_N 和 r_{N-1} 是第 N 个波带的两个边缘到 P_0 点的距离，所以第 N 个波带到 P_0 点的距离可取两者的平均值，即

$$\overline{r}_N = \frac{r_N + r_{N-1}}{2} = r_0 + \left(N - \frac{1}{2}\right)\frac{\lambda}{2} \qquad (3.3-9)$$

这说明第 N 个波带到 P_0 点的距离随着序数 N 的增大而增加。

（3）**倾斜因子** $K(\theta)$ 由图 3-26 可见，倾斜因子为

$$K(\theta) = \frac{1 + \cos\theta}{2} \qquad (3.3-10)$$

将(3.3-8)、(3.3-9)和(3.3-10)式代入(3.3-2)式，可以得到各个波带在 P_0 点产生的光振动振幅

$$a_N \propto \frac{\pi R\lambda}{R + r_0}\frac{1 + \cos\theta_N}{2} \qquad (3.3-11)$$

可见，各个波带产生的振幅 a_N 的差别只取决于倾角 θ_N。由于随着 N 增大，θ_N 也相应增大，因而各波带在 P_0 点所产生的光场振幅将随之单调减小，

$$a_1 > a_2 > a_3 > \cdots > a_N$$

又由于这种变化比较缓慢，所以近似有下列关系：

$$a_2 = \frac{a_1 + a_3}{2}$$

$$a_4 = \frac{a_3 + a_5}{2}$$

$$\vdots$$

$$a_{2m} = \frac{a_{2m-1} + a_{2m+1}}{2}$$

$$\vdots$$

于是，在 N 为奇数时，

$$A_N = \frac{a_1}{2} + \frac{a_N}{2}$$

N 为偶数时，

$$A_N = \frac{a_1}{2} + \frac{a_{N-1}}{2} - a_N$$

而因 N 较大时，$a_{N-1} \approx a_N$，故有

$$A_N = \frac{a_1}{2} \pm \frac{a_N}{2} \tag{3.3-12}$$

其中，N 为奇数时，取＋号；N 为偶数时，取－号。由此得出结论：圆孔对 P_0 点露出的波带数 N 决定了 P_0 点衍射光的强弱。

下面给出波带数 N 和圆孔半径 ρ_N 之间的关系。

由图 3-26 可以看出：

$$\rho_N^2 = r_N^2 - (r_0 + h)^2 \approx r_N^2 - r_0^2 - 2r_0 h$$

因为

$$r_N^2 = \left(r_0 + \frac{N\lambda}{2}\right)^2 = r_0^2 + Nr_0\lambda + \frac{N^2\lambda^2}{4}$$

将其代入(3.3-4)式，可得

$$h = \frac{Nr_0\lambda + \dfrac{N^2\lambda^2}{4}}{2(R + r_0)}$$

所以，

$$\rho_N^2 = Nr_0\lambda + \frac{N^2\lambda^2}{4} - 2r_0 \frac{Nr_0\lambda + \dfrac{N^2\lambda^2}{4}}{2(R + r_0)} = \frac{NR\lambda}{R + r_0}\left(r_0 + \frac{N\lambda}{4}\right)$$

一般情况下，均有 $r_0 \gg N\lambda$，故

$$\rho_N^2 = Nr_0 \frac{R\lambda}{R + r_0} \tag{3.3-13}$$

这就是圆孔半径 ρ_N 和露出的波带数 N 之间的关系。该式也可表示成露出的波带数 N 与圆孔半径 ρ_N 的关系，

$$N = \frac{\rho_N^2}{\lambda R}\left(1 + \frac{R}{r_0}\right) \tag{3.3-14}$$

2) 菲涅耳圆孔衍射

由以上对菲涅耳波带法的讨论可知，菲涅耳圆孔衍射有如下特点：

(1) r_0 **对衍射现象的影响** 由(3.3-14)式可见，对于一定的 ρ_N 和 R，露出的波带数 N 随 r_0 变化。r_0 不同，N 也不同，从而 P_0 点的光强度也不同。由(3.3-12)式，当 N 为奇数时，对应是亮点；N 为偶数时，对应是暗点。所以，当观察屏前后移动（r_0 变化）时，P_0 点的光强将明暗交替地变化，这是典型的菲涅耳衍射现象。

在 ρ_N 和 R 一定时，随着 r_0 的增大，N 减小，菲涅耳衍射效应很显著。当 r_0 大到一定程度时，可视 $r_0 \to \infty$，露出的波带数 N 不再变化，且为

$$N = N_{\mathrm{m}} = \frac{\rho_N^2}{\lambda R} \qquad (3.3-15)$$

该波带数称为菲涅耳数，它是一个描述圆孔衍射效应的很重要的参量。此后，随着 r_0 的增大，P_0 点光强不再出现明暗交替的变化，逐渐进入夫朗和费衍射区。而当 r_0 很小时，N 很大，衍射效应不明显。当 r_0 小到一定程度时，可视光为直线传播。

（2）**N 对衍射现象的影响**　在 R 和 r_0 一定时，圆孔对 P_0 露出的波带数 N 与圆孔半径有关，$N \propto \rho_N^2$。于是，孔大，露出的波带数多，衍射效应不显著；孔小，露出的波带数少，衍射效应显著。当孔趋于无限大时，$a_N \to 0$，

$$A_\infty = \frac{a_1}{2} \qquad (3.3-16)$$

这说明孔很大时，P_0 点的光强不再变化，这正是光直线传播的特点。因此，光的直线传播，实际是透光孔径较大情况下的一种特殊情况。光波波前完全不被遮挡时的 P_0 点光场振幅 A_∞，只是有圆孔时第一个波带在 P_0 点产生光场振幅 a_1 的一半。这说明，当孔小到只露出一个波带时，P_0 点的光强度由于衍射效应，增为无遮挡时 P_0 点光强度的 4 倍。

（3）**波长对衍射现象的影响**　当波长增大时，N 减少。这说明在 ρ_N、R、r_0 一定的情况下，长波长光波的衍射效应更为显著，更能显示出其波动性。

（4）**轴外点的衍射**　对于轴外任意点 P 的光强度，原则上也可以用同样的方法进行讨论。

如图 3-27 所示，为了确定不在轴上的任意点 P 的光强，可先设想衍射屏不存在，以 M_0 为中心，相对于 P 点作半波带，然后再放上圆孔衍射屏，圆孔中心为 O。这时由于圆孔和波面对 P 点的波带不同心，波带的露出部分如图 3-28 所示，图中为了清楚起见，把偶数带画上了网状线。于是，这些波带在 P 点引起振动的振幅大小，不仅取决于波带的数目，还取决于每个波带露出部分的大小。精确计算 P 点的合成振动振幅是很复杂的，但可以预期，当 P 点逐渐偏离 P_0 点时，有的地方衍射光会强些，有些地方会弱些。

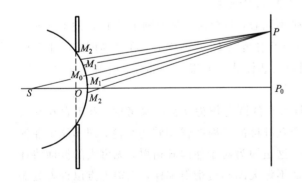

图 3-27　轴外点波带的分法

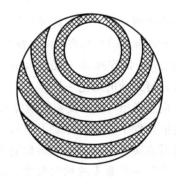

图 3-28　轴外点波带的分布

由于整个装置是轴对称的，在观察屏上离 P_0 点距离相同的 P 点都应有同样的光强，因此菲涅耳圆孔衍射图样是一组亮暗相间的同心圆环条纹，中心可能是亮点，也可能是暗点。

应当指出，上述的讨论仅对点光源才成立，如果不是点光源，将因有限大小光源中的每一个点源都产生自己的一套衍射图样，导致干涉图形变得模糊。

2. 菲涅耳圆屏衍射

与上面的情况不同，如果用一个不透明的圆形板（或一切具有圆形投影的不透明障碍物）替代圆孔衍射屏，将会产生怎样的衍射图样？

如图 3-29 所示，S 为单色点光源，MM' 为圆屏，P_0 为观察点。分析方法与前相同，仍然由 P_0 对波面作波带，只是在圆屏的情况下，开头的 N 个波带被挡住，第 $(N+1)$ 个以外的波带全部通光。因此，P_0 点的合振幅为

$$A_\infty = a_{N+1} - a_{N+2} + \cdots + a_\infty$$
$$= \frac{a_{N+1}}{2} + \left(\frac{a_{N+1}}{2} - a_{N+2} + \frac{a_{N+3}}{2}\right) + \left(\frac{a_{N+3}}{2} - a_{N+4} + \frac{a_{N+5}}{2}\right) + \cdots$$
$$= \frac{a_{N+1}}{2} \tag{3.3-17}$$

这就是说，只要屏不十分大，$(N+1)$ 为不大的有限值，则 P_0 点的振幅总是刚露出的第一个波带在 P_0 点所产生的光场振幅的一半，即 P_0 点永远是亮点，所不同的只是光的强弱有差别而已。如果圆屏较大，P_0 点离圆屏较近，N 是一个很大的数目，则被挡住的波带就很多，P_0 点的光强近似为零，基本上是几何光学的结论：几何阴影处光强为零。

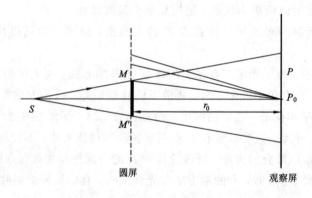

图 3-29 菲涅耳圆屏衍射

对于不在轴上的 P 点，圆屏位置与波带不同心，其合振动振幅随 P 点位置的不同而有起伏。考虑到圆屏的对称性，可以预期：圆屏衍射是以 P_0 点为中心，在其周围有一组明暗交替的衍射环。而在远离 P_0 的点，由于圆屏只挡住波带的很小一部分，衍射效应可忽略，其情况与几何光学的结论一致。

最后应当指出，如果我们把圆屏和同样大小的圆孔作为互补屏来考虑，并不存在在夫朗和费衍射条件下得出的除轴上点外，两个互补屏的衍射图样相同的结论，即不能由菲涅耳圆孔衍射直接导出菲涅耳圆屏衍射图样。这是因为对于菲涅耳衍射，无穷大的波面将在观察屏上产生一个非零的均匀振幅分布，而不像夫朗和费衍射那样，除轴上点以外处处振幅为零。

3. 菲涅耳直边衍射——振幅矢量加法

一个平面光波或柱面光波通过与其传播方向垂直的不透明直边（例如，刮脸刀片直边）后，将在观察屏幕上呈现出图 3-30 所示的衍射图样：在几何阴影区的一定范围内，光强度不为零，而在阴影区外的明亮区内，光强度出现有规律的不均匀分布。

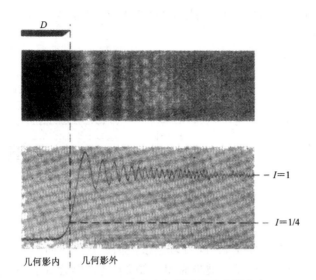

图 3-30　菲涅耳直边衍射图样及光强分布

对于菲涅耳直边衍射现象，仍可用菲涅耳波带法讨论。

1）菲涅耳波带法——振幅矢量加法

如图 3-31 所示，S 为一个垂直于图面的线光源，其波面 AB 是以光源为中心的柱面，MM' 是垂直于图面有一直边的不透明屏，并且直边与线光源平行。显然，观察屏上各点的光强度取决于波面上露出部分在该点产生的光场，并且，在与线光源 S 平行方向上的各观察点具有相同的振幅。为求观察屏上各点的光场，先将直边外的波面相对于观察屏上 P 点分成若干直条状半波带，然后再将各个直条状半波带在 P 点产生的光场复振幅进行矢量相加，故常称这种菲涅耳波带法为振幅矢量加法。与此相应，前面关于菲涅耳圆孔衍射的讨论，可称为代数加法。

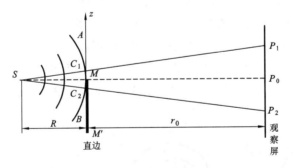

图 3-31　菲涅耳直边衍射

假定先将直边屏 MM' 拿掉，如图 3-32(a) 所示，以 SM_0P_0 为中线，将柱面波的波面分成许多直条状半波带：

$$P_0M_0 = r_0$$

$$P_0M_1 = r_0 + \frac{\lambda}{2}$$

$$P_0M_2 = r_0 + \frac{2\lambda}{2}$$

$$\vdots$$

相邻带的相应点在 P_0 点所产生的光场相位相反。从 P_0 点向光源看去，其半波带形状如图 3-32(b)所示。

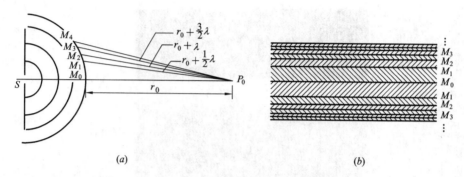

图 3-32　柱面波的半波带

在前面讨论圆孔衍射时已经证明，在球面波波面上划分的同心环状波带的面积近似相等，但对于图 3-32(b)所示的条状波带面积，却随着波带序数 N 的增大而很快地减小。这样，当波带序数增大时，将同时因波带面积的减小，以及到 P_0 点距离的增大和倾角 θ 的加大，而使 P_0 点的振幅迅速下降，这种下降的程度较之环形波带明显得多。因此，就不能直接利用环形波带的有关公式进行讨论。为此，可以将每一个直条半波带按相邻带间相位差相等的原则，再分成多条波带元。例如，自 M_0 点向上把第一个半波带分成 9 条波带元，各波带元在 P_0 点产生的光场振幅矢量分别为 Δa_1，Δa_2，…，Δa_9，通过矢量加法，就可得到第一个半波带在 P_0 点产生的光场振幅矢量，如图 3-33(a)中的 $\boldsymbol{A}_1$。同样，可以得到第二个直条半波带在 P_0 点产生的光场振幅矢量 $\boldsymbol{A}_2$。此二半波带在 P_0 点产生的合光场振幅如图中的矢量 $\boldsymbol{A}$ 所示。显然，这个结果与前面的环形半波带的情况不同，在那里其合振幅接近于零。如果我们继续重复上述作法，并把 M_0 以上的各半波带都分成无限多直条波带元，进行矢量作图，就将得到图 3-33(b)所示的光滑的曲线，此曲线逐渐趋近于 Z，矢量 $\boldsymbol{A}=\overrightarrow{OZ}$ 表示上半个波面所有波带在 P_0 点产生的光场振幅。

显然，对于下半个波面对 P_0 点光场的作用，也可以在同一坐标面的第三象限内画出一条对应的曲线。因此，上下两部分波面对 P_0 点的作用就画成图 3-34 所示的曲线（示意），称为科纽（Cornu）螺线。螺线中两终点的连线 $\overline{Z'Z}$ 表示整个波面在 P_0 点所产生的光场振幅的大小。

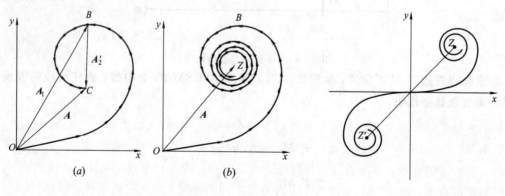

图 3-33　振幅矢量加法

图 3-34　科纽螺线

2）菲涅耳直边衍射

利用振幅矢量加法，可以很方便地讨论菲涅耳直边衍射图样：

① 对于图 3-31 中光源与直边边缘连线上的观察点 P_0，由于直边屏把下半部分波面全部遮住，只有上半部分波面对 P_0 点产生照明作用，因而，P_0 点的光场振幅大小 $\overline{OZ}$ 为波面无任何遮挡时的振幅大小 $\overline{Z'Z}$ 的一半，而光强为其 1/4。

② 对于直边屏几何阴影界上方的 P_1 点，由它向光源 S 所作的直线与波面交于 C_1。现由 C_1 开始，重新对波面分成许多直条状半波带，与 P_0 点情况相比较，相当于 M_0 点移到了 C_1，C_1 以上的半个波面完全不受遮挡，因而它在 P_1 点产生的光场振幅由科纽螺线上的 $\overline{OZ}$ 表示。对于 C_1 以下的半个波面，有一部分被直边屏遮挡，只露出一小部分对 P_1 有作用，在图 3-35 所示的科纽螺线中，以 $\overrightarrow{M_1'O}$ 表示。这样，整个露出的波面对 P_1 点产生的光场复振幅，在科纽螺线中以 $\overrightarrow{OZ}$ 和 $\overrightarrow{M_1'O}$ 的矢量和，即 $\overrightarrow{M_1'Z}$ 表示。M_1' 在科纽螺线中的位置取决于 P_1 点到 P_0 点的距离，P_1 点离 P_0 点愈远，M_1' 点沿螺线愈接近 Z'。这就是说，随着 P_1 点位置的改变，P_1 点的振幅或光强是改变的，并且与 M_2'、M_4'、…相应的点有最大光强度，而与 M_3'、M_5'、…相应的点有最小的光强度。因此，在几何阴影界上方靠近 P_0 处的光强分布不均匀，有亮暗相间的衍射条纹，对于离 P_0 足够远的地方，光强度基本上正比于 $(\overline{Z'Z})^2$，有均匀的光强分布。

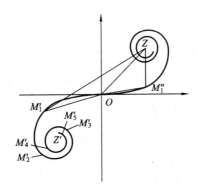

图 3-35　用科纽螺线讨论直边衍射

③ 对于 P_0 点以下的 P_2 点，它与 S 的连线交波面于 C_2 点。C_2 以下的半个波面被直边屏遮挡，C_2 以上的半个波面也有一部分被遮挡。因此，P_2 点的合光场振幅矢量的一端为 Z，另一端为 M_1''，即为 $\overrightarrow{M_1''Z}$，P_2 点的光强度正比于 $(\overline{M_1''Z})^2$。M_1'' 随 P_2 点的位置不同，沿着螺线移动，P_2 离 P_0 愈远，其上光强愈小，当 P_2 离 P_0 足够远时，光强度趋于零。

根据上面的讨论，可以解释图 3-30 所示的直边衍射图样和光强分布。

4. 菲涅耳单缝衍射

利用振幅矢量加法也可以很方便地讨论菲涅耳单缝衍射现象。

如图 3-36(a) 所示，单缝的每一边犹如一个直边，遮去了大部分的波面，而单缝露出的波面对观察点的作用，可以通过科纽螺线作图得到。在菲涅耳单缝衍射中，条纹强度分布与缝的宽度有关。图 3-36(b) 给出了一些宽度不同的单缝菲涅耳衍射图样的照片。每一组的三张照片是由三种不同曝光时间得出的。在它们旁边画出了相应的强度曲线（横轴的粗实线代表缝宽)。

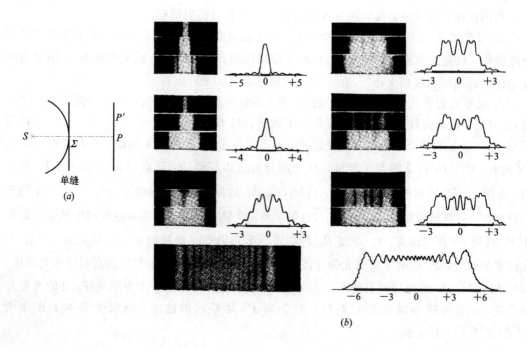

图 3 - 36　菲涅耳单缝衍射

3.3.2　菲涅耳衍射的积分解法

如前所述,在菲涅耳近似下,观察点的衍射光场复振幅表示式为

$$\widetilde{E}(x, y) = -\frac{i}{\lambda z_1}\iint\limits_{\Sigma}\widetilde{E}(x_1, y_1)e^{ikz_1\left[1+\frac{(x-x_1)^2+(y-y_1)^2}{2z_1^2}\right]}\,dx_1\,dy_1 \qquad (3.3-18)$$

由于式中的被积函数含有指数函数,而且是 x_1 和 y_1 的二次项指数函数,就使得衍射积分的求解十分困难,只有在特殊情况下,才能得到解析解。下面讨论一些特殊情况下的菲涅耳衍射问题。

1. 圆孔轴线上的菲涅耳衍射

为求得圆孔轴线上的菲涅耳衍射光场分布,建立如图 3 - 37 所示的柱坐标系,衍射孔半径为 R,圆孔轴线与 z 轴重合,圆孔上任一点 Q 的坐标为 $(\rho_1, \varphi_1, 0)$,观察面上点的坐标为 (ρ, φ, z)。

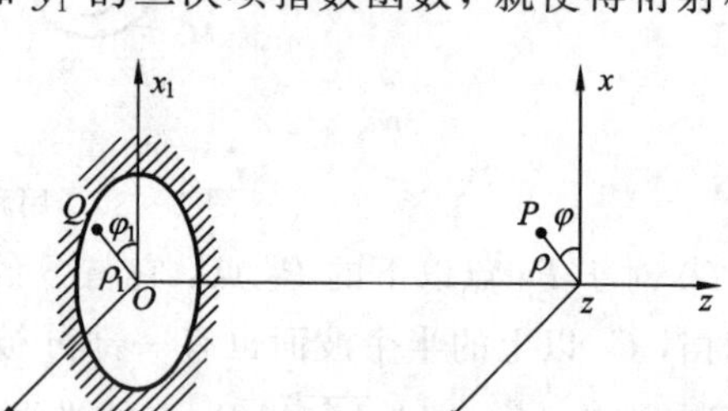

图 3 - 37　圆孔轴上菲涅耳衍射分析示意图

假设用单位振幅的平面光波垂直入射照明圆孔,观察点 $P(\rho, \varphi, z)$ 在 z 轴上,有 $\rho=0$,则菲涅耳衍射积分(3.3 - 18)式可写成

$$\widetilde{E}(0, \varphi) = \frac{e^{ikz}}{i\lambda z}\int_0^{2\pi}\int_0^R e^{ik\frac{\rho_1^2}{2z}}\rho_1\,d\rho_1\,d\varphi_1 = \frac{2\pi e^{ikz}}{i\lambda z}\int_0^R \frac{1}{2}e^{ik\frac{\rho_1^2}{2z}}\,d(\rho_1)^2 = e^{ikz}(1-e^{ik\frac{R^2}{2z}})$$

$$(3.3-19)$$

相应的光强度分布为

$$I(0, \varphi) = \mid e^{ikz}(1 - e^{ik\frac{R^2}{2z}}) \mid^2 = 2\left(1 - \cos\frac{kR^2}{2z}\right) = 4\sin^2\frac{\pi R^2}{2\lambda z} \qquad (3.3-20)$$

光强度分布随 z 的变化曲线如图 $3-38$ 所示：随着 z 的增大，$I(0, \varphi)$ 在 z 等于…，$R^2/5\lambda$，$R^2/3\lambda$，R^2/λ 处，取极大值；在两个极大值之间有一个零极小值，说明轴线上光强度有亮暗变化。进一步，当 $z > R^2/\lambda$ 时，轴上衍射光强度随着 z 的增加而单调减小，$I(0, \varphi)$ 不再有亮暗交替变化。

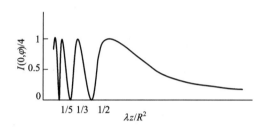

图 $3-38$　圆孔轴上菲涅耳衍射光强分布

2. 直边的菲涅耳衍射

菲涅耳衍射另一类能够直接求解的特殊情况是由直边构成的简单孔的衍射，如矩形、狭缝和半无限大开孔的情况，这些衍射问题可以通过菲涅耳积分进行计算。

设边长为 $2a$ 的方孔被单位振幅的单色平面光波垂直照明，应用(3.3-18)式得

$$\widetilde{E}(x, y) = \frac{e^{ikz}}{i\lambda z}\iint_{-a}^{a} e^{ik\frac{(x-x_1)^2+(y-y_1)^2}{2z}}\, dx_1\, dy_1 = \frac{e^{ikz}}{i\lambda z}\int_{-a}^{a} e^{ik\frac{(x-x_1)^2}{2z}}\, dx_1 \int_{-a}^{a} e^{ik\frac{(y-y_1)^2}{2z}}\, dy_1$$

$$(3.3-21)$$

作变量代换 $v = \sqrt{\dfrac{k}{\pi z}}(x-x_1)$，$w = \sqrt{\dfrac{k}{\pi z}}(y-y_1)$，(3.3-21)式简化为

$$\widetilde{E}(x, y) = \frac{e^{ikz}}{i\lambda}\frac{\pi}{k}\int_{v_1}^{v_2} e^{i\frac{\pi}{2}v^2}\, dv \int_{w_1}^{w_2} e^{i\frac{\pi}{2}w^2}\, dw = \frac{e^{ikz}}{i2}\int_{v_1}^{v_2} e^{i\frac{\pi}{2}v^2}\, dv \int_{w_1}^{w_2} e^{i\frac{\pi}{2}w^2}\, dw \qquad (3.3-22)$$

式中的积分上下限分别为

$$\left. \begin{array}{ll} v_1 = -\sqrt{\dfrac{k}{\pi z}}(a+x), & v_2 = \sqrt{\dfrac{k}{\pi z}}(a-x) \\[3mm] w_1 = -\sqrt{\dfrac{k}{\pi z}}(a+y), & w_2 = \sqrt{\dfrac{k}{\pi z}}(a-y) \end{array} \right\} \qquad (3.3-23)$$

为求解(3.3-22)式，引入菲涅耳积分

$$\left. \begin{array}{l} C(\tau) = \displaystyle\int_{0}^{\tau} \cos\left(\frac{\pi}{2}u^2\right) du \\[3mm] S(\tau) = \displaystyle\int_{0}^{\tau} \sin\left(\frac{\pi}{2}u^2\right) du \end{array} \right\} \qquad (3.3-24)$$

及菲涅耳积分函数

$$F(\tau) = \int_{0}^{\tau} e^{i\frac{\pi}{2}u^2}\, du = \int_{0}^{\tau} \cos\left(\frac{\pi}{2}u^2\right) du + i\int_{0}^{\tau} \sin\left(\frac{\pi}{2}u^2\right) du = C(\tau) + iS(\tau)$$

$$(3.3-25)$$

菲涅耳积分特性可用图 3-34 所示的科钮螺线描述，在该图中，分别以 C 和 S 作为某点的直角坐标 x 和 y，当 τ 取所有的可能值时，即可绘出科钮螺线。由科钮螺线可得菲涅耳积分具有如下性质：

$$
\left.\begin{array}{c}
C(\infty) = S(\infty) = \dfrac{1}{2}, \quad C(0) + S(0) = 0 \\[2mm]
C(-\tau) = -C(\tau), \quad S(-\tau) = -S(\tau)
\end{array}\right\} \tag{3.3-26}
$$

应用菲涅耳积分，(3.3-22)式可改写为

$$
\begin{aligned}
\widetilde{E}(x, y) &= \frac{\mathrm{e}^{\mathrm{i}kz}}{\mathrm{i}2} \big[F(v_2) - F(v_1) \big] \big[F(w_2) - F(w_1) \big] \\
&= \frac{\mathrm{e}^{\mathrm{i}kz}}{\mathrm{i}2} \big\{ [C(v_2) - C(v_1)] + \mathrm{i}[S(v_2) - S(v_1)] \big\} \\
&\quad \times \big\{ [C(w_2) - C(w_1)] + \mathrm{i}[S(w_2) - S(w_1)] \big\}
\end{aligned} \tag{3.3-27}
$$

相应的光强分布为

$$
\begin{aligned}
I(x, y) &= \frac{1}{4} \big\{ [C(v_2) - C(v_1)]^2 + [S(v_2) - S(v_1)]^2 \big\} \\
&\quad \times \big\{ [C(w_2) - C(w_1)]^2 + [S(w_2) - S(w_1)]^2 \big\}
\end{aligned} \tag{3.3-28}
$$

利用菲涅耳积分求解衍射光场分布一般按如下步骤进行：对于给定的观察点 $P(x, y)$，将 x，y 代入(3.3-23)式，确定积分上下限 v_1、v_2 和 w_1、w_2；再由菲涅耳积分表确定 $C(v_1)$，$C(v_2)$，$S(w_1)$，$S(w_2)$ 的值；然后把上述值代入(3.3-27)式和(3.3-28)式，便可求得该观察点的光场复振幅 $\widetilde{E}(x, y)$ 和光强度 $I(x, y)$ 值。对各观察点重复以上步骤，便可确定菲涅耳衍射光场分布。

对于矩形孔，菲涅耳衍射的光场复振幅和光强度沿 x 和 y 的分布形式相同。图 3-39 所示为光场振幅大小随 x 的变化曲线。

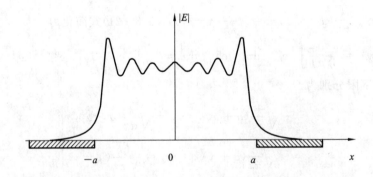

图 3-39　矩形孔菲涅耳衍射振幅曲线

单缝菲涅耳衍射可作为矩形孔衍射的一个特例来处理，只需将矩形孔的一个对边向 y（或 x）轴方向无限延伸，便成为单缝。此时有 $w_1 = -\infty$，$w_2 = \infty$。由菲涅耳积分性质可知：

$$
C(\infty) - C(-\infty) = S(\infty) - S(-\infty) = 0
$$

把此值代入(3.3-27)式和(3.3-28)式，分别得到单缝菲涅耳衍射的光场复振幅和光强度分布为

$$
\widetilde{E}(x, y) = \frac{(1-\mathrm{i})\mathrm{e}^{\mathrm{i}kz}}{2} \big\{ [C(v_2) - C(v_1)] + \mathrm{i}[S(v_2) - S(v_1)] \big\} \tag{3.3-29}
$$

$$I(x, y) = \frac{1}{2}\{[C(v_2) - C(v_1)]^2 + [S(v_2) - S(v_1)]^2\} \qquad (3.3-30)$$

如果单缝的宽度远大于照明波长，在菲涅耳衍射中衍射的影响主要在直边附近的范围。

对于直边的菲涅耳衍射光场分布可以只考虑狭缝的一个边，而将其另一个边看做在无穷远处。此时，可以取 $v_1 = -\infty$，及 $C(-\infty) = S(-\infty) = -1/2$，代入(3.3-29)和(3.3-30)式，得到直边菲涅耳衍射的复振幅和光强度分布为

$$\widetilde{E}(x, y) = \frac{(1-i)e^{ikz}}{2}\left\{\left[C(v_2) + \frac{1}{2}\right] + i\left[S(v_2) + \frac{1}{2}\right]\right\} \qquad (3.3-31)$$

$$I(x, y) = \frac{1}{2}\left\{\left[C(v_2) + \frac{1}{2}\right]^2 + \left[S(v_2) + \frac{1}{2}\right]^2\right\} \qquad (3.3-32)$$

如果观察点离开几何投影的阴影区足够远，这时可近似认为 $v_2 = \infty$，及 $C(\infty) = S(\infty) = 1/2$，代入(3.3-31)式，得

$$\widetilde{E}(x, y) = \frac{(1-i)e^{ikz}}{2}(1+i) = e^{ikz} \qquad (3.3-33)$$

这实际上就是无衍射屏时观察点上的复振幅。如果观察点刚好在几何投影的阴影区边缘，则有 $v_2 = 0$，及 $C(0) = S(0) = 0$，代入(3.3-31)式得

$$\widetilde{E}(x, y) = \frac{(1-i)e^{ikz}}{2}\left(\frac{1}{2} + i\,\frac{1}{2}\right) = \frac{1}{2}e^{ikz} \qquad (3.3-34)$$

可见在几何阴影区边缘上的光场复振幅值等于无阻挡时的一半，而光强度是无阻挡时的 1/4。如果观察点在几何投影的阴影区，而且离开阴影边缘足够远，便可近似认为 $v_2 = \infty$，可得

$$\widetilde{E}(x, y) = 0 \qquad (3.3-35)$$

即观察点在较深阴影区时，与完全阻挡时一样。直边菲涅耳衍射的光强度分布曲线如图 3-30 所示。

3.4　光栅和波带片

这一节，作为夫朗和费衍射和菲涅耳衍射效应的应用，我们讨论光栅和波带片这两种重要光学元件。

3.4.1　衍射光栅

1. 衍射光栅

1）光栅概述

衍射光栅是一种应用非常广泛、非常重要的光学元件，通常讲的衍射光栅都是基于夫朗和费多缝衍射效应进行工作的。

所谓光栅，就是由大量等宽、等间隔的狭缝构成的光学元件。世界上最早的光栅是夫朗和费在 1819 年制成的金属丝栅网，现在的一般光栅是通过在平板玻璃或金属板上刻划出一道道等宽、等间距的刻痕制成的。随着光栅理论和技术的发展，光栅的衍射单元已不再只是通常意义下的狭缝了，广义上可以把光栅定义为：凡是能使入射光的振幅或相位，或者两者同时产生周期性空间调制的光学元件。正是从这个意义上来说，出现了所谓的晶体光栅、超声光栅、晶体折射率光栅等新型光栅。

光栅根据其工作方式分为两类，一类是透射光栅，另一类是反射光栅。如果按其对入射光的调制作用来分类，又可分为振幅光栅和相位光栅。现在通用的透射光栅是在平板玻璃上刻划出一道道等宽、等间距的刻痕，刻痕处不透光，无刻痕处是透光的狭缝。反射式光栅是在金属反射镜面上刻划出一道道刻痕，刻痕处发生漫反射，未刻痕处在反射方向上发生衍射。这两种光栅只对入射光的振幅进行调制，改变了入射光的振幅透射系数或反射系数的分布，所以是振幅光栅。一块光栅的刻痕通常很密，在光学光谱区采用的光栅刻痕密度为 0.2～2400 条/mm，目前在实验室研究工作中常用的是 600 条/mm 和 1200 条/mm，总数为 5×10^4 条。因此，制作光栅是一项非常精密的工作。一块光栅刻划完成后，可作为母光栅进行复制，实际上大量使用的是这种复制光栅。

光栅最重要的应用是作为分光元件，即把复色光分成单色光，它可以应用于由远红外到真空紫外的全部波段。此外，它还可以用于长度和角度的精密、自动化测量，以及作为调制元件等。在此，主要讨论光栅的分光作用。

2）光栅方程

由多缝衍射理论知道，衍射图样中亮线位置的方向由下式决定：

$$d \sin\theta = m\lambda \qquad m = 0, \pm 1, \pm 2, \cdots \qquad (3.4-1)$$

式中，间距 d 通常称为光栅常数；θ 为衍射角。在光栅理论中，(3.4-1)式称为光栅方程。该式仅适于光波垂直入射光栅的情况，对于更一般的斜入射情况，光栅方程的普遍表示式为

$$d(\sin\varphi \pm \sin\theta) = m\lambda \qquad m = 0, \pm 1, \pm 2, \cdots \qquad (3.4-2)$$

式中，φ 为入射角（入射光与光栅平面法线的夹角）；θ 为衍射角（相应于第 m 级衍射光与光栅平面法线的夹角）。

下面以平面透射光栅为例，导出(3.4-2)式光栅方程。

如图 3-40(a)所示，当平行光以入射角 φ 斜入射到透射光栅上时，光线 R_1 比相邻的光线 R_2 超前 $d \sin\varphi$，在离开光栅时，R_2 比 R_1 超前 $d \sin\theta$，所以这两支光的光程差为

$$\Delta = d \sin\varphi - d \sin\theta$$

对于图 3-40(b)的情况，光线 R_1 总比 R_2 超前，故光程差为

$$\Delta = d \sin\varphi + d \sin\theta$$

将上面二式合并于一式表示，即得产生极大值的条件为

$$d(\sin\varphi \pm \sin\theta) = m\lambda$$

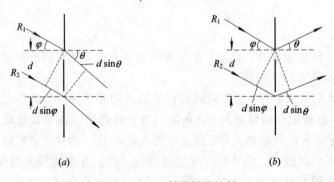

图 3-40　透射光栅的衍射

对于图 3‐41 所示的反射光栅，同样也可以证明(3.4‐2)式的光栅方程。当入射光与衍射光在光栅法线同一侧时，(3.4‐2)式取＋号；异侧时，取－号。

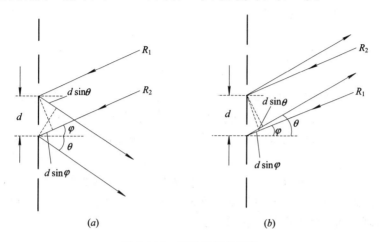

图 3‐41　反射光栅的衍射

3）衍射光栅的分光原理

由光栅方程可见，对于给定光栅常数 d 的光栅，当用复色光照射时，除零级衍射光外，不同波长的同一级衍射光不重合，即发生"色散"现象，这就是衍射光栅的分光原理。对应于不同波长的各级亮线称为光栅谱线，不同波长光谱线的分开程度随着衍射级次的增大而增大，对于同一衍射级次而言，波长大者，θ 大；波长小者，θ 小。

当白光按给定的入射角 φ 入射至光栅时，对于每个 m 级衍射都有一系列按波长排列的光谱，该光谱称为第 m 级光谱。当 $m=0$ 时，$\sin\varphi=\sin\theta$，即 $\varphi=\theta$，这时所有波长的光都混在一起，仍为白光，这就是零级谱的特点。对于透射光栅，零级谱在相应的入射光方向上；对于反射光栅，零级谱在相应的反射光方向上。零级谱的两边均有 $m\neq0$ 的光谱，当 $m>0$ 时，称为正级光谱；$m<0$ 时，称为负级光谱。每块光栅在给定 φ 时，其最大光谱级数为

$$|m_{\mathrm{M}}|=\frac{(1\pm\sin\varphi)d}{\lambda} \tag{3.4‐3}$$

可见，$\varphi\neq0$ 时，正级光谱与负级光谱的级数是不相等的。

2. 闪耀光栅

闪耀光栅又叫炫耀光栅、定向光栅，它是一种相位型光栅，它弥补了平面光栅的不足。

1）闪耀光栅的结构

由光栅的分光原理可见，光栅衍射的零级主极大，因无色散作用，不能用于分光，光栅分光必须利用高级主极大。但由多缝衍射的强度分布已知，多缝衍射的零级主极大占有很大的一部分光能量，因此可用于分光的高级主极大的光能量较少，大部分能量将被浪费。所以，在实际应用中必须改变通常光栅的衍射光强度分布，使光强度集中到有用的那一高光谱级上。

瑞利在 1888 年首先指出，理论上有可能把能量从（对分光）无用的零级主极大转移到高级谱上，伍德(Wood)则在 1910 年首先成功地刻制出了形状可以控制的沟槽，制成了所谓的闪耀光栅。

首先应指出，平面衍射光栅之所以零级主极大占有很大的一部分光能量，是由于干涉零级主极大与单缝衍射主极大重合，而这种重合起因于干涉和衍射的光程差均由同一衍射角决定。如图 3-40(a) 所示，光沿任一角度 φ 入射时，衍射单缝的缝两边缘点间的光程差为

$$\Delta_{衍} = a(\sin\theta - \sin\varphi)$$

而多缝干涉的相邻缝间的光程差为

$$\Delta_{干} = d(\sin\theta - \sin\varphi)$$

显然，$\theta=\varphi$ 时，两个极大(单缝衍射主极大与干涉零级主极大)的方向一致。因此，要想将这两个极大方向分开，必须使衍射和干涉的光程差分别由不同的因素决定。

如果采用图 3-42(a) 所示的、在平面玻璃上刻制锯齿形细槽构成的透射式闪耀光栅和图 3-42(b) 所示的、在金属平板表面刻制锯齿槽构成的反射式闪耀光栅，就可以通过折射和反射的方法，将干涉零级与衍射中央主极大位置分开。在这种结构中，光栅面和锯齿槽面方向不同，光栅干涉主极大方向是以光栅面法线方向为其零级方向，而衍射的中央主极大方向则是由刻槽面法线方向等其它因素决定。

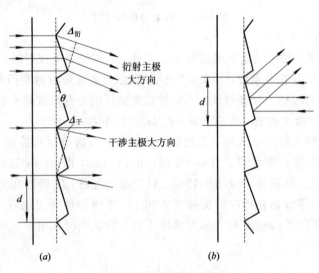

图 3-42 闪耀光栅的结构

2) 闪耀光栅的闪耀原理

下面，我们以图 3-43 所示的反射式闪耀光栅为例，说明如何实现干涉零级和衍射中央主极大方向的分离。

假设锯齿形槽面与光栅平面的夹角为 θ_0(该角称为闪耀角)，锯齿形槽宽度(也即刻槽周期)为 d，则对于按 φ 角入射的平行光束 A 来说，其单槽衍射中央主极大方向为其槽面的镜反射方向 B。因干涉主极大方向由光栅方程

$$d(\sin\theta + \sin\varphi) = m\lambda \qquad (3.4-4)$$

决定，若希望 B 方向是第 m 级干涉主极大方向，则变换上面的光栅方程形式，B 方向的衍射角应

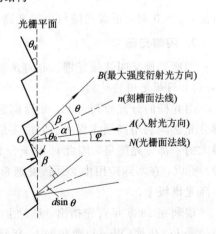

图 3-43 反射式闪耀光栅的角度关系

— 168 —

满足

$$2d \sin \frac{\varphi+\theta}{2} \cos \frac{\varphi-\theta}{2} = m\lambda$$

考察图 3-43 所示的角度关系，有

$$\alpha = \theta_0 - \varphi \quad 和 \quad \beta = \theta - \theta_0$$

又因 B 方向是单槽衍射中央主极大方向，所以必有 $\alpha = \beta$，即

$$\theta_0 - \varphi = \theta - \theta_0$$

或

$$\varphi + \theta = 2\theta_0 \quad 和 \quad \theta - \varphi = 2\alpha$$

因而有

$$2d \sin\theta_0 \cos\alpha = m\lambda \qquad (3.4-5)$$

这就是单槽衍射中央主极大方向同时为第 m 级干涉主极大方向所应满足的关系式。故，若 m、λ、d 和入射角 φ 已知，即可确定出相应的角度 θ_0。此时的 B 方向光很强，就如同物体光滑表面反射的耀眼的光一样，所以称该光栅为闪耀光栅。

若光沿槽面法线方向入射，则 $\alpha = \beta = 0$，因而 $\varphi = \theta = \theta_0$。在这种情况下，(3.4-5)式简化为

$$2d \sin\theta_0 = m\lambda_M \qquad (3.4-6)$$

该式称为主闪耀条件，波长 λ_M 称为该光栅的闪耀波长，m 是相应的闪耀级次，这时的闪耀方向即为光栅的闪耀角 θ_0 的方向。因此，对于一定结构(θ_0)的闪耀光栅，其闪耀波长 λ_M，闪耀级次和闪耀方向均已确定。

现在假设一块闪耀光栅对波长 λ_b 的一级光谱闪耀，则(3.4-6)式变为

$$2d \sin\theta_0 = \lambda_b \qquad (3.4-7)$$

此时，单槽衍射中央主极大方向正好落在 λ_b 的一级谱线上，又因为反射光栅的单槽面宽度近似等于刻槽周期，所以 λ_b 的其它级光谱(包括零级)均成为缺级，如图 3-44 所示。现在的优质光栅可以把近 80% 的能量集中到所需要的 λ_b 的一级光谱上，使其强度变强、闪耀，λ_b 称为一级闪耀波长。由(3.4-7)式还可以看出，对 λ_b 的一级光谱闪耀的光栅，也分别对 $\lambda_b/2$、$\lambda_b/3$、……的二级、三级、……光谱闪耀。不过通常所称的某光栅的闪耀波长，是指光垂直槽面入射时(称为里特罗(Littrow)自准直系统)的一级闪耀波长 λ_b。比如，600 条/mm 刻痕的闪耀光栅，当闪耀角为 9.5° 时，它的闪耀波长为 $\lambda_b = 0.5461\ \mu m$。

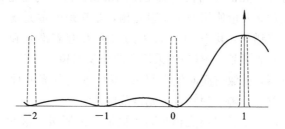

图 3-44　一级闪耀光栅光强分布

最后还应指出，尽管严格说来闪耀光栅在同一级光谱中只对闪耀波长产生极大的光

强，而对其它波长则不能，但由于单槽衍射的中央主极大到极小有一定的宽度，所以闪耀波长附近一定波长范围内的谱线也会得到相当程度的闪耀。

在现代光栅光谱仪中，很少利用透射式光栅，大量使用的是反射式光栅，尤其是闪耀光栅。随着现代光栅制造工艺的进步，它们已能运用于很宽的光谱范围，并逐渐取代过去常用的分光元件——棱镜。

3. 光谱仪

1）光谱仪概述

光谱仪是一种利用光学色散原理设计制作的光学仪器，主要用于研究物质的辐射，光与物质的相互作用，物质结构，物质含量分析，探测星体和太阳的大小、质量、运动速度和方向等。从应用范围分类，有发射光谱分析用和吸收光谱分析用光谱仪，前者包括看谱仪、摄谱仪和光电直读光谱仪，后者包括各种分光光度计。从光谱仪的出射狭缝分类，有单色仪（一个出射狭缝），多色仪（两个以上出射狭缝），摄谱仪（没有出射狭缝）。按其应用的光谱范围分类，有真空紫外光谱仪，近紫外和可见、近红外光谱仪，红外和远红外光谱。最近问世的微型光纤光谱仪属于光电直读式光谱仪。

光谱仪主要由三部分组成：光源和照明系统；分光系统；接收系统。光源在发射光谱学中是研究的对象，在吸收光谱学中则是照明工具。分光系统是光谱仪的核心，由准直光管，分光单元和暗箱组成。如图 3 - 45

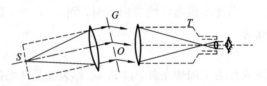

图 3 - 45 透射光栅光谱仪

所示，通过狭缝 S 发出的光经准直光管后，变成平行光，照射分光元件 G，将单束复色光分解为多束单色光，并在出射透镜焦平面上按波长顺序形成一系列的单色狭缝像。整个分光系统置于暗箱中，以消除杂散光的干扰。分光单元有三类：一类是棱镜分光，这类光谱仪称为棱镜光谱仪，现已很少使用；另一类用衍射光栅分光，称为光栅光谱仪，目前广泛使用；第三类是频率调制的傅里叶变换光谱仪，这是新一代的光谱仪。光谱仪的接收系统是用于测量光谱成分的波长和强度，从而获得被研究物质的相应参数。目前有三类接收系统：基于光化学作用的乳胶底片摄像系统；基于光电作用的 CCD 等光电接收系统；基于人眼的目视系统，它也被称为看谱仪。

2）光栅光谱仪的特性

利用光栅作为分光单元的光谱仪叫做光栅光谱仪。在现代光栅光谱仪中，已很少利用透射光栅作为分光元件，大量使用的是反射光栅，尤其是闪耀光栅。图 3 - 46 示出了经常采用的里特罗自准直光谱仪，其中，图（a）中的透镜 L 起着准直和会聚双重作用，光栅 G 的槽面受准直平行光垂直照明；图（b）中采用了凹面反射镜，可用于红外光区和紫外光区。

作为一个分光仪器，正像前面对法布里-珀罗标准具分光元件讨论中所指出的，其主要性能指标是色散本领、分辨本领和自由光谱范围。

（1）**色散本领** 色散本领是指光谱仪将不同波长的同级主极大光分开的程度，通常用角色散和线色散表示。

① 角色散 $d\theta/d\lambda$。波长相差 1 Å(0.1 nm)的两条谱线分开的角距离称为角色散。光栅的角色散可由光栅方程(3.4 - 2)式对波长取微分求得

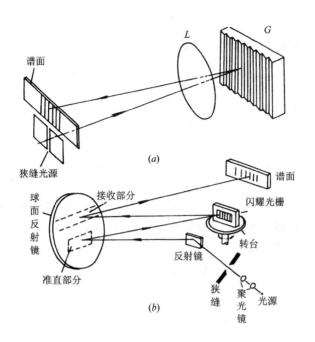

图 3-46 里特罗自准直光谱仪

$$\frac{\mathrm{d}\theta}{\mathrm{d}\lambda} = \frac{m}{d\cos\theta} \qquad\qquad (3.4-8)$$

此值愈大，角色散愈大，表示不同波长的光被分得愈开。由该式可见，光栅的角色散与光谱级次 m 成正比，级次愈高，角色散就愈大；与光栅刻痕密度 $1/d$ 成正比，刻痕密度愈大（光栅常数 d 愈小），角色散愈大。

② 线色散 $\mathrm{d}l/\mathrm{d}\lambda$。光栅的线色散是指在聚焦物镜的焦平面上，波长相差 1 Å 的两条谱线间分开的距离。因为 θ 较小，其表示式为

$$\frac{\mathrm{d}l}{\mathrm{d}\lambda} = f\frac{\mathrm{d}\theta}{\mathrm{d}\lambda} = f\frac{m}{d\cos\theta} \qquad\qquad (3.4-9)$$

式中，f 是物镜的焦距。显然，为了使不同波长的光分得开一些，一般都采用长焦距物镜。

由于实用衍射光栅的光栅常数 d 通常都很小，亦即光栅的刻痕密度 $1/d$ 很大，所以光栅光谱仪的色散本领很大。

如果我们在 θ 不大的位置记录光栅光谱，$\cos\theta$ 几乎不随 θ 变化，则色散是均匀的。对于某一确定的级次 m，$\mathrm{d}\theta/\mathrm{d}\lambda = m/d$ = 常数，即光栅的角色散与波长无关，衍射角与波长变化成线性关系，这种光谱称为匀排光谱，这对于光谱仪的波长标定来说，十分方便。

(2) 分辨本领　色散本领表示了不同波长的两个主极大分开的程度。由于衍射，每一条谱线都具有一定宽度。当两谱线靠得较近时，尽管主极大分开了，它们还可能因彼此部分重叠而分辨不出是两条谱线。分辨本领是表征光谱仪分辨开两条波长相差很小的谱线能力的参量。

根据瑞利判据，当 $\lambda + \Delta\lambda$ 的第 m 级主极大刚好落在 λ 的第 m 级主极大旁的第一极小值处时，这两条谱线恰好可以分辨开。如果光栅所能分辨的最小波长差为 $\Delta\lambda$，则分辨本领定义为

$$A = \frac{\lambda}{\Delta\lambda} \tag{3.4-10}$$

根据(3.4-8)式，与角距离 $\Delta\theta$ 对应的 $\Delta\lambda$ 为

$$\Delta\lambda = \frac{\mathrm{d}\lambda}{\mathrm{d}\theta}\Delta\theta = \frac{d\cos\theta}{m}\frac{\lambda}{Nd\cos\theta} = \frac{\lambda}{mN}$$

所以，光栅的分辨本领为

$$A = \frac{\lambda}{\Delta\lambda} = mN \tag{3.4-11}$$

式中，m 是光谱级次；N 是光栅的总刻痕数。该式说明，光栅分辨本领与光栅常数无关，只与 m 和 N 有关。

通常光栅所使用的光谱级次并不高($m = 1\sim3$)，但是光栅的刻痕数很大，所以光栅光谱仪的分辨本领仍然很高。例如，一块宽度为 60 mm，每毫米刻有 1200 条线的光栅，在其产生的一级光谱中，分辨本领为

$$A = mN = 72\,000$$

对于 $\lambda = 0.6\ \mu m$ 的红光，

$$\Delta\lambda = \frac{\lambda}{A} = 0.83\times10^{-5}\ \mu m$$

即在 $0.6\ \mu m$ 附近，可以分辨相差 $0.83\times10^{-5}\ \mu m$ 的两种波长的光。这样高的分辨本领，棱镜光谱仪是达不到的。

将(3.4-11)式与法布里-珀罗标准具的分辨本领公式(2.4-14)式进行比较可以发现，二式的形式完全一样，而且分辨本领都很高。但是，它们的高分辨本领来自不同的途径：光栅来自于刻痕线数很大，而法布里-珀罗标准具来源于高干涉级次 m。因为法布里-珀罗标准具加工困难，它们的有效光束数 N' 并不很大，一般约为 30，但却可很容易在高级次上工作。

(3) **自由光谱范围** 光谱仪的自由光谱范围(或称为色散范围)是指它的光谱不重叠区。

根据光栅方程，光谱不重叠区 $\Delta\lambda$ 应满足

$$m(\lambda + \Delta\lambda) = (m+1)\lambda$$

即

$$\Delta\lambda = \frac{\lambda}{m} \tag{3.4-12}$$

其意义是，波长为 λ 的入射光的第 m 级衍射，只要它的谱线宽度小于 $\Delta\lambda = \lambda/m$，就不会发生与 λ 的 $(m-1)$ 或 $(m+1)$ 级衍射光重叠的现象。

由于光栅都是在低级次下使用，故其自由光谱范围很大，在可见光范围内为几百纳米，因而它可在宽阔的光谱区内使用；而法布里-珀罗标准具在使用时的干涉级次均较高(一般为 10^5 量级)，只能在很窄的光谱区内使用。

3.4.2 波导光栅

波导光栅是通过波导上的折射率周期分布构成的光栅。按其结构的不同，可分为两大类：平面波导光栅和圆形波导光栅(光纤光栅)。

1. 平面波导光栅

1) 平面波导光栅的衍射

平面波导光栅是集成光学中的一个重要的功能器件，它实际上是光波导结构受到一种周期性微扰，其结构形式如图 3-47 所示，可以是表面几何形状的周期变化（如同传统光学中的光栅），也可以是波导表面层内折射率的周期变化，或者是二者的结合。

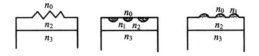

图 3-47　波导光栅的各种形式

图 3-48 为反射式波导光栅示意图，一束光 $\widetilde{E}_i$ 入射其上，产生衍射光 $\widetilde{E}_d$。假设 $\boldsymbol{K}_\Lambda$ 为波导光栅矢量，$K_\Lambda = 2\pi/\Lambda$，Λ 是光栅常数，θ_i、θ_d 和 β_i、β_d 分别为入射光、衍射光与光栅在同一平面内法线的夹角和传播常数，κ 为入射光与衍射光之间的耦合系数，则根据耦合波理论，在一般情况下的光栅衍射（偏转）系数 R 为

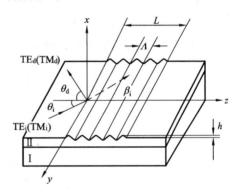

图 3-48　反射式波导光栅

$$R = \left| \frac{\widetilde{E}_d(0)}{\widetilde{E}_i(0)} \right|^2 = \frac{\kappa^2 \operatorname{sh}(\tilde{\gamma}L)}{\left| i\left(\frac{\Delta k}{2}\right)\operatorname{sh}(\tilde{\gamma}L) + \tilde{\gamma}\operatorname{ch}(\tilde{\gamma}L) \right|^2}$$

$$(3.4-13)$$

式中，$\tilde{\gamma}$ 是复传播常数，且有

$$\tilde{\gamma}^2 = \kappa^2 + \left(i\frac{\Delta k}{2}\right)^2 \qquad (3.4-14)$$

$$\Delta k = K_\Lambda - (\beta_i \cos\theta_i + \beta_d \cos\theta_d) \qquad (3.4-15)$$

当满足条件

$$\boldsymbol{k}_i + \boldsymbol{K}_\Lambda = \boldsymbol{k}_d \qquad (3.4-16)$$

时，$\Delta k = 0$，衍射（偏转）系数为

$$R = \operatorname{th}^2(\kappa L) \qquad (3.4-17)$$

(3.4-16)式称为相位匹配条件或布喇格（Bragg）条件。满足相位匹配条件的衍射系数最大，入射光偏离相位匹配条件时，光栅衍射系数减小。

2) 波导光栅的应用

（1）**光输入、输出耦合器**　图 3-49 是一种刻蚀式光栅耦合器的原理图，图中间是一平面波导，下为衬底，上为包层，两侧是在波导薄膜上刻蚀出的波导光栅，Λ 是光栅周期，a 和 δ 分别是沟槽宽度和深度。激光束以入射角 θ_i 入射到波导光栅上，因光栅作用产生若干衍射光束。如果其中某一级衍射光的衍射角和波导中导模的模角相等，则入射光将通过这个衍射光束把能量有效地耦合到平面波导中，使光能量在波导中有效地传输。此时波导光栅为输入耦合器。反之，已在波导中传输的光波可通过波导光栅耦合出波导，此时波导光栅为输出耦合器。对于单光束耦合器，在一定条件下（光栅长度 L 足够长或耦合系数足够大），输出耦合效率可达 100%。

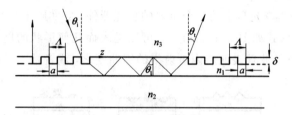

图 3-49　刻蚀式光栅耦合器

图 3-50 给出的是近年来研制出的利用变周期光栅制作的输出光束会聚耦合器。根据相位匹配条件，其输出光束的方向在光束区域内随传播距离变化，因此，输出光束可以聚焦到一点上，且焦点的坐标随波长而变。这种耦合器可用于光盘、激光打印等，并因其有很好的分光性能，可构成小型光纤光谱仪。

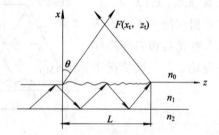

图 3-50　变周期光栅会聚耦合器(FGC)

（2）**滤波器**　前面已经指出，波导光栅的衍射（偏转）系数直接由布喇格条件决定，其频率特性如图 3-51 所示，在满足布喇格条件的波长 λ_B 附近衍射系数最大。因此，在 λ_B 附近具有一定谱宽的输入光经过偏转光栅后，透射光将滤去 λ_B 附近的光谱成分。相反，若仅考虑偏转波，则该器件可看成是选频器，从输入光中选出所需要的波长(λ_B)。图 3-52 是一种透射式波导光栅用作分波器的原理图。具有最小波长间隔 $\Delta\lambda_m$ 的 λ_1、λ_2、λ_3 分量的输入光波，经波导光栅偏转后被一一分离出来。利用相反的过程，可以将 λ_1、λ_2、λ_3 进行合波。利用波导光栅制作的波分复用器具有体积小、稳定、复用数高以及插入损耗小等优点，特别适用于单模光纤通信系统。

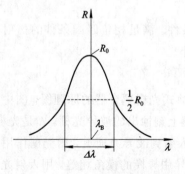

图 3-51　偏转光栅的频率特性

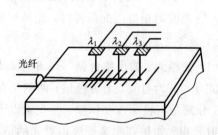

图 3-52　波导光栅式波分复用器

2. 光纤光栅

光纤光栅是在1978年制作成功的。它是利用紫外光照射光纤,使纤芯产生永久性的折射率变化(紫外光敏效应),形成相位光栅。目前广泛采用的制作方法是相位光栅衍射相干法。如图3-53所示,将预先做好的相位光栅作为掩模板放在光纤附近,入射光束经掩模板后产生±1级衍射光,这两束衍射光在重叠区(纤芯)内形成干涉条纹,经过曝光后就形成折射率周期分布的体光栅。这种制作方法的优点是工艺简单,便于大规模生产。

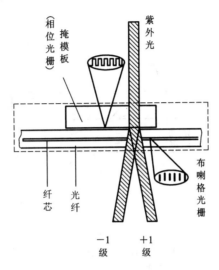

图3-53 制作光纤光栅示意图

对于均匀正弦分布的光纤光栅,其光栅方程为

$$\lambda_B = 2n_{eff}\Lambda \tag{3.4-18}$$

式中,λ_B是光栅的中心波长(布喇格中心波长);n_{eff}是有效折射率;Λ是光栅周期。光通过光栅的反射率R为

$$R = th^2\left(\frac{\pi}{\lambda_B}\Delta n_M L\right) \tag{3.4-19}$$

式中,Δn_M是光栅折射率的最大变化量;L是光栅长度。相应的反射谱宽近似为

$$\left(\frac{\Delta\lambda}{\lambda_B}\right)^2 = \left(\frac{\Delta n_M}{2n_{eff}}\right)^2 + \left(\frac{\Lambda}{L}\right)^2 \tag{3.4-20}$$

目前制作的光纤光栅反射率R可达98%,反射谱宽为1 nm。

光纤光栅是发展极为迅速的一种光纤器件,在光纤通信中可作为光纤波分复用器;与稀土掺杂光纤结合可构成光纤激光器,并且在一定范围内可实现输出波长调谐;变周期光纤光栅可用作光纤的色散补偿等;在光纤传感技术中可用于温度、压力传感器,并可构成分布或多点测量系统。

3.4.3 全息光栅

全息光栅是依据全息照相原理(见下节)制作的光栅器件。图3-54是一种分波面法干涉系统,由该系统产生的两束相干平行光,以2θ夹角在全息底片H上相交,形成明暗交替的等间距、平行直干涉条纹,条纹间距为

$$d = \frac{\lambda}{2n \sin\theta} \qquad (3.4-21)$$

式中，λ 是激光波长；n 是折射率。全息底片经过曝光、冲洗处理后，得到全息光栅。d 即是全息光栅的光栅栅距。如果用氩离子激光器作为光源（$\lambda=488$ nm），在空气中记录干涉条纹（$n=1$），则可得干涉最小栅距为 $d=244$ nm，也就是说，可以制作成 4098 条/mm 的全息光栅。目前，利用这种方法已制成 10 000 条/mm 的全息光栅。如果全息底片为平面，则可制成平面全息光栅；如果全息底片是球面，则可制成凹面全息光栅。全息光栅可以是振幅光栅，也可以是相位光栅。

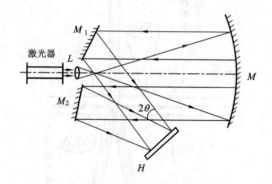

图 3-54 全息光栅制作系统

图 3-55 示出了一种平面振幅全息光栅的透射系数变化曲线，该光栅为正弦光栅，包含有 N 个干涉条纹，其透射系数表示式为

$$t(x_1) = t_0 + t_1 \cos\frac{2\pi}{d}x_1 \qquad (3.4-22)$$

根据欧拉公式，上式可改写为

$$t(x_1) = t_0 + \frac{t_1}{2}e^{i\frac{2\pi}{d}x_1} + \frac{t_1}{2}e^{-i\frac{2\pi}{d}x_1} \qquad (3.4-23)$$

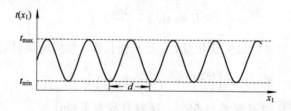

图 3-55 正弦光栅的透射系数

采用与多缝衍射相似的方法进行讨论，则宽度为 a 的全息光栅（正弦光栅）所产生的衍射场复振幅为

$$\widetilde{E}(P) = C\int_{-\frac{a}{2}}^{\frac{a}{2}} \left(t_0 + \frac{t_1}{2}e^{ik\frac{2\pi}{d}x_1} + \frac{t_1}{2}e^{-ik\frac{2\pi}{d}x_1} \right) e^{-ikxx_1/f}\,dx_1 \qquad (3.4-24)$$

经过运算可得

$$\widetilde{E}(P) \propto \left[t_0\frac{\sin\alpha}{\alpha} + \frac{t_1}{2}\frac{\sin(\alpha+\pi)}{\alpha+\pi} + \frac{t_1}{2}\frac{\sin(\alpha-\pi)}{\alpha-\pi} \right] \frac{\sin N\alpha}{\sin\alpha} \qquad (3.4-25)$$

衍射光强度分布为

$$I = I_0 \left[t_0 \frac{\sin\alpha}{\alpha} + \frac{t_1}{2} \frac{\sin(\alpha+\pi)}{\alpha+\pi} + \frac{t_1}{2} \frac{\sin(\alpha-\pi)}{\alpha-\pi} \right]^2 \left(\frac{\sin N\alpha}{\sin\alpha} \right)^2 \qquad (3.4-26)$$

式中

$$\alpha = \frac{kdx}{2f} = \frac{\pi}{\lambda} d \sin\theta \qquad (3.4-27)$$

θ 为相应于场点 P 的衍射角。由场分布表示式可见：当 $\alpha=0, \pm\pi$ 时,式中三项均分别为主极大值；当 $\alpha=m\pi (m=\pm 2, \pm 3, \cdots)$ 时,其干涉因子为极大,但衍射因子为零,因此形成缺级。即正弦(振幅)光栅的衍射图样只包含零级和 ± 1 级条纹,其主极大方向为

$$d \sin\theta = m\lambda \qquad m = 0, \pm 1 \qquad (3.4-28)$$

因此,如图 3-56 所示,当平行光正入射时,正弦(振幅)光栅将产生三束衍射光,由于正弦振幅周期性结构的特点,导致了 ± 1 级以上的衍射光消失。

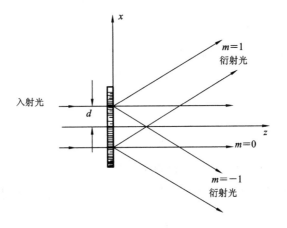

图 3-56 正弦光栅的衍射

3.4.4 波带片

1. 菲涅耳波带片

在利用菲涅耳波带法讨论菲涅耳圆孔衍射时已经知道,由于相邻波带的相位相反,它们对于观察点光场的贡献相互抵消。因此,当只露出一个波带时,光轴上 P_0 点的光强是波面未被阻挡时的四倍。对于一个露出 20 个波带的衍射孔,其作用结果是彼此抵消,P_0 为暗点。现在如果让其中的 1、3、5、……、19 等 10 个奇数波带通光,而使 2、4、6、……、20 等 10 个偶数波带不通光,则 P_0 点的合振幅为

$$A_N = a_1 + a_3 + a_5 + \cdots + a_{19} \approx 10a_1$$

因波面完全不被遮住时 P_0 点的合振幅为

$$A_\infty = \frac{a_1}{2}$$

故挡住偶数带(或奇数带)后,P_0 点光强约为波面完全不被遮住时的 400 倍。

这种将奇数波带或偶数波带挡住所制成的特殊光阑叫菲涅耳波带片。由于它类似于透镜,具有聚光作用,又称为菲涅耳透镜。图 3-57 给出了奇数波带和偶数波带被挡住(涂黑)的两种菲涅耳波带片。

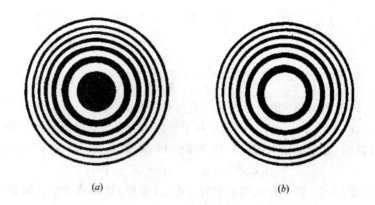

(a) (b)

图 3 - 57　菲涅耳波带片

2. 波带片对轴上物点的成像规律

设有一个距离波带面为 R 的轴上点光源 S 照明波带片，由(3.3 - 13)式有

$$\frac{N\lambda}{\rho_N^2} = \frac{R + r_0}{Rr_0}$$

经过变换可得

$$\frac{1}{R} + \frac{1}{r_0} = \frac{N\lambda}{\rho_N^2} \qquad\qquad (3.4 - 29)$$

这个关系式与薄透镜成像公式很相似，可视为波带片对轴上物点的成像公式。R 相应于物距(物点与波带片之间的距离)，r_0 相应于像距(观察点与波带片之间的距离)，而焦距为

$$f_N = \frac{\rho_N^2}{N\lambda} \qquad\qquad (3.4 - 30)$$

相应的 P_0 点为焦点。

3. 波带片的焦距

从聚光作用看，波带片与普通透镜相似。但是，普通透镜是利用光的折射原理实现聚光的，从物点发出的各光线到像点的光程相等，而波带片则是利用光的衍射原理实现聚光的，从物点发出的光波经波带片的各波带衍射，到达像点的相位差为 2π 的整数倍，产生相干叠加，所以它们之间有实质性的差别。这种差别表现在普通透镜中只有一个焦距，而波带片中则有多个焦距，即用一束平行光照射这种波带片时，除了上述 P_0 点(主焦点)为亮点外，还有一系列光强较小的(次焦点)亮点。相应各亮点(焦点)的焦距为

$$f_m = \frac{1}{m}\left(\frac{\rho_N^2}{N\lambda}\right) \qquad m \text{ 取奇数} \qquad\qquad (3.4 - 31)$$

该焦距表示式可以利用图 3 - 58 说明：若 F_1' 为上述的 P_0 点，因为半波带是以 F_1' 为中心划分的，相邻两波带的振动到达 F_1' 点的光程差为 $\lambda/2$，而对于轴上的点 F_3' 来说，相邻两波带的振动到达 F_3' 点的光程差是 $3\lambda/2$，由于奇数(或偶数)带已被挡去，因此入射光波通过波带片的透光带后到达 F_3' 时，相邻两透光带所引起的振动同相(光程差为 3λ)，所以 F_3' 也是一个焦点。同理，F_5'，F_7'，…也是焦点。并且由图可见，相应于这些焦点有

$$\rho_N^2 + f_m^2 = \left(f_m + N\frac{m\lambda}{2}\right)^2 \quad m = 1, 3, 5, \cdots$$

将上式展开，略去高次项，即得

$$f_m = \frac{1}{m}\left(\frac{\rho_N^2}{N\lambda}\right)$$

由图 3-58 还可以看出，除了实焦点外，波带片还有一系列的虚焦点，它们位于波带片的另一侧，其焦距仍由(3.4-31)式计算。

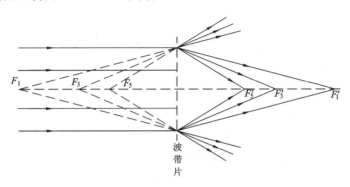

图 3-58　波带片的焦点

菲涅耳波带片与普通透镜相比，还有另外一个差别：波带片的焦距与波长密切相关，其数值与波长成反比，这就使得波带片的色差比普通透镜大得多，色差较大是波带片的主要缺点。它的优点是，适应波段范围广。比如用金属薄片制作的波带片，由于透明环带没有任何材料，可以在从紫外到软 X 射线的波段内作透镜用，而普通的玻璃透镜只能在可见光区内使用。此外，还可制作成声波和微波的波带片。

4．波带片的制作和应用

若入射到波带片上的光是平行光，则波带的分法不仅可以是圆形，也可以是长条形或方形。对于长条形波带片(图 3-59(a))，其特点是在焦点处会聚成一条方向平行于波带片条带的明亮直线，而对于方形波带片(图 3-59(b))，由于其衍射图样是十字亮线，很适合于准直应用，所以目前使用较多。

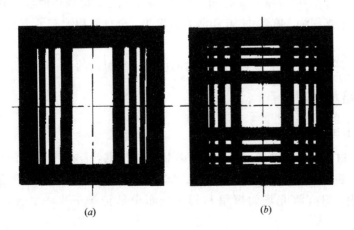

(a)　　　　　　　　　(b)

图 3-59　条形和方形波带片

波带片的制作方法是：对已选定的入射光波长和波带片的焦距，先由下式求出各带的半径：

$$\rho_N = \sqrt{N\lambda f_N} \tag{3.4-32}$$

对于方形波带则先求出各带边缘的位置：

$$\left.\begin{array}{l} x_N = \pm \sqrt{N\lambda f_N} \\ y_N = \pm \sqrt{N\lambda f_N} \end{array}\right\} \tag{3.4-33}$$

然后，按上式的计算值画出波带图，并按比例放大画在一张白纸上，将奇数带（或偶数带）涂黑，再用照相方法按原比例精缩，得到底片后，可翻印在胶片或玻璃感光板上，亦可在金属薄片上蚀刻出空心环带，即可制成所需要的波带片。

在实际应用中，将激光的高亮度和纯单色性与波带片相结合，可使激光束的定位精度大大提高。图 3-60 是一种衍射式激光准直仪的原理图，方形波带片固定于激光准直仪的可调焦望远镜物镜外侧，与激光准直仪成为一体。由望远镜射出的平行光，经波带片后，在其焦点处形成一亮十字。若微调望远镜使射出的光是收敛的，则在光轴上波带片的焦距内形成一个亮十字的实像。目前，装有波带片的激光准直仪主要用于几十米至几百米甚至几千米范围内的准直调节。由于在几十米范围内十字亮线的宽度可窄到 0.2 mm，所以对中误差可降到 10^{-5} 以下，而未装波带片的对中误差只能达到 10^{-4}。

图 3-60　衍射式激光准直仪原理图

3.5　全　息　照　相

全息照相（全息术）是利用光的干涉和衍射效应获取物体完全逼真的立体像的一种成像技术。全息照相原理早在 1948 年就已由伽伯（Gabor）提出，但因当时没有相干性优良的光源，使得该技术发展缓慢。直到 1960 年激光器诞生，全息照相才有了飞速的发展，并获得了广泛的应用。

这一节内容是作为光的干涉和光的衍射的应用进行讨论的。

3.5.1　全息照相原理

1. 全息照相与普通照相的区别

众所周知，物体发出或散射的光波携带着物体的信息，若在一个平面上携带物体空间信息的光波场复振幅为 $\tilde{E}(x,y) = E(x,y)e^{i\varphi(x,y)}$，则物体的全部信息包含在光场的振幅和相位分布因子中，只有将光场的振幅和相位分布全部记录下来，才能获得物体的全部信息。

普通照相一般是通过照相机的物镜，将物体发出或散射的光波强度分布记录在感光底板上的成像过程。由于底板上的感光物质只对光波强度响应，对相位不响应，因而在普通照相过程中实际上已把物光波的相位信息丢失掉。这样，在得到的普通照相照片中，物体的三维特征不复存在：不再存在视差；改变观察角度时，不能看到像的不同侧面，得到的是一个平面像。而全息照相则不同，它可以记录物光波在一个平面上的复振幅分布，即可以记录物光波的全部振幅和相位信息，故称全息照相。全息照相所成的像是完全逼真的立体像，当以不同的角度观察时，就像观察一个真实的物体一样，能够看到像的不同侧面，也能在不同的距离聚焦。

2. 全息照相的过程

为了能够记录物光波在一个平面上的复振幅分布，并再现，全息照相过程分两步进行：第一步是干涉记录，第二步是衍射再现。

全息照相的第一个过程是利用干涉方法记录物体散射的单色光波在某一平面上的复振幅分布，即记录过程是通过干涉方法把物体光波的相位分布转换成照相底板能够记录的光强分布实现的。如图 3-61(a)所示，由激光器发出的光波，一部分照明物体，经物体反射或散射后射向照相底板，这部分光波称为物光波；另一部分光波经反射镜反射后射到照相底板上，这部分光波称为参考光波。在照相底板平面上，物光波和参考光波叠加发生干涉。将记录干涉图样的照相底板适当曝光和冲洗，就得到一张全息图（全息照片）。所以，全息图是物光波和参考光波干涉图样的记录，与原始物体没有任何相像之处。

全息照相的第二个过程是利用衍射原理进行物光波的再现。如图 3-61(b)所示，当用一相干光波（多数情况下是与记录全息图时使用的参考光波完全相同）照明全息图，该光波在全息图上就好像在一块复杂光栅上一样发生衍射，在衍射光波中将包含有原来的物光波，因此，当观察者迎着物光波观察时，便可看到物体的再现像。这是一个虚像，它具有原始物体的一切特征。此外，还存在一个实像，称为共轭像。它不需要借助透镜就能拍摄下来，只要将感光物质放在实像所处的位置即可。

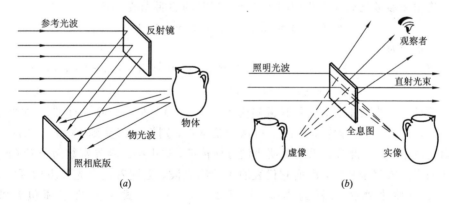

图 3-61 全息图的记录和再现

3. 全息照相的原理

1）基本公式

设照相底板平面为 xy 平面，物光波（O）和参考光波（R）在该平面上的复振幅分布分别为

$$\widetilde{E}_O(x,y) = O(x,y)e^{i\varphi_O(x,y)} \tag{3.5-1}$$

和

$$\widetilde{E}_R(x,y) = R(x,y)e^{i\varphi_R(x,y)} \tag{3.5-2}$$

其中，$O(x,y)$ 和 $R(x,y)$ 分别为物光波和参考光波的振幅分布，$\varphi_O(x,y)$ 和 $\varphi_R(x,y)$ 分别为物光波和参考光波的相位分布。在照相底板平面上，上述两光波干涉产生的光强度分布为

$$I(x,y) = (\tilde{E}_O + \tilde{E}_R)(\tilde{E}_O^* + \tilde{E}_R^*) = \tilde{E}_O\tilde{E}_O^* + \tilde{E}_R\tilde{E}_R^* + \tilde{E}_O\tilde{E}_R^* + \tilde{E}_O^*\tilde{E}_R$$
$$= O^2(x,y) + R^2(x,y) + O(x,y)R(x,y)e^{i(\varphi_O-\varphi_R)} + O(x,y)R(x,y)e^{-i(\varphi_O-\varphi_R)}$$

$$(3.5-3)$$

将照相底板适当曝光和冲洗后，便得到一张全息图。所谓适当曝光和冲洗，就是要求冲洗后底板的透射系数与曝光时底板上的光强成线性关系。为简单起见，设两者之比为 1。因此，全息图的透射系数为

$$\tilde{t}(x,y) = I(x,y)$$
$$= O^2(x,y) + R^2(x,y) + O(x,y)R(x,y)e^{i(\varphi_O-\varphi_R)} + O(x,y)R(x,y)e^{-i(\varphi_O-\varphi_R)}$$

$$(3.5-4)$$

当再现物光波时，用一光波照明全息图。假定照明光波在全息图平面上的复振幅分布为

$$\tilde{E}_C(x,y) = C(x,y)e^{i\varphi_C(x,y)}$$

$$(3.5-5)$$

其中，$C(x,y)$ 为照明光波的振幅，则透过全息图的光波在 xy 平面上的复振幅分布为

$$\tilde{E}_D(x,y) = \tilde{E}_C(x,y) \cdot \tilde{t}(x,y)$$
$$= [O^2(x,y) + R^2(x,y)]C(x,y)e^{i\varphi_C} + O(x,y)R(x,y)C(x,y)e^{i(\varphi_O-\varphi_R+\varphi_C)}$$
$$+ O(x,y)R(x,y)C(x,y)e^{-i(\varphi_O-\varphi_R-\varphi_C)}$$

$$(3.5-6)$$

该式是再现时衍射光波的表达式，也是全息照相的基本公式。上式中右边三项代表了衍射光波的三个成分。

如果使用和参考光波完全相同的光波作再现时的照明光波，即

$$\tilde{E}_C(x,y) = \tilde{E}_R(x,y) = R(x,y)e^{i\varphi_R(x,y)}$$

$$(3.5-7)$$

则 (3.5-6) 式变为

$$\tilde{E}_D(x,y) = [O^2(x,y) + R^2(x,y)]R(x,y)e^{i\varphi_R} + R^2(x,y)O(x,y)e^{i\varphi_O}$$
$$+ R^2(x,y)e^{i2\varphi_R}O(x,y)e^{-i\varphi_O}$$

$$(3.5-8)$$

式中第一项是照明光波本身，只是其振幅受到 $[O^2(x,y) + R^2(x,y)]$ 的调制。如果照明光波是均匀的，$R^2(x,y)$ 在整个全息图上可认为是常数，则振幅只受到 $O^2(x,y)$ 的影响。在总的衍射光波中，这一部分仍沿着照明光波方向传播。式中第二项除常数因子 $R^2(x,y)$ 外，与物光波的表达式完全相同，因而它代表原来的物光波，当迎着这个光波方向观察时，就会看到一个与原来物体一样的虚像（见图 3-61(b)）。式中的第三项包含波函数 $O(x,y)e^{-i\varphi_O(x,y)}$ 和相位因子 $e^{i2\varphi_R}$，前者代表物光波的共轭波，它的波面曲率与物光波相反。当物光波是发散的球面波时，其共轭波就是会聚的球面波。共轭波在全息图的另一侧形成物体的"实像"，称为共轭像，而相位因子 $e^{i2\varphi_R}$ 对共轭波的影响通常是转动它的传播方向。可见，共轭波将沿着不同于物光波和照明光波的方向传播。这三个光波在离开全息图传播了一段距离后就分开，因而观察者能够不受干扰地观察物体的像。

应当指出，共轭波所成像的三维结构与原物并不完全相同。例如，对于图 3-62 所示的再现像示意中，物体是一个内表面有图案的碗状物，碗口正对观察方向。根据共轭像与物的点点对应关系，共轭像大致还是碗形，但原物的内表面已经向外反转，成为像的外表

面，因而内表面上的图案将出现在共轭像的外表面上。注意，这里所指的是共轭像与原物的三维结构不同，对于平面物体，二者则完全相同。

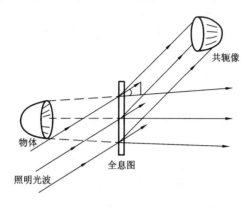

图 3-62　共轭像的三维结构与原物不同

2）两个特例

这里讨论的两个特例分别属于傅里叶变换全息和菲涅耳全息，并且为了讨论简单起见，假定物体是一个点。这是因为复杂物体均可视为由许多点组成，每一个点在全息图记录时都形成自己的全息图，这许多元全息图的叠加就构成复杂物体的全息图。显然，了解单个点物的记录和再现过程后，复杂物体的记录和再现也就清楚了。

（1）**物光波和参考光波都是平面波**　典型的记录装置如图 3-63 所示，属傅里叶变换（夫朗和费）全息。假定物体是点物，则射到照相底板的物光波和参考光波都是平面波。若它们的波矢量平行于 xz 平面，并分别与 z 轴成 θ_O 和 θ_R 角，因而两光波在照相底板平面（xy 平面）上的复振幅分布分别为

$$\widetilde{E}_O(x,y) = O(x,y)\mathrm{e}^{ikx\,\sin\theta_O} \tag{3.5-9}$$

和

$$\widetilde{E}_R(x,y) = R(x,y)\mathrm{e}^{ikx\,\sin\theta_R} \tag{3.5-10}$$

将以上两式代入（3.5-3）式，得到底板上两光波的干涉强度为

$$I(x,y) = O^2(x,y) + R^2(x,y) + 2O(x,y)R(x,y)\cos[kx(\sin\theta_O - \sin\theta_R)]$$

$$\tag{3.5-11}$$

底板曝光和冲洗后，其透射系数为

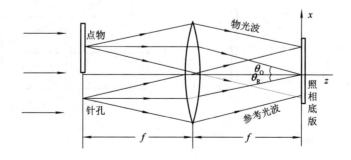

图 3-63　傅里叶变换全息图的记录装置

$$t(x,y) = O^2(x,y) + R^2(x,y) + 2O(x,y)R(x,y)\cos[kx(\sin\theta_O - \sin\theta_R)]$$

$$(3.5-12)$$

可见，这个全息图实际上是前面讨论过的正弦光栅。

在再现时，如果用与参考光波完全相同的光波照明，则透过全息图的衍射光波为

$$\widetilde{E}_D(x,y) = [O^2(x,y) + R^2(x,y)]R(x,y)e^{ikx\sin\theta_R} + R^2(x,y)O(x,y)e^{ikx\sin\theta_O}$$
$$+ R^2(x,y)e^{ikx(2\sin\theta_R)}O(x,y)e^{-ikx\sin\theta_O} \qquad (3.5-13)$$

它包含三个沿不同方向传播的平面波：第一项代表直射的照明光波；第二项是物光波；第三项是共轭波，其传播方向与 z 轴的夹角为 $\arcsin(2\sin\theta_R - \sin\theta_O) \approx 2\theta_R - \theta_O$（见图 3 - 64 (a)所示）。

在参考光波和照明光波都沿着 z 轴传播的特殊情况下，有 $\theta_R = \theta_C = 0$，则

$$\widetilde{E}_D(x,y) = [O^2(x,y) + R^2(x,y)]\widetilde{E}_R(x,y) + R^2(x,y)O(x,y)e^{ikx\sin\theta_O}$$
$$+ R^2(x,y)O(x,y)e^{-ikx\sin\theta_O} \qquad (3.5-14)$$

衍射光波包含沿 z 轴传播的直射光、沿与 z 轴成 θ_O 角传播的物光波和与 z 轴成 $-\theta_O$ 角传播的共轭波（见图 3 - 64(b)）。这三个光波对应于正弦光栅的零级和正负一级衍射波。

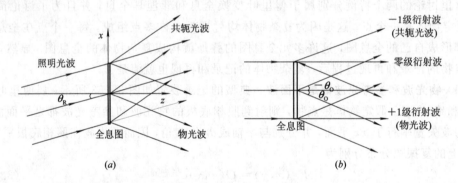

图 3 - 64　平面波全息图的再现

（2）**物光波是球面波，参考光波是平面波**　如图 3 - 65(a)所示，单色平面波垂直照射透明片 M，其上有一物点 S。这时由 S 散射的物光波是球面波，而直接透过 M 的光波（参考光波）是平面波，则这两个光波产生的干涉图样由照相底板 H 记录下来成为点物的全息图，这种全息属菲涅耳全息。

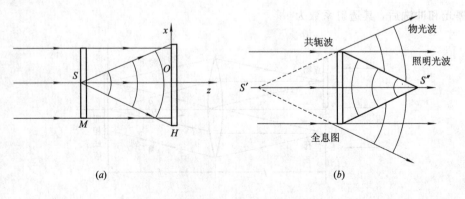

图 3 - 65　球面波物光波的记录和再现

在底板 H 上取坐标系 $O\text{-}xyz$，令 z 轴垂直于 H 平面，并假定点物 S 在 z 轴上，离原点 O 的距离为 z_1，则点物散射的球面物光波在 H 上的复振幅分布为(取菲涅耳近似)

$$\widetilde{E}_O(x,y) = O(x,y)\mathrm{e}^{\mathrm{i}\frac{\pi}{\lambda z_1}(x^2+y^2)} \tag{3.5-15}$$

式中，$O(x,y)$ 可近似地视为常数 O。参考光波在 H 平面上的振幅均匀分布，设为 1，即

$$\widetilde{E}_R(x,y) = 1 \tag{3.5-16}$$

因此，在 H 平面上的光强分布为

$$I(x,y) = O^2 + O\mathrm{e}^{\mathrm{i}\frac{\pi}{\lambda z_1}(x^2+y^2)} + O\mathrm{e}^{-\mathrm{i}\frac{\pi}{\lambda z_1}(x^2+y^2)} \tag{3.5-17}$$

底板经曝光和冲洗后的透射系数为

$$\widetilde{t}(x,y) = O^2 + O\mathrm{e}^{\mathrm{i}\frac{\pi}{\lambda z_1}(x^2+y^2)} + O\mathrm{e}^{-\mathrm{i}\frac{\pi}{\lambda z_1}(x^2+y^2)} \tag{3.5-18}$$

在再现时，如果用与参考光波相同的光波垂直照明全息图，则透过全息图的衍射光波为

$$\widetilde{E}_D(x,y) = O^2 + O\mathrm{e}^{\mathrm{i}\frac{\pi}{\lambda z_1}(x^2+y^2)} + O\mathrm{e}^{-\mathrm{i}\frac{\pi}{\lambda z_1}(x^2+y^2)} \tag{3.5-19}$$

上式右边第一项代表与全息图垂直的平面波，即直射光。第二项是物光波，是一个发散的球面波。当迎着它观察时，可以看到点物 S 的虚像 S'。第三项是共轭波，它是一个球心在全息图右方 z_1 处的会聚球面波，在球心形成点物 S 的实像 S'' (见图 3-65(b))。

容易看出，这里所观察的全息图的再现，与菲涅耳波带片的衍射极为相似。这是因为实际上(3.5-17)式所表示的干涉条纹图样类似于菲涅耳波带片的环带。为了说明这一点，把(3.5-17)式改写为

$$I(x,y) = O^2 + 2O\cos\left[\frac{\pi}{\lambda z_1}(x^2+y^2)\right] \tag{3.5-20}$$

可见，条纹图样是一些中心在原点的亮暗圆环，亮环的半径为

$$r_j = \left[\frac{\lambda z_1}{\pi}2j\pi\right]^{\frac{1}{2}} = \sqrt{2}\,\sqrt{j\lambda z_1} \tag{3.5-21}$$

即亮环的半径正比于偶数的平方根。式中，j 取正整数，表示各级亮环序数。类似地，可得到暗环的半径正比于奇数的平方根。对照上节得到的菲涅耳波带片环带的半径表达式，可以看到全息图半径的比例与菲涅耳波带片一致。因此，上述全息图也可以看成是一个波带片，但与菲涅耳波带片不同，它的透射系数是余弦变化的，它的衍射只出现一对焦点(S' 和 S'')，而菲涅耳波带片有一系列虚的和实的焦点。

3.5.2 全息照相技术

1. 全息照相的特点和要求

通过前面的讨论，我们可以看出全息照相的特点和要求：

① 全息照相能够记录物体光波的全部信息，并能再现。因此，应用全息照相可以获得与原物完全相同的立体像。

② 全息照相实质上是一种干涉与衍射现象的应用。全息图的记录和再现一般需要利用单色光源，如果要获得物体的彩色信息，需用利用不同波长的单色光作多次记录。进行全息照相时，所使用单色光的相干长度应大于物光波和参考光波之间的光程差，单色光的空间相干性应保证从物体上不同部分散射的光波和参考光波能够发生干涉。此外，在全息图记录时，由于一般物体的散射光比较弱，所以为了提高物光波的强度，应采用大强度光

源。显然，最理想的光源是激光器。常用的激光器有：氦-氖激光器($\lambda=632.8$ nm)，氩离子激光器($\lambda=688$ nm、514.5 nm)和红宝石激光器($\lambda=694.3$ nm)。

③ 在前面的理论分析中，虽然没有说明全息图的大小，但可以理解只有全息图尺寸足够大时才能使再现像与原物等同，这是由于再现是一个衍射过程的缘故。若以前述的物光波和参考光波都是平面波所记录的全息图为例，这张全息图实际上是一块正弦光栅，并且只有当它的宽度比其上的条纹间距极大时，它的零级和±1级衍射光斑才接近于一个点。但是，实际的全息图都是有限尺寸的，因此其衍射光斑都将有一定的扩展，也即是点物所成的像并非点像。这对于有一定大小的物体来说，它的像将变得模糊，分辨本领降低。所以，若要求全息图有很高的分辨本领，应尽可能采用大面积的照相底板制作全息图。

通常，全息图的尺寸总比其上记录的干涉条纹的间距大得多。例如，与光轴分别成$+\theta$和$-\theta$角的两个平面波产生的干涉条纹，其间距为$e=\lambda/(2\sin\theta)$，若$\theta=15°$，$\lambda=632.8$ nm，可算出$e=1.22\times10^{-3}$ mm。所以，对于普通大小的全息图，即使它破碎成许多小块，都可以很好地再现出原物的像。

④ 无论是用一块正的还是负的照相底板来制作全息图，观察者看到的总是正像。这是因为一个负的全息图的再现光波和一个正的全息图的再现光波其间只相差$180°$的相位差，而人眼对这一恒定相位差是不灵敏的，因而在这两种情况下看到的物像是一样的。

全息照相对照相底板的正负虽然没有要求，但是对于照相底板的曝光和冲洗要求必须保证线性处理。此外，对底板分辨本领也有比较高的要求。根据前面的计算，当物光波与参考光波夹角为30°时，底板记录干涉条纹的间距约为$1~\mu$m，相应地，底板的分辨本领应在1000线/mm左右。如果物光波与参考光波夹角更大些，则对底板分辨本领的要求就更高。通常全息照相使用的底板分辨本领为1000线/mm~4000线/mm。

由于底板记录的干涉条纹间距很小(光波长的量级)，所以为了得到清晰的全息图，对整个全息装置的稳定性要求就很高，它应保证干涉条纹的漂移量远小于光波长量级，因此，全息实验必须在防震台上进行。

2. 全息照相应用举例

1) 制作全息光栅

最简单的全息图是前述记录两列有一定夹角的平面波干涉条纹的全息图，它实际上是一块正弦光栅。由于它是以全息方法制作的，所以通常称为全息光栅。此外，利用全息方法还可制作闪耀光栅。

全息光栅与刻划光栅相比较，它的优点是没有周期性误差，杂散光少，对诸如防震、温度及温度控制等环境条件的要求比刻划光栅低。

2) 通过像差介质成像

在许多实际情况下，物体和成像光学系统(如照相机)之间存在某种会引起相位畸变的介质(称像差介质)，例如毛玻璃、像差很大的透镜或严重的大气端流等，这时光学系统所成的像将变得模糊不清。但是利用全息照相可以消除这种干扰(称为像差补偿)，从而获得清晰的物体像。下面介绍三种像差补偿方法。

① 记录时，物光波通过像差介质。如图3-66(a)所示，让一个通过像差介质的物光波和一个没有通过像差介质的参考光波发生干涉形成全息图。设像差介质的透射系数为

$e^{i\varphi(x,y)}$，则在照相底板 H 上物光波和参考光波分别为

$$\widetilde{E}_O'(x,y) = \widetilde{E}_O(x,y)e^{i\varphi(x,y)} \qquad (3.5-22)$$

和

$$\widetilde{E}_R'(x,y) = \widetilde{E}_R(x,y) \qquad (3.5-23)$$

其中，$\widetilde{E}_O(x,y)$ 和 $\widetilde{E}_R(x,y)$ 分别是未受像差介质扰动的物光波和参考光波。$\widetilde{E}_O'(x,y)$ 和 $\widetilde{E}_R'(x,y)$ 形成的全息图的透射系数为

$$\widetilde{t}(x,y) = |\widetilde{E}_O'|^2 + |\widetilde{E}_R'|^2 + \widetilde{E}_O e^{i\varphi}\widetilde{E}_R^* + \widetilde{E}_R \widetilde{E}_O^* e^{-i\varphi} \qquad (3.5-24)$$

在再现时，用参考光波的共轭光波照明全息图，即

$$\widetilde{E}_C(x,y) = \widetilde{E}_R^*(x,y) \qquad (3.5-25)$$

则再现光波中与(3.5-24)式右边最后一项对应的是 $\widetilde{E}_O^* e^{-i\varphi}$，它是物光波的共轭波。如果使它通过同一像差介质，便可消除相位畸变因子(图3-66(b))，得到原物的共轭像。这个共轭像是一个实像，当物体是平面物体时，共轭像与原物完全相似。如果再现时没有通过完全相同的像差介质，则再现光波中的共轭物光波将不能消去相位畸变因子，因而物像无法复原，再现像仍然模糊不清。显然，该方法可用于保密通信。

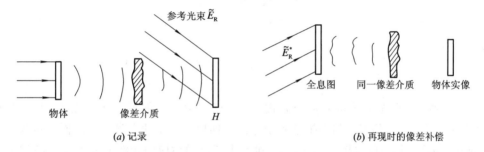

图 3-66　物光波通过像差介质

② 记录时，物光波和参考光波都通过像差介质。如图3-67所示，如果参考光源和物体靠得很近，并设像差介质紧靠照明底板平面，则可认为像差介质对物光波和参考光波的影响近似相同。在照相底板上，两光波分别为

$$\widetilde{E}_O'(x,y) = \widetilde{E}_O(x,y)e^{i\varphi(x,y)} \qquad (3.5-26)$$

和

$$\widetilde{E}_R'(x,y) = \widetilde{E}_R(x,y)e^{i\varphi(x,y)} \qquad (3.5-27)$$

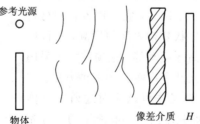

图 3-67　物光波和参考光波通过同一像差介质

因此，照相底板上的光强分布为

$$I(x,y) = |\widetilde{E}_O|^2 + |\widetilde{E}_R|^2 + \widetilde{E}_O \widetilde{E}_R^* + \widetilde{E}_O^* \widetilde{E}_R \qquad (3.5-28)$$

该分布与不存在像差介质时一样，因而再现像不受像差介质的影响，仍然清晰可见。这种方法可用于通过大气湍流时的照相。

③ 透镜像差补偿。假设透镜 L_1 有较大的像差，为了补偿这个像差，可按图 3-68(a) 方式先拍摄全息图，图中 S 是点光源，位于透镜 L_1 的前焦点上。以 S 发出的通过透镜 L_1 的光波作为物光波，由于 L_1 有像差，故这一光波不是平面波，设它在照相底板 H 上的复振幅分布为

$$\widetilde{E}_O(x,y) = \mathrm{e}^{\mathrm{i}\varphi(x,y)} \qquad (3.5-29)$$

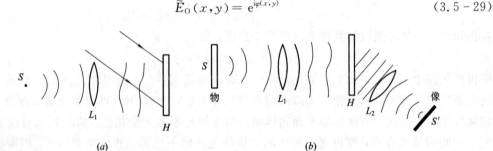

图 3-68　透镜像差补偿

参考光波是一列平面波，它在 H 上的复振幅分布以 $\widetilde{E}_R(x,y)$ 表示。因此，在 H 上记录到的光强分布为

$$\begin{aligned} I(x,y) &= |\widetilde{E}_O|^2 + |\widetilde{E}_R|^2 + \widetilde{E}_O\widetilde{E}_R^* + \widetilde{E}_O^*\widetilde{E}_R \\ &= 1 + |\widetilde{E}_R|^2 + \widetilde{E}_R^* \mathrm{e}^{\mathrm{i}\varphi} + \widetilde{E}_R \mathrm{e}^{-\mathrm{i}\varphi} \end{aligned} \qquad (3.5-30)$$

显然，如果将这一张全息图按通常的方式再现，则产生实像的那一部分光波（上式中的末项）正比于 $\mathrm{e}^{-\mathrm{i}\varphi(x,y)}$。但是，如果把这张全息图放回原来记录此全息图时的同一位置，并让原来的物光波照明全息图（图 3-68(b)），则与上式末项对应的光波成分为 $\widetilde{E}_R$，与记录参考光波相同，是一个平面波，它经过（校正了像差的）透镜 L_2 后在焦点处得到 S 的点像 S'。因此，透镜 L_1 的像差得到了补偿。实际上，该方法不仅对点物可以得到清晰的像，对于一个不太大的物体也可以得到良好的效果。这是因为物上各点发出的光波经透镜 L_1 后其相位畸变近似地与物点 S 发出的光波相同，它们再经过全息图补偿后变成不同方向传播的平面波，然后由透镜 L_2 形成一个清晰的像。

3) 全息干涉计量

全息照相最成功和最广泛的应用之一是全息干涉计量。全息干涉计量技术具有许多普通干涉计量所不可比拟的优点。例如，它可用于各种材料的无损检测，非抛光表面和形状复杂表面的检测，可以研究物体的微小变形、振动和高速运动等。这项技术可采用单次曝光（实时法）、二次曝光及多次曝光等多种方法。

（1）**单次曝光法**　单次曝光法可以实时地研究物体状态的变化过程。为此，例如利用图 3-69 所示的装置先拍摄一张物体变形前的全息图，然后将此全息图放回到原来记录时的位置。如果保持记录光路中所有元件的位置不变，并用原来的参考光波照明全息图，则在原来物体所在处就会出现一个再现虚像。这时，若同时照明物体，

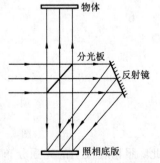

图 3-69　一种全息干涉计量装置

并且物体保持原状态不变，则再现像与物体完全重合，或是说再现物光波与实际物光波完全相同，它们的叠加不产生干涉条纹。当物体因外界原因（加热、加载等）产生微小位移或变形时，再现物光波与实际物光波之间就会发生与位移和变形大小相应的相位差，此时两光波的叠加将产生干涉条纹。我们根据干涉条纹的分布情况，可以推知物体的位移和变形大小。如果物体的状态是逐步变化的，则干涉条纹也逐步地随之变化，因此物体状态的变化过程可以通过干涉条纹的变化，"实时"地加以研究。

（2）**二次曝光法**　二次曝光法是在同一张照相底板上，先让来自变形前物体的物光波和参考光波曝光一次，然后再让来自变形后物体的物光波和参考光波第二次曝光。照相底板在显影后形成全息图。当再现这张全息图时，将同时得到两个物光波，它们分别对应于变形前和变形后的物体。由于两个物光波的相位分布已经不同，所以它们叠加后将产生干涉条纹。通过这些干涉条纹便可以研究物体的变形。

二次曝光法可以避免单次曝光法中要求把全息图精确地恢复原位的困难，但是这种方法不能对物体状态的变化进行"实时"研究。

3.5.3　数字全息

数字全息最早由古德曼（Goodman）1967年提出。它是传统的光全息照相和数字技术相结合的产物。数字全息用光电传感器件（如电荷耦合器件（CCD））代替传统全息中的银盐干板来记录全息图，以数字全息图的形式输入计算机，用计算机模拟光学衍射过程来实现被记录物体的全息再现。数字全息图从形式上可分为四种类型：像面数字全息图、数字全息干涉图、相位数字全息图、傅里叶变换全息图。由于数字全息的优点，使其在振动测量、三维形貌测量、粒子场分析、光学图像加密等领域有广泛的应用。在这里，仅简单介绍数字全息的记录和再现。

1. 数字全息的记录

根据记录光路的不同，数字全息有同轴和离轴两种，如图3-70所示。同轴全息的物光波和参考光波同方向入射到CCD上，这种全息图对CCD的像素要求不高，主要记录透明物体或微小物体；离轴全息的物光波和参考光波间有一定夹角，夹角的大小受CCD像素元尺度大小的影响，适用于不透明物体。

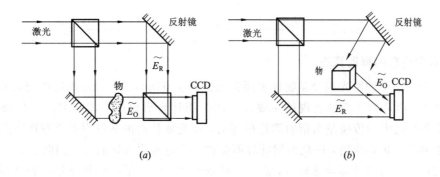

(a)　　　　　　　　　　　*(b)*

图3-70　数字全息记录系统

假设物所在的面为 xy 面，CCD记录器件所在的面为 $\xi\eta$ 面，物光波和参考光波的复振幅分别为

$$\widetilde{E}_O(x,y) = O(x,y)e^{i\varphi_O(x,y)} \tag{3.5-31}$$

和

$$\widetilde{E}_R(x,y) = R(x,y)e^{i\varphi_R(x,y)} \tag{3.5-32}$$

由全息原理可知，$\xi\eta$ 面上全息图的强度分布为

$$I_H(\xi,\eta) = |\widetilde{E}_O|^2 + |\widetilde{E}_R|^2 + \widetilde{E}_O\widetilde{E}_R^* + \widetilde{E}_O^*\widetilde{E}_R \tag{3.5-33}$$

CCD 采样后得到的数字全息图为

$$I_{DH}(\xi,\eta) = I_H(\xi,\eta)\left[\text{rect}\left(\frac{\xi}{\alpha},\frac{\eta}{\beta}\right) * \text{comb}\left(\frac{\xi}{\Delta\xi},\frac{\eta}{\Delta\eta}\right)\right]\text{rect}\left(\frac{\xi}{M\Delta\xi},\frac{\eta}{N\Delta\eta}\right) \tag{3.5-34}$$

式中，rect(•)是矩形函数，comb(•)是抽样函数（或称梳状函数）；M 和 N 是 CCD 在两个垂直方向上的像素数，每个矩形像素大小为 $\Delta\xi \times \Delta\eta$，$\alpha$、$\beta$ 为像素元有效感光面积。(3.5-33)式中，I_H 有四项，与物光复振幅有关的只有 $\widetilde{E}_O\widetilde{E}_R^*$ 项，它是数字全息再现时所需之项，而其它三项则均为扰动项。因此，在再现计算之前，首先要将 $\widetilde{E}_O\widetilde{E}_R^*$ 项从这四项中提取出来。对离轴和同轴两种不同记录光路，相应地有两种不同的提取方法。

在离轴数字全息中，采用频谱滤波的方法对离轴全息图进行傅里叶变换，选取合适的空间滤波器，将零级项和孪生像滤掉；然后再进行坐标平移，使原像的空间频谱中心移到坐标原点。尽管增大物光波和参考光波的夹角 θ 有利于将物光波同其它两项分开，但是两光波夹角受 CCD 像素元大小的限制不能太大，由抽样定理知道，应满足条件（一维情况）$\theta \leqslant \arcsin[\lambda/(2\Delta\xi)]$。

在同轴数字全息中，可以采用相移法将其余三项去掉，保留 $\widetilde{E}_O\widetilde{E}_R^*$ 项。相移法有多次相移和单次相移，这里以单次相移为例进行说明。首先记录一幅全息图：

$$I_{H1}(\xi,\eta) = |\widetilde{E}_O|^2 + |\widetilde{E}_R|^2 + \widetilde{E}_O\widetilde{E}_R^* + \widetilde{E}_O^*\widetilde{E}_R \tag{3.5-35}$$

然后在参考光路中引入相移量 $\pi/2$（可由计算机控制 PZT 移动反射镜实现），记录另一幅全息图：

$$\begin{aligned}I_{H2}(\xi,\eta) &= |\widetilde{E}_O|^2 + |\widetilde{E}_R|^2 + \widetilde{E}_O\widetilde{E}_R^* e^{-i\pi/2} + \widetilde{E}_O^*\widetilde{E}_R e^{i\pi/2}\\ &= |\widetilde{E}_O|^2 + |\widetilde{E}_R|^2 - i\widetilde{E}_O\widetilde{E}_R^* + i\widetilde{E}_O^*\widetilde{E}_R\end{aligned} \tag{3.5-36}$$

再分别记录物光波和参考光波的普通图像 $I_{H3}(\xi,\eta) = |\widetilde{E}_O|^2$ 和 $I_{H4}(\xi,\eta) = |\widetilde{E}_R|^2$。$I_{H1}$、$I_{H2}$、$I_{H3}$、$I_{H4}$ 是记录的四幅图像，属已知量。由这四幅图像通过计算可以消除其它三项，获得 $\widetilde{E}_O\widetilde{E}_R^*$ 项：

$$\widetilde{E}_O\widetilde{E}_R^* = \frac{(I_{H1} - I_{H3} - I_{H4}) + i(I_{H2} - I_{H3} - I_{H4})}{2} \tag{3.5-37}$$

2. 数字全息的再现算法

数字全息图中的物光成分是物体表面光场分布在空间传播一段距离后在记录平面形成的光场分布，因此数字全息再现的主要任务就是用计算机模拟光波在空间中传播的逆过程。光波在空间中的传播是由衍射理论描述的，而光波传播的逆过程可以看作距离为负值的衍射或其复共轭的衍射，因此衍射计算就是数字全息再现算法的核心问题。

衍射积分的直接计算非常耗时，需要设计快速算法。衍射有两种常用的快速算法，即菲涅耳变换法和卷积法，它们都基于快速傅里叶变换（FFT）来提高程序运行的速度。下面简要介绍菲涅耳变换法，这种算法采用了一次 FFT。

从菲涅耳衍射公式(3.1-21)式可以导出逆向菲涅耳衍射的计算公式，再用离散序列

代替连续函数，用求和代替积分，则离散化的逆向菲涅耳衍射表示式为

$$\widetilde{E}_\mathrm{O}(p,q) = \frac{\mathrm{i}}{\lambda z_1}\mathrm{e}^{-\mathrm{i}k z_1}\,\mathrm{e}^{\mathrm{i}\pi\lambda z_1\left(\frac{m^2}{M^2\Delta\xi^2}+\frac{n^2}{N^2\Delta\eta^2}\right)}\sum_{m=0}^{M-1}\sum_{n=0}^{N-1}\widetilde{E}_\mathrm{O}(m,n)\widetilde{E}_\mathrm{R}(m,n)\,\mathrm{e}^{\mathrm{i}\frac{\pi}{\lambda z_1}(m^2\Delta\xi^2+n^2\Delta\eta^2)}\,\mathrm{e}^{\mathrm{i}2\pi\left(\frac{pm}{M}+\frac{qn}{N}\right)}$$

$$(3.5-38)$$

式中，(m,n) 与数字全息图 $\xi\eta$ 面上的点对应，(p,q) 与像面 xy 上的点对应。利用离轴的方法可以有效地分离物像、共轭像和直流项，但是要求所使用的 CCD 具有足够大的带宽积。此外，还要去掉共轭像和直流项，以便得到更清晰的图像。

菲涅耳变换法衍射场的采样间隔、采样点数、采样区域中心这三个采样参数都是固定的，无法任意设定。而衍射场的采样间隔和衍射距离 z_1 成正比，如果用于分层再现，在不同距离上将得到不同缩放的图像，而且如果 CCD 像素元在 x 和 y 方向的宽度不等，再现像在 x 和 y 方向的间隔也不同，将造成图像畸变。这可以通过其它方法进行改进和完善，例如，通过合理的选择采样参数，将菲涅耳衍射公式和衍射积分公式离散化以后变成一个离散线性卷积的形式，构成一种新的算法——任意采样的菲涅耳变换算法。

3.6　傅里叶光学、二元光学、近场光学基础简介

前面，我们根据光波的标量衍射理论讨论了光的衍射现象，并指出光的衍射效应会影响光学成像质量。近几十年来，伴随激光器的诞生和发展，光学已从传统光学过渡到现代光学，伴随着傅里叶光学、全息术和计算全息技术的长足进步，光的衍射效应也已被广泛地应用于光学信息科学中，发展形成了衍射光学。这一节，我们将结合介绍现代光学的几个重要分支——傅里叶光学、二元光学（衍射光学）和近场光学的基础，进一步利用傅里叶分析方法讨论光的衍射现象，讨论光波衍射在光学信息处理中的应用，以对光的衍射效应有更深刻的认识。

3.6.1　光衍射现象的傅里叶分析——傅里叶光学基础

20 世纪 40 年代末，人们将通信理论中的一些观点、概念，特别是傅里叶分析的方法引入到光学中，形成了傅里叶光学。傅里叶光学的数学基础是空间域的傅里叶变换，其物理基础是光的标量衍射理论，它以与传统物理光学不同的描述方法，讨论光波的传播、叠加（干涉、衍射）和成像等现象的规律。由于傅里叶分析方法的引入，使我们对这些光学现象的内在规律有了更深刻的认识。伴随着激光技术的发展，傅里叶光学在光学传递函数、光学信息处理及全息术等众多领域中获得了令人注目的应用。在这里，主要介绍一些傅里叶光学的基础概念，重点讨论光波衍射的傅里叶分析方法。

1. 光学傅里叶变换的性质

由第 1 章的讨论已知，携带二维空间信息的光波场复振幅 $\widetilde{E}(x,y)$（称为物函数）与其空间频率谱光场复振幅 $\widetilde{E}(f_x,f_y)$（称为频谱函数）互成傅里叶变换关系，即

$$\widetilde{E}(x,y) = \mathrm{F}^{-1}[\widetilde{E}(f_x,f_y)] = \iint_{-\infty}^{\infty}\widetilde{E}(f_x,f_y)\mathrm{e}^{\mathrm{i}2\pi(f_x x+f_y y)}\,\mathrm{d}f_x\,\mathrm{d}f_y \qquad (3.6-1)$$

作为一种数学运算，傅里叶变换有许多重要的性质，对于傅里叶光学有重要意义。下面以定理的形式简单地说明光学傅里叶变换的相关性质。

1) 线性定理

若 $\widetilde{E}_1(x,y)$ 和 $\widetilde{E}_2(x,y)$ 是物函数，其相应的频谱函数是 $\widetilde{E}_1(f_x,f_y)$ 和 $\widetilde{E}_2(f_x,f_y)$，a 和 b 是任意复常数，则有

$$\mathrm{F}\lfloor a\widetilde{E}_1(x,y)+b\widetilde{E}_2(x,y)\rfloor = a\mathrm{F}\lfloor\widetilde{E}_1(x,y)\rfloor+b\mathrm{F}\lfloor\widetilde{E}_2(x,y)\rfloor \qquad (3.6-2)$$

即物函数线性组合的傅里叶变换等于各物函数傅里叶变换的线性组合。这种性质表明傅里叶变换是线性变换，因此是分析线性系统的有力工具。

2) 相移定理

若 $\widetilde{E}(x,y)$ 是物函数，其频谱函数是 $\widetilde{E}(f_x,f_y)$，a 和 b 是任意实数，则有

$$\mathrm{F}[\widetilde{E}(x-a,y-b)] = \widetilde{E}(f_x,f_y)\mathrm{e}^{-\mathrm{i}2\pi(f_x a+f_y b)} \qquad (3.6-3)$$

即物函数在空域中平移时，只引起频谱函数在频率域内产生一个线性相移，而不改变其振幅分布，称为相移定理。

3) 相似性定理

相似性定理也称为尺度变换定理。若 $\widetilde{E}(x,y)$ 是物函数，其频谱函数是 $\widetilde{E}(f_x,f_y)$，a 和 b 是任意实常数，则当物函数的空间域增大（或缩小），变成 $\widetilde{E}(ax,by)$ 时，其频谱函数变为

$$\mathrm{F}\left[\widetilde{E}(ax,by)\right] = \frac{1}{|ab|}\widetilde{E}\left(\frac{f_x}{a},\frac{f_y}{b}\right) \qquad (3.6-4)$$

即频谱函数的形式不变，只是空间频率域相应地缩小（或增大），幅度整体下降（或增大）。

4) 帕塞瓦尔(Parseval)定理

若物函数 $\widetilde{E}(x,y)$ 的频谱函数为 $\widetilde{E}(f_x,f_y)$，则有

$$\iint_{-\infty}^{\infty}|\widetilde{E}(x,y)|^2\,\mathrm{d}x\,\mathrm{d}y = \iint_{-\infty}^{\infty}|\widetilde{E}(f_x,f_y)|^2\,\mathrm{d}f_x\,\mathrm{d}f_y \qquad (3.6-5)$$

该式称为光学傅里叶变换的帕塞瓦尔定理。这个关系式可理解为光学傅里叶变换中的能量守恒定理，表明空间域内的光场总能量等于空间频率域内的光场总能量。对于不计能量损失的光学传输、变换，均应满足该定理。

5) 卷积定理

如果物函数 $\widetilde{E}(x,y)$ 是两个物函数 $\widetilde{E}_1(x,y)$ 和 $\widetilde{E}_2(x,y)$ 的卷积：

$$\widetilde{E}(x,y) = \widetilde{E}_1(x,y) * \widetilde{E}_2(x,y) = \iint_{-\infty}^{\infty}\widetilde{E}_1(x',y')\widetilde{E}_2(x-x',y-y')\,\mathrm{d}x'\,\mathrm{d}y'$$

$$(3.6-6)$$

式中，"$*$"表示卷积运算，则其频谱函数 $\widetilde{E}(f_x,f_y)$ 为

$$\widetilde{E}(f_x,f_y) = \mathrm{F}\lfloor\widetilde{E}_1(x,y) * \widetilde{E}_2(x,y)\rfloor = \widetilde{E}_1(f_x,f_y)\widetilde{E}_2(f_x,f_y) \qquad (3.6-7)$$

即两个卷积物函数的频谱函数，等于该二物函数的频谱函数的乘积。

如果物函数 $\widetilde{E}(x,y)$ 是两个物函数 $\widetilde{E}_1(x,y)$ 和 $\widetilde{E}_2(x,y)$ 的乘积，

$$\widetilde{E}(x,y) = \widetilde{E}_1(x,y)\widetilde{E}_2(x,y)$$

则其频谱函数 $\widetilde{E}(f_x,f_y)$ 为

$$\widetilde{E}(f_x,f_y) = \mathrm{F}\lfloor\widetilde{E}_1(x,y)\widetilde{E}_2(x,y)\rfloor = \widetilde{E}_1(f_x,f_y) * \widetilde{E}_2(f_x,f_y) \qquad (3.6-8)$$

即两个物函数乘积的频谱函数，等于两个物函数的频谱函数的卷积。

6) 自相关定理

如果物函数 $\widetilde{E}(x,y)$ 是某一物函数 $\widetilde{E}_1(x,y)$ 的自相关函数，即

$$\widetilde{E}(x,y) = \widetilde{E}_1(x,y) \otimes \widetilde{E}_1(x,y) = \iint_{-\infty}^{\infty} \widetilde{E}_1(x',y')\widetilde{E}_1^*(x'-x, y'-y)\, \mathrm{d}x'\, \mathrm{d}y' \tag{3.6-9}$$

式中,"$\otimes$"表示相关运算,则其频谱函数为

$$\widetilde{E}(f_x, f_y) = \mathrm{F}[\widetilde{E}_1(x,y) \otimes \widetilde{E}_1(x,y)] = |\widetilde{E}_1(x,y)|^2 \tag{3.6-10}$$

同样,一个物函数绝对值平方的频谱函数等于该物函数的频谱函数的自相关函数,即

$$\widetilde{E}(f_x, f_y) = \mathrm{F}[|\widetilde{E}_1(x,y)|^2] = \widetilde{E}_1(x,y) \otimes \widetilde{E}_1(x,y) \tag{3.6-11}$$

(3.6-10)式和(3.6-11)式称为光学傅里叶变换的自相关定理,它们是光学系统中物像频谱关系及光学图像识别中的主要运算。

7) 傅里叶积分定理

如果对物函数 $\widetilde{E}(x,y)$ 相继进行两次光学傅里叶变换,其结果为原函数,即

$$\mathrm{FF}[\widetilde{E}(x,y)] = \mathrm{F}[\widetilde{E}(f_x, f_y)] = \widetilde{E}(-x, -y) \tag{3.6-12}$$

或

$$\mathrm{FF}^{-1}[\widetilde{E}(x,y)] = \mathrm{F}[\widetilde{E}(-f_x, -f_y)] = \widetilde{E}(x,y) \tag{3.6-13}$$

2. 光波空间频谱分量的传播

由第 1 章的讨论已知,在任意 z 平面上携带二维空间信息的单色光波场复振幅 $\widetilde{E}(x,y,z)$,均可视为其空间频率谱光场的线性叠加,即

$$\widetilde{E}(x,y,z) = \iint_{-\infty}^{\infty} \widetilde{E}_z(f_x, f_y) \mathrm{e}^{\mathrm{i}2\pi(f_x x + f_y y)}\, \mathrm{d}f_x\, \mathrm{d}f_y \tag{3.6-14}$$

因此,在空间域内光波的传播特性可以通过空间频率域内相应空间频谱分量的光波传播特性描述。

由于在空间域内的所有无源点上,$\widetilde{E}(x,y,z)$ 必须满足亥姆霍兹方程

$$(\nabla^2 + k^2)\widetilde{E}(x,y,z) = 0 \tag{3.6-15}$$

将(3.6-14)式代入方程(3.6-15),可得

$$(\nabla^2 + k^2)[\widetilde{E}_z(f_x, f_y)\mathrm{e}^{\mathrm{i}2\pi(f_x x, f_y y)}] = 0 \tag{3.6-16}$$

考虑到 $\widetilde{E}_z(f_x, f_y)$ 对于空间坐标仅是 z 的函数,可将上式简化为

$$\frac{\mathrm{d}^2}{\mathrm{d}z^2}\widetilde{E}_z(f_x, f_y) + \left(\frac{2\pi}{\lambda}\right)^2[1 - (\lambda f_x)^2 - (\lambda f_y)^2]\widetilde{E}_z(f_x, f_y) = 0 \tag{3.6-17}$$

其解可表示为

$$\widetilde{E}_z(f_x, f_y) = \widetilde{E}_0(f_x, f_y)\mathrm{e}^{\mathrm{i}\frac{2\pi}{\lambda}z\sqrt{1-(\lambda f_x)^2-(\lambda f_y)^2}} \tag{3.6-18}$$

该式表示了 z 处的空间频谱与 $z=0$ 处空间频谱之间的关系。

进一步,考虑到相应于空间频率 (f_x, f_y) 的单色平面光波的方向余弦必须满足 $\cos^2\alpha + \cos^2\beta + \cos^2\gamma = 1$,所以实际上只有 (f_x, f_y) 满足 $(\lambda f_x)^2 - (\lambda f_y)^2 < 1$ 时,才能真正对应于空间某一确定方向传播的平面波。由(3.6-18)式可见,相应于这些空间频谱分量,传播距离 z 后,既不改变传播方向,也不改变振幅,仅仅是相位改变了 $\frac{2\pi}{\lambda}z\sqrt{1-(\lambda f_x)^2-(\lambda f_y)^2}$。而当 $(\lambda f_x)^2 - (\lambda f_y)^2 > 1$ 时,(3.6-18)式可改写为

$$\widetilde{E}_z(f_x, f_y) = \widetilde{E}_0(f_x, f_y)\mathrm{e}^{-\mu z} \tag{3.6-19}$$

式中

$$\mu = \frac{2\pi}{\lambda} \sqrt{(\lambda f_x)^2 + (\lambda f_y)^2 - 1} \qquad (3.6-20)$$

由于 μ 是正实数，因而相应于满足 $(\lambda f_x)^2 - (\lambda f_y)^2 > 1$ 的 (f_x, f_y) 所对应的空间频谱分量，将随 z 的增大按指数急剧衰减，经过几个波长的距离后，近似衰减为零。通常称这些 (f_x, f_y) 分量为衰逝波（或倏逝波）。对于 $(\lambda f_x)^2 - (\lambda f_y)^2 = 1$ 的情况，与 (f_x, f_y) 相应的空间频谱分量为传播方向垂直于 z 轴的平面波，它们在 z 轴方向的净能量流为零。

如果在 $z=0$ 的平面上引入一个孔径为 Σ 的薄衍射元件，定义衍射屏的透射函数为

$$t(x, y) = \begin{cases} t(x, y) & (x, y) \text{ 在 } \Sigma \text{ 上} \\ 0 & \text{其它} \end{cases} \qquad (3.6-21)$$

对光场 $\widetilde{E}(x, y, z)$ 应用基尔霍夫边界条件，则紧靠衍射元件后的平面上的光场复振幅可写成 $\widetilde{E}_t(x, y, 0) = \widetilde{E}_i(x, y, 0) t(x, y)$，其中 $\widetilde{E}_i(x, y, 0)$ 为入射到衍射屏上的光场复振幅。由傅里叶变换的卷积定理，衍射屏上透射光波的空间频谱为

$$\widetilde{E}_t(f_x, f_y) = \widetilde{E}_i(f_x, f_y) * T(f_x, f_y) \qquad (3.6-22)$$

式中，$\widetilde{E}_i(f_x, f_y)$ 为入射到衍射屏上的光波空间频谱，$T(f_x, f_y)$ 是 $t(x, y)$ 的傅里叶变换。对于由单色单位振幅平面光波垂直照射的特殊情形，平面光波的空间频谱是狄拉克 δ 函数，因而

$$\widetilde{E}_t(f_x, f_y) = \delta(f_x, f_y) * T(f_x, f_y) = T(f_x, f_y) \qquad (3.6-23)$$

于是，只要对衍射屏的透射函数作傅里叶变换，即可得到衍射屏（$z=0$）上透射光波的空间频谱。进而可以利用 (3.6-18) 式得到 z 处光波的空间频谱，通过傅里叶逆变换就可以得到 z 处光波的光场复振幅。

根据上面的分析可以看出，由于一个平面上的单色光波场复振幅可以在空间频率域内分解成许多不同的空间频率谱分量，所以对于空间域内发生的光波传输、衍射及成像等各种现象，就可以在空间频率域内进行讨论。也就是说，在空间频率域内研究各空间频率谱分量在这些现象中的变化，与在空间域内直接研究光场复振幅或光强度的变化完全等效。而在空间频率域内的分析方法，正是傅里叶光学的基本分析方法。

3. 光波衍射的傅里叶分析

在许多有关光波夫朗和费衍射、菲涅耳衍射的实际应用中，利用傅里叶分析的方法进行处理更加方便。在这里，重点讨论夫朗和费衍射中的傅里叶分析。

1) 夫朗和费衍射场与孔径场的傅里叶变换关系

根据前面的讨论，在夫朗和费衍射近似下，观察平面上的衍射光场复振幅为

$$\widetilde{E}(x, y) = -\frac{i}{\lambda z_1} e^{ikz_1} e^{ik\frac{x^2+y^2}{2z_1}} \iint\limits_{\Sigma} \widetilde{E}(x_1, y_1) e^{-i2\pi\left(\frac{x}{\lambda z_1}x_1 + \frac{y}{\lambda z_1}y_1\right)} \, dx_1 \, dy_1 \qquad (3.6-24)$$

式中，$\widetilde{E}(x_1, y_1)$ 是衍射屏上的光场复振幅（衍射孔径后表面上的透射光场），Σ 为衍射孔径。

如果限定衍射屏上孔径外的 $\widetilde{E}(x_1, y_1)$ 为零，上式的积分域可以扩大到整个 $x_1 y_1$ 平面。因此，可以把上式表示为

$$\widetilde{E}(x, y) = -\frac{i}{\lambda z_1} e^{ikz_1} e^{ik\frac{x^2+y^2}{2z_1}} \iint\limits_{-\infty}^{\infty} \widetilde{E}(x_1, y_1) e^{-i2\pi\left(\frac{x}{\lambda z_1}x_1 + \frac{y}{\lambda z_1}y_1\right)} \, dx_1 \, dy_1 \qquad (3.6-25)$$

如果令

$$f_x = \frac{x}{\lambda z_1}, \quad f_y = \frac{y}{\lambda z_1} \tag{3.6-26}$$

上式可改写为

$$\widetilde{E}(x, y) = -\frac{i}{\lambda z_1} e^{ikz_1} e^{ik\frac{x^2+y^2}{2z_1}} \iint_{-\infty}^{\infty} \widetilde{E}(x_1, y_1) e^{-i2\pi(f_x x_1 + f_y y_1)} \, dx_1 \, dy_1 \tag{3.6-27}$$

可见，式中的积分就是衍射孔径平面上光场复振幅分布的傅里叶变换，其变换在空间频率 $(f_x = x/(\lambda z_1), f_y = y/(\lambda z_1))$ 上取值。由于积分号外是一个与 x, y 无关的量和空间相位因子的乘积，它们对于所感兴趣的衍射场相对光强度分布不起作用，因此，夫朗和费衍射图样的光强度分布可以直接由 $\widetilde{E}(x_1, y_1)$ 的傅里叶变换求出：

$$I(x, y) = |\widetilde{E}(x, y)|^2 = |F[\widetilde{E}(x_1, y_1)]|^2_{f_x = \frac{x}{\lambda z_1}, f_y = \frac{y}{\lambda z_1}}$$
$$= |\widetilde{E}(f_x, f_y)|^2_{f_x = \frac{x}{\lambda z_1}, f_y = \frac{y}{\lambda z_1}} \tag{3.6-28}$$

式中，$\widetilde{E}(f_x, f_y)$ 表示衍射孔径平面光场复振幅的空间频率谱。

2）采用透镜的衍射场与孔径场的傅里叶变换关系

（1）**薄透镜的相位变换作用**　众所周知，一个平面光波经过正透镜后将变成会聚的球面波（图 3-71）。通常将透镜两个球面顶点上的切平面叫做它的输入面和输出面。若一条光线在输入面上的 (x, y) 点入射，在相对着的输出面上从近似相同的坐标处射出，即忽略光线在透镜内因折射而产生的垂轴平移，则该透镜称为薄透镜。实际上，如果透镜的厚度远小于两个球面的曲率半径，都可以近似地看做薄透镜。

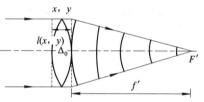

图 3-71　薄透镜的相位变换作用

当光线通过薄透镜时，由于所经透镜各处的光程不同，所以薄透镜的作用是使入射光波的相位空间分布发生改变，可视为相位变换（调制）器，其相位变换作用可以用它的透射函数 $\widetilde{t}(x, y)$ 表示。如果透镜中心的厚度为 Δ_0、焦距为 f、透镜材料的折射率为 n，并且在坐标 (x, y) 点处由透镜输入面到输出面之间的光程为 $l(x, y)$，则透镜的透射函数为

$$\widetilde{t}(x, y) = e^{ikl(x, y)} \tag{3.6-29}$$

其中，k 为光在自由空间中的波数。这里，我们略去了因两个球面上的反射和透镜材料的吸收所引起的光振幅的衰减。由费马原理，从输入面上各点到达后焦点 F' 的光程都相等，即有

$$n\Delta_0 + f = l(x, y) + \sqrt{f^2 + (x^2 + y^2)} \tag{3.6-30}$$

可得光程函数为

$$l(x, y) = n\Delta_0 + f - \sqrt{f^2 + (x^2 + y^2)} \tag{3.6-31}$$

考虑到傍轴光线近似条件

$$\sqrt{x^2 + y^2} \ll f \tag{3.6-32}$$

光程函数可表示为

$$l(x, y) = n\Delta_0 - \frac{x^2 + y^2}{2f} \tag{3.6-33}$$

将它代入（3.6-29）式，得到透镜的透射函数为

$$\widetilde{t}(x, y) = e^{ikn\Delta_0} e^{-i\frac{k}{2f}(x^2 + y^2)} \tag{3.6-34}$$

这个关系表示了薄透镜对入射光传播的影响。

假若考虑透镜有限孔径的效应，可以引入光瞳函数 $P(x,y)$，其定义为

$$P(x,y) = \begin{cases} 1 & \text{透镜孔径内} \\ 0 & \text{其它} \end{cases} \qquad (3.6-35)$$

此时，透镜的透射函数为

$$\tilde{t}(x,y) = P(x,y)e^{ikn\Delta_0}e^{-i\frac{k}{2f}(x^2+y^2)} \qquad (3.6-36)$$

该透射函数表示式中，$\exp(ikn\Delta_0)$ 为常数相位延迟，一般可以不予考虑；第二个指数因子是一个球面波的二次抛物曲面相位近似。若透镜焦距 f 为正，则球面波是向透镜右方的焦点会聚；若 f 为负，则球面波是由透镜的左方焦点发散出来，实际光线的延长都通过左方焦点。这就是我们常见的透镜聚光现象。

最后需要强调指出，经过像差精心校正的任一实际透镜的相位变换作用，都可以用(3.6-36)式表示，这种二次抛物面相位变换作用是在近轴区获得的。这种变换作用在光学傅里叶变换和成像中起着极其重要的作用。

（2）透镜的傅里叶变换

① 透镜后焦平面上衍射场的夫朗和费衍射特性。在前面讨论的夫朗和费衍射实验中，为了观测衍射图样的方便起见，都是如图 3-72 所示，在紧靠衍射孔的透镜后焦平面上进行观察。下面，具体讨论这样放置的薄透镜对衍射的影响。

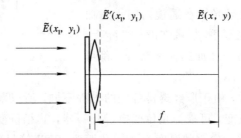

图 3-72　紧靠衍射屏透镜的衍射光路

假设透过衍射孔的光场复振幅为 $\tilde{E}(x_1,y_1)$，则透镜输出面上的光场分布为

$$\tilde{E}'(x_1,y_1) = \tilde{E}(x_1,y_1)\tilde{t}(x_1,y_1) \qquad (3.6-37)$$

式中，$\tilde{t}(x_1,y_1)$ 是透镜的透射函数。在不考虑透镜有限孔径影响的情况下，

$$\tilde{E}'(x_1,y_1) = \tilde{E}(x_1,y_1)e^{-ik\frac{x_1^2+y_1^2}{2f}} \qquad (3.6-38)$$

由于透镜焦距通常较小，光波传到后焦平面上的光场分布 $\tilde{E}(x,y)$ 应视为 $\tilde{E}'(x_1,y_1)$ 的菲涅耳衍射，由(3.1-21)式可得

$$\tilde{E}(x,y) = -\frac{i}{\lambda f}e^{ikf}e^{ik\frac{x^2+y^2}{2f}}\iint\limits_{\Sigma}\tilde{E}'(x_1,y_1)e^{ik\frac{x_1^2+y_1^2}{2f}}e^{-ik\frac{xx_1+yy_1}{f}}\,dx_1\,dy_1$$

$$= -\frac{i}{\lambda f}e^{ikf}e^{ik\frac{x^2+y^2}{2f}}\iint\limits_{\Sigma}\tilde{E}(x_1,y_1)e^{-ik\frac{xx_1+yy_1}{f}}\,dx_1\,dy_1 \qquad (3.6-39)$$

将该式与夫朗和费衍射光场复振幅的表示式(3.1-24)比较可见，除了以 f 代替了远场距离 z_1 以外，形式完全相同。相应的光强分布表示式为

$$I(x,y) = \frac{1}{\lambda^2 f^2} \left| \iint\limits_{\Sigma} \widetilde{E}(x_1, y_1) \mathrm{e}^{-\mathrm{i}k\frac{xx_1+yy_1}{f}} \, \mathrm{d}x_1 \, \mathrm{d}y_1 \right|^2 \qquad (3.6-40)$$

由此可见，紧靠衍射屏的薄透镜后焦平面上所观察到的衍射图样，与衍射屏的远场夫朗和费衍射图样相同，只是由于透镜的聚光作用，空间范围缩小、光能集中罢了。

进一步，因为通常关心的是后焦平面上衍射图样的相对光强分布，所以可不考虑 (3.6-39) 式中积分前的系数，将光场复振幅分布写成

$$\begin{aligned} \widetilde{E}(x,y) &= \iint\limits_{\Sigma} \widetilde{E}(x_1, y_1) \mathrm{e}^{-\frac{\mathrm{i}k}{f}(xx_1+yy_1)} \, \mathrm{d}x_1 \, \mathrm{d}y_1 \\ &= \iint\limits_{\Sigma} \widetilde{E}(x_1, y_1) \mathrm{e}^{-\mathrm{i}2\pi\left(\frac{x}{\lambda f}x_1+\frac{y}{\lambda f}y_1\right)} \, \mathrm{d}x_1 \, \mathrm{d}y_1 \end{aligned} \qquad (3.6-41)$$

类似前面的讨论，限定衍射孔径外 $\widetilde{E}(x_1, y_1)$ 处处为零，可将上式积分域扩大到整个 $x_1 y_1$ 平面，即

$$\widetilde{E}(x,y) = \iint\limits_{-\infty}^{\infty} \widetilde{E}(x_1, y_1) \mathrm{e}^{-\mathrm{i}2\pi\left(\frac{x}{\lambda f}x_1+\frac{y}{\lambda f}y_1\right)} \, \mathrm{d}x_1 \, \mathrm{d}y_1 \qquad (3.6-42)$$

若令

$$f_x = \frac{x}{\lambda f}, \quad f_y = \frac{y}{\lambda f} \qquad (3.6-43)$$

则有

$$\widetilde{E}(x,y) = \iint\limits_{-\infty}^{\infty} \widetilde{E}(x_1, y_1) \mathrm{e}^{-\mathrm{i}2\pi(f_x x_1+f_y y_1)} \, \mathrm{d}x_1 \, \mathrm{d}y_1 \qquad (3.6-44)$$

这说明，在后焦平面上 (x,y) 点的光场复振幅可以从衍射孔径上的光场复振幅 $\widetilde{E}(x_1, y_1)$ 的傅里叶变换求出，但是这时的变换必须在空间频率 $\left(f_x = \frac{x}{\lambda f}, \ f_y = \frac{y}{\lambda f}\right)$ 处取值。因此，往往就说后焦平面上的光场复振幅分布是孔面上光场复振幅分布的傅里叶变换或空间频谱，可表示为

$$\widetilde{E}(x,y) = \mathrm{F}[\widetilde{E}(x_1, y_1)]_{f_x = \frac{x}{\lambda f}, \ f_y = \frac{y}{\lambda f}} \qquad (3.6-45)$$

从前面讨论的单色光波复振幅分解的观点看，上述焦平面场和孔径场之间的傅里叶变换关系是很容易理解的。因为衍射孔径面上的光场复振幅可以表示为

$$\widetilde{E}(x_1, y_1) = \iint\limits_{-\infty}^{\infty} \widetilde{E}(f_x, f_y) \mathrm{e}^{\mathrm{i}2\pi(f_x x_1+f_y y_1)} \, \mathrm{d}f_x \, \mathrm{d}f_y \qquad (3.6-46)$$

式中，$\widetilde{E}(f_x, f_y)$ 代表了 $\widetilde{E}(x_1, y_1)$ 的傅里叶变换或空间频谱，所以可将衍射光波看做是沿不同方向传播的平面光波的叠加，其基元平面光波 $\exp[\mathrm{i}2\pi(f_x x_1+f_y y_1)]$ 的方向余弦为 $(\lambda f_x, \lambda f_y)$，它经过透镜后会聚于焦平面上坐标为 $(x=f_x \lambda f, \ y=f_y \lambda f)$ 的一点，该点的光场复振幅正比于 $\widetilde{E}(f_x, f_y)$。这就说明后焦平面上的光场复振幅分布是孔径上光场复振幅分布的傅里叶变换或空间频谱。

② 置于衍射屏后一定距离透镜的傅里叶变换特性。图 3-73 所示的傅里叶变换光路是更一般的光路：衍射屏置于透镜前 d_0 处，被单色平面光波垂直照射。可以证明，透镜后焦平面上的光场分布 $\widetilde{E}(x,y)$ 为

$$\widetilde{E}(x,y) = -\frac{\mathrm{i}}{\lambda f} \mathrm{e}^{\mathrm{i}k\left(1-\frac{d_0}{f}\right)\frac{x^2+y^2}{2f}} \mathrm{F}[\widetilde{E}(x_1, y_1)]_{f_x = \frac{x}{\lambda f}, \ f_y = \frac{y}{\lambda f}} \qquad (3.6-47)$$

该式表明，透镜后焦平面上的光场复振幅与衍射屏平面上光场复振幅的傅里叶变换之间，有一个相位因子，这个相位因子的存在，使衍射屏平面和透镜后焦平面上的光场复振幅间并非严格的傅里叶变换。但是，对于一次衍射的强度分布，这个相位因子不起作用，而在涉及二次衍射的相干光学处理系统中，它将使问题变得复杂。

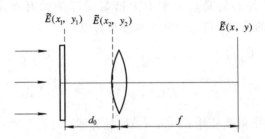

图 3-73 衍射屏置于透镜前方的傅里叶变换光路

当如图 3-74 所示，将衍射屏置于透镜的前焦平面上，即 $d_0 = f$ 时，有

$$\tilde{E}(x,y) = -\frac{\mathrm{i}}{\lambda f} \mathrm{F}[\tilde{E}(x_1,y_1)]_{f_x = \frac{x}{\lambda f}, f_y = \frac{y}{\lambda f}} \qquad (3.6-48)$$

这时，变换式前的相位因子消失，透镜后焦平面上的光场复振幅分布准确地是衍射屏平面上光场复振幅分布的傅里叶变换。

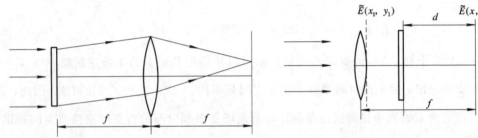

图 3-74 衍射屏置于透镜的前焦平面

图 3-75 衍射屏置于透镜后方的傅里叶变换光路

③ 位于衍射屏前方透镜的傅里叶变换特性。当如图 3-75 所示，将衍射屏放在透镜后 $(f-d)$ 处时，可以证明透镜后焦平面上的光场分布为

$$\tilde{E}(x,y) = -\frac{\mathrm{i}}{\lambda d} \frac{Af}{d} \mathrm{e}^{\mathrm{i}kd} \mathrm{e}^{\mathrm{i}k\frac{x^2+y^2}{2d}} \iint_{-\infty}^{\infty} \tilde{t}(x_1,y_1) P\left(\frac{f}{d}x_1, \frac{f}{d}y_1\right) \mathrm{e}^{-\mathrm{i}2\pi\frac{xx_1+yy_1}{\lambda d}} \, \mathrm{d}x_1 \, \mathrm{d}y_1$$

$$(3.6-49)$$

可见，透镜后焦平面上的光场复振幅与由有效光瞳函数所包围的那部分衍射屏所透射光场复振幅的傅里叶变换之间，有一个二次相位畸变因子。当 $d=f$、紧贴透镜放置衍射屏时，(3.6-49)式变为

$$\tilde{E}(x,y) = -\frac{\mathrm{i}}{\lambda f} \mathrm{e}^{\mathrm{i}kf} \mathrm{e}^{\mathrm{i}k\frac{x^2+y^2}{2f}} \mathrm{F}[\tilde{E}(x_1,y_1)]_{f_x = \frac{x}{\lambda f}, f_y = \frac{y}{\lambda f}} \qquad (3.6-50)$$

应当指出，这样一种傅里叶变换光路带来了改变空间频标的灵活性：d 增大时，频标 $f_x = x/(\lambda d)$，$f_y = y/(\lambda d)$ 变小，傅里叶变换式的空间分布范围变大；d 变小时，傅里叶变换式的空间分布范围变小。

（3）**透镜傅里叶变换的应用**　现在，以傅里叶光学中极为重要的 $4f$ 光学系统的运算为例，说明透镜傅里叶变换的应用。

$4f$ 光学系统结构如图 3-76 所示，两个焦距都为 f 的薄透镜 L_1 和 L_2 相距 $2f$，L_1 的前焦平面为输入面(x_1,y_1)，后焦平面（也是 L_2 的前焦平面）为频谱平面，频标为$(f_x=x_2/(\lambda f),\ f_y=y_2/(\lambda f))$，$L_2$ 的后焦平面为输出面(x_3,y_3)。如果在输入面内放置物函数 $\tilde{E}_1(x_1,y_1)$，则经 L_1 进行一次光学傅里叶变换，在其后焦平面上得到它的频谱函数 $\tilde{E}_1(f_x,f_y)$。该频谱经过 L_2 又进行一次光学傅里叶变换，根据积分定理可得输出函数为

$$\tilde{E}_1(x_3,y_3)=\mathrm{F}[\tilde{E}_1(f_x,f_y)]=\mathrm{FF}[\tilde{E}_1(x_1,y_1)]=\tilde{E}_1(-x_1,-y_1)\quad(3.6-51)$$

即输出为原函数，只是坐标发生了反转，或者说是输入的倒像。

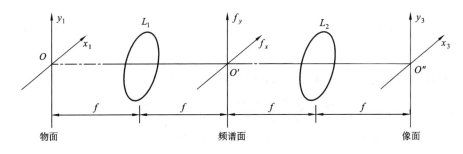

图 3-76　$4f$ 系统

为了更清楚起见，假设物函数 $\tilde{E}_1(x_1,y_1)$ 代表振幅型正弦光栅，当平行光照射此光栅时，将发生衍射，并在 L_1 后焦平面上形成三个亮点，它们分别相应于零级和 ±1 级衍射，是正弦光栅的频谱。在此，光栅的光场分布与该频谱互为傅里叶变换。由于这三个衍射光是相干的，它们在 L_2 的后焦平面上叠加，并得到正弦型的干涉条纹，它即是原光栅的倒像，该像与 L_2 前焦平面上的频谱也互为傅里叶变换。

如果在频谱面(f_x,f_y)上放置一块透明片，其透过率正比于另一物函数 $\tilde{E}_2(x,y)$ 的频谱函数 $\tilde{E}_2(f_x,f_y)$，则在透明片后面的总光场为二频谱函数的乘积 $\tilde{E}_1(f_x,f_y)\tilde{E}_2(f_x,f_y)$。这时，由于 L_2 的光学傅里叶变换，系统的输出为

$$\mathrm{F}[\tilde{E}_1(f_x,f_y)\tilde{E}_2(f_x,f_y)]=\tilde{E}_1(-x_3,-y_3)*\tilde{E}(-x_3,-y_3)\quad(3.6-52)$$

此即二物函数的卷积运算。

如果频谱平面(f_x,f_y)所设置透明片的透过率正比于 $\tilde{E}_1^*(f_x,f_y)$，则输出为输入物函数的自相关值：

$$\mathrm{F}[\tilde{E}_1(f_x,f_y)\tilde{E}_1^*(f_x,f_y)]=\tilde{E}_1(-x_3,-y_3)\otimes\tilde{E}_1(-x_3,-y_3)\quad(3.6-53)$$

由于 $4f$ 光学系统在卷积、相关及傅里叶变换对等运算中的能力，使之成为光学信息处理中极重要的一种光学系统。

3）夫朗和费衍射的傅里叶分析

这里讨论的几种夫朗和费衍射现象在前面均已讨论过，此处利用傅里叶分析方法讨论，可以得到相同的结论。

（1）**矩形孔夫朗和费衍射**　设一束单色平行光垂直入射到矩形孔上，矩形孔平面的光场复振幅分布为

$$\widetilde{E}(x_1, y_1) = \begin{cases} A & |x_1| \leqslant \dfrac{a}{2}, \ |y_1| \leqslant \dfrac{b}{2} \\ 0 & \text{其他} \end{cases} \qquad (3.6-54)$$

则矩形孔的夫朗和费衍射光场复振幅分布即是这个二维函数的傅里叶变换：

$$\widetilde{E}(f_x, f_y) = \mathrm{F}[\widetilde{E}(x_1, y_1)] = A \int_{-\frac{b}{2}}^{\frac{b}{2}} \int_{-\frac{a}{2}}^{\frac{a}{2}} \mathrm{e}^{-\mathrm{i}2\pi(f_x x_1 + f_y y_1)} \, \mathrm{d}x_1 \, \mathrm{d}y_1 \qquad (3.6-55)$$

如果略去上式中的常数因子，进行积分可以得到

$$\widetilde{E}(f_x, f_y) = \frac{\sin(\pi f_x a)}{\pi f_x a} \cdot \frac{\sin(\pi f_y b)}{\pi f_y b} = \mathrm{sinc}(f_x a) \, \mathrm{sinc}(f_y b) \qquad (3.6-56)$$

相应的光强度分布为

$$I = |\widetilde{E}(f_x, f_y)|^2 = \left[\frac{\sin(\pi f_x a)}{\pi f_x a}\right]^2 \left[\frac{\sin(\pi f_y b)}{\pi f_y b}\right]^2 = \mathrm{sinc}^2(f_x a) \, \mathrm{sinc}^2(f_y b)$$

$$(3.6-57)$$

(2) **单缝夫朗和费衍射**　如果 $b \gg a$，则矩形孔变成平行于 y_1 轴的狭缝(图 3-20)。在这种情况下，(3.6-56)式中的因子 $\dfrac{\sin(\pi f_y b)}{\pi f_y b}$ 在 x 轴之外实际上为零，衍射光将集中在 x 轴上，即沿着垂直于缝的方向扩展。因此，单缝夫朗和费衍射光场复振幅分布为

$$\widetilde{E}(f_x) = \frac{\sin(\pi f_x a)}{\pi f_x a} = \mathrm{sinc}(f_x a) \qquad (3.6-58)$$

其相应的光强度分布为

$$I = \left[\frac{\sin(\pi f_x a)}{\pi f_x a}\right]^2 = \mathrm{sinc}^2(f_x a) \qquad (3.6-59)$$

这与前面得到的结果完全一致。

进一步，按照傅里叶分析方法还可以讨论孔径大小 (a, b) 变化时，衍射图样的变化规律。根据(3.6-46)式，衍射图样上的光场复振幅分布为

$$\widetilde{E}(f_x, f_y) = \iint_{-\infty}^{\infty} \widetilde{E}(x_1, y_1) \mathrm{e}^{-\mathrm{i}2\pi(f_x x_1 + f_y y_1)} \, \mathrm{d}x_1 \, \mathrm{d}y_1 \qquad (3.6-60)$$

若在 x_1，y_1 方向上将孔的尺寸分别缩小到原来的 $1/m$ 和 $1/n$，则新衍射图样的光场复振幅分布为

$$\widetilde{E}_{m,n}(f_x, f_y) = \iint_{-\infty}^{\infty} \widetilde{E}(mx_1, ny_1) \mathrm{e}^{-\mathrm{i}2\pi(f_x x_1 + f_y y_1)} \, \mathrm{d}x_1 \, \mathrm{d}y_1 \qquad (3.6-61)$$

取 $x_1' = mx_1$，$y_1' = my_1$，代入上式可得

$$\widetilde{E}_{m,n}(f_x, f_y) = \frac{1}{mn} \iint_{-\infty}^{\infty} \widetilde{E}(x_1', y_1') \mathrm{e}^{-\mathrm{i}2\pi[f_x(x_1'/m) + f_y(y_1'/n)]} \, \mathrm{d}x_1' \, \mathrm{d}y_1' \qquad (3.6-62)$$

比较(3.6-60)和(3.6-62)式，得

$$\mathrm{F}\{\widetilde{E}(mx_1, ny_1)\} = \widetilde{E}_{m,n}(f_x, f_y) = \frac{1}{mn} \widetilde{E}\left(\frac{f_x}{m}, \frac{f_y}{n}\right) \qquad (3.6-63)$$

该式表明，空间域的缩小 (mx_1, ny_1)，对应着频率域的放大 $\left(\dfrac{f_x}{m}, \dfrac{f_y}{n}\right)$，这就是傅里叶变换的相似性定理(缩放定理)。由此可见，当衍射孔径缩小(或放大)时，相应衍射图样放大(或

缩小)，即空间频谱放大(或缩小)。

（3）**多孔或多缝的夫朗和费衍射**　利用傅里叶变换的相移定理可以很容易地在单孔(缝)衍射的基础上，确定多孔(缝)的衍射特性。

如图 3-77 所示，假设衍射孔径在衍射面上由 C_1 移到 C_1' 处，C_1 在透镜的光轴上。为了确定衍射孔径平移后的衍射特性，过 C_1' 取一坐标系 $x_1' C_1' y_1'$，且该坐标系与 $x_1 C_1 y_1$ 平行。设 α_1，β_1 为 C_1' 相对于 $x_1 C_1 y_1$ 坐标系的坐标，x_1'，y_1' 为孔径上任一点 M 相对于 $x_1' C_1' y_1'$ 坐标系的坐标，则 M 相对于 $x_1 C_1 y_1$ 坐标系的坐标为

$$\left.\begin{array}{l} x_1 = x_1' + \alpha_1 \\ y_1 = y_1' + \beta_1 \end{array}\right\} \tag{3.6-64}$$

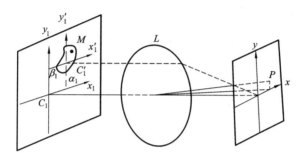

图 3-77　平移孔径衍射的傅里叶分析

当 C_1' 在 C_1 处时，在透镜后焦平面 xy 平面上任一点 P 的光场复振幅为

$$\widetilde{E}(f_x, f_y) = \iint\limits_{-\infty}^{\infty} \widetilde{E}(x_1, y_1) \mathrm{e}^{-\mathrm{i}2\pi(f_x x_1 + f_y y_1)} \, \mathrm{d}x_1 \, \mathrm{d}y_1 \tag{3.6-65}$$

当孔径平移后，P 点处的光场复振幅应为

$$\widetilde{E}'(f_x, f_y) = \iint\limits_{-\infty}^{\infty} \widetilde{E}(x_1', y_1') \mathrm{e}^{-\mathrm{i}2\pi[f_x(x_1'+\alpha_1)+f_y(y_1'+\beta_1)]} \, \mathrm{d}x_1' \, \mathrm{d}y_1'$$

$$= \mathrm{e}^{-\mathrm{i}2\pi(f_x \alpha_1 + f_y \beta_1)} \iint\limits_{-\infty}^{\infty} \widetilde{E}(x_1', y_1') \mathrm{e}^{-\mathrm{i}2\pi(f_x x_1' + f_y y_1')} \, \mathrm{d}x_1' \, \mathrm{d}y_1' \tag{3.6-66}$$

令 $\delta_1' = f_x \alpha_1 + f_y \beta_1$，并比较(3.6-65)与(3.6-66)式，可得

$$\widetilde{E}'(f_x, f_y) = \mathrm{e}^{-\mathrm{i}2\pi\delta_1'} \widetilde{E}(f_x, f_y) \tag{3.6-67}$$

光强度为

$$| \widetilde{E}'(f_x, f_y) |^2 = | \widetilde{E}(f_x, f_y) |^2 \tag{3.6-68}$$

上二式表明，当衍射孔径在孔径平面内移动一个距离后，衍射图样的光强度分布不改变，只是光场相位有一个 δ_1' 变化，这就是傅里叶变换的相移定理。据此傅里叶变换相移定理，可以很方便地确定多孔(缝)夫朗和费衍射特性。

① 双缝夫朗和费衍射。如图 3-78 所示的双缝衍射结构，两缝(1)、(2)对称于光轴，缝宽为 a，两缝中心间距为 d。按照(3.6-67)式，在透镜后焦平面上任一 P 点产生的光场复振幅为

$$\widetilde{E}'(f_x, f_y) = \mathrm{e}^{-\mathrm{i}2\pi\delta_1'} \widetilde{E}(f_x, f_y) + \mathrm{e}^{-\mathrm{i}2\pi\delta_2'} \widetilde{E}(f_x, f_y) \tag{3.6-69}$$

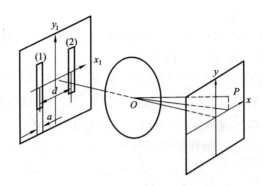

图 3 - 78 双缝衍射的傅里叶分析

其中 $\widetilde{E}(f_x, f_y)$ 是处在光轴上的单缝在 P 点产生的光场复振幅,由(3.6 - 58)式有

$$\widetilde{E}(f_x, f_y) = \widetilde{E}(f_x) = \frac{\sin(\pi f_x a)}{\pi f_x a} \qquad (3.6 - 70)$$

又因

$$\delta_1' = f_x \alpha_1 + f_y \beta_1 = f_x \frac{d}{2} \qquad (3.6 - 71)$$

$$\delta_2' = - f_x \frac{d}{2} \qquad (3.6 - 72)$$

所以 P 点的光场复振幅为

$$\widetilde{E}'(f_x) = (e^{-i\pi f_x d} + e^{i\pi f_x d}) \frac{\sin(\pi f_x a)}{\pi f_x a} \qquad (3.6 - 73)$$

光强度为

$$I = \left[\frac{\sin(\pi f_x a)}{\pi f_x a} \right]^2 \cos^2(\pi f_x d) \qquad (3.6 - 74)$$

② 多缝夫朗和费衍射。同理,对于 N 个缝的衍射,P 点的光场复振幅为

$$\widetilde{E}'(f_x) = (1 + e^{-i2\pi f_x d} + e^{i2\pi f_x d} + e^{-i4\pi f_x d} + e^{i4\pi f_x d} + \cdots) \frac{\sin(\pi f_x a)}{\pi f_x a} \qquad (3.6 - 75)$$

光强度为

$$I = \left[\frac{\sin(\pi f_x a)}{\pi f_x a} \right]^2 \left[\frac{\sin(N\pi f_x d)}{\sin(\pi f_x d)} \right]^2 \qquad (3.6 - 76)$$

(4) **菲涅耳衍射的傅里叶分折** 菲涅耳衍射是观察屏距离衍射孔径比较近的区域内观察到的衍射现象,其计算公式为(3.1 - 21)式。考虑到在 Σ 之外的光场复振幅 $\widetilde{E}(x_1, y_1) = 0$,计算公式可表示为

$$\widetilde{E}(x, y) = - \frac{i}{\lambda z_1} \iint_{-\infty}^{\infty} \widetilde{E}(x_1, y_1) e^{ikz_1 \left[1 + \frac{(x-x_1)^2 + (y-y_1)^2}{2z_1^2} \right]} \, dx_1 \, dy_1 \qquad (3.6 - 77)$$

如果将式中指数函数的二次项展开,上式可表示为

$$\widetilde{E}(x, y) = - \frac{i e^{ikz_1} e^{\frac{ik}{2z_1}(x^2 + y^2)}}{\lambda z_1} \iint_{-\infty}^{\infty} \widetilde{E}(x_1, y_1) e^{\frac{ik}{2z_1}(x_1^2 + y_1^2)} e^{-i2\pi \left(\frac{x}{\lambda z_1} x_1 + \frac{y}{\lambda z_1} y_1 \right)} \, dx_1 \, dy_1$$

$$= - \frac{i e^{ikz_1} e^{\frac{ik}{2z_1}(x^2 + y^2)}}{\lambda z_1} F \left[\widetilde{E}(x_1, y_1) e^{\frac{ik}{2z_1}(x_1^2 + y_1^2)} \right]_{f_x = \frac{x}{\lambda z_1}, f_y = \frac{y}{\lambda z_1}} \qquad (3.6 - 78)$$

这个表示式就是菲涅耳衍射的傅里叶变换表达式。该式表明，除了积分号前的一个与 x_1，y_1 无关的振幅和相位因子外，菲涅耳衍射的光场复振幅分布 $\tilde{E}(x,y)$ 是衍射孔径平面光场复振幅分布 $\tilde{E}(x_1,y_1)$ 和一个二次相位因子 $\mathrm{e}^{\frac{\mathrm{i}k}{2z_1}(x_1^2+y_1^2)}$ 乘积的傅里叶变换，变换在空间频率 $\left(f_x=\dfrac{x}{\lambda z_1},f_y=\dfrac{y}{\lambda z_1}\right)$ 上取值。

进一步，由于参与傅里叶变换的二次相位因子 $\mathrm{e}^{\frac{\mathrm{i}k}{2z_1}(x_1^2+y_1^2)}$ 与 z_1 有关，因而菲涅耳衍射的光场分布也与 z_1 有关，所以在菲涅耳衍射区内，位于不同 z_1 位置的观察屏将得到不同的衍射图样。从频谱分析的观点看，衍射孔径平面上的光场分布可以看成是具有不同空间频率 (f_x,f_y) 的平面光波的线性叠加，这些平面光波分量在传播到菲涅耳衍射区的观察屏上时，将产生一个与空间频率和距离 z_1 有关的相移，这些变化了相位的平面光波分量的线性叠加就是观察平面上的光场分布，因而菲涅耳衍射的光场分布与距离 z_1 有关。与此不同，在夫朗和费近似下，可以认为对应于一种空间频率 (f_x,f_y) 的平面光波会聚于衍射场中的一点，于是，在夫朗和费衍射区内，不同 z_1 处的光场分布是相同的，即夫朗和费衍射的光场分布与 z_1 无关。

最后再次指出，上面关于光波衍射现象的讨论不仅使我们了解了研究衍射问题的另外一种方法，更重要的是使我们认识到衍射现象提供了一种进行傅里叶变换的光学方法，这种方法对于光学信息处理应用有特别重要的意义。

3.6.2　二元光学——衍射光学

1. 二元光学概述

二元光学是 20 世纪 80 年代中期提出并在 90 年代迅速发展起来的一门新兴的光学分支，它的理论基础是光波衍射理论，它是光学与微电子技术相互渗透、交叉形成的前沿学科。

关于二元光学的定义，目前普遍认为是指基于光波的衍射理论，利用计算机辅助设计，并用超大规模集成(VLSI)电路制作工艺，在片基上(或传统光学器件表面)刻蚀产生两个或多个，甚至近似连续分布台阶的浮雕结构，形成纯相位、同轴再现、具有极高衍射效率的一类衍射光学元件。图 3-79 示出了一个折射透镜演变成 2π 模的连续浮雕及多阶浮雕结构表面二元光学元件的过程。由于浮雕结构的制作方法是基于表面分步成形技术，每次刻蚀可得到二倍的相位阶数，故称其为二元光学，而且往往就称为衍射光学。二元光学

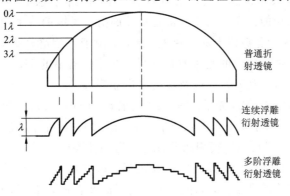

图 3-79　折射透镜到二元光学元件浮雕结构的演变

不仅在变革常规光学元件、变革传统光学技术上具有创新意义，而且能够实现传统光学许多难以达到的目的和功能。它的出现将给传统光学设计理论及加工工艺带来一次革命。

在现代光学领域中，微光学是研究微米、纳米级尺寸的光学元器件的设计、制作工艺及利用这类器件实现光波的发射、传输、变换及接收的理论和技术的新学科，而微光学发展的两个主要分支就是基于折射原理的梯度折射率光学和基于衍射理论的二元光学。二元光学除由于具有体积小、重量轻、容易复制等显而易见的优点外，还具有如下独特的功能和特点：

① 高衍射效率。二元光学元件是一种纯相位衍射光学元件，因其可做成多相位阶数的浮雕结构，衍射效率很高。当利用亚波长微结构及连续相位面形时，可达到接近 100% 的效率。

② 独特的色散性能。在一般情况下，二元光学元件多在单色光下工作。但由于它是一个色散元件，且与常规元件的色散特性不同，可在折射光学系统中同时校正球差与色差，构成混合光学系统，并已用于新的非球面设计和温度补偿等技术中。

③ 设计自由度多。在传统的折射光学系统或镜头设计中，只能通过改变曲面的曲率或使用不同的光学材料校正像差，而在二元光学元件中，则可通过波带片的位置、槽宽与槽深及槽形结构的改变产生任意波面，大大增加了设计变量，从而能设计出许多传统光学所不能的全新功能光学元件，对于光学设计来说这是一种新的变革。

④ 宽广的材料可选性。二元光学元件可将二元浮雕面形刻蚀在玻璃、电介质或金属基底上，可选用材料很多。对诸如 ZnSe 和 Si 等光学性能不理想的红外材料，二元光学元件也可将其利用，并在相当宽的波段内作到消色差；在远紫外应用中，可使有用的光学成像波段展宽 1000 倍。

⑤ 特殊的光学功能。二元光学元件可产生一般传统光学元件所不能实现的光学波面，如非球面、环状面、锥面和镯面等，并可集成得到多功能元件；使用亚波长结构还可得到宽带、大视物、消反射和偏振等特性。

目前，二元光学的研究重点主要集中在三个领域：超精细衍射结构的分析理论与设计；激光束或电子束直写技术及高分辨率刻蚀技术；二元光学在各种领域中的应用。其中，二元光学的 CAD、掩模技术、刻蚀技术和同步辐射光成形（LIGA）技术是核心技术。可以说二元光学在光学传感、光通信、光计算、数据存储、激光医学、娱乐消费以及许多特殊的系统中均可获得广泛的应用，特别是已应用于如下领域：

① 利用二元光学技术改进传统的折射光学元件，提高它们的常规性能，实现普通光学元件无法实现的特殊功能。这类元件通常是在球面折射透镜的一个面上刻蚀衍射图案，实现折/衍复合消像差和较宽波段上的消色差。此外，由于二元光学元件能产生任意波面，可用作材料加工和表面热处理中的光束整形元件、医疗仪器中的 He - Ne 激光聚焦校正器、光学并行处理系统中的光互连元件以及辐射聚焦器等。

② 应用于微光学元件和微光学阵列。20 世纪 80 年代，二元光学进入微光学领域，向微型化、阵列化发展，元件大小从十几微米至 1 mm。用二元光学方法制作的高密度微透镜阵列的衍射效率很高，且可实现衍射极限成像。当刻蚀深度超过几个波长时，微透镜阵列表现出普通的折射元件特性，但其结构比较灵活，可以是矩形、圆形或密排六方形排列；能产生各种轮廓形状的透镜表面，如抛物面、椭圆面及合成表面等；阵列透镜的"死区"可降到零（即填充因子达到 100%）。这类高质量的微透镜阵列，在光通信、光学信息处理、光

存储和激光扫描等许多领域中有着重要的应用。

③ 目前，二元光学正应用于多层或三维集成微光学，在成像和复杂的光互连中进行光束变换和控制。这种多层微光学能将光的变换、探测和处理集成为一体，构成一种多功能的集成光电处理器。这一进展将使一种能按不同光强进行适应性调整、探测出目标的运动，并自动确定目标在背景中的位置的图像传感器成为可能。

二元光学是建立在衍射理论、计算机辅助设计和微细加工技术基础上的光学领域的前沿科学之一，超精细结构衍射元件的设计与加工是发展二元光学的关键技术。二元光学的发展不仅使光学系统的设计和加工工艺发生深刻的变革，而且其总体发展趋势是未来微光学、微电子学和微机械的集成技术和高性能的集成系统。

2. 二元光学元件

1）二元光学元件的衍射效率

衍射效率是二元光学中的一个非常重要的概念，也是二元光学元件的关键性能指标。这里重点讨论相位轮廓量化后的衍射效率。

图 3-80 是一维锯齿形相位光栅，T 为周期，d 为锯齿深度，n 为折射率，λ 为工作波长。类似前面的讨论，其透射系数为

$$\tilde{t}(x) = \sum_m \delta(x - mT) * \mathrm{rect}\left(\frac{x}{T}\right) e^{i2\pi f_0 x} \tag{3.6-79}$$

式中，$f_0 = (n-1)d/(\lambda T)$；m 是整数。

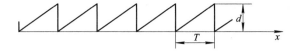

图 3-80　一维锯齿形相位光栅

如果入射光是垂直入射的单位振幅平面波，则由（3.6-23）式可知，透射的谱就是 $\tilde{t}(x)$ 的傅里叶变换：

$$\mathrm{F}\{\tilde{t}(x)\} = \sum_m \delta\left(f - \frac{m}{T}\right) \frac{\sin[\pi T(f - f_0)]}{\pi T(f - f_0)} \tag{3.6-80}$$

式中的 f 是 x 方向的空间频率。第 m 级衍射光场的复振幅为

$$\widetilde{E}_m = \frac{\sin\left[\pi T\left(\frac{m}{T} - f_0\right)\right]}{\pi T\left(\frac{m}{T} - f_0\right)} \tag{3.6-81}$$

其衍射效率为

$$\eta_m = \widetilde{E}_m \cdot \widetilde{E}_m^* = \left\{\frac{\sin\left[\pi\left(m - \frac{n-1}{\lambda}d\right)\right]}{\pi\left(m - \frac{n-1}{\lambda}d\right)}\right\}^2 \tag{3.6-82}$$

假定要对光栅的第一级（$m=1$）闪耀，即 $\eta_1 = 1$，则 d 应满足条件：$d = \lambda/(n-1)$。

在二元光学技术中，多以台阶状的轮廓逼近锯齿形的相位轮廓，图 3-81 分别示出了相应于 2、4 和 8 个台阶的锯齿形光栅。显然，一个周期内的台阶数目愈多，愈接近所期望的相位轮廓。但是，当将锯齿形的相位轮廓量化成台阶状后，实质上就变成了另一块光栅，其相位轮廓函数也不再是（3.6-79）式中的 $e^{i2\pi f_0 x}$。二元光学中所关注的是衍射效率与台阶

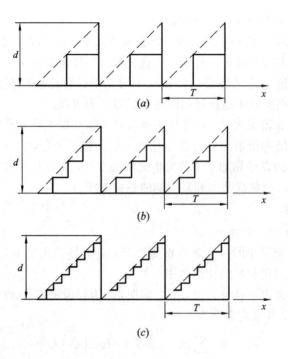

图 3-81 多阶相位轮廓光栅

数目的关系。设每个台阶的高度相同，台阶总数是 $L=2^N$ （N 是正整数），令 K 是自左向右的台阶序号，则相应的相位函数是 $\sum\limits_{K=0}^{L-1} \mathrm{e}^{\mathrm{i}2\pi K f_0 T/L} \mathrm{rect}\left(\dfrac{x-KT/L}{T/L}\right)$，此光栅的透射函数 $\tilde{t}_s(x)$ 可写成

$$\tilde{t}_s(x) = \sum_m \delta(x-mT) * \left\{ \mathrm{rect}\left(\frac{x}{T}\right)\left[\sum_{K=0}^{L-1} \mathrm{e}^{\mathrm{i}2\pi K f_0 T/L} \mathrm{rect}\left(\frac{x-KT/L}{T/L}\right)\right]\right\} \quad (3.6-83)$$

其空间频谱为

$$\mathrm{F}\{\tilde{t}_s(x)\} = \sum_m \delta\left(f-\frac{m}{T}\right)\mathrm{e}^{-\mathrm{i}2\pi fT/L}\left(\frac{1}{L}\right)\frac{\sin(\pi fT/L)}{\pi fT/L}\sum_{K=0}^{L-1}\mathrm{e}^{\mathrm{i}2\pi f(T/L)(f_0-f)} \quad (3.6-84)$$

对 $m=1$，有 $f=1/T$，则 1 级闪耀的衍射效率为

$$\eta_{s1} = \widetilde{E}_{s1} \cdot \widetilde{E}_{s1}^* = \left[\frac{\sin(\pi/L)}{\pi/L}\right]^2 = \left(\mathrm{sinc}\frac{1}{L}\right)^2 \quad (3.6-85)$$

这里已利用了 $d=\dfrac{\lambda}{n-1}$。(3.6-85)式是二元光学中描述衍射效率与台阶数目关系的一个基本公式。当 $L=2,4,8$ 和 16 时，分别有 $\eta_{s1}=40.5\%$，81%，94.9% 和 98.6%。

2）几种二元光学元件应用

（1）**二元光学透镜用于成像系统** 在激光应用中，例如用于外科手术的 CO_2 "激光刀"，经常需要调整使得激光束聚焦在某一工作点上。由于 CO_2 激光（$\lambda=10.6\ \mu m$）不可见，通常采用 He-Ne 激光（$\lambda=0.6328\ \mu m$）导引。但是，由于 CO_2 和 He-Ne 激光束的波长不相同，若采用单片透镜，将使得两束光的焦点不重合。为此，可以将平凸透镜和基底为平面的二元光学衍射透镜组合制成混合透镜，利用二元光学透镜（BOL）进行色差补偿，使二光束聚焦于同一点。其原理如图 3-82 所示：由于光折射通过光学玻璃制作的透镜，红光比红外光的偏射角大（此即是透镜的色差），而衍射光栅的衍射角与波长成正比，红外光比红光的衍射效应强，因此，若将折射透镜与 BOL 密接，利用 BOL 的色散特性与材料的无关性和负向性，就可以补偿透镜的色差。

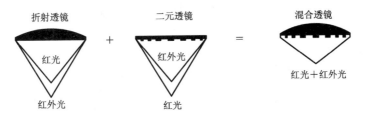

图 3-82　折衍混合透镜的聚焦特性

上述折衍混合透镜消色差的方法，较之传统光学折射系统设计方法有许多优点。下面以折衍混合目镜设计为例进行说明。

由于目镜在光学系统的重要性，通常要求其有较大的眼点距和优良的像质，综合指标较高。对于传统光学设计而言，进一步完善目镜的性能已非常困难，其主要原因是传统光学折射系统的以下固有局限性：

① 由于消色差负透镜的加入使得正光焦度显著增大，因而整个系统结构复杂、庞大、笨重。

② 折射系统消色差会使得大部分折射表面弯曲严重，加大了单色像差，且其校正非常复杂。

对于由 BOL 与折射透镜组成的消色差混合目镜，因 BOL 具有与折射元件相反的等效色散，均由正透镜组成，这样就可以大大降低折射透镜的表面曲率，使单色像差易于校正。此外，BOL 本身不产生匹兹万场曲，又因无负透镜介入而使折射面曲率变小，因而场曲必然下降。再者，BOL 还可用于校正大视场的畸变，可减少组成器件数目和所需材料的种类，减小组成器件的体积、重量，从而大大简化系统结构，提高系统性能，降低成本。

图 3-83(a) 为传统的埃尔弗（Erfle）目镜结构示意图，图 (b) 为三片型混合目镜设计，这两种结构的性能参数（焦距、F 数和视场）完全相同。由图可见，埃尔弗目镜由五片透镜组成，正负光焦度都较大，而混合目镜的折射器件曲率大大减小，重量仅为埃尔弗目镜的 1/3，且其畸变、色差有明显改善，综合性能有较大提高。

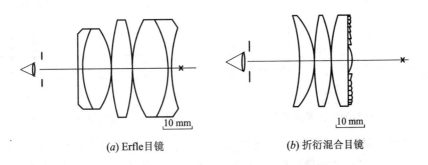

(a) Erfle目镜　　　　　　　　　(b) 折衍混合目镜

图 3-83　传统及折衍混合目镜结构示意图

（2）**波面校正与光束整形**　在激光的许多应用中，对激光的波面、光强分布、模式及光斑的形状与大小等提出了许多特殊的要求。例如，在光计算与光学测量中，要求激光光束的振幅及相位均匀分布；在激光加工和热处理中，为实现一次成型的高效率加工，需要使用形状各异（矩形、环状或直线形等）甚至大小可变的激光光斑；在惯性约束核聚变（ICF）、高压冲击波实验研究中，则严格要求对靶面照明的激光强度分布均匀且光斑呈无旁瓣的"平顶"分布。利用二元光学元件的设计，可以实现这种波前校正与光束整形的要求。

图 3-84 示出了产生高均匀小焦斑的器件应用，通过二元全互连器件（BOE）调制入射光束的相位，可以在聚焦透镜焦平面上获得要求的均匀光斑。设入射光为基模高斯光束

$$I(r) = \mathrm{e}^{-\frac{2r^2}{w_0^2}} \qquad (3.6-86)$$

式中 w_0 为束腰半径，则可以利用几何变换法得到 BOE 的相位分布为

$$\phi_1(r) = \frac{k}{f} \int_0^r \sqrt{\alpha(1 - \mathrm{e}^{-2r_1^2/w_0^2})} \, \mathrm{d}r_1 \qquad (3.6-87)$$

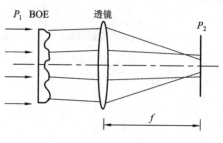

图 3-84　光束均匀变换示意

式中，$\alpha = \dfrac{R_0^2}{1 - \exp(-2r_0^2/w_0^2)}$；$f$ 是透镜焦距；$k = 2\pi/\lambda$；λ 为波长；r_0 是入射光束半径；R_0 是理想焦斑半径。运用数值积分法可求出 BOE 相位初值。利用几何变换法得到的焦斑强度分布如图 3-85 所示。进一步采用其它算法进行优化设计，可以得到更为理想的焦斑光强分布。

图 3-86 示出了利用微光学透镜可以实现坐标变换的应用。图(b)为特殊设计的微光学透镜，它可以把圆对称的图形（图(a)）变成长方形（图(c)），实际上，这种变换实现了极坐标和直角坐标之间的变换。显然，这是其它光学元件难以做到的。

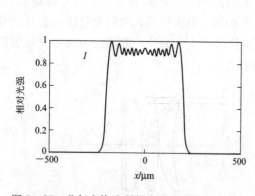

图 3-85　几何变换法所得焦斑光强分布（一维）

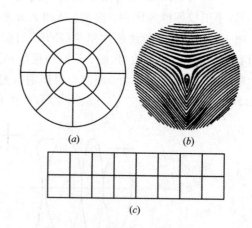

图 3-86　微光学透镜用于坐标变换

（3）**激光光束的叠加**　在有些激光应用中，单个激光器的输出功率不能满足要求，利用多个激光器进行光束叠加则既能有效地提高功率，又能提高系统的鲁棒性（单个激光器的损坏对输出光束的影响甚微）。而二元光学器件是实现这种光束叠加的有效方法。

一阵列激光器发出的多个相干光束相交于一点，所产生的干涉场分布 $|\widetilde{E}(x, y)| \cdot \exp(\mathrm{i}\varphi(x, y))$ 取决于光束间的夹角和相位关系。今若设计一特殊的二元相位光栅，并将其放置在干涉面上，可将干涉场转化为孔径受限的平面波。这个二元相位光栅是一种相位共

轭光栅，透过率为

$$\widetilde{t}(x,\ y) = \frac{1}{|\ \widetilde{E}(x,\ y)\ |} e^{-i\varphi(x,\ y)} \qquad (3.6-88)$$

通常取其振幅透过率为 1。激光通过该相位共轭光栅后，耦合为零级光束，其光振幅等于合成光场的平均值

$$\widetilde{E}_0 = \int_{-\infty}^{\infty} \int_{-\infty}^{\infty} |\ \widetilde{E}(x,\ y)\ |\ \mathrm{d}x\,\mathrm{d}y \qquad (3.6-89)$$

选择阵列激光束的相位，使上式中的振幅$|\widetilde{E}(x,\ y)|$有最大值，即可获得最大的光栅耦合效率。

图 3-87 示出一应用二元相位光栅实现光束叠加的共腔结构。共腔结构用来建立各激光束间的相干性和适当的相位关系，通过公共的输出反射镜获得各激光器的反馈光，其中的二元相位光栅经优化设计后应同时具有良好的分束与合束功能。

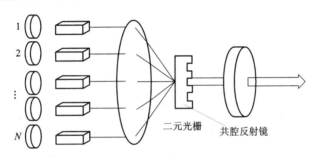

图 3-87 共腔结构的二元光学相位光栅实现光束叠加

图 3-88 为"注入锁定"法实现光束叠加的共腔结构。其中二元相位光栅具有双重功能，即将注入锁定信号均分于 N 个随动激光器，同时将它们的输出合并为一均匀光束。

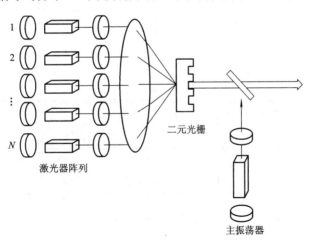

图 3-88 "注入锁定"法实现光束叠加的共腔结构

3. 二元光学元件的制作

二元光学元件的制作方法很多，按照所用掩模版及加工表面浮雕结构的特点可分为图3-89 所示的三种方法：

① 图(a)是标准的二元光学制作方法,由二元掩模版经多次图形转印、套刻,形成台阶式浮雕表面;

② 图(b)是直写法,该方法无需掩模版,仅通过改变曝光强度直接在器件表面形成连续浮雕轮廓;

③ 图(c)是灰阶掩模图形转印法,所用掩模版透射率分布是多层次的,经一次图形转印即可形成连续或台阶表面结构。

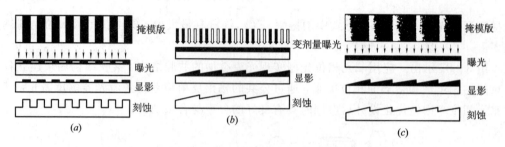

图 3-89 二元光学元件的制作方法

图 3-90 给出了利用刻蚀法制作八阶相位型菲涅耳波带透镜的过程示意。

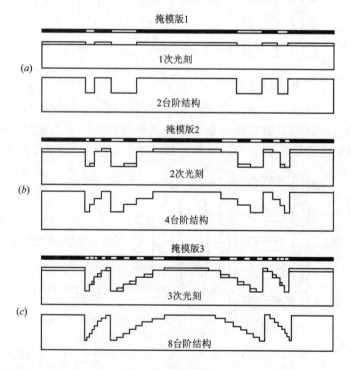

图 3-90 刻蚀法制作八阶相位型菲涅耳波带透镜

3.6.3 近场光学简介

1. 近场光学概述

前面讨论了光通过孔隙产生的衍射现象,这些讨论都是在孔隙线度大于光波长、远小于光源和观察点到孔隙距离的条件下进行的。在讨论中,特别指出了在通常所遇到的光学成像系统中,衍射极限限制了它们的空间分辨率。例如,光学显微镜由于衍射效应造成的最小可分辨距离为

$$\varepsilon = \frac{0.61\lambda}{NA} \qquad (3.6-90)$$

当使用高数值孔径(NA=1.3~1.5)的光学镜头时,其空间分辨率上限约为光波长的一半。由于这个限制,使用常规显微镜不可能分辨比 $\lambda/2$ 更小的物体。

1928 年,E. H. Synge 提出了一个突破衍射极限的设想:用小于半波长的微探测器在物体表面上扫描,就可以获得亚微米波长的分辨率。但由于当时的工艺条件无法解决小孔的制作、小孔的精确定位和扫描等技术问题,因而这个设想未能实现。直到 1972 年,E. A. Ash 等人应用近场的概念,在微波波段($\lambda=3$ cm)上实现了 $\lambda/60$ 的分辨率。

随着纳米技术、微电子技术、半导体表面技术等现代技术的发展,传统光学系统分辨率已成为许多现代光电子技术应用发展的瓶颈,例如集成电路中基于平板印刷的光刻技术和现代光盘存储技术等;随着高新科技的发展,人们对物质介观和微观认识的不断深入,对于成像光学的分辨率也提出了更高的要求,要求达到纳米量级。正是由于这种科学技术发展的需求,在上个世纪 80 年代,出现了一种新型交叉学科理论——近场光学。它对于传统光学成像系统的分辨极限产生了革命性的突破,可将显微术的空间分辨率开拓到光波长的几十分之一,尤其是随之发展起来的无孔方式近场扫描光学显微术,已达到小于 1 nm 的极高分辨率,使得显微术在材料科学、凝聚态物理、化学、生物学、地学等领域内有了重大的、开拓性的应用前景。

2. 近场光学原理

由发光体发光过程的电磁理论知道,物体内的电子流或电子密度分布与物体外的电磁场分布密切相关,因此,物体发出的光波携带了物体的形貌信息,可以通过探测物体外的电磁场分布获取物体表面的结构信息。

如果将一光照物体发出的光波通过一个会聚光学系统(例如一个透镜),使所有携带物体形貌信息的光波能够到达几何像面,则可以获得物像。根据傅里叶光学理论,从空间频率域来看,物体表面发出的光波,可以看做是沿不同方向传播的平面光波(空间频谱)的线性叠加,物像实际上是各个平面光波(空间频谱)传播到几何像面上的叠加。下面以线状物作为成像的物体,基于空间频率域理论分析光学系统的成像。

如图 3-91 所示,单色光波照明线状物(狭缝),物面上的光场复振幅为

$$\widetilde{E}(x, 0) = \int_{-\infty}^{\infty} E_f e^{i2\pi f_x x} \, df_x \qquad (3.6-91)$$

式中的被积函数可以看做是在 xOz 平面内、沿不同方向传播的均匀平面光波场

$$\widetilde{E}_f(x, z) = E_f e^{i2\pi(f_x x + f_z z)} \qquad (3.6-92)$$

在物面 $z=0$ 上的值。上式中,f_x 和 f_z 是沿 x 轴和 z 轴方向的空间频率。如果光波在物面后介质中传播的波长为 λ,则有

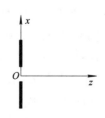

图 3-91 单色光波照明狭缝

$$f_x^2 + f_z^2 = \left(\frac{1}{\lambda}\right)^2 \qquad (3.6-93)$$

由此可见，物面上光场的分布可以看做是沿不同方向传播的均匀平面光波的叠加。根据平面光波的传播特性，在物面以后任意 z 平面上光场的分布可以表示为

$$\widetilde{E}(x, z) = \int_{-\infty}^{\infty} E_f e^{i2\pi(f_x x + f_z z)} \, \mathrm{d}f_x \qquad (3.6-94)$$

式中空间频率 f_x 可以取到无穷大，f_x 越大，所代表的平面光波与 z 轴的夹角越大。由前面讨论的光栅衍射理论已知，光栅常数越小，其一级衍射条纹的衍射角越大，所以上式中沿 x 方向空间频率 f_x 越大的分量，代表了物面上更细小的结构信息。当空间频率 f_x 比 $1/\lambda$ 小时，上式中的被积函数为在 xOz 平面内传播的平面波，而 f_x 比 $1/\lambda$ 大时，沿 z 方向的空间频率只能取复数，即 $f_z = ia$，此时，(3.6-92)式变为

$$\widetilde{E}_f(x, z) = E_f e^{-\alpha z} e^{i2\pi f_x x} \qquad (3.6-95)$$

相应于该式的平面波沿 z 轴方向指数衰减，称为衰逝波（或倏逝波）。因此，由(3.6-94)式，物面以后的光波场为

$$\widetilde{E}(x, z) = \int_{-1/\lambda}^{1/\lambda} E_f e^{i2\pi(f_x x + f_z z)} \, \mathrm{d}f_x + \int_{-\infty}^{-1/\lambda} E_f e^{-\alpha z} e^{i2\pi f_x x} \, \mathrm{d}f_x + \int_{1/\lambda}^{\infty} E_f e^{-\alpha z} e^{i2\pi f_x x} \, \mathrm{d}f_x$$

$$(3.6-96)$$

由该式可见，物面以后的光波场中，第一项代表物面中的空间低频信息行波在空间自由传播，而后面两项代表物面中的空间高频信息衰逝波随着远离物面而衰减。

在传统的成像光学仪器中，其工作的距离比较远，一般称为远场区，这时物面上只有空间频率小于波长的倒数的信息才能够传播到像面，所以空间分辨率受到限制，一般限制在波长量级。而要获得物体表面的亚波长的超分辨率信息，只有检测物体表面发出的衰逝波才有可能，这种衰逝波只存在距离物体表面几个波长的范围内，一般称为近场区。距离物体表面越近，衰逝波越强，包含有更高空间频谱的成分，所以要获得物体的超分辨率信息，一般要求能够获得距离物体表面 1/10 波长范围内的光波。近场光学就是研究物体表面附近近场区的光场分布以及近场区衰逝波的探测、实现超分辨率的技术。

3. 近场光学探测原理

进行近场光学探测，实现近场超分辨率信息获取的基本技术就是扫描近场光学显微术（SNOM），它是近场光学应用的基础。在 SNOM 中获得物体超分辨率的信息的根本方法，就是在样品的近场区引入具有亚波长结构的元件——光学探针，将样品表面的衰逝波耦合成为在远场可以进行探测的行波。

SNOM 的探测原理决定了它和一般成像光学系统的区别。一般光学系统可以同时在像面上获取物体各点的像，而 SNOM 采用的是扫描方式，逐点扫描成像。图 3-92 示出了 SNOM 的探测原理：图中具有纳米尺寸小孔的光学探针和样品间距保持在纳米级，光源经过探针的小孔照明样品。由于探针的孔径为亚波长，从光学探针发出的照明光波主要为衰逝波。照明的衰逝波与样品表面的亚波长结构相互作用，可以产生传播到远场区的行波，通过探测器进行记录。在探测中，样品和光学探针在水平方向作相对运动，相当于探针在样品表面进行扫描。相应于探针在样品表面的不同位置，样品的表面形貌不同，样品和探针的耦合程度不同，远场探测到的信号也不同。所以，远场探测信号的变化反映了样品表

面的亚波长的结构信息。

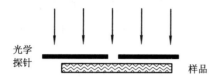

图 3-92　SNOM 的探测原理

随着激光器和激光技术的发展，基于压电陶瓷探针和样品间距控制的扫描隧道显微镜（STM）的发明，以及微细加工等工艺的成熟，为 SNOM 近场探测奠定了坚实的技术保障。

在 SNOM 中，决定系统分辨率的因素不再是照明光波的波长，而主要是由探针的小孔和探针—样品的间距决定。SNOM 光学探针的形式比较多，但是最为主要的就是由光纤通过热拉或腐蚀而形成的具有锥形结构的光纤探针。

4. 扫描近场光学显微镜

自 20 世纪 80 年代以来，SNOM 与多种光谱技术相结合，已成为探测介质微观结构特性的有力工具。其近场超分辨率成像的主要应用前景是：单分子观测、生物结构的荧光观测、对量子结构的荧光谱进行诊断等。

图 3-93 是一种典型的 SNOM 总体结构示意图，主要包括光学探针、探针扫描控制器（包括探针—样品间距控制、x-y 扫描驱动器）、光输入系统、信号采集及处理系统、平台。

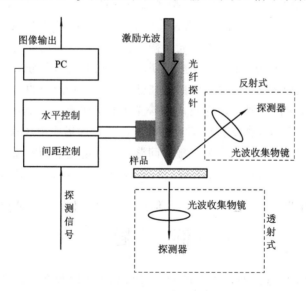

图 3-93　扫描近场光学显微镜结构图

与传统的光学系统相比，SNOM 中需要解决的关键技术是：

（1）加工具有纳米尺寸结构的光学探针　光学探针是 SNOM 的关键元件，被用作为微光源或信号接收器。因为探针的孔径愈小，SNOM 的分辨率愈高；照明愈亮，就可能有足够的信噪比，但这两者往往是矛盾的，需视用途全面考虑。通常，制作探针的核心问题是小尺度和高的光透过率。与现有的扫描隧道显微镜（STM）中的金属探针和原子力显微镜（AFM）中的悬臂探针不同的是，SNOM 的探针一般采用介质材料，可以发射或接收光子，其尖端尺度为 1 nm～100 nm，以能将收集到的光子传送到探测器。探针可以用拉细的锥形光纤、四方玻璃尖端、石英晶体等制作。目前最常用的光纤探针如图 3 - 94 所示，主要包括光导、连接和光针三部分，为了增大光输出，可在针尖外围镀金属膜。

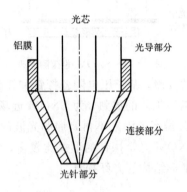

图 3 - 94　SNOM 总体结构

（2）**探针和样品的纳米级的间距控制**　理想的调控方法应当是与光信号探测完全独立的机制，以使待测信号不受干扰，避免引入复杂性。

（3）**提高信噪比**　由于光波要通过纳米小孔测量，因而要求光源必须足够强；由于光子信息均来自纳米尺度区域，信号强度一般都很低（nW/cm^2），因而探测器的灵敏度必须高，经光电倍增管、光电二极管、光子计数器或电荷耦合器件（CCD）将光信号转换为电信号后，需进行放大，经常利用调制-锁相放大技术抑制噪声，提高信噪比。

最后应当指出，伴随着人们对近场光学探测技术的研究，也采用了诸如在近场光学条件下求解边界处的衰逝波场分布，利用惠更斯原理给出的衍射积分求解亥姆霍兹方程等方法进行了近场光学理论的研究。尽管这些研究已解决了一些传统的远场光学方法无法解决的问题，但对于近场区的干涉、衍射及成像等诸方面，仍有许多新的理论问题尚待解决。例如，衰逝场中所携带的细微结构的信息有没有可能在远场或中场获得？近场光学扫描显微镜的分辨率是否有上限？甚至更为基础的问题是：近场光学的本质是什么？但是可以相信，随着科学和技术的发展，近场光场理论将会愈来愈完善，SNOM 技术的应用也将会愈来愈广泛。

例　　题

例 3 - 1　一天文望远镜的物镜直径 $D = 100$ mm，人眼瞳孔的直径 $d = 2$ mm，求对于发射波长为 $\lambda = 0.5$ μm 光的物体的角分辨极限。为充分利用物镜的分辨本领，该望远镜的放大率 M 应选多大为宜？

解：望远镜的角分辨率为

$$\theta_t = 1.22 \frac{\lambda}{D} = 6.1 \times 10^{-6} \text{ rad}$$

人眼的角分辨限度为

$$\theta_e = 1.22 \frac{\lambda}{d} = 3.05 \times 10^{-4} \text{ rad}$$

为充分利用物镜的分辨本领，望远镜的角分辨极限经望远镜放大后，至少应等于眼睛的角分辨极限，即 M 应保证

$$\theta_e = M\theta_t$$

由此可得

$$M = \frac{\theta_e}{\theta_t} = \frac{D}{d} = 50$$

此 M 称为望远镜的正常放大率。若望远镜的放大率小于正常放大率，则物镜的分辨本领不能充分利用；若望远镜的放大率大于正常放大率，虽然像可以放得更大，但不会提高整个系统的分辨本领。故过分追求放大率，并非完全必要。

例 3 - 2 （1）试利用圆孔夫朗和费衍射公式导出图 3 - 95 所示的外径和内径分别为 a 和 b 的圆环夫朗和费衍射公式。

（2）导出当 $b = a/2$ 时，圆环衍射与半径为 a 的圆孔衍射的中央强度之比，以及圆环衍射的第 1 个强度零点的角半径。

解：（1）由圆孔夫朗和费衍射公式（3.2 - 17），半径为 a 的圆孔在衍射场产生的光场复振幅为

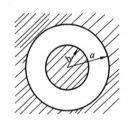

图 3 - 95 圆环衍

$$\widetilde{E}_a = C'a^2 \frac{2J_1(ka\theta)}{ka\theta}$$

式中，J_1 为一阶贝塞耳函数；半径为 b 的圆孔在衍射场产生的光场复振幅为

$$\widetilde{E}_b = C'b^2 \frac{2J_1(kb\theta)}{kb\theta}$$

根据巴俾涅原理，半径为 b 的圆屏在衍射场产生的光场复振幅为 $E_s = -E_b$，因此，题示之圆环在衍射场产生的光场复振幅为

$$\widetilde{E}_r = \widetilde{E}_a + \widetilde{E}_s = 2C' \left[\frac{a^2 J_1(ka\theta)}{ka\theta} - \frac{b^2 J_1(kb\theta)}{kb\theta} \right]$$

衍射场的强度为

$$I_r = 4C'^2 \left[\frac{a^2 J_1(ka\theta)}{ka\theta} - \frac{b^2 J_1(kb\theta)}{kb\theta} \right]^2$$

$$= 4C'^2 \left\{ a^4 \left[\frac{J_1(\Phi_1)}{\Phi_1} \right]^2 + b^4 \left[\frac{J_1(\Phi_2)}{\Phi_2} \right]^2 - 2a^2 b^2 \left[\frac{J_1(\Phi_1)}{\Phi_1} \right] \left[\frac{J_1(\Phi_2)}{\Phi_2} \right] \right\}$$

式中，$\Phi_1 = ka\theta$，$\Phi_2 = kb\theta$。对于衍射场中心，$\Phi_1 = \Phi_2 = 0$，相应的强度为

$$(I_r)_0 = 4C'^2 \left(\frac{a^4}{4} + \frac{b^4}{4} - \frac{a^2 b^2}{2} \right) = C'^2 (a^2 - b^2)^2$$

（2）当 $b = a/2$ 时，

$$(I_r)_0 = C'^2 \left[a^2 - \left(\frac{a}{2} \right)^2 \right]^2 = \frac{9}{16} C'^2 a^4$$

所以

$$\frac{(I_r)_0}{(I_a)_0} = \frac{\frac{9}{16} C'^2 a^4}{C'^2 a^4} = \frac{9}{16}$$

圆环衍射的第 1 个强度零值满足

$$\frac{a^2 \mathrm{J}_1(ka\theta)}{ka\theta} - \frac{b^2 \mathrm{J}_1(kb\theta)}{kb\theta} = 0$$

或

$$a\mathrm{J}_1(ka\theta) = b\mathrm{J}_1(kb\theta) = \frac{a}{2}\mathrm{J}_1\left(\frac{1}{2}ka\theta\right)$$

利用贝塞耳函数表求解上式，得到 $\Phi_1 = ka\theta = 3.144$。
因此，第 1 个强度零点暗环的角半径为

$$\theta = 3.144 \frac{\lambda}{2\pi a} = 0.51 \frac{\lambda}{a}$$

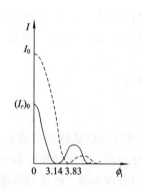

图 3-96　圆环和圆孔衍射强度曲线

它比半径为 a 的圆孔衍射的爱里斑的角半径要小。图
3-96 中的实线是题给圆环的衍射强度曲线，虚线是半
径为 a 的圆孔衍射强度曲线。

例 3-3　今在双缝的一个缝前贴一块厚 1 μm、折射率为 1.5 的玻璃片，假设双缝间
距为 1.5 μm，缝宽为 0.5 μm，用波长为 500 nm 的平行光垂直照射双缝衍射屏，试确定该
双缝的夫朗和费衍射图样。

解：双缝衍射是单缝衍射和双缝干涉两种效应共同作用的结果。

据题意，双缝中各个缝到观察屏上任意点的衍射光场复振幅分布为

$$\widetilde{E}_1 = \widetilde{E}_0 \frac{\sin\alpha}{\alpha} \mathrm{e}^{\mathrm{i}k(r_1+nh)}$$

和

$$\widetilde{E}_2 = \widetilde{E}_0 \frac{\sin\alpha}{\alpha} \mathrm{e}^{\mathrm{i}kr_2}$$

式中，$\alpha = \frac{\pi a}{\lambda}\sin\theta$，$r_2 = r_1 + d\,\sin\theta$。则衍射光场的总复振幅为

$$\widetilde{E} = \widetilde{E}_1 + \widetilde{E}_2 = \widetilde{E}_0 \frac{\sin\alpha}{\alpha}\left[\mathrm{e}^{\mathrm{i}k(r_1+nh)} + \mathrm{e}^{\mathrm{i}k(r_1+d\,\sin\theta)}\right] = \widetilde{E}_0 \frac{\sin\alpha}{\alpha}\mathrm{e}^{\mathrm{i}kr_1}\left[\mathrm{e}^{\mathrm{i}knh} + \mathrm{e}^{\mathrm{i}kd\,\sin\theta}\right]$$

设 $\beta = \frac{\pi}{\lambda}d\,\sin\theta$，且 $knh = \frac{2\pi}{500}\times 1.5\times 10^3 = 6\pi$，则上式变为

$$\widetilde{E} = \widetilde{E}_0 \frac{\sin\alpha}{\alpha}\mathrm{e}^{\mathrm{i}kr_1}\left[1 + \mathrm{e}^{\mathrm{i}2\beta}\right]$$

因此，衍射光强度分布为

$$I = 4I_0 \left(\frac{\sin\alpha}{\alpha}\right)^2 \cos^2\beta$$

式中，$I_0 = |\widetilde{E}_0|$ 为单缝衍射的零级光强。

例 3-4　钠黄光垂直照射一光栅，它的第二级光谱恰好分辨开钠双线（$\lambda_1 = 0.5890\ \mu m$，
$\lambda_2 = 0.5896\ \mu m$），并测得 0.5890 μm 的第二级光谱线所对应的衍射角为 2.5°，第三级缺
级，试求该光栅的总缝数 N，光栅常数 d 和缝宽。

解：由光栅分辨本领 $A = \lambda/\Delta\lambda = mN$ 得

$$N = \frac{\lambda}{\Delta\lambda\ m}$$

将钠双线的平均波长 $\bar{\lambda} = 0.5893\ \mu m$、$\Delta\lambda = \lambda_2 - \lambda_1 = 0.6\times 10^{-3}\ \mu m$、$m = 2$ 代入上式，可得光
栅总缝数为 $N = 491$。用 θ_2 表示第二级光谱线的衍射角，则由光栅方程

$$d\,\sin\theta_2 = 2\lambda$$

可得光栅常数 $d=0.027$ mm，又由于光栅第三级缺级，故有 $d/b=3$，因而缝宽为

$$b = \frac{d}{3} = 0.009 \text{ mm}$$

例 3-5 用一个每毫米 500 条缝的衍射光栅观察钠光谱线($\lambda=0.589\ \mu m$)，问平行光垂直入射和 30°角斜入射时，分别最多能观察到第几级谱线。

解： 当平行光垂直入射时，光栅方程为

$$d\,\sin\theta = m\lambda$$

对应于 $\sin\theta=1$ 的 m 为最大谱线级。根据已知条件，光栅常数为 $d=1/500$ mm，所以有

$$m = \frac{d}{\lambda} = 3.4$$

因为 m 是衍射级次，对于小数无实际意义，故取 $m=3$，即只能观察到第三级谱线。

当平行光斜入射时，光栅方程为

$$d(\sin\varphi + \sin\theta) = m\lambda$$

取 $\sin\theta=1$，代入已知条件得

$$m = \frac{d(\sin\varphi + 1)}{\lambda} = 5.09$$

即最多能观察到第五级谱线。

斜入射时，尽管可以得到高级次的光谱，从而得到大的色散本领和分辨本领，但需要注意缺级和因光谱线落在中央衍射最大包线之外，而导致光能甚小的问题。

例 3-6 对于 600 条/mm 的光栅，求可见光($0.40\sim0.76\ \mu m$)一级光谱散开的角度，一级红光($0.76\ \mu m$)的角色散，以及对于 $f=1$ m 物镜的线色散。

解： 欲求可见光一级光谱散开的角度，只需分别求出 $0.40\ \mu m$ 和 $0.76\ \mu m$ 光的衍射角即可。由光栅方程有

$$\sin\theta = \frac{m\lambda}{d}$$

考察一级光谱，对于紫光 $\lambda=0.40\ \mu m$，可求得 $\theta_v=13.9°$；对于红光 $\lambda=0.76\ \mu m$，衍射角为 $\theta_r=27.1°$。因此，一级光谱散开的角度是 $13.9°\sim27.1°$(图 3-97)。

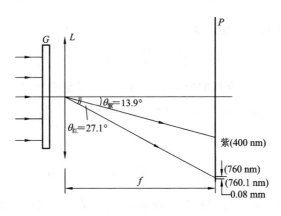

图 3-97 例 3-6 用图

由角色散表示式

$$\frac{\mathrm{d}\theta}{\mathrm{d}\lambda} = \frac{m}{d\,\cos\theta}$$

一级红光的角色散为

$$\left.\frac{\mathrm{d}\theta}{\mathrm{d}\lambda}\right|_r = 6.74 \times 10^{-4} \text{ rad/nm}$$

相应的线色散是

$$\left.\frac{\mathrm{d}l}{\mathrm{d}\lambda}\right|_r = \frac{f}{\cos\theta_r}\frac{\mathrm{d}\theta}{\mathrm{d}\lambda} = 7.56 \times 10^{-4} \text{ cm/nm}$$

即当物镜焦距为 1 m 时，在 0.76 μm 附近，相隔 0.1 nm 的两种红光的一级干涉极大值间距为 7.56×10^{-3} cm。在计算线色散的式中，$f/\cos\theta_r$ 代表了相应于 0.76 μm 的红光从透镜中心到观察屏该谱线位置点的距离，θ_r 是焦平面（观察屏）相对于与该谱线垂直平面的倾斜角。

例 3-7 一块闪耀光栅宽 260 mm，每毫米有 300 个刻槽，闪耀角为 77°12′。

(1) 求入射光束垂直槽面入射时，该闪耀光栅对 $\lambda = 500$ nm 光的分辨本领；

(2) 光栅的自由光谱范围有多大？

(3) 将该光栅的分辨本领和自由光谱范围与一空气间隔为 1 cm、精细度为 25 的 F-P 标准具进行比较。

解：(1) 由题意，闪耀光栅的光栅常数为

$$d = \frac{1}{300} \text{ mm}$$

已知光栅宽度为 260 mm，因此光栅槽数为

$$N = \frac{W}{d} = 260 \times 300 = 7.8 \times 10^4$$

光栅对 $\lambda = 500$ nm 光的闪耀级数为

$$m = \frac{2\,d\sin\theta_0}{\lambda} = \frac{2 \times (1/300) \times \sin 77°12'}{500 \times 10^6} = 13$$

闪耀光栅对 $\lambda = 500$ nm 光的分辨本领为

$$A = \frac{\lambda}{\Delta\lambda} = mN = 13 \times 7.8 \times 10^4 = 1.01 \times 10^6$$

(2) 闪耀光栅的自由光谱范围为

$$\Delta\lambda = \frac{\lambda}{m} = \frac{500}{13} = 38.6 \text{ nm}$$

(3) 对于题意之 F-P 标准具的分辨本领和自由光谱范围分别为

$$A = \frac{\lambda}{(\Delta\lambda)_m} = 0.97mN = 0.97\frac{2h}{\lambda}N = \frac{0.97 \times 2 \times 10 \times 25}{500 \times 10^{-6}} = 0.97 \times 10^6$$

和

$$\Delta\lambda = \frac{\lambda^2}{2h} = \frac{(500)^2}{2 \times 10^7} = 0.0125 \text{ nm}$$

可见，题示之闪耀光栅与标准具的分辨本领相当，但其自由光谱范围宽得多。

例 3-8 在菲涅耳衍射实验中，圆孔半径 $\rho = 1$ mm，光源离圆孔 0.2 m，$\lambda = 632.8$ nm，当接收屏由很远的地方向圆孔靠近时，求前两次出现光强最大和最小的位置。

解：该圆孔的菲涅耳数为

$$N_m = \frac{\rho^2}{\lambda R} = 7.9$$

这表明当接收屏从远处向圆孔靠近时，半波带最少是 8 个。又因为 N 为偶数，对应于第一个光强最小值，这时离圆孔的距离为

$$r_{m1} = \frac{R}{\dfrac{N}{N_m} - 1} = 15.8 \text{ m}$$

对应于第二个光强最小值的半波带数 $N = 10$，出现在

$$r_{m2} = \frac{R}{\dfrac{N}{N_m} - 1} = 0.75 \text{ m}$$

处。对应于第一个光强最大值的半波带数 $N = 9$，其位置在

$$r_{M1} = \frac{R}{\dfrac{N}{N_m} - 1} = 1.44 \text{ m}$$

处。对应于第二个光强最大值的半波带数 $N = 11$，出现在

$$r_{M2} = \frac{R}{\dfrac{N}{N_m} - 1} = 0.51 \text{ m}$$

处。

应用类似方法通过计算可以得到如下结论：① 其它条件不变，光源离圆孔越远，在轴上观察到明暗交替变化的范围越小；② 其它条件不变，减小圆孔半径（减小菲涅耳数），在轴上明暗交替变化的范围也越小。

例 3-9　波长为 $0.45\ \mu m$ 的单色平面波入射到不透明的屏 A 上，屏上有半径 $\rho = 0.6$ mm 的小孔和一与小孔同心的环形缝，其内外半径为 $0.6\sqrt{2}$ mm 和 $0.6\sqrt{3}$ mm，求距离 A 为 80 cm 的屏 B 上出现的衍射图样中央亮点的强度是无屏 A 时光强的多少倍。

解：这是一个菲涅耳衍射的问题。首先应当确定题中同心环形缝的作用。

若屏 A 上只有一个半径 $\rho = 0.6$ mm 的小孔，相对于衍射图中心亮点，波面上露出的半波带数为

$$N = \frac{\rho^2}{\lambda r_0} = 1$$

如果屏上小孔半径为 $0.6\sqrt{2}$ mm，则 $N = 2$；屏上小孔半径为 $0.6\sqrt{3}$ mm 时，$N = 3$。所以，同心环形缝的存在，说明第二个半波带被挡住。这时 $A_3 = a_1 + a_3$。如果 $a_1 \approx a_3$，则 $A_3 \approx 2a_1$。

如果不存在屏 A，则 $A_0 = a_1/2$。所以在这两种情况下，屏 B 上中央亮点强度之比为

$$\frac{I_3}{I_0} = \frac{(2a_1)^2}{(a_1/2)^2} = 16$$

即屏 A 存在时，中央亮点光强是不存在屏 A 时光强的 16 倍。

例 3-10　波长为 $\lambda = 0.55\ \mu m$ 的单色平行光正入射到一直径 $d = 1.1$ mm 的圆孔上，试求在过圆孔中心的轴线上、与孔相距 33 cm 处 P 点的光强与光波自由传播时该点光强之比。

解：圆孔对 P 点露出的半波带数为

$$N = \frac{\rho^2}{\lambda r_0} = 1\frac{2}{3}$$

即圆孔对 P 点露出第一个半波带和第二个半波带的 2/3。利用振幅矢量加法，P 点的振幅矢量为 $\overrightarrow{OM_2}$（图 3-98），由图可知，

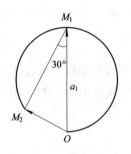

$$|\overrightarrow{OM_2}| = |\overrightarrow{OM_1}| \sin30° = \frac{a_1}{2}$$

即 P 点的振幅是第一个半波带所产生的振幅的一半，其光强与光波自由传播时的该点光强相等。

图 3-98　例 3-10 用图

例 3-11　单色平面光波垂直入射到一正弦光栅，光栅的振幅透过率为 $t(x) = \frac{1}{2} + \frac{1}{2}\cos2\pi f_0 x$，光栅置于焦距为 F 的透镜的前焦平面上，光栅宽度为 L。试求光栅的夫朗和费衍射图样的振幅分布和强度分布。

解：宽度为 L 的正弦光栅的振幅透过率为

$$t(x) = \frac{1}{2}(1 + \cos2\pi f_0 x)\,\mathrm{rect}\left(\frac{x}{L}\right)$$

式中 $\mathrm{rect}(\,\cdot\,)$ 为矩形函数。假设用振幅为 2 单位的单色光垂直照射光栅，则光栅面上的光场振幅分布为

$$\widetilde{E}(x) = (1 + \cos2\pi f_0 x)\,\mathrm{rect}\left(\frac{x}{L}\right)$$

据题意，光栅的夫朗和费衍射图样的振幅分布可由 $\widetilde{E}(x)$ 的傅里叶变换求出，即

$$\widetilde{E}(f_x) = \int_{-\infty}^{\infty} \widetilde{E}(x)\mathrm{e}^{-\mathrm{i}2\pi f_x x}\,\mathrm{d}x$$

或

$$\widetilde{E}(f_x) = \mathrm{F}\left[(1 + \cos2\pi f_0 x)\,\mathrm{rect}\left(\frac{x}{L}\right)\right]$$

利用傅里叶变换的卷积定理，有

$$\widetilde{E}(f_x) = \mathrm{F}\left[(1 + \cos2\pi f_0 x)\right] * \mathrm{F}\left[\left(\frac{x}{L}\right)\right]$$

$$= \left[\delta(f_x) + \frac{1}{2}\delta(f_x - f_0) + \frac{1}{2}\delta(f_x + f_0)\right] * L\,\mathrm{sinc}(\pi f_x L)$$

卷积服从分配律，所以有

$$\widetilde{E}(f_x) = \delta(f_x) * L\,\mathrm{sinc}(\pi f_x L)$$
$$+ \frac{1}{2}\delta(f_x - f_0) * L\,\mathrm{sinc}(\pi f_x L) + \frac{1}{2}\delta(f_x + f_0) * L\,\mathrm{sinc}(\pi f_x L)$$

再利用卷积的性质，有

$$\widetilde{E}(f_x) = L\,\mathrm{sinc}(\pi f_x L) + \frac{L}{2}\,\mathrm{sinc}[\pi L(f_x - f_0)] + \frac{L}{2}\,\mathrm{sinc}[\pi L(f_x + f_0)]$$

用透镜后焦平面上的坐标表示，衍射图样的振幅分布为

$$\widetilde{E}(x') = L\,\mathrm{sinc}\left(\frac{\pi x' L}{\lambda F}\right) + \frac{L}{2}\,\mathrm{sinc}\left[\pi L\left(\frac{x'}{\lambda F} - f_0\right)\right] + \frac{L}{2}\,\mathrm{sinc}\left[\pi L\left(\frac{x'}{\lambda F} + f_0\right)\right]$$

振幅分布的平方是强度分布，如果光栅宽度 L 远大于光栅周期 $1/f_0$，则三个 sinc 函数之间的重叠可略，则有

$$I(x') = |\tilde{E}(x')|^2 = L^2 \left\{ \mathrm{sinc}^2 \left(\frac{\pi x' L}{\lambda F} \right) + \frac{1}{4} \, \mathrm{sinc}^2 \left[\pi L \left(\frac{x'}{\lambda F} - f_0 \right) \right] + \frac{1}{4} \, \mathrm{sinc}^2 \left[\pi L \left(\frac{x'}{\lambda F} + f_0 \right) \right] \right\}$$

强度分布图样如图 3-99 所示。所得结果与利用衍射积分理论的结果相同。当 $L \to \infty$ 时，函数 sinc 变化为 δ 函数，三个衍射条纹的宽度趋于零。

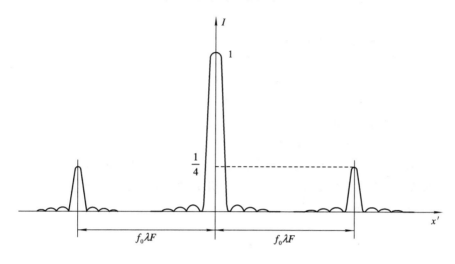

图 3-99　强度分布图样

习　题

3-1　一不透明衍射屏上的圆孔直径为 2 cm，受波长为 600 nm 的单色平面光垂直照射，试大致仿真其菲涅耳衍射区和夫朗和费衍射区的范围。

3-2　试确定(至少是近似地)最接近夫朗和费矩形孔衍射图样中央峰值的四个对顶点次极大(离开轴)的相对光强度。将这些值与轴上的第六个次峰值相比较，有何结果？

3-3　由氩离子激光器发出波长 $\lambda = 488$ nm 的蓝色平面光，垂直照射在一不透明屏的水平矩形孔上，此矩形孔尺寸为 0.75 mm×0.25 mm。在位于矩形孔附近正透镜($f = 2.5$ m)焦平面处的屏上观察衍射图样。试描绘所形成的中央最大值。

3-4　由于衍射效应的限制，人眼能分辨某汽车的两前灯时，人离汽车的最远距离 $l = ?$（假定两车灯相距 1.22 m。）

3-5　用望远镜观察远处两个等强度的发光点 S_1 和 S_2。当 S_1 的像(衍射图样)的中央和 S_2 的像的第一个强度零点相重合时，两像之间的强度极小值与两像中央强度之比是多少？

3-6　借助于直径为 2 m 的反射式望远镜，将地球上的一束激光($\lambda = 600$ nm)聚焦在月球上某处。如果月球距地球 4×10^5 km，忽略地球大气层的影响，试计算激光在月球上的光斑直径。

3-7　一准直单色光束($\lambda = 600$ nm)垂直入射在直径为 1.2 cm、焦距为 50 cm 的会聚透镜上，试计算在该透镜焦平面上的衍射图样中心亮斑的角宽度和线宽度。

3-8　某大型天文望远镜的通光圆孔制作成环孔，其环孔外径和内径分别为 a 和 $a/2$，试问该环孔的分辨本领较半径为 a 的圆孔的分辨本领提高了多少？

3-9 （1）显微镜用紫外光（$\lambda=275$ nm）照明比用可见光（$\lambda=550$ nm）照明的分辨本领约大多少倍？

（2）显微镜的物镜在空气中的数值孔径为 0.9，用紫外光照明时能分辨的两条线之间的距离是多少？

（3）当采用油浸系统（$n=1.6$）时，这个最小距离又是多少？

3-10 若要使照相机感光胶片能分辨 2 μm 的线距，

（1）感光胶片的分辨率至少是每毫米多少线。

（2）照相机镜头的相对孔径 D/f 至少有多大？（设光波波长为 550 nm）。

3-11 一照相物镜的相对孔径为 1∶3.5，用 $\lambda=546$ nm 的汞绿光照明。问用分辨本领为 500 线/mm 的底片来记录物镜的像是否合适。

3-12 用图 3-100 所示的装置观察白光，在屏上将出现一条连续光谱。若在棱镜和物镜 L_2 之间放一单缝，缝的细长方向与光谱展开方向一致，则在屏上将出现几条如图所示的弯曲彩色条纹。试解释这一现象。

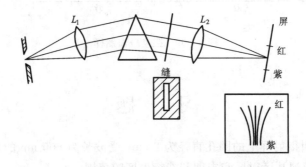

图 3-100 题 3-12 用图

3-13 用波长 $\lambda=0.63$ μm 的激光粗测一单缝缝宽。若观察屏上衍射条纹左右两个第五级极小的距离是 6.3 cm，屏和缝的距离是 5 m，求缝宽。

3-14 今测得一细丝的夫朗和费零级衍射条纹的宽度为 1 cm，已知入射光波长为 0.63 μm，透镜焦距为 50 cm，求细丝的直径。

3-15 考察缝宽 $b=8.8\times10^{-3}$ cm，双缝间隔 $d=7.0\times10^{-2}$ cm，照明光波长为 0.6328 μm 时的双缝衍射现象。问在中央极大值两侧的两个衍射极小值间，将出现多少个干涉极小值。若屏离开双缝 457.2 cm，计算其条纹宽度。

3-16 在双缝夫朗和费衍射实验中，所用波长 $\lambda=632.8$ nm，透镜焦距 $f=50$ cm，观察到两相邻亮条纹之间的距离 $e=1.5$ mm，并且第 4 级亮纹缺级。试求：

（1）双缝的缝距和缝宽；

（2）第 1、2、3 级亮纹的相对强度。

3-17 有一多缝衍射屏如图 3-101 所示，总缝数为 $2N$，缝宽为 a，缝间不透明部分的宽度依次为 a 和 $3a$。试求正入射情况下，遮住偶数缝和全开放时的夫朗和费衍射强度分布公式。

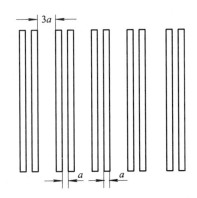

图 3-101 题 3-17 用图

3-18 用波长为 624 nm 的单色光照射一光栅,已知该光栅的缝宽 $a=0.012$ mm,不透明部分宽度 $b=0.029$ mm,缝数 $N=1000$ 条,试求:

(1) 中央峰的角宽度;

(2) 中央峰内干涉主极大的数目;

(3) 零级谱线的半角宽度。

3-19 一平行单色光垂直入射到光栅上,在满足 $d\sin\theta=3\lambda$ 时,经光栅相邻两缝沿 θ 方向衍射的两束光的光程差是多少?经第 1 缝和第 n 缝衍射的两束光的光程差又是多少?这时通过任意两缝的光叠加是否都会加强?

3-20 在唱片中心 O_1 上方 $h_1=1$ cm 处放置一单色点光源,观察者眼睛与唱片轴线的距离 $a=110$ cm,高度 $h_2=10$ cm,除光源的几何像外,眼睛在唱片表面上看到衍射条纹系列。若唱片条痕之间的距离 $d=0.5$ mm,求条纹之间的距离 Δx 等于多少?已知光波长 $\lambda=0.55$ μm。

3-21 已知一光栅的光栅常数 $d=2.5$ μm,缝数为 $N=20\,000$ 条。求此光栅的一、二、三级光谱的分辨本领,并求波长 $\lambda=0.69$ μm 红光的二级、三级光谱的位置(角度),以及光谱对此波长的最大干涉级次。

3-22 已知 F-P 标准具的空气间隔 $h=4$ cm,两镜面的反射率均为 $R=89.1\%$。另有一反射光栅的刻线面积为 3 cm×3 cm,光栅常数为 1200 条/mm,取其一级光谱,试比较这两个分光元件对 $\lambda=0.6328$ μm 红光的分光特性。

3-23 在一透射光栅上必须刻多少条线,才能使它刚好分辨第一级光谱中的钠双线(589.592 nm 和 588.995 nm)?

3-24 可见光($\lambda=400$ nm~700 nm)垂直入射到一块每毫米有 1000 刻痕的光栅上,在 30°的衍射角方向附近看到两条光谱线,相隔的角度为 $[18/(5\pi\sqrt{3})]°$,求这两条光谱线的波长差 $\Delta\lambda$ 和平均波长 λ。如果要用这块光栅分辨 $\delta\lambda=\Delta\lambda/100$ 的波长差,光栅的宽度至少应该是多少?

3-25 一光栅宽为 5 cm,每毫米内有 400 条刻线。当波长为 500 nm 的平行光垂直入射时,第四级衍射光谱处在单缝衍射的第一极小位置。试求:

(1) 每缝(透光部分)的宽度;

(2) 第二级衍射光谱的半角宽度;

（3）第二级可分辨的最小波长差；

（4）入射光改为光与栅平面法线成 30° 角方向斜入射时，光栅能分辨的谱线最小波长差。

3-26　一块光栅的宽度为 10 cm，每毫米内有 500 条缝，光栅后面放置的透镜焦距为 500 cm。试问：

（1）它产生的波长 $\lambda=632.8$ nm 的单色光的 1 级和 2 级谱线的半宽度是多少；

（2）若入射光是波长为 632.8 nm 和波长与之相差 0.5 nm 的两种单色光，它们的 1 级和 2 级谱线之间的距离是多少。

3-27　为在一块每毫米有 1200 条刻线的光栅的 1 级光谱中分辨波长为 632.8 nm 的氦氖激光的模结构（两个模之间的频率差为 450 MHz），光栅需要有多宽？

3-28　一块闪耀波长为第一级 0.5 μm、每毫米刻痕为 1200 的反射光栅，在里特罗自准直装置中能看到 0.5 μm 的哪几级光谱？

3-29　一闪耀光栅刻线数为 100 条/mm，用 $\lambda=600$ nm 的单色平行光垂直入射到光栅平面，若第 2 级光谱闪耀，闪耀角应为多大？

3-30　在菲涅耳圆孔衍射中，衍射孔半径 ρ 固定，光源位置固定，连续地增大屏幕与圆孔的距离 r_0，试以距离为横轴，屏上中心点 P_0 的光强为纵轴，画出光强的大致变化曲线。

3-31　波长为 589 nm 的单色平行光照明一直径为 $D=2.6$ mm 的小圆孔，接收屏距孔 1.5 m。试问：轴线与屏的交点是亮点还是暗点；当孔的直径改变为多大时，该点的光强发生相反的变化。

3-32　波长 $\lambda=563.3$ nm 的单色光，由远处的光源发出，穿过一个直径为 $D=2.6$ mm 的小圆孔，照射与孔相距 $r_0=1$ m 的屏幕。试问：屏幕正对孔中心的点 P_0 处，是亮点还是暗点；要使 P_0 点的情况与上述情况相反，至少要把屏幕移动多少距离。

3-33　有一波带片，它的各个环的半径为 $r_m=0.1\sqrt{m}$ cm（$m=1,2,\cdots$）。当 $\lambda=0.5$ μm 时，计算其焦点的位置。

3-34　如图 3-102 所示，单色点光源（$\lambda=500$ nm）安装在离光阑 1 m 远的地方，光阑上有一个内外半径分别为 0.5 mm 和 1 mm 的通光圆环，考察点 P 离光阑 1 m（SP 连线通过圆环中心并垂直于圆环平面）。问 P 点的光强和没有光阑时的光强度之比是多少。

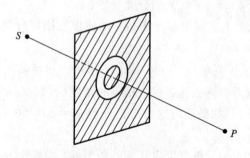

图 3-102　题 3-34 用图

3-35　单色平面光入射到小圆孔上，在孔的对称轴线上的 P_0 点进行观察，圆孔正好露出 1/2 个半波带，试问 P_0 点的光强是光波自由传播时光强的几倍。

3-36 波长 632.8 nm 的单色平行光垂直入射到一圆孔屏上,在孔后中心轴上距圆孔 $r_0 = 1$ m 处的 P_0 点出现一个亮点,假定这时小圆孔对 P_0 点恰好露出第一个半波带。试求:

(1) 小圆孔的半径 ρ;

(2) 由 P_0 点沿中心轴从远处向小圆孔移动时,第一个暗点至圆孔的距离。

3-37 试计算一波带片前 10 个透光波带的内外半径的值。这波带片对 $0.63\ \mu m$ 红光的焦距为 20 m,并假设中心是一个透光带。

3-38 一波带片主焦点的强度约为入射光强度的 10^3 倍,在 400 nm 的紫光照明下的主焦距为 80 cm。试问:

(1) 波带片应有几个开带;

(2) 波带片半径是多少。

3-39 一块菲涅耳波带片对波长 $0.50\ \mu m$ 的衍射光的焦距是 10 m,假定它的中心为开带,

(1) 求波带片上第 4 个开带外圆的半径;

(2) 将一点光源置于距波带片中心 2 m 处,求它的 +1 级像。

3-40 图 3-103 是制作全息光栅的装置图,试推导其全息光栅的条纹间距公式。今要在干板处获得 1200 条/mm 的光栅,问两反射镜间的夹角是多少。

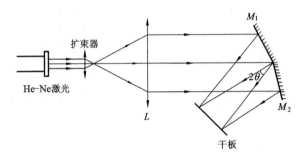

图 3-103 题 3-40 用图

3-41 设波长为 λ 的单色平面光波从 xOy 平面左侧沿 z 方向射来,该平面光波表达式为(省写 $e^{-i2\pi\nu t}$): $\widetilde{E}(x, y, z) = e^{ikz}$。在 $z = 0$ 平面上放置一个足够大的平面模板,其振幅透过率 t 在 0 与 1 之间随 x 按如下余弦函数形式分布:

$$t(x) = \frac{1}{2}\left[1 + \cos\left(\frac{2\pi}{0.8\lambda}x\right)\right]$$

求从模板右侧刚刚射出的光波场空间频谱 $\widetilde{E}(f_x, f_y)$,并分析其波的振幅变化。

3-42 (1) 在图 3-63 所示的全息记录装置中,若 $\theta_O = \theta_R = \theta$,试证明全息图上干涉条纹的间距为 $e = \dfrac{\lambda}{2\sin\theta}$;

(2) 若再现光波的波长和方向与参考光波相同,分析全息图的衍射光波;

(3) 若再现光波的波长与参考光波相同,正入射照明全息图,分析全息图的衍射光波。

3-43 如图 3-104(a)所示,全息底板 H 上记录的是参考点源 S_R 和物点源 S_O 发出的波长为 λ 的球面波的干涉图样。

（1）写出 H 平面上干涉条纹强度分布的表达式；

（2）记录下的全息图，若以图 3-104(b) 所示的再现点光源发出的球面波再现，试确定像点的位置坐标。

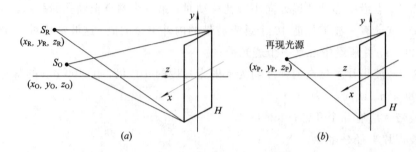

图 3-104 题 3-43 用图

3-44 求出图 3-105 所示衍射屏的夫朗和费衍射图样的强度分布。设衍射屏由单位振幅的单色平面波垂直照明。

3-45 求出图 3-106 所示衍射屏的夫朗和费衍射图样的强度分布。设衍射屏由单位振幅的单色平面波垂直照明。

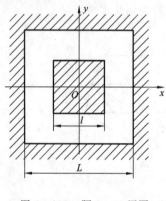

图 3-105 题 3-44 用图

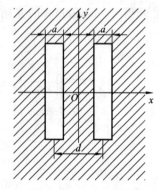

图 3-106 题 3-45 用图

3-46 今有宽度为 a 的单狭缝夫朗和费衍射装置，在缝的宽度方向上（x 由 $(-a/2)$ 到 $a/2$）覆盖着振幅透射系数 $t(x)=\cos(\pi x/a)$ 的膜片。试求夫朗和费衍射场的振幅分布，并和无膜片时的衍射场振幅分布做比较。

3-47 一块透明片的振幅透射系数 $t(x)=\exp(-\pi x^2)$，将其置于透镜的前焦平面上，并用单位振幅的单色光垂直照明，求透镜后焦平面上的振幅分布。

第 4 章　光在各向异性介质中的传播特性

前面几章根据光的电磁理论讨论了光在各向同性介质中的传播特性，讨论了光的波动属性——干涉现象和衍射现象。现在，进一步讨论光在各向异性介质中的传播特性，这些特性的研究对于光学、光电子技术的应用极为重要。实际上，光在各向同性介质中的传播特性只是光在各向异性介质中传播特性的特殊情况。光学各向异性介质的典型代表是晶体。光在晶体中传播的主要特征是：光在晶体中的传播特性与传播方向有关，具有双折射特性、偏振特性；光在晶体界面上可能产生双反射和双折射，并且相应的两束反射光和两束折射光分别为偏振方向正交的线偏振光。

4.1　晶体的光学各向异性

众所周知，晶体结构的主要特点是组成晶体的各基元(原子、分子、离子或其集团)在空间排列组合时，表现出一定的空间周期性和对称性。这种结构特点导致了晶体宏观性质的各向异性，因而导致了晶体光学性质具有各向异性。

在晶体中，描述光学特性的参量与方向有关，因方向而异，它们是一些张量。下面，首先简单介绍有关张量的基础知识，然后讨论描述晶体光学特性的参量。

4.1.1　张量的基础知识

1. 张量的概念

张量是使一个矢量与一个或多个其它矢量相关联的量。例如，矢量 p 与矢量 q 有关，则其一般关系应为

$$p = \mathbf{T} \cdot q \qquad (4.1-1)$$

式中，$\mathbf{T}$ 是关联 p 和 q 的二阶张量。在直角坐标系 $O - x_1 x_2 x_3$ 中，上式可表示为矩阵形式

$$\begin{bmatrix} p_1 \\ p_2 \\ p_3 \end{bmatrix} = \begin{bmatrix} T_{11} & T_{12} & T_{13} \\ T_{21} & T_{22} & T_{23} \\ T_{31} & T_{32} & T_{33} \end{bmatrix} \begin{bmatrix} q_1 \\ q_2 \\ q_3 \end{bmatrix} \qquad (4.1-2)$$

式中，三个矩阵分别表示矢量 p、二阶张量 $\mathbf{T}$ 和矢量 q。二阶张量有 9 个分量，每个分量都与一对坐标(按一定顺序)相关。(4.1-1)式的分量表示式为

$$\left. \begin{array}{l} p_1 = T_{11} q_1 + T_{12} q_2 + T_{13} q_3 \\ p_2 = T_{21} q_1 + T_{22} q_2 + T_{23} q_3 \\ p_3 = T_{31} q_1 + T_{32} q_2 + T_{33} q_3 \end{array} \right\} \qquad (4.1-3)$$

其一般分量形式为

$$p_i = \sum_j T_{ij} q_j \qquad i, j = 1, 2, 3 \qquad (4.1-4)$$

按照爱因斯求和规则：若在同一项中下标重复两次，则可自动地按该下标求和，将上式简化为

$$p_i = T_{ij} q_j \qquad i, j = 1, 2, 3 \qquad (4.1-5)$$

由上述讨论可以看出，如果 $\boldsymbol{T}$ 是张量，则 $\boldsymbol{p}$ 矢量的某坐标分量不仅与 $\boldsymbol{q}$ 矢量的同一坐标分量有关，还与其另外两个分量有关。

如果矢量 $\boldsymbol{p}$ 与两个矢量 $\boldsymbol{u}$ 和 $\boldsymbol{v}$ 相关，则其一般关系式为

$$\boldsymbol{p} = \boldsymbol{T} : \boldsymbol{u}\boldsymbol{v} \qquad (4.1-6)$$

分量表示式应为

$$p_i = T_{ijk} u_j v_k \qquad i, j, k = 1, 2, 3 \qquad (4.1-7)$$

式中，$\boldsymbol{u}\boldsymbol{v}$ 为并矢；$\boldsymbol{T}$ 为三阶张量，包含 27 个分量，其矩阵形式为

$$[T_{ijk}] = \begin{bmatrix} T_{111} & T_{122} & T_{133} & T_{123} & T_{132} & T_{131} & T_{113} & T_{112} & T_{121} \\ T_{211} & T_{222} & T_{233} & T_{223} & T_{232} & T_{231} & T_{213} & T_{212} & T_{221} \\ T_{311} & T_{322} & T_{333} & T_{323} & T_{332} & T_{331} & T_{313} & T_{312} & T_{321} \end{bmatrix} \qquad (4.1-8)$$

实际上，一个标量可以看做是一个零阶张量，一个矢量可以看做是一个一阶张量。从分量的标记方法看，标量无下标，矢量有一个下标，二阶张量有两个下标，三阶张量有三个下标。因此，下标的数目等于张量的阶数。

2. 张量的变换

如上所述，由于张量的分量与坐标有关，因而当坐标系发生变化时，张量的表示式也将发生变化。假若在原坐标系 $O\text{-}x_1 x_2 x_3$ 中，某张量表示式为 $[T_{ij}]$，在新坐标系 $O\text{-}x_1' x_2' x_3'$ 中，该张量的表示式为 $[T_{ij}']$，则当原坐标系 $O\text{-}x_1 x_2 x_3$ 与新坐标系 $O\text{-}x_1' x_2' x_3'$ 的坐标变换矩阵为 $[a_{ij}]$ 时，$[T_{ij}']$ 与 $[T_{ij}]$ 的关系为

$$\begin{bmatrix} T_{11}' & T_{12}' & T_{13}' \\ T_{21}' & T_{22}' & T_{23}' \\ T_{31}' & T_{32}' & T_{33}' \end{bmatrix} = \begin{bmatrix} a_{11} & a_{12} & a_{13} \\ a_{21} & a_{22} & a_{23} \\ a_{31} & a_{32} & a_{33} \end{bmatrix} \begin{bmatrix} T_{11} & T_{12} & T_{13} \\ T_{21} & T_{22} & T_{23} \\ T_{31} & T_{32} & T_{33} \end{bmatrix} \begin{bmatrix} a_{11} & a_{21} & a_{31} \\ a_{12} & a_{22} & a_{32} \\ a_{13} & a_{23} & a_{33} \end{bmatrix} \qquad (4.1-9)$$

其分量表示形式为

$$T_{ij}' = a_{ik} a_{jl} T_{kl} \qquad i, j, k, l = 1, 2, 3 \qquad (4.1-10)$$

这就是张量变换定律。如果用张量的新坐标分量表示原坐标分量，可通过逆变换得到

$$T_{ij} = a_{ki} a_{lj} T_{kl}' \qquad (4.1-11)$$

如果考虑的是矢量，则新坐标系中的矢量表示式 $\boldsymbol{A}'$ 与原坐标系中的表示式 $\boldsymbol{A}$ 间的矩阵变换关系为

$$\begin{bmatrix} A_1' \\ A_2' \\ A_3' \end{bmatrix} = \begin{bmatrix} a_{11} & a_{12} & a_{13} \\ a_{21} & a_{22} & a_{23} \\ a_{31} & a_{32} & a_{33} \end{bmatrix} \begin{bmatrix} A_1 \\ A_2 \\ A_3 \end{bmatrix} \qquad (4.1-12)$$

其分量变换公式为

$$A_i' = a_{ij} A_j \qquad i, j = 1, 2, 3 \qquad (4.1-13)$$

3. 对称张量

一个二阶张量$[T_{ij}]$，如果其$T_{ij}=T_{ji}$，则称为对称张量，它只有六个独立分量。与任何二次曲面一样，二阶对称张量存在着一个主轴坐标系，在该主轴坐标系中，张量只有三个对角分量非零，为对角化张量。于是，当坐标系进行主轴变换时，二阶对称张量即可对角化。例如，某一对称张量

$$
\begin{bmatrix}
T_{11} & T_{12} & T_{13} \\
T_{12} & T_{22} & T_{23} \\
T_{13} & T_{23} & T_{33}
\end{bmatrix}
$$

经上述主轴变换后，$T'_{11}=T_1$，$T'_{22}=T_2$，$T'_{33}=T_3$，$T'_{12}=T'_{21}=T'_{13}=T'_{31}=T'_{23}=T'_{32}=0$，可表示为

$$
\begin{bmatrix}
T_1 & 0 & 0 \\
0 & T_2 & 0 \\
0 & 0 & T_3
\end{bmatrix}
$$

最后应指出，张量与矩阵是有区别的，张量代表一种物理量，因此在坐标变换时，改变的只是表示方式，其物理量本身并不变化，而矩阵则只有数学意义。因此，有时把张量写在方括号内，把矩阵写在圆括号内，以示区别。

4.1.2 晶体的介电张量

由电磁场理论已知，介电常数ε是表征介质电学特性的参量。在各向同性介质中，电位移矢量$\boldsymbol{D}$与电场矢量$\boldsymbol{E}$满足如下关系：

$$\boldsymbol{D}=\varepsilon_0\varepsilon_r\boldsymbol{E} \tag{4.1-14}$$

在此，介电常数$\varepsilon=\varepsilon_0\varepsilon_r$是标量，电位移矢量$\boldsymbol{D}$与电场矢量$\boldsymbol{E}$的方向相同，即$\boldsymbol{D}$矢量的每个分量只与$\boldsymbol{E}$矢量的相应分量线性相关。对于各向异性介质（例如晶体），$\boldsymbol{D}$和$\boldsymbol{E}$间的关系为

$$\boldsymbol{D}=\varepsilon_0\boldsymbol{\varepsilon}_r\cdot\boldsymbol{E} \tag{4.1-15}$$

介电常数$\boldsymbol{\varepsilon}=\varepsilon_0\boldsymbol{\varepsilon}_r$是二阶张量。(4.1-15)式的分量形式为

$$D_i=\varepsilon_0\varepsilon_{ij}E_j \qquad i,j=1,2,3 \tag{4.1-16}$$

即电位移矢量$\boldsymbol{D}$的每个分量均与电场矢量$\boldsymbol{E}$的各个分量线性相关。在一般情况下，$\boldsymbol{D}$与$\boldsymbol{E}$的方向不相同。

又由光的电磁理论，晶体的介电张量$\boldsymbol{\varepsilon}$是一个对称张量，因此它有六个独立分量。经主轴变换后的介电张量是对角张量，只有三个非零的对角分量，为

$$
\varepsilon_0
\begin{bmatrix}
\varepsilon_{11} & 0 & 0 \\
0 & \varepsilon_{22} & 0 \\
0 & 0 & \varepsilon_{33}
\end{bmatrix}
\tag{4.1-17}
$$

ε_{11}、ε_{22}、ε_{33}（或经常表示为ε_1、ε_2、ε_3）称为主相对介电系数。由麦克斯韦关系式

$$n=\sqrt{\varepsilon_r} \tag{4.1-18}$$

可以相应地定义三个主折射率n_1、n_2、n_3。在主轴坐标系中，(4.1-16)式可表示为

$$D_i=\varepsilon_0\varepsilon_iE_i \qquad i=1,2,3 \tag{4.1-19}$$

进一步，由固体物理学知道，不同晶体的结构具有不同的空间对称性，自然界中存在

的晶体按其空间对称性的不同，分为七大晶系：立方晶系、四方晶系、六方晶系、三方晶系、正方晶系、单斜晶系、三斜晶系。由于它们的对称性不同，所以在主轴坐标系中介电张量的独立分量数目不同，各晶系的介电张量矩阵形式如表 4-1 所示。由该表可见，三斜、单斜和正交晶系中，主相对介电系数 $\varepsilon_1 \neq \varepsilon_2 \neq \varepsilon_3$，这几类晶体在光学上称为双轴晶体；三方、四方、六方晶系中，主相对介电系数 $\varepsilon_1 = \varepsilon_2 \neq \varepsilon_3$，这几类晶体在光学上称为单轴晶体；立方晶系在光学上是各向同性的，其主相对介电系数 $\varepsilon_1 = \varepsilon_2 = \varepsilon_3$。

表 4-1 各晶系的介电张量矩阵

晶　系	在主轴坐标系中	在非主轴坐标系中	光学分类
三斜		$\begin{bmatrix} \varepsilon_{11} & \varepsilon_{12} & \varepsilon_{13} \\ \varepsilon_{12} & \varepsilon_{22} & \varepsilon_{23} \\ \varepsilon_{13} & \varepsilon_{23} & \varepsilon_{33} \end{bmatrix}$	双　轴
单斜	$\begin{bmatrix} \varepsilon_{11} & 0 & 0 \\ 0 & \varepsilon_{22} & 0 \\ 0 & 0 & \varepsilon_{33} \end{bmatrix}$	$\begin{bmatrix} \varepsilon_{11} & 0 & \varepsilon_{31} \\ 0 & \varepsilon_{22} & 0 \\ \varepsilon_{31} & 0 & \varepsilon_{33} \end{bmatrix}$	双　轴
正交	$\begin{bmatrix} \varepsilon_{11} & 0 & 0 \\ 0 & \varepsilon_{22} & 0 \\ 0 & 0 & \varepsilon_{33} \end{bmatrix}$	$\begin{bmatrix} \varepsilon_{11} & 0 & 0 \\ 0 & \varepsilon_{22} & 0 \\ 0 & 0 & \varepsilon_{33} \end{bmatrix}$	双　轴
三方 四方 六方	$\begin{bmatrix} \varepsilon_{11} & 0 & 0 \\ 0 & \varepsilon_{11} & 0 \\ 0 & 0 & \varepsilon_{33} \end{bmatrix}$	$\begin{bmatrix} \varepsilon_{11} & 0 & 0 \\ 0 & \varepsilon_{11} & 0 \\ 0 & 0 & \varepsilon_{33} \end{bmatrix}$	单　轴
立方	$\begin{bmatrix} \varepsilon_{11} & 0 & 0 \\ 0 & \varepsilon_{11} & 0 \\ 0 & 0 & \varepsilon_{11} \end{bmatrix}$	$\begin{bmatrix} \varepsilon_{11} & 0 & 0 \\ 0 & \varepsilon_{11} & 0 \\ 0 & 0 & \varepsilon_{11} \end{bmatrix}$	各向同性

4.2 理想单色平面光波在晶体中的传播

4.2.1 光在晶体中传播特性的解析法描述

根据光的电磁理论，光在晶体中的传播特性由麦克斯韦方程组描述。

1. 麦克斯韦方程组

在均匀、不导电、非磁性的各向异性介质（晶体）中，若没有自由电荷存在，麦克斯韦方程组为

$$\nabla \times \boldsymbol{H} = \frac{\partial \boldsymbol{D}}{\partial t} \tag{4.2-1}$$

$$\nabla \times \boldsymbol{E} = -\mu_0 \frac{\partial \boldsymbol{H}}{\partial t} \tag{4.2-2}$$

$$\nabla \cdot \boldsymbol{B} = 0 \tag{4.2-3}$$

$$\nabla \cdot \boldsymbol{D} = 0 \qquad (4.2-4)$$

物质方程为

$$\boldsymbol{B} = \mu_0 \boldsymbol{H} \qquad (4.2-5)$$

$$\boldsymbol{D} = \boldsymbol{\varepsilon} \cdot \boldsymbol{E} \qquad (4.2-6)$$

为简单起见,我们只讨论单色平面光波在晶体中的传播特性。这样处理,可不考虑介质的色散特性,同时,对于任意复杂的光波,因为光场可以通过傅里叶变换分解为许多不同频率的单色平面光波的叠加,所以也不失其普遍性。

2. 光波在晶体中传播特性的一般描述

1) 单色平面光波在晶体中的传播特性

(1) **晶体中光电磁波的结构**   假设晶体中传播的单色平面光波为

$$\boldsymbol{E}, \boldsymbol{D}, \boldsymbol{H} = (\boldsymbol{E}_0, \boldsymbol{D}_0, \boldsymbol{H}_0) \mathrm{e}^{-\mathrm{i}\omega\left(t - \frac{n}{c}\boldsymbol{k} \cdot \boldsymbol{r}\right)} \qquad (4.2-7)$$

式中,$n = \sqrt{\varepsilon_r}$;$c = \dfrac{1}{\sqrt{\varepsilon_0 \mu_0}}$,是真空中的光速;$\boldsymbol{k}$ 是波法线方向的单位矢量;$\dfrac{c}{n} = v$,是介质中单色平面光波的相速度。对于这样一种光波,在进行公式运算时,可以以 $-\mathrm{i}\omega$ 代替 $\partial/\partial t$,以 $(\mathrm{i}\omega n/c)\boldsymbol{k}$ 代换算符 ∇。经过运算,(4.2-1)~(4.2-4)式变为

$$\boldsymbol{H} \times \boldsymbol{k} = \frac{c}{n}\boldsymbol{D} \qquad (4.2-8)$$

$$\boldsymbol{E} \times \boldsymbol{k} = -\frac{\mu_0 c}{n}\boldsymbol{H} \qquad (4.2-9)$$

$$\boldsymbol{k} \cdot \boldsymbol{D} = 0 \qquad (4.2-10)$$

$$\boldsymbol{k} \cdot \boldsymbol{H} = 0 \qquad (4.2-11)$$

由这些关系式可以看出:

① $\boldsymbol{D}$ 垂直于 $\boldsymbol{H}$ 和 $\boldsymbol{k}$,$\boldsymbol{H}$ 垂直于 $\boldsymbol{E}$ 和 $\boldsymbol{k}$,所以 $\boldsymbol{H}$ 垂直于 $\boldsymbol{E}$、$\boldsymbol{D}$、$\boldsymbol{k}$,因此,$\boldsymbol{E}$、$\boldsymbol{D}$、$\boldsymbol{k}$ 在垂直于 $\boldsymbol{H}$ 的同一平面内。并且,在一般情况下,$\boldsymbol{D}$ 和 $\boldsymbol{E}$ 不在同一方向上。

② 由能流密度(坡印廷矢量)的定义

$$\boldsymbol{S} = \boldsymbol{E} \times \boldsymbol{H} \qquad (4.2-12)$$

可见,$\boldsymbol{H}$ 垂直于 $\boldsymbol{E}$ 和 $\boldsymbol{s}$(能流方向上的单位矢量),故 $\boldsymbol{E}$、$\boldsymbol{D}$、$\boldsymbol{s}$、$\boldsymbol{k}$ 同在一个平面上,并且在一般情况下,$\boldsymbol{s}$ 和 $\boldsymbol{k}$ 的方向不同,其间夹角与 $\boldsymbol{E}$ 和 $\boldsymbol{D}$ 之间的夹角相同(图 4-1)。

由此,我们可以得到一个重要结论:在晶体中,光的能量传播方向通常与光波法线方向不同。

(2) **能量密度**   根据电磁能量密度公式及(4.2-8)式、(4.2-9)式,有

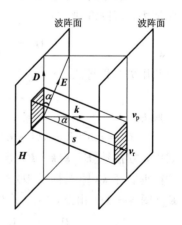

图 4-1   平面光波的电磁结构

$$w_e = \frac{1}{2}\boldsymbol{E} \cdot \boldsymbol{D} = \frac{n}{2c}\boldsymbol{E} \cdot (\boldsymbol{H} \times \boldsymbol{k}) = \frac{n}{2c}(\boldsymbol{E} \times \boldsymbol{H}) \cdot \boldsymbol{k} \qquad (4.2-13)$$

$$w_m = \frac{1}{2}\boldsymbol{B} \cdot \boldsymbol{H} = -\frac{n}{2c}\boldsymbol{H} \cdot (\boldsymbol{E} \times \boldsymbol{k}) = \frac{n}{2c}(\boldsymbol{E} \times \boldsymbol{H}) \cdot \boldsymbol{k} \qquad (4.2-14)$$

于是,总电磁能量密度为

$$w = w_e + w_m = \frac{n}{c} \mid S \mid s \cdot k \qquad (4.2-15)$$

对于各向同性介质，因 s 与 k 同方向，所以有

$$w = \frac{n}{c} \mid S \mid \qquad (4.2-16)$$

（3）相速度和光线速度 相速度 v_p 是光波等相位面的传播速度，其表示式为

$$v_p = v_p k = \frac{c}{n} k \qquad (4.2-17)$$

光线速度 v_r 是单色光波能量的传播速度，其方向为能流密度（坡印廷矢量）的方向 s，大小等于单位时间内流过垂直于能流方向上的一个单位面积的能量除以能量密度，即

$$v_r = v_r s = \frac{\mid S \mid}{w} s \qquad (4.2-18)$$

由(4.2-15)~(4.2-18)式可以得到

$$v_p = v_r s \cdot k = v_r \cos\alpha \qquad (4.2-19)$$

即如图 4-2 所示，单色平面光波的相速度是其光线速度在波阵面法线方向上的投影。

由此，我们又得到晶体光学中的一个基本特性：在一般情况下，光在晶体中的相速度和光线速度分离，其大小和方向均不相同。而在各向同性介质中，单色平面光波的相速度也即是其能量传播速度（光线速度）。

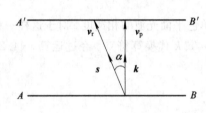

图 4-2　v_p 与 v_r 的关系

（AB 表示波阵面）

2）光波在晶体中传播特性的描述

（1）晶体光学的基本方程 由麦克斯韦方程组出发，将(4.2-8)式和(4.2-9)式中的 H 消去，可以得到

$$D = -\frac{n^2}{\mu_0 c^2}(E \times k) \times k = -\varepsilon_0 n^2 (E \times k) \times k$$

再利用矢量恒等式

$$A \times (B \times C) = B(A \cdot C) - C(A \cdot B)$$

变换为

$$D = \varepsilon_0 n^2 [E - k(k \cdot E)] \qquad (4.2-20)$$

式中，方括号 $[E - k(k \cdot E)]$ 所表示的量实际上是 E 在垂直于 k（即平行于 D）方向上的分量，记为 $E_\perp$（图 4-3）。由此，(4.2-20)式可以写成

$$D = \varepsilon_0 n^2 E_\perp \qquad (4.2-21)$$

我们还可以将(4.2-20)式、(4.2-21)式写成如下所述的另外一种形式。

因为

$$E_\perp = E \cos\alpha \qquad (4.2-22)$$

所以

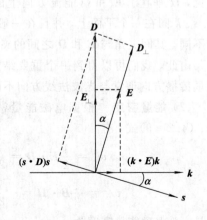

图 4-3　$E_\perp$ 和 $D_\perp$ 的定义

$$E = \frac{E_\perp}{\cos\alpha} = \frac{D}{\varepsilon_0 n^2 \cos\alpha} = \frac{1}{\varepsilon_0 (n \cos\alpha)^2} D \cos\alpha = \frac{1}{\varepsilon_0 (n \cos\alpha)^2} D_\perp \quad (4.2-23)$$

根据折射率的定义

$$n = \frac{c}{v_p} \quad (4.2-24)$$

可以在形式上定义光线折射率(或射线折射率、能流折射率)n_r:

$$n_r = \frac{c}{v_r} = \frac{c}{v_p} \cos\alpha = n \cos\alpha \quad (4.2-25)$$

由此可将(4.2-23)式表示为

$$\boldsymbol{E} = \frac{1}{\varepsilon_0 n_r^2} \boldsymbol{D}_\perp \quad (4.2-26)$$

或

$$\boldsymbol{E} = \frac{1}{\varepsilon_0 n_r^2} [\boldsymbol{D} - \boldsymbol{s}(\boldsymbol{s} \cdot \boldsymbol{D})] \quad (4.2-27)$$

(4.2-20)式、(4.2-21)式和(4.2-26)式、(4.2-27)式是麦克斯韦方程组的直接推论,它们决定了在晶体中传播的单色平面光波电磁波的结构,给出了沿某一 $\boldsymbol{k}(\boldsymbol{s})$ 方向传播的光波电场 $\boldsymbol{E}(\boldsymbol{D})$ 与晶体特性 $n(n_r)$ 的关系,因而是描述晶体光学性质的基本方程。

(2) **菲涅耳方程** 为了考察晶体的光学特性,我们选取主轴坐标系,因而物质方程可表示为

$$D_i = \varepsilon_0 \varepsilon_i E_i \quad i = 1, 2, 3 \quad (4.2-28)$$

① 波法线菲涅耳方程(波法线方程)。将基本方程(4.2-20)式写成分量形式

$$D_i = \varepsilon_0 n^2 [E_i - k_i(\boldsymbol{k} \cdot \boldsymbol{E})] \quad i = 1, 2, 3 \quad (4.2-29)$$

并代入 $D_i \sim E_i$ 关系,经过整理可得

$$D_i = \frac{\varepsilon_0 k_i (\boldsymbol{k} \cdot \boldsymbol{E})}{\dfrac{1}{\varepsilon_i} - \dfrac{1}{n^2}} \quad (4.2-30)$$

由于 $\boldsymbol{D} \cdot \boldsymbol{k} = 0$,因而有

$$D_1 k_1 + D_2 k_2 + D_3 k_3 = 0$$

将(4.2-30)式代入后,得到

$$\frac{k_1^2}{\dfrac{1}{n^2} - \dfrac{1}{\varepsilon_1}} + \frac{k_2^2}{\dfrac{1}{n^2} - \dfrac{1}{\varepsilon_2}} + \frac{k_3^2}{\dfrac{1}{n^2} - \dfrac{1}{\varepsilon_3}} = 0 \quad (4.2-31)$$

该式描述了在晶体中传播的单色平面光波法线方向 $\boldsymbol{k}$ 与相应的折射率 n 和晶体光学参量(主介电张量)$\boldsymbol{\varepsilon}$ 之间的关系。

(4.2-31)式还可表示为另外一种形式。根据 $v_p = c/n$,可以定义三个描述晶体光学性质的主速度:

$$v_1 = \frac{c}{\sqrt{\varepsilon_1}}, \quad v_2 = \frac{c}{\sqrt{\varepsilon_2}}, \quad v_3 = \frac{c}{\sqrt{\varepsilon_3}} \quad (4.2-32)$$

它们实际上分别是光波场沿三个主轴方向 x_1, x_2, x_3 的相速度。由此可将(4.2-31)式变换为

$$\frac{k_1^2}{v_p^2 - v_1^2} + \frac{k_2^2}{v_p^2 - v_2^2} + \frac{k_3^2}{v_p^2 - v_3^2} = 0 \quad (4.2-33)$$

该式描述了在晶体中传播的单色平面光波法线方向 k 与相应的相速度 v_p 和晶体的光学参量(主速度)v_1,v_2,v_3 之间的关系。通常将(4.2 - 31)式和(4.2 - 33)式称为波法线菲涅耳方程。

由波法线菲涅耳方程可见,对于一定的晶体,光的折射率(或相速度)随光波方向 k 变化。这种沿不同方向传播的光波具有不同的折射率(或相速度)的特性,即是晶体的光学各向异性。

进一步考察(4.2 - 31)式(或(4.2 - 33)式)可以看出,它是 n^2(或 v_p^2)的二次方程,如果波法线方向 k 已知,一般情况下可以由这个方程解得 n^2(或 v_p^2)的两个不相等的实根 $(n')^2$ 和 $(n'')^2$(或 $(v_p')^2$ 和 $(v_p'')^2$),而其中有意义的只有 n 等于 n' 和 n''(或 v_p 等于 v_p' 和 v_p'')的两个正根(负根没有意义)。这表明在晶体中对应于一个波法线方向 k,可以有两个具有不同折射率(或不同相速度)的光波。因此,有时称晶体的光学各向异性为晶体的双折射特性。

在由(4.2 - 31)、(4.2 - 33)式得到与每一个波法线方向 k 相应的折射率或相速度后,为了确定与波法线方向 k 相应的光波 D 和 E 的振动方向,可将(4.2 - 30)式展开

$$\left.\begin{array}{r} [\varepsilon_1 - n^2(1 - k_1^2)]E_1 + n^2 k_1 k_2 E_2 + n^2 k_1 k_3 E_3 = 0 \\ n^2 k_2 k_1 E_1 + [\varepsilon_2 - n^2(1 - k_2^2)]E_2 + n^2 k_2 k_3 E_3 = 0 \\ n^2 k_3 k_1 E_1 + n^2 k_3 k_2 E_2 + [\varepsilon_3 - n^2(1 - k_3^2)]E_3 = 0 \end{array}\right\} \quad (4.2 - 34)$$

将由(4.2 - 31)式解出的两个折射率值 n' 和 n'' 分别代入(4.2 - 34)式,即可求出相应的两组比值 $(E_1' : E_2' : E_3')$ 和 $(E_1'' : E_2'' : E_3'')$,从而可以确定出与 n' 和 n'' 分别对应的 E' 和 E'' 的方向。再由物质方程的分量关系求出相应的两组比值 $(D_1' : D_2' : D_3')$ 和 $(D_1'' : D_2'' : D_3'')$,从而可以确定出与 n' 和 n'' 分别对应的 D' 和 D'' 的方向。由于相应于 E'、E'' 及 D'、D'' 的比值均为实数,所以 E 和 D 都是线偏振的。

进而可以证明,相应于每一个波法线方向 k 的两个独立折射率 n' 和 n'' 的电位移矢量 D' 和 D'' 相互垂直。证明过程如下:

利用(4.2 - 30)式,建立 D' 和 D'' 的标量积:

$$\begin{aligned} D' \cdot D'' = {} & \varepsilon_0^2 (k \cdot E')(k \cdot E'') \left\{ \frac{k_1^2}{\left[\dfrac{1}{(n')^2} - \dfrac{1}{\varepsilon_1}\right]\left[\dfrac{1}{(n'')^2} - \dfrac{1}{\varepsilon_1}\right]} \right. \\ & \left. + \frac{k_2^2}{\left[\dfrac{1}{(n')^2} - \dfrac{1}{\varepsilon_2}\right]\left[\dfrac{1}{(n'')^2} - \dfrac{1}{\varepsilon_2}\right]} + \frac{k_3^2}{\left[\dfrac{1}{(n')^2} - \dfrac{1}{\varepsilon_3}\right]\left[\dfrac{1}{(n'')^2} - \dfrac{1}{\varepsilon_3}\right]} \right\} \\ = {} & \varepsilon_0^2 (k \cdot E')(k \cdot E'') \frac{(n'n'')^2}{(n')^2 - (n'')^2} \left\{ \frac{k_1^2}{\dfrac{1}{(n')^2} - \dfrac{1}{\varepsilon_1}} - \frac{k_1^2}{\dfrac{1}{(n'')^2} - \dfrac{1}{\varepsilon_1}} \right. \\ & \left. + \frac{k_2^2}{\dfrac{1}{(n')^2} - \dfrac{1}{\varepsilon_2}} - \frac{k_2^2}{\dfrac{1}{(n'')^2} - \dfrac{1}{\varepsilon_2}} + \frac{k_3^2}{\dfrac{1}{(n')^2} - \dfrac{1}{\varepsilon_3}} - \frac{k_3^2}{\dfrac{1}{(n'')^2} - \dfrac{1}{\varepsilon_3}} \right\} \end{aligned}$$

由于 $(n')^2$ 和 $(n'')^2$ 都是 (4.2-31) 式的解，所以上式大括号中的第一、三、五项之和为零，第二、四、六项之和也为零。因此，

$$\boldsymbol{D}' \cdot \boldsymbol{D}'' = 0 \qquad (4.2-35)$$

由此，可以得到晶体光学性质的又一重要结论：一般情况下，对应于晶体中每一给定的波法线方向 $\boldsymbol{k}$，只允许有两个特定振动方向的线偏振光传播，它们的 $\boldsymbol{D}$ 矢量相互垂直（因而振动面相互垂直），具有不同的折射率或相速度。由于 $\boldsymbol{E}$、$\boldsymbol{D}$、$\boldsymbol{s}$、$\boldsymbol{k}$ 四矢量共面，因而这两个线偏振光有不同的光线方向（$\boldsymbol{s}'$ 和 $\boldsymbol{s}''$）和光线速度（v'_r 和 v''_r）。通常称这两个线偏振光为相应于给定 $\boldsymbol{k}$ 方向的两个可以传播的本征模式（简正模），其方向关系如图 4-4 所示。

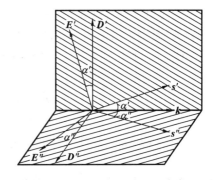

图 4-4　与给定的 $\boldsymbol{k}$ 相应的 $\boldsymbol{D}$、$\boldsymbol{E}$ 和 $\boldsymbol{s}$

② 光线菲涅耳方程（光线方程）。上面讨论的波法线菲涅耳方程确定了晶体中在给定的某个波法线方向 $\boldsymbol{k}$ 上，特许的两个线偏振光（本征模式）的折射率（或相速度）和偏振态。类似地，也可以得到确定晶体中相应于光线方向为 $\boldsymbol{s}$ 的两个特许线偏振光的光线速度和偏振态的方程——光线菲涅耳方程（射线菲涅耳方程、光线方程）。该方程是由 (4.2-27) 式出发推导出的，推导过程从略，下面只给出具体结果：

$$\frac{s_1^2}{n_r^2 - \varepsilon_1} + \frac{s_2^2}{n_r^2 - \varepsilon_2} + \frac{s_3^2}{n_r^2 - \varepsilon_3} = 0 \qquad (4.2-36)$$

或

$$\frac{s_1^2}{\dfrac{1}{v_r^2} - \dfrac{1}{v_1^2}} + \frac{s_2^2}{\dfrac{1}{v_r^2} - \dfrac{1}{v_2^2}} + \frac{s_3^2}{\dfrac{1}{v_r^2} - \dfrac{1}{v_3^2}} = 0 \qquad (4.2-37)$$

(4.2-36) 式和 (4.2-37) 式描述了在晶体中传播的单色平面光波光线方向 $\boldsymbol{s}$ 与相应的光线折射率 n_r、光线速度 v_r 和晶体的光学参量 $\boldsymbol{\varepsilon}$ 以及主速度 v_1、v_2、v_3 之间的关系。

类似前面的讨论可以得出如下结论：在给定的晶体中，相应于每一个光线方向 $\boldsymbol{s}$，只允许有两个特定振动方向的线偏振光（两个本征模式）传播，这两个光的 $\boldsymbol{E}$ 矢量相互垂直（因而振动面相互垂直），并且，在一般情况下，有不同的光线速度、不同的波法线方向和不同的折射率。

最后，注意到 (4.2-20) 式和 (4.2-27) 式在形式上的相似性，可以得到如下两行对应的变量：

$$\left. \begin{array}{llllllllllll} \boldsymbol{E}, & \boldsymbol{D}, & \boldsymbol{k}, & \boldsymbol{s}, & c, & \varepsilon_0, & v_p, & n, & \varepsilon_1, & \cdots, & v_1, & \cdots \\[2mm] \boldsymbol{D}, & \boldsymbol{E}, & -\boldsymbol{s}, & -\boldsymbol{k}, & \dfrac{1}{c}, & \dfrac{1}{\varepsilon_0}, & \dfrac{1}{v_r}, & \dfrac{1}{n_r}, & \dfrac{1}{\varepsilon_1}, & \cdots, & \dfrac{1}{v_1}, & \cdots \end{array} \right\} \qquad (4.2-38)$$

如果任何一个关系式对于 (4.2-38) 式关系中某一行的诸量成立，则将该关系式中的各量用 (4.2-38) 式对应关系中的另一行相应量代替，就可以得到相应的另一个有效的关系式。应用这一规则，(4.2-36) 式和 (4.2-37) 式分别可以由 (4.2-31) 式和 (4.2-33) 式直接通过变量代换得出。并且，无论是根据波法线方程 (4.2-31) 式、(4.2-33) 式，还是根据光线方程 (4.2-36) 式、(4.2-37) 式，都可以同样地完成对于光在晶体中传播规律的研究。

3. 光在几类特殊晶体中的传播规律

上面从麦克斯韦方程组出发，直接推出了光波在晶体中传播的各向异性特性，并未涉及具体晶体的光学性质。下面，结合几类特殊晶体的具体光学特性，从晶体光学的基本方程(4.2-20)式出发，讨论光波在其中传播的具体规律。

1) 各向同性介质或立方晶体

各向同性介质或立方晶体的主介电系数 $\varepsilon_1 = \varepsilon_2 = \varepsilon_3 = n_0^2$。

根据前面讨论的有关确定晶体中光波传播特性的思路，将波法线菲涅耳方程(4.2-31)式通分、整理，得到

$$n^4(\varepsilon_1 k_1^2 + \varepsilon_2 k_2^2 + \varepsilon_3 k_3^2) - n^2[\varepsilon_1 \varepsilon_2 (k_1^2 + k_2^2)$$
$$+ \varepsilon_2 \varepsilon_3 (k_2^2 + k_3^2) + \varepsilon_3 \varepsilon_1 (k_3^2 + k_1^2)] + \varepsilon_1 \varepsilon_2 \varepsilon_3 = 0$$

代入 $\varepsilon_1 = \varepsilon_2 = \varepsilon_3 = n_0^2$，并注意到 $k_1^2 + k_2^2 + k_3^2 = 1$，该式简化为

$$(n^2 - n_0^2)^2 = 0 \tag{4.2-39}$$

由此得到重根 $n' = n'' = n_0$。这就是说，在各向同性介质或立方晶体中，沿任意 k 方向传播的光波折射率都等于主折射率 n_0，或者说，光波折射率与传播方向 k 无关。

进一步，把 $n' = n'' = n_0$ 的结果代入(4.2-34)式，可以得到三个完全相同的关系式：

$$k_1 E_1 + k_2 E_2 + k_3 E_3 = 0 \tag{4.2-40}$$

此式即为 $k \cdot E = 0$。它表明，光电场矢量 E 与波法线方向 k 垂直。因此，E 平行于 D，s 平行于 k。所以，在各向同性介质或立方晶体中传播的光波电场结构如图 4-5 所示。由于(4.2-40)式只限定了 E 垂直于 k，而对 E 的方向没有约束，因而在各向同性介质或立方晶体中沿任意方向传播的光波，允许有两个传播速度相同的线性不相关的偏振态(二偏振方向正交)，相应的振动方向不受限制，并不局限于某一特定的方向上。

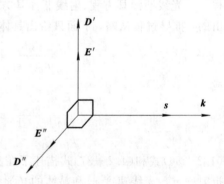

图 4-5　各向同性介质中的 D、E、k、s 间的关系

2) 单轴晶体

单轴晶体的主相对介电系数为

$$\varepsilon_1 = \varepsilon_2 = n_o^2, \quad \varepsilon_3 = n_e^2 \neq n_o^2 \tag{4.2-41}$$

其中，$n_e > n_o$ 的晶体，称为正单轴晶体；$n_e < n_o$ 时，称为负单轴晶体。

(1) 两种特许线偏振光波(本征模式)　为讨论方便起见，取 k 在 $x_2 O x_3$ 平面内，并与 x_3 轴夹角为 θ，则

$$k_1 = 0, \quad k_2 = \sin\theta, \quad k_3 = \cos\theta \tag{4.2-42}$$

将(4.2-41)式和(4.2-42)式的关系代入(4.2-31)式，得到

$$n^4(n_o^2 \sin^2\theta + n_e^2 \cos^2\theta) - n^2 n_o^2 [n_e^2 + (n_o^2 \sin^2\theta + n_e^2 \cos^2\theta)] + n_o^4 n_e^2 = 0$$

即

$$(n^2 - n_o^2)[n^2(n_o^2 \sin^2\theta + n_e^2 \cos^2\theta) - n_o^2 n_e^2] = 0 \tag{4.2-43}$$

该方程有两个解

$$n' = n_o \tag{4.2-44}$$

$$n'' = \frac{n_o n_e}{\sqrt{n_o^2 \sin^2\theta + n_e^2 \cos^2\theta}} \qquad (4.2-45)$$

第一个解 n' 与光的传播方向 $\boldsymbol{k}$ 无关,与之相应的光波称为寻常光波(正常光波),简称 o 光。第二个解 n'' 与光的传播方向 $\boldsymbol{k}$ 有关,随 θ 变化,相应的光波称为异常光波(非寻常光波、非常光波),简称 e 光。对于 e 光,当 $\theta=\pi/2$ 时,$n''=n_e$;当 $\theta=0$ 时,$n''=n_o$。可见,当 $\boldsymbol{k}$ 与 x_3 轴方向一致时,光的传播特性如同在各向同性介质中一样,$n'=n''=n_o$,并因此把 x_3 轴这个特殊方向称为光轴。因为在这种晶体中只有 x_3 轴一个方向是光轴,所以称之为单轴晶体。

下面确定相应的两种光波的偏振态。

① 寻常光波。将 $n=n'=n_o$ 及 $k_1=0$, $k_2=\sin\theta$, $k_3=\cos\theta$ 代入(4.2-34)式,得到

$$\left.\begin{array}{r}(n_o^2 - n_o^2)E_1 = 0 \\ (n_o^2 - n_o^2\cos^2\theta)E_2 + n_o^2\sin\theta\cos\theta\, E_3 = 0 \\ n_o^2\sin\theta\cos\theta\, E_2 + (n_e^2 - n_o^2\sin^2\theta)E_3 = 0\end{array}\right\} \qquad (4.2-46)$$

第一式中,因系数为零,所以 E_1 有非零解;第二、三式中,因系数行列式不等于零,所以是一对不相容的齐次方程,此时,只可能是 $E_2=E_3=0$。因此,o 光的 $\boldsymbol{E}$ 平行于 x_1 轴,有 $\boldsymbol{E}=E_1\boldsymbol{i}$。对于一般的 $\boldsymbol{k}$ 方向,o 光的 $\boldsymbol{E}$ 垂直于 $\boldsymbol{k}$ 与光轴(x_3)所决定的平面。又由于 $\boldsymbol{D}=\varepsilon_0 n_o^2\boldsymbol{E}$,所以 o 光的 $\boldsymbol{D}$ 矢量与 $\boldsymbol{E}$ 矢量平行。

② 异常光波。将 $n=n''$ 及 $k_1=0$, $k_2=\sin\theta$, $k_3=\cos\theta$ 代入(4.2-34)式,得到

$$\left.\begin{array}{r}(n_o^2 - (n'')^2)E_1 = 0 \\ (n_o^2 - (n'')^2\cos^2\theta)E_2 + (n'')^2\sin\theta\cos\theta\, E_3 = 0 \\ (n'')^2\sin\theta\cos\theta\, E_2 + (n_e^2 - (n'')^2\sin^2\theta)E_3 = 0\end{array}\right\} \qquad (4.2-47)$$

在第一式中,因系数不为零,只可能是 $E_1=0$;在第二、三式中,因系数行列式等于零,E_2 和 E_3 有非零解。可见,e 光的 $\boldsymbol{E}$ 矢量位于 x_2Ox_3 平面内。对于一般的 $\boldsymbol{k}$ 方向,e 光的 $\boldsymbol{E}$ 矢量位于 $\boldsymbol{k}$ 矢量与光轴(x_3)所确定的平面内。同时,由于 $D_1=\varepsilon_0\varepsilon_1 E_1=0$,因而 $\boldsymbol{D}$ 矢量也在 x_2Ox_3 平面内,但不与 $\boldsymbol{E}$ 矢量平行。另外,e 光的 $\boldsymbol{s}$ 矢量、$\boldsymbol{k}$ 矢量和光轴共面,但 $\boldsymbol{s}$ 与 $\boldsymbol{k}$ 不平行。仅当 $\theta=\pi/2$ 时,$E_2=0$,$\boldsymbol{E}$ 矢量与光轴平行,此时,$\boldsymbol{D}\parallel\boldsymbol{E}$, $\boldsymbol{k}\parallel\boldsymbol{s}$,相应的折射率为 n_e。

综上所述,在单轴晶体中,存在两种特许偏振方向的光波(本征模式):o 光和 e 光。对应于某一波法线方向 $\boldsymbol{k}$ 有两条光线:o 光的光线 $\boldsymbol{s}_o$ 和 e 光的光线 $\boldsymbol{s}_e$,如图 4-6 所示。这两种光波的 $\boldsymbol{E}$ 矢量(和 $\boldsymbol{D}$ 矢量)彼此垂直。对于 o 光,$\boldsymbol{E}_o$ 和 $\boldsymbol{D}_o$ 矢量总是平行,并且垂直于波法线 $\boldsymbol{k}$ 与光轴所确定的平面;折射率不依赖于 $\boldsymbol{k}$ 的方向;光线方向 $\boldsymbol{s}_o$ 与波法线方向 $\boldsymbol{k}_o$(即 $\boldsymbol{k}$ 方向)重合。这种特性与光在各向同性介质中的传播特性一样,所以称为寻常(正常)光波。对于 e 光,$\boldsymbol{E}_e$ 与 $\boldsymbol{D}_e$ 一般不平行,其间有一个夹角 α,它们

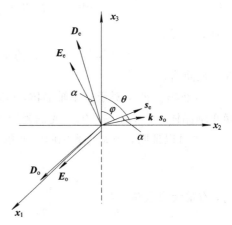

图 4-6 单轴晶体中的 o 光和 e 光

都在波法线 k 与光轴所确定的平面内,与光轴的夹角随着 k 的方向改变;折射率随 k 矢量的方向变化;光线方向 s_e 与波法线方向 k_e(即 k 方向)不重合,其间夹角也为 α。这种特性与光在各向同性介质中的传播特性不一样,所以称为异常光波或非常光波。

(2)e 光的波法线方向和光线方向   由上面分析可知,单轴晶体中 e 光波法线方向 k_e 与光线方向 S_e 之间存在着一个夹角 α,通常称为离散角。确定这个角度,对于晶体光学元件的制作和许多应用非常重要。因此,下面对该角度问题进行较详细的讨论。

由光的电磁理论,相应于同一 e 光光波的 E、D、s、k 均在垂直于 H 的同一平面内。若取图 4-6 中的 x_3 轴为光轴,E、D、s、k 均在主截面 $x_2 O x_3$ 平面内,k 与 x_3 轴的夹角为 θ,s 与 x_3 轴的夹角为 φ,且所取坐标系为单轴晶体的主轴坐标系,则有

$$\begin{bmatrix} D_1 \\ D_2 \\ D_3 \end{bmatrix} = \varepsilon_0 \begin{bmatrix} \varepsilon_1 & 0 & 0 \\ 0 & \varepsilon_1 & 0 \\ 0 & 0 & \varepsilon_3 \end{bmatrix} \begin{bmatrix} E_1 \\ E_2 \\ E_3 \end{bmatrix} \tag{4.2-48}$$

因而有

$$\left. \begin{aligned} D_2 &= \varepsilon_0 \varepsilon_1 E_2 = \varepsilon_0 n_o^2 E_2 \\ D_3 &= \varepsilon_0 \varepsilon_3 E_3 = \varepsilon_0 n_e^2 E_3 \end{aligned} \right\} \tag{4.2-49}$$

根据图 4-6 中的几何关系,有

$$\tan\theta = \frac{D_3}{D_2}, \quad \tan\varphi = \frac{E_3}{E_2} \tag{4.2-50}$$

将(4.2-49)式中的两个式子相除,并利用(4.2-50)式,可得

$$\tan\varphi = \frac{n_o^2}{n_e^2} \tan\theta \tag{4.2-51}$$

进一步,根据离散角 α 的定义,应有如下关系:

$$\tan\alpha = \tan(\theta - \varphi) = \frac{\tan\theta - \tan\varphi}{1 + \tan\theta \tan\varphi} \tag{4.2-52}$$

将(4.2-51)式代入,整理可得

$$\tan\alpha = \frac{1}{2} \sin 2\theta \left(\frac{1}{n_o^2} - \frac{1}{n_e^2} \right) \left(\frac{\cos^2\theta}{n_o^2} + \frac{\sin^2\theta}{n_e^2} \right)^{-1} \tag{4.2-53}$$

由该式可见:

① 当 $\theta = 0°$ 或 $90°$,即光波法线方向 k 平行或垂直于光轴时,$\alpha = 0$。这时,s 与 k、E 与 D 方向重合。

② $\theta < \pi/2$ 时,对于正单轴晶体,$n_e > n_o$,$\alpha > 0$,e 光的光线较其波法线靠近光轴;对于负单轴晶体,$n_e < n_o$,$\alpha < 0$,e 光的光线较其波法线远离光轴。

③ 可以证明,当 k 与光轴间的夹角 θ 满足

$$\tan\theta = \frac{n_e}{n_o} \tag{4.2-54}$$

时,有最大离散角

$$\alpha_M = \arctan \frac{n_e^2 - n_o^2}{2 n_o n_e} \tag{4.2-55}$$

证明如下:

将 $\alpha = \theta - \varphi$ 对 θ 求导,可得

— **238** —

$$\frac{\mathrm{d}\alpha}{\mathrm{d}\theta} = 1 - \frac{\mathrm{d}\varphi}{\mathrm{d}\theta}$$

由(4.2-51)式，有

$$\frac{\mathrm{d}\varphi}{\mathrm{d}\theta} = \frac{1}{1+\frac{n_\mathrm{o}^4}{n_\mathrm{e}^4}\tan^2\theta}\frac{n_\mathrm{o}^2}{n_\mathrm{e}^2}\frac{1}{\cos^2\theta} = \frac{n_\mathrm{o}^2 n_\mathrm{e}^2}{n_\mathrm{e}^4 + n_\mathrm{o}^4\tan^2\theta}(1+\tan^2\theta)$$

为得到最大离散角 α_M，应令 $\mathrm{d}\alpha/\mathrm{d}\theta = 0$，即

$$\frac{\mathrm{d}\alpha}{\mathrm{d}\theta} = 1 - \frac{\mathrm{d}\varphi}{\mathrm{d}\theta} \approx 1 - \frac{n_\mathrm{o}^2 n_\mathrm{e}^2}{n_\mathrm{e}^4 + n_\mathrm{o}^4\tan^2\theta}(1+\tan^2\theta) = 0$$

由此得到下面的方程：

$$n_\mathrm{e}^4 + n_\mathrm{o}^4\tan^2\theta - n_\mathrm{o}^2 n_\mathrm{e}^2(1+\tan^2\theta) = 0$$

求解该方程，可得

$$\tan\theta = \frac{n_\mathrm{e}}{n_\mathrm{o}}$$

将该式代入(4.2-51)式，并由(4.2-52)式求出最大离散角为

$$\alpha_\mathrm{M} = \arctan\frac{n_\mathrm{e}^2 - n_\mathrm{o}^2}{2n_\mathrm{o}n_\mathrm{e}}$$

在实际应用中，经常要求晶体元件工作在最大离散角的情况下，同时满足正入射条件，这就应当如图 4-7 所示，使通光面(晶面)与光轴的夹角 $\beta = 90° - \theta$ 满足

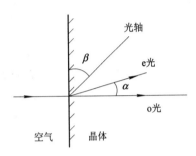

图 4-7　实际的晶体元件方向

$$\tan\beta = \frac{n_\mathrm{o}}{n_\mathrm{e}} \tag{4.2-56}$$

3) 双轴晶体

双轴晶体的三个主相对介电系数都不相等，即 $\varepsilon_1 \neq \varepsilon_2 \neq \varepsilon_3$，因而 $n_1 \neq n_2 \neq n_3$。通常主相对介电系数按

$$\varepsilon_1 < \varepsilon_2 < \varepsilon_3$$

取值。这类晶体之所以叫双轴晶体，是因为它有两个光轴，当光沿该二光轴方向传播时，其相应的二特许线偏振光波的传播速度(或折射率)相等。由波法线菲涅耳方程(4.2-31)式可以证明，双轴晶体的两个光轴都在 $x_1 O x_3$ 平面内，并且与 x_3 轴的夹角分别为 β 和 $-\beta$，如图 4-8 所示。β 值由

$$\tan\beta = \frac{n_3}{n_1}\sqrt{\frac{n_2^2 - n_1^2}{n_3^2 - n_2^2}} \tag{4.2-57}$$

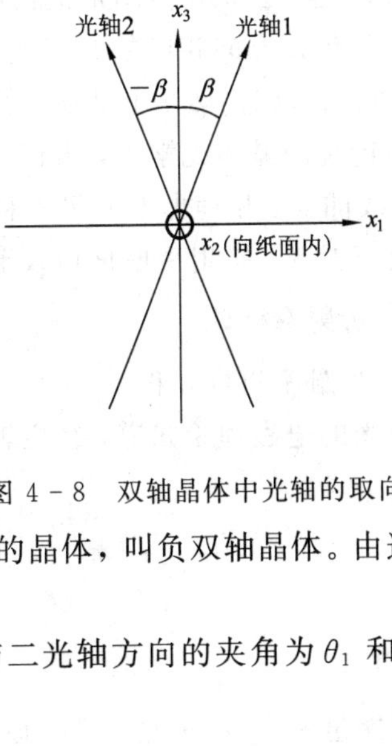

图 4-8　双轴晶体中光轴的取向

给出。对于 β 小于 $45°$ 的晶体，叫正双轴晶体；β 大于 $45°$ 的晶体，叫负双轴晶体。由这两个光轴构成的平面叫光轴面。

由(4.2-31)式出发可以证明，若光波法线方向 $\boldsymbol{k}$ 与二光轴方向的夹角为 θ_1 和 θ_2(图 4-9)，相应的二特许线偏振光的折射率满足下面关系：

$$\frac{1}{n^2} = \frac{\cos^2[(\theta_1 \pm \theta_2)/2]}{n_1^2} + \frac{\sin^2[(\theta_1 \pm \theta_2)/2]}{n_3^2} \tag{4.2-58}$$

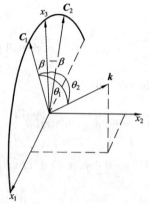

图 4-9　双轴晶体中 k 方向关系

当 $\theta_1 = \theta_2 = \theta$，即当波法线方向 k 沿二光轴角平分面时，相应的二特许线偏振光的折射率为

$$n' = n_1 \tag{4.2-59}$$

$$n'' = \left(\frac{\cos^2\theta}{n_1^2} + \frac{\sin^2\theta}{n_3^2}\right)^{-1/2} \tag{4.2-60}$$

双轴晶体中，对于某个给定的光波法线方向 k，其相应的二特许线偏振光的光矢量（E, D）振动方向和光线传播方向 s 如图 4-4 所示。双轴晶体中的两个特许线偏振光（本征模式），均称为异常光波（e 光）。

4.2.2　光在晶体中传播特性的几何法描述

光在晶体中的传播规律除了利用上述解析方法进行严格的描述外，还可以利用一些几何图形描述。这些几何图形能使我们直观地看出晶体中光波的各个矢量场间的方向关系，以及与各传播方向相应的光速或折射率的空间取值分布。当然，几何方法仅仅是一种表示方法，它的基础仍然是上面所给出的光的电磁理论基本方程和基本关系。

在传统的晶体光学中，人们引入了折射率椭球、折射率曲面、波法线曲面、菲涅耳椭球、射线曲面、相速卵形面等六种三维曲面。限于篇幅和实际的应用需要，这里只着重介绍折射率椭球、折射率曲面以及菲涅耳椭球和射线曲面。

1.　折射率椭球

1）折射率椭球方程

由光的电磁理论知道，在主轴坐标系中，晶体中的电场储能密度为

$$w_e = \frac{1}{2}\boldsymbol{E} \cdot \boldsymbol{D} = \frac{1}{2\varepsilon_0}\left(\frac{D_1^2}{\varepsilon_1} + \frac{D_2^2}{\varepsilon_2} + \frac{D_3^2}{\varepsilon_3}\right) \tag{4.2-61}$$

故有

$$\frac{D_1^2}{\varepsilon_1} + \frac{D_2^2}{\varepsilon_2} + \frac{D_3^2}{\varepsilon_3} = 2\varepsilon_0 w_e \tag{4.2-62}$$

在给定能量密度 w_e 的情况下，该方程表示为 $\boldsymbol{D}(D_1 \text{、} D_2 \text{、} D_3)$ 空间的椭球面。

若令

$$x_1 = \frac{D_1}{\sqrt{2\varepsilon_0 w_e}}, \quad x_2 = \frac{D_2}{\sqrt{2\varepsilon_0 w_e}}, \quad x_3 = \frac{D_3}{\sqrt{2\varepsilon_0 w_e}} \tag{4.2-63}$$

则有

$$\frac{x_1^2}{\varepsilon_1} + \frac{x_2^2}{\varepsilon_2} + \frac{x_3^2}{\varepsilon_3} = 1 \tag{4.2-64}$$

或

$$\frac{x_1^2}{n_1^2} + \frac{x_2^2}{n_2^2} + \frac{x_3^2}{n_3^2} = 1 \tag{4.2-65}$$

这是一个在归一化 D 空间中的椭球(图 4 - 10),它的三个主轴方向就是介电主轴方向,它就是在主轴坐标系中的折射率椭球(或称光率体)方程。对于任一特定的晶体,折射率椭球由其光学性质(主介电常数或主折射率)唯一地确定。

2) 折射率椭球的性质

若从主轴坐标系的原点出发作波法线矢量 k,再过坐标原点作一平面(称为中心截面)$\Pi(k)$ 与 k 垂直(图 4 - 11),$\Pi(k)$ 与椭球的截线为一椭圆,椭圆的半长轴和半短轴的矢径分别记作 $r_a(k)$ 和 $r_b(k)$,则可以证明折射率椭球具有下面两个重要的性质:

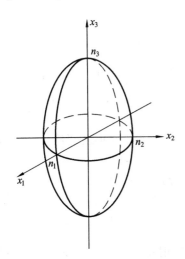

图 4 - 10　折射率椭球(光率体)

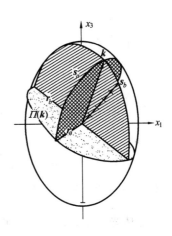

图 4 - 11　确定折射率和 D 振动方向的图示

① 与波法线方向 k 相应的两个特许线偏振光的折射率 n' 和 n'',分别等于这个椭圆的两个主轴的半轴长,即

$$\left. \begin{array}{l} n'(k) = |\, r_a(k) \,| \\ n''(k) = |\, r_b(k) \,| \end{array} \right\} \tag{4.2-66}$$

② 与波法线方向 k 相应的两个特许线偏振光 D 的振动方向 d' 和 d'',分别平行于 r_a 和 r_b,即

$$\left. \begin{array}{l} d'(k) = \dfrac{r_a(k)}{|\, r_a(k) \,|} \\[3mm] d''(k) = \dfrac{r_b(k)}{|\, r_b(k) \,|} \end{array} \right\} \tag{4.2-67}$$

这里，d 是 D 矢量方向上的单位矢量。

这样，只要给定了晶体，知道了晶体的主介电张量，就可以作出相应的折射率椭球，从而就可以通过上述的几何作图法定出与波法线矢量 k 相应的两个特许线偏振光的折射率和 D 的振动方向(图 4-11)。

现在证明上述结论。

由空间解析几何理论，与波法线 k 垂直的中心截面 $\Pi(k)$ 上的椭圆，应满足下面两个方程：

$$x_1 k_1 + x_2 k_2 + x_3 k_3 = 0 \tag{4.2-68}$$

$$\frac{x_1^2}{\varepsilon_1} + \frac{x_2^2}{\varepsilon_2} + \frac{x_3^2}{\varepsilon_3} = 1 \tag{4.2-69}$$

由于椭圆的长半轴和短半轴是椭圆矢量的两个极值，因而可以通过对满足上面两式的 $r^2 = x_1^2 + x_2^2 + x_3^2$ 求极值来确定 $r_a(k)$ 和 $r_b(k)$。为此，根据拉格朗日(Lagrange)待定系数法，引入两个乘数 $2\lambda_1$ 和 λ_2，构成一个函数：

$$F = x_1^2 + x_2^2 + x_3^2 + 2\lambda_1(x_1 k_1 + x_2 k_2 + x_3 k_3) + \lambda_2\left(\frac{x_1^2}{\varepsilon_1} + \frac{x_2^2}{\varepsilon_2} + \frac{x_3^2}{\varepsilon_3}\right) \tag{4.2-70}$$

于是，求解 $r_a(k)$ 和 $r_b(k)$ 的问题就变成了对 F 求极值的问题。而 F 取极值的必要条件是它对 x_1、x_2、x_3 的一阶导数为零，即

$$x_i + \lambda_1 k_i + \frac{\lambda_2 x_i}{\varepsilon_i} = 0 \qquad i = 1, 2, 3 \tag{4.2-71}$$

将(4.2-71)式的三个式子分别乘以 x_1、x_2、x_3，然后相加，利用(4.2-68)式和(4.2-69)式关系，得

$$r^2 + \lambda_2 = 0 \tag{4.2-72}$$

再将(4.2-71)式的三个式子分别乘以 k_1、k_2、k_3，然后相加，并再次利用(4.2-68)式关系，得到

$$\lambda_1 + \lambda_2\left(\frac{x_1 k_1}{\varepsilon_1} + \frac{x_2 k_2}{\varepsilon_2} + \frac{x_3 k_3}{\varepsilon_3}\right) = 0 \tag{4.2-73}$$

将(4.2-72)式和(4.2-73)式得出的 λ_1 和 λ_2 关系代入(4.2-71)式，可得

$$x_i\left(1 - \frac{r^2}{\varepsilon_i}\right) + k_i r^2\left(\frac{x_1 k_1}{\varepsilon_1} + \frac{x_2 k_2}{\varepsilon_2} + \frac{x_3 k_3}{\varepsilon_3}\right) = 0 \qquad i = 1, 2, 3 \tag{4.2-74}$$

这三个方程就是与 k 垂直的椭圆截线矢径 r 为极值时所满足的条件，也就是椭圆两个主轴方向的矢径 $r_a(k)$ 和 $r_b(k)$ 所满足的条件。将(4.2-74)式与(4.2-29)式进行比较可见，二式的差别只是符号不同。如果我们进行如下的代换：

$$x_i = \frac{D_i}{D} n \qquad i = 1, 2, 3$$

并注意到 $D_i/\varepsilon_0\varepsilon_i = E_i$，则(4.2-74)式可以写成

$$D_i = \varepsilon_0 n^2 [E_i - k_i(k \cdot E)] \qquad i = 1, 2, 3 \tag{4.2-75}$$

这组关系式就是晶体中与 k 相应的两个特许线偏振光的 D 矢量和折射率所遵从的关系(4.2-29)式。考虑到 $x_1 : x_2 : x_3 = D_1 : D_2 : D_3$ 和 $r = n$，r 的方向就是满足(4.2-75)式的 D 方向，r 的长度就是满足(4.2-75)式的 n。因此，就证明了在折射率椭球中，通过中心且与 k 垂直的椭圆截面两个主轴矢径 $r_a(k)$ 和 $r_b(k)$ 的方向，就是相应于波法线矢量 k 的

两个特许线偏振光 D 矢量的振动方向，两个半轴长 $|r_a|$ 和 $|r_b|$ 就是分别与这两个线偏振光相应的折射率。

通过上面的讨论可以看出，(4.2－65)式折射率椭球的物理意义是：它表征了晶体折射率(对应某一确定的光波长)在晶体空间的各个方向上全部取值分布的几何图形。椭球的三个半轴长分别等于三个主相对介电系数的平方根，其方向分别与介电主轴方向一致。通过椭球中心的每一个矢径方向，代表 D 的一个振动方向，其长度为 D 在此方向振动的光波折射率，故矢径可表示为 $r=nd$。所以，折射率椭球有时也称为 (d, n) 曲面。

3）利用折射率椭球确定 D、E、k、s 方向的几何方法

利用折射率椭球除了确定相应于 k 的两个特许线偏振光 D 矢量的振动方向和折射率外，还可以借助于下述几何方法，确定 D、E、k、s 各矢量的方向。

如前所述，D、E、k、s 矢量都与 H 矢量垂直，因而同处于一个平面内，这个平面与折射率椭球的交线是一个椭圆，如图 4－12 所示。

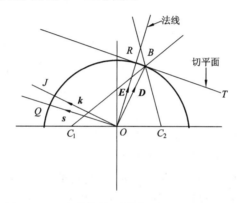

图 4－12　由给定的 D 确定 E、k、s 方向图示

如果相应于波法线方向 k 的一个电位移矢量 D 确定了，与该 D 平行的矢径端点为 B，则椭球在 B 点的法线方向平行于与该 D 矢量相应的 E 矢量方向。现证明如下：

已知，曲面 $f(x_1, x_2, x_3)=C$ 上某点处的法线方向平行于函数 f 在该点处的梯度矢量 ∇f。由(4.2－64)式，折射率椭球方程可写成

$$f(x_1, x_2, x_3) = \frac{x_1^2}{\varepsilon_1} + \frac{x_2^2}{\varepsilon_2} + \frac{x_3^2}{\varepsilon_3} = 1$$

所以，

$$(\nabla f)_i = \frac{\partial f}{\partial x_i} = \frac{2x_i}{\varepsilon_i} \qquad i = 1, 2, 3$$

若将 $x_i = \dfrac{D_i n}{D}$ 和 $\varepsilon_i = \dfrac{D_i}{\varepsilon_0 E_i}$ 代入，上式变为

$$(\nabla f)_i = \frac{2n\varepsilon_0 E_i}{D}$$

因而

$$(\nabla f)_1 : (\nabla f)_2 : (\nabla f)_3 = E_1 : E_2 : E_3$$

这说明，与折射率椭球上某点所确定的 D 矢量相应的 E 矢量方向，平行于椭球在该点处的法线方向，也就是由坐标原点向过该点的切平面所作的垂线方向。

于是，给定了 D 矢量的方向，相应的 E 矢量方向可用几何方法作出：先过 B 点作椭圆的切线（或椭球的切平面）BT，再由 O 点向 BT 作垂线 OR，则 OR 的方向即是 B 点的法线方向，也就是与 D 相应的 E 的方向。另外，过 O 点作 BT 的平行线 OQ，则 OQ 的方向就是 s 的方向，而垂直于 OB 的方向（OJ）就是 k 的方向。这个几何作图法如图 4-12 所示。

4）应用折射率椭球讨论晶体的光学性质

（1）**各向同性介质或立方晶体** 在各向同性介质或立方晶体中，主相对介电系数 $\varepsilon_1 = \varepsilon_2 = \varepsilon_3$，主折射率 $n_1 = n_2 = n_3 = n_0$，折射率椭球方程为

$$x_1^2 + x_2^2 + x_3^2 = n_0^2 \qquad (4.2-76)$$

这就是说，各向同性介质或立方晶体的折射率椭球是一个半径为 n_0 的球。因此，不论 k 在什么方向，垂直于 k 的中心截面与球的交线均是半径为 n_0 的圆，不存在特定的长、短轴方向，因而光学性质是各向同性的。

（2）**单轴晶体** 在单轴晶体中，$\varepsilon_1 = \varepsilon_2 \neq \varepsilon_3$，或 $n_1 = n_2 = n_o$，$n_3 = n_e \neq n_o$，因此折射率椭球方程为

$$\frac{x_1^2}{n_o^2} + \frac{x_2^2}{n_o^2} + \frac{x_3^2}{n_e^2} = 1 \qquad (4.2-77)$$

显然这是一个旋转椭球面，旋转轴为 x_3 轴。若 $n_e > n_o$ 称为正单轴晶体（如石英晶体），折射率椭球是沿着 x_3 轴拉长了的旋转椭球；若 $n_e < n_o$，称为负单轴晶体（如方解石晶体），折射率椭球是沿着 x_3 轴压扁了的旋转椭球。

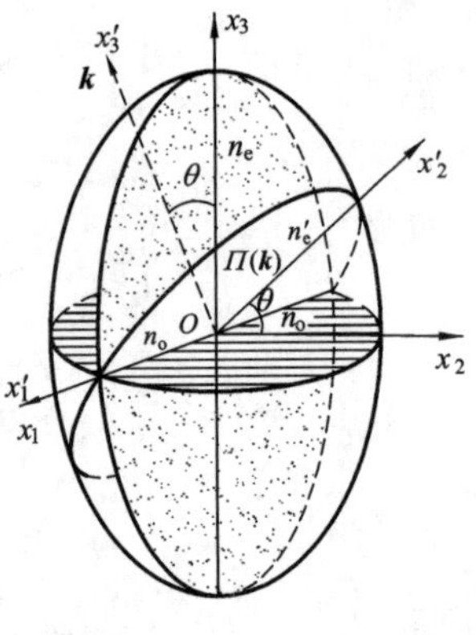

下面讨论波法线方向为 k 的光波传播特性。

设晶体内一平面光波的 k 与 x_3 轴夹角为 θ，则过椭球中心作垂直于 k 的平面 $\Pi(k)$ 与椭球的交线必定是一个椭圆（图 4-13）。其截线方程可用下述方法得到：由于旋转椭球的 $x_1(x_2)$ 轴的任意性，可以假设（k，x_3）面为 $x_2 O x_3$ 平面。若建立新的坐标系 $O-x_1' x_2' x_3'$，使 x_3' 轴与 k 重合，x_1' 轴与 x_1 轴重合，则 x_2' 轴在 $x_2 O x_3$ 平面内。这时，$\Pi(k)$ 截面即为 $x_1' O x_2'$ 面，其方程为

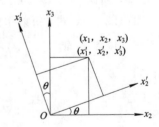

图 4-13 单轴晶体折射率
椭球作图法

$$x_3' = 0 \qquad (4.2-78)$$

新旧坐标系的变换关系为（图 4-14）

$$x_1 = x_1'$$
$$x_2 = x_2' \cos\theta - x_3' \sin\theta$$
$$x_3 = x_2' \sin\theta + x_3' \cos\theta$$

图 4-14 两个坐标系的关系

将上面关系代入（4.2-77）式，再与（4.2-78）式联立，就有

$$\frac{(x_1')^2}{n_o^2} + \frac{(x_2')^2 \cos^2\theta}{n_o^2} + \frac{(x_2')^2 \sin^2\theta}{n_e^2} = 1$$

经过整理，可得出截线方程为

$$\frac{(x_1')^2}{n_o^2} + \frac{(x_2')^2}{(n_e')^2} = 1 \qquad (4.2-79)$$

其中

$$n_e' = \frac{n_o n_e}{\sqrt{n_o^2 \sin^2 \theta + n_e^2 \cos^2 \theta}} \qquad (4.2-80)$$

或表示为

$$\frac{1}{(n_e')^2} = \frac{\cos^2 \theta}{n_o^2} + \frac{\sin^2 \theta}{n_e^2} \qquad (4.2-81)$$

根据折射率椭球的性质，椭圆截线的长半轴和短半轴方向就是相应于波法线方向 k 的两个特许线偏振光的 D 矢量振动方向 d' 和 d''，两个半轴的长度等于这两个特许线偏振光的折射率 n' 和 n''。由 $(4.2-79)$ 式可见，这个椭圆有一个半轴的长度为 n_o，方向为 x_1 轴方向。这就是说，如果 k 在 $x_2 O x_3$ 平面内，不论 k 的方向如何，它总有一个特许线偏振光的折射率不变（等于 n_o），相应的 D 方向垂直于 k 与 x_3 轴所构成的平面，这就是 o 光（寻常光）。通过图 4-13 所示的作图法，即可确定 o 光的 $E /\!/ D$，$s /\!/ k$。对于椭圆的另一个半轴，其长度为 n_e'，且在 $x_2 O x_3$ 平面上，即相应于波法线方向 k 的另一个特许的线偏振光的 D 矢量在 (k, x_3) 面内，相应的折射率 n_e' 随 k 的方向变化，这就是 e 光（非常光）。通过作图法可以看出，e 光的 D 方向不在主轴方向，因而 E 与 D 不平行，s 与 k 也不平行。这些结果与解析法得到的结论完全一致。

下面讨论两种特殊情况：

① $\theta = 0$ 时，k 与 x_3 轴重合，这时，$n_e' = n_o$，中心截面与椭球的截线方程为

$$x_1^2 + x_2^2 = n_o^2 \qquad (4.2-82)$$

这是一个半径为 n_o 的圆。可见，沿 x_3 轴方向传播的光波折射率为 n_o，D 矢量的振动方向除与 x_3 轴垂直外，没有其它约束，即沿 x_3 轴方向传播的光可以允许任意偏振方向，且折射率均为 n_o，故 x_3 轴为光轴。因为这类晶体只有一个光轴，所以称为单轴晶体。

② $\theta = \pi/2$ 时，k 与 x_3 轴垂直，这时，$n_e' = n_e$，e 光的 D 与 x_3 轴平行。中心截面与椭球的截线方程为

$$\frac{x_1^2}{n_o^2} + \frac{x_3^2}{n_e^2} = 1 \qquad (4.2-83)$$

由于折射率椭球是旋转椭球，x_1、x_2 坐标轴可任意选取，所以包含 x_3 轴的中心截面都可选作 $x_3 O x_1$ 平面（或 $x_3 O x_2$ 平面）。对于正单轴晶体，e 光有最大折射率；而对于负单轴晶体，e 光有最小折射率。运用图 4-12 所示的几何作图法，可以得到 $D /\!/ E$，$k /\!/ s$。

（3）双轴晶体

① 双轴晶体中的光轴。对于双轴晶体，介电张量的三个主介电系数不相等，即 $\varepsilon_1 \neq \varepsilon_2 \neq \varepsilon_3$，因而 $n_1 \neq n_2 \neq n_3$，所以折射率椭球方程为

$$\frac{x_1^2}{n_1^2} + \frac{x_2^2}{n_2^2} + \frac{x_3^2}{n_3^2} = 1 \qquad (4.2-84)$$

若约定 $n_1 < n_2 < n_3$，则折射率椭球与 $x_1 O x_3$ 平面的交线是椭圆（图 4-15），它的方程为

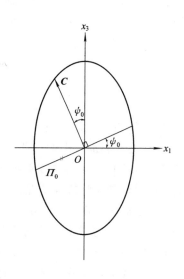

图 4-15 双轴晶体折射率椭球在 $x_1 O x_3$ 面上的截线

$$\frac{x_1^2}{n_1^2} + \frac{x_3^2}{n_3^2} = 1 \qquad (4.2-85)$$

式中，n_1 和 n_3 分别是最短和最长的主半轴。若椭圆上任意一点的矢径 $\boldsymbol{r}$ 与 x_1 轴的夹角为 ψ，长度为 n，则(4.2-85)式可以写成

$$\frac{(n \cos\psi)^2}{n_1^2} + \frac{(n \sin\psi)^2}{n_3^2} = 1$$

或

$$\frac{1}{n^2} = \frac{\cos^2\psi}{n_1^2} + \frac{\sin^2\psi}{n_3^2} \qquad (4.2-86)$$

n 的大小随着 ψ 在 n_1 和 n_3 之间变化。由于 $n_1 < n_2 < n_3$，因而总是可以找到某一矢径 $\boldsymbol{r}_0$，其长度为 $n = n_2$。设这个 $\boldsymbol{r}_0$ 矢径与 x_1 轴的夹角为 ψ_0，则 ψ_0 应满足

$$\frac{1}{n_2^2} = \frac{\cos^2\psi_0}{n_1^2} + \frac{\sin^2\psi_0}{n_3^2} \qquad (4.2-87)$$

所以

$$\tan\psi_0 = \pm \frac{n_3}{n_1}\sqrt{\frac{n_2^2 - n_1^2}{n_3^2 - n_2^2}} \qquad (4.2-88)$$

显然，矢径 $\boldsymbol{r}_0$ 与 x_2 轴组成的平面与折射率椭球的截线是一个半径为 n_2 的圆。若以 Π_0 表示该圆截面，则与垂直于 Π_0 面的波法线方向 $\boldsymbol{k}$ 相应的 $\boldsymbol{D}$ 矢量在 Π_0 面内振动，且振动方向没有限制，折射率均为 n_2。如果用 $\boldsymbol{C}$ 表示 Π_0 面法线方向的单位矢量，则 $\boldsymbol{C}$ 的方向即是光轴方向。由于(4.2-88)式右边有正负两个值，相应的 Π_0 面及其法向单位矢量 $\boldsymbol{C}$ 也有两个，因此，有两个光轴方向 $\boldsymbol{C}_1$ 和 $\boldsymbol{C}_2$，这就是双轴晶体名称的由来。实际上，$\boldsymbol{C}_1$ 和 $\boldsymbol{C}_2$ 对称地分布在 x_3 轴两侧，如图 4-16 所示。由 $\boldsymbol{C}_1$ 和 $\boldsymbol{C}_2$ 构成的平面叫做光轴面，显然，光轴面就是 x_3Ox_1 平面。设 $\boldsymbol{C}_1$、$\boldsymbol{C}_2$ 与 x_3 轴的夹角为 β、$-\beta$，则

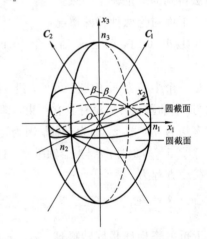

图 4-16　双轴晶体双光轴示意图

$$\tan\beta = \frac{n_3}{n_1}\sqrt{\frac{n_2^2 - n_1^2}{n_3^2 - n_2^2}} \qquad (4.2-89)$$

当 β 角小于 45°时，称为正双轴晶体；β 角大于 45°时，称为负双轴晶体。

② 光在双轴晶体中的传播特性。与单轴晶体一样，利用双轴晶体的折射率椭球可以确定相应于 $\boldsymbol{k}$ 方向两束特许线偏振光的折射率和振动方向，只是具体计算比单轴晶体复杂得多。下面只讨论几种特殊情况：

(i) 当 $\boldsymbol{k}$ 方向沿着主轴方向，比如 x_1 轴时，相应的两个特许线偏振光的折射率分别为 n_2 和 n_3，$\boldsymbol{D}$ 矢量的振动方向分别沿 x_2 轴和 x_3 轴方向；当 $\boldsymbol{k}$ 沿 x_2 轴时，相应的两个特许线偏振光的折射率分别为 n_1 和 n_3，$\boldsymbol{D}$ 矢量的振动方向分别沿 x_1 轴和 x_3 轴方向。

(ii) 当 $\boldsymbol{k}$ 方向沿着光轴方向时，二正交线偏振光的折射率为 n_2，其 $\boldsymbol{D}$ 矢量的振动方向没有限制。

(iii) 当 k 在主截面内，但不包括上面两种情况时，二特许线偏振光的折射率不等，其中一个等于主折射率，另一个介于其余二主折射率之间。

例如，k 在 $x_1 O x_3$ 主截面内，与 x_3 轴的夹角为 θ，确定与其相应的二特许线偏振光的折射率和 D 矢量振动方向。

根据折射率椭球的性质，考虑到 k 不在坐标轴上，为了简化运算，可如图 4-17 所示，将坐标系 $O-x_1 x_2 x_3$ 绕 x_2 轴旋转 θ 角，建立一个新坐标系 $O-x_1' x_2' x_3'$，使 k 沿 x_3' 轴方向。此时，二坐标系之间的关系为

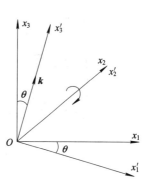

$$\left.\begin{aligned} x_1 &= x_1'\cos\theta + x_3'\sin\theta \\ x_2 &= x_2' \\ x_3 &= -x_1'\sin\theta + x_3'\cos\theta \end{aligned}\right\} \quad (4.2-90)$$

图 4-17　坐标系的变换

将这个关系代入折射率椭球方程：

$$\frac{(x_1'\cos\theta + x_3'\sin\theta)^2}{n_1^2} + \frac{(x_2')^2}{n_2^2} + \frac{(-x_1'\sin\theta + x_3'\cos\theta)^2}{n_3^2} = 1$$

设 $x_3' = 0$，可以得到与 k 垂直的截线方程为

$$\left(\frac{\cos^2\theta}{n_1^2} + \frac{\sin^2\theta}{n_3^2}\right)(x_1')^2 + \frac{(x_2')^2}{n_2^2} = 1 \quad (4.2-91)$$

所以，与 k 相应的二特许线偏振光的折射率为

$$\left.\begin{aligned} n' &= n_2 \\ n'' &= \frac{n_1 n_3}{\sqrt{n_3^2\cos^2\theta + n_1^2\sin^2\theta}} \end{aligned}\right\} \quad (4.2-92)$$

D 矢量的振动方向分别为 x_2'、x_1' 方向。

(iv) 当 k 与折射率椭球的三个主轴既不平行又不垂直时，相应的两个特许线偏振光的折射率都不等于主折射率，其中一个介于 n_1、n_2 之间，另一个介于 n_2、n_3 之间。如果用波法线与两个光轴的夹角 θ_1 和 θ_2 来表示波法线方向 k（见图 4-9），则可以利用折射率椭球的关系，得到与 k 相应的十分简单的二特许线偏振光的折射率表达式：

$$\frac{1}{n^2} = \frac{\cos^2[(\theta_1 \pm \theta_2)/2]}{n_1^2} + \frac{\sin^2[(\theta_1 \pm \theta_2)/2]}{n_3^2} \quad (4.2-93)$$

(v) 已知两个光轴方向和 k 方向时，可以很方便地确定与 k 相应的 D 矢量的两个振动方向。如图 4-18 所示，给定 k 方向后，通过双轴晶体折射率椭球的中心作垂直于 k 的中心截面 Π，则其截线椭圆的长、短轴方向就是与 k 相应的两个 D 矢量的振动方向 d' 和 d''，其半轴长度就是相应的折射率 n' 和 n''。设双轴晶体的光轴方向为 C_1 和 C_2，垂直光轴的两个圆截面为 $\Pi_0^{(1)}$ 和 $\Pi_0^{(2)}$，这两个圆截面与 Π 面分别在 r_1 和 r_2 处相交，r_1 和 r_2 有相等的长度，它们与 Π 椭圆的主轴有相等的夹角（参看图 4-18、4-19），所以 d' 和 d'' 方向必是 r_1 和 r_2 两个方向的等分角线的方向。但因 r_1 垂直于 C_1 和 k，所以垂直于 C_1 和 k 组成的平面；同样，r_2 垂直于 C_2 和 k 组成的平面。设 (C_1, k) 平面和 (C_2, k) 平面与 Π 椭圆分别交于矢径 r_1' 和 r_2'，则 $r_1 \perp r_1'$，$r_2 \perp r_2'$。所以，椭圆的主轴也等分 r_1'、r_2' 方向。由此可以得到如下结论：D 矢量的两个振动面 (d', k) 和 (d'', k) 分别是 (C_1, k) 和 (C_2, k) 两个平面的内等分面和外等分面。

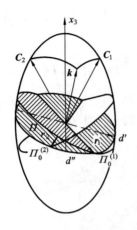

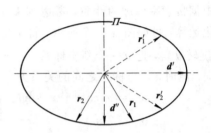

图 4-18   **D** 矢量振动面的确定   图 4-19   图 4-18 中的 Π 平面

最后应当指出，在双轴晶体中，除两个光轴方向外，沿其余方向传播的平面光波，在折射率椭球中心所作的垂直于 **k** 的平面与折射率椭球的截线都是椭圆。而且，由于折射率椭球没有旋转对称性，相应的两个正交线偏振光的折射率都与 **k** 的方向有关，因此这两个光都是非常光。故在双轴晶体中，不能采用 o 光与 e 光的称呼来区分这两种线偏振光。

2. 折射率曲面和波矢曲面

折射率椭球可以确定与波法线方向 **k** 相应的两个特许线偏振光的折射率，但它需要通过一定的作图过程才能得到。为了更直接地表示出与每一个波法线方向 **k** 相应的两个折射率，人们引入了折射率曲面。折射率曲面上的矢径 $r=nk$，其方向平行于给定的波法线方向 **k**，长度则等于与该 **k** 相应的两个波的折射率。因此，折射率曲面必定是一个双壳层的曲面，记作 (k,n) 曲面。

实际上，根据 (k,n) 曲面的意义，$(4.2-31)$ 式就是折射率曲面在主轴坐标系中的极坐标方程，现重写如下：

$$\frac{k_1^2}{\frac{1}{n^2}-\frac{1}{n_1^2}}+\frac{k_2^2}{\frac{1}{n^2}-\frac{1}{n_2^2}}+\frac{k_3^2}{\frac{1}{n^2}-\frac{1}{n_3^2}}=0 \tag{4.2-94}$$

若以 $n^2=x_1^2+x_2^2+x_3^2=n^2k_1^2+n^2k_2^2+n^2k_3^2$ 代入上式，即可得到它的直角坐标方程：

$$(n_1^2x_1^2+n_2^2x_2^2+n_3^2x_3^2)(x_1^2+x_2^2+x_3^2)-[n_1^2(n_2^2+n_3^2)x_1^2$$
$$+n_2^2(n_3^2+n_1^2)x_2^2+n_3^2(n_1^2+n_2^2)x_3^2]+n_1^2n_2^2n_3^2=0 \tag{4.2-95}$$

这是一个四次曲面方程。利用这个曲面可以很直观地得到与 **k** 相应的二折射率。

对于立方晶体，$n_1=n_2=n_3=n_0$，代入 $(4.2-95)$ 式得

$$x_1^2+x_2^2+x_3^2=n_0^2 \tag{4.2-96}$$

显然，这个折射率曲面是一个半径为 n_0 的球面，在所有的 **k** 方向上，折射率都等于 n_0，在光学上是各向同性的。

对于单轴晶体，$n_1=n_2=n_0$，$n_3=n_e$，代入 $(4.2-95)$ 式得

$$(x_1^2+x_2^2+x_3^2-n_0^2)[n_0^2(x_1^2+x_2^2)+n_e^2x_3^2-n_0^2n_e^2]=0 \tag{4.2-97}$$

或表示为

$$
\left.\begin{aligned}
x_1^2 + x_2^2 + x_3^2 &= n_o^2 \\
\frac{x_1^2 + x_2^2}{n_e^2} + \frac{x_3^2}{n_o^2} &= 1
\end{aligned}\right\}
\tag{4.2-98}
$$

可见，单轴晶体的折射率曲面是一个双壳层曲面，它是由一个半径为 n_o 的球面和一个以 x_3 轴为旋转轴的旋转椭球构成的。球面对应为 o 光的折射率曲面，旋转椭球表示的是 e 光的折射率曲面。

单轴晶体的折射率曲面在主轴截面上的截线如图 4 - 20 所示：对于正单轴晶体，$n_e > n_o$，球面内切于椭球；对于负单轴晶体，$n_e < n_o$，球面外切于椭球。两种情况的切点均在 x_3 轴上，故 x_3 轴为光轴。当与 x_3 轴夹角为 θ 的波法线方向 k 与折射率曲面相交时，得到长度为 n_o 和 $n_e(\theta)$ 的矢径，它们分别是相应于 k 方向的两个特许线偏振光的折射率，其中 $n_e(\theta)$ 可由(4.2 - 98)式求出：

$$
n_e(\theta) = \frac{n_o n_e}{\sqrt{n_o^2 \sin^2\theta + n_e^2 \cos^2\theta}}
\tag{4.2-99}
$$

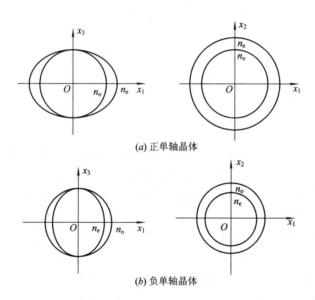

(a) 正单轴晶体

(b) 负单轴晶体

图 4 - 20   单轴晶体折射率曲面

对于双轴晶体，$n_1 \neq n_2 \neq n_3$，(4.2 - 95)式所示的四次曲面在三个主轴截面上的截线都是一个圆加上一个同心椭圆，它们的方程分别是：

$$
\left.\begin{aligned}
x_2 O x_3 \ \text{面} \qquad & (x_2^2 + x_3^2 - n_1^2)\left(\frac{x_2^2}{n_3^2} + \frac{x_3^2}{n_2^2} - 1\right) = 0 \\
x_3 O x_1 \ \text{面} \qquad & (x_3^2 + x_1^2 - n_2^2)\left(\frac{x_3^2}{n_1^2} + \frac{x_1^2}{n_3^2} - 1\right) = 0 \\
x_1 O x_2 \ \text{面} \qquad & (x_1^2 + x_2^2 - n_3^2)\left(\frac{x_1^2}{n_2^2} + \frac{x_2^2}{n_1^2} - 1\right) = 0
\end{aligned}\right\}
\tag{4.2-100}
$$

按约定，$n_1 < n_2 < n_3$，则三个主轴截面上的截线可以表示如图 4 - 21 所示。折射率曲面的两个壳层仅有四个交点，就是 $x_3 O x_1$ 截面上的四个交点，在三维示意图中可以看出四个"脐窝"。图 4 - 22 给出了双轴晶体的折射率曲面在第一卦限中的示意图。

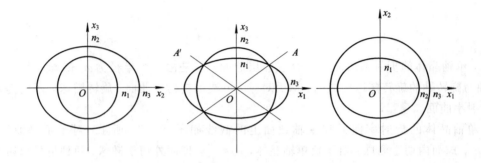

图 4 - 21　双轴晶体的折射率曲面在三个主轴截面上的截线

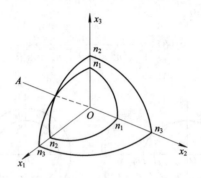

图 4 - 22　双轴晶体的折射率曲面在第一卦限中的示意图

根据光轴方向为二特许线偏振光折射率相等的 k 方向的定义，双轴晶体的光轴在 $x_3 O x_1$ 面内，如图 4 - 21 所示，是两个壳层的交点与原点的连线 OA 和 OA' 方向。

可以证明，折射率曲面在任一矢径末端处的法线方向，即是与该矢径所代表的波法线方向 k 相应的光线方向 s。

应注意，折射率曲面虽然可以将任一给定 k 方向所对应的两个折射率直接表示出来，但它表示不出相应的两个光的偏振方向。因此，与折射率椭球相比，折射率曲面对于光在界面上的折射、反射问题讨论比较方便，而折射率椭球用于处理偏振效应的问题比较方便。

对于折射率曲面，如果将其矢径长度乘以 ω/c，即可构成一个新曲面的矢径 $r = (\omega n/c) k$，这个曲面称为波矢曲面，通常记为 (k, k) 曲面。

3. 菲涅耳椭球

上面讨论的折射率椭球和折射率曲面都是相对波法线方向 k 而言的。由于晶体中的 k 与 s 可能分离，而在有些应用中给定的是 s 方向，因而利用相对 s 而言的曲面讨论光的传播规律比较方便。菲涅耳椭球就是相对光线方向 s 引入的几何曲面。

由折射率椭球方程(4.2 - 65)出发，利用(4.2 - 38)式的矢量对应关系，可以得到

$$\frac{x_1^2}{v_{r1}^2} + \frac{x_2^2}{v_{r2}^2} + \frac{x_3^2}{v_{r3}^2} = 1 \qquad (4.2 - 101)$$

式中，v_{r1}、v_{r2}、v_{r3} 表示三个主轴方向上的光线主速度。这个方程就是用来描述光在晶体中传播特性的菲涅耳椭球。在描述光的传播特性时，它与折射率椭球的作图方法完全相同，只是以光线方向 s 取代波法线方向 k。对于任一给定的光线方向 s，过菲涅耳椭球中心作垂

直于 s 的平面，它与菲涅耳椭球相交，其截线为椭圆，该椭圆的长、短轴方向表示与 s 方向相应的二特许线偏振光电场强度 E 的振动方向，半轴长度表示该二光的光线速度。如果把长、短半轴矢径记作 $r_a(s)$ 和 $r_b(s)$，则

$$\left.\begin{array}{l} v'_r(s) = |r_a(s)| \\ v''_r(s) = |r_b(s)| \end{array}\right\} \tag{4.2-102}$$

$$\left.\begin{array}{l} e'(s) = \dfrac{r_a(s)}{|r_a(s)|} \\ e''(s) = \dfrac{r_b(s)}{|r_b(s)|} \end{array}\right\} \tag{4.2-103}$$

(4.2-103)式中，e 表示与光线方向 s 相应的 E 矢量振动方向上的单位矢量。

菲涅耳椭球可记为 (e, v_r) 曲面。

4. 射线曲面

射线曲面是和折射率曲面相对应的几何图形，它描述与晶体中光线方向 s 相应的两个光线速度的分布。射线曲面上的矢径方向平行于给定的 s 方向，矢径的长度等于相应的两个光线速度 v_r，因此可简记为 (s, v_r) 曲面。实际上，射线曲面就是在晶体中完全包住一个单色点光源的波面。

射线曲面在主轴坐标系中的极坐标方程就是 (4.2-37) 式，现重写如下：

$$\frac{s_1^2}{\dfrac{1}{v_r^2} - \dfrac{1}{v_1^2}} + \frac{s_2^2}{\dfrac{1}{v_r^2} - \dfrac{1}{v_2^2}} + \frac{s_3^2}{\dfrac{1}{v_r^2} - \dfrac{1}{v_3^2}} = 0 \tag{4.2-104}$$

在形式上，它与折射率曲面方程 (4.2-94) 式相仿，因此曲面形状相似，也是一个双壳层曲面。不过由于光速与折射率成反比，两壳层的里外顺序与折射率曲面正好相反。

图 4-23 表示的是单轴晶体的射线曲面，图 4-24 表示的是双轴晶体射线曲面在三个主轴截面上的截线，图 4-25 为双轴晶体的射线曲面在第一卦限中的示意图。

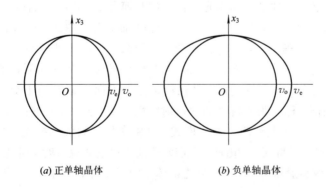

(a) 正单轴晶体 (b) 负单轴晶体

图 4-23　单轴晶体的射线曲面

射线曲面上的矢径方向平行于 s 方向，其矢径末端处的法线方向就是与该 s 方向相应的波法线方向 k。图 4-24 所示的双轴晶体射线曲面在 $x_3 O x_1$ 面上的截线也有四个交点，相应的方向 $\overrightarrow{OB}$、$\overrightarrow{OB'}$ 是两个射线速度相等的射线方向，称为射线轴，它们不同于双轴晶体的光轴（图 4-21 中的 $\overrightarrow{OA}$、$\overrightarrow{OA'}$）。其它具体讨论可参照折射率曲面的方法进行。后面，在

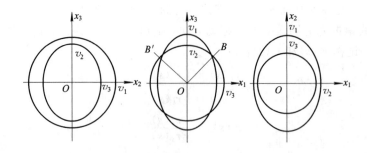

图 4-24　双轴晶体射线曲面在三个主轴截面上的截线

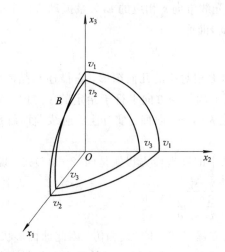

图 4-25　双轴晶体射线曲面在第一卦限中的示意图

利用惠更斯作图法讨论光在晶体界面上的折射、反射方向时，将用到射线曲面。

至此，我们介绍了四种描述晶体光学性质的几何图形：折射率椭球——(d,n) 曲面；折射率曲面——(k,n) 曲面，菲涅耳椭球——(e,v_r) 曲面；射线曲面——(s,v_r) 曲面。实质上，这几种曲面的作用完全等效，只是某种场合下应用某一种曲面处理问题较为方便而已。

在本节的最后应当指出，上面讨论的光在晶体中的传播特性表明，相应于一个光的传播方向，晶体中有两个本征模式，它们是在特定振动方向上振动的正交线偏振光，通常它们的传播速度不相同，称其为光传播的双折射特性。实际上，在有些晶体（如旋光晶体）中，相应于一个光的传播方向上的两个本征模式，是旋向相反的圆偏振光，它们的速度也不相同，也是光传播的双折射特征。并由此，人们常称前面讨论的双折射特性为线双折射特性，而称后面的特性为圆双折射特性。有关在旋光晶体中的圆双折射特性，将在第5章中简单介绍。

4.3　平面光波在晶体界面上的反射和折射

前面讨论了光在晶体内部的传播特性。实际上，在使用晶体制作的光学元件时，都会涉及到光在晶体界面上的入射和出射问题，因此应考虑光从空气射向晶体界面，或由晶体内部射向晶体界面时的反射和折射特性。这一节将根据光的电磁理论，讨论光在晶体界面上的反射和折射，但只限于讨论光波的传播方向特性。

4.3.1 光在晶体界面上的双反射和双折射现象

1. 光在晶体界面上的双反射和双折射现象

众所周知，一束单色平面光入射到各向同性介质的界面上时，将分别产生一束反射光和一束折射光，并且遵从熟知的反射定律((1.2-7)式)和折射定律((1.2-8)式)。但是，如果利用晶体进行光学实验就会发现，当一束单色平面光从空气入射到晶体界面(例如方解石晶体)上时，会产生两束同频率的折射光(图4-26)，发生双折射现象；当一束单色平面光从晶体内部(例如方解石晶体)射向晶体-空气界面上时，会产生两束同频率的反射光(图4-27)，发生双反射现象。并且，在界面上所产生的两束折射光或两束反射光都是线偏振光，它们的振动方向相互垂直。显然，这种双折射和双反射现象都与晶体的光学性质有关，都是晶体中光学各向异性特性的直接结果。

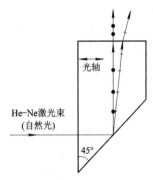

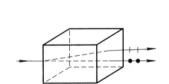

图4-26 方解石晶体的双折射现象　　图4-27 方解石晶体中的双反射现象

2. 光在晶体界面上的双反射和双折射特性

与上节有关光在晶体中传播特性的讨论类似，光在晶体界面上的双反射和双折射特性也可以利用解析法和几何作图法描述。

1) 解析法描述

假设一束单色平面光波自空气射向晶体，k_i、k_r、k_t分别为入射光、反射光、折射光的波矢，则由光的电磁场理论可得

$$(k_r - k_i) \cdot r = 0 \qquad (4.3-1)$$
$$(k_t - k_i) \cdot r = 0 \qquad (4.3-2)$$

(4.3-1)式是反射定律的矢量形式，可表述为：反射光和入射光的波矢差与界面垂直。(4.3-2)式是折射定律的矢量形式，可表述为：折射光和入射光的波矢差与界面垂直。由该二式可见，k_i、k_r、k_t和界面法线共面，或者说，反射光和折射光的波矢都在入射面内。

若设θ_i、θ_r、θ_t分别为入射角、反射角、折射角，则有

$$k_i \sin\theta_i = k_r \sin\theta_r = k_t \sin\theta_t \qquad (4.3-3)$$

或

$$n_i \sin\theta_i = n_r \sin\theta_r \qquad (4.3-4)$$
$$n_i \sin\theta_i = n_t \sin\theta_t \qquad (4.3-5)$$

(4.3-4)式和(4.3-5)式就是光在晶体界面上的反射定律和折射定律。

从形式上看，光在晶体界面上的反射定律和折射定律与光在各向同性介质界面上的反射定律和折射定律相同，但是，因为晶体中的光学各向异性，晶体中存在两个特许的线偏振光(本征模式)，所以，相应于一个入射光，在晶体界面内将可能产生两个反射光或两个折射光，就导致了与各向同性介质界面上一束入射光只产生一束反射光和一束折射光的现象不同，在晶体界面上会发生双反射和双折射现象。光在晶体界面上的双反射和双折射特性，取决于反射定律、折射定律、入射光的偏振特性、晶体的结构和光学各向异性，具体特性如下：

① 首先应当指出，上述反射、折射定律中的光传播方向都是指光的波矢方向，式中的 θ_i、θ_r、θ_t 都是针对光的波矢方向而言的。由于晶体内允许的二特许线偏振光(本征模式)的波矢方向和光线方向在一般情况下不相同(离散)，因而如图 4-26 所示，当一束单色平面光从空气垂直入射到方解石单轴晶体上时，在晶体中将产生两束折射光(o 光和 e 光)，根据折射定律(4.3-5)式，该二折射光的折射角 $\theta_{to}=\theta_{te}=0$，即晶体中二折射光的波矢方向相同、均垂直入射界面；但是，由于单轴晶体中的 o 光波矢方向与光线方向相同，而 e 光的波矢方向与光线方向离散，所以在晶体内将会观测到两条离散方向传播的光线，它们分别是 o 光和 e 光的能流方向；进而根据折射定律(4.3-5)式，由于射向晶体后界面二光的波矢方向均垂直于晶体界面，因此将在晶体后界面上垂直射出分离的两束平行光。晶体内的两束折射光的传播方向，以及它们在晶体后界面上出射的位置，取决于晶体的结构、光轴方向，它们的离散角度可由(4.2-53)式确定，它们是振动方向正交的线偏振光。

② 在晶体中，光的折射率因传播方向、电场振动方向而异。如果一束光从空气斜入射晶体，则因二折射光的折射率不同(例如单轴晶体，o 光的折射率为 n_{to}，e 光的折射率为 $n_{te}(\theta)$)，则根据折射定律(4.3-5)式，其折射角(θ_{to} 和 θ_{te})、波矢方向($\boldsymbol{k}_{to}$ 和 $\boldsymbol{k}_{te}$)也不同，并且根据(4.2-53)式，它们的光线方向相对波矢方向还会有偏离。

③ 如果如图 4-27 所示，光从方解石晶体内以 45° 角斜入射到晶体—空气界面上，则因晶体中允许有两个特许的线偏振光(o 光和 e 光)，可能会有两个反射光，它们的折射率不同(n_{ro} 和 $n_{re}(\theta)$)，因而反射角也不同，o 光的反射角 $\theta_{ro}=45°$，e 光的反射角 $\theta_{re}>45°$。特别是，θ_{ro} 角方向既是 o 光反射光的波矢方向，也是其光线方向；而 θ_{re} 角方向是 e 光反射光的波矢方向，其光线方向还会稍有分离。

④ 当用一束单色光照射双轴晶体界面时，所发生的反射和折射现象更加复杂。例如，若如图 4-28 所示，用一单色非偏振平行光垂直照射双轴晶片(例如云母)，该晶片的两个平行面垂直于两个光轴之一，则光能量就以空心锥的形式在晶片内发散传播，并在晶片的另一面上出射，形成空心柱面，在平行于晶面的屏幕上，将会观测到明亮的圆环。这种锥形折射现象同样

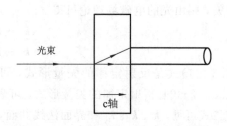

图 4-28 双轴晶体的锥形折射

可以根据折射定律和双轴晶体中的光学各向异性解释。

⑤ 相对于晶体界面上的一束入射光，尽管晶体中反射光、折射光的波矢均在入射面内，但它们的光线有可能不在入射面内。相对于晶体界面上的一束入射光，晶体界面内实际产生的反射和折射状况，取决于入射光的方向、偏振状态，以及晶体的结构、光学各向异性。

2）几何作图法描述

因为晶体中非常光的折射率大小与波法线方向有关，所以要写出晶体界面上反射光和折射光方向的显函数关系比较困难。为此，经常采用几何作图法确定反射光、折射光的方向。这里主要讨论单轴晶体折射光方向的几何作图法。

（1）惠更斯作图法　惠更斯作图法是利用射线曲面（即波面）确定反射光、折射光方向的几何作图法。

对于各向同性介质，惠更斯原理曾以次波的包迹是新的波阵面的观点，说明了光波由一种介质进入另一种介质时为什么会折射，并通过作图法利用次波面的单层球面特性，确定了次波的包迹——波阵面，从而确定了折射光的传播方向。

对于各向异性介质（晶体），情况就复杂多了。由上一节的讨论已知，晶体空间对于光的传播来说，是一个偏振化的空间，一束入射光不管其偏振性质如何，它一进入晶体，就要按晶体所规定的方式分成取向不同的两种特许的线偏振态，并且这两种振动所产生的次波沿任一方向都以不同的速度传播。因此，在晶体界面上的次波源向晶体内发射的次波波面是双壳层曲面，每一壳层对应一种振动方式，这就是上节介绍的射线曲面。这样，对于两种不同振动方式的次波的包迹，就是各自的波阵面，它们按不同的方向传播，从而形成两束折射光。

假设有一束平行光由各向同性介质（n_1）斜入射到正单轴晶体的表面 Σ 上，晶体光轴为一般取向，即光轴与入射面不平行，也不垂直。当入射波面上的 B 到达 A' 点时，A 点发出的次波波面如图 4-29 所示，其中半径为 $AR = v_1$ 的球面是在入射介质（各向同性）中的波面，晶体中的 o 光波面是半径为 $AR_0 = v_o$ 的球面，这两个球面与入射面的截线都是圆。由于晶体光轴为一般取向，所以晶体中 e 光的波面与入射面的截线是一个如图所示的椭圆，但它并不以入射面（图平面）为对称面，其一个半轴长为 v_o，另一个半轴长介于 v_o 和 v_e 之间。

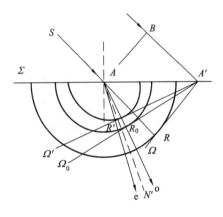

图 4-29　惠更斯作图法

若将 SA 延长与入射光波面相交于 R，过 R 作切平面 $A'R$，它就是入射光次波面的包迹——入射光波的波阵面。由于入射介质是各向同性介质，所以入射光的光线方向和波法线方向均为 $\overrightarrow{AR}$ 方向。在晶体中，折射光的方向可以通过 A' 向折射光波面作切平面确定：过 A' 作 o 光波面的切平面 $A'\Omega_0$，R_0 为切点，该平面就是寻常折射光的波阵面，$\overrightarrow{AR_0}$ 方向是寻常折射光能流（光线）方向。由于 o 光波面是球面，所以 AR_0 垂直于 $A'\Omega_0$ 切平面，并且 AR_0 在入射面内，因此，它既是寻常折射光的光线方向，又是其波法线方向；过 A' 作 e 光波面的切平面 $A'\Omega'$，它就是非常折射光的波阵面。因为在一般情况下，e 光波面与 $A'\Omega'$ 面的切点 R' 不在图面内，所以非常光线 AR' 一般不在入射面上，但过 A 作 $A'\Omega'$ 面的法线 AN' 却在图面上，$\overrightarrow{AN'}$ 就是非常折射光的波法线方向。

由上述惠更斯原理和惠更斯作图法说明了单轴单体中两个折射光的性质：o 光折射光的波法线方向与光线方向一致，并在入射面内；e 光折射光的波法线方向在入射面内，但 e 光光线方向一般不在入射面内。

在使用惠更斯原理和惠更斯作图法说明晶体中折射光方向时，有两种很有实际意义的双折射现象：图 4－30(a)表示晶体表面垂直于光轴方向切割，光线沿光轴方向传播，不发生双折射现象；图 4－30(b)和(c)表示晶体表面平行于光轴方向切割，当光线垂直表面入射时，折射光方向也只有一个，但沿该方向传播的 o 光和 e 光的速度不同，因此通过晶片后，它们之间将产生一定的相位差。利用这种晶片制作的光学元件，在光电子技术中有重要的用途。

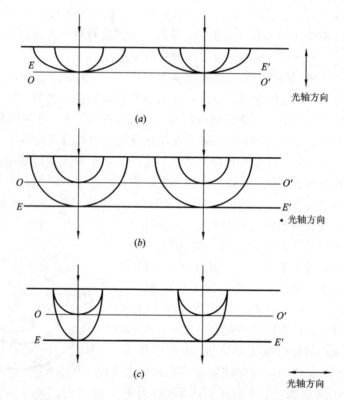

图 4－30　正入射时晶体中的折射现象（负单轴晶体）

对于晶体内表面上产生的双反射现象，可以类似地进行讨论。

（2）**斯涅耳作图法**　利用折射率曲面也可以确定与入射光相应的反射光、折射光的传播方向。但为了简明起见，通常采用波矢曲面进行讨论。斯涅耳作图法就是利用波矢曲面确定反射光、折射光传播方向的几何作图法。

图 4－31 给出了以界面 Σ 上任一点 A 为原点，在晶体一侧按同一比例画出的入射光所在介质中的波矢面和晶体中的波矢面（双壳层曲面）。自 A 点引一直线平行于入射光波法线方向，与入射光所在介质的波矢面交于 N_i，该 $\overrightarrow{AN_i}$ 即为入射光波 k_i。以 N_i 点作 Σ 面的垂线交晶体中的波矢面于 N_t' 和 N_t''，$\overrightarrow{AN_t'}$ 和 $\overrightarrow{AN_t''}$ 就是与入射光 k_i 相应的两个折射光波矢 k_t' 和 k_t''。每一个折射光对应着一个光线方向和一个光线速度，这就是双折射现象。

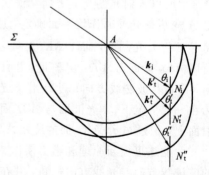

图 4－31　斯涅耳作图

对于晶体内部的双反射现象,可以类似处理:以界面上任一点为原点,在界面Σ两侧画出晶体的波矢面,其中入射光的波矢面画在晶体外侧,自原点引出与入射光波法线方向平行的直线,确定出入射波矢 k_i,过 k_i 末端作Σ的垂线,在晶体内侧交反射光波矢面于两点,从而可定出符合(4.3-1)式的两个反射波矢 k_r' 和 k_r''。

应当指出的是,由这个作图法所确定的两个反射波矢和两个折射波矢只是允许的或可能的两个波矢,至于实际上两个波矢是否同时存在,要看入射光是否包含有各反射光或各折射光的场矢量方向上的分量。

下面,讨论几个单轴晶体双折射的特例。所示晶体上下通光表面互相平行,主截面为包含光轴且与晶体折射表面垂直的平面。

① 平面光波正入射。图 4 - 32 表示一正单轴晶体,其光轴位于入射面内,与晶面斜交。当一束平面光波正入射时,其折射光的波矢、光线方向可如下确定:首先在入射界面上任取一点作为原点,按比例在晶体一侧画出入射光所在介质的波矢面和晶体的波矢面。光波垂直射入晶体后,分为 o 光和 e 光:o 光垂直于主截面振动,e 光在主截面内振动,o 光、e 光的波法线方向相同,均垂直于界面,但光线方向不同。过 k_e

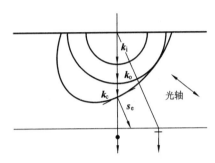

图 4 - 32 平面波正入射,光轴与晶面斜交

矢量末端所作的椭圆切线是 e 光的 E 矢量振动方向,其法线方向即为该 e 光的光线方向 s_e,它仍在主截面内,而 o 光的光线方向 s_o 则平行于 k_o 方向。在一般情况下,如果晶体足够厚,从晶体平行的下通光表面出射的是两束光,其振动方向互相垂直,其中相应于 e 光的透射光,相对入射光的位置在主截面内有一个平移。

图 4 - 33 给出了平面光波正入射、光轴平行于晶体表面时的折射光方向。在晶体内产生的 o 光和 e 光的波法线方向、光线方向均相同,但其传播速度不同。因此,当入射光为线偏振光时,从晶体下表面出射的光在一般情况下将是随晶体厚度变化的椭圆偏振光。

图 4 - 34 绘出了平面光波正入射、光轴垂直于晶体表面时的折射光方向。由于此时晶体内光的波法线方向平行于光轴方向,所以不发生双折射现象。从晶体下表面出射光的偏振状态与入射光相同。

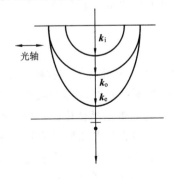 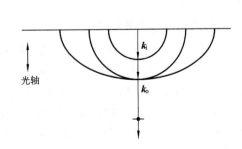

图 4 - 33 平面波正入射,光轴平行于晶体表面   图 4 - 34 平面波正入射,光轴垂直于晶体表面

② 平面光波在主截面内斜入射。如图 4 - 35 所示,平面光波在主截面内斜入射时,在

晶体内将分为 o 光和 e 光，e 光的波法线方向、光线方向一般与 o 光不相同，但都在主截面内。当晶体足够厚时，从晶体下表面射出的是两束振动方向互相垂直的线偏振光，传播方向与入射光相同。

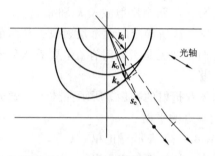

图 4 - 35　平面波在主截面内斜入射

③ 光轴平行于晶面，入射面垂直于主截面。图 4 - 36 绘出了晶体光轴平行于晶面（垂直于图面），平行光波的入射面垂直于主截面时的折射光传播方向。此时，光进入晶体后分为 o、e 两束光。对于 o 光，其波法线方向与光线方向一致，而 e 光因其折射率是常数 n_e，与入射角的大小无关，所以它的波法线方向与光线方向也相同。

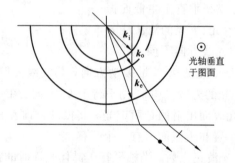

图 4 - 36　光轴平行于晶面，入射面与主截面垂直

4.3.2　单轴晶体的负折射和负反射现象

由于晶体的光学各向异性特性，在实验中人们发现，在一定条件下，单轴晶体界面上会发生负折射和负反射现象。负折射和负反射现象是指入射光线和折射光线、反射光线位于界面法线同侧的现象。但是应当指出，这里讨论的单轴晶体负折射现象与左手材料的负折射现象机理完全不同。

1. 单轴晶体负折射现象

如前所述，光在介质界面上的反射定律和折射定律是相对光的波矢而言的。由(4.3 - 3)式，入射光波矢和折射光波矢位于界面法线的两侧；随着波矢入射角逐渐减小，波矢折射角也逐渐减小，$\theta_i = 0$ 时，$\theta_t = 0$。另外，由(4.2 - 53)式已知，单轴晶体中的 e 光光线与其波矢一般不重合，其离散角取决于晶体的 n_o、n_e 和 θ。于是，当光从各向同性介质入射到单轴晶体上时，可以通过选择合适的光轴取向，对负单轴晶体使折射光波矢位于光轴和界面法线之间，对正单轴晶体使折射光波矢与光轴位于界面法线两侧，则对于较大的 θ_i，折射光线与折射波矢位于法线同侧，但折射光线比折射波矢更靠近界面法线，光线折射角 θ_{st} 小于波矢折射角 θ_t。随着入射角的不断减小，折射波矢不断靠近界面法线，当小于某入射角时，折射光线将越过界面法线，与折射波矢位于法线的两侧，而与入射光线位于法线同侧，这就是单轴晶体的负折射现象。单轴晶体负折射现象的实验结果如图 4 - 37 所示。

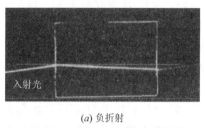

(a) 负折射

(b) 正折射

图 4 - 37　单轴晶体的负折射现象

2. 单轴晶体负反射现象

与单轴晶体的负折射现象类似，当光从晶体内射到晶体—空气界面时，有可能发生负反射现象。图 4 - 38 示出了单轴晶体负反射的实验结果。

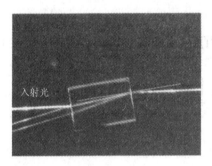 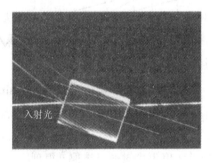

(a) 负反射　　　　　　　　　　　　　　(b) 正反射

图 4 - 38　单轴晶体的负反射现象

4.4　晶体光学元件

作为晶体双折射特性和偏振效应的实际应用，下面讨论光学和光电子技术中的重要光学元件——偏振器、波片和补偿器。

4.4.1　偏振器

在光电子技术应用中，经常需要偏振度很高的线偏振光。除了某些激光器本身即可产生线偏振光外，大部分都是通过某种器件对入射光进行分解和选择获得线偏振光的。通常将能够产生线偏振光的元器件叫做偏振器。

根据偏振器的工作原理不同，可以分为双折射型、反射型、吸收型和散射型偏振器。后三种偏振器因其存在消光比差，抗损伤能力低，有选择性的吸收等缺点，应用受到限制；在光电子技术中，广泛地采用双折射型偏振器。

实际上，由晶体双折射特性的讨论已知，一块晶体本身就是一个偏振器，从晶体中射出的两束光都是线偏振光。但是，由于由晶体射出的两束光通常靠得很近，不便于分离应用，所以实际的双折射偏振器，或者是利用两束偏振光折射的差别，使其中一束在偏振器内发生全反射（或散射），而让另一束光顺利通过，或者是利用某些各向异性介质的二向色性，吸收掉一束线偏振光，而使另一束线偏振光顺利通过。

下面，重点讨论双折射型偏振器件的工作原理，并介绍一种反射型偏光分光镜。

1. 偏振棱镜

偏振棱镜是利用晶体的双折射特性制成的偏振器，它通常是由两块晶体按一定的取向组合而成的。下面介绍几种常用的偏振棱镜。

1) 格兰-汤普森(Glan-Thompson)棱镜

格兰-汤普森棱镜是由著名的尼科尔(Nical)棱镜改进而成的。如图 4-39 所示，它由两块方解石直角棱镜沿斜面相对胶合制成，两块晶体的光轴与通光的直角面平行，并且或者与 AB 棱平行，或者与 AB 棱垂直。

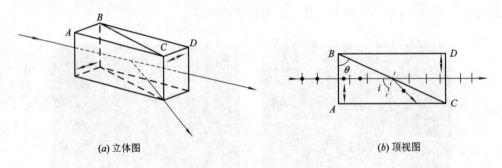

(a) 立体图　　　　　　　　　　　(b) 顶视图

图 4-39　格兰-汤普森棱镜

格兰-汤普森棱镜输出偏振光的原理如下：当一束自然光垂直射入棱镜时，o 光和 e 光均无偏折地射向胶合面，在 BC 面上，入射角 i 等于棱镜底角 θ。制作棱镜时，选择胶合剂（例如加拿大树胶）的折射率 n 介于 n_o 和 n_e 之间，并且尽量和 n_e 接近。因为方解石是负单轴晶体，$n_e < n_o$，所以 o 光在胶合面上相当于从光密介质射向光疏介质，当 $i > \arcsin(n/n_o)$ 时，o 光产生全反射，而 e 光照常通过，因此，输出光中只有一种偏振分量。通常将这种偏振分光棱镜叫做单像偏光棱镜。

在上述结构中，o 光在 BC 面上全反射至 AC 面时，如果 AC 面吸收不好，必然有一部分 o 光经 AC 面反射回 BC 面，并因入射角小于临界角而混到出射光中，从而降低了出射光的偏振度。所以在要求偏振度很高的场合，都是把格兰-汤普森棱镜制成图 4-40 所示的改进型。

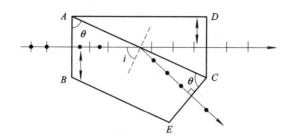

图 4 - 40　改进型格兰-汤普森棱镜

2）渥拉斯顿（Wollaston）棱镜

渥拉斯顿棱镜是加大了两种线偏振光的离散角，且同时出射两束线偏振光的双像棱镜。它的结构如图 4 - 41 所示，是由光轴互相垂直的两块直角棱镜沿斜面用胶合剂胶合而成的，一般都由方解石或石英等透明单轴晶体制作。

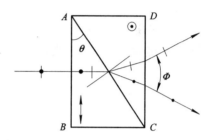

正入射的平行光束在第一块棱镜内垂直光轴传播，o 光和 e 光以不同的相速度同向传播。它们进入第二块棱镜时，因光轴方向旋转 $90°$，使得第一块棱镜中的 o 光变为 e 光，且由于方解石为负单轴晶体（$n_e < n_o$），将远离界面法线偏折；第一块

图 4 - 41　渥拉斯顿棱镜

晶体中的 e 光，现在变为 o 光，靠近法线偏折。这两束光在射出棱镜时，将再偏折一次。当棱镜顶角 θ 不很大时，它们近似对称地分开一个角度 Φ，此角的大小与棱镜的材料及底角 θ 有关。对于负单轴晶体近似为

$$\Phi \approx 2 \arcsin\left[(n_o - n_e)\tan\theta\right] \qquad (4.4-1)$$

对于方解石棱镜，Φ 角一般为 $10°\sim40°$。例如，在 $\lambda = 0.5\ \mu m$ 时，方解石晶体的主折射率 $n_o = 1.6664$，$n_e = 1.4900$，若 $\theta = 30°$ 时，$\Phi \approx 11°24'$。

偏振棱镜的主要特性参量是：通光面积、孔径角、消光比、抗损伤能力。

（1）**通光面积**　偏振棱镜所用的材料通常都是稀缺贵重晶体，其通光面积都不大，直径约为 $5\sim20$ mm。

（2）**孔径角**　对于利用全反射原理制成的偏振棱镜，存在着入射光束锥角限制。

上面讨论格兰-汤普森棱镜的工作原理时，假设了入射光是垂直入射。当光斜入射（图 4 - 42）时，若入射角过大，则对于光束 1 中的 o 光，在 BC 面上的入射角可能小于临界角，致使不能发生全反射，而部分地透过棱镜，对于光束 2 中的 e 光，在 BC 面上的入射角可能大于临界角，使得 e 光在胶合面上发生全反射，这将降低出射光的偏振度。因此，这种棱

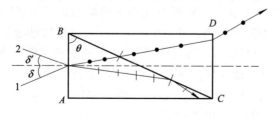

图 4 - 42　孔径角的限制

镜不适合于发散角（或会聚角）过大的光路。或者说，这种棱镜对入射光锥角有一定的限制，并且称入射光束锥角的限制范围 $2\delta_m$（δ_m 是 δ 和 δ' 中较小的一个）为偏振棱镜的有效孔径角。有效孔径角的大小与棱镜材料、结构、使用波段和胶合剂的折射率诸因素有关。

例如，由方解石晶体制成的格兰-汤普森棱镜，对于 $\lambda=0.5893\ \mu m$ 的黄光来说，其主折射率 $n_o=1.6584$，$n_e=1.4864$，加拿大树胶的折射率 $n=1.55$。可以计算得到，在方解石—树胶界面上的 o 光临界角约为 $69°$。因此，棱镜的底角 θ 应大于 $69°$。若选 $\theta=71.5°$，则由 $\tan\theta=AC/AB$ 可定出棱镜的长度比为 $3:1$，有效孔径角约为 $7°$；若选 $\theta=81°$，则棱镜的长宽比为 $6.31:1$，有效孔径角接近 $40°$。显然，增大有效孔径角，将要求其棱镜长宽比增大，会耗费很多的晶体材料，提高成本。这在制作棱镜时，应特别注意。

（3）**消光比**　消光比是指偏振器输出光中两正交偏振分量的强度比，一般偏振棱镜的消光比为 $10^{-5}\sim10^{-4}$。

（4）**抗损伤能力**　在激光技术中使用有胶合剂的偏振棱镜时，由于激光束功率密度极高，会损坏胶合层，因此偏振棱镜对入射光能密度有限制。一般来说，抗损伤能力对于连续激光约为 $10\ W/cm^2$，对于脉冲激光约为 $10^4\ W/cm^2$。为了提高偏振棱镜的抗损伤能力，可以把格兰-汤普森棱镜的胶合层改为空气层，制成如图 4-43 所示的格兰-傅科（Foucault）棱镜。这种棱镜的底角 θ 应满足

$$\arcsin\frac{1}{n_e}>\theta>\arcsin\frac{1}{n_o} \qquad (4.4-2)$$

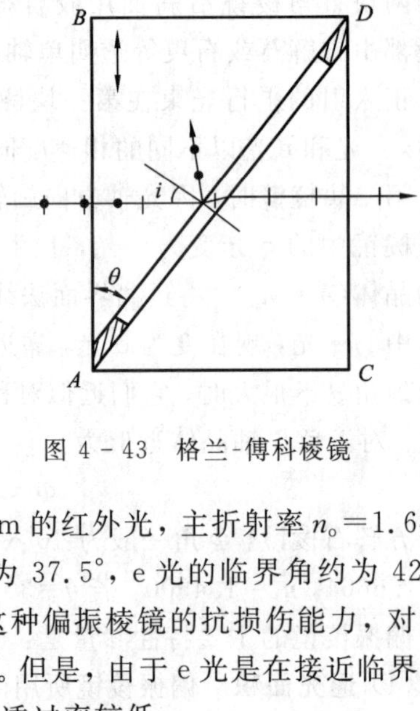

图 4-43　格兰-傅科棱镜

例如，由方解石制成的格兰-傅科棱镜，对于 $\lambda=1.06\ \mu m$ 的红外光，主折射率 $n_o=1.6408$，$n_e=1.4790$，在方解石—空气界面上，o 光的临界角约为 $37.5°$，e 光的临界角约为 $42.6°$，因此可选择 $\theta=40°$，由此可定出有效孔径角约为 $7°$。这种偏振棱镜的抗损伤能力，对于连续激光为 $100\ W/cm^2$，对于脉冲激光为 $2\times10^8\ W/cm^2$。但是，由于 e 光是在接近临界角的情况下通过方解石—空气界面的，所以反射损耗较大，透过率较低。

2. 偏振片

由于偏振棱镜的通光面积不大，存在孔径角限制，造价昂贵，因而在许多要求不高的场合，都采用偏振片产生线偏振光。

1）散射型偏振片

这种偏振片是利用双折射晶体的散射起偏的，其结构如图 4-44 所示：两片具有特定折射率的光学玻璃（ZK_2）夹着一层双折射性很强的硝酸钠（$NaNO_3$）晶体。制作过程大致是：把两片光学玻璃的相对面打毛，竖立在云母片上，将硝酸钠溶液倒入两毛面形成的缝隙中，压紧二毛玻璃，挤出气泡，使得很窄的缝隙用硝酸钠填满，并使溶液从云母片一边缓慢冷却，形成单晶，其光轴恰好垂直云母片，进行退火处理后，即可截成所需要的尺寸。

由于硝酸钠晶体对于垂直其光轴入射的黄绿光主折射率为 $n_o=1.5854$，$n_e=1.3369$，而光学玻璃（ZK_2）对这一波段光的折射率为 $n=1.5831$，与 n_o 非常接近，而与 n_e 相差很大，因而，当光通过玻璃与晶体间的粗糙界面时，o 光将无阻地通过，而 e 光则因受到界面强烈

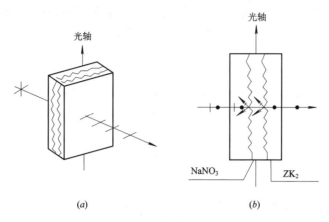

(a)   (b)

图 4 - 44　散射型偏振片

散射以致无法通过。

　　散射型偏振片本身是无色的，而且它对可见光范围的各种色光的透过率几乎相同，又能做成较大的通光面积，因此，特别适用于需要真实地反映自然光中各种色光成分的彩色电影、彩色电视中。

　　2）二向色型偏振片

　　二向色型偏振片是利用某些物质的二向色性制作成的偏振片。所谓二向色性，就是有些晶体（电气石、硫酸碘奎宁等）对传输光中两个相互垂直的振动分量具有选择吸收的性能。例如电气石对传输光中垂直光轴的寻常光矢量分量吸收很强烈，吸收量与晶体厚度成正比，而对非常光矢量分量只吸收某些波长成分。但是因它略带颜色，且大小有限，所以用的不多。

　　目前使用较多的二向色型偏振片是人造偏振片。例如，广泛应用的 H 偏振片就是一种带有墨绿色的塑料偏振片，它是把一片聚乙烯醇薄膜加热后，沿一个方向拉伸 3～4 倍，再放入碘溶液浸泡制成的。浸泡后的聚乙烯膜具有强烈的二向色性。碘附着在直线的长链聚合分子上，形成一条碘链，碘中所含的传导电子能沿着链运动。自然光射入后，光矢量平行于链的分量对电子作功，被强烈吸收，只有光矢量垂直于薄膜拉伸方向的分量可以透过（图 4 - 45）。这种偏振片的优点是很薄，面积可以做得大，有效孔径角几乎是 180°，工艺简单，成本低。其缺点是有颜色，透过率低，对黄色自然光的透过率仅约 30%。

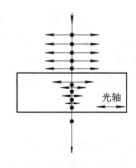

图 4 - 45　二向色型偏振片

3. 偏振分光镜

　　第 1 章讨论光在介质界面上的反射时曾指出，当光的入射角等于布儒斯特角时，其反射光为线偏振光，并由此可以制作成图 1 - 33 所示的玻璃片堆获得线偏振光。

　　按照玻璃片堆的原理，还可以制作一种获得线偏振光的偏光分光镜：如图 4 - 46(a)所示，将一块立方棱镜沿对角面切开，并如图 4 - 46(b)在两个切面上交替镀上高折射率膜层（如硫化锌）和低折射率膜层（如冰晶石），再胶合成立方棱镜。这种高低折射率膜层结构类似于玻璃片堆中的玻璃片和空气层。为了使透射光获得最大偏振度，应使光线在相邻膜层界面上的入射角等于布儒斯特角。由图 4-46(b)，应有

$$n_3 \sin 45° = n_2 \sin\theta, \quad \tan\theta = \frac{n_1}{n_2} \tag{4.4-3}$$

式中，n_1、n_2 和 n_3 分别是冰晶石、硫化锌和玻璃的折射率，θ 是光线在硫化锌膜层中的折射角，也即是在硫化锌和冰晶石界面上的入射角。于是，n_1、n_2 和 n_3 应满足下面关系：

$$n_3^2 = \frac{2n_1^2 n_2^2}{n_1^2 + n_2^2} \tag{4.4-4}$$

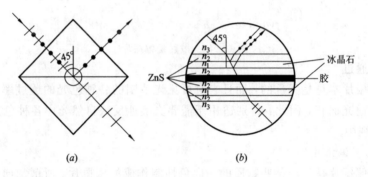

图 4-46 偏光分光镜

进一步，为了使透射光中 s 分量最大限度地减小，膜层厚度应使膜层上下表面反射的光束满足干涉加强条件，即硫化锌膜和冰晶石膜分别满足条件：

$$2n_2 h_2 \cos\theta_2 + \frac{\lambda}{2} = \lambda, \quad 2n_1 h_1 \cos\theta_1 + \frac{\lambda}{2} = \lambda \tag{4.4-5}$$

在实际制作偏光分光镜时，必须要考虑介质的色散特性，即其折射率随着光的波长改变。用白光照射时，为使各种波长的光都获得最大的偏振度，应使各波长的介质折射率都能满足(4.4-4)式，这就要求玻璃和介质膜的色散特性适当地匹配。在可见光范围内，冰晶石的色散最小，可视 n_1 为不随波长变化的常数，对(4.4-4)式两边求微分，可得

$$\mathrm{d}n_3 = \frac{\sqrt{2}n_1^3}{(n_1^2 + n_2^2)^{3/2}} \, \mathrm{d}n_2 \tag{4.4-6}$$

该式给出了玻璃色散与硫化锌色散间应满足的关系。玻璃和介质膜的色散通常用色散系数（阿贝常数）ν 描述，ν 定义为

$$\nu = \frac{n_D - 1}{n_F - n_C} \tag{4.4-7}$$

式中，n_D 是介质对钠 D 线(589.3 nm)的折射率，n_F、n_C 是对氢的 F 线(486.0 nm)和 C 线(656.3 nm)的折射率。由于 $n_F - n_C$ 很小，可以用微分代替，则玻璃色散系数 ν_3 和硫化锌色散系数 ν_2 分别为

$$\nu_3 = \frac{n_3 - 1}{\mathrm{d}n_3}, \quad \nu_2 = \frac{n_2 - 1}{\mathrm{d}n_2} \tag{4.4-8}$$

代入(4.4-6)式，整理可得玻璃色散系数 ν_3 和硫化锌色散系数 ν_2 应满足如下关系：

$$\nu_3 = \frac{n_2(n_1^2 + n_2^2)(n_3 - 1)}{n_1^2 n_3 (n_2 - 1)} \nu_2 \tag{4.4-9}$$

若 $n_1 = 1.25$, $n_2 = 2.3$, $\nu_2 = 17$，则由(4.4-4)式和(4.4-9)式，应选用的玻璃材料参数为 $n_3 = 1.55$, $\nu_3 = 46.8$。

在偏光分光镜中，如果镀膜的层数很多，则分光镜产生的反射光和透射光的偏振度将是很高的。

4.4.2 波片和补偿器

在有关光的偏振特性讨论中已知，一束偏振光的任意两个相互垂直振动的分量相位是相关的，其相位差决定了该光的偏振状态。显然，如果能控制这两个分量的相位差关系，就可以控制光的偏振状态。波片和补偿器就是能对偏振光的两个垂直振动分量的相位差给予补偿，从而改变光偏振状态的元件，这种元件在光电子技术应用中非常重要。

1. 波片

波片是一种对二垂直振动分量提供固定相位差的元件。它通常是从单轴晶体上按一定方式切割的、有一定厚度的平行平面薄片，其光轴平行于晶片表面，设为 x_3 方向，如图 4-47 所示。一束正入射的光波进入波片后，将沿原方向传播两束偏振光——o 光和 e 光，它们的 **D** 矢量分别平行于 x_1 和 x_3 方向，其折射率分别为 n_o 和 n_e。由于二光的折射率不同，它们通过厚度为 d 的波片后，将产生一定的相位差 φ，且

$$\varphi = \frac{2\pi}{\lambda}(n_o - n_e)d \qquad (4.4-10)$$

式中，λ 是光在真空中的波长。于是，入射的偏振光通过波片后，由于其二垂直分量之间附加了一个相位差，将会改变偏振状态。

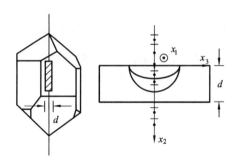

图 4-47 波片

现有一束线偏振光垂直射入波片，在入射表面上所产生的 o 光和 e 光分量同相位，振幅分别为 A_o 和 A_e。该二光穿过波片射出时，附加了一个相位延迟差 φ，因而其合成光矢量端点的轨迹方程为

$$\left(\frac{E_1}{A_o}\right)^2 + \left(\frac{E_3}{A_e}\right)^2 - 2\frac{E_1 E_3}{A_o A_e}\cos\varphi = \sin^2\varphi \qquad (4.4-11)$$

该式为一椭圆方程。它说明输出光的偏振态发生了变化，为椭圆偏振光。

在光电子技术中，经常应用的是全波片、半波片和 1/4 波片。

1) 全波片

这种波片的附加相位延迟差为

$$\varphi = \frac{2\pi}{\lambda}(n_o - n_e)d = 2m\pi \qquad m = \pm1, \pm2, \cdots \qquad (4.4-12)$$

将其代入(4.4-11)式,得

$$\left(\frac{E_1}{A_o} - \frac{E_3}{A_e}\right)^2 = 0$$

即

$$E_1 = \frac{A_o}{A_e}E_3 = \tan\theta\, E_3 \qquad (4.4-13)$$

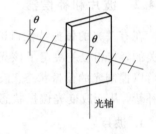

显然,该式为一直线方程,即线偏振光通过全波片后,其偏振状态不变(图4-48)。因此,将全波片放入光路中,不改变光路的偏振状态。

全波片的厚度为

$$d = \left|\frac{m}{n_o - n_e}\right|\lambda \qquad (4.4-14)$$

图4-48 全波片

2) 半波片

半波片的附加相位延迟差为

$$\varphi = \frac{2\pi}{\lambda}(n_o - n_e)d = (2m+1)\pi \qquad m = 0, \pm1, \pm2, \cdots \qquad (4.4-15)$$

将其代入(4.4-11)式,得

$$\left(\frac{E_1}{A_o} + \frac{E_3}{A_e}\right)^2 = 0$$

即

$$E_1 = -\frac{A_o}{A_e}E_3 = \tan(-\theta)E_3 \qquad (4.4-16)$$

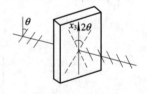

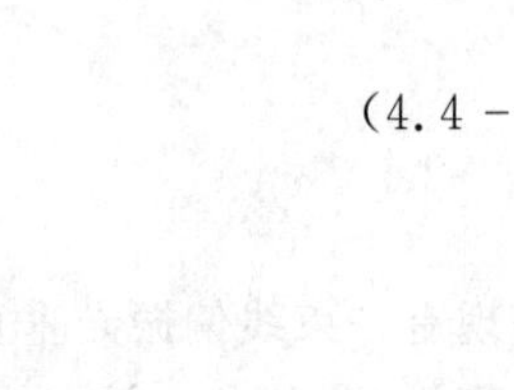

该式也为一直线方程,即出射光仍为线偏振光,只是振动面的方位较入射光转过了2θ角(图4-49),当$\theta = 45°$时,振动面转过$90°$。

半波片的厚度为

图4-49 半波片

$$d = \left|\frac{2m+1}{n_o - n_e}\right|\frac{\lambda}{2} \qquad (4.4-17)$$

3) 1/4 波片

1/4波片的附加相位延迟差为

$$\varphi = \frac{2\pi}{\lambda}(n_o - n_e)d = (2m+1)\frac{\pi}{2} \qquad m = 0, \pm1, \pm2, \cdots \qquad (4.4-18)$$

将其代入(4.4-11)式,得

$$\frac{E_1^2}{A_o^2} + \frac{E_3^2}{A_e^2} = 1 \qquad (4.4-19)$$

该式是一个标准椭圆方程,其长、短半轴长分别为A_e和A_o。这说明,线偏振光通过1/4波片后,出射光将变为长、短半轴等于A_e、A_o的椭圆偏振光(图4-50(a));当$\theta = 45°$时,$A_e = A_o = A/\sqrt{2}$,出射光为一圆偏振光(图4-50(b)),其方程为

$$E_1^2 + E_3^2 = \frac{1}{2}A^2 \qquad (4.4-20)$$

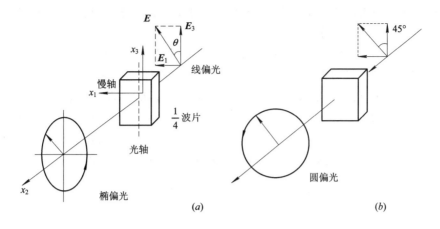

图 4 - 50 1/4 波片

1/4 波片的厚度为

$$d = \left| \frac{2m+1}{n_o - n_e} \right| \frac{\lambda}{4} \qquad (4.4-21)$$

应当说明的是，晶体的双折射率$(n_o - n_e)$数值是很小的，所以，对应于 $m=1$ 的波片厚度非常小。例如，石英晶体的双折射率$(n_o - n_e)$为 -0.009，当波长是 $0.5~\mu m$ 时，半波片厚度仅为 $28~\mu m$，制作和使用都很困难。虽然可以加大 m 值，增加厚度，但将导致波片对波长、温度和自身方位的变化很敏感。比较可行的办法是把两片光轴方向相互垂直的石英粘在一起，使它们的厚度差为一个波片的厚度(对应 $m=1$ 的厚度)。

在使用波片时，有两个问题必须注意：

① 波长问题。任何波片都是对特定波长而言的，例如，对于波长为 $0.5~\mu m$ 的半波片，对于 $0.6328~\mu m$ 的光波长就不再是半波片了；对于波长为 $1.06~\mu m$ 的 1/4 波片，对 $0.53~\mu m$ 来说恰好是半波片。所以，在使用波片前，一定要弄清这个波片是对哪个波长而言的。

② 波片的主轴方向问题。使用波片时应当知道波片所允许的两个振动方向(即两个主轴方向)及相应波速的快慢。这通常在制作波片时已经指出，并已标明在波片边缘的框架上了，波速快的那个主轴方向叫快轴，与之垂直的主轴叫慢轴。

最后还需指出，波片虽然给入射光的两个分量增加了一个相位差 φ，但在不考虑波片表面反射的情况下，因为振动方向相互垂直的两光束不发生干涉，总光强 $I = I_o + I_e$ 与 φ 无关，保持不变。所以，波片只能改变入射光的偏振态，不改变其光强。

2. 补偿器

上述波片只能对振动方向相互垂直的两束光产生固定的相位差，补偿器则是能对振动方向相互垂直的二线偏振光产生可控制相位差的光学器件。

最简单的一种补偿器叫巴俾涅补偿器，它的结构如图 4 - 51 所示，由两个方解石或石英劈组成，这两个劈的光轴相互垂直。当线偏振光射入补偿器后，产生传播方向相同、振动方向相互垂直的 o 光和 e 光，并且，在上劈中的 o

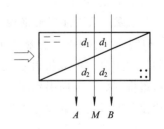

图 4 - 51 巴俾涅补偿器

光(或 e 光),进入下劈时就成了 e 光(或 o 光)。由于劈尖顶角很小(约 $2° \sim 3°$),在两个劈界面上,e 光和 o 光可认为不分离。

在图 4-51 所示的三束光 A、M、B 中,相应于通过两劈厚度相同处($d_1 = d_2$)的光线 M,从补偿器出射的振动方向相互垂直的两束光之间的相位差为零;相应于通过两劈厚度不相等处($d_1 > d_2$)的光线 A 和($d_1 < d_2$)光线 B,从补偿器出射的振动方向相互垂直的两束光间,有一定的相位差。因为上劈中的 e 光在下劈中变为 o 光,它通过上、下劈的总光程为($n_e d_1 + n_o d_2$);上劈中的 o 光在下劈中变为 e 光,它通过上、下劈的总光程为($n_o d_1 + n_e d_2$),所以,从补偿器出来时,这两束振动方向相互垂直的线偏振光间的相位差为

$$\varphi = \frac{2\pi}{\lambda}\left[(n_e d_1 + n_o d_2) - (n_o d_1 + n_e d_2)\right]$$

$$= \frac{2\pi}{\lambda}(n_o - n_e)(d_2 - d_1) \tag{4.4-22}$$

当入射光从补偿器上方不同位置射入时,相应的($d_2 - d_1$)值不同,φ 值也就不同。或者,当上劈沿图 4-51 中所示箭头方向移动时,对于同一条入射光线,($d_2 - d_1$)值也随上劈移动而变化,故 φ 值也随之改变。因此,调整($d_2 - d_1$)值,便可得到任意的 φ 值。

巴俾涅补偿器的缺点是必须使用极细的入射光束,因为宽光束的不同部分会产生不同的相位差。采用图 4-52 所示的索累(Soleil)补偿器可以弥补这个不足。这种补偿器是由两个光轴平行的石英劈和一个石英平行平面薄板组成的。石英板的光轴与两劈的光轴垂直。上劈可由微调螺丝使之平行移动,从而改变光线通过两劈的总厚度 d_1。对于某个确定的 d_1,可以在相当宽的区域内(如图 4-52 中的 AB 宽度内)获得相同的 φ 值。

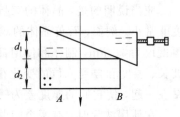

图 4-52 索累补偿器

显然,利用上述补偿器可以在任何波长上产生所需的波片,可以补偿及抵消一个元件的自然双折射,可以在一个光学器件中引入一个固定的延迟偏置,或经校准定标后,可用来测量待求波片的相位延迟。

4.5 晶体的偏光干涉

上一节讨论了振动方向相互垂直的两束线偏振光的叠加现象,在一般情况下,它们叠加形成椭圆偏振光。这一节讨论两束振动方向平行的相干线偏振光的叠加,这种叠加会产生干涉现象。从干涉现象来说,这种偏振光的干涉与第 2 章讨论的自然光的干涉现象相同,但实验装置不同:自然光干涉是通过分振幅法或分波面法获得两束相干光,而偏光干涉则是利用晶体的双折射效应,将同一束光分成振动方向相互垂直的两束线偏振光,再经检偏器将其振动方向引到同一方向上进行干涉,也就是说,通过各向异性介质(晶片)和一个检偏器即可观察到偏光干涉现象。

下面讨论偏光干涉的基本规律,这些规律是光电子技术中应用非常广泛的光调制技术的基础。

4.5.1 平行光的偏光干涉

1. 单色平行光正入射的干涉

如图 4-53 所示的平行偏振光干涉装置中，晶片的厚度为 d，起偏器 P_1 将入射的自然光变成线偏振光，检偏器 P_2 则是将有一定相位差、振动方向互相垂直的线偏振光引到同一振动方向上，使其产生干涉。如果起偏器与检偏器的偏振轴相互垂直，称这对偏振器为正交偏振器，如果互相平行，就叫平行偏振器，其中以正交偏振器最为常用。

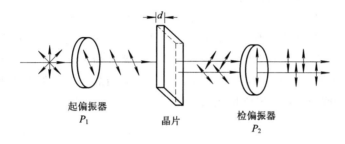

起偏振器 P_1 晶片   检偏振器 P_2

图 4-53 平行偏振光的干涉光路

一束单色平行光通过 P_1 变成振幅为 E_0 的线偏振光，然后垂直投射到晶片上，并被分解为振动方向互相垂直的两束线偏振光。若如图 4-54 所示，P_1 的偏振轴与其中一个线偏振光振动方向的夹角为 α，则这两束线偏振光的振幅分别为

$$\left. \begin{array}{l} E' = OB = E_0 \cos\alpha \\ E'' = OC = E_0 \sin\alpha \end{array} \right\} \quad (4.5-1)$$

E' 和 E'' 从晶片射出时的相位差为

$$\varphi = \frac{2\pi}{\lambda}(n' - n'')d \quad (4.5-2)$$

如果 P_1 和 P_2 偏振轴的夹角为 β，则由晶片射出的两束线偏振光通过检偏器后的振幅分别为

$$\left. \begin{array}{l} OG = OB\cos(\alpha-\beta) = E_0\cos\alpha\cos(\alpha-\beta) \\ OF = OC\sin(\alpha-\beta) = E_0\sin\alpha\sin(\alpha-\beta) \end{array} \right\}$$
$$(4.5-3)$$

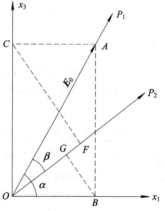

图 4-54 通过起偏器和检偏器的振动分量

它们的频率相同，振动方向相同，相位差恒定，满足干涉条件。它们相干叠加的光强度为

$$I = I_1 + I_2 + 2\sqrt{I_1 I_2}\cos\varphi \quad (4.5-4)$$

将 (4.5-3) 式代入，可得

$$I = I_0 \big[\cos^2\alpha\cos^2(\alpha-\beta) + \sin^2\alpha\sin^2(\alpha-\beta)$$
$$+ 2\cos\alpha\cos(\alpha-\beta)\sin\alpha\sin(\alpha-\beta)\cos\varphi \big]$$
$$= I_0 \Big[\cos^2\beta - \sin2\alpha\sin2(\alpha-\beta)\sin^2\frac{\varphi}{2} \Big] \quad (4.5-5)$$

式中，$I_0 \propto E_0^2$。如果在两个偏振器之间没有晶片，则 $\varphi = 0$，此时

$$I = I_0\cos^2\beta \quad (4.5-6)$$

即出射光强与入射光强之比等于两偏振轴夹角余弦的平方，这就是熟知的马吕斯定律。

现在讨论两种重要的特殊情况：

1）P_1 和 P_2 的偏振轴正交（$\beta = \pi/2$）

在这种条件下，(4.5-5)式变为

$$I_\perp = I_0 \sin^2 2\alpha \sin^2 \frac{\varphi}{2} \tag{4.5-7}$$

该式说明，输出光强 $I_\perp$ 除了与入射光强 I_0 有关外，还与晶片产生的二正交偏振光的相位差 φ、偏振光振动方向与偏振器的偏振轴夹角 α 有关。

（1）**晶片取向 α 对输出光强的影响**   当 $\alpha = 0$、$\pi/2$、π、$3\pi/2$ 时，$\sin 2\alpha = 0$，相应地，$I_\perp = 0$。就是说，在 P_1 和 P_2 偏振轴正交条件下，当晶片中的偏振光振动方向与起偏器的偏振轴方向一致时，出射光强为零，视场全暗，这一现象叫消光现象，此时的晶片位置为消光位置。当将晶片旋转 $360°$ 角时，将依次出现四个消光位置，它们与 φ 无关。

当 $\alpha = \pi/4$、$3\pi/4$、$5\pi/4$、$7\pi/4$ 时，$\sin 2\alpha = \pm 1$，即当晶片中的偏振光振动方向位于二偏振器偏振轴的中间位置时，光强度极大，有

$$I_\perp = I_0 \sin^2 \frac{\varphi}{2} \tag{4.5-8}$$

把晶片转动一周，同样有四个最亮的位置。在实际应用中，经常使晶片处于这样的位置。

（2）**晶片相位差 φ 对输出光强的影响**   当 $\varphi = 0, 2\pi, \cdots, 2m\pi$（$m$ 为整数）时，$\sin^2(\varphi/2) = 0$，即当晶片所产生的相位差为 2π 的整数倍时，输出强度为零。此时如果改变 α，则不论晶片是处于消光位置还是处于最亮位置，输出强度均为零。

当 $\varphi = \pi, 3\pi, \cdots, (2m+1)\pi$（$m$ 为整数）时，$\sin^2(\varphi/2) = 1$，即当晶片所产生的相位差为 π 的奇数倍时，输出强度得到加强，$I_\perp = I_0 \sin^2 2\alpha$。如果此时晶片处于最亮位置（$\alpha = \pi/4$），$\alpha$ 和 φ 的贡献都使得输出光强干涉极大，可得最大的输出光强

$$I_{\perp 最大} = I_0 \tag{4.5-9}$$

即该输出光强等于入射光的光强。

上面讨论的晶片情况，实际上分别相应于全波片和半波片情况。因为全波片对光路中的偏振状态无任何影响，在正交偏振器中加入一个全波片，其效果和没有加入全波片一样，所以出射光强必然等于零。而加入半波片时，如 $\alpha = \pi/4$，则半波片使入射偏振光的偏振方向旋转 $\theta = 2\alpha = \pi/2$，恰为检偏器的偏振轴方向，所以输出光强必然最大。

2）P_1 和 P_2 的偏振轴平行（$\beta = 0$）

这时，(4.5-5)式变为

$$I_\parallel = I_0 \left(1 - \sin^2 2\alpha \sin^2 \frac{\varphi}{2} \right) \tag{4.5-10}$$

与(4.5-7)式比较可见，$I_\parallel$ 和 $I_\perp$ 的极值条件正好相反。

（1）**晶片取向 α 对输出光强的影响**   当 $\alpha = 0, \pi/2, \pi, 3\pi/2$ 时，$\sin 2\alpha = 0$，$I_\parallel = I_0$，光强度最大，即当偏振器的偏振轴与晶体中的一个偏振光振动方向重合时，通过起偏器所产生的线偏振光在晶片中不发生双折射，按原状态通过检偏器，因此出射光强最大。

当 $\alpha = \pi/4, 3\pi/4, 5\pi/4, 7\pi/4$ 时，$\sin 2\alpha = \pm 1$，此时光强极小，为

$$I_\parallel = I_0 \left(1 - \sin^2 \frac{\varphi}{2} \right) \tag{4.5-11}$$

（2）**晶片相位差 φ 对输出光强的影响**   当 $\varphi = 0, 2\pi, \cdots, 2m\pi$（$m$ 为整数）时，$\sin(\varphi/2) = 0$，

相应地有 $I_{/\!/} = I_0$。

当 $\varphi = \pi$，3π，$\cdots$，$(2m+1)\pi$（m 为整数）时，$\sin(\varphi/2) = \pm 1$，相应光强极小，且为

$$I_{/\!/} = I_0(1 - \sin^2 2\alpha) \tag{4.5-12a}$$

此时若 $\alpha = \pi/4$，则有

$$I_{/\!/\text{最小}} = 0 \tag{4.5-12b}$$

综上所述：

① 在正交情况下，只有同时满足 $\alpha = \pi/4$，$\varphi = \pi$ 的奇数倍时，输出光强才是最大，$I_{\perp\text{最大}} = I_0$。输出光强最小的条件是 $\alpha = 0$、$\pi/2$ 的整数倍，或者 $\varphi = 2\pi$ 的整数倍，只要满足这两个条件之一，即可输出最小光强，$I_{\perp\text{最小}} = 0$。

② 正交和平行两种情况的干涉输出光强正好互补。在实验中，处于正交情况下的干涉亮条纹，在偏振器旋转 $\pi/2$ 后，变成了暗条纹，而原来的暗条纹变成了亮条纹。

③ 输出光强度随 φ 变化，因为 $\varphi = 2\pi(n'-n'')d/\lambda$，所以，当晶片中各点的双折射、晶片厚度 d 均匀时，干涉视场的光强也是均匀的。实际上，晶片各处的 $(n'-n'')$ 和晶片厚度 d 不可能完全均匀，这就使得各点的干涉强度不同，会出现与等厚（光学厚度）线形状一致的等厚干涉条纹。例如，偏光干涉装置使用图 4-55 所示楔角为 α 的楔形晶片，则其干涉条纹为平行于晶片楔棱的等距条纹，根据类似等厚干涉条纹的计算方法，可得条纹间距为

$$\Delta L = \frac{\lambda}{|n_o - n_e|\alpha} \tag{4.5-13}$$

因此，工程上可以根据这个原理检查透明材料的光学均匀性。

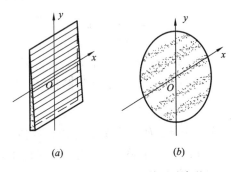

图 4-55　楔形晶片及其干涉条纹

2. 单色平行光斜入射的干涉

当平行光斜入射至平行晶片时，其干涉原理与前相同。在这种情况下，上面导出的各个公式仍然成立，其差别是相位差的具体形式稍有不同。为此，下面只推导平行光斜入射时，晶片中二折射光的相位差公式。

当平行光斜入射时，根据双折射定律，在晶体中将产生图 4-56 所示的方向分离的两个折射光，相应输出光的方向均平行于入射光，相位差为

$$\varphi = 2\pi \left(\frac{AB''}{\lambda''} + \frac{B''C}{\lambda} - \frac{AB'}{\lambda'} \right) \tag{4.5-14}$$

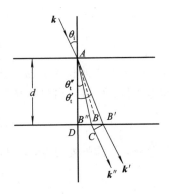

图 4-56　平行光斜入射情况

式中，λ'、λ'' 分别为二折射光在晶片中的波长；λ 是入射

光在空气中的波长；

$$AB' = \frac{d}{\cos\theta_t'}$$

$$AB'' = \frac{d}{\cos\theta_t''}$$

$$B''C = B''B' \sin\theta_i = d \sin\theta_i (\tan\theta_t' - \tan\theta_t'')$$

将上面关系代入(4.5 - 14)式，得

$$\varphi = 2\pi d \left[\frac{1}{\cos\theta_t''}\left(\frac{1}{\lambda''} - \frac{\sin\theta_i \sin\theta_t''}{\lambda} \right) - \frac{1}{\cos\theta_t'}\left(\frac{1}{\lambda'} - \frac{\sin\theta_i \sin\theta_t'}{\lambda} \right) \right] \quad (4.5 - 15)$$

根据折射定律，我们用 $\sin\theta_t''/\lambda''$ 和 $\sin\theta_t'/\lambda'$ 代替上式中的 $\sin\theta_i/\lambda$，得到

$$\varphi = 2\pi d \left[\frac{\cos\theta_t''}{\lambda''} - \frac{\cos\theta_t'}{\lambda'} \right] = \frac{2\pi}{\lambda} d (n'' \cos\theta_t'' - n' \cos\theta_t') \quad (4.5 - 16)$$

因为 $|n'' - n'| \ll n''$、n'，$|\theta_t'' - \theta_t'| \ll \theta_t''$、$\theta_t'$，取一级近似有

$$n'' \cos\theta_t'' - n' \cos\theta_t' = d(n \cos\theta_t) = (n'' - n')\left(\cos\theta_t - n \sin\theta_t \frac{d\theta_t}{dn} \right) \quad (4.5 - 17)$$

其中，n 是 n' 和 n'' 的平均值；θ_t 是 θ_t' 和 θ_t'' 相应的平均值。在保持入射角 θ_i 不变的条件下，对折射定律 $\sin\theta_i = n \sin\theta_t$ 微分，并代入(4.5 - 17)式，得

$$n'' \cos\theta_t'' - n' \cos\theta_t' = \frac{1}{\cos\theta_t}(n'' - n') \quad (4.5 - 18)$$

于是，(4.5 - 16)式变为

$$\varphi = \frac{2\pi}{\lambda} \frac{d}{\cos\theta_t}(n'' - n') \quad (4.5 - 19)$$

将(4.5 - 19)式与(4.5 - 2)式进行比较可以看出，斜入射时的相位差只需用晶片中二波法线的平均几何路程 $d/\cos\theta_t$ 代替正入射时的几何路程 d，即可由(4.5 - 2)式得到。

3. 白光干涉

上面讨论的是单色平行光的干涉。如果光源是包含有各种波长成分的白光，则输出光应当是其中每种单色光干涉强度的非相干叠加。在此，仅讨论正入射情况。

1) 两个偏振器偏振轴垂直的情况

对各种单色光分别应用(4.5 - 7)式，然后将其相加

$$I_{\perp(色)} = \sum_i I_{0i} \sin^2 2\alpha \sin^2 \frac{\varphi_i}{2} \quad (4.5 - 20)$$

显然，由于不同波长的单色光通过晶片时，相应的二振动方向互相垂直的线偏振光之间的相位差不同，所以对出射总光强的贡献不同。可以看出，凡是波长为

$$\lambda_i = \left| \frac{n' - n''}{m} \right| d \qquad m \text{ 为整数} \quad (4.5 - 21)$$

的单色光，干涉强度为零，即 $I_{\perp(色)}$ 中不包含这种波长成分的单色光。凡是波长为

$$\lambda_i = \left| \frac{2(n' - n'')}{2m + 1} \right| d \qquad m \text{ 为整数} \quad (4.5 - 22)$$

的单色光，干涉强度为极大。因此，对于白光入射，由于输出光 $I_{\perp(色)}$ 中不含有某些波长成分，其透射光将不再是白光，而呈现出美丽的色彩。

2）两个偏振器偏振轴平行的情况

与上同样分析，对于白光入射，其透射光强为

$$I_{//(色)} = \sum_i I_{0i} \left(1 - \sin^2 2\alpha \, \sin^2 \frac{\varphi_i}{2} \right) \qquad (4.5-23)$$

式中，第一项代表透射的白光光强；第二项与(4.5－20)式相同，但符号相反，因此，(4.5－23)式可简写为

$$I_{//(色)} = I_{0(白)} - I_{\perp(色)} \qquad (4.5-24)$$

这表明，在 $I_{\perp(色)}$ 中最强的色光，在 $I_{//(色)}$ 中恰被消掉；反之亦然，在 $I_{\perp(色)}$ 中消失的色光，在 $I_{//(色)}$ 中恰恰最强。通常将(4.5－20)式和(4.5－23)式决定的色光称为互补色光，也就是说，若将这两种色光叠加在一起，即得到白光。

由于晶片中的振动方向与 P_1 的夹角 α 影响着干涉光强，因而对于图 4－53 所示的干涉装置，如果在起偏器和检偏器之间转动晶片，可以看到晶片在连续变幻着绚丽的颜色。或者，如果我们转动 P_2，使其偏振轴方向与 P_1 由垂直转向平行，出射的色光突然变为与之互补的色光。这种现象称为"色偏振"，它是检验双折射性的最灵敏的方法。

4.5.2 会聚光的偏光干涉

上面讨论的是平行光的偏光干涉现象，实际上经常遇到的是会聚光（或发散光）的情况。当一束会聚光（或发散光）通过起偏器射到晶片上时，入射光线的方向就不是单一的了，不同的入射光线有不同的入射角，甚至还会有不同的入射面。因此，会聚光（或发射光）的偏光干涉现象比较复杂。在此，仅讨论最基本的情况。

会聚光偏光干涉装置如图 4－57 所示，P_1、P_2 是起偏器和检偏器，S 是光源，K 是晶片，O_1、O_2 是聚光镜，观察屏放在 BB 面上。

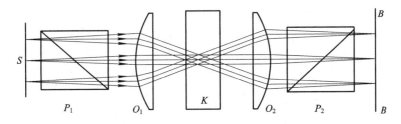

图 4－57 会聚光偏光干涉装置示意图

由图 4－57 可见，会聚在观察屏上同一点的诸偏振光，均来自物平面上的同一点。由于物面 S 是 O_1 的焦平面，所以物面上的一点发出的诸光束，经 O_1 后必成为一束平行光通过晶片。故观察屏上各点的光强可利用平行光斜入射的光强公式计算，即观察屏上的光强公式仍然采用(4.5－5)式表示，只是其中的相位差采用(4.5－19)式，具体可写成

$$I = I_0 \left[\cos^2 \beta - \sin 2\alpha \, \sin 2(\alpha - \beta) \, \sin^2 \frac{\pi d (n'' - n')}{\lambda \cos \theta_t} \right] \qquad (4.5-25)$$

显然，会聚光的干涉光强分布（干涉条纹），既决定于干涉装置中 P_1、P_2 的相对位置，又与晶片的双折射 $(n'' - n')$ 特性有关。因为 $(n'' - n')$ 与晶片中折射光相对光轴的方位有关，所以干涉条纹与晶体的光学性质及晶片的切割方式有关。

1. 通过晶片的两束透射光的相位差

对于斜入射晶片的光线，将在晶片内产生振动方向相互垂直的两束线偏振光，它们的

折射率不同，因而在通过晶片后将产生一定的相位差。

1）单轴晶体中的相位差

在单轴晶体中，当波法线方向 k 与光轴的夹角为 θ 时，相应的两个振动方向互相垂直的线偏振光的折射率 n' 和 n'' 满足如下关系：

$$\frac{1}{n'^2} = \frac{1}{n_o^2} \tag{4.5-26}$$

$$\frac{1}{n''^2} = \frac{\cos^2\theta}{n_o^2} + \frac{\sin^2\theta}{n_e^2} \tag{4.5-27}$$

因而有

$$\frac{1}{n'^2} - \frac{1}{n''^2} = \left(\frac{1}{n_o^2} - \frac{1}{n_e^2}\right)\sin^2\theta$$

或

$$\frac{(n''+n')(n''-n')}{n'^2 n''^2} = \frac{(n_e+n_o)(n_e-n_o)}{n_o^2 n_e^2}\sin^2\theta$$

由于这些折射率之间的差别与它们的值相比较是很小的，所以上式可近似地写成

$$n'' - n' = (n_e - n_o)\sin^2\theta \tag{4.5-28}$$

将上式代入(4.5-19)式，同时令 $\rho = d/\cos\theta_t$，有

$$\varphi = \frac{2\pi}{\lambda}\rho(n_e - n_o)\sin^2\theta \tag{4.5-29}$$

2）双轴晶体中的相位差

在双轴晶体中，设折射光的波法线方向 k 与两个光轴的夹角分别为 θ_1 和 θ_2，则根据(4.2-58)式有

$$\frac{1}{n'^2} - \frac{1}{n''^2} = \left(\frac{1}{n_1^2} - \frac{1}{n_3^2}\right)\sin\theta_1 \sin\theta_2 \tag{4.5-30}$$

可近似表示为

$$n'' - n' = (n_3 - n_1)\sin\theta_1 \sin\theta_2 \tag{4.5-31}$$

代入(4.5-19)式，同时令 $\rho = \dfrac{d}{\cos\theta_t}$，可得

$$\varphi = \frac{2\pi}{\lambda}\rho(n_3 - n_1)\sin\theta_1 \sin\theta_2 \tag{4.5-32}$$

2. 等色面和等色线

如图 4-58 所示，假设入射至晶片的会聚光中所有光线都通过 A 点，则不同的入射光线 $\overrightarrow{SA}$ 在晶片中的折射光有不同的波法线方向 $\overrightarrow{AB}$（它为 $\overrightarrow{AB'}$ 和 $\overrightarrow{AB''}$ 的折中），并从晶片下表面不同的 B 点射出，其相应的两支透射光与入射光 $\overrightarrow{SA}$ 平行，会聚在透镜焦平面的 F 点上，F 点与 B 点一一对应。

当如图 4-57 所示，在晶片和透镜焦平面间放置检偏器时，各对透射光就会在各 F 点处发生干涉，干涉条纹的形状由相应 $\varphi=$ 常数的 F 点的轨迹——等色线所确定。由上所述，透镜焦平面上的等色线与晶片下表面上 $\varphi=$ 常数的各 B 点的轨迹一一对应，形状基本相同。而 $\varphi=$ 常数的 B 点轨迹实际上是晶片中围绕 A 点的等相位差 φ 的曲面——等色面与出射表面的交线。因此，如果知道了晶片中的等相位差 φ 曲面——等色面，便可通过确定等

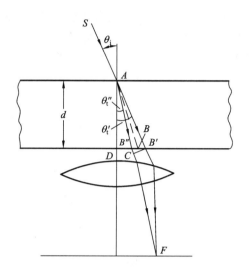

图 4 - 58　会聚光通过晶片示意图

色面与晶片出射表面的交线确定出干涉条纹的形状。

　　回过头来考察(4.5-29)式和(4.5-32)式，式中 θ(或 θ_1、θ_2)表示晶体中两束折射光的传播方向，ρ 表示传播距离，可以设想，若 ρ 和 θ(或 θ_1、θ_2)同时变化，只要满足

$$\rho \sin^2\theta = 常数 \qquad 单轴晶体 \qquad\qquad (4.5-33)$$

$$\rho \sin\theta_1 \sin\theta_2 = 常数 \qquad 双轴晶体 \qquad\qquad (4.5-34)$$

就保持 φ 不变。因此，我们可以通过晶体中的某一点引一矢径，该矢径的长短随其方向按(4.5-33)式或(4.5-34)式规律变化，矢径末端在空间描出一个曲面，这个曲面上的 φ 值处处相等，它即是等相位差曲面或等色面。显然，等色面不是只有一个，而是对应不同 φ 值的一族。

　　单轴晶体的等色面方程为(4.5-33)式，它是以光轴(x_3 轴)为旋转轴的回转曲面，如图 4-59 所示。双轴晶体的等色面方程为(4.5-34)式，如图 4-60 所示。在该图中还画出了几个垂直于 x_3 轴的平面上的截线，图中的 C_1 和 C_2 为双轴晶体的两个光轴方向。

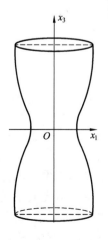

图 4 - 59　单轴晶体中的等色面

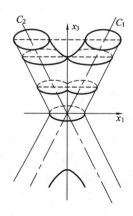

图 4 - 60　双轴晶体中的等色面

当知道了晶体中的等色面后，即可大致确定出各种切割方式的晶片所产生的会聚光干涉条纹(等色线)的形状。例如，如图 4 - 61 所示，以晶片第一个表面上的 A 点为中心，根据晶片切割方式确定的光轴(或主轴)方位，画出相位差为 φ 的等色面，则晶片的第二个表面与该等色面的截线即为相位差为 φ 的等色线(干涉条纹的形状)。

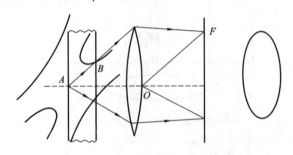

图 4 - 61　由等色面确定等色线的形状

对于单轴晶体，当晶体光轴与晶片表面垂直时，等色线是同心圆形；当光轴与晶片表面有一小的夹角时，等色线是卵圆形；当光轴与晶片表面平行时，等色线是一对双曲线。

3. 单轴晶体会聚光的干涉图

当晶片表面垂直于光轴、P_1 垂直于 P_2 时，会聚光干涉图如图 4 - 62 所示。干涉条纹是同心圆环，中心为通过光轴的光线所到达的位置，并且有一个暗十字贯穿整个干涉图。对于 P_1 平行于 P_2 的情况，干涉图与 P_1、P_2 正交时的互补，此时有一个亮十字贯穿整个干涉图。当使用扩展光源时，该干涉图定域在透镜的焦平面上；当使用点光源时，条纹是非定域的。下面以 P_1 垂直于 P_2 的情况进行说明。

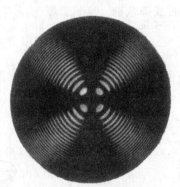

图 4 - 62　单轴晶体的会聚光干涉图

1) 同心圆环干涉条纹

由上述分析，当晶片表面垂直于光轴时，其等色线是同心圆，中心是通过光轴的光线所到达的位置(有时称为光轴露头)。

根据(4.5 - 29)式可以很容易理解干涉条纹为什么是以光轴为中心的同心圆。由于晶片垂直于晶体光轴切割，晶体光轴与晶片法线一致，在晶片中折射光波法线与光轴的夹角就是折射角，在这种情况下，相位差 φ 仅是折射角 θ 的函数。于是，沿着图 4 - 58 中的 A 为顶点、界面法线(即光轴)为轴的圆锥面入射的光，其相应的透射光在透镜焦平面上的同一圆环上会聚。由于圆环上各点所对应光的入射角(或折射角)是常数，所以相应的相位差相等，因而有相同的干涉光强，所以这个圆环就是一个干涉条纹。

2）暗十字的形成

由于 P_1 与 P_2 垂直情况下的暗十字，在 P_1 平行于 P_2 时变为亮十字（使用白光时，它是白色的），因而常称这个暗十字为消色线。其十字中心恰为圆环中心，十字方向恰与起偏器的偏振轴方向平行和垂直。由此可以看出，消色线的起因是(4.5-5)式中的 α 所产生的效应。

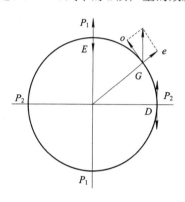

图 4-63 干涉图暗十字线的成因

首先，由于晶片表面的法线方向平行于光轴方向，因而会聚光中央的光线与光轴方向一致，因此进入晶体后不产生双折射，在正交偏振器的情况下，中心点始终是消光的，形成一个黑中心点。对于与光轴有一定夹角的其它光线，进入晶体后均要产生双折射。由于 o 光振动方向垂直于主截面，e 光振动方向在主截面内，因而在垂直于光轴的截面（图4-63）上，干涉圆条纹上任一 G 点的光振动方向及相应的 o 光和 e 光振动方向如图所示。对于 E 点，只有 e 光分量，对于 D 点，只有 o 光分量。又因为 P_2 垂直于 P_1，所以 E 点和 D 点的光场不能通过 P_2，因此，D 和 E 两点在检偏器后都是暗的。同理可知，沿 P_1 和 P_2 两方向上的其余各点也都是暗的，这样就构成了暗十字线。

利用干涉强度公式(4.5-25)式亦可得出同样的结论：对于晶片上各点所对应的 α 角不相同，当 $\alpha=0$ 或 $\pi/2$ 时，强度为零，因此在 0 和 $\pi/2$ 方向（也即沿 P_1、P_2 两方向）上，构成了暗十字。

同理也可解释 P_1、P_2 平行时出现的亮十字。

进一步，当晶片的光轴与表面不垂直时，干涉图往往是不对称的。由于光轴是倾斜的，所以光轴露头不在视场中心，当倾斜角度不大时，光轴露头仍在视场之内，这时黑十字与干涉卵圆环都不是完整的（图 4-64(a)）。转动晶片时，光轴露头绕视场中心作圆周运动，其转动方向与晶片旋转方向一致，而两十字臂也随之移动，但始终分别保持与起偏器和检

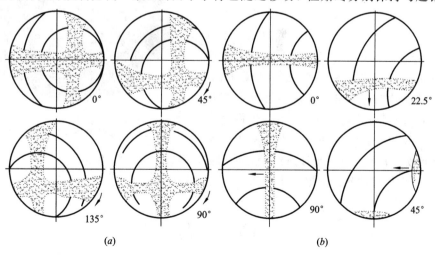

图 4-64 斜交光轴晶片干涉图

— 277 —

偏器的偏振轴平行。当光轴倾斜角度较大时，光轴露头就会落到视场之外，这时视场中只能看见一条黑臂及部分干涉卵圆环(图 4-64(b))。如果光轴接近和晶片表面平行时，黑臂就变得宽大而模糊，转动晶片时，黑十字即分成双曲线迅速离开视场，这种干涉图称为闪图。根据干涉图的形状，可以大致判断光轴的方向。

4. 双轴晶体会聚光的干涉图

双轴晶体会聚光干涉图较单轴晶体复杂，其干涉条纹形状可由晶体等色面与晶片的第二个表面的截线确定。对于晶片表面垂直光轴锐角等分线的会聚光干涉示意图，如图 4-65 所示。

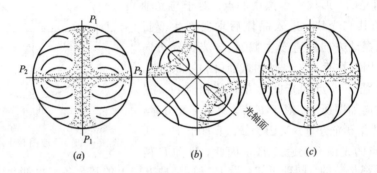

图 4-65 垂直锐角等分线的晶片会聚光干涉图

当光轴面与起偏器或检偏器之一的偏振轴平行时，干涉图由一黑十字及"∞"字形干涉条纹组成(图 4-65(a))，黑十字的两臂分别与 P_1、P_2 平行，两臂的粗细不等，沿光轴面方向的臂较细，两光轴出露点位置处最细，垂直光轴面方向的黑臂较宽，黑十字中心为锐角分角线的出露点，位于视场中心，卵圆形干涉条纹以两个光轴出露点为中心，在靠近光轴处为卵圆形，向外合并成"∞"字形，再向外侧则成凹形椭圆。

当转动晶片时，光轴面偏离 P_1 或 P_2 方向，黑十字从中心分裂，形成一组弯曲的黑带。当光轴面与 P_1、P_2 成 $45°$ 时，两个弯曲黑带顶点间距最远(图 4-65(b))，二弯曲黑带顶点为两光轴出露点，它们之间距离与光轴角成正比。当继续转动晶片时，弯曲黑带顶点逐渐向视场中心移动，至 $90°$ 时，又合成黑十字，但两臂的粗细位置已经更换，继续转动晶片，黑十字又

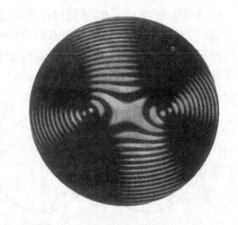

图 4-66 双轴晶体会聚光干涉图

分裂。在转动晶片时，卵形干涉条纹随光轴出露点移动，但形状不变。

图 4-66 是双轴晶体会聚光干涉图($P_1 \perp P_2$)的照片。

例 题

例 4-1 KDP 晶体的两个主折射率为 $n_o = 1.512$，$n_e = 1.470$。一束单色光在空气中以

60°角入射到晶体表面，若晶体光轴与晶面平行，且垂直入射面，求晶体中双折射光线的夹角。

解：根据题意及光在晶体表面折射的性质，在晶体内折射的 o 光和 e 光波矢面与入射面截线为同心圆（如图 4 - 36 所示）。o 光和 e 光均服从折射定律

$$\sin\theta_i = n_o \sin\theta_{to}$$
$$\sin\theta_i = n_e \sin\theta_{te}$$

因此有

$$\theta_{to} = \arcsin\left(\frac{\sin 60^\circ}{1.512}\right) = 34^\circ 56'$$

$$\theta_{te} = \arcsin\left(\frac{\sin 60^\circ}{1.470}\right) = 36^\circ 6'$$

由于光在垂直于光轴的平面内传播，o 光和 e 光的光线与波法线方向不分离，因而二折射光线夹角为

$$\Delta\theta = \theta_{te} - \theta_{to} = 36^\circ 6' - 34^\circ 56' = 1^\circ 10'$$

例 4 - 2　一束线偏振钠黄光（$\lambda = 589.3$ nm）垂直通过一块厚度为 1.618×10^{-2} mm 的石英波片，波片折射率为 $n_o = 1.544\,24$，$n_e = 1.553\,35$，光轴与入射界面平行。试对于以下三种情况，确定出射光的偏振状态。

（1）入射线偏振光的振动方向与光轴成 45°；

（2）入射线偏振光的振动方向与光轴成 -45°；

（3）入射线偏振光的振动方向与光轴成 30°。

解：如图 4 - 67 所示，选取坐标系使光轴平行于 x_3 轴方向，入射光垂直于光轴沿 x_1 方向传播，通过波片产生的 o 光和 e 光在波片出射面上的相位差为

$$\Delta\varphi = \frac{2\pi}{\lambda}(n_e - n_o)d = \frac{2\pi \times (1.553\,35 - 1.544\,24) \times 1.618 \times 10^{-5}}{589.3 \times 10^{-9}} = \frac{\pi}{2}$$

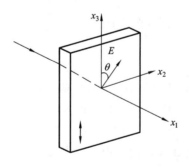

图 4 - 67　例 4 - 2 用图

（1）入射线偏振光的振动方向与光轴成 45°角，设入射光振幅为 A_i，则 o 光和 e 光的振幅为 $A_o = A_i \sin 45^\circ$，$A_e = A_i \cos 45^\circ$，即 $A_o = A_e = \sqrt{2}A_i/2 = A$，所以，波片出射面上的光场为

$$\boldsymbol{E} = \boldsymbol{E}_o + \boldsymbol{E}_e = A\cos\left(\omega t + \frac{\pi}{2}\right)\boldsymbol{j} + A\cos(\omega t)\boldsymbol{k}$$

即出射光为逆时针旋转的圆偏振光；逆光传播方向观察，出射光为左旋圆偏振光。

（2）入射线偏振光的振动方向与光轴成 -45°角，则波片出射光场为

$$\boldsymbol{E} = \boldsymbol{E}_o + \boldsymbol{E}_e = -A\cos\left(\omega t + \frac{\pi}{2}\right)\boldsymbol{j} + A\cos(\omega t)\boldsymbol{k}$$

即出射光为顺时针旋转的圆偏振光;逆光传播方向观察,出射光为右旋圆偏振光。

(3) 入射线偏振光的振动方向与光轴成 30° 角,则 o 光和 e 光的振幅为 $A_o = A_i \sin 30° = 0.5 A_i$,$A_e = A_i \cos 30° = 0.866 A_i$,所以,波片出射面上的光场为

$$\boldsymbol{E} = \boldsymbol{E}_o + \boldsymbol{E}_e = 0.5 A_i \cos\left(\omega t + \frac{\pi}{2}\right)\boldsymbol{j} + 0.866 A_i \cos(\omega t)\boldsymbol{k}$$

即出射光为左旋椭圆偏振光,偏振椭圆的长轴沿光轴方向,长、短半轴之比为 0.866/0.5。

例 4-3 通过偏振片观察部分偏振光时,当偏振片绕入射光方向旋转到某一位置上,透射光强为极大,然后再将偏振片旋转 30°,发现透射光强为极大值的 4/5。试求该入射部分偏振光的偏振度 P 及该光内自然光与线偏振光强之比。

解: 设 I_L 和 I_n 分别表示部分偏振光中的线偏振光强和自然光强。偏振片处于第一个位置时,透射光强为极大,应等于 $(I_L + I_n/2)$。根据题意,偏振片处于第二个位置时,透射光强为

$$I_L \cos^2 30° + \frac{I_n}{2} = 4 \frac{I_L + I_n/2}{5}$$

因此 $I_L = 2 I_n$,所以最大光强为

$$I_M = I_L + \frac{1}{2} I_n = \frac{5}{4} I_L$$

最小光强为

$$I_m = \frac{1}{2} I_n = \frac{1}{4} I_L$$

于是,入射部分偏振光的偏振度为

$$P = \frac{I_M - I_m}{I_M + I_m} = \frac{\frac{5}{4} I_L - \frac{1}{4} I_L}{\frac{5}{4} I_L + \frac{1}{4} I_L} = \frac{2}{3}$$

部分偏振光中的线偏振光强与自然光强之比为

$$\frac{I_L}{I_n} = 2$$

例 4-4 用 KDP 晶体制成顶角为 60° 的棱镜,光轴平行于折射棱(如图 4-68 所示)。KDP 晶体对于 $\lambda = 0.546\ \mu m$ 光的主折射率为 $n_o = 1.512$,$n_e = 1.470$。若入射光以最小偏向角的方向在棱镜内折射,用焦距为 0.1 m 的透镜对出射的 o 光、e 光聚焦,在谱面上形成的谱线间距为多少?

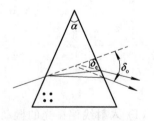

图 4-68 例 4-4 用图

解: 由于棱镜的光轴平行于折射棱,亦即光轴垂直于入射面,因此晶体内的 o 光、e 光满足通常的折射定律。根据最小偏向角公式(其推导参见(7.8-6)式)

$$n = \frac{\sin \frac{1}{2}(\alpha + \delta_m)}{\sin \frac{\alpha}{2}}$$

对于 o 光,有

$$n_o = \frac{\sin \frac{1}{2}(\alpha + \delta_{\mathrm{mo}})}{\sin \frac{\alpha}{2}} = 1.512$$

对于 e 光，有

$$n_e = \frac{\sin \frac{1}{2}(\alpha + \delta_{\mathrm{me}})}{\sin \frac{\alpha}{2}} = 1.470$$

将 $\alpha = 60°$ 代入上二式，解得 o 光和 e 光的偏向角为

$$\delta_{\mathrm{mo}} = 38.2°$$
$$\delta_{\mathrm{me}} = 34.6°$$

因此

$$\Delta\delta = \delta_{\mathrm{mo}} - \delta_{\mathrm{me}} = 38.2° - 34.6° = 3.6° = 0.0628 \ \mathrm{rad}$$

又因透镜焦距 $f = 100 \ \mathrm{mm}$，所以谱面上 o、e 光两谱线间距为

$$\Delta l = f\Delta\delta = 100 \times 0.0628 = 6.28 \ \mathrm{mm}$$

例 4-5 一束波长为 $\lambda_2 = 0.7065 \ \mu\mathrm{m}$ 的左旋正椭圆偏振光入射到相应于 $\lambda_1 = 0.4046 \ \mu\mathrm{m}$ 的方解石 1/4 波片上，试求出射光束的偏振态。已知方解石对 λ_1 光的主折射率为 $n_o = 1.6813$，$n_e = 1.4969$；对 λ_2 光的主折射率为 $n_o' = 1.6521$，$n_e' = 1.4836$。

解： 由题意，给定波片对于 $\lambda_1 = 0.4046 \ \mu\mathrm{m}$ 光为 1/4 波片，波长为 λ_1 的单色光通过该波片时，二正交偏振光分量的相位差为

$$\varphi_1 = \frac{2\pi}{\lambda_1}(n_o - n_e)d = \frac{\pi}{2}$$

该波片的厚度为

$$d = \frac{\lambda_1}{4(n_o - n_e)}$$

故波长为 $\lambda_2 = 0.7065 \ \mu\mathrm{m}$ 的单色光通过这个波片时，所产生的相位差为

$$\varphi_2 = \frac{2\pi}{\lambda_2}(n_o' - n_e')d = \frac{2\pi}{\lambda_2}(n_o' - n_e')\frac{\lambda_1}{4(n_o - n_e)} = 0.26\pi \approx \frac{\pi}{4}$$

因此，对于 $\lambda_2 = 0.7065 \ \mu\mathrm{m}$ 的单色光，该波片为 1/8 波片。

由于入射光为左旋正椭圆偏振光，相应的二正交振动分量相位差 $\varphi_0 = -\pi/2$，通过波片后，该二分量又产生了附加相位差 $\varphi_2 = \pi/4$，因而出射二光的总相位差为

$$\varphi = \varphi_0 + \varphi_2 = -\frac{\pi}{4}$$

因此，出射光是左旋椭圆偏振光，其主轴之一位于 Ⅰ、Ⅲ 象限内。

例 4-6 厚为 0.025 mm 的方解石晶片，其表面平行于光轴，置于正交偏振器之间，晶片的主截面与它们的偏振轴成 45° 角，试问：

(1) 在可见光范围内，哪些波长的光不能通过；

(2) 若转动第二个偏振器，使其透振方向与第一个偏振器相平行，哪些波长的光不能通过。

解： 这是一个由偏光干涉引起的显色问题。因为 $(n_o - n_e)$ 随波长的变化很小，可以不

考虑其色散影响。

（1）正交偏振器情况：

对于偏光干涉装置，在晶片表面上的 o 光和 e 光分量相位相同，它们通过晶片和检偏器后，在检偏器透振方向上分量的相位差取决于两个因素：

① o 光和 e 光通过晶片后产生的相位差：

$$\varphi = \frac{2\pi}{\lambda}(n_o - n_e)d$$

② 入射偏振光经两次分解投影后产生的附加相位差 φ'。由图 4-54 可见，当晶片光轴在两偏振器透振方向 P_1、P_2 的外侧时，经两次投影后，在检偏器透振方向上二分量的振动方向相同，即 $\varphi'=0$；当晶片光轴在 P_1、P_2 之间时，$\varphi'=\pi$。

于是，在正交偏振器情况下，在检偏器透振方向上的二分振动相位差为

$$\varphi'' = \varphi + \varphi' = \frac{2\pi}{\lambda}(n_o - n_e)d + \pi$$

当 $\varphi''=(2m+1)\pi (m=0, 1, 2, \cdots)$ 时，二分振动干涉相消，又因晶片主截面与透振方向成 45°，所以无光通过检偏器。由此得到

$$\lambda_m = \frac{(n_o - n_e)d}{m}$$

对于方解石晶体，（在钠黄光时的）主折射率 $n_o=1.6584$，$n_e=1.4864$，相应的晶片 o、e 光的光程差为 $(n_o - n_e)d = 4.3\ \mu m$，由此得到入射光中不能通过检偏器的可见光波长为

$$\lambda_{11} = 0.3909\ \mu m, \quad \lambda_{10} = 0.4300\ \mu m, \quad \lambda_9 = 0.4778\ \mu m$$
$$\lambda_8 = 0.5375\ \mu m, \quad \lambda_7 = 0.6143\ \mu m, \quad \lambda_6 = 0.7167\ \mu m$$

（2）平行偏振器情况：

此时，在检偏器透振方向上的二分振动相位差为

$$\varphi'' = \varphi$$

要使此二分振动满足干涉相消，则

$$\varphi'' = \frac{2\pi}{\lambda}(n_o - n_e)d = (2m+1)\pi \qquad m = 0, 1, 2, \cdots$$

即

$$\lambda_m = \frac{(n_o - n_e)d}{\left(m + \frac{1}{2}\right)} = \frac{4.3}{m + \frac{1}{2}}\ \mu m$$

在可见光范围内，下列波长的光不能通过：

$$\lambda_{10} = 0.4095\ \mu m, \quad \lambda_9 = 0.4526\ \mu m, \quad \lambda_8 = 0.5059\ \mu m$$
$$\lambda_7 = 0.5733\ \mu m, \quad \lambda_6 = 0.6615\ \mu m, \quad \lambda_5 = 0.7818\ \mu m$$

习　题

4-1　在各向异性介质中，沿同一波法线方向传播的光波有几种偏振态？它们的 $\boldsymbol{D}$、$\boldsymbol{E}$、$\boldsymbol{k}$、$\boldsymbol{s}$ 矢量间有什么关系？

4-2　在各向异性介质中，沿同一光线方向传播的光波有几种偏振态？它们的 $\boldsymbol{D}$、$\boldsymbol{E}$、

k、s 矢量间有什么关系?

4-3 设 d 为 D 矢量方向的单位矢量,试求 d 的分量表示式,即求出与给定波法线方向 k 相应的 D 的方向。

4-4 设 e 为 E 矢量方向的单位矢量,试求 e 的分量表示式,即求出与给定波法线方向 k 相应的 E 的方向。

4-5 如图 4-69 所示,单轴晶体的光轴与表面成一定角度,若有一束与光轴方向平行的光入射到晶体之内,它是否会发生双折射?

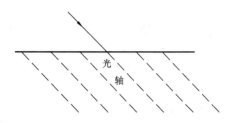

图 4-69 题 4-5 用图

4-6 钠黄光正入射到石英晶片上,将产生双折射。若石英晶片的主折射率 $n_o = 1.544$,$n_e = 1.553$,为使晶片中传播的 o、e 光线方向偏离最大,晶片光轴方向应与晶片表面成多大角度?o、e 光线的最大离散角是多少?

4-7 一束钠黄光以 50° 角方向入射到方解石晶体上,设光轴与晶体表面平行,并垂直于入射面。问在晶体中 o 光和 e 光夹角为多少(对于钠黄光,方解石的主折射率 $n_o = 1.6584$,$n_e = 1.4864$)。

4-8 设有主折射率 $n_o = 1.5246$,$n_e = 1.4792$ 的晶体,光轴方向与通光面法线成 45°,如图 4-70 所示。现有一自然光垂直入射晶体,求在晶体中传播的 o、e 光光线方向,二光夹角 α 以及它们从晶体后表面出射时的相位差。($\lambda = 0.5\ \mu m$,晶体厚度 $d = 2\ cm$。)

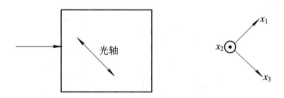

图 4-70 题 4-8 用图

4-9 一细光束掠入射单轴晶体,晶体的光轴与入射面垂直,晶体的另一面与折射表面平行。实验测得 o、e 光在第二个面上分开的距离是 2.5 mm,若 $n_o = 1.525$,$n_e = 1.479$,计算晶体的厚度。

4-10 一束单色光由空气入射到一单轴晶体,单轴晶体的光轴与界面垂直,试说明折射光线在入射面内,并证明

$$\tan\theta_e' = \frac{n_o \sin\theta_i}{n_e \sqrt{n_e^2 - \sin^2\theta_i}}$$

其中,θ_i 是入射角;θ_e' 是 e 折射光线与界面法线的夹角。

4-11 一束线偏振的钠黄光($\lambda=589.3$ nm)垂直通过一块厚度为1.618×10^{-2} mm的石英晶片。晶片折射率为$n_o=1.544\,24$，$n_e=1.553\,35$，光轴沿 x 轴方向（见图4-71），试对以下四种情况，确定出射光的偏振态。

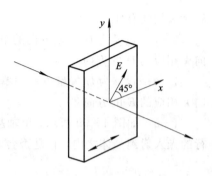

(1) 入射线偏振光的振动方向与 x 轴或 y 轴平行；

(2) 入射线偏振光的振动方向与 x 轴成45°角；

(3) 入射线偏振光的振动方向与 x 轴成$-45°$角；

(4) 入射线偏振光的振动方向与 x 轴成30°角。

图4-71 题4-11用图

4-12 如图4-72所示，一束光从方解石三棱镜的左边入射。方解石晶体的光轴可以有三种取向：分别与图中直角坐标系的三个轴平行。试分析每一种情况下出射光束的偏振状态，以及如何确定n_o和n_e。

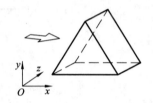

4-13 为使单轴晶体中的o、e折射光线的分离角度最大，在正入射的情况下，晶体应如何切割？

图4-72 题4-12用图

4-14 如图4-73所示，两块方解石晶体平行薄板，按相同方式切割（图中斜线代表光轴），并平行放置，一细单色自然光束垂直入射，通过两块晶体后射至一屏幕上，设晶体的厚度足以使双折射的两束光分开，试分别说明当晶体板2在以下几种情况：

① 图4-73所示；

② 绕入射光方向转过 π 角；

③ 转过 $\pi/2$ 角；

④ 转过 $\pi/4$ 角，

屏幕上光点的数目和位置。

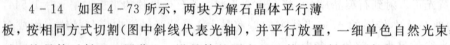
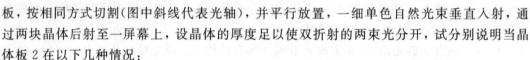
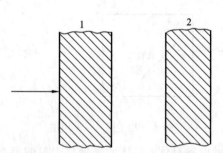

图4-73 题4-14用图

4-15 一块负单轴晶体按图4-74方式切割。一束单色自然光从左方通光面正入射，经两个45°斜面全内反射后从右方通光面射出。设晶体主折射率为n_o、n_e，试计算o、e光线经第一个45°反射面反射后与光轴的夹角。画出光路并标上振动方向。

4-16 如图4-75，方解石渥拉斯顿棱镜的顶角 $\alpha=30°$，试计算两出射光的夹角 γ 为多少？（方解石晶体的 $n_o=1.658$，$n_e=1.486$）

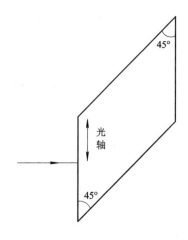

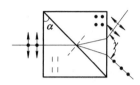

图 4 - 74 题 4 - 15 用图

图 4 - 75 题 4 - 16 用图

4 - 17 设计一块适于氩离子激光($\lambda=514.5$ nm)的偏光分光镜,选择 $n_H=2.38$ 的硫化锌和 $n_L=1.25$ 的冰晶石作为高折射率和低折射率膜层的材料。试确定该分光棱镜的折射率及膜层厚度。

4 - 18 若将一线偏振光入射到以光束为轴、以角速度 ω_0 转动的半波片上,出射光的偏振态如何?其光矢量如何变化?

4 - 19 设正入射的线偏振光振动方向与半波片的快、慢轴成 45°角,试画出在半波片中距离入射表面分别为:0、$d/4$、$d/2$、$3d/4$、d 各点处,两偏振光叠加后的振动形式。按迎着光射来的方向观察画出。

4 - 20 通过检偏器观察一束椭圆偏振光,其强度随着检偏器的旋转而改变。当检偏器在某一位置时,强度为极小,此时在检偏器前插入一块 1/4 波片,转动该 1/4 波片,使其快轴平行于检偏器的透光轴,再把检偏器沿顺时针方向转过 20°就完全消光。试问:

(1) 该椭圆偏振光是右旋还是左旋;

(2) 椭圆的长短轴之比是多少。

4 - 21 为了决定一束圆偏振光的旋转方向,可将 1/4 波片置于检偏器之前,再将后者旋转至消光位置。此时 1/4 波片快轴的方位是这样的:须将它沿着逆时针方向转 45°才能与检偏器的透光轴重合。问该圆偏振光是右旋还是左旋。

4 - 22 试用一灯(自然光光源)和一观察屏鉴别如下 4 个元件:① 两个线偏振器;② 一个 1/4 波片;③ 一个半波片;④ 一个圆偏振器。如果只有一个线偏振器,又如何鉴别?

4 - 23 为测定波片的相位延迟角 φ,可利用图 4 - 76 所示的实验装置。当起偏器的透

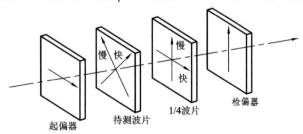

图 4 - 76 题 4 - 23 用图

光轴和 1/4 波片的快轴沿 x 轴方向，待测波片的快轴与 x 轴成 45°角时，从 1/4 波片透出的是线偏振光，用检偏器确定它的振动方向即可得到待测波片的相位延迟角 φ。试证明从 1/4 波片透出的线偏振光振动方向与 x 轴的夹角为 $\theta = \varphi/2$，并说明这个测量方法的原理。

4-24 今用一起偏器和石英薄片产生一束椭圆偏振光，并使椭圆的长轴或短轴在光轴方向上，长短轴之比为 2∶1，而且是左旋的。石英片应多厚？起偏器和石英薄片应如何放置？（$\lambda = 0.5893\ \mu m$，$n_o = 1.5442$，$n_e = 1.5533$。）

4-25 两块偏振片透振方向夹角为 60°，中央插入一块 1/4 波片，波片主截面平分上述夹角。今有一光强为 I_0 的自然光入射，求通过第二个偏振片后的光强。

4-26 一块厚度为 0.04 mm 的方解石晶片，其光轴平行于表面，将它插入正交偏振片之间，且使主截面与第一个偏振片的透振方向成 $\theta (\theta \neq 0°、90°)$ 角。试问哪些光不能透过该装置。（方解石的主折射率 $n_o = 1.6584$，$n_e = 1.4864$。）

4-27 将一块 1/8 波片插入两个偏振器之间，波片的光轴与两偏振器透光轴的夹角分别为 -30°和 40°，求光强为 I_0 的自然光通过这一系统后的强度。（不考虑系统的吸收和反射损失。）

4-28 在两个正交偏振器之间插入一块 1/2 波片，强度为 I_0 的单色光通过这一系统。如果将波片绕光的传播方向旋转一周。问：

（1）将看到几个光强的极大和极小值，相应的波片方位及光强数值是多少；

（2）用 1/4 波片和全波片替代 1/2 波片，又如何。

4-29 偏光干涉装置 P_1 的透光轴与 x 夹角为 α，P_2 的透光轴与 x 夹角为 β，晶片是楔角为 30′ 的石英楔形晶片。今若 $\alpha = 15°$，$\beta = 45°$，强度为 I_0 的钠黄光（$\lambda = 589.3\ nm$）通过该装置，求石英晶片所生条纹的间距和条纹对比度。（石英晶片的主折射率 $n_o = 1.544\ 24$，$n_e = 1.553\ 35$）

4-30 将巴俾涅补偿器置于两正交偏振器之间，并使补偿器的光轴与偏振器的透光轴成 45°角，补偿器用石英晶体制作，其光楔楔角为 2°30′。试问：

（1）在钠黄光照射下，补偿器宽度方向产生的平行条纹间距是多少？

（2）当在补偿器上放一块方解石波片（波片光轴与补偿器光轴平行）时，发现条纹移动了 1/2 条纹间距，方解石波片的厚度是多少？

4-31 在两个偏振面正交放置的偏振器之间，平行放一厚 0.913 mm 的石膏片。当 $\lambda_1 = 0.583\ \mu m$ 时，视场全暗；然后改变光的波长，当 $\lambda_2 = 0.554\ \mu m$ 时，视场又一次全暗。假设沿快、慢轴方向的折射率在这个波段范围内与波长无关，试求这个折射率差。

第 5 章 晶体的感应双折射

上一章讨论了光在各向异性介质(晶体)中传播特性，以及光通过晶体界面时产生的双折射、双反射现象。光在晶体中传播的这种双折射特性是由于晶体结构自身的各向异性决定的，通常称其为晶体的自然双折射或固有双折射。不难想象，当晶体受到应力、电场、磁场等外界作用，结构发生变化时，将会使光在其中传播的双折射发生变化，即当光通过这种有外加电场、超声场或磁场的晶体时，将会产生与外场作用有关的新的双折射特性。通常将这种外场作用引起的晶体双折射特性的变化，叫做晶体的感应双折射或感应各向异性。应当指出的是，这种感应双折射实际上是介质的非线性光学效应。由于感应双折射可以根据人们的意志加以控制，因此在光电子技术特别是光束传播控制中获得了广泛的应用。

这一章将讨论光在电场、超声场和磁场作用下的晶体中的传播特性。

5.1 电 光 效 应

当加到介质上的电场较大，足以将原子内场($\approx 3 \times 10^8$ V/cm)扰动到有效程度，就可以使原来光学各向同性的介质变为各向异性，原来是光学各向异性介质的双折射特性发生变化。这种因外加电场使介质光学性质发生变化的效应，叫电光效应。

5.1.1 电光效应的描述

由前面的讨论已知，光在晶体中的传播规律遵从光的电磁理论，利用折射率椭球可以方便地描述晶体折射率在空间各个方向的取值分布。显然，外加电场对晶体光学特性的影响，必然会通过折射率椭球的变化反映出来。因此，可以根据晶体折射率椭球的大小、形状和取向的变化，来研究外电场对晶体光学特性的影响。

根据空间解析几何理论，描述晶体光学各向异性的折射率椭球在直角坐标系$(O\text{-}x_1x_2x_3)$中的一般形式为

$$\frac{x_i x_j}{n_{ij}^2} = 1 \qquad i, j = 1, 2, 3 \tag{5.1-1}$$

若令

$$\frac{1}{n_{ij}^2} = B_{ij} \tag{5.1-2}$$

则折射率椭球的表示式可改写为

$$B_{ij} x_i x_j = 1 \tag{5.1-3}$$

如果将没有外加电场的晶体折射率椭球记为

$$B_{ij}^0 x_i x_j = 1 \qquad (5.1-4)$$

外加电场后晶体的感应折射率椭球用(5.1-3)式表示，则外加电场引起折射率椭球的变化，用折射率椭球系数的变化 ΔB_{ij} 描述将很方便，晶体的感应折射率椭球可表示成

$$(B_{ij}^0 + \Delta B_{ij}) x_i x_j = 1 \qquad (5.1-5)$$

在这里，仅考虑 ΔB_{ij} 是由外加电场引起的，它应与外加电场有关系。一般情况下，ΔB_{ij} 可以表示成

$$\Delta B_{ij} = \gamma_{ijk} E_k + h_{ijpq} E_p E_q + \cdots \qquad i,j,k,p,q = 1,2,3 \qquad (5.1-6)$$

上式中，等号右边第一项描述了 ΔB_{ij} 与 E_k 呈线性关系，$[\gamma_{ijk}]$ 是三阶张量，称为线性电光系数，由这一项所描述的电光效应叫做线性电光效应，或普克尔(Pockels)效应；等号右边第二项描述了 ΔB_{ij} 与外加电场的二次关系，$[h_{ijpq}]$ 是四阶张量，称为二次非线性电光系数，由这一项所描述的电光效应叫做二次电光效应，或克尔(Kerr)效应。在实际应用中，由于大量采用的是线性电光效应，因此我们将重点讨论线性电光效应。

5.1.2 晶体的线性电光效应

1. 线性电光系数

如上所述，在主轴坐标系中，无外加电场晶体的折射率椭球为

$$B_1^0 x_1^2 + B_2^0 x_2^2 + B_3^0 x_3^2 = 1 \qquad (5.1-7)$$

外加电场后，由于线性电光效应，折射率椭球发生了变化，它应表示为一般折射率椭球的形式：

$$B_{11} x_1^2 + B_{12} x_1 x_2 + B_{13} x_1 x_3 + B_{21} x_2 x_1 + B_{22} x_2^2$$
$$+ B_{23} x_2 x_3 + B_{31} x_3 x_1 + B_{32} x_3 x_2 + B_{33} x_3^2 = 1 \qquad (5.1-8)$$

根据前面的讨论，折射率椭球的系数 $[B_{ij}]$ 实际上是晶体的相对介电常数 $[\varepsilon_{ij}]$ 的逆张量，故 $[B_{ij}]$ 也是二阶对称张量，有 $B_{ij} = B_{ji}$。因而 $[B_{ij}]$ 只有六个独立分量，式(5.1-8)可简化为

$$B_{11} x_1^2 + B_{22} x_2^2 + B_{33} x_3^2 + 2B_{23} x_2 x_3 + 2B_{31} x_3 x_1 + 2B_{12} x_1 x_2 = 1 \qquad (5.1-9)$$

将(5.1-9)式与(5.1-7)式进行比较可见，外加电场后，晶体折射率椭球系数 $[B_{ij}]$ 的变化为

$$\left. \begin{aligned} \Delta B_{11} &= B_{11} - B_1^0 \\ \Delta B_{22} &= B_{22} - B_2^0 \\ \Delta B_{33} &= B_{33} - B_3^0 \\ \Delta B_{23} &= B_{23} \\ \Delta B_{31} &= B_{31} \\ \Delta B_{12} &= B_{12} \end{aligned} \right\} \qquad (5.1-10)$$

考虑到 $[B_{ij}]$ 是二阶对称张量，将其下标 i 和 j 交换其值不变，所以可将它的二重下标简化成单个下标，其对应关系为

$$\begin{array}{cccccc} B_{11} & B_{22} & B_{33} & B_{23} & B_{31} & B_{12} \\ B_1 & B_2 & B_3 & B_4 & B_5 & B_6 \end{array} \qquad (5.1-11)$$

相应的 $[\Delta B_{ij}]$ 也可简化为有六个分量的矩阵：

$$\begin{bmatrix} \Delta B_1 \\ \Delta B_2 \\ \Delta B_3 \\ \Delta B_4 \\ \Delta B_5 \\ \Delta B_6 \end{bmatrix} = \begin{bmatrix} \Delta B_{11} \\ \Delta B_{22} \\ \Delta B_{33} \\ \Delta B_{23} \\ \Delta B_{31} \\ \Delta B_{12} \end{bmatrix} \qquad (5.1-12)$$

对于线性电光系数$[\gamma_{ijk}]$，因其前面两个下标i、j互换对$[\Delta B_{ij}]$没有影响，所以也可将这两个下标简化为单个下标。经过这些简化后，只计线性电光效应的(5.1-6)式，可以写成如下形式：

$$\Delta B_i = \gamma_{ij} E_j \qquad i = 1, 2, \cdots, 6; \; j = 1, 2, 3 \qquad (5.1-13)$$

相应的矩阵形式为

$$\begin{bmatrix} \Delta B_1 \\ \Delta B_2 \\ \Delta B_3 \\ \Delta B_4 \\ \Delta B_5 \\ \Delta B_6 \end{bmatrix} = \begin{bmatrix} \gamma_{11} & \gamma_{12} & \gamma_{13} \\ \gamma_{21} & \gamma_{22} & \gamma_{23} \\ \gamma_{31} & \gamma_{32} & \gamma_{33} \\ \gamma_{41} & \gamma_{42} & \gamma_{43} \\ \gamma_{51} & \gamma_{52} & \gamma_{53} \\ \gamma_{61} & \gamma_{62} & \gamma_{63} \end{bmatrix} \begin{bmatrix} E_1 \\ E_2 \\ E_3 \end{bmatrix} \qquad (5.1-14)$$

式中的$(6 \times 3)\gamma$矩阵就是线性电光系数矩阵，它可以描述外加电场对晶体光学特性影响的线性效应。

应当指出的是，电光效应是一种非线性光学效应，线性电光效应属二阶非线性光学效应，它只存在于自然界中无对称中心的 20 类压电晶体中。一般情况下，线性电光系数矩阵有 18 个元素，但是由于晶体结构对称性的限制，其非零、独立元素数目将减少。各类晶体的线性电光系数矩阵的具体形式可以查阅有关手册和文献。

2. 几种晶体的线性电光效应

1) KDP 型晶体的线性电光效应

KDP(KH_2PO_4，磷酸二氢钾)晶体是水溶液培养的一种人工晶体，由于它很容易生长成大块均匀晶体，在 $0.2\ \mu m \sim 1.5\ \mu m$ 波长范围内透明度很高，且抗激光破坏阈值很高，因此在光电子技术中有广泛的应用。它的主要缺点是易潮解。

KDP 晶体是单轴晶体，属四方晶系。属于这一类型的晶体还有 ADP(磷酸二氢铵)、KD^*P(磷酸二氘钾)等，它们同为 $\overline{4}2m$ 晶体点群，其外形如图 5-1 所示，光轴方向为 x_3 轴方向。

(1) KDP 型晶体的感应折射率椭球 KDP 型晶体无外加电场时，折射率椭球为旋转椭球，在主轴坐标系(折射率椭球主轴与晶轴重合)中，折射率椭球方程为

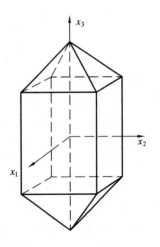

图 5-1 KDP 型晶体外形图

$$B_1^0(x_1^2 + x_2^2) + B_3^0 x_3^2 = 1 \qquad (5.1-15)$$

式中，$B_1^0 = \dfrac{1}{n_1^2} = \dfrac{1}{n_o^2} = B_2^0$，$B_3^0 = \dfrac{1}{n_3^2} = \dfrac{1}{n_e^2}$；$n_o$、$n_e$ 为单轴晶体的主折射率。

当晶体外加电场时，折射率椭球发生形变。通过查阅手册，可以得到 KDP($\overline{4}2\,m$ 晶类)型晶体的线性电光系数矩阵为

$$[\gamma_{ij}] = \begin{bmatrix} 0 & 0 & 0 \\ 0 & 0 & 0 \\ 0 & 0 & 0 \\ \gamma_{41} & 0 & 0 \\ 0 & \gamma_{41} & 0 \\ 0 & 0 & \gamma_{63} \end{bmatrix} \qquad (5.1-16)$$

由(5.1-14)式，$[\Delta B_i]$ 为

$$\begin{bmatrix} \Delta B_1 \\ \Delta B_2 \\ \Delta B_3 \\ \Delta B_4 \\ \Delta B_5 \\ \Delta B_6 \end{bmatrix} = \begin{bmatrix} 0 & 0 & 0 \\ 0 & 0 & 0 \\ 0 & 0 & 0 \\ \gamma_{41} & 0 & 0 \\ 0 & \gamma_{41} & 0 \\ 0 & 0 & \gamma_{63} \end{bmatrix} \begin{bmatrix} E_1 \\ E_2 \\ E_3 \end{bmatrix} \qquad (5.1-17)$$

因此

$$\left. \begin{aligned} \Delta B_1 &= 0 \\ \Delta B_2 &= 0 \\ \Delta B_3 &= 0 \\ \Delta B_4 &= \gamma_{41} E_1 \\ \Delta B_5 &= \gamma_{41} E_2 \\ \Delta B_6 &= \gamma_{63} E_3 \end{aligned} \right\} \qquad (5.1-18)$$

再由(5.1-10)、(5.1-9)式可得 KDP 型晶体的感应折射率椭球表示式为

$$B_1^0 x_1^2 + B_2^0 x_2^2 + B_3^0 x_3^2 + 2\gamma_{41}(E_1 x_2 x_3 + E_2 x_3 x_1) + 2\gamma_{63} E_3 x_1 x_2 = 1 \qquad (5.1-19)$$

将(5.1-19)式与(5.1-15)式比较可见，KDP 型晶体外加电场后，感应折射率椭球方程中出现了交叉项，这说明感应折射率椭球的三个主轴不再与晶轴重合，三个主折射率也随之变化。同时，由(5.1-19)式还可以看出，垂直于光轴方向的电场分量所产生的电光效应只与 γ_{41} 有关，平行于光轴方向的电场分量所产生的电光效应只与 γ_{63} 有关。显然，为了充分地运用晶体的电光效应，外加电场并非沿任意方向加到晶体上，通常不是取垂直于光轴方向，就是取平行于光轴方向。考虑到 KDP 型晶体电光效应的实际应用情况，下面仅讨论电场平行于光轴的工作方式。

(2) 外加电场平行于光轴的电光效应 相应于这种工作方式的晶片是从 KDP 型晶体上垂直于光轴方向(x_3 轴)切割下来的，通常称为 x_3 - 切割晶片。在未加电场时，光沿着 x_3 方向传播不发生双折射。当平行于 x_3 方向加电场时，感应折射率椭球的表示式为

$$B_1^0(x_1^2 + x_2^2) + B_3^0 x_3^2 + 2\gamma_{63} E_3 x_1 x_2 = 1 \qquad (5.1-20)$$

或

$$\frac{x_1^2 + x_2^2}{n_o^2} + \frac{x_3^2}{n_e^2} + 2\gamma_{63} E_3 x_1 x_2 = 1 \qquad (5.1-21)$$

为了讨论晶体的电光效应，首先应确定感应折射率椭球的形状，也就是找出感应折射率椭球的三个主轴方向及相应的长度。为此，我们进一步考察感应折射率椭球的方程式。由(5.1-21)式可以看出，这个方程的 x_3^2 项相对无外加电场时的折射率椭球没有变化，说明感应折射率椭球的一个主轴与原折射率椭球的 x_3 轴重合，另外两个主轴方向可绕 x_3 轴旋转得到。

假设感应折射率椭球的新主轴方向为 x_1'、x_2'、x_3'，则由 x_1'，x_2'，x_3' 构成的坐标系可由原坐标系 $(O-x_1 x_2 x_3)$ 绕 x_3 轴旋转 α 角得到，相应的坐标变换关系为

$$\left. \begin{array}{l} x_1 = x_1' \cos\alpha - x_2' \sin\alpha \\ x_2 = x_1' \sin\alpha + x_2' \cos\alpha \\ x_3 = x_3' \end{array} \right\} \qquad (5.1-22)$$

将上式代入(5.1-21)式，经过整理可得

$$\left(\frac{1}{n_o^2} + 2\gamma_{63} E_3 \sin\alpha \cos\alpha\right) x_1'^2 + \left(\frac{1}{n_o^2} - 2\gamma_{63} E_3 \sin\alpha \cos\alpha\right) x_2'^2 + \frac{1}{n_e^2} x_3'^2$$
$$+ 2\gamma_{63} E_3 (\cos^2\alpha - \sin^2\alpha) x_1' x_2' = 1 \qquad (5.1-23)$$

由于 x_1'、x_2'、x_3' 为感应折射率椭球的三个主轴方向，所以上式中的交叉项为零，即应有

$$2\gamma_{63} E_3 (\cos^2\alpha - \sin^2\alpha) x_1' x_2' = 0$$

因为该式中的 γ_{63}、E_3 不为零，只可能是

$$\cos^2\alpha - \sin^2\alpha = 0$$

所以

$$\alpha = \pm 45°$$

故 x_3-切割晶片沿光轴方向外加电场后，感应折射率椭球的三个主轴方向为原折射率椭球的三个主轴绕 x_3 轴旋转 45°得到，该转角与外加电场的大小无关，但转动方向与电场方向有关。若取 $\alpha = 45°$，折射率椭球方程为

$$\left(\frac{1}{n_o^2} + \gamma_{63} E_3\right) x_1'^2 + \left(\frac{1}{n_o^2} - \gamma_{63} E_3\right) x_2'^2 + \frac{1}{n_e^2} x_3'^2 = 1 \qquad (5.1-24)$$

或写成

$$(B_1^0 + \gamma_{63} E_3) x_1'^2 + (B_1^0 - \gamma_{63} E_3) x_2'^2 + B_3^0 x_3'^2 = 1 \qquad (5.1-25)$$

或

$$B_1 x_1'^2 + B_2 x_2'^2 + B_3 x_3'^2 = 1 \qquad (5.1-26)$$

该式是双轴晶体折射率椭球的方程式。这说明，KDP 型晶体的 x_3-切割晶片在外加电场 E_3 后，由原来的单轴晶体变成了双轴晶体。其折射率椭球与 $x_1 O x_2$ 面的交线由原来的 $r = n_o$ 的圆，变成现在的主轴在 45°方向上的椭圆，如图 5-2 所示。

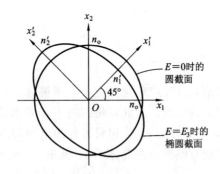

图 5 - 2　折射率椭球与 $x_1 O x_2$ 面的交线

现在进一步确定感应折射率椭球的三个主折射率。

首先，将(5.1 - 24)式变换为

$$\frac{1}{n_o^2}(1 + n_o^2 \gamma_{63} E_3) x_1^{'2} + \frac{1}{n_o^2}(1 - n_o^2 \gamma_{63} E_3) x_2^{'2} + \frac{1}{n_e^2} x_3^{'2} = 1$$

因为 γ_{63} 的数量级是 10^{-10} cm/V，E_3 的数量级是 10^4 V/cm，所以 $\gamma_{63} E_3 \ll 1$，故可利用幂级数展开，并只取前两项的关系，将上式变换成

$$\frac{x_1^{'2}}{n_o^2 \left(1 - \frac{1}{2} n_o^2 \gamma_{63} E_3\right)^2} + \frac{x_2^{'2}}{n_o^2 \left(1 + \frac{1}{2} n_o^2 \gamma_{63} E_3\right)^2} + \frac{x_3^{'2}}{n_e^2} = 1 \qquad (5.1 - 27)$$

由此得到感应折射率椭球的三个主折射率为

$$\left.\begin{aligned} n_1' &= n_o - \frac{1}{2} n_o^3 \gamma_{63} E_3 \\ n_2' &= n_o + \frac{1}{2} n_o^3 \gamma_{63} E_3 \\ n_3' &= n_e \end{aligned}\right\} \qquad (5.1 - 28)$$

以上讨论了 x_3 - 切割晶片在外加电场 E_3 后，光学特性(折射率)的变化情况。下面，具体讨论两种通光方向上光传播的双折射特性。

① 光沿 x_3' 方向传播。在外加电场平行于 x_3 轴(光轴)，而光也沿 x_3(x_3')轴方向传播时，对于 γ_{63} 贡献的电光效应来说，叫 γ_{63} 的纵向运用。

由第 4 章的讨论知道，在这种情况下，相应的两个特许偏振分量的振动方向分别平行于感应折射率椭球的两个主轴方向(x_1' 和 x_2')，它们的折射率由(5.1 - 28)式中的 n_1' 和 n_2' 给出，这两个偏振光在晶体中以不同的折射率(不同的速度)沿 x_3' 轴传播，当它们通过长度为 d 的晶体后，其间相位差由折射率差

$$\Delta n_3' = n_2' - n_1' = n_o^3 \gamma_{63} E \qquad (5.1 - 29)$$

决定，表示式为

$$\varphi = \frac{2\pi}{\lambda}(n_2' - n_1') d = \frac{2\pi}{\lambda} n_o^3 \gamma_{63} E d \qquad (5.1 - 30)$$

式中，Ed 恰为晶片上的外加电压 U，故上式可表示为

$$\varphi = \frac{2\pi}{\lambda} n_o^3 \gamma_{63} U \qquad (5.1 - 31)$$

通常把这种由外加电压引起的二偏振分量间的相位差叫做"电光延迟"。显然，γ_{63} 纵向运用

所引起的电光延迟正比于外加电压，与晶片厚度 d 无关。

实际上，可以通过改变晶体上的外加电压得到不同的电光延迟，因而就使得电光晶体可以等效为可控的可变波片。例如，当电光延迟为 $\varphi = \pi/2$、π 和 2π 时，电光晶体分别相应于四分之一波片、半波片和全波片。由于外加电压的大小直接反映了不同晶体电光效应的差别，所以在实际应用中，人们引入了一个表征电光效应特性的很重要的物理参量——半波电压 $U_{\lambda/2}$ 或 U_π。在 KDP 晶体的纵向运用中，半波电压是指产生电光延迟为 $\varphi = \pi$ 的外加电压。由 (5.1-31) 式可以求得半波电压为

$$U_{\lambda/2} = \frac{\lambda}{2n_{\text{o}}^3 \gamma_{63}} \qquad (5.1-32)$$

它只与材料特性和波长有关。例如，在 $\lambda = 0.55~\mu\text{m}$ 的情况下，KDP 晶体的 $n_{\text{o}} = 1.512$，$\gamma_{63} = 10.6 \times 10^{-10}~\text{cm/V}$，$U_{\lambda/2} = 7.45~\text{kV}$；KD*P 晶体的 $n_{\text{o}} = 1.508$，$\gamma_{63} = 20.8 \times 10^{-10}~\text{cm/V}$，$U_{\lambda/2} = 3.8~\text{kV}$。

② 光沿 x_2'（或 x_1'）方向传播。当外加电压平行于 x_3 轴方向，光沿 x_2'（或 x_1'）轴方向传播时，对于 γ_{63} 贡献的电光效应来说，叫 γ_{63} 的横向运用。这种工作方式通常对晶体采取 $45^\circ - x_3$ 切割，即如图 5-3 所示，晶片的长和宽与 x_1、x_2 轴成 45° 方向。光沿晶体的 [110] 方向传播，晶体在电场方向上的厚度为 d，在传播方向上的长度为 l。

如前所述，当沿 x_3 方向外加电压时，晶体的感应折射率椭球的主轴方向系由原折射率椭球主轴绕 x_3 轴旋转 45° 得到，因此，光沿感应折射率椭球的主轴方向 x_2' 传播时，相应的两个特许线偏振光的折射率为 n_1' 和 n_3'，该二光由晶片射出时的相位差（电光延迟）为

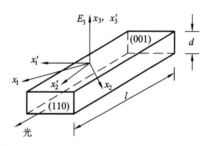

$$\begin{aligned}
\varphi &= \frac{2\pi}{\lambda}(n_1' - n_3')l \\
&= \frac{2\pi}{\lambda}l\left[(n_{\text{o}} - n_{\text{e}}) - \frac{1}{2}n_{\text{o}}^3\gamma_{63}E_3\right] \\
&= \frac{2\pi}{\lambda}(n_{\text{o}} - n_{\text{e}})l - \frac{\pi}{\lambda}\frac{l}{d}n_{\text{o}}^3\gamma_{63}U \qquad (5.1-33)
\end{aligned}$$

图 5-3 用于 γ_{63} 横向运用的 KDP 晶片

上式中，等号右边第一项表示由自然双折射造成的相位差；第二项表示由线性电光效应引起的相位差。

与 γ_{63} 纵向运用相比，γ_{63} 横向运用有两个特点：(i) 电光延迟与晶体的长厚比 l/d 有关，因此可以通过控制晶体的长厚比来降低半波电压，这是它的一个优点；(ii) 横向运用中的电光延迟存在着与外加电场无关的自然双折射作用，自然双折射对于电光效应没有贡献，但是由于晶体的主折射率 n_{o}、n_{e} 随温度变化严重，对相位差的稳定性影响很大，所以直接影响电光效应的运用。实验表明，KDP 晶体的 $\Delta(n_{\text{o}} - n_{\text{e}})/\Delta T$ 约为 $1.1 \times 10^{-5}/^\circ\text{C}$，对于 $0.6328~\mu\text{m}$ 的激光通过 $30~\text{mm}$ 的 KDP 晶体，在温度变化 1°C 时，将产生约 1.1π 的附加相位差。为了克服这个缺点，在横向运用时，一般均需采取补偿措施。经常采用两种办法：

其一，用两块制作完全相同的晶体，使之 90° 排列，即使一块晶体的 x_1' 和 x_3' 轴方向分别与另一块晶体的 x_3' 和 x_1' 轴平行，如图 5-4(a) 所示；

其二,使一块晶体的 x_1' 和 x_3' 轴分别与另一种晶体的 x_1' 和 x_3' 轴反向平行排列,在中间放置一块 1/2 波片,如图 5-4(b) 所示。

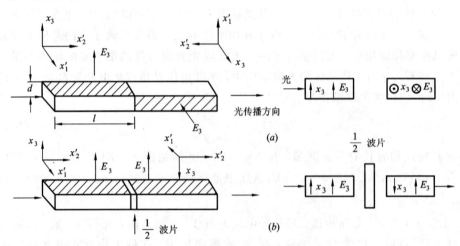

图 5-4 补偿自然双折射的两种晶体配置

就补偿原理而言,这两种方法相同,都是使第一块晶体中的 o 光进入第二块晶体变成 e 光,第一块晶体中的 e 光进入第二块晶体变为 o 光,而且二晶体长度和温度环境相同,所以,由自然双折射和温度变化引起的相位差相互抵消。因此,由第二块晶体射出的两光束间,只存在由电光效应引起的相位差:

$$\varphi = \frac{2\pi}{\lambda} n_o^3 \gamma_{63} U \frac{l}{d} \qquad (5.1-34)$$

相应的半波电压为

$$U_{\lambda/2} = \left(\frac{\lambda}{2 n_o^3 \gamma_{63}} \right) \frac{d}{l} \qquad (5.1-35)$$

与 (5.1-32) 式进行比较,有

$$(U_{\lambda/2})_{横} = (U_{\lambda/2})_{纵} \cdot \frac{d}{l} \qquad (5.1-36)$$

显然,可以通过改变晶体的长厚比,降低横向运用的半波电压,使得横向运用时的半波电压低于纵向运用。但由于横向运用时必须采取补偿措施,结构复杂,对两块晶体的加工精度要求很高,所以,一般只有在特别需要较低半波电压的场合才采用。

2) LiNbO₃ 型晶体的线性电光效应

LiNbO₃ (铌酸锂) 以及与之同类型的 LiTaO₃ (钽酸锂)、BaTaO₃ (钽酸钡) 等晶体,属于 $3m$ 晶体点群,为单轴晶体。它们在 $(0.4\sim5)\ \mu m$ 波长范围内的透过率高达 98%,光学均匀性好,不潮解,因此在光电子技术中经常采用。其主要缺点是光损伤阈值较低。

LiNbO₃ 型晶体未加电场时的折射率椭球为旋转椭球,即

$$B_1^0 (x_1^2 + x_2^2) + B_3^0 x_3^2 = 1 \qquad (5.1-37)$$

式中,$B_1^0 = 1/n_1^2 = 1/n_o^2 = B_2^0$,$B_3^0 = 1/n_3^2 = 1/n_e^2$;$n_o$、$n_e$ 为单轴晶体的主折射率。

当晶体外加电场时,由 (5.1-14) 式及 LiNbO₃ ($3m$ 晶类) 型晶体的线性电光系数矩阵,有

$$\begin{bmatrix} \Delta B_1 \\ \Delta B_2 \\ \Delta B_3 \\ \Delta B_4 \\ \Delta B_5 \\ \Delta B_6 \end{bmatrix} = \begin{bmatrix} 0 & -\gamma_{22} & \gamma_{13} \\ 0 & \gamma_{22} & \gamma_{13} \\ 0 & 0 & \gamma_{33} \\ 0 & \gamma_{51} & 0 \\ \gamma_{51} & 0 & 0 \\ -\gamma_{22} & 0 & 0 \end{bmatrix} \begin{bmatrix} E_1 \\ E_2 \\ E_3 \end{bmatrix} \tag{5.1-38}$$

由此得到

$$\left. \begin{aligned} \Delta B_1 &= -\gamma_{22} E_2 + \gamma_{13} E_3 \\ \Delta B_2 &= \gamma_{22} E_2 + \gamma_{13} E_3 \\ \Delta B_3 &= \gamma_{33} E_3 \\ \Delta B_4 &= \gamma_{51} E_2 \\ \Delta B_5 &= \gamma_{51} E_1 \\ \Delta B_6 &= -\gamma_{22} E_1 \end{aligned} \right\} \tag{5.1-39}$$

将这些分量通过(5.1-10)式代入(5.1-9)式,即得 LiNbO$_3$ 型晶体外加电场后的感应折射率椭球方程:

$$\left(\frac{1}{n_o^2} - \gamma_{22} E_2 + \gamma_{13} E_3 \right) x_1^2 + \left(\frac{1}{n_o^2} + \gamma_{22} E_2 + \gamma_{13} E_3 \right) x_2^2 + \left(\frac{1}{n_e^2} + \gamma_{33} E_3 \right) x_3^2$$
$$+ 2\gamma_{51} E_2 x_2 x_3 + 2\gamma_{51} E_1 x_3 x_1 - 2\gamma_{22} E_1 x_1 x_2 = 1 \tag{5.1-40}$$

下面分两种情况进行讨论:

① 电场平行于 x_3 轴的横向运用。当外加电场平行于 x_3 轴时,$E_1 = E_2 = 0$,(5.1-40)式变为

$$\left(\frac{1}{n_o^2} + \gamma_{13} E_3 \right) (x_1^2 + x_2^2) + \left(\frac{1}{n_e^2} + \gamma_{33} E_3 \right) x_3^2 = 1 \tag{5.1-41}$$

类似前面的处理方法,(5.1-41)式可表示为

$$\frac{x_1^2 + x_2^2}{n_o^2 \left(1 - \frac{1}{2} n_o^2 \gamma_{13} E_3 \right)^2} + \frac{x_3^2}{n_e^2 \left(1 - \frac{1}{2} n_e^2 \gamma_{33} E_3 \right)^2} = 1 \tag{5.1-42}$$

该式中没有交叉项,因此在 E_3 电场中,LiNbO$_3$ 型晶体的三个主轴方向不变,仍为单轴晶体,只是主折射率的大小发生了变化,近似为

$$\left. \begin{aligned} n_1' &= n_o' = n_o - \frac{1}{2} n_o^3 \gamma_{13} E_3 \\ n_2' &= n_o' = n_o - \frac{1}{2} n_o^3 \gamma_{13} E_3 \\ n_3' &= n_e' = n_e - \frac{1}{2} n_e^3 \gamma_{33} E_3 \end{aligned} \right\} \tag{5.1-43}$$

n_o' 和 n_e' 为在 x_3 方向外加电场后,晶体的感应主折射率,其差为

$$n_o' - n_e' = (n_o - n_e) + \frac{1}{2} (n_e^3 \gamma_{33} - n_o^3 \gamma_{13}) E_3 \tag{5.1-44}$$

上式等号右边第一项是自然双折射;第二项是外加电场 E_3 后的感应双折射,其中 $(n_e^3 \gamma_{33} - n_o^3 \gamma_{13})$ 是由晶体材料决定的常数,为方便起见,常将其写成 $n_o^3 \gamma^*$,$\gamma^* = (n_e/n_o)^3 \gamma_{33} - \gamma_{13}$ 称为有效

电光系数。

LiNbO$_3$ 型晶体加上电场 E_3 后，由于 x_3 轴仍为光轴，所以其纵向运用没有电光延迟。但可以横向运用，即光波沿垂直于 x_3 轴的方向传播。

当光波沿 x_1 轴（或 x_2 轴）方向传播时，由晶体射出的沿 x_2 轴和 x_3 轴（或沿 x_1 轴和 x_3 轴）方向振动的二线偏振光之间，将产生受电场控制的相位差：

$$
\begin{aligned}
\varphi &= \frac{2\pi}{\lambda}(n_o' - n_e')l \\
&= \frac{2\pi}{\lambda}(n_o - n_e)l + \frac{\pi l U_3}{\lambda d}(n_e^3 \gamma_{33} - n_o^3 \gamma_{13}) \\
&= \frac{2\pi}{\lambda}(n_o - n_e)l + \frac{\pi n_o^3 \gamma^* U_3}{\lambda} \frac{l}{d}
\end{aligned}
\tag{5.1-45}
$$

其中，l 为光传播方向上的晶体长度；d 为电场方向上的晶体厚度；U_3 为沿 x_3 方向的外加电压。该式表明，LiNbO$_3$ 型晶体 x_3 轴方向上外加电压的横向运用，与 KDP 型晶体 $45°-x_3$ 切割的 γ_{63} 横向运用类似，有自然双折射的影响。

② 电场在 $x_1 O x_2$ 平面内的横向运用。这种工作方式是电场加在 $x_1 O x_2$ 平面内的任意方向上，而光沿着 x_3 方向传播。此时，E_1、$E_2 \neq 0$，$E_3 = 0$，代入 (5.1-40) 式，可得感应折射率椭球为

$$
\left(\frac{1}{n_o^2} - \gamma_{22} E_2\right)x_1^2 + \left(\frac{1}{n_o^2} + \gamma_{22} E_2\right)x_2^2 + \left(\frac{1}{n_e^2}\right)x_3^2
$$
$$
+ 2\gamma_{51} E_2 x_2 x_3 + 2\gamma_{51} E_1 x_3 x_1 - 2\gamma_{22} E_1 x_1 x_2 = 1
\tag{5.1-46}
$$

显然，外加电场后，晶体由单轴晶体变成了双轴晶体。

为了求出相应于沿 x_3 方向传播的光波折射率，根据折射率椭球的性质，需要确定垂直于 x_3 轴的平面与折射率椭球的截线。这只需在 (5.1-46) 式中令 $x_3 = 0$ 即可。由此可得截线方程为

$$
\left(\frac{1}{n_o^2} - \gamma_{22} E_2\right)x_1^2 + \left(\frac{1}{n_o^2} + \gamma_{22} E_2\right)x_2^2 - 2\gamma_{22} E_1 x_1 x_2 = 1
\tag{5.1-47}
$$

这是一个椭圆方程。为了方便地求出这个椭圆的主轴方向和主轴值，可将 (5.1-47) 式主轴化，使 $(O-x_1 x_2 x_3)$ 坐标系绕 x_3 轴旋转 θ 角，变为 $(O-x_1' x_2' x_3')$ 坐标系，其变换关系为

$$
\left.
\begin{aligned}
x_1 &= x_1' \cos\theta - x_2' \sin\theta \\
x_2 &= x_1' \sin\theta + x_2' \cos\theta
\end{aligned}
\right\}
\tag{5.1-48}
$$

由此，(5.1-47) 式变为

$$
\left(\frac{1}{n_o^2} - \gamma_{22} E_2\right)(x_1' \cos\theta - x_2' \sin\theta)^2 + \left(\frac{1}{n_o^2} + \gamma_{22} E_2\right)(x_1' \sin\theta + x_2' \cos\theta)^2
$$
$$
- 2\gamma_{22} E_1 (x_1' \cos\theta - x_2' \sin\theta)(x_1' \sin\theta + x_2' \cos\theta) = 1
$$

经整理后得

$$
\left[\frac{1}{n_o^2} - \gamma_{22}(E_2 \cos 2\theta + E_1 \sin 2\theta)\right]x_1'^2 + \left[\frac{1}{n_o^2} + \gamma_{22}(E_2 \cos 2\theta + E_1 \sin 2\theta)\right]x_2'^2
$$
$$
+ 2\gamma_{22}(E_2 \sin 2\theta - E_1 \cos 2\theta)x_1' x_2' = 1
$$

若 x_1'、x_2' 为主轴方向，则上式中的交叉项应等于零，有

$$
E_2 \sin 2\theta - E_1 \cos 2\theta = 0
$$

$$\tan 2\theta = \frac{E_1}{E_2} \tag{5.1-49}$$

因为 E_1、E_2 是外加电场 E 在 x_1、x_2 方向上的分量，E 的取向不同，则 E_1、E_2 不同，所以截线椭圆的主轴取向也不同。当电场 E 沿 x_1 方向时，$E_1 = E$，$E_2 = 0$，则相应的 $\theta = 45°$，即截线椭圆的主轴相对原方向 x_1、x_2 旋转了 $45°$；当电场 E 沿 x_2 方向时，$E_1 = 0$，$E_2 = E$，$\theta = 0°$，即截线椭圆主轴方向不变。实际上，当 $E = E_1$ 时，感应折射率椭球的主轴除绕 x_3 轴旋转 $45°$ 外，还再绕 x_1' 轴旋转一个小角度 α，其 α 角大小满足

$$\tan 2\alpha = \frac{\sqrt{2}\,\gamma_{51}E_1}{\left[\left(\dfrac{1}{n_e^2} - \dfrac{1}{n_o^2}\right) - \gamma_{22}E_1\right]} \tag{5.1-50}$$

当 $E = E_2$ 时，感应折射率椭球的主轴绕 x_1 轴旋转一个小角度 β，β 角大小满足

$$\tan 2\beta = \frac{2\gamma_{51}E_2}{\left[\gamma_{22}E_2 - \left(\dfrac{1}{n_e^2} - \dfrac{1}{n_o^2}\right)\right]} \tag{5.1-51}$$

由于 α 和 β 都很小，通常均略去不计。于是，在感应主轴坐标系中，截线椭圆方程为

$$\left[\frac{1}{n_o^2} - \gamma_{22}(E_2 \cos 2\theta + E_1 \sin 2\theta)\right]x_1'^2 + \left[\frac{1}{n_o^2} + \gamma_{22}(E_2 \cos 2\theta + E_1 \sin 2\theta)\right]x_2'^2 = 1 \tag{5.1-52}$$

利用 $(1 \pm x)^n \approx 1 \mp nx$ 的关系，上式可写成

$$\frac{x_1'^2}{n_o^2\left[1 + \dfrac{1}{2}n_o^2\gamma_{22}(E_2 \cos 2\theta + E_1 \sin 2\theta)\right]^2} + \frac{x_2'^2}{n_o^2\left[1 - \dfrac{1}{2}n_o^2\gamma_{22}(E_2 \cos 2\theta + E_1 \sin 2\theta)\right]^2} = 1 \tag{5.1-53}$$

因此

$$\left.\begin{aligned} n_1' &= n_o + \frac{1}{2}n_o^3\gamma_{22}(E_2 \cos 2\theta + E_1 \sin 2\theta) \\ n_2' &= n_o - \frac{1}{2}n_o^3\gamma_{22}(E_2 \cos 2\theta + E_1 \sin 2\theta) \end{aligned}\right\} \tag{5.1-54}$$

若外加电场 E 与 x_1 轴的夹角为 γ，则

$$\left.\begin{aligned} E_1 &= E \cos\gamma \\ E_2 &= E \sin\gamma \end{aligned}\right\} \tag{5.1-55}$$

$$\cot\gamma = \frac{E_1}{E_2} \tag{5.1-56}$$

将 $(5.1-56)$ 式与 $(5.1-49)$ 式进行比较，可见

$$\tan 2\theta = \cot\gamma$$
$$\gamma = 90° - 2\theta \tag{5.1-57}$$

因此，将 $(5.1-57)$ 式代入 $(5.1-55)$ 式，再将 E_1、E_2 关系式代入 $(5.1-54)$ 式，得

$$\left.\begin{aligned} n_1' &= n_o + \frac{1}{2}n_o^3\gamma_{22}E \\ n_2' &= n_o - \frac{1}{2}n_o^3\gamma_{22}E \end{aligned}\right\} \tag{5.1-58}$$

当光沿 x_3 方向传过 l 距离后，由于线性电光效应引起的电光延迟为

$$\varphi = \frac{2\pi}{\lambda}(n_1' - n_2')l = \frac{2\pi}{\lambda}n_o^3\gamma_{22}El \qquad (5.1-59)$$

相应的半波电压为

$$U_{\lambda/2} = \frac{\lambda}{2n_o^3\gamma_{22}}\frac{d}{l} \qquad (5.1-60)$$

式中，l 是光传播方向上晶体的长度；d 为外加电场方向上晶体的厚度。由此可见，在 LiNbO$_3$ 型晶体 x_1Ox_2 平面内外加电场，光沿 x_3 方向传播时，可以避免自然双折射的影响，同时半波电压较低。因此，一般情况下，若用 LiNbO$_3$ 晶体作电光元件，多采用这种工作方式。在实际应用中应注意，外加电场的方向不同（例如，沿 x_1 方向或 x_2 方向），其感应主轴的方向也不相同。

3）GaAs、BGO 型晶体的线性电光效应

GaAs（砷化镓）晶体属于 $\overline{4}3m$ 晶体点群，这一类晶体还有 InAs（砷化铟）、CuCl（氯化铜）、ZnS（硫化锌）、CdTe（碲化镉）等；BGO（锗酸铋）晶体属于 23 晶体点群，这一类晶体还有 BSO（硅酸铋）等，它们都是立方晶体，在电光调制、光信息处理等领域内，有着重要的应用。

这类晶体未加电场时，光学性质是各向同性的，其折射率椭球为旋转球面，方程式为

$$x_1^2 + x_2^2 + x_3^2 = n_0^2 \qquad (5.1-61)$$

式中，x_1、x_2、x_3 坐标取晶轴方向。它们的线性电光系数矩阵为

$$[\gamma_{ij}] = \begin{bmatrix} 0 & 0 & 0 \\ 0 & 0 & 0 \\ 0 & 0 & 0 \\ \gamma_{41} & 0 & 0 \\ 0 & \gamma_{41} & 0 \\ 0 & 0 & \gamma_{41} \end{bmatrix} \qquad (5.1-62)$$

因此，在外加电场后，感应折射率椭球变为

$$\frac{x_1^2 + x_2^2 + x_3^2}{n_0^2} + 2\gamma_{41}(E_1 x_2 x_3 + E_2 x_3 x_1 + E_3 x_1 x_2) = 1 \qquad (5.1-63)$$

在实际应用中，外加电场的方向通常有三种情况：电场垂直于(001)面（即沿 x_3 轴方向），垂直于(110)面和垂直于(111)面。

(1) **电场垂直于(001)面的情况**　当外加电场垂直于(001)面时，其情况与 KDP 型晶体沿 x_3 轴方向加电场相似，用类似的处理方法可以得到如下结论：晶体的光学性质由各向同性变为双轴晶体，感应折射率椭球的三个主轴方向由原折射率椭球的三个主轴绕 x_3 轴旋转 45°得到，如图 5-5 所示。

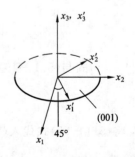

图 5-5 $\boldsymbol{E}$ 垂直(001)面的感应主轴

感应主折射率分别为

$$\left.\begin{aligned} n_1' &= n_0 + \frac{1}{2}n_0^3\gamma_{41}E_3 \\ n_2' &= n_0 - \frac{1}{2}n_0^3\gamma_{41}E_3 \\ n_3' &= n_0 \end{aligned}\right\}$$

(5.1 - 64)

当光沿 x_3 轴方向传播时，电光延迟为

$$\varphi = \frac{2\pi}{\lambda}n_0^3\gamma_{41}U_3$$

(5.1 - 65)

式中，U_3 是沿 x_3 轴方向的外加电压。当光沿 x_1' 轴方向（或 x_2' 轴方向）传播时，电光延迟为

$$\varphi = \frac{\pi}{\lambda}\frac{l}{d}n_0^3\gamma_{41}U$$

(5.1 - 66)

式中，l 是沿光传播方向上晶体的长度；d 是沿外加电压方向上晶体的厚度。

(2) 电场垂直于(110)面的情况 当外加电场方向垂直于(110)面时，如图 5 - 6 所示，感应主轴 x_3' 垂直于($\bar{1}$10)面，x_1' 和 x_2' 的夹角为(001)面所等分，三个感应主折射率分别为

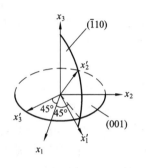

$$\left.\begin{aligned} n_1' &= n_0 + \frac{1}{2}n_0^3\gamma_{41}E \\ n_2' &= n_0 - \frac{1}{2}n_0^3\gamma_{41}E \\ n_3' &= n_0 \end{aligned}\right\}$$

(5.1 - 67)

这时晶体由各向同性变为双轴晶体，当光沿 x_3' 方向传播时，电光延迟为

图 5 - 6 E 垂直于(110)面的感应主轴

$$\varphi = \frac{2\pi}{\lambda}\frac{l}{d}n_0^3\gamma_{41}U$$

(5.1 - 68)

式中，l 是晶体沿 x_3' 轴方向的长度；d 是晶体沿垂直于(110)面的厚度。

(3) 电场垂直于(111)面的情况 当外加电场方向垂直于(111)面时，晶体由各向同性变为单轴晶体，光轴方向（x_3'）就是外加电场的方向，另外两个感应主轴 x_1' 和 x_2' 的方向可以在垂直于 x_3' 轴的(111)面内任意选取，如图 5 - 7 所示。相应的三个主折射率为

$$\left.\begin{aligned} n_1' &= n_2' = n_0 + \frac{1}{2\sqrt{3}}n_0^3\gamma_{41}E = n_o' \\ n_3' &= n_0 - \frac{1}{\sqrt{3}}n_0^3\gamma_{41}E = n_e' \end{aligned}\right\}$$

(5.1 - 69)

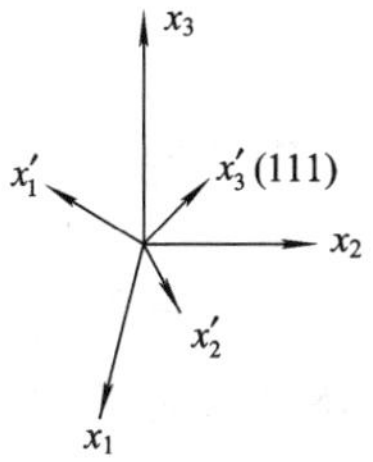

图 5 - 7 E 垂直于(111)面的感应主轴

当光沿 x_3' 轴方向传播时，没有电光延迟。当光沿垂直于 x_3' 轴方向传播时，电光延迟为

$$\varphi = \frac{\sqrt{3}\pi}{\lambda}\frac{l}{d}n_0^3\gamma_{41}U$$

(5.1 - 70)

式中，l 为晶体沿光传播方向的长度；d 为晶体沿外加电场方向的厚度。

5.1.3 晶体的二次电光效应

实验证明，自然界有许多光学各向同性的固体、液体和气体在强电场（电场方向与光传播方向垂直）作用下会变成各向异性，而且电场引起的双折射和电场强度的平方成正比，这就是众所周知的克尔效应，或称为二次电光效应。实际上，克尔效应是三阶非线性光学效应，可以存在于所有电介质中，某些极性液体（如硝基苯）和铁电晶体的克尔效应很强。

所有晶体都具有二次电光效应，但是在没有对称中心的 20 类压电晶体中，它们的线性电光效应远较二次电光效应显著，所以对于这类晶体的二次电光效应一般不予考虑。在具有对称中心的晶体中，它们最低阶的电光效应就是二次电光效应，但通常我们感兴趣的只是属于立方晶系的那些晶体的二次电光效应。因为这些晶体在未加电场时，在光学上是各向同性的，这一点在应用上很重要。

如前所述，克尔效应的一般表达式为

$$\Delta B_{ij} = h_{ijpq} E_p E_q \qquad i, j, p, q = 1, 2, 3 \tag{5.1-71}$$

式中，E_p、E_q 是外加电场分量；$[h_{ijpq}]$ 是晶体的二次电光系数（或克尔系数），它是一个四阶张量。但在实用中，人们习惯于将 $[\Delta B_{ij}]$ 与晶体的极化强度联系起来，表示为

$$\Delta B_{ij} = g_{ijpq} P_p P_q \qquad i, j, p, q = 1, 2, 3 \tag{5.1-72}$$

其中，P_p、P_q 是晶体上外加电场后的极化强度分量，$[g_{ijpq}]$ 也叫二次电光系数，一般手册上通常给出的是 $[g_{ijpq}]$。

可以证明，$[h_{ijpq}]$ 和 $[g_{ijpq}]$ 都是对称的四阶张量，均可采用简化下标表示，即 $ij \rightarrow m$，$pq \rightarrow n$，m、n 的取值范围是从 1 到 6。于是，克尔系数可以从 9×9 的四阶张量简化成 6×6 的矩阵，相应地，(5.1-71)式和(5.1-72)式可以写成

$$\Delta B_m = h_{mn} E_n^2 \qquad m, n = 1, 2, \cdots, 6 \tag{5.1-73}$$

$$\Delta B_m = g_{mn} P_n^2 \qquad m, n = 1, 2, \cdots, 6 \tag{5.1-74}$$

其中，$E_1^2 = E_1 E_1$，$E_2^2 = E_2 E_2$，$E_3^2 = E_3 E_3$，$E_4^2 = E_2 E_3$，$E_5^2 = E_3 E_1$，$E_6^2 = E_1 E_2$；$P_1^2 = P_1 P_1$，$P_2^2 = P_2 P_2$，$P_3^2 = P_3 P_3$，$P_4^2 = P_2 P_3$，$P_5^2 = P_3 P_1$，$P_6^2 = P_1 P_2$。并且，当 $n=1, 2, 3$ 时，有

$$\left. \begin{array}{l} h_{mn} = h_{ijpq} \\ g_{mn} = g_{ijpq} \end{array} \right\} \tag{5.1-75}$$

当 $n=4, 5, 6$ 时，有

$$\left. \begin{array}{l} h_{mn} = 2h_{ijpq} \\ g_{mn} = 2g_{ijpq} \end{array} \right\} \tag{5.1-76}$$

进一步还可以证明，$h_{mn} = h_{nm}$，$g_{mn} = g_{nm}$，因此 $[h_{mn}]$ 和 $[g_{mn}]$ 矩阵都是对称的，其独立分量从 36 个减少到 21 个。由于晶体结构的对称性，它们的独立分量还要减少。各类晶体 $[h_{mn}]$ 和 $[g_{mn}]$ 矩阵的具体形式，可查阅手册和有关文献。

下面，具体考察 $m3m$ 晶类的二次电光效应。属于这一类晶体的有 KTN（钽酸铌钾），KTaO$_3$（钽酸钾）、BaTiO$_3$（钛酸钡）、NaCl（氯化钠）、LiCl（氯化锂）、LiF（氟化锂）、NaF（氟化钠）等。

未加电场时，$m3m$ 晶体在光学上是各向同性的，折射率椭球为旋转球面：

$$\frac{x_1^2}{n_0^2} + \frac{x_2^2}{n_0^2} + \frac{x_3^2}{n_0^2} = 1 \tag{5.1-77}$$

当晶体外加电场时，折射率椭球发生变化，根据(5.1-74)式和 $m3m$ 晶类的二次电光系数矩阵，其二次电光效应矩阵关系为

$$\begin{bmatrix} \Delta B_1 \\ \Delta B_2 \\ \Delta B_3 \\ \Delta B_4 \\ \Delta B_5 \\ \Delta B_6 \end{bmatrix} = \begin{bmatrix} g_{11} & g_{12} & g_{12} & 0 & 0 & 0 \\ g_{12} & g_{11} & g_{12} & 0 & 0 & 0 \\ g_{12} & g_{12} & g_{11} & 0 & 0 & 0 \\ 0 & 0 & 0 & g_{44} & 0 & 0 \\ 0 & 0 & 0 & 0 & g_{44} & 0 \\ 0 & 0 & 0 & 0 & 0 & g_{44} \end{bmatrix} \begin{bmatrix} P_1^2 \\ P_2^2 \\ P_3^2 \\ P_4^2 \\ P_5^2 \\ P_6^2 \end{bmatrix} \tag{5.1-78}$$

由此得到

$$\Delta B_1 = g_{11}P_1^2 + g_{12}P_2^2 + g_{12}P_3^2$$

$$\Delta B_2 = g_{12}P_1^2 + g_{11}P_2^2 + g_{12}P_3^2$$

$$\Delta B_3 = g_{12}P_1^2 + g_{12}P_2^2 + g_{11}P_3^2$$

$$\Delta B_4 = g_{44}P_4^2$$

$$\Delta B_5 = g_{44}P_5^2$$

$$\Delta B_6 = g_{44}P_6^2$$

将上面分量代入折射率椭球的一般形式(5.1-8)式，得

$$\left(\frac{1}{n_0^2} + g_{11}P_1^2 + g_{12}P_2^2 + g_{12}P_3^2\right)x_1^2 + \left(\frac{1}{n_0^2} + g_{12}P_1^2 + g_{11}P_2^2 + g_{12}P_3^2\right)x_2^2$$

$$+ \left(\frac{1}{n_0^2} + g_{12}P_1^2 + g_{12}P_2^2 + g_{11}P_3^2\right)x_3^2 + 2g_{44}P_4^2 x_2 x_3 + 2g_{44}P_5^2 x_1 x_3$$

$$+ 2g_{44}P_6^2 x_1 x_2 = 1 \tag{5.1-79}$$

现在讨论一种简单的情况：外电场沿着[001]方向(x_3 轴方向)作用于晶体，即 $E_1 = E_2 = 0$，$E_3 = E$。

因为立方晶体的电场 E 和极化强度 P 有如下关系：

$$P_i = \varepsilon_0 \chi E_i \qquad i = 1, 2, 3 \tag{5.1-80}$$

所以极化强度为 $P_1 = P_2 = 0$，$P_3 = \varepsilon_0 \chi E$，代入(5.1-79)式，得

$$\left(\frac{1}{n_0^2} + g_{12}\varepsilon_0^2\chi^2 E^2\right)x_1^2 + \left(\frac{1}{n_0^2} + g_{12}\varepsilon_0^2\chi^2 E^2\right)x_2^2 + \left(\frac{1}{n_0^2} + g_{11}\varepsilon_0^2\chi^2 E^2\right)x_3^2 = 1$$

$$\tag{5.1-81}$$

显然，当沿 x_3 方向外加电场时，由于二次电光效应，折射率椭球由球变成一个旋转椭球，其主折射率为

$$\left. \begin{aligned} n_1' &= n_0 - \frac{1}{2}n_0^3 g_{12}\varepsilon_0^2\chi^2 E^2 \\ n_2' &= n_0 - \frac{1}{2}n_0^3 g_{12}\varepsilon_0^2\chi^2 E^2 \\ n_3' &= n_0 - \frac{1}{2}n_0^3 g_{11}\varepsilon_0^2\chi^2 E^2 \end{aligned} \right\} \tag{5.1-82}$$

当光沿 x_3 方向传播时，无双折射现象发生；当光沿[100]方向(x_1 方向)传播时，通过晶体产生的电光延迟为

$$\varphi = \frac{2\pi}{\lambda}(n_2' - n_3')l = \frac{\pi n_0^3 \varepsilon_0^2 \chi^2 E^2 l}{\lambda}(g_{11} - g_{12})$$

$$= \frac{\pi n_0^3 \varepsilon_0^2 \chi^2 U^2 l}{\lambda d^2}(g_{11} - g_{12}) \tag{5.1-83}$$

相应的半波电压为

$$U_{\lambda/2} = \sqrt{\frac{\lambda d^2}{n_0^3 \varepsilon_0^2 \chi^2 l(g_{11} - g_{12})}} \tag{5.1-84}$$

5.1.4　晶体电光效应的应用举例

由上面对电光效应的分析可见，无论哪种运用方式，在外加电场作用下的电光晶体都相当于一个受电压控制的波片，改变外加电场，便可改变相应的二特许线偏振光的电光延迟，从而改变输出光的偏振状态。正是由于这种偏振状态的可控性，使其在光电子技术中获得了广泛的应用。作为应用示例，下面简单介绍电光调制和电光偏转技术。

1. 电光调制

将信息电压(调制电压)加载到光波上的技术叫光调制技术。利用电光效应实现的调制叫电光调制。图 5-8 是一种典型的电光强度调制器示意图，电光晶体(例如 KDP 晶体)放在一对正交偏振器之间，对晶体实行 γ_{63} 的纵向运用，则加电场后的晶体感应主轴 x_1'、x_2' 方向相对晶轴 x_1、x_2 方向旋转 45°，并与起偏器的偏振轴 P_1 成 45°夹角。

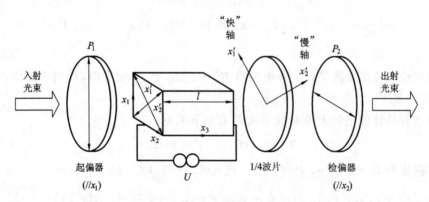

图 5-8　电光强度调制器

根据(4.5-8)式，通过检偏器输出的光强 I 与通过起偏器输入的光强 I_0 之比为

$$\frac{I}{I_0} = \sin^2 \frac{\varphi}{2} \tag{5.1-85}$$

当光路中未插入 1/4 波片时，上式的 φ 即是电光晶体的电光延迟。由(5.1-31)、(5.1-32)式，有

$$\varphi = \pi \frac{U}{U_{\lambda/2}}$$

所以(5.1-85)式变为

$$\frac{I}{I_0} = \sin^2 \left(\frac{\pi}{2} \frac{U}{U_{\lambda/2}} \right) \tag{5.1-86}$$

通常称 I/I_0 为光强透过率(%)，它随外加电压的变化如图 5-9 所示。

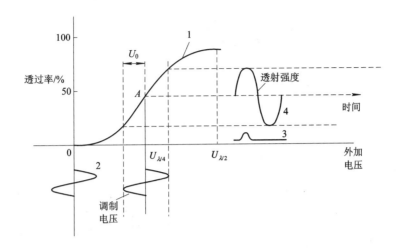

图 5-9 透过率与外加电压关系图

如果外加电压是正弦信号

$$U = U_0 \sin(\omega_m t) \tag{5.1-87}$$

则透过率为

$$\frac{I}{I_0} = \sin^2\left[\frac{\pi}{2}\frac{U_0}{U_{\lambda/2}}\sin(\omega_m t)\right] \tag{5.1-88}$$

该式说明,一般情况下,输出光调制信号并不是正弦信号,它们发生了畸变,如图5-9中曲线 3 所示。

如果在光路中插入 1/4 波片,则光通过调制器后的总相位差是 $(\pi/2 + \varphi)$,因此(5.1-85)式变为

$$\frac{I}{I_0} = \sin^2\left[\frac{\pi}{4} + \frac{\pi}{2}\frac{U_0}{U_{\lambda/2}}\sin(\omega_m t)\right] \tag{5.1-89}$$

工作点由 0 移到 A 点。在弱信号调制时,$U \ll U_{\lambda/2}$,上式可近似表示为

$$\frac{I}{I_0} \approx \frac{1}{2} + \frac{\pi}{2}\frac{U_0}{U_{\lambda/2}}\sin(\omega_m t) \tag{5.1-90}$$

可见,当插入 1/4 波片后,一个小的正弦调制电压将引起透射光强在50%透射点附近作正弦变化,如图5-9中的曲线 4 所示。因此,图5-8所示的电光调制器中,1/4波片起到了消除输出光调制信号失真的作用。

2. 电光偏转

光束偏转技术是应用非常广泛的技术。与通常采用的机械转镜式光束偏转技术相比,电光偏转技术具有高速、高稳定性的特点,因此在光束扫描、光计算等应用中,备受重视。

为了说明电光偏转原理,首先分析光束通过玻璃光楔的偏转原理。如图 5-10 所示,设入射波前与光楔 ABB' 的 AB 面平行,由于光楔的折射率 $n > 1$,因而 AB 面上各点的光场传到 $A'B'(/\!/AB)$ 面上时,经过了不同的光程:由 A 到 A',整个路程完全在空气中,光程为 l;由 B 到 B',整个路程完全在玻璃中,光程为 nl;A 和 B 之间的其它各点都经过一段玻璃,例如,由 C 到 C',光程为 $nl' + (l - l') = l + (n-1)l'$。从上到下,光在玻璃中的路程 l' 线性增加,所以整个光程是线性增加的。因此,透射波的波阵面发生倾斜,偏角为

θ，由

$$\theta \approx (n-1)\frac{l}{D} = \frac{\Delta n \, l}{D} \qquad (5.1-91)$$

决定。

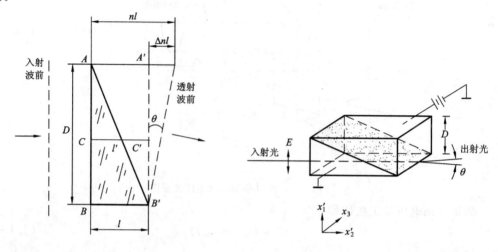

图 5-10 光束通过光楔的偏转　　　　图 5-11 双 KDP 楔形棱镜偏转器

　　电光偏转器就是根据上述原理制成的。图 5-11 是一种由两块 KDP 楔形棱镜组成的双 KDP 楔形棱镜偏转器，棱镜外加电压沿着图示 x_3 方向，两块棱镜的光轴方向(x_3)相反，x_1'、x_2' 为感应主轴方向。现若光线沿 x_2' 轴方向入射，振动方向为 x_1' 轴方向，则根据前面的分析可知：光在下面棱镜中的折射率为 $n_{1\text{下}}' = n_{\circ} + \frac{1}{2}n_{\circ}^3\gamma_{63}E_3$；在上面棱镜中，由于外加电场与该棱镜的 x_3 方向相反，所以折射率为 $n_{1\text{上}}' = n_{\circ} - \frac{1}{2}n_{\circ}^3\gamma_{63}E_3$。因此，上下光的折射率之差为 $\Delta n = n_{1\text{上}}' - n_{1\text{下}}' = -n_{\circ}^3\gamma_{63}E_3$，光束穿过偏转器后的偏转角为

$$\theta = \frac{l}{D}n_{\circ}^3\gamma_{63}E_3 = \frac{l}{Dh}n_{\circ}^3\gamma_{63}U_3 \qquad (5.1-92)$$

式中，h 为 x_3 方向上的晶体宽度，l 为沿传播方向晶体的长度。由此可见，当外加电压变化时，偏转角就成比例地随着变化，从而可以控制光线的传播方向。

5.2　声　光　效　应

　　介质中存在弹性应力或应变时，介质的光学性质（折射率）将发生变化，这就是弹光效应。当超声波在介质中传播时，由于超声波是一种弹性波，将引起介质的疏密交替变化，或者说引起弹性形变，由于弹光效应，将导致介质光学性质发生变化，从而影响光在其中的传播特性。通常，我们把超声波引起的弹光效应叫声光效应。

5.2.1　弹光效应和弹光系数

　　弹光效应可以按照电光效应的方法进行处理，即应力或应变对介质光学性质（介质折

射率)的影响,可以通过介质折射率椭球的形状和取向的改变来描述。

假设介质未受外力作用时的折射率椭球为

$$B_{ij}^0 x_i x_j = 1 \qquad i, j = 1, 2, 3 \qquad (5.2-1)$$

介质受到应力 σ 作用后的折射率椭球变为

$$B_{ij} x_i x_j = 1 \qquad (5.2-2)$$

或

$$(B_{ij}^0 + \Delta B_{ij}) x_i x_j = 1 \qquad (5.2-3)$$

式中,ΔB_{ij} 为介质受应力作用后的折射率椭球方程各系数的变化量,它是应力的函数,$\Delta B_{ij} = f(\sigma)$。

若考虑线性弹光效应,略去所有的高次项,ΔB_{ij} 可表示为

$$\Delta B_{ij} = \Pi_{ijkl} \sigma_{kl} \qquad i, j, k, l = 1, 2, 3 \qquad (5.2-4)$$

在此,考虑了介质光学性质的各向异性,认为应力 $[\sigma_{kl}]$ 和折射率椭球的系数增量 $[\Delta B_{ij}]$ 都是二阶张量;$[\Pi_{ijkl}]$ 是压光系数,它是一个四阶张量,有 81 个分量。

根据虎克(Hooke)定律,应力和应变有如下关系:

$$\sigma_{kl} = C_{klrs} s_{rs} \qquad k, l, r, s = 1, 2, 3 \qquad (5.2-5)$$

式中,$[s_{rs}]$ 是弹性应变;$[C_{klrs}]$ 是倔强系数。将(5.2-5)式代入(5.2-4)式,ΔB_{ij} 可用应变参量描述:

$$\Delta B_{ij} = \Pi_{ijkl} C_{klrs} s_{rs} = P_{ijrs} s_{rs} \qquad (5.2-6)$$

式中,$P_{ijrs} = \Pi_{ijkl} C_{klrs}$。$[P_{ijrs}]$ 叫弹光系数,它也是四阶张量,有 81 个分量。

由于 $[\Delta B_{ij}]$ 和 $[\sigma_{kl}]$ 都是对称二阶张量,有 $\Delta B_{ij} = \Delta B_{ji}$,$\sigma_{kl} = \sigma_{lk}$,所以有 $\Pi_{ijkl} = \Pi_{jilk}$,故可将前后两对下标 ij 和 kl 分别替换成单下标,将张量用矩阵表示。相应的下标关系为

张量表示 $\begin{array}{c}(ij)\\(kl)\\(rs)\end{array}$	11	22	33	23, 32	31, 13	12, 21
矩阵表示 $\begin{array}{c}(m)\\(n)\end{array}$	1	2	3	4	5	6

且有

$$n = 1, 2, 3 \text{ 时,} \Pi_{mn} = \Pi_{ijkl},\text{ 如 } \Pi_{21} = \Pi_{2211}$$

$$n = 4, 5, 6 \text{ 时,} \Pi_{mn} = 2\Pi_{ijkl},\text{ 如 } \Pi_{24} = 2\Pi_{2223}$$

采用矩阵形式后,(5.2-4)式变换为

$$\Delta B_m = \Pi_{mn} \sigma_n \qquad m, n = 1, 2, \cdots, 6 \qquad (5.2-7)$$

这样,压光系数的分量数目由张量表示时的 81 个减少为 36 个。应指出,在(5.2-7)式中,$[\Pi_{mn}]$ 在分量形式上与二阶张量分量相似,但它不是二阶张量,而是一个 6×6 矩阵。

类似地,对弹光系数 $[P_{ijkl}]$ 的下标也可以进行简化,将(5.2-6)式变为矩阵(分量)形式:

$$\Delta B_m = P_{mn} s_n \qquad m, n = 1, 2, \cdots, 6 \qquad (5.2-8)$$

与 $[\Pi_{mn}]$ 的差别是,$[P_{mn}]$ 的所有分量均有 $P_{mn} = P_{ijkl}$,并且有 $P_{mn} = \Pi_{mr} C_{rn}$($m, n, r = 1, 2, \cdots, 6$)。

进一步,考虑到介质材料结构的对称性,压光系数和弹光系数的非零矩阵分量会由 36

个大大减少。对于各类晶体的压光系数、弹光系数的具体矩阵形式,可以查阅手册或有关参考文献。

作为弹光效应的计算示例,下面讨论在某些特殊情况下立方晶体的弹光效应。

(1) **23 和 $m3$ 立方晶体受到平行于立方体轴的单向应力作用** 假设立方晶体的三个主轴为 x_1、x_2、x_3,应力平行于 x_1 方向,则施加应力前的折射率椭球为旋转球面:

$$B^0(x_1^2 + x_2^2 + x_3^2) = 1 \tag{5.2-9}$$

式中,$B^0 = 1/n_0^2$。在应力作用下,折射率椭球发生了形变,在一般情况下,折射率椭球方程式可表示如下:

$$B_1 x_1^2 + B_2 x_2^2 + B_3 x_3^2 + 2B_4 x_2 x_3 + 2B_5 x_3 x_1 + 2B_6 x_1 x_2 = 1 \tag{5.2-10}$$

根据(5.2-7)式及立方晶体的 $[\Pi_{mn}]$ 矩阵形式,有

$$\begin{bmatrix} \Delta B_1 \\ \Delta B_2 \\ \Delta B_3 \\ \Delta B_4 \\ \Delta B_5 \\ \Delta B_6 \end{bmatrix} = \begin{bmatrix} \Pi_{11} & \Pi_{12} & \Pi_{13} & 0 & 0 & 0 \\ \Pi_{13} & \Pi_{11} & \Pi_{12} & 0 & 0 & 0 \\ \Pi_{12} & \Pi_{13} & \Pi_{11} & 0 & 0 & 0 \\ 0 & 0 & 0 & \Pi_{44} & 0 & 0 \\ 0 & 0 & 0 & 0 & \Pi_{44} & 0 \\ 0 & 0 & 0 & 0 & 0 & \Pi_{44} \end{bmatrix} \begin{bmatrix} \sigma \\ 0 \\ 0 \\ 0 \\ 0 \\ 0 \end{bmatrix} = \begin{bmatrix} \Pi_{11}\sigma \\ \Pi_{13}\sigma \\ \Pi_{12}\sigma \\ 0 \\ 0 \\ 0 \end{bmatrix} \tag{5.2-11}$$

由此可得

$$B_1 = B^0 + \Delta B_1 = \frac{1}{n_0^2} + \Pi_{11}\sigma$$

$$B_2 = B^0 + \Delta B_2 = \frac{1}{n_0^2} + \Pi_{13}\sigma$$

$$B_3 = B^0 + \Delta B_3 = \frac{1}{n_0^2} + \Pi_{12}\sigma$$

$$B_4 = B_5 = B_6 = 0$$

将其代入(5.2-10)式,得到

$$\left(\frac{1}{n_0^2} + \Pi_{11}\sigma\right)x_1^2 + \left(\frac{1}{n_0^2} + \Pi_{13}\sigma\right)x_2^2 + \left(\frac{1}{n_0^2} + \Pi_{12}\sigma\right)x_3^2 = 1 \tag{5.2-12}$$

可见,当晶体沿 x_1 方向加单向应力时,折射率椭球由旋转球面变成了椭球面,主轴仍为 x_1、x_2、x_3,立方晶体变成双轴晶体,相应的三个主折射率为

$$\left.\begin{array}{l} n_1 = n_0 - \dfrac{1}{2}n_0^3 \Pi_{11}\sigma \\[2mm] n_2 = n_0 - \dfrac{1}{2}n_0^3 \Pi_{13}\sigma \\[2mm] n_3 = n_0 - \dfrac{1}{2}n_0^3 \Pi_{12}\sigma \end{array}\right\} \tag{5.2-13}$$

(2) **$\overline{4}3m$、432 和 $m3m$ 立方晶体受到平行于立方体轴(例如 x_1 方向)的单向应力作用**
这种情况与上述情况基本相同,只是由于这类晶体的 $\Pi_{12} = \Pi_{13}$,所以

$$\left.\begin{array}{l} n_1 = n_0 - \dfrac{1}{2}n_0^3 \Pi_{11}\sigma \\[2mm] n_2 = n_0 - \dfrac{1}{2}n_0^3 \Pi_{12}\sigma \\[2mm] n_3 = n_0 - \dfrac{1}{2}n_0^3 \Pi_{12}\sigma \end{array}\right\} \tag{5.2-14}$$

即晶体由光学各向同性变成了单轴晶体。

5.2.2 声光衍射

超声波是一种弹性波,当它通过介质时,介质中的各点将出现随时间和空间周期性变化的弹性应变。由于弹光效应,介质中各点的折射率也会产生相应的周期性变化。当光通过有超声波作用的介质时,相位就要受到调制,其结果如同它通过一个衍射光栅,光栅间距等于声波波长,光束通过这个光栅就要产生衍射,这就是通常观察到的声光效应。

按照超声波频率的高低和介质中声光相互作用长度的不同,由声光效应产生的衍射有两种常用的极端情况:喇曼-乃斯(Raman - Nath)衍射和布喇格衍射。衡量这两类衍射的参量是

$$Q = 2\pi L \frac{\lambda}{\lambda_s^2} \qquad (5.2-15)$$

式中,L 是声光相互作用长度;λ 是通过声光介质的光波长;λ_s 是超声波长。当 $Q \ll 1$(实践证明,当 $Q \leqslant 0.3$)时,为喇曼-乃斯衍射。当 $Q \gg 1$(实际上,当 $Q \geqslant 4\pi$)时,为布喇格衍射。而在 $0.3 < Q < 4\pi$ 的中间区内,衍射现象较为复杂,通常的声光器件均不工作在这个范围内,故不讨论。

1. 喇曼-乃斯衍射

1) 超声行波的情况

假设频率为 Ω 的超声波是沿 x_1 方向传播的平面纵波,波矢为 K_s,则如图 5-12 所示,在介质中将引起正弦形式的弹性应变

$$S_{11} = S \sin(K_s x_1 - \Omega t) \qquad (5.2-16)$$

相应地将引起折射率椭球的变化,其折射率椭球系数的变化为

$$\Delta B_{11} = \Delta \left(\frac{1}{n^2}\right)_{11} = P_{1111} S_{11}$$

$$\qquad (5.2-17)$$

写成标量形式为

$$\Delta \left(\frac{1}{n^2}\right) = PS \sin(K_s x_1 - \Omega t) \qquad (5.2-18)$$

$$\Delta n = -\frac{1}{2} n_0^3 PS \sin(K_s x_1 - \Omega t)$$

$$= -(\Delta n)_M \sin(K_s x_1 - \Omega t) \qquad (5.2-19)$$

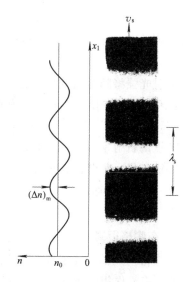

图 5-12 超声行波

式中,$(\Delta n)_M = n_0^3 PS/2$,表示折射率变化的最大幅值。该式表明,声光介质在超声波作用下,折射率沿 x_1 方向出现了正弦形式的增量,因而声光介质沿 x_1 方向的折射率分布为

$$n(x_1, t) = n_0 - (\Delta n)_M \sin(K_s x_1 - \Omega t) \qquad (5.2-20)$$

如果光通过这种折射率发生了变化的介质,就会产生衍射。

当超声波频率较低,声光作用区的长度较短,光线平行于超声波波面入射(即垂直于超声波传播的方向入射)时,超声行波的作用可视为是与普通平面光栅相同的折射率光栅,

频率为 ω 的平行光通过它时，将产生图 5-13
所示的多级光衍射。

根据理论分析，各级衍射光的衍射角 θ 满
足如下关系：

$$\lambda_s \sin\theta = m\lambda \qquad m = 0, \pm 1, \cdots$$
$$(5.2-21)$$

相应于第 m 级衍射的极值光强为

$$I_m = I_i J_m^2(V) \qquad (5.2-22)$$

式中，I_i 是入射光强；$V = 2\pi(\Delta n)_M L/\lambda$ 表示

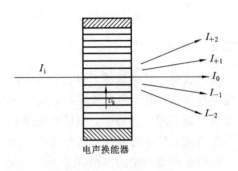

图 5-13　喇曼-乃斯声光衍射

光通过声光介质后，由于折射率变化引起的附加相移；$J_m(V)$ 是第 m 阶贝塞尔函数，由于

$$J_m^2(V) = J_{-m}^2(V)$$

所以，在零级透射光两边，同级衍射光强相等，这种各级衍射光强的对称分布是喇曼-乃斯
型衍射的主要特征之一。相应各级衍射光的频率为 $\omega + m\Omega$，即衍射光相对入射光有一个多
普勒频移。

2) 超声驻波的情况

在光电子技术的实际应用中，声光介质中的超声波可能是一个声驻波，在这种情况
下，介质中沿 x_1 方向的折射率分布为

$$n(x_1, t) = n_0 + (\Delta n)_M \sin\Omega t \sin K_s x_1 \qquad (5.2-23)$$

光通过这种声光介质时，其衍射极大的衍射角 θ 满足

$$\lambda_s \sin\theta = m\lambda \qquad m = 0, \pm 1, \cdots \qquad (5.2-24)$$

各级衍射光强将随时间变化，正比于 $J_m^2(V \sin\Omega t)$，以 2Ω 的频率被调制。这一点是容易理
解的：因为声驻波使得声光介质内各点折射率增量在半个声波周期内均要同步地由"+"变
到"－"，或由"－"变到"＋"一次，故在其越过零点的一瞬间，各点的折射率增量均为零，
此时各点的折射率相等，介质变为无声场作用情况，相应的非零级衍射光强必为零。此外，
理论分析指出，在声驻波的情况下，零级和偶数级衍射光束中，同时有频率为 ω，$\omega \pm 2\Omega$，
$\omega \pm 4\Omega$，$\cdots$ 的频率成分；在奇数级衍射光束中，则同时有频率为 $\omega \pm \Omega$，$\omega \pm 3\Omega$，$\cdots$ 的频率
成分。

2. 布喇格衍射

在实际应用的声光器件中，经常采用布喇格衍射方式工作。布喇格衍射是在超声波频
率较高，声光作用区较长，光线与超声波波面有一定角度斜入射时发生的。这种衍射工作
方式的显著特点是衍射光强分布不对称，而且只有零级和＋1 或 －1 级衍射光，如果恰当
地选择参量，并且超声功率足够强，可以使入射光的能量几乎全部转移到零级或 1 级衍射
极值方向上。因此，利用这种衍射方式制作的声光器件，工作效率很高。

1) 布喇格方程

由于布喇格衍射工作方式的超声波频率较高，声光相互作用区较长，因而必须考虑介
质厚度的影响，其超声光栅应视为体光栅。下面，我们讨论这种体光栅的衍射极值方向。

假设超声波面是如图 5-14 所示的部分反射、部分透射的镜面，各镜面间的距离为
λ_s。现有一平面光波 $A_1 B_1 C_1$ 相对声波面以 θ_i 角入射，在声波面上的 A_2、B_2、C_2 和 A_2' 等点

产生部分反射，在相应于它们之间光程差为光波长的整数倍、或者说它们之间是同相位（或相位差是 2π 的整数倍）的衍射方向 θ_d 上，其光束相干增强。下面循此思路确定衍射光干涉增强的入射条件，并导出布喇格方程。

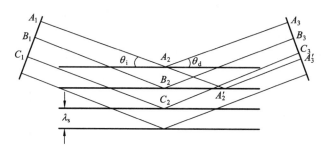

图 5 - 14　平面波在超声波面上的反射

（1）不同光线在同一声波面上形成同相位衍射光束的条件　如图 5 - 15 所示，若入射光束 A_1B_1 在 A_2B_2 声波面上被衍射，入射角为 θ_i，衍射角为 θ_d。

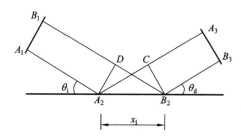

图 5 - 15　不同光线在同一声波面上反射

由图可见，衍射光同相位的条件是其光程差为波长的整数倍，即

$$A_2C - DB_2 = m\lambda \qquad m = 0, \pm 1, \cdots \qquad (5.2-25)$$

其中，$A_2C = x_1\cos\theta_i$；$DB_2 = x_1\cos\theta_d$。于是，$(5.2-25)$式可表示为

$$x_1(\cos\theta_i - \cos\theta_d) = m\lambda \qquad (5.2-26)$$

欲使上式对任意 x_1 值均成立，只能是

$$m = 0, \theta_i = \theta_d \qquad (5.2-27)$$

（2）同一入射光线在不同超声波面上形成同相位衍射光束的条件　如图 5 - 16 所示，在此情况下，不同衍射光的光程差为

$$\Delta = A_1A_2'A_3' - A_1A_2A_3 = A_2A_2' - A_2A$$
$$= A_2A_2' - A_2A_2'\cos(\theta_i + \theta_d)$$

如果 $\theta_i = \theta_d = \theta$，$A_2A_2' = \dfrac{\lambda_s}{\sin\theta_i}$，则

$$\Delta = \frac{\lambda_s}{\sin\theta_i}(1 - \cos2\theta) = 2\lambda_s\sin\theta$$

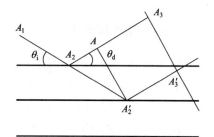

图 5 - 16　同一光束在不同声波面上反射

当 $\Delta = m\lambda$ 时，可出现衍射极大，即

$$2\lambda_s\sin\theta = m\lambda \qquad (5.2-28)$$

（3）**不同光线在不同超声波面上的衍射**　可以证明，在这种情况下，衍射极大的方向仍然需要满足(5.2-28)式所表示的条件。

应当注意的是，上面推导满足衍射极大条件时，是把各声波面看做是折射率突变的镜面，实际上，声光介质在声波矢 $\boldsymbol{K}_s$ 方向上，折射率的增量是按正弦规律连续渐变的，其间并不存在镜面。可以证明，当考虑这个因素后，(5.2-28)式中 m 的取值范围只能是 $+1$ 或 -1，即布喇格型衍射只能出现零级和 $+1$ 级或 -1 级的衍射光束。

综上所述，以 θ_i 入射的平面光波，由超声波面上各点产生同相位衍射光的条件是

$$\left.\begin{array}{l} \theta_i = \theta_d = \theta_B \\ \sin\theta_B = \dfrac{\lambda}{2\lambda_s} \end{array}\right\} \qquad (5.2-29)$$

通常将这个条件称为布喇格衍射条件，将(5.2-29)式称为布喇格方程，入射角 θ_B 叫布喇格角，满足该条件的声光衍射叫布喇格衍射。其衍射光路如图 5-17 所示，零级和 1 级衍射光之间的夹角为 $2\theta_B$。

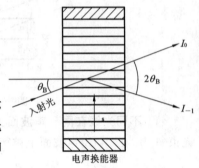

图 5-17　布喇格声光衍射

2）布喇格衍射光强

由光的电磁理论可以证明，对于频率为 ω 的入射光，其布喇格衍射的 ± 1 级衍射光的频率为 $\omega \pm \Omega$，相应的零级和 1 级衍射光强分别为

$$\left.\begin{array}{l} I_0 = I_i \cos^2\left(\dfrac{V}{2}\right) \\ I_1 = I_i \sin^2\left(\dfrac{V}{2}\right) \end{array}\right\} \qquad (5.2-30)$$

式中，V 是光通过声光介质后，由折射率变化引起的附加相移。可见，当 $V/2 = \pi/2$ 时，$I_0 = 0$，$I_1 = I_i$。这表明，通过适当地控制入射超声功率（因而控制介质折射率变化的幅值 $(\Delta n)_M$），可以将入射光功率全部转变为 1 级衍射光功率。根据这一突出特点，可以制作出转换效率很高的声光器件。

5.3　晶体的旋光效应与法拉第效应

5.3.1　晶体的旋光效应

1. 旋光现象

1811 年，阿喇果(Arago)在研究石英晶体的双折射特性时发现：一束线偏振光沿石英晶体的光轴方向传播时，其振动平面会相对原方向转过一个角度，如图 5-18 所示。由于石英晶体是单轴晶体，光沿着光轴方向传播不会发生双折射，因而阿喇果发现的现象应属另外一种新现象，这就是旋光现象。稍后，比奥(Biot)在一些蒸气和液态物质中也

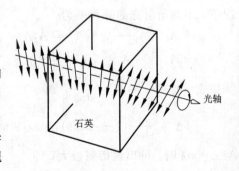

图 5-18　旋光现象

观察到了同样的旋光现象。

实验证明，一定波长的线偏振光通过旋光介质时，光振动方向转过的角度 θ 与在该介质中通过的距离 l 成正比：

$$\theta = \alpha l \qquad (5.3-1)$$

比例系数 α 表征了该介质的旋光本领，称为旋光率，它与光波长、介质的性质及温度有关。介质的旋光本领因波长而异的现象称为旋光色散，石英晶体的旋光率 α 随光波长的变化规律如图 5-19 所示。例如，石英晶体的 α 在光波长为 $0.4\ \mu m$ 时，为 $49°/mm$；在 $0.5\ \mu m$ 时，为 $31°/mm$；在 $0.65\ \mu m$ 时，为 $16°/mm$。而胆甾相液晶的 α 约为 $18\ 000°/mm$。

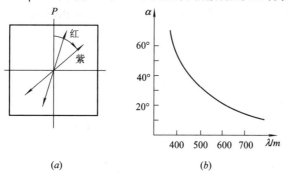

图 5-19　石英晶体的旋光色散

对于具有旋光特性的溶液，光振动方向旋转的角度还与溶液的浓度成正比，

$$\theta = \alpha c l \qquad (5.3-2)$$

式中，α 称为溶液的比旋光率；c 为溶液浓度。在实际应用中，可以根据光振动方向转过的角度，确定该溶液的浓度。

实验还发现，不同旋光介质光振动矢量的旋转方向可能不同，并因此将旋光介质分为左旋和右旋。当对着光线观察时，使光振动矢量顺时针旋转的介质叫右旋光介质，逆时针旋转的介质叫左旋光介质。例如，葡萄糖溶液是右旋光介质，果糖是左旋光介质。自然界存在的石英晶体既有右旋的，也有左旋的，它们的旋光本领在数值上相等，但方向相反。之所以有这种左、右旋之分，是由于其结构不同造成的，右旋石英与左旋石英的分子组成相同，都是 SiO_2，但分子的排列结构是镜像对称的，反映在晶体外形上即是图 5-20 所示的镜像对称。

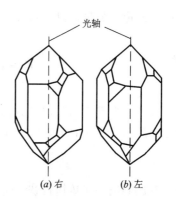

图 5-20　右旋石英与左旋石英

正是由于旋光性的存在，当将石英晶片（光轴与表面垂直）置于正交的两个偏振器之间观察其会聚光照射下的干涉图样时，图样的中心不是暗点，而几乎总是亮的。

2. 旋光现象的解释

1825 年，菲涅耳对旋光现象提出了一种唯象的解释。按照他的假设，可以把进入旋光介质的线偏振光看做是右旋圆偏振光和左旋圆偏振光的组合。菲涅耳认为：在各向同性介质中，线偏振光的右、左旋圆偏振光分量的传播速度 v_R 和 v_L 相等，因而其相应的折射率

$n_R = c/v_R$ 和 $n_L = c/v_L$ 相等;在旋光介质中,右、左旋圆偏振光的传播速度不同,其相应的折射率也不相等。在右旋晶体中,右旋圆偏振光的传播速度较快,$v_R > v_L$($n_R < n_L$);左旋晶体中,左旋圆偏振光的传播速度较快,$v_L > v_R$($n_L < n_R$)。根据这一种假设,可以解释旋光现象。

假设入射到旋光介质上的光是沿水平方向振动的线偏振光,则按照归一化琼斯矩阵方法,根据菲涅耳假设,可将入射光波琼斯矢量表示为

$$\begin{bmatrix} 1 \\ 0 \end{bmatrix} = \frac{1}{2} \begin{bmatrix} 1 \\ -i \end{bmatrix} + \frac{1}{2} \begin{bmatrix} 1 \\ i \end{bmatrix} \tag{5.3-3}$$

如果右旋和左旋圆偏振光通过厚度为 l 的旋光介质后,其相位延迟分别为

$$\left.\begin{aligned} \varphi_R &= k_R l = \frac{2\pi}{\lambda} n_R l \\ \varphi_L &= k_L l = \frac{2\pi}{\lambda} n_L l \end{aligned}\right\} \tag{5.3-4}$$

则其合成波的琼斯矢量为

$$\begin{aligned} \boldsymbol{E} &= \frac{1}{2} \begin{bmatrix} 1 \\ -i \end{bmatrix} e^{i\varphi_R} + \frac{1}{2} \begin{bmatrix} 1 \\ i \end{bmatrix} e^{i\varphi_L} = \frac{1}{2} \begin{bmatrix} 1 \\ -i \end{bmatrix} e^{ik_R l} + \frac{1}{2} \begin{bmatrix} 1 \\ i \end{bmatrix} e^{ik_L l} \\ &= \frac{1}{2} e^{i(k_R + k_L)\frac{l}{2}} \left(\begin{bmatrix} 1 \\ -i \end{bmatrix} e^{i(k_R - k_L)\frac{l}{2}} + \begin{bmatrix} 1 \\ i \end{bmatrix} e^{-i(k_R - k_L)\frac{l}{2}} \right) \end{aligned} \tag{5.3-5}$$

引入

$$\left.\begin{aligned} \varphi &= (k_R + k_L)\frac{l}{2} \\ \theta &= (k_R - k_L)\frac{l}{2} \end{aligned}\right\} \tag{5.3-6}$$

合成波的琼斯矢量可以表示成

$$\boldsymbol{E} = e^{i\varphi} \begin{bmatrix} \frac{1}{2}(e^{i\theta} + e^{-i\theta}) \\ -\frac{i}{2}(e^{i\theta} - e^{-i\theta}) \end{bmatrix} = e^{i\varphi} \begin{bmatrix} \cos\theta \\ \sin\theta \end{bmatrix} \tag{5.3-7}$$

它代表了光振动方向与水平方向成 θ 角的线偏振光。这说明,入射的线偏振光光矢量通过旋光介质后,转过了 θ 角。由(5.3-4)式和(5.3-6)式可以得到

$$\theta = \frac{\pi}{\lambda}(n_R - n_L)l \tag{5.3-8}$$

如果左旋圆偏振光传播得快,$n_L < n_R$,则 $\theta > 0$,即光矢量是向逆时针方向旋转,为左旋光介质;如果右旋圆偏振光传播得快,$n_R < n_L$,则 $\theta < 0$,即光矢量是向顺时针方向旋转,为右旋光介质。而且,(5.3-8)式还指出,旋转角度 θ 与 l 成正比,与波长有关(旋光色散),这些结论都与实验相符。

为了验证旋光介质中左旋圆偏振光和右旋圆偏振光的传播速度不同,菲涅耳设计了图 5-21 所示的三棱镜组,这个棱镜是由左旋石英和右旋石英交替胶合制成的,棱镜的光轴均与入射面 AB 垂直。一束单色线偏振光射入 AB 面,在棱镜 1 中沿光轴方向传播,相应的左、右旋圆偏振光的速度不同,$v_R > v_L$(即 $n_R < n_L$);在棱镜 2 中,$v_L > v_R$(即 $n_L < n_R$);在棱镜 3 中,$v_R > v_L$(即 $n_R < n_L$)。所以,在界面 AE 上,左旋光远离法线方向折射,右旋光

靠近法线方向折射，于是左、右旋光分开了。在第二个界面 CE 上，左旋光靠近法线方向折射，右旋光远离法线方向折射，于是两束光更加分开了。在界面 CD 上，两束光经折射后进一步分开。这个实验结果证实了左、右旋圆偏振光传播速度不同的假设。

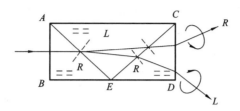

图 5-21　菲涅耳棱镜组

　　当然，菲涅耳的解释只是唯象理论，它不能说明旋光现象的根本原因，不能回答为什么在旋光介质中二圆偏振光的速度不同。这个问题必须从分子结构去考虑，即光在物质中传播时，不仅受分子的电矩作用，还要受到诸如分子的大小和磁矩等次要因素的作用，考虑到这些因素后，入射光波的光矢量振动方向旋转就是必然的了。

　　进一步，如果我们将旋光现象与前一章讨论的晶体双折射现象进行对比，就可以看出它们在形式上的相似性，只不过一个是指在各向异性介质中的二正交线偏振光的传播速度不同，一个是指在旋光介质中的二反向旋转的圆偏振光的传播速度不同。实际上它们都是光在各向异性介质中传播的双折射特性，并据此将旋光现象称为各向异性介质中的圆双折射特性，而将前面讨论的双折射现象称为各向异性介质中的线双折射特性。

5.3.2　法拉第效应

　　上述旋光现象是旋光介质固有的性质，因此可以叫做自然圆双折射。与感应双折射类似，也可以通过人工的方法产生旋光现象。介质在强磁场作用下产生旋光现象的效应叫磁致旋光效应，或法拉第(Faraday)效应。

　　1846 年，法拉第发现，在磁场的作用下，本来不具有旋光性的介质也产生了旋光性，能够使线偏振光的振动面发生旋转，这就是法拉第效应。观察法拉第效应的装置结构如图 5-22 所示：将一根玻璃棒的两端抛光，放进螺线管的磁场中，再加上起偏器 P_1 和检偏器 P_2，让光束通过起偏器后顺着磁场方向通过玻璃棒，光矢量的方向就会旋转，旋转的角度可以用检偏器测量。

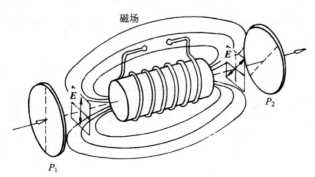

图 5-22　法拉第效应

后来，维尔德(Verdet)对法拉第效应进行了仔细的研究，发现光振动平面转过的角度与光在物质中通过的长度 l 和磁感应强度 B 成正比，即

$$\theta = VBl \tag{5.3-9}$$

式中，V 是与物质性质有关的常数，叫维尔德常数。一些常用物质的维尔德常数列于表 5-1。

表 5-1　几种物质的维尔德常数

(用 $\lambda = 0.5893\ \mu m$ 的偏振光照明)

物　　质	温　度 /°C	$V/[rad/(T \cdot m)]$
磷冕玻璃	18	4.86
轻火石玻璃	18	9.22
水晶(垂直光轴)	20	4.83
食盐	16	10.44
水	20	3.81
磷	33	38.57
二硫化碳	20	12.30

实验表明，法拉第效应的旋光方向取决于外加磁场方向，与光的传播方向无关，即法拉第效应具有不可逆性，这与具有可逆性的自然旋光效应不同。例如，线偏振光通过天然右旋介质时，迎着光看去，振动面总是向右旋转，所以，当从天然右旋介质出来的透射光沿原路返回时，振动面将回到初始位置。但线偏振光通过磁光介质时，如果沿磁场方向传播，迎着光线看，振动面向右旋转角度 θ，而当光束沿反方向传播时，振动面仍沿原方向旋转，即迎着光线看振动面向左旋转角度 θ，所以光束沿原路返回，一来一去两次通过磁光介质，振动面与初始位置相比，转过了 2θ 角度。

由于法拉第效应的这种不可逆性，使得它在光电子技术中有着重要的应用。例如，在激光系统中，为了避免光路中各光学界面的反射光对激光源产生干扰，可以利用法拉第效应制成光隔离器，只允许光从一个方向通过，而不允许反向通过。这种器件的结构示意图如图 5-23 所示，让偏振片 P_1 与 P_2 的透振方向成 45°角，调整磁感应强度 B，使从法拉第盒出来的光振动面相对 P_1 转过 45°，刚好能通过 P_2；但对于从后面光学系统(例如激光放大器 2 等)各界面反射回来的光，经 P_2 和法拉第盒后，其光矢量与 P_1 垂直，因此被隔离而不能返回到光源。

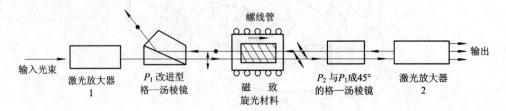

图 5-23　法拉第光隔离器应用示意图

例 题

例 5－1 LiNbO$_3$ 晶体在 $\lambda = 0.55\ \mu m$ 时，$n_o = 2.29$，电光系数 $\gamma_{22} = 3.4 \times 10^{-12}\ m/V$，试讨论其沿 x_2 方向外加电压、光沿 x_3 方向传播时的电光延迟和相应的半波电压特性。

解：如图 5－24 所示，当 LiNbO$_3$ 晶体沿 x_2 方向外加电压时，折射率椭球的三个主轴方向基本不变，只是主折射率大小变化为

$$n_1 = n_o + \frac{1}{2}n_o^3\gamma_{22}E_2$$

$$n_2 = n_o - \frac{1}{2}n_o^3\gamma_{22}E_2$$

$$n_3 = n_e$$

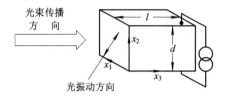

图 5－24 电场平行于 x_2 轴

光沿着 x_3 方向传播时，由线性电光效应引起的电光延迟为

$$\varphi = \frac{2\pi}{\lambda}n_o^3\gamma_{22}U_2\frac{l}{d} = 0.466 \times 10^{-3}U_2\frac{l}{d}$$

半波电压为

$$U_{\lambda/2} = \frac{\lambda}{2n_o^3\gamma_{22}}\frac{d}{l} = 6.74 \times 10^3\frac{d}{l}\quad V$$

当 $d/l = 1$ 时，$U_{\lambda/2} = 6.74\ kV$；$d/l = 1/2$ 时，$U_{\lambda/2} = 3.37\ kV$。

由于这种运用方式，既可避免自然双折射的影响，结构又简单，并且可以通过控制长厚比降低半波电压，因此在实际应用中经常采用。

例 5－2 如图 5－25 所示，一电光调制器的长方体 KDP 晶体放在两正交偏振器 P 之间，调制信号电压加在晶体的两个正方形端面之间，该两端面与晶体的光轴垂直。若 KDP 晶体内二特许线偏振光的光矢量方向与偏振器的透光轴成 45°角，

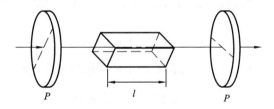

图 5－25 电光调制器

（1）写出从第二偏振器透出的光强表示式；

（2）为保证电光调制器线性工作，可在 KDP 晶体上外加一个 $U_{\lambda/4}$。今若对于 $\lambda = 550\ nm$ 入射光 KDP 晶体的电光系数 $\gamma_{63} = 10.6 \times 10^{-12}\ m/V$，主折射率 $n_o = 1.51$，试计算 $U_{\lambda/4}$ 的大小。

解：（1）根据题意、KDP 晶体的线性电光效应和偏光干涉效应，在 KDP 晶体内感应主轴方向上振动的二偏振光的折射率差 $n' - n''$ 为

$$n' - n'' = n_o^3\gamma_{63}\frac{U}{l}$$

从晶体出射的二偏振光相位差为

$$\varphi = \frac{2\pi}{\lambda}(n' - n'')l = \frac{2\pi}{\lambda}n_o^3 \gamma_{63} U$$

因此，从检偏器透射的光强为

$$I = I_0 \sin^2\left(\frac{\pi}{\lambda}n_o^3 \gamma_{63} U\right)$$

式中，I_0 是射向晶体的线偏振光的光强，U 是晶体上的外加调制信号电压。由该式可见，从系统输出的光强随外加调制信号电压改变，利用这一性质，可以实现光束的光强调制。

（2）根据输出光强关系式，当 $U = U_{\lambda/4}$，$\varphi = \pi/2$ 时，可保证电光调制器线性工作。$U_{\lambda/4}$ 为

$$U_{\frac{\lambda}{4}} = \frac{\lambda}{4n_o^3 \gamma_{63}} = \frac{550 \times 10^{-9}}{4 \times (1.51)^3 \times 10.6 \times 10^{-12}} = 3.75 \times 10^3 \text{ V}$$

例 5-3　由 KDP 晶体制成的双楔形棱镜偏转器，$l = D = h = 1$ cm，电光系数 $\gamma_{63} = 10.6 \times 10^{-12}$ m/V，$n_o = 1.51$，当 $U = 1$ kV 时，偏转角 $\theta = ?$ 为增大偏转角度，可采用图 5-26 所示的多级棱镜偏转器，当 $m = 12$ 时，偏转角为多大？

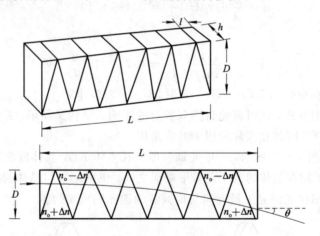

图 5-26　多级棱镜偏转器

解：根据(5.1-92)式，KDP 晶体的双楔形棱镜偏转器的偏转角 θ 为

$$\theta = \frac{l}{Dh}n_o^3 \gamma_{63} U_3 = 3.65 \times 10^{-6} \text{ rad}$$

这个数值很小，所以利用单个双楔形棱镜作模拟偏转，很难满足实际应用的要求。

为了使偏转角增大，而电压又不致太高，常用图 5-26 所示的多级棱镜偏转器。棱镜的厚度方向平行于 x_3 轴，前后相邻的二棱镜 x_3 轴方向相反，振动方向平行于 D，则各棱镜的折射率交替为 $(n_o - \Delta n)$ 和 $(n_o + \Delta n)$。故光束通过 $L = ml$ 后的总偏转角为一个单元偏转角的 m 倍。今若 $m = 12$，则

$$\theta_{\text{总}} = m\theta = m\frac{l}{Dh}n_o^3 \gamma_{63} U_3 = 4.38 \times 10^{-5} \text{ rad}$$

由于激光束的宽度不可能无限小，晶体的尺寸有限，而且光束最后不能偏出棱镜侧面，因而 m 不能太大，$\theta_{\text{总}}$ 也不会太大，约为几分。

例 5-4 一钼酸铅（$PbMoO_4$）声光调制器对 He-Ne 激光进行声光调制。已知声功率 $P_s = 1$ W，超声柱截面为 $L \times H = 1$ mm $\times$ 1 mm，钼酸铅的品质因素 $M_2 = 35.8 \times 10^{-15}$（MKS 单位），求这个声光调制器的布喇格衍射效率。

解： 根据光的电磁理论，布喇格衍射光强为

$$I_1 = I_i \sin^2\left(\frac{V}{2}\right)$$

式中，$V = \dfrac{2\pi(\Delta n)_M L}{\lambda}$ 表示光通过声光介质后，由于折射率变化引起的附加相移；$(\Delta n)_M$ 是沿超声波方向折射率变化的幅值，$(\Delta n)_M = n_0^3 PS/2$。

由物理学知道，介质的弹性应变与声功率有关，其关系为

$$P_s = \frac{1}{2} S^2 \rho v_s^3 LH$$

式中，LH 为超声柱截面；ρ 为声光介质密度；v_s 为声速。因此，折射率幅值为

$$(\Delta n)_M = \frac{1}{2} n_0^3 P \sqrt{\frac{2P_s}{\rho v_s^3 LH}}$$

附加相移为

$$V = \frac{\pi}{\lambda} \sqrt{\frac{n_0^6 P^2}{\rho v_s^3}} \sqrt{\frac{2P_s L}{H}} = \frac{\pi}{\lambda} \sqrt{M_2} \sqrt{\frac{2P_s L}{H}}$$

式中，$M_2 = \dfrac{n_0^6 P^2}{\rho v_s^3}$ 是声光介质的品质因素。

由上所述，布喇格衍射效率为

$$\eta = \frac{I_1}{I_i} = \sin^2\left(\frac{V}{2}\right) = \sin^2\left[\frac{\pi}{\sqrt{2}\lambda} \sqrt{M_2} \sqrt{\frac{P_s L}{H}}\right] = 37.9\%$$

习　题

5-1 一 KDP 晶体，$l = 3$ cm，$d = 1$ cm。在波长 $\lambda = 0.5$ μm 时，$n_o = 1.51$，$n_e = 1.47$，$\gamma_{63} = 10.5 \times 10^{-12}$ m·V^{-1}。试比较该晶体分别纵向运用和横向运用、相位延迟为 $\varphi = \pi/2$ 时，外加电压的大小。

5-2 一 CdTe 电光晶体，外加电场垂直于 (110) 面，尺寸为 33 mm $\times$ 4.5 mm $\times$ 4.5 mm，对于光波长 $\lambda = 10.6$ μm，它的折射率 $n_o = 2.67$，电光系数 $\gamma_{41} = 6.8 \times 10^{-12}$ m·V^{-1}。为保证相位延迟 $\varphi = 0.056$ rad，外加电压为多大？

5-3 为什么 KDP 晶体沿 x_3 方向加电场的横向运用，通光方向不能是 x_1 方向或 x_2 方向？

5-4 图 5-27 为一横向运用 KDP 晶体的 γ_{41} 组合调制器，求光线通过该组合调制器后的相位延迟。

5-5 试述图 5-28 所示的由电光晶体和双折射晶体组合而成的二进制数字式偏转器的工作原理。

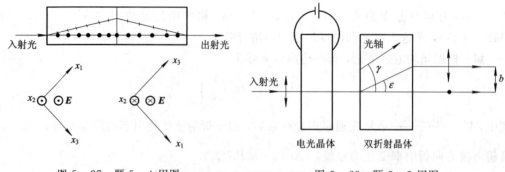

图 5 - 27　题 5 - 4 用图　　　　　　　　图 5 - 28　题 5 - 5 用图

5 - 6　图 5 - 29 所示为一电光开关示意图，P_1、P_2 是透振方向正交的偏振片，电光晶体是纵向运用的 KDP 晶体。试述其工作原理。

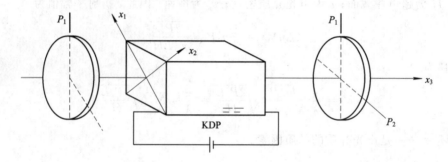

图 5 - 29　题 5 - 6 用图

5 - 7　在声光介质中，激励超声波的频率为 500 MHz，声速为 $3×10^5$ cm/s。求波长为 0.5 μm 的光波由该声光介质产生布喇格衍射时的入射角 θ_B。

5 - 8　一钼酸铅声光调制器对 He - Ne 激光进行声光调制。已知声功率 $P_s=1$ W，声光作用长度 $L=1.8$ mm，压电换能器宽度 $H=0.8$ mm，品质因素 $M_2=36.3×10^{-15}$ $s^3 \cdot kg^{-1}$。求这种声光调制器的布喇格衍射效率。

5 - 9　对波长为 $\lambda=0.5893$ μm 的钠黄光，石英旋光率为 21.7°/mm。若将一石英晶片垂直其光轴切割，置于两平行偏振片之间，问石英片多厚时，无光透过偏振片 P_2。

5 - 10　一个长 10 cm 的磷冕玻璃放在磁感应强度为 0.1 T 的磁场内，一束线偏振光通过时，偏振面转过多少度？若要使偏振面转过 45°，外加磁场需要多大？为了减小法拉第工作物质的尺寸或者磁场强度，可以采取什么措施？

第6章 光的吸收、色散和散射

前面几章讨论了光在均匀介质中传播时，因光的波动性所产生的干涉、衍射现象及光的偏振特性。实际上，由于光在传播过程中与介质相互作用，还会使光的特性发生某些变化。例如，因介质对光波的吸收，会使光强度减弱；不同波长的光在介质中传播速度不同，或者说光在介质中传播时其折射率随频率（波长）变化，会发生光的色散；光在非均匀介质中传播时，会产生散射等。光的吸收、色散和散射是光在介质中传播时所发生的普遍现象。这一章将对这些现象进行简单的讨论。

为了对光与介质的相互作用有较为直观的了解，本章只介绍光与介质相互作用的经典理论，对于处理光与介质相互作用的微观理论——量子理论，因超出本教材的要求，不予讨论。

6.1 光与介质相互作用的经典理论

众所周知，光在介质中的传播过程，就是光与介质相互作用的过程。光在介质中的吸收、色散和散射现象，实际上就是光与介质相互作用的结果。因此，要正确地认识光的吸收、色散和散射现象，就应深入地研究光与介质的相互作用。

正如第1章所指出的，麦克斯韦电磁理论的最重要成就之一就是将电磁现象与光现象联系起来，利用这个理论正确地说明了光在介质中传播时的许多重要性质。例如光的干涉、衍射，以及光与介质相互作用的一些重要现象：法拉第效应、克尔效应等。但是，麦克斯韦电磁理论在说明光的传播现象时，对介质的本性作了过于粗略的假设，即把介质看成是连续的结构，得出了介质中光速不随光波频率变化的错误结论，因此，在解释光的色散现象时遇到了困难。为了克服这种困难，必须要考虑组成介质的原子、分子的电结构，而要正确地描述介质中原子和分子的运动规律，必须利用量子理论。在这里，为了简单起见，只介绍洛仑兹(Lorentz)提出的电子论，利用这种建立在经典理论基础上的电子论来解释光的吸收、色散和散射，虽然比较粗浅，却能定性地说明问题。

1. 经典理论的基本方程

洛仑兹的电子论假定：组成介质的原子或分子内的带电粒子(电子、离子)被准弹性力保持在它们的平衡位置附近，并且具有一定的固有振动频率。在入射光的作用下，介质发生极化，带电粒子依入射光频率作强迫振动。由于带正电荷的原子核质量比电子大许多倍，可视正电荷中心不动，而负电荷相对于正电荷作振动，正、负电荷电量的绝对值相同，构成了一个电偶极子，其电偶极矩为

$$p = qr \tag{6.1-1}$$

式中，q 是电荷电量；r 是从负电荷中心指向正电荷中心的矢径。同时，由于电偶极矩随时间变化，这个电偶极子将辐射次波。利用这种极化和辐射过程，可以描述光的吸收、色散

和散射。

为简单起见，假设在所研究的均匀色散介质中，只有一种分子，并且不计分子间的相互作用，每个分子内只有一个电子作强迫振动，所构成电偶极子的电偶极矩大小为

$$p = -er \qquad (6.1-2)$$

式中，e 是电子电荷；r 是电子离开平衡位置的距离（位移）。如果单位体积中有 N 个分子，则单位体积中的平均电偶极矩（极化强度）为

$$P = Np = -Ner \qquad (6.1-3)$$

根据牛顿定律，作强迫振动的电子的运动方程为

$$m\frac{d^2 r}{dt^2} = -eE - fr - g\frac{dr}{dt} \qquad (6.1-4)$$

式中，等号右边的三项分别为电子受到的入射光电场强迫力、准弹性力和阻尼力；E 是入射光场，且

$$E = \widetilde{E}(z)e^{-i\omega t} \qquad (6.1-5)$$

引入衰减系数 $\gamma = g/m$、电子的固有振动频率 $\omega_0 = \sqrt{f/m}$ 后，（6.1-4）式变为

$$\frac{d^2 r}{dt^2} + \gamma\frac{dr}{dt} + \omega_0^2 r = -\frac{eE}{m} \qquad (6.1-6)$$

求解这个方程就可以得到电子在入射光作用下的位移，就可以求出极化强度，进而获取次波辐射及光的吸收、色散和散射等特性。因此，该方程是描述光与介质相互作用经典理论的基本方程。

2. 介质的光学特性

将（6.1-5）式代入基本方程，可以求解得到电子在光场作用下的位移 r 为

$$r = \frac{-e/m}{(\omega_0^2 - \omega^2) - i\gamma\omega}\widetilde{E}(z)e^{-i\omega t} \qquad (6.1-7)$$

再将这个位移表示式代入（6.1-3）式中，可以得到极化强度的表示式

$$P = \frac{Ne^2/m}{(\omega_0^2 - \omega^2) - i\gamma\omega}\widetilde{E}(z)e^{-i\omega t} \qquad (6.1-8)$$

由电磁场理论，极化强度与电场的关系为

$$P = \varepsilon_0 \chi E \qquad (6.1-9)$$

将该式与（6.1-8）式进行比较，可以得到描述介质极化特性的电极化率 χ 的表达式。电极化率是复数，可表示为 $\chi = \chi' + i\chi''$，其实部和虚部分别为

$$\chi' = \frac{Ne^2}{\varepsilon_0 m}\frac{\omega_0^2 - \omega^2}{(\omega_0^2 - \omega^2)^2 + \gamma^2\omega^2} \qquad (6.1-10)$$

$$\chi'' = \frac{Ne^2}{\varepsilon_0 m}\frac{\gamma\omega}{(\omega_0^2 - \omega^2)^2 + \gamma^2\omega^2} \qquad (6.1-11)$$

由折射率与电极化率 χ 的关系可知，折射率也应为复数，若用 $\tilde{n}$ 表示复折射率，则有

$$\tilde{n}^2 = \varepsilon_\gamma = 1 + \chi = 1 + \frac{Ne^2}{\varepsilon_0 m}\frac{1}{(\omega_0^2 - \omega^2) - i\gamma\omega} \qquad (6.1-12)$$

若将 $\tilde{n}$ 表示成实部和虚部的形式，$\tilde{n} = n + i\eta$，则有

$$\tilde{n}^2 = (n + i\eta)^2 = (n^2 - \eta^2) + i2n\eta \qquad (6.1-13)$$

将(6.1-13)式与(6.1-12)式进行比较,可得

$$n^2 - \eta^2 = 1 + \frac{Ne^2}{\varepsilon_0 m} \frac{\omega_0^2 - \omega^2}{(\omega_0^2 - \omega^2)^2 + \gamma^2 \omega^2} \left.\right\}$$

$$2n\eta = \frac{Ne^2}{\varepsilon_0 m} \frac{\gamma\omega}{(\omega_0^2 - \omega^2)^2 + \gamma^2 \omega^2} \tag{6.1-14}$$

为了更明确地看出复折射率(电极化率、介电常数)实部和虚部的意义,我们考察在介质中沿 z 方向传播的光电场复振幅的表示式

$$\widetilde{E}(z) = E_0 e^{i\widetilde{k}nz} \tag{6.1-15}$$

式中,k 是光在真空中的波数。将复折射率表示式代入,得

$$\widetilde{E}(z) = E_0 e^{-k\eta z} e^{iknz} \tag{6.1-16}$$

相应的光强度为

$$I = |\widetilde{E}(z)|^2 = I_0 e^{-2k\eta z} \tag{6.1-17}$$

由(6.1-16)式和(6.1-17)式可见,复折射率描述了介质对光传播特性(振幅和相位)的作用,其中的实部 n(或 χ')是表征介质影响光传播相位特性的量,即是通常所说的折射率;虚部 η(或 χ'')是表征介质影响光传播振幅特性的量,通常称为消光系数,通过它们即可描述光在介质中传播的吸收和色散特性。

由以上讨论可以看出,描述介质光学性质的复折射率 $\widetilde{n}$ 是光频率的函数。例如,对于稀薄气体有

$$\widetilde{n} = \sqrt{\varepsilon_r} = \sqrt{1 + \chi} \xrightarrow{|\chi| \ll 1} 1 + \frac{1}{2}\chi = 1 + \frac{1}{2}\chi' + \frac{i}{2}\chi'' = n + i\eta \tag{6.1-18}$$

因此

$$n = 1 + \frac{\chi'}{2} = 1 + \frac{Ne^2}{2\varepsilon_0 m} \frac{\omega_0^2 - \omega^2}{(\omega_0^2 - \omega^2)^2 + \gamma^2 \omega^2} \left.\right\}$$

$$\eta = \frac{\chi''}{2} = \frac{Ne^2}{2\varepsilon_0 m} \frac{\gamma\omega}{(\omega_0^2 - \omega^2)^2 + \gamma^2 \omega^2} \tag{6.1-19}$$

$n(\omega)$ 和 $\eta(\omega)$ 随 ω 的变化规律如图 6-1 所示。其中,$\eta \sim \omega$ 曲线为光吸收曲线,在固有频率 ω_0 附近,介质对光有强烈的吸收;$n \sim \omega$ 曲线为色散曲线,在 ω_0 附近区域为反常色散区,而在远离 ω_0 的区域为正常色散区。

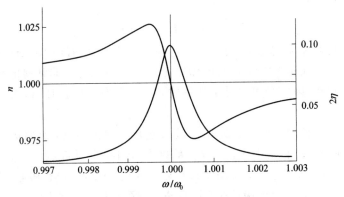

图 6-1 共振频率附近的色散曲线和吸收曲线

6.2 光 的 吸 收

所谓光的吸收，就是指光波通过介质后，光强度因吸收而减弱的现象。由上节的讨论可知，光的吸收可以通过介质的消光系数 η 描述。

光吸收是介质的普遍性质，除了真空，没有一种介质能对任何波长的光波都是完全透明的，只能是对某些波长范围内的光透明，对另一些范围的光不透明。例如石英介质，它对可见光几乎是完全透明的，而对波长自 $3.5~\mu m$ 到 $5.0~\mu m$ 的红外光却是不透明的。所谓透明，并非没有吸收，只是吸收较少。所以确切地说，石英对可见光吸收很少，而对 $(3.5\sim5.0)\mu m$ 的红外光有强烈的吸收。

6.2.1 光吸收定律

设平行光在均匀介质中传播，经过薄层 dl 后，由于介质的吸收，光强从 I 减少到 $I-dI$（见图 $6-2$）。朗伯（Lambert）总结了大量的实验结果指出，dI/I 应与吸收层厚度 dl 成正比，即有

$$\frac{dI}{I} = -K\,dl \qquad (6.2-1)$$

式中，K 为吸收系数，负号表示光强减少。求解该微分方程可得

$$I = I_0 e^{-Kl} \qquad (6.2-2)$$

其中，I_0 是 $l=0$ 处的光强。这个关系式就是著名的朗伯定律或吸收定律。实验证明，这个定律是相当精确的，并且也符合金属介质的吸收规律。

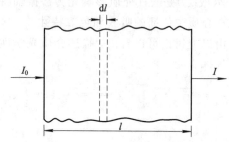

图 $6-2$ 介质对光的吸收

由 $(6.2-2)$ 式可见，吸收系数 K 愈大，光波被吸收得愈强烈，当 $l=1/K$ 时，光强减少为原来的 $1/e$。若引入消光系数 η 描述光强的衰减，则吸收系数 K 与消光系数 η 有如下关系：

$$K = \frac{4\pi}{\lambda}\eta \qquad (6.2-3)$$

由此，朗伯定律可表示为

$$I = I_0 e^{-\frac{4\pi}{\lambda}\eta l} \qquad (6.2-4)$$

各种介质的吸收系数差别很大，对于可见光，金属的 $K\approx10^6~cm^{-1}$，玻璃的 $K\approx10^{-2}~cm^{-1}$，而一个大气压下空气的 $K\approx10^{-5}~cm^{-1}$。这就表明，非常薄的金属片就能吸收掉通过它的全部光能，因此金属片是不透明的，而光在空气中传播时，很少被吸收，透明度很高。

吸收系数 K 是波长的函数，根据 K 随波长变化规律的不同，将吸收分为一般性吸收和选择性吸收。在一定波长范围内，若吸收系数 K 很小，并且近似为常数，这种吸收叫一般性吸收；反之，如果吸收较大，且随波长有显著变化，称为选择性吸收。图 $6-1$ 所示的 $\eta\sim\omega$ 曲线，在 ω_0 附近是选择性吸收带，而远离 ω_0 区域为一般性吸收。例如，在可见光范围内，一般的光学玻璃吸收都较小，且不随波长变化，属一般性吸收，而有色玻璃则具有

选择性吸收，红玻璃对红光和橙光吸收少，而对绿光、蓝光和紫光几乎全部吸收。所以当白光射到红玻璃上时，只有红光能够透过，我们看到它呈红色。如果红玻璃用绿光照射，玻璃看起来将是黑色。

应当指出的是，普通光学材料在可见光区都是相当透明的，它们对各种波长的可见光都吸收很少。但是在紫外和红外光区，它们则表现出不同的选择性吸收，它们的透明区可能很不相同（见表 6－1），在制造光学仪器时，必须考虑光学材料的吸收特性，选用对所研究的波长范围是透明的光学材料制作零件。例如，紫外光谱仪中的棱镜、透镜需用石英制作，而红外光谱仪中的棱镜、透镜则需用萤石等晶体制作。

表 6－1　几种光学材料的透光波段

光学材料	波长范围/nm	光学材料	波长范围/nm
冕牌玻璃	350～2000	萤石(GaF_2)	125～9500
火石玻璃	380～2500	岩盐($NaCl$)	175～14 500
石英玻璃	180～4000	氯化钾(KCl)	180～23 000

实验表明，溶液的吸收系数与浓度有关，比尔(Beer)在1852年指出，溶液的吸收系数 K 与其浓度 c 成正比，$K=\alpha c$，此处的 α 是与浓度无关的常数，它只取决于吸收物质的分子特性。由此，在溶液中的光强衰减规律为

$$I = I_0 e^{-\alpha c l} \tag{6.2-5}$$

该式即为比尔定律。应当指出，尽管朗伯定律总是成立的，但比尔定律的成立却是有条件的：只有在物质分子的吸收本领不受它周围邻近分子的影响时，比尔定律才正确。当浓度很大，分子间的相互作用不可忽略时，比尔定律不成立。

6.2.2　吸收光谱

介质的吸收系数 K 随光波长的变化关系曲线称为该介质的吸收光谱。如果使一束连续光谱的光通过有选择性吸收的介质，再通过分光仪，即可测出在某些波段上或某些波长上的光被吸收，形成吸收光谱。

不同介质吸收光谱的特点不同。气体吸收光谱的主要特点是：吸收光谱是清晰、狭窄的吸收线，吸收线的位置正好是该气体发射光谱线的位置。对于低气压的单原子气体，这种狭窄吸收线的特点更为明显。例如氦、氖等惰性气体及钠等碱金属蒸气的吸收光谱就是这种情况，如图 6－3 所示。

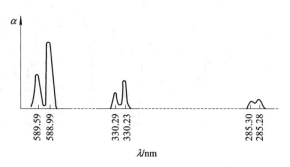

图 6－3　钠蒸气的几个二重吸收光谱

如果气体是由二原子或多原子分子组成的，这些狭窄的吸收线就会扩展为吸收带。由于这种吸收带特征决定于组成气体的分子，它反映了分子的特性，所以可由吸收光谱研究气体分子的结构。气体吸收的另一个主要特点是吸收和气体的压力、温度、密度有关，一般是气体密度愈大，它对光的吸收愈严重。对于固体和液体，它们对光吸收的特点主要是具有很宽的吸收带。固体材料的吸收系数主要随入射光波长变化，其它因素的影响较小。图6-4是激光工作物质钇铝石榴石(YAG)的吸收光谱。在实际工作中，为了提高激光器的能量转换效率，选择泵浦光源的发射谱与激光工作物质的吸收谱匹配，是非常重要的问题。

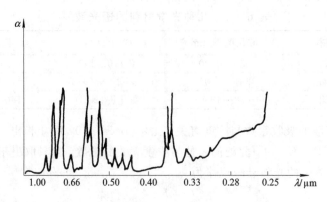

图6-4　室温下YAG晶体的吸收光谱

对一种材料吸收光谱的测量，是了解该材料特性的重要手段。例如，地球大气对可见光、紫外光是透明的，但对红外光的某些波段有吸收，而对另外一些波段比较透明。透明的波段称为"大气窗口"，如图6-5所示，波段从1 μm到15 μm有七个"窗口"。充分地研究大气的光学性质与"窗口"的关系，有助于红外导航、跟踪等工作的进行。又如，太阳内部发射连续光谱，由于太阳四周大气中的不同元素吸收不同波长的辐射，因而在连续光谱的背景上呈现出一条条黑的吸收线，如图6-6所示。夫朗和费首先发现，并以字母标志了这些主要的吸收线，它们的波长及太阳大气中存在的相应吸收元素，如表6-2所示。

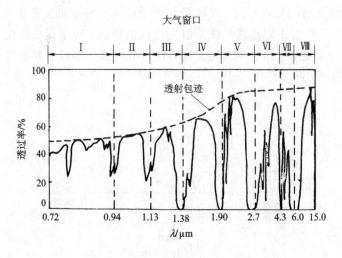

图6-5　大气透过率及大气窗口

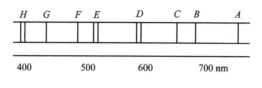

图 6-6 大气吸收线

表 6-2 大气吸收线的波长及相应的吸收元素

符号	波长/nm	吸收元素	符号	波长/nm	吸收元素
A	$759.4 \sim 762.1$	O	E_1	518.362	Mg
B	$636.8 \sim 688.4$	O	F	486.133	H
C	656.282	H	G	430.791	Fe
D_1	589.592	Na	G	430.774	Ca
D_2	588.995	Na		466.273	Ca
D_3	587.552	He	H	396.849	Ca
E_3	526.954	Fe	K	393.368	Ca

6.3 光 的 色 散

介质中的光速(或折射率)随光波波长变化的现象叫光的色散现象。在理论上,光的色散可以通过介质折射率的频率特性描述。

观察色散现象的最简单方法是利用棱镜的折射。图 6-7 示出了观察色散的交叉棱镜法实验装置:三棱镜 P_1、P_2 的折射棱互相垂直,狭缝 M 平行于 P_1 的折射棱。通过狭缝 M 的白光经透镜 L_1 后,成为平行光,该平行光经 P_1、P_2 及 L_2,会聚于屏 N 上。如果没有棱镜 P_2,由于 P_1 棱镜的色散所引起的分光作用,在光屏上将得到水平方向的连续光谱 ab。如果放置棱镜 P_2,则由 P_2 的分光作用,使得通过 P_1 的每一条谱线都向下移动。若两个棱镜的材料相同,它们对于任一给定的波长谱线产生相同的偏向。因棱镜分光作用对长波长光的偏向较小,使红光一端 a_1 下移最小,紫光一端 b_1 下移最大,结果整个光谱 a_1b_1 仍为一直线,但已与 ab 成倾斜角。如果两个棱镜的材料不同,则连续光谱 a_1b_1 将构成一条弯曲的彩色光带。

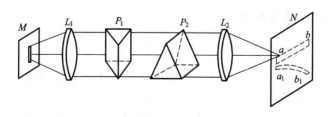

图 6-7 观察色散的交叉棱镜法

6.3.1 色散率

色散率 ν 是用来表征介质色散程度，即量度介质折射率随波长变化大小的物理量。它定义为：波长差为 1 个单位的两种光折射率差，即

$$\nu = \frac{n_2 - n_1}{\lambda_2 - \lambda_1} = \frac{\Delta n}{\Delta \lambda} \tag{6.3-1}$$

对于透明区工作的介质，由于 n 随波长 λ 的变化很慢，可以用上式表示。对于 n 变化较大的区域，色散率定义为

$$\nu = \frac{dn}{d\lambda} \tag{6.3-2}$$

在实际工作中，选用光学材料时，应特别注意其色散的大小。例如，同样一块三棱镜，若用做分光元件，应采用色散大的材料(例如火石玻璃)，若用来改变光路方向，则需采用色散小的材料(例如冕玻璃)。表 6-3 列出了几种常用光学材料的折射率和色散率。

表 6-3　几种常用的光学材料的折射率和色散率

波长/nm	冕 玻 璃		钡 火 石		熔 石 英	
	n	$-dn/d\lambda$	n	$-dn/d\lambda$	n	$-dn/d\lambda$
656.3	1.524 41	35	1.588 48	38	1.456 40	27
643.9	1.524 90	36	1.588 96	39	1.456 74	28
589.0	1.527 04	43	1.591 44	50	1.458 45	35
533.8	1.529 89	58	1.594 63	68	1.460 67	45
508.6	1.531 46	66	1.596 44	78	1.461 91	52
486.1	1.533 03	78	1.598 25	89	1.463 18	60
434.0	1.537 90	112	1.603 67	123	1.466 90	84
398.8	1.542 45	139	1.608 70	172	1.470 30	112

在图 6-1 中，已经给出了色散曲线 $n\sim\omega$ 的变化形式。实际上，$n\sim\omega$ 的变化关系比较复杂，无法用一个简单的函数表示出来，而且这种变化关系因材料而异。因此，一般都是通过实验测定折射率 n 随波长的变化，并作成曲线，这种曲线就是色散曲线。其方法是，把待测材料作成三棱镜，放在分光计上，对不同波长的单色光测出其相应的偏向角，再算出折射率 n，即可作出色散曲线。

下面，稍详细地介绍介质的色散特性：正常色散和反常色散。

6.3.2 正常色散与反常色散

1. 正常色散

折射率随着波长增加(或光频率的减少)而减小的色散叫正常色散。正如 6.1 节所指出的，远离固有频率 ω_0 的区域为正常色散区。所有不带颜色的透明介质，在可见光区域内都表现为正常色散。图 6-8 给出了几种常用光学材料在可见光范围内的正常色散曲线，这些色散曲线的特点是：

① 波长愈短，折射率愈大；

② 波长愈短，折射率随波长的变化率愈大，即色散率$|\nu|$愈大；

③ 波长一定时，折射率愈大的材料，其色散率也愈大。

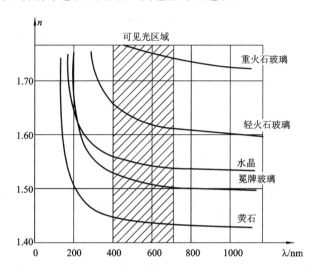

图 6-8 几种常用光学材料的正常色散曲线

描述介质的色散特性，除了采用色散曲线外，还经常利用实验总结出来的经验公式。对于正常色散的经验公式是 1836 年由科希(Cauchy)提出来的：

$$n = A + \frac{B}{\lambda^2} + \frac{C}{\lambda^4} \qquad (6.3-3)$$

式中，A、B 和 C 是由所研究的介质特性决定的常数。对于通常的光学材料，这些常数值可由手册查到。在实验上，可以利用三种不同波长测出三个 n 值，代入(6.3-3)式，然后联立求解三个方程，即可得到这三个常数值。当波长间隔不太大时，可只取(6.3-3)式的前两项，即

$$n = A + \frac{B}{\lambda^2} \qquad (6.3-4)$$

并且，根据色散率定义可得

$$\nu = \frac{\mathrm{d}n}{\mathrm{d}\lambda} = -\frac{2B}{\lambda^3} \qquad (6.3-5)$$

由于 A、B 都为正值，因而当 λ 增加时，折射率 n 和色散率 ν 都减小。

2. 反常色散

1862 年，勒鲁(Le Roux)用充满碘蒸气的三棱镜观察到了紫光的折射率比红光的折射率小，由于这个现象与当时已观察到的正常色散现象相反，勒鲁称它为反常色散，该名字一直沿用至今。以后孔脱(Kundt)系统地研究了反常色散现象，发现反常色散与介质对光的选择吸收有密切联系。实际上，反常色散并不"反常"，它也是介质的一种普遍现象。正如 6.1 节所指出的，在固有频率 ω_0 附近的区域，也即光的吸收区是反常色散区。

如果在测量介质的色散曲线时，向着光吸收区延伸，就会观察到这种"反常"色散。例如，石英在可见光区域内的折射率可以由科希公式准确地表示出来，如果将折射率的测量

扩展到红外区域，接近吸收波长时，折射率的减少比科希公式计算的结果要快得多。如图 6-9 所示，PQR 曲线是实际测量得到的色散曲线，而按照科希公式，在接近吸收带处的色散曲线如图中的虚线 QS。在吸收带内光的吸收很强，难于测量，测量结果如图中虚线 RT。如果后面还有第二个吸收带。则两个吸收带间的色散曲线如 TUV 所示。曲线 TU、WX 也都能精确地由科希公式计算出，只是所用的常数 A、B、C 与 PQ 曲线的不同。由图可见，吸收带之间的区域都是正常色散，而吸收带内是反常色散。

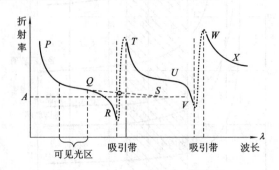

图 6-9 石英的色散曲线

介质的色散特性可以由 6.1 节介绍的电子论解释，这个电子论既能说明正常色散，又能说明反常色散，而且还说明了反常色散的起因与介质的共振吸收作用相关。

需要说明的是，对于任何介质，在一个较大的波段范围内都不只有一个吸收带，而可能有几个吸收带，这一点已由它的吸收光谱所证实。从电子论的观点看，电荷与质量分别为 e_j 和 m_j 的不同带电粒子谐振子与每个频率 ω_{0j} 相对应，这时的复折射率 $\tilde{n}$ 的表达式应写为

$$\tilde{n}^2 = 1 + \sum_j \frac{N_j e_j^2}{\varepsilon_0 m_j} \frac{1}{(\omega_{0j}^2 - \omega^2) + i\gamma_j \omega} \qquad (6.3-6)$$

其相应的色散曲线示意图如图 6-10 所示，它表示出了介质在整个波段内的色散特性。

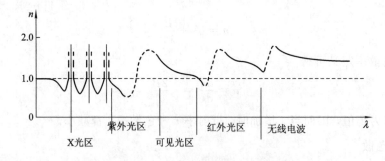

图 6-10 全波段的色散曲线

最后，由图 6-10 可以看出，在反常色散区的短波部分，介质的折射率出现 $n<1$ 的情况，即介质中的光速大于真空光速，这似乎是与相对论完全对立的结果，因为根据相对论，任何速度都不可能超过真空中的光速。实际上，只要考虑到这里讨论的光速是光波的相速度，就能够解释这种现象了。相对论中指出的任何速度都不可能超过真空中的光速，是针对能量传播速度而言的，而光的相速度是指光的等相位面的传播速度，光在介质中的群速度才表征其能量传播速度。并且严格来说，只有真空中（或色散小的区域）群速度才可与能

量传播速度视为一致，在反常色散区内，由于色散严重，能量传播速度与群速度显著不同，它永远小于真空中的光速。实际上，由于反常色散区的严重色散，不同波长的单色光在传播中弥散严重，群速度已不再有实际意义了。

6.4 光 的 散 射

6.4.1 光的散射现象

当光束通过均匀的透明介质时，除在传播方向上外，是看不到光的。而当光束通过混浊的液体或穿过灰尘弥漫的空间时，就可以在侧面看到光束的轨迹，即在光线传播方向以外能够接收到光能。这种光束通过不均匀介质所产生的偏离原来传播方向，向四周散射的现象，就是光的散射。所谓介质不均匀，指的是气体中有随机运动的分子、原子或烟雾、尘埃，液体中混入小微粒，晶体中存在缺陷等。

由于光的散射是将光能散射到其它方向上，而光的吸收则是将光能转化为其它形式的能量，因而从本质上说二者不同，但是在实际测量时，很难区分开它们对透射光强的影响。因此，在实际工作上通常都将这两个因素的影响考虑在一起，将透射光强表示为

$$I = I_0 e^{-(K+h)l} = I_0 e^{-\alpha l} \tag{6.4-1}$$

式中，h 为散射系数，K 为吸收系数，α 为衰减系数，并且，在实际测量中得到的都是 α。

通常，根据散射光的波矢 k 和频率的变化与否，将散射分为两大类：一类散射是散射光的波矢 k 变化，但频率不变化，属于这种散射的有瑞利散射、米氏（Mie）散射和分子散射；另一类是散射光波矢 k 和频率均变化，属于这种散射的有喇曼（Raman）散射、布里渊（Brillouin）散射等。

由于光的散射现象涉及面广，理论分析复杂，许多现象必须采用量子理论分析，因而在这里仅简单介绍瑞利散射、米氏散射、分子散射和喇曼散射的基本特性和结论。

6.4.2 瑞利散射

有些光学不均匀性十分显著的介质能够产生强烈的散射现象，这类介质一般称为"浑浊介质"。它是指在一种介质中悬浮有另一种介质，例如含有烟、雾、水滴的大气，乳状胶液、胶状溶液等。

亭达尔（Tyndell）等人最早对浑浊介质尤其是微粒线度比光波长小（不大于(1/5～1/10)λ）的浑浊介质的散射进行了大量的实验研究，并且从实验中总结出了一些规律，因此，这一类现象叫亭达尔效应。这些规律其后为瑞利在理论上说明，所以又叫瑞利散射。

通过大量的实验研究表明，瑞利散射的主要特点是：

① 散射光强度与入射光波长的四次方成反比，即

$$I(\theta) \propto \frac{1}{\lambda^4} \tag{6.4-2}$$

式中，$I(\theta)$ 为相应于某一观察方向（与入射光方向成 θ 角）的散射光强度。该式说明，光波长愈短，其散射光强度愈大，由此可以说明许多自然现象。

众所周知，整个天空之所以呈现光亮，是由于大气对太阳光的散射，如果没有大气层，

白昼的天空也将是一片漆黑。那么，天空为什么呈现蓝色呢？由瑞利散射定律可以看出，在由大气散射的太阳光中，短波长光占优势，例如，红光波长（$\lambda = 0.72\ \mu m$）为紫光波长（$\lambda = 0.4\ \mu m$）的 1.8 倍，因此紫光散射强度约为红光的 $(1.8)^4 \approx 10$ 倍。所以，太阳散射光在大气层内层，蓝色的成分比红色多，使天空呈蔚蓝色。另外，为什么正午的太阳基本上呈白色，而旭日和夕阳却呈红色？这可以通过图 6 - 11 进行分析：正午太阳直射，穿过大气层厚度最小，阳光中被散射掉的短波成分不太多，因此垂直透过大气层后的太阳光基本上呈白色或略带黄橙色。早晚的阳光斜射，穿过大气层的厚度比正午时厚得多，被大气散射掉的短波成分也多得多，仅剩下长波成分透过大气到达观察者，所以旭日和夕阳呈红色。

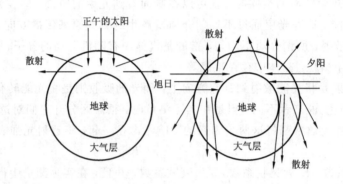

图 6 - 11　太阳的颜色

因为红光透过散射物的穿透力比蓝光强，所以在拍摄薄雾景色时，可在照相机物镜前加上红色滤光片以获得更清晰的照片。红外线穿透力比可见光强，常被用于远距离照相或遥感技术。

② 散射光强度随观察方向变化。自然光入射时，散射光强 $I(\theta)$ 与 $(1 + \cos^2\theta)$ 成正比。散射光强的角分布如图 6 - 12 所示。

③ 散射光是偏振光，不论入射光是自然光还是偏振光都是这样，且偏振度与观察方向有关。

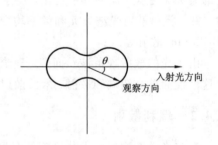

图 6 - 12　散射光强随 θ 角的变化关系

瑞利散射光的光强度角分布和偏振特性起因于散射光是横电磁波，可简单分析如下：如图 6 - 13 所示，自然光沿 x 方向入射到介质的带电微粒 e 上，使其作受迫振动。由于自然光可以分解为两个振幅相等、振动方向互相垂直、无固定相位关系的光振动，因而图中的入射光可分解为沿 y 方向和 z 方向的两个光振动，其振幅相等，$A_y = A_z = A_0$。因此，带电微粒 e 的受迫振动方向以及因受迫振动在 e 点辐射的球面波光振动方向，都沿着 y、z 方向。由于光波是横电磁波，光振动方向总是垂直于传播方向，所以，任意散射光的光振动方向都与其传播方向垂直，而振幅则是 e 点处振幅在该散射光振动方向上的投影。假设考察位于 xey 面内的 P 点，散射光方向 eP 与入射光方向（x）成 θ 角，则其两个光振动分量（见图 6 - 13、图 6 - 14）的振幅分别为 $A_z' = A_z = A_0$ 和 $A_y' = A_y \cos\theta = A_0 \cos\theta$，散射光强度 $I(\theta)$ 为

$$I(\theta) = I_z' + I_y' = A_0^2(1 + \cos^2\theta) = I_i(1 + \cos^2\theta) \tag{6.4 - 3}$$

由于体系是以入射光方向为轴旋转对称的，因而散射光强度的角分布是图 6 - 12 所示的、以入射光方向为轴的旋转面。

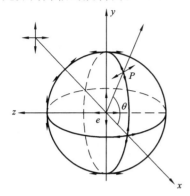

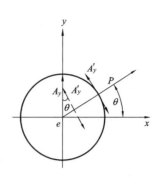

图 6 - 13　散射光的偏振态　　　　　　　图 6 - 14　散射光的振幅

进一步，由于散射光两个振动分量的大小与散射方向有关，因而散射光的偏振态随散射方向不同而异。如图 6 - 13 所示，沿着入射光方向($\theta = 0$)或逆着入射光方向($\theta = \pi$)，散射光为自然光；在垂直入射光方向的 y 轴和 z 轴上，散射光为线偏振光；其余方向上的散射光，均为部分偏振光。

如果介质的散射分子是各向异性的，则由于电极化矢量一般与入射光电场矢量方向不相同，而使情况变得很复杂。例如，当线偏振光照射某些气体或液体，从侧向观察时，散射光变成部分偏振光，这种现象称为退偏振。若以 I_x 和 I_y 表示散射光沿 x 轴和 y 轴方向振动的光强度，则沿 z 轴方向观察到的部分偏振光的偏振度为

$$P = \left| \frac{I_y - I_x}{I_y + I_x} \right| \tag{6.4 - 4}$$

为了表征各向异性分子退化侧向散射光偏振度的程度，定义退偏振度 Δ 为

$$\Delta = 1 - P \tag{6.4 - 5}$$

退偏振度与分子的性质有关，例如 H_2，$\Delta = 1\%$；N_2，$\Delta = 4\%$；CS_2 蒸气，$\Delta = 14\%$；CO_2，$\Delta = 7\%$。因此，可以通过测量退偏振度，判断分子的各向异性程度及分子结构。

瑞利对上述散射现象进行了理论分析。按照电子论的观点，在入射光的作用下，原子、分子作受迫振动，并辐射次波，这些次波与入射波叠加后的合成波就是介质中传播的折射波。对于光学均匀介质，这些次波是相干的，其干涉的结果，只有沿折射光方向的合成波才加强，其余方向皆因干涉而抵消，这就是光的折射。如果介质出现不均匀性，这些次波间的固定相位关系就会被破坏，因而也就破坏了合成波沿折射方向因干涉而加强的效果，在其它方向上也会有光传播，这就是散射。瑞利提出，如果浑浊介质的悬浮微粒线度小于波长的 1/10，不吸收光能，呈各向同性，则在与入射光传播方向成 θ 角的方向上，单位介质中的散射光强度为

$$I(\theta) = \alpha \frac{N_0 V^2}{r^2 \lambda^4} I_i (1 + \cos^2\theta) \tag{6.4 - 6}$$

式中，α 是表征浑浊介质光学性质非均匀程度的因子，与悬浮微粒的折射率 n_2 和均匀介质的折射率 n_1 有关：若 $n_1 = n_2$，则 $\alpha = 0$，否则，$\alpha \neq 0$；N_0 为单位体积介质中悬浮微粒的数

目；V 为一个悬浮微粒的体积；r 为散射微粒到观察点的距离；λ 为光的波长；I_i 为入射光强度。由该式可见，在其它条件固定的情况下，散射光强与波长的四次方成反比：

$$I(\theta) \propto \frac{1}{\lambda^4} \qquad (6.4-7)$$

这就是瑞利散射定律，其瑞利散射光强的百分比与 $(1+\cos^2\theta)$ 成正比。这些结论与实验结果完全一致。

6.4.3　米氏散射

当散射粒子的尺寸接近或大于波长时，其散射规律与瑞利散射不同。这种大粒子散射的理论，目前还很不完善，只是对球形导电粒子(金属的胶体溶液)所引起的光散射，米氏进行了较全面的研究，并在 1908 年提出了悬浮微粒线度可与入射光波长相比拟时的散射理论。因此，目前关于大粒子的散射，称为米氏散射。

米氏散射的主要特点是：

① 散射光强与偏振特性随散射粒子的尺寸变化。

② 散射光强随波长的变化规律是与波长 λ 的较低幂次成反比，即

$$I(\theta) \propto \frac{1}{\lambda^n} \qquad (6.4-8)$$

其中，$n=1, 2, 3$。n 的具体取值取决于微粒尺寸。

③ 散射光的偏振度随 r/λ 的增加而减小，这里 r 是散射粒子的线度，λ 是入射光波长。

④ 当散射粒子的线度与光波长相近时，散射光强度对于光矢量振动平面的对称性被破坏，随着悬浮微粒线度的增大，沿入射光方向的散射光强将大于逆入射光方向的散射光强。当微粒线度约为 1/4 波长时，散射光强角分布如图 6-15(a) 所示，此时 $I(\theta)$ 在 $\theta=0$ 和 $\theta=\pi$ 处的差别尚不很明显。当微粒线度继续增大时，在 $\theta=0$ 方向的散射光强明显占优势，并产生一系列次极大值，如图 6-15(b) 所示。

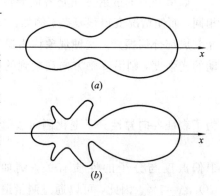

图 6-15　米氏散射光强的角分布

利用米氏散射也可以解释许多自然现象。例如，蓝天中飘浮着白云，是因为组成白云的小水滴线度接近或大于可见光波长，可见光在小水滴上产生的散射属于米氏散射，其散射光强与光波长关系不大，所以云雾呈现白色。

6.4.4　分子散射

如前所述，光在浑浊介质中传播时，由于介质光学性质的不均匀性，将产生散射，这就是悬浮微粒的散射。其中，当悬浮微粒的线度小于 1/10 波长时，称为瑞利散射；当悬浮微粒的线度接近或大于波长时，称为米氏散射。实际上，还有另一类散射，这就是在纯净介质中，或因分子热运动引起密度起伏、或因分子各向异性引起分子取向起伏、或因溶液中浓度起伏引起介质光学性质的非均匀所产生光的散射，称为分子散射。在临界点时，气体密度起伏很大，可以观察到明显的分子散射，这种现象称为临界乳光。

通常，纯净介质中由于分子热运动产生的密度起伏所引起折射率不均匀区域的线度比

可见光波长小得多，因而分子散射中，散射光强与散射角的关系与瑞利散射相同（$\sim(1+\cos^2\theta)$）。对于分子散射仍有

$$I(\theta) \propto \frac{1}{\lambda^4} \qquad (6.4-9)$$

关系。由分子各向异性起伏产生的分子散射光强度，比较密度起伏产生的分子散射光强度要弱得多。

6.4.5 喇曼散射

一般情况下，一束准单色光被介质散射时，散射光和入射光是同一频率。但是，当入射光足够强时，就能够观察到很弱的附加分量旁带，即出现新频率分量的散射光。喇曼散射就是散射光的方向和频率相对入射光均发生变化的一种散射。

1928 年，印度科学家喇曼和苏联科学家曼杰利斯塔姆（Манделыштам）几乎同时分别在研究液体和晶体散射时，发现了散射光中除有与入射光频率 ν_0 相同的瑞利散射线外，在其两侧还伴有频率为 $\nu_1, \nu_2, \nu_3, \cdots, \nu_1', \nu_2', \nu_3', \cdots$ 的散射线存在。如图 6-16(a) 所示，当用单色性较高的准单色光源照射某种气体、液体或透明晶体，在入射光的垂直方向上用光谱仪摄取散射光，就会观察到上述散射，这种散射现象就是喇曼散射。

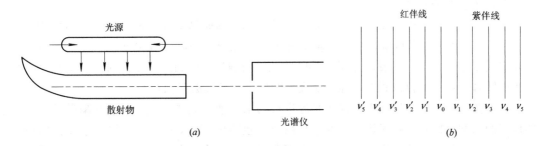

图 6-16 观察喇曼散射的装置示意图

喇曼散射的特点是：

① 在每一条原始的入射光谱线旁边都伴有散射线（图 6-16(b)），在原始光谱线的长波长方向的散射谱线称为红伴线或斯托克斯（Stokes）线，在短波长方向上的散射线称为紫伴线或反斯托克斯线，它们各自和原始光的频率差相同，只是反斯托克斯线相对斯托克斯线出现得少而弱。

② 这些频率差的数值与入射光波长无关，只与散射介质有关。

③ 每种散射介质有它自己的一套频率差 $\Delta\nu_1' = \nu_0 - \nu_1$，$\Delta\nu_2' = \nu_0 - \nu_2$，$\Delta\nu_3' = \nu_0 - \nu_3$，$\cdots$，其中有些和红外吸收的频率相等，它们表征了散射介质的分子振动频率。

从经典电磁理论的观点看，分子在光的作用下发生极化，极化率的大小因分子热运动产生变化，引起介质折射率的起伏，使光学均匀性受到破坏，从而产生光的散射。由于散射光的频率是入射光频率 ν_0 和分子振动固有频率的联合，因而喇曼散射又叫联合散射。

设入射光电场为

$$E = E_0 \cos 2\pi\nu_0 t \qquad (6.4-10)$$

分子因电场作用而产生的感应电偶极矩为

$$P = \varepsilon_0 \chi E \qquad (6.4-11)$$

式中，χ 为分子极化率。若 χ 不随时间变化，则 P 以入射光频率 ν_0 作周期性变化，由此得到的散射光频率也为 ν_0，这就是瑞利散射。若分子以固有频率 ν 振动，则分子极化率不再为常数，也随 ν 作周期变化，可表示为

$$\chi = \chi_0 + \chi_\nu \cos2\pi\nu t \tag{6.4-12}$$

式中，χ_0 为分子静止时的极化率；χ_ν 为相应于分子振动所引起的变化极化率的振幅。将此式代入 (6.4-11) 式，得

$$P = \varepsilon_0 \chi_0 E_0 \cos2\pi\nu_0 t + \varepsilon_0 \chi_\nu E_0 \cos2\pi\nu_0 t \, \cos2\pi\nu t$$

$$= \varepsilon_0 \chi_0 E_0 \cos2\pi\nu_0 t + \frac{1}{2}\varepsilon_0 \chi_\nu E_0 [\cos2\pi(\nu_0+\nu)t + \cos2\pi(\nu_0-\nu)t] \tag{6.4-13}$$

上式表明，感应电偶极矩 P 的频率有三种：ν_0，$\nu_0 \pm \nu$，所以散射光的频率也有三种。频率为 ν_0 的谱线为瑞利散射线；频率为 $\nu_0 - \nu$ 的谱线称为喇曼红伴线，又称为斯托克斯线；频率为 $\nu_0 + \nu$ 的谱线称为喇曼紫伴线，又称反斯托克斯线。

若分子的固有频率不只一个，有 ν_1，ν_2，…，则喇曼散射线中也将产生频率为 $\nu_0 \pm \nu_1$，$\nu_0 \pm \nu_2$，$\nu_0 \pm \nu_3$ 等谱线。实验发现，反斯托克斯线出现得少，且强度很弱，利用经典电子理论无法解释这种现象，这也正是喇曼散射经典理论的不完善之处，只有量子理论才能对喇曼散射作出圆满的解释。

由于喇曼散射光的频率与分子的振动频率有关，因而喇曼散射是研究分子结构的重要手段，利用这种方法可以确定分子的固有频率，研究分子对称性及分子动力学等问题。分子光谱属于红外波段，一般都采用红外吸收法进行研究。而利用喇曼散射法的优点是将分子光谱转移到可见光范围进行观察、研究，可与红外吸收法互相补充。

随着激光的出现，利用激光器作光源进行的喇曼散射光谱研究，由于其喇曼散射谱中的瑞利线很细，其两侧频率差很小的喇曼散射线也清晰可见，因此，使得分子光谱的研究更加精密。特别是当激光强度增大到一定程度时，出现受激喇曼散射效应，而由于受激喇曼散射光具有很高的空间相干性和时间相干性，强度也大得多，因而在研究生物分子结构，测量大气污染等领域内获得了广泛的应用。相对于这种受激喇曼散射而言，通常将上述的喇曼散射叫自发喇曼散射。

例　题

例 6-1 某种玻璃的吸收系数为 $10^{-2}\,\mathrm{cm}^{-1}$，空气的吸收系数为 $10^{-5}\,\mathrm{cm}^{-1}$。问 1 cm 厚的玻璃所吸收的光，相当于多厚的空气层所吸收的光。

解： 由朗伯定律知道，经过长度为 l 的介质所吸收的光强为

$$I_0 - I = I_0(1 - \mathrm{e}^{-Kl})$$

同样强度的光通过不同的介质，要产生相同的吸收，应满足条件

$$1 - \mathrm{e}^{-Kl} = 1 - \mathrm{e}^{-K'l'}$$

或

$$Kl = K'l'$$

式中，K、K'、l、l' 分别为玻璃和空气的吸收系数和厚度。故有

$$l' = \frac{Kl}{K'} = \frac{10^{-2} \times 1}{10^{-5}} = 10^3 \text{ cm} = 10 \text{ m}$$

即 1 cm 厚的玻璃所吸收的光能，相当于 10 m 厚的空气层所吸收的光能。

例 6 - 2　某种玻璃对 $\lambda = 0.4$ μm 的光折射率 $n = 1.63$，对 $\lambda = 0.5$ μm 的光折射率 $n = 1.58$。假定科希公式为 $n = A + B/\lambda^2$，试求这种玻璃对 $\lambda = 0.6$ μm 光的色散。

解：首先将题中所给数值代入科希公式，可得

$$1.63 = A + \frac{B}{(4 \times 10^{-5})^2}$$

$$1.58 = A + \frac{B}{(5 \times 10^{-5})^2}$$

求解该二式，得

$$B = 2.22 \times 10^{-10} \text{ cm}^2$$

因此，在 $\lambda = 0.6$ μm 处的色散为

$$\frac{\mathrm{d}n}{\mathrm{d}\lambda} = -\frac{2B}{\lambda^3} = -\frac{2 \times 2.22 \times 10^{-6}}{(6 \times 10^{-5})^3} = -2.06 \times 10^3 \text{ cm}^{-1}$$

例 6 - 3　由 $A = 1.539\,74$、$B = 0.456\,28 \times 10^{-10}$ cm^2 的玻璃构成的折射棱角为 $50°$ 的棱镜，当棱镜的放置使它对 0.55 μm 的波长处于最小偏向角时，计算它的角色散率。

解：第 7 章将给出顶角为 α 的棱镜，最小偏向角 δ_m 满足(7.8 - 6)式，即

$$n = \frac{\sin \frac{1}{2}(\alpha + \delta_\mathrm{m})}{\sin \frac{\alpha}{2}}$$

假设波长为 λ 与 $\lambda + \Delta\lambda$ 两条谱线的偏向角分别为 δ 与 $\delta + \Delta\delta$，则其角距离可用角色散率 D 表示，

$$D = \lim_{\Delta\lambda \to 0} \frac{\Delta\delta}{\Delta\lambda} = \frac{\mathrm{d}\delta}{\mathrm{d}\lambda}$$

在最小偏向角附近的角色散率为

$$D = \frac{\mathrm{d}\delta}{\mathrm{d}\lambda} = \frac{\mathrm{d}\delta_\mathrm{m}}{\mathrm{d}\lambda} = \frac{\mathrm{d}\delta_\mathrm{m}}{\mathrm{d}n} \frac{\mathrm{d}n}{\mathrm{d}\lambda} = \frac{1}{\frac{\mathrm{d}n}{\mathrm{d}\delta_\mathrm{m}}} \frac{\mathrm{d}n}{\mathrm{d}\lambda} = \frac{2 \sin \frac{\alpha}{2}}{\sqrt{1 - n^2 \sin^2 \frac{\alpha}{2}}} \frac{\mathrm{d}n}{\mathrm{d}\lambda}$$

由科希公式得折射率为

$$n = A + \frac{B}{\lambda^2} = 1.554\,82$$

$$\frac{\mathrm{d}n}{\mathrm{d}\lambda} = -\frac{2B}{\lambda^3} = -5.4849 \times 10^2 \text{ cm}^{-1}$$

将 n 和 $\mathrm{d}n/\mathrm{d}\lambda$ 的数值代入前式，得

$$D = \frac{2\sin \frac{50°}{2}}{\sqrt{1 - (1.554\,82)^2 \sin^2 \left(\frac{50°}{2}\right)}} \times (-5.4849 \times 10^2) = -6.1502 \times 10^2 \text{ rad/cm}$$

例 6 - 4　假定在白光中，波长为 $\lambda_1 = 0.6$ μm 的红光和波长为 $\lambda_2 = 0.45$ μm 的蓝光的

强度相等,问散射光中两者比例是多少。

解: 按瑞利定律,散射光强度与波长的四次方成反比,故

$$\frac{I_1}{I_2} = \frac{\lambda_2^4}{\lambda_1^4} = \frac{(0.45)^4}{(0.6)^4} = 0.32$$

因此观察白光散射时,可看到蓝青色。

习　题

6-1　有一均匀介质,其吸收系数 $K = 0.32$ cm^{-1},求出射光强为入射光强的 0.1、0.2、0.5 时的介质厚度。

6-2　一长为 3.50 m 的玻璃管,内盛标准状态下的某种气体。若其吸收系数为 0.1650 m^{-1},求激光透过此玻璃管后的相对强度。

6-3　一个 60° 的棱镜由某种玻璃制成,其色散特性可用科希公式中的常数 $A = 1.416$,$B = 1.72 \times 10^{-10}$ cm^2 表示,棱镜的放置使它对 0.6 μm 波长的光产生最小偏向角,这个棱镜的角色散率(rad/μm)为多大?

6-4　光学玻璃对水银蓝光 0.4358 μm 和水银绿光 0.5461 μm 的折射率分别为 $n = 1.652\,50$ 和 1.624 50。用科希公式计算:

(1) 此玻璃的 A 和 B;

(2) 它对钠黄光 0.5890 μm 的折射率;

(3) 在此黄光处的色散。

6-5　已知熔石英的色散公式为

$$n = A + BL + CL^2 + D\lambda^2 + E\lambda^4$$

其中,$L = 1/(\lambda^2 - 0.028)$,$A = 1.449\,02$,$B = 0.004\,604$,$C = -0.000\,381$,$D = -0.002\,526\,8$,$E = -0.000\,077\,22$,波长的单位是微米。试计算 $\lambda_1 = 0.5893$ μm 和 $\lambda_2 = 1$ μm 两种波长的折射率。

6-6　同时考虑吸收和散射损耗时,透射光强表示式为 $I = I_0 \exp[-(K+h)l]$。若某介质的散射系数等于吸收系数的 1/2,光通过一定厚度的这种介质,只透过 20% 的光强。现若不考虑散射,其透射光强可增加多少?

6-7　一长为 35 cm 的玻璃管,由于管内细微烟粒的散射作用,使透过光强只为入射光强的 65%。待烟粒沉淀后,透过光强增为入射光强的 88%。试求该管对光的散射系数和吸收系数(假设烟粒对光只有散射而无吸收)。

6-8　太阳光束由小孔射入暗室,室内的人沿着与光束垂直及成 45° 的方向观察此光束时,见到由于瑞利散射所形成的光强之比等于多少?

6-9　一束光通过液体,用尼科尔检偏器正对这束光进行观察。当偏振轴竖直时,光强达到最大值;当偏振轴水平时,光强为零。再从侧面观察散射光,当偏振轴为竖直和水平两个位置时,光强之比为 20:1,计算散射光的退偏程度。

6-10　苯(C_6H_6)的喇曼散射中较强的谱线与入射光的波数差为 607、992、1178、1568、3047、3062 cm^{-1}。今以氩离子激光 $\lambda = 0.4880$ μm 为入射光,计算各斯托克斯及反斯托克斯线的波长。

第7章 几何光学基础

前面6章基于光的电磁理论研究了光波在介质中的传播特性,讨论了物理光学元件对光波传播的影响。物理光学元件的结构尺寸与光波长可比拟,它们对于光波传播的影响与光波的物理性质密切相关,譬如光波的偏振特性、光的相干性等。但是在许多实际的光学应用中,经常会碰到类似于透镜和平面镜一类的几何光学元件,这类光学元件的结构尺寸比光波波长大得多,光波通过它们时,光波的物理性质对于光的传播影响较小,光的干涉和衍射效应可以忽略,它们主要是通过改变光的传播方向来改变空间光场的分布。此时如果仍然利用严格的电磁理论讨论光波通过几何光学元件的传播特性,将会使问题变得过于复杂,而采用几何光学理论则会非常方便。

几何光学理论及其应用远比人类对于光的本性的认识早得多。早在17世纪初期,人类就发明并使用了显微镜和望远镜,在19世纪初期就已经建立了完善的光学系统成像理论。从历史上看,几何光学是建立在许多实验定律基础之上的。但应当指出的是,这些基本的实验定律,可以通过光的电磁理论严格地推导出来,譬如几何光学中光的折射和反射定律,可以通过均匀平面电磁波在无穷大的两种不同介质界面上传播,由麦克斯韦方程组和边界条件推导出来。从这个意义上讲,几何光学理论可以看做是光的电磁波理论在短波长(波长趋于零)下的近似理论,是研究光波通过几何光学元件传播特性的一种有效的电磁波理论的近似。它通过"光线"描述光在介质中的传播和光学系统的成像问题。这种处理问题的方法简单明了,对于大多数光学工程技术问题,应用几何光学理论都可以得到较为满意的近似结果。

由上所述,本书应用光学这一部分内容将采用几何光学理论讨论。这一章主要介绍几何光学的基础知识,包括基本的概念和定律,以及基本几何光学元件的成像问题。关于光学系统成像的一般问题将在后面几章讨论。

7.1 几何光学的基本定律

7.1.1 波面、光线和光束

辐射光能的物体称为光源。实际光源都有一定的大小,光源的大小影响着光源辐射光场的分布。如果光源的大小与其辐射光能的作用距离相比可略去不计,该光源称为点光源。点光源是为了简化光波传播问题的研究而引入的一个物理模型,它被抽象为一个几何点。

光源发出的光波是一种电磁波,可以采用描述电磁波的基本参数描述光波,譬如频率、波长和相位等。实际光源发射的光波包含多种频率的成分,称为复色光。通常为了简化光波传播问题的研究,主要研究单一频率的光波,即单色光(或简谐电磁波)。对于由同一光源发出的单色波,在同一时刻由相位相同的各点所形成的曲面称为该光波的波面。波面可以是平面、球面或其它曲面,单色点光源的波面为球。光波沿波面的法线方向前进,将该方向定义为光波的方向,通常用波矢量描述,它与波面垂直。

光波的传播过程实际上是光能量的传播过程,光能量在空间的传播可以用能流密度矢量描述。在几何光学中,光学元件结构尺寸比波长大得多,光波传播时,衍射效应和矢量特性可以忽略不计,通常采用一种简化的方法表征光能量的传播。为了了解这种处理方法,我们首先看一个简单的例子。

考虑图 7-1 所示的水作稳定流动的水管,水流在水管内任一点的流速确定,可以将水管看做由许多细小的细水管即流管构成。如果流管上各点沿轴线的切线方向和水流速度方向相同,则每个流管的水只会在该管内流动,不会流到管外,这时可以将水在水管中的流动看做水在许多细小流管中的流动。

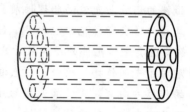

图 7-1 水作稳定流动的水管

类似地,光在空间传播时,如果系统的结构尺寸比波长大得多,传播过程中光的衍射可以忽略,则可以在空间定义许多细小的管道,称为光管,光管上任一点沿轴线的切线方向与光波在该点的能流密度矢量方向相同,这时光在空间的传播可以看做光沿许多细小的光管传播。相对系统的结构尺寸,如果光管非常细,则可以用一条曲线表示,该曲线就是几何光学的光线。光线是几何光学中为了简化光能量在空间的传播方向而引入的一个模型,光线被抽象为既无直径又无体积的几何线,它的切线方向实际上表示了光波能量的传播方向。

在各向同性介质中,能流密度矢量和波矢量方向相同,光线方向即代表了能量的流动方向,也表示光波传播的波矢量方向。光源发出的光场在空间任一点的光线和相应的波面垂直,光波波面法线就是几何光学中的光线。

同一波面的光线束称为光束。如果光束中光线能够直接相交于一点或各光线的反向延长线能够相交于一点,这样的光束称为同心光束。球面波对应于会聚或发散的同心光束,平面波对应于平行光束,有时和同一波面对应的光束沿两个相互垂直的方向分别会聚成位于不同位置的两条线段,称为像散光束,如图 7-2 所示。

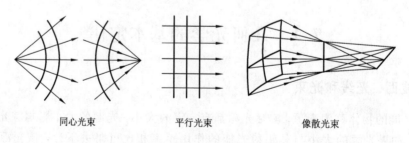

同心光束　　　　　平行光束　　　　　像散光束

图 7-2 几种光束

几何光学中光的传播规律和成像原理,是采用光线的传播路径直观表示的,光线的这种传播路径称为光路。实际上，一个点光源发出的光线有无数条，不可能对每一条光线都求出其光路。几何光学的做法是从光束中取出一个适当的截面，求出其上的几条光线的光路，这种截面通常称为光束截面。

7.1.2 基本定律

几何光学理论是以实验定律为基础的理论。为了研究光在介质和光学系统中的传播路径，历史上，人们从不同角度描述光的传播路径，形成了多个基本定律。这些定律主要有光的直线传播定律、光的独立传播定律、光的折射定律和反射定律、费马原理和马吕斯定理。

1. 光的直线传播定律

在各向同性的均匀介质中，光沿着直线传播，这就是光的直线传播定律。这是一种常见的普遍规律。光波在均匀介质中传播时，如果遇到的障碍物大小或通过孔径的大小比波长大得多，衍射可以忽略，就可以基于光的直线传播定律分析光波的传播。例如，利用光的直线传播定律可以很好地解释影子的形成、日蚀、月蚀等现象。

2. 光的独立传播定律

从不同光源发出的光线，以不同的方向通过介质某点时，各光线彼此互不影响，好像其它光线不存在似地独立传播，这就是光的独立传播定律。利用这条定律，可以使我们对光线传播规律的研究大为简化，因为当研究某一条光线的传播时，可不考虑其它光线的影响。

3. 光的折射定律和反射定律

1）折射定律和反射定律

光波在传播过程中遇到两种不同介质构成的界面时，在界面上将部分反射，部分折射，如图 7-3 所示。反射光线和折射光线的传播方向可以由光的反射和折射定律确定。光的反射和折射定律最早是由实验得到的，正如 1.2 节的讨论，也可以基于光的电磁理论进行严格的推导。它实质上反映了入射光波、反射光波和折射光波的波矢量在界面上的切向分量连续。

在图 7-3 中，光滑界面两侧介质的折射率分别为 n 和 n'，入射光线在界面上的入射点为 O，虚线为过 O 点的界面的法线，将入射光线与该法线所确定的平面称为入射面，则反射光线和折射光线均在入射面内。入射光线、折射光线和反射光线的方向可以利用其与法线的夹角表征，夹角依次为 I、I' 和 I''。进一步规定由光线沿锐角转向法线，如果顺时针转动，光线和法线的夹角为正，反之，光线和法线的夹角为负。按照这样的规定，图中的入射角 I 和折射角 I' 为正，反射角 I'' 为负，图中表示的是角度的大小，所以反射角的大小表示为 $-I''$。这时折射定律可以表示为

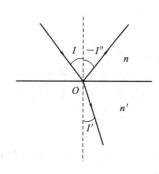

图 7-3 反射和折射定律

$$n \sin I = n' \sin I' \qquad (7.1-1)$$

反射定律可以表示为

$$I = -I'' \qquad\qquad (7.1-2)$$

如果在(7.1-1)式中，令 $n' = -n$，则得 $I = -I'$，此即反射定律的形式。这表明，反射定律可以看做是折射定律的特殊情况，凡是基于折射定律推导得到的光线经过界面折射有关的公式，只要令 $n' = -n$，$I' = I''$，便可得到光线经过界面反射时有关的公式。正是因为这样，可以用统一的方法和公式研究光线在折射光学系统和包含有反射光学元件的光学系统中的传播。

从折射定律和反射定律的数学表达式(7.1-1)和(7.1-2)可以看出，两个等式两边完全等价，这说明在图 7-3 中，当光线沿折射光线的反方向入射到界面经过折射后，折射光线沿原来入射光线的反方向出射；或光线沿反射光线反方向入射到界面经过反射后，反射光线也沿原来入射光线的反方向出射，这就是所谓"光路的可逆性"。

光的反射和折射定律是在平面波入射到无限大的几何平面的界面上，基于电磁波在介质界面上的边值关系严格推导出来的。实际上，当界面的大小和曲率半径比入射光波的波长大得多时，反射和折射定律在界面的局部也近似成立。实际几何光学元件表面的大小和曲率半径都是宏观尺寸，我们将光波分隔为许多细小的光管，每个光管的极限——光线在界面上传播时，光的反射和折射定律是成立的。正因为此，光的反射和折射定律是借助光线研究光通过几何光学元件构成的光学系统传播的一个基本定律。

2) 矢量形式

光线沿着一条光路传播时，碰到界面的法线方向可能沿空间任意方向，这时，为确定光线经过界面反射或折射后出射光线的传播方向，可以由光的反射和折射定律的矢量形式直接求解。

现在定义三个矢量 $\boldsymbol{A}$、$\boldsymbol{A}'$ 和 $\boldsymbol{A}''$，它们的方向依次沿入射光线、折射光线和反射光线的传播方向，它们的大小分别为各光线所在空间的折射率。假如入射光波在真空中的波矢量大小为 k_0，入射光线、折射光线和反射光线代表的光波的波矢量依次为 $\boldsymbol{k}_i$、$\boldsymbol{k}_t$ 和 $\boldsymbol{k}_r$，则

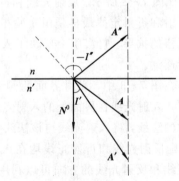

$$\boldsymbol{A} = \frac{\boldsymbol{k}_i}{k_0}, \quad \boldsymbol{A}' = \frac{\boldsymbol{k}_t}{k_0}, \quad \boldsymbol{A}'' = \frac{\boldsymbol{k}_r}{k_0} \qquad (7.1-3)$$

根据电磁场的边值关系及图 1-22，$\boldsymbol{k}_i$、$\boldsymbol{k}_t$ 和 $\boldsymbol{k}_r$ 在界面上的切向分量相等，相应的 $\boldsymbol{A}$、$\boldsymbol{A}'$ 和 $\boldsymbol{A}''$ 在界面上的切向分量也相等，如图 7-4 所示。定义界面上入射点处的法向单位矢量为 $\boldsymbol{N}^0$，它由入射介质指向折射介质，显然有 $\boldsymbol{A}' - \boldsymbol{A}$ 平行 $\boldsymbol{N}^0$，$\boldsymbol{A}'' - \boldsymbol{A}$ 平行 $\boldsymbol{N}^0$，它们的关系可以表示为

图 7-4　反射和折射定律矢量关系

$$\boldsymbol{A}' - \boldsymbol{A} = \Gamma_t \boldsymbol{N}^0, \quad \boldsymbol{A}'' - \boldsymbol{A} = \Gamma_r \boldsymbol{N}^0 \qquad (7.1-4)$$

上式中 Γ_t 和 Γ_r 分别称为折射和反射偏向常数。在上面两式等号两边同时点乘 $\boldsymbol{N}^0$，并且考虑到

$$\boldsymbol{N}^0 \cdot \boldsymbol{A} = n\cos I, \quad \boldsymbol{N}^0 \cdot \boldsymbol{A}' = n'\cos I', \quad \boldsymbol{N}^0 \cdot \boldsymbol{A}'' = -n\cos I'' \qquad (7.1-5)$$

可以得到

$$\Gamma_t = \sqrt{n'^2 - n^2 + (\boldsymbol{N}^0 \cdot \boldsymbol{A})^2} - \boldsymbol{N}^0 \cdot \boldsymbol{A} \qquad (7.1-6a)$$

$$\Gamma_r = -2\boldsymbol{N}^0 \cdot \boldsymbol{A} \tag{7.1-6b}$$

从而反射光线和折射光线矢量可以由入射光线矢量表示为

$$\boldsymbol{A}' = \boldsymbol{A} + (\sqrt{n'^2 - n^2 + (\boldsymbol{N}^0 \cdot \boldsymbol{A})^2} - \boldsymbol{N}^0 \cdot \boldsymbol{A})\boldsymbol{N}^0 \tag{7.1-7a}$$

$$\boldsymbol{A}'' = \boldsymbol{A} - 2(\boldsymbol{A} \cdot \boldsymbol{N}^0)\boldsymbol{N}^0 \tag{7.1-7b}$$

3）全反射现象

正如第 1 章的讨论，当光由光密介质进入光疏介质时，在两种介质的光滑界面上会出现所谓的全反射现象。当入射角大于由两种介质折射率所决定的临界角

$$\theta_C = \arcsin\frac{n'}{n} \tag{7.1-8}$$

时，光线将完全被界面反射。

在实际的光学应用中，对于反射光线的几何光学元件总是希望有高的反射率，为此在几何光学元件表面一般都镀有金属膜或增反介质膜。但是金属膜层对光有吸收作用，增反介质膜的反射率与光波的波长有关，很难保证在一个比较宽的光谱范围内都具有高的反射率。相比之下，利用光在界面发生全反射来代替金属膜反射，可以减少光能的反射损失，且具有很宽的光谱范围。所以全反射在光学仪器中有广泛的应用，例如在光学系统中，经常利用全反射棱镜代替平面反射镜。

4. 费马原理

费马原理是由费马(Pierr Fermat)在 1661 年提出来的。这个原理从光程的角度来描述光线传播的路径，是一个极值定律。它不仅可以确定光线在均匀介质中的传播路径，也可以确定光线在非均匀介质中的传播路径。

如图 7-5 所示，如果光线在折射率为 $n(\boldsymbol{r})$ 的介质中由 A 点传播到 B 点，则在任一时刻，经过 A 和 B 的两个波阵面间的相位差不仅与光线从 A 到 B 的几何路径有关，还与沿光路介质的折射率分布有关。

图 7-5　光在介质中的传播路径

通常将光线从 A 到 B 的几何路径与沿光路介质的折射率的乘积定义为光线从 A 到 B 的光程。如果介质均匀，从 A 到 B 的光路几何路程为 S，则从 A 到 B 的光程 L 为

$$L = nS \tag{7.1-9}$$

如果介质不均匀，则可以将光路分隔为任意小的线元 ds，这时从 A 到 B 的光程 L 可以表示为积分形式：

$$L = \int_A^B n(s)\,ds \tag{7.1-10}$$

进一步，由于线元 ds 上的光程可以表示为 $n\,ds = c\,ds/v = c\,dt$，因而从 A 到 B 的光程 L 可表示为

$$L = c\Delta t \tag{7.1-11}$$

即光线在介质中从 A 到 B 的光程等于光在介质中从 A 到 B 的传播时间与光速的乘积。由于在一个线元上相位的变化量为 $\mathrm{d}\varphi = k\,\mathrm{d}s = k_0 n\,\mathrm{d}s$，因而 A 和 B 两点的相位差为 $k_0 L$，即光线上两点的相位差等于这两点间的光程乘以真空中波矢量的大小。

显然，从 A 到 B 的可能光路有无数条，每条路径都对应着一个光程值，到底光线沿哪一条路径由 A 传播到 B 呢？费马原理指出，光线从 A 点到 B 点，是沿着光程为极值的那条路径传播的，即实际光路所对应的光程，或者是所有光程可能值中的极小值，或者是所有光程可能值中的极大值，或者是某一稳定值。

若把任意一条几何上可能的路径记为 l，则与 l 对应的光程 $L(l)$ 可表示为下面的方程：

$$L(l) = \int_l n(s)\,\mathrm{d}s \tag{7.1-12}$$

对于不同的路径 l，光程 $L(l)$ 可能取不同的值。如果广义地把路径 l 看做是自变量，则光程 $L(l)$ 是 l 的泛函。泛函的极值可以由变分表示为

$$\delta L(l) = \delta \int_l n(s)\,\mathrm{d}s = 0 \tag{7.1-13}$$

这就是费马原理的数学表达式。

利用费马原理可以直接导出光的直线传播定律。这是因为两点间的路径以直线的长度为最短，故在均匀介质中直线所对应的光程为最小光程。

当光通过两种不同介质的分界面时，利用费马原理也可导出光的反射定律和折射定律。下面由费马原理推导光的折射定律。

如图 7-6 所示，过 A 点的光线经过由折射率为 n 和 n' 的两种介质的界面折射后通过 B 点。由费马原理推导光的折射定律的问题，实际上就是证明在从 A 到 B 的所有可能的路径中，光实际传播的路径为光程取极值的路径，而这时在界面上的入射光线和折射光线满足折射定律。下面，首先证明满足光程极值的路径中，入射光线、折射光线和法线共面。

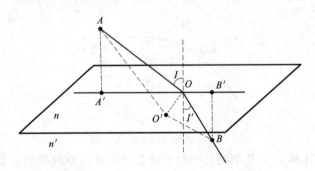

图 7-6　光线经界面的折射的传播路径

由于在界面两侧介质均匀，因此在界面两侧光线为直线。假若 A 和 B 在介质界面上的垂直投影点为 A' 和 B'，入射光线在界面上的入射点为 O'，它位于 $A'B'$ 直线外，将其与 A 和 B 连接就构成了一条可能的光路。过 O' 作垂直于 $A'B'$ 的垂线，与 $A'B'$ 相交于 O，则在直角三角形 AOO' 和 BOO' 中，有 $AO < AO'$，$OB < O'B$，所以

$$AO + OB < AO' + O'B$$

由此可见，要使从 A 到 B 的路径的光程值最小，入射点只能位于 $A'B'$ 上，即入射光线、折射光线和经过入射点的界面的法线共面。

进一步，设 O 为 $A'B'$ 上任一点，它相对 A' 的距离为 z，A' 和 B' 间的距离为 z_0，点 A 和 B 到界面的距离为 y_1 和 y_2，入射光线和折射光线与 O 点法线的夹角为 I 和 I'，则从 A 到 B 的光程为

$$L_{AB} = n \sqrt{y_1^2 + z^2} + n' \sqrt{y_2^2 + (z_0 - z)^2}$$

要使上式光程为极值，则有

$$\frac{\mathrm{d}L_{AB}}{\mathrm{d}z} = n \frac{z}{\sqrt{y_1^2 + z^2}} - n' \frac{z_0 - z}{\sqrt{y_2^2 + (z_0 - z)^2}} = n \sin I - n' \sin I' = 0$$

因此，相应于光程为极值的路径，其入射角和折射角满足折射定律。

上面讨论的光在均匀介质中的直线传播及在界面上的反射和折射，都是光程最短的例子。由于费马原理是一个极值定律，类似于函数极值，其光程可以是极大值，也可能是极小值，或某一稳定值，这须由系统的光学结构决定。如图 7-7 所示，一个以 F 和 F' 为焦点的椭球反射面，由 F 点发出的不同光线入射到椭球面上的不同点，可以根据光的反射定律由几何关系证明，其反射光线都通过 F' 点。由于椭球面上各点到两个焦点的距离之和相等，因而相应于从 F 到 F' 的各个不同光路，其光程都相等，这是光程为稳定值的一个例子。

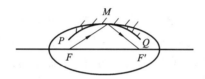

图 7-7 光程为稳定值和极大值的例子

如有另一反射镜 PQ 与椭球面内切于 M 点，镜上其余各点均在椭球内，则对椭球的两个焦点 F 和 F' 来说，从任一焦点发出的光线经反射镜 PQ 一次反射能够通过另一个焦点的实际光路应该是经过 M 的光路，相比反射镜 PQ 上其他各个反射点的可能光路，经过 M 点的实际光路的光程有极大值，即光按光程极大的路程传播。

5. 马吕斯定理

马吕斯定理是由马吕斯在 1808 年提出，其后由杜平(Dupin)等人推广形成的。它给出了光波在光学系统中传播时，两个波面之间光沿不同光路传播时光程之间的关系。马吕斯定理指出，垂直于入射波面的入射光线束，经过任意次的反射和折射后，出射光线束仍然垂直于出射波面，并且在入射波面和出射波面间所有光路的光程都相等。

从光的电磁理论分析，马吕斯定理显而易见。这是因为任一时刻两个不同的波振面之间的相位差恒定，因而光程也恒定。马吕斯定理在分析光学系统的成像和成像质量方面有重要的意义。

光的反射定律和折射定律、费马原理和马吕斯定理都可以用于研究光线在光学系统中的传播路径，它们相互等价，任一个都可以作为几何光学的基本定律。

7.1.3 光学系统及物像的基本概念

在生活中我们有许多在光参与下的系统，譬如眼睛、照相机和显微镜等，这种由基本的光学元件构成的系统称为光学系统。构成光学系统的基本光学元件可以是物理光学元

件，譬如光栅、偏振片、波片以及各种光学调制器等，也可以是几何光学元件，譬如透镜、球面反射镜和平面镜等。后面几章着重讨论由几何光学元件构成的光学系统，主要研究它们的成像问题。

用于成像的光学系统一般都有关于一条轴线旋转对称的性质，即有一条公共的轴线通过各个光学元件表面的曲率中心，该轴线叫做光学系统的光轴，这样的光学系统通常称为共轴光学系统。经过光轴的任一平面称为子午面。如果构成共轴光学系统的各光学元件的表面均为球面或平面，这样的系统称为共轴球面光学系统。

进入光学系统参与成像的光可以直接来自光源或被光源照明的物体，也可以来自另外一个光学系统，所以光源、被光源照明的物体或别的光学系统的像都可能是成像的光学系统的物。在几何光学中，通常将物看做由许多的物点构成，由每个物点发出的进入光学系统的光束为同心光束。相对某个面，譬如薄透镜的前表面、平面镜的表面，如果物点发出的光束为发散的同心光束，即进入光学系统的光线的反向延长线能够相交于一点，称为实物点；反之，如果物点发出的进入光学系统的光束为会聚的同心光束，即进入光学系统的光线的延长线能够相交于一点，称为虚物点。由实物点构成的物称为实物，由虚物点构成的物称为虚物点。成像的光源和被光源照明的物体为实物，而别的光学系统成的像则可能是实物，也有可能是虚物。

物点发出的同心光束经过光学系统后仍为同心光束，就说光学系统对该物点形成了一个完善的像点，或高斯像点，物点和像点称为光学系统的一对共轭点。如果离开光学系统的光束为会聚的同心光束，称该高斯像点为实像点；如果离开光学系统的光束为发散的同心光束，称该高斯像点为虚像点。

光学系统对构成物的各个物点均成完善的像点，就说光学系统对物形成了完善像，各像点构成了物的完善像或高斯像。由实像点构成实像，虚像点构成虚像。

在阐明了物像概念后，引入物像空间的概念。光学系统中物所在的空间称为物空间，像所在的空间称为像空间。物空间和像空间没有严格的位置界限，光学系统成像以前整个空间为物空间，成像以后整个空间为像空间。

7.1.4 光学系统成完善像的条件

如果光学系统对物点形成了完善像，其物点到像点的不同光路间的光程有什么关系呢？如图 7-8 所示，一个光学系统对物点 A 成完善的像点 A'，若在物空间作一个波面 π_1，显然是以 A 为球心的球面；同样在像空间作一个波面 π_2，也应该是以 A' 为球心的球面。从 A 到 A' 的任一光路的光程可以表示为

$$L = L_{A \to \pi_1} + L_{\pi_1 \to \pi_2} + L_{\pi_2 \to A'}$$

显然，沿不同光路的光程 $L_{A \to \pi_1} + L_{\pi_2 \to A'}$ 恒相等，又根据马吕斯定律，两个波面间沿不同光路的光程相等，即沿不同光路的光程 $L_{\pi_1 \to \pi_2}$ 相等，因此，光学系统成完善像的条件是从物点到像点沿不同光路的光程相等。

根据光学系统成完善像的条件，可以直接进行简单成像光学系统设计。

最简单的光学系统是单个的折射面或反射面，它们也是复杂光学系统的基础。下面根据光学系统成完善像的基本条件，即物点到像点的光程为定值，研究能够成完善像的单个界面的结构。

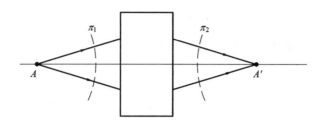

图 7-8　光学系统成完善像时光程关系

首先看实物点经过单个界面反射成完善实像点时，反射面的几何结构。由于反射面有旋转对称性，因而仅仅在子午面内分析。如图 7-9 所示，A 在折射率为 n 的介质中，经界面反射成完善的实像点 A'，则反射面应是从物点 A 经界面反射到像点 A' 光程为定值的 P 点的集合，即

$$AP + PA' = \frac{c}{n}$$

其中 c 为一个常数。所以，P 点的轨迹是以 A 和 A' 为焦点的椭球面。

进一步看实物点经过单个界面反射成完善虚像点时，反射面的几何结构。如图 7-10 所示，由于成虚像，因而在像空间作一个波面 π，即是以 A' 为球心、半径为 R_0 的球面。由光学系统成完善像的条件，即沿各光路从 A 到波面 π 的光程为定值，所以有

$$AP + PQ = \frac{c}{n}$$

其中 c 也为一个常数。又 $PQ = R_0 - PA'$，所以可得反射界面上 P 点满足的基本关系

$$AP - PA' = \frac{c}{n} - R_0$$

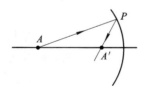

图 7-9　实物经界面反射成实像

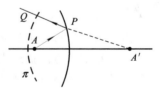

图 7-10　实物经界面反射成虚像

因此这时的反射面是以 A 和 A' 为焦点的双曲面。

当物体位于无穷远的距离时，单个界面反射同样可以成完善像。如图 7-11 所示，这时在物空间作波面 π_1，它显然是一个平面，进一步选择曲面顶点 O 到 A' 和波面 π_1 的距离相等；在像空间作波面 π_2，它是一个以 A' 为球心、半径为 R_0 的球面。要使物体成完善的虚像 A'，则沿任一光路从波面 π_1 到 π_2 的光程都应相等，即应有

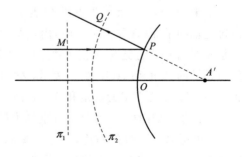

图 7-11　无穷远的物经反射成虚像

$$MP + PQ = \frac{c}{n}$$

其中 c 为一个常数。又由 $PQ = R_0 - PA'$，因此

$$MP - PA' = \frac{c}{n} - R_0$$

考虑到 P 点位于曲面顶点 O 上时，有 $MP = PA'$，上式右边为零，所以对于任一位置的 P 点，恒有

$$MP = PA'$$

即反射面为到定点和定平面距离相等的点的集合，也就是以 A' 为焦点的抛物面。

7.2　单个折射球面的光路计算

几何光学研究光学系统成像的基本方法就是追踪由物点发出的多条特征光线的光路，通过分析出射光束中各光线的空间分布分析光学系统的成像。如果出射光束为同心光束，可以研究光学系统成像的物像关系；如果出射光束不为同心光束，可以研究光学系统的成像质量。计算光线经过光学系统的光路的过程称为光路计算，它是几何光学研究成像的基础。

常见的光学系统多数为球面光学系统，光线经过光学系统是光线连续经过若干个球面折射和反射的过程。光线在球面上的反射和折射分别满足光的反射和折射定律，考虑到反射定律的数学形式是折射定律的特殊形式，所以单个折射球面不仅是一个简单的光学系统，而且是组成光学系统的基本构成单元。本节将研究光线经单个球面的折射，即单个折射球面的光路计算，它是研究一般球面光学系统成像的基础。

7.2.1　符号法则

在数学上为了描述空间物体的位置和形状，最方便的方法是建立一个坐标系。几何光学为了能够采用纯数学的方法描述光学系统的结构、光线的空间位置，以及光学系统物像的相对位置和大小等，引入了符号法则。下面以折射球面为例说明几何光学中的符号法则。

如图 7-12 所示，球形折射面是折射率为 n 和 n' 两种介质的分界面，C 为球心，OC 为球面曲率半径，以 r 表示，顶点以 O 表示。经过球面曲率中心的直线为折射球面的光轴，在包含光轴的平面（常称为子午面）内，入射到球面的光线，其位置可以由两个参量决定：一个是光线与光轴的交点 A 相对顶点 O 的线度，以 L 表示，称为物方截距；另一个是入射光线与光轴的夹角 $\angle EAO$，以 U 表示，称为物方孔径角。光线 AE 经过球面折射以后，交光轴于 A' 点。光线 EA' 的确定和 AE 相似，以相同字母表示两个参量，仅在字母右上角加"撇"以示区别，如图中 L' 和 U'，分别称为像方截距和像方孔径角。在图中，A 可以位于 O 的左边，也可以位于 O 的右边，入射光线可以在光轴以上，也可以在光轴以下，通过符号法则就可以准确地确定它们的具体位置。

几何光学中涉及到的量主要有描述相对位置的线度量和描述直线之间夹角的角度量。符号法则包括以下三个方面的内容。

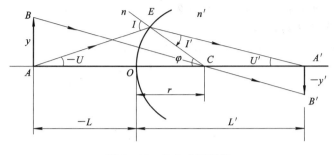

图 7-12 单个球面折射

1. 正方向的规定

在建立坐标系时必须确定坐标轴的正方向,同样,在描述相对位置时应该规定正方向。正方向的规定具有任意性,几何光学中规定光线的传播方向为正方向,通常以光线从左到右的传播方向为正方向。

2. 线量的规定

线量包括沿光轴方向的线量和垂直光轴方向的线量,即轴向线量和垂轴线量。

轴向线量的规定:在光轴上选择参考点,参考点以右的点相对参考点沿光轴方向的线度为正,参考点以左的点相对参考点沿光轴方向的线度为负。在图 7-12 中,球面的曲率半径 r、物方截距 L 和像方截距 L' 均为轴向线量,以球面的顶点为参考点,物方截距为负,像方截距和球面曲率半径为正。由于在光路图的表示中,一般给出的是两点之间的距离,因而在图中 AO 的长度为 $-L$。

垂轴线量的规定:以光轴为准,在光轴以上的点到光轴的垂轴线度为正,光轴以下的点到光轴的垂轴线度为负。图 7-12 中,B 点相对光轴的线度 y 大于零,而 B' 点相对光轴的线度 y' 为负值。

3. 角量的规定

几何光学中的直线有三种,即光轴、光线和界面的法线,它们两两间可以形成夹角。

光线与光轴的夹角:规定由光轴按照锐角旋转到光线方向,如果旋转方向沿顺时针方向,夹角为正,否则为负。如图 7-12 中的 U 和 U',由于 U 为负值,在光路图中只表示角度的大小,因而图中夹角表示为 $-U$。

光线和法线的夹角:规定由光线按照锐角旋转到法线方向,如果旋转方向沿顺时针方向,则夹角为正,否则为负。如图 7-12 中球面上的入射角 I 和折射角 I',均为正值。

法线与光轴的夹角:规定由光轴按照锐角旋转到法线方向,如果旋转方向沿顺时针方向,则夹角为正,否则为负。如图 7-12 中的球心角 φ,其为正值。

从上面的角量规定来看,几何光学中角量可以为负值,但是大小一律是锐角。

应当指出,符号法则是人为规定的,可以和上面的规定不同。如果采用的符号法则不同,表示同一几何光学问题的数学形式就不同。本书以后均采用上述的符号法则。

7.2.2 单个折射球面的光路计算公式

光线经单个折射球面的光路计算,是指在给定单个折射球面的结构参量 n、n' 和 r 时,由已知入射光线参数 L 和 U,计算折射后出射光线的参数 L' 和 U'。

单个折射球面的光路计算可以分为四步：

1）球面上入射角 I 的计算

如图 7-12 所示，在 $\triangle AEC$ 中，应用正弦定理有

$$\frac{\sin(-U)}{r} = \frac{\sin(180° - I)}{r - L} = \frac{\sin I}{r - L}$$

可得

$$\sin I = \frac{L - r}{r} \sin U \qquad (7.2-1a)$$

2）折射角 I' 的计算

由折射定律得

$$\sin I' = \frac{n}{n'} \sin I \qquad (7.2-1b)$$

3）像方孔径角 U' 的计算

在图 7-12 中的 $\triangle AEC$ 和 $\triangle A'EC$ 中，根据外角关系，可得 $\varphi = I + U = I' + U'$，所以有

$$U' = I + U - I' \qquad (7.2-1c)$$

4）像方截距 L' 的计算

在 $\triangle A'EC$ 中，应用正弦定理有

$$\frac{\sin U'}{r} = \frac{\sin I'}{L' - r}$$

化简后可得

$$L' = r + r\frac{\sin I'}{\sin U'} \qquad (7.2-1d)$$

上面的 $(7.2-1a)\sim(7.2-1d)$ 式就是计算子午面内光线光路的基本公式，可以据此由已知的 L 和 U 求出 U' 和 L'。

由于折射球面关于光轴旋转对称，对于光轴上 A 点发出的任一条光线的光路，可以表示该光线绕光轴旋转一周所形成的锥面上全部光线的光路，显然这些光线在像方交光轴于同一点。由上面公式可知，当 L 为定值时，L' 是角 U 的函数。在图 7-13 中，若 A 为轴上物点，发出同心光束，由于各光线具有不同的 U，因而光束经球面折射后，将有不同的 L' 值，也就是说，在像方的光束不和光轴交于一点，即失去了同心性。因此，当轴上点以宽光束经球面折射成像时，其像是不完善的，这种成像缺陷称为像差。

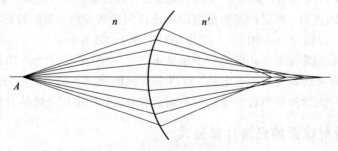

图 7-13　单个折射球面成不完善像

上述折射球面光路计算的四个公式并非适合于所有光路，存在两种例外情况，即物方

截距和像方截距为无穷远的情况。

当物方截距为无穷远，即物体位于物方光轴上无限远处时，由物体发出的光束是平行于光轴的平行光束，有 $L=-\infty$，$U=0$，如图 7-14 所示。此时，不能用 L 和 U 描述入射光线，也不能用 $(7.2-1a)$ 式计算入射角 I。这时描述入射光线的参数为光线相对于光轴的高度 h，即光线在球面上入射点的高度，入射角应按下式计算：

$$\sin I = \frac{h}{r} \tag{7.2-2}$$

后面三步的计算公式不变。

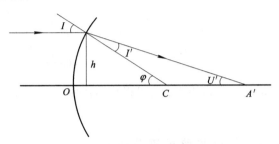

图 7-14　轴上无穷远点入射角的计算

像方截距为无穷远，即出射光线平行于光轴时，光路计算的前三步公式不变，第四步公式需要修改。这时描述出射光线参数不再是 L' 和 U'，而是出射光线相对于光轴的高度 h，其计算公式是

$$h = r \sin I' \tag{7.2-3}$$

当 L 和 U 给定时，L' 和 U' 确定，可以建立它们之间的一般自洽关系。下面给出一种关系，作为前面逐步光路计算的校对公式。

如图 7-15 所示，自顶点 O 作入射光线 AE 的垂线 OQ，由直角 $\triangle OEQ$ 和直角 $\triangle OAQ$ 可得

$$OE = \frac{OQ}{\cos\angle QOE} = \frac{L \sin U}{\cos\angle QOE}$$

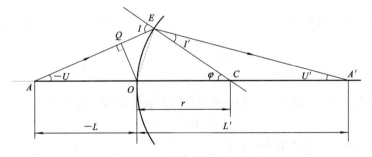

图 7-15　L' 计算的校对公式用图

由于

$$\angle QOE = \angle QOC - \angle EOC$$
$$= (90° - U) - \left(90° - \frac{I+U}{2}\right)$$
$$= \frac{I-U}{2}$$

故得

$$OE = \frac{L \, \sin U}{\cos \dfrac{I-U}{2}} \qquad (7.2-4)$$

同理，在像方可得

$$OE = \frac{L' \, \sin U'}{\cos \dfrac{I'-U'}{2}} \qquad (7.2-5)$$

因此有

$$L' = OE \frac{\cos \dfrac{I'-U'}{2}}{\sin U'} = \frac{L \, \sin U \cos \dfrac{I'-U'}{2}}{\sin U' \cos \dfrac{I-U}{2}} \qquad (7.2-6)$$

上式即为物方和像方参量的一个自洽方程，可以作为按照(7.2-1)式逐步计算结果的一个验证公式。

7.2.3 单个折射球面近轴区光路计算公式

在图7-12中，如果限制 U 角在一个很小的范围内，即从 A 点发出的光线离光轴都很近，这样的光线称为近轴光线。由于 U 角很小，其相应的 I、I'、U' 等也很小，因此其正弦值可以用弧度值来代替，用小写字母 u、i、i'、u' 来表示，物方和像方截距也用小写字母 l 和 l' 表示。近轴光的光路计算公式可直接由(7.2-1)式得到，即

$$\left. \begin{aligned} i &= \frac{l-r}{r} u \\ i' &= \frac{n}{n'} i \\ u' &= i + u - i' \\ l' &= r + r \frac{i'}{u'} \end{aligned} \right\} \qquad (7.2-7)$$

当入射光线或出射光线平行于光轴时，(7.2-2)式和(7.2-3)式分别近似为

$$i = \frac{h}{r} \qquad (7.2-8)$$

$$h = r i' \qquad (7.2-9)$$

由校对公式(7.2-4)和(7.2-5)，可以得到近轴区的校对公式为

$$h = lu = l'u' \qquad (7.2-10)$$

上式中 h 为光线在球面上入射点的高度。

7.3 单个折射球面的近轴区成像

7.3.1 物像公式

将(7.2-7)式中的第一、第四式 i 和 i' 代入第二式，并利用(7.2-10)式，可以得到

$$\frac{n'}{l'} - \frac{n}{l} = \frac{n'-n}{r} \qquad\qquad (7.3-1)$$

该式表明，由物点发出的近轴区同心光束，经过折射球面后像方截距相同，即仍为同心光束，所以折射球面在近轴区可以成完善像。

(7.3-1)式称为折射球面的物像公式，其中 l 称为物距，l' 称为像距，物距和像距均以折射球面顶点为参考点。这时的物点和像点称为一对共轭点。通过物点和光轴垂直的平面上各点具有相同的物距，该平面称为物面。相应的通过像点和光轴垂直的平面称为像面。物面和像面称为折射球面的一对共轭面。

将(7.3-1)式移项，两边同乘以 h，并利用(7.2-10)式，可以得到如下两个关系：

$$n\left(\frac{1}{r} - \frac{1}{l}\right) = n'\left(\frac{1}{r} - \frac{1}{l'}\right) = Q \qquad\qquad (7.3-2)$$

$$n'u' - nu = \frac{n'-n}{r}h \qquad\qquad (7.3-3)$$

(7.3-2)式给出了单个折射球面在近轴区成像时，分别由物方参量和像方参量表示的一个不变量，称为阿贝不变量，用字母 Q 表示，Q 值的大小只与共轭面的位置有关。(7.3-3)式给出了近轴区光路物方和像方孔径角的关系。

7.3.2　焦距及光焦度

在折射球面近轴区成像中存在两组特殊的共轭点：物点位于光轴上无穷远处时的像点和像点位于光轴上无穷远处时的共轭物点。对于折射球面，若物点位于光轴上无限远处，即物距 $l = -\infty$，则入射光线平行于光轴，经球面折射后交光轴于 F' 点，如图 7-16(a) 所示。这个特殊的像点，称为折射球面的像方焦点。从顶点 O 到 F' 的线度定义为像方焦距，用 f' 表示。将 $l = -\infty$ 代入(7.3-1)式，可得

$$f' = l'\big|_{l\to\infty} = \frac{n'}{n'-n}r \qquad\qquad (7.3-4)$$

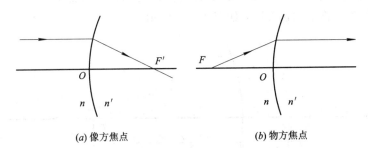

(a) 像方焦点　　　　　　　　(b) 物方焦点

图 7-16　单个折射面的像方焦点和物方焦点

当像点位于光轴上无穷远处时的共轭物点，称为折射球面的物方焦点 F，如图 7-16(b)所示，从顶点 O 到 F 的线度定义为物方焦距，用 f 表示，由(7.3-1)式可得

$$f = l\big|_{l'\to\infty} = -\frac{n}{n'-n}r \qquad\qquad (7.3-5)$$

由(7.3-4)式和(7.3-5)式可得物方焦距和像方焦距的关系为

$$\frac{f'}{f} = -\frac{n'}{n} \qquad\qquad (7.3-6)$$

该式表明，单个折射球面像方焦距 f' 与物方焦距 f 的大小之比等于相应介质的折射率之比，负号表示物方和像方焦点永远位于折射球面顶点的两侧。

实际上，当一个光学系统可以成完善像时，都存在当物点位于光轴上无穷远处时的一对共轭点和当像点位于光轴上无穷远处时的一对共轭点，类似折射球面可以定义光学系统的物方和像方焦点。

(7.3−1)式右端仅与介质的折射率及球面曲率半径有关，因而对于确定的折射球面来说是一个不变量，它表征了球面近轴区成像的光学特征，称为折射球面的光焦度，以 φ 表示

$$\varphi = \frac{n' - n}{r} \tag{7.3−7}$$

当 r 以 m 为单位时，φ 的单位为折光度，以字母 D 表示。例如，$n'=1.5$，$n=1.0$，$r=100$ mm 的球面，$\varphi=5D$。

根据光焦度公式(7.3−7)及焦距公式(7.3−4)和(7.3−5)，折射球面两焦距和光焦度之间的关系为

$$\varphi = \frac{n'}{f'} = -\frac{n}{f} \tag{7.3−8}$$

所以，焦距 f 和 f' 及光焦度 φ 是表征折射面成像的重要光学特征量。

7.3.3　高斯公式和牛顿公式

在折射球面物像公式(7.3−1)两边同乘以 $r/(n'-n)$，根据焦距公式(7.3−4)和(7.3−5)，得

$$\frac{f'}{l'} + \frac{f}{l} = 1 \tag{7.3−9}$$

此式称为折射球面成像的高斯公式。上式不显含折射球面的结构参数，可以用来描述一般能够成完善像的光学系统的物像关系，也称为光学系统成像的高斯公式。如果物距和像距不以折射球面的顶点为参考点，而分别以物方焦点 F 和像方焦点 F′ 为参考点，并用 x 和 x' 表示，分别称为焦物距和焦像距，如图 7−17 所示。

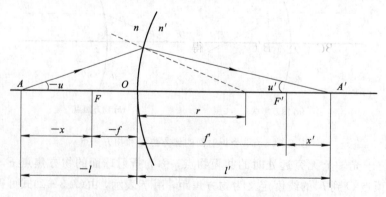

图 7−17　牛顿公式导出用图

由图可得如下关系：

$$\left.\begin{array}{l} -l = -f - x \\ l' = f' + x' \end{array}\right\} \tag{7.3−10}$$

将上式代入高斯公式(7.3 - 9)，化简后得

$$xx' = ff'$$

(7.3 - 11)

此式称为牛顿公式。牛顿公式表明，以焦点为参考点，物距和像距之积等于物方和像方焦距之积。牛顿公式的形式较高斯公式简单，对称性显著，有时运用更为方便。

对于折射球面近轴区成像，公式(7.3 - 1)、(7.3 - 9)和(7.3 - 11)具有相同的含义，彼此完全等价，适用于球面折射的各种不同情况。

7.3.4 放大率

物体经球面折射成像后，通常不仅需要知道像的位置，而且还希望知道像的相对大小、虚实和倒正，以及光线经过折射前后方向的改变等，这些关系可以通过折射球面的放大率描述。折射球面的放大率包括垂轴放大率、轴向放大率和角放大率。

1. 垂轴放大率

垂轴放大率有时也称为横向放大率，用来描述物体成像前后高度之间的关系。如图 7 - 18 所示，物体 AB 经过折射球面成像为 $A'B'$，物高和像高分别表示为 y 和 y'，即 $AB = y$，$A'B' = -y'$。垂轴放大率定义为像高和物高的比值，一般用 β 表示，即

$$\beta = \frac{y'}{y}$$

(7.3 - 12)

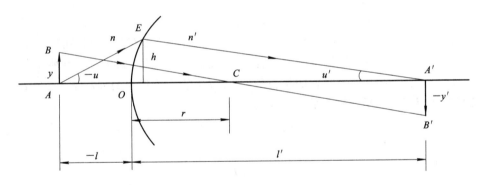

图 7 - 18 垂轴放大率公式导出用图

由图 7 - 18 中 $\triangle ABC$ 和 $\triangle A'B'C$ 相似可得

$$-\frac{y'}{y} = \frac{l' - r}{-l + r} \quad \text{或} \quad \frac{y'}{y} = \frac{l' - r}{l - r}$$

根据(7.3 - 2)式，由上式可得垂轴放大率的表示式为

$$\beta = \frac{nl'}{n'l}$$

(7.3 - 13)

可见，垂轴放大率仅取决于共轭面的位置，在同一共轭面上，放大率为常数，故像必和物相似。

由垂轴放大率的定义式(7.3 - 12)和(7.3 - 13)式可以得到如下结论：

(1) $\beta < 0$ 时，y' 和 y 异号，表示成倒像；$\beta > 0$ 时，y' 和 y 同号，表示成正像。

(2) $\beta < 0$ 时，l' 和 l 异号，表示物和像处于折射球面的两侧，实物成实像，虚物成虚像。

(3) $\beta > 0$ 时，l' 和 l 同号，表示物和像处于折射球面的同侧，实物成虚像，虚物成实像。

(4) $|\beta| > 1$ 时，成放大的像；$|\beta| < 1$ 时，成缩小的像。

2. 轴向放大率

对于有一定体积的物体，物体除了有高度（垂轴尺寸）外，还有厚度（轴向尺寸），轴向放大率用于描述物体成像前后厚度之间的关系。物体的厚度可以用物面沿光轴的移动量表征，如果物面沿光轴移动一个微小量 $\mathrm{d}l$，相应地像移动 $\mathrm{d}l'$，则轴向放大率 α 定义为

$$\alpha = \frac{\mathrm{d}l'}{\mathrm{d}l} \tag{7.3-14}$$

对(7.3-9)式关于 l 和 l' 微分，可以得到

$$-\frac{n'\,\mathrm{d}l'}{l'^2} + \frac{n\,\mathrm{d}l}{l^2} = 0$$

由此可得轴向放大率为

$$\alpha = \frac{n l'^2}{n' l^2} \tag{7.3-15}$$

由上述讨论可以得到，折射球面的 α 和 β 满足如下关系：

$$\alpha = \frac{n'}{n}\beta^2 \tag{7.3-16}$$

由该关系式可见，折射球面的轴向放大率恒为正值，这表示物点沿光轴移动时，其像点将沿同样的方向沿光轴移动，故称折射球面成一个一致的像。如果在一个光学系统中，α 为负值，物点沿光轴移动时，像点以反方向沿光轴移动，则称该光学系统成一个非一致的像。

由(7.3-15)式还可以看出，折射球面的 α 与共轭面的位置有关，当物面位置发生变化时，α 将发生变化。这说明(7.3-15)式只有当 $\mathrm{d}l$ 很小时才适用。如图 7-19 所示，如果物点从 A_1 沿光轴移动到 A_2，沿光轴的移动量为 $l_2 - l_1$，相应于像点的移动量为 $l_2' - l_1'$，这时可定义两对共轭面间的平均轴向放大率 $\bar{\alpha}$ 为

$$\bar{\alpha} = \frac{l_2' - l_1'}{l_2 - l_1} \tag{7.3-17}$$

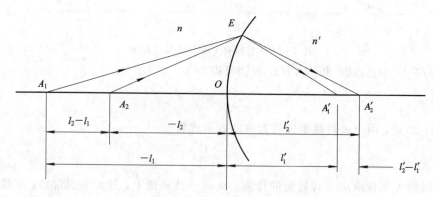

图 7-19 轴向放大率 $\bar{\alpha}$

对 A_1 和 A_2 两个物点分别应用折射球面成像公式(7.3-1)，可以得到

$$\frac{n'}{l_2'} - \frac{n}{l_2} = \frac{n'-n}{r} = \frac{n'}{l_1'} - \frac{n}{l_1}$$

移项整理后有

$$\frac{l_2' - l_1'}{l_2 - l_1} = \frac{n l_1' l_2'}{n' l_1 l_2} = \frac{n'}{n}\beta_1\beta_2$$

其中 β_1 和 β_2 分别为物在 A_1 和 A_2 两点的垂轴放大率。将上式带入(7.3 - 17)式，可得

$$\bar{\alpha} = \frac{n l_1' l_2'}{n' l_1 l_2} = \frac{n'}{n}\beta_1\beta_2 \tag{7.3 - 18}$$

3. 角放大率

在近轴区，通过物点的光线经球面折射后，必然经过其共轭像点。假设这样一对共轭光线与光轴夹角为 u 和 u'，定义角放大率为 u' 和 u 之比，用 γ 表示，有

$$\gamma = \frac{u'}{u} \tag{7.3 - 19}$$

利用关系式 $lu = l'u'$，上式可写为

$$\gamma = \frac{l}{l'} \tag{7.3 - 20}$$

再根据垂轴放大率的表示(7.3 - 13)式，可得

$$\gamma = \frac{n}{n'}\frac{1}{\beta} \tag{7.3 - 21}$$

综合上式和(7.3 - 16)式，可得三个放大率之间的关系为

$$\alpha\gamma = \frac{n'}{n}\beta^2 \frac{n}{n'}\frac{1}{\beta} = \beta \tag{7.3 - 22}$$

7.3.5 拉亥不变量

由关系式 $\beta = \dfrac{y'}{y} = \dfrac{n l'}{n' l}$ 和 $\gamma = \dfrac{u'}{u} = \dfrac{l}{l'}$，可得

$$nyu = n'y'u' = J \tag{7.3 - 23}$$

上式称为拉格朗日-亥姆霍兹恒等式，式中 J 称为拉亥不变量。

7.4 球面反射镜成像

光线在球面上反射时，遵从反射定律。反射定律在数学形式上可以看做是折射定律在 $n' = -n$ 时的特殊形式，故只需在折射球面光路计算公式和近轴区成像的公式中作替换 $n' = -n$，$I' = I''$，便可得到球面反射镜的相应公式。球面反射镜也只有在近轴区才可以成完善像。本节将在折射球面近轴区成像关系的基础上，给出球面反射镜近轴区成像的基本关系。

7.4.1 焦点和焦距

将 $n' = -n$ 代入(7.3 - 7)和(7.3 - 8)式，可以得到球面反射镜的光焦度和焦距公式为

$$\varphi = -\frac{2n}{r} \tag{7.4 - 1}$$

$$f' = f = \frac{r}{2} \tag{7.4 - 2}$$

该式表明球面反射镜的二焦点重合，位于球心和球面镜顶点间的中点位置。对于凸球面反

射镜，如图 7-20(a)所示，$r>0$，则 $f'>0$；对于凹球面反射镜，如图 7-20(b)所示，$r<0$，则 $f'<0$。

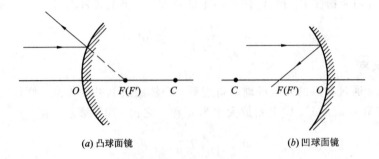

(a) 凸球面镜   *(b)* 凹球面镜

图 7-20 球面反射镜的焦点

7.4.2 物像公式

将 $n'=-n$ 代入(7.3-1)式，可以得球面反射镜的物像位置公式为

$$\frac{1}{l'}+\frac{1}{l}=\frac{2}{r} \tag{7.4-3}$$

考虑到物方焦距和像方焦距的关系式(7.4-1)，对于球面反射镜，高斯公式可以表示为

$$\frac{1}{l'}+\frac{1}{l}=\frac{1}{f'} \tag{7.4-4}$$

牛顿公式和折射球面有相同的形式。

7.4.3 放大率

球面反射镜也定义有垂轴放大率、轴向放大率和角放大率，它们的定义式和折射球面相同。由折射球面放大率的表达式(7.3-13)、(7.3-15)和(7.3-20)，可以得到球面反射镜的三种放大率公式为

$$\left.\begin{array}{l}\beta=-\dfrac{l'}{l}\\[2mm]\alpha=-\dfrac{l'^2}{l^2}=-\beta^2\\[2mm]\gamma=\dfrac{l}{l'}=-\dfrac{1}{\beta}\end{array}\right\} \tag{7.4-5}$$

上式表明，球面反射镜的轴向放大率恒为负值，当物体沿光轴移动时，像总以相反的方向沿光轴移动，即成一个非一致的像。过球面反射镜球心的物面，与其像重合，即 $l'=l=r$，这时的放大率为 $\beta=-1$，$\alpha=-1$，$\gamma=1$。

7.5 共轴球面光学系统

共轴球面光学系统可以看做多个折射球面或球面反射镜构成的系统，在其成像的过程中，前一个球面成的像正好为下一个球面成像的物，如果能够由前一个球面成像的像参数得到下一个球面成像的物参数，将折射球面和球面反射镜近轴区的成像关系或光路计算公式应用到各个球面上，就可以得到系统的像或确定入射光线经过系统的光路。将联系前一个球面成的像参数和下一个球面成像的物参数的关系称为转面公式或过渡公式。本节将讨论共轴球面光学系统的转面公式，基于它研究共轴球面光学系统成像的基本关系。

7.5.1 转面公式

共轴球面光学系统成像过程中的参数包括系统结构参数和成像参数，图 7-21 给出了由三个折射球面构成系统的关键参数。对于由 k 个球面构成的系统，它的结构由结构参数唯一确定，结构参数包括：

（1）各折射球面的曲率半径 r_1，r_2，$\cdots$，r_k；

（2）相邻两个球面顶点之间的间隔 d_1，d_2，$\cdots$，d_{k-1}，其中 d_i 是第 i 个球面顶点到第 $i+1$ 个球面顶点之间的间隔；

（3）各球面物方和像方介质的折射率 n_1，n_1'，n_2，n_2'，$\cdots$，n_k，n_k'，其中 n_i 和 n_i' 是第 i 个球面前后介质的折射率。

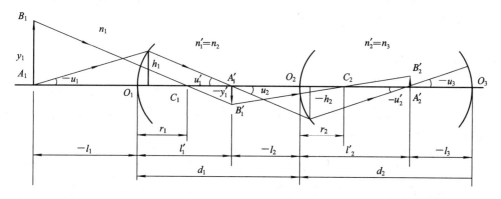

图 7-21 共轴球面系统

光学系统近轴区成像和光路计算时涉及的参数有：

（1）各个球面的物高和像高：y_1，y_1'，y_2，y_2'，$\cdots$，y_k，y_k'；

（2）各个球面的物距和像距：l_1，l_1'，l_2，l_2'，$\cdots$，l_k，l_k'；

（3）光线的物方和像方孔径角：u_1，u_1'，u_2，u_2'，$\cdots$，u_k，u_k'。

考虑到前一个球面成的像正好为下一个球面成像的物，可以得到如下关系：

$$\left.\begin{array}{l} n_2 = n_1',\ n_3 = n_2',\ \cdots,\ n_k = n_{k-1}' \\ u_2 = u_1',\ u_3 = u_2',\ \cdots,\ u_k = u_{k-1}' \\ y_2 = y_1',\ y_3 = y_2',\ \cdots,\ y_k = y_{k-1}' \end{array}\right\} \tag{7.5-1}$$

结合图 7-21 可以得到物距和像距的转面公式为

$$l_2 = l_1' - d_1, \quad l_3 = l_2' - d_2, \cdots, l_k = l_{k-1}' - d_{k-1} \tag{7.5-2}$$

上述转面公式不仅适用于近轴光路，对于非近轴光路也同样适用，这时孔径角和截距的转面公式为

$$\left.\begin{array}{l} U_2 = U_1',\ U_3 = U_2',\ \cdots,\ U_k = U_{k-1}' \\ L_2 = L_1' - d_1,\ L_3 = L_2' - d_2,\ \cdots,\ L_k = L_{k-1}' - d_{k-1} \end{array}\right\} \tag{7.5-3}$$

在进行光路计算时，有时需要求出光线在球面上的入射高度 h。如图 7 - 21 所示，在近轴区球面上入射高度的转面公式为

$$h_2 = h_1 - d_1 u_1', \quad h_3 = h_2 - d_2 u_2', \quad \cdots, \quad h_k = h_{k-1} - d_{k-1} u_{k-1}' \qquad (7.5-4)$$

7.5.2 拉亥不变量

利用(7.3 - 23)式，对共轴球面系统的每一个球面都可以写出其拉亥公式：

$$n_1 u_1 y_1 = n_1' u_1' y_1'$$
$$n_2 u_2 y_2 = n_2' u_2' y_2'$$
$$\vdots$$
$$n_k u_k y_k = n_k' u_k' y_k'$$

利用(7.5 - 1)式可得

$$n_1 u_1 y_1 = n_2 u_2 y_2 = \cdots = n_k u_k y_k = n_k' u_k' y_k' = J \qquad (7.5-5)$$

该式表明，拉亥不变量不仅对一个折射球面的两个空间是不变量，而且对整个光学系统的每一个球面的每一个空间都是不变量。

7.5.3 放大率公式

共轴球面光学系统也定义有垂轴放大率、轴向放大率和角放大率，它们的定义式和折射球面相同，只是需要将折射球面的像空间参数换为共轴球面光学系统的像空间(即最后一个球面的像空间)参数，即

$$\beta = \frac{y_k'}{y_1}, \quad \alpha = \frac{\mathrm{d}l_k'}{\mathrm{d}l_1}, \quad \gamma = \frac{u_k'}{u_1} \qquad (7.5-6)$$

利用转面公式(7.5 - 1)和(7.5 - 2)很容易证明，共轴球面系统的各个放大率等于各个球面相应放大率之乘积：

$$\left.\begin{array}{l} \beta = \dfrac{y_1'}{y_1} \dfrac{y_2'}{y_2} \cdots \dfrac{y_k'}{y_k} = \beta_1 \beta_2 \cdots \beta_k \\[2mm] \alpha = \dfrac{\mathrm{d}l_1'}{\mathrm{d}l_1} \dfrac{\mathrm{d}l_2'}{\mathrm{d}l_2} \cdots \dfrac{\mathrm{d}l_k'}{\mathrm{d}l_k} = \alpha_1 \alpha_2 \cdots \alpha_k \\[2mm] \gamma = \dfrac{u_1'}{u_1} \dfrac{u_2'}{u_2} \cdots \dfrac{u_k'}{u_k} = \gamma_1 \gamma_2 \cdots \gamma_k \end{array}\right\} \qquad (7.5-7)$$

将单个球面的放大率表示式代入上式，可求得放大率间的关系为

$$\alpha = \frac{n_k'}{n_1} \beta_1^2 \beta_2^2 \cdots \beta_k^2 = \frac{n_k'}{n_1} \beta^2 \qquad (7.5-8)$$

$$\gamma = \frac{n_1}{n_k'} \frac{1}{\beta_1 \beta_2 \cdots \beta_k} = \frac{n_1}{n_k'} \frac{1}{\beta} \qquad (7.5-9)$$

$$\alpha \gamma = \beta \qquad (7.5-10)$$

由此可见，共轴球面系统的总放大率为各球面放大率的乘积，三种放大率之间的关系与单个折射球面的相应关系一样。

7.6 薄透镜成像

7.6.1 透镜的分类

透镜是有两个曲面的透明体。由于球面的对称性较高，容易加工，因而透镜的两个曲面通常为球面或者为平面。将与两个曲面垂直的直线定义为透镜的光轴。如果构成透镜的曲面为球面，光轴通过球心；如果为平面，光轴垂直该平面。光轴和两个曲面存在两个交点，分别称为透镜的前顶点和后顶点，两个顶点之间的距离称为透镜的厚度。

透镜有多种分类方法。从结构上可如图7-22所示分为双凸透镜、双凹透镜、平凸透镜、平凹透镜、正弯月透镜和负弯月透镜，它们可以由两个面的曲率半径的数值区分，如表7-1所示。

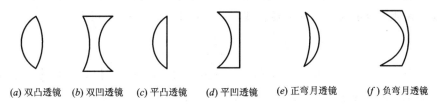

(a) 双凸透镜 (b) 双凹透镜 (c) 平凸透镜 (d) 平凹透镜 (e) 正弯月透镜 (f) 负弯月透镜

图7-22 透镜按照形状的分类

表7-1 透镜结构和曲率半径关系

透镜类别	双凸透镜	双凹透镜	平凸透镜	平凹透镜	正弯月透镜	负弯月透镜
曲率半径关系	$r_1>0$ $r_2<0$	$r_1<0$ $r_2>0$	$r_1>0$ $r_2=\infty$	$r_1<0$ $r_2=\infty$	$r_1 r_2>0$ $r_1<r_2$	$r_1 r_2>0$ $r_1>r_2$

在透镜成像中，如果透镜的厚度对于成像的位置和质量影响较小，可以忽略，则透镜称为薄透镜，否则称为厚透镜。

透镜根据对光束具有发散作用还是会聚作用，可以分为正透镜和负透镜。正透镜对光束具有会聚作用，负透镜对光束具有发散作用。将由玻璃构成的薄透镜放在空气中，如果中间比边缘厚就是正透镜，如果中间比边缘薄就是负透镜。双凸薄透镜、平凸薄透镜和正弯月薄透镜为正透镜，双凹薄透镜、平凹薄透镜和负弯月薄透镜为负透镜。

7.6.2 薄透镜成像

薄透镜可以看做是两个空间间隔近似为零的折射球面系统，它在近轴区可以成完善像。现在推导它的成像公式。

假如薄透镜两个球面的曲率半径为r_1和r_2，构成透镜的材料折射率为n_0，透镜所在空间的介质折射率为n。薄透镜中前后两个顶点重合，称为薄透镜的光心，以它作为光轴上的参考点，透镜前任一物相对光心的轴向线度表示为l，称为物距，该物经过透镜第一个球面折射成像的像距表示为l_1'，经过第二个折射球面成像时，物距为l_2，成像后像相对透镜

光心的线度表示为 l'，称为透镜的像距。根据折射球面成像公式可以得到

$$\frac{n_0}{l'_1} - \frac{n}{l} = \frac{n_0 - n}{r_1}$$

$$\frac{n}{l'} - \frac{n_0}{l_2} = \frac{n - n_0}{r_2}$$

由于 $l'_1 = l_2$，将上面两式相加可以得到

$$\frac{n}{l'} - \frac{n}{l} = \frac{n_0 - n}{r_1} + \frac{n - n_0}{r_2} \tag{7.6-1}$$

上式的右边仅和透镜的结构参数有关，是成像的重要参数，表征了薄透镜的光学特性，称为薄透镜的光焦度，它等于两个折射球面光焦度之和，即

$$\varphi = \varphi_1 + \varphi_2 = (n_0 - n)\left(\frac{1}{r_1} - \frac{1}{r_2}\right) \tag{7.6-2}$$

当光轴上物点位于无穷远时，像点的位置即为薄透镜像方焦点，它相对光心的线度称为薄透镜的像方焦距，表示为 f'。在成像公式(7.6-1)中，令 $l \to \infty$，可得

$$f' = \frac{n}{n_0 - n}\left(\frac{1}{r_1} - \frac{1}{r_2}\right)^{-1} \tag{7.6-3}$$

与光轴上无穷远处的像点共轭的物点称为薄透镜的物方焦点，它相对光心的线度称为薄透镜的物方焦距，表示为 f。在薄透镜成像公式中，令 $l' \to \infty$，可得

$$f = \frac{-n}{n_0 - n}\left(\frac{1}{r_1} - \frac{1}{r_2}\right)^{-1} \tag{7.6-4}$$

可见，薄透镜物方焦距和像方焦距的大小相等，正负号相反，即两个焦点对称地分居光心两侧。对于正透镜，像方焦距大于零；对于负透镜，像方焦距小于零。图 7-23 给出了正薄透镜和负薄透镜的表示及焦点的相对位置关系。

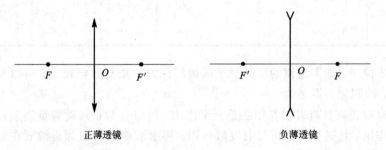

正薄透镜　　　　　　　　　　　　　　负薄透镜

图 7-23　薄透镜表示及焦点分布

薄透镜的物像关系可以用焦距表示为

$$\frac{1}{l'} - \frac{1}{l} = \frac{1}{f'} \tag{7.6-5}$$

它是光学系统高斯成像公式在物方和像方折射率相等时的特殊形式。同样，如果物方和像方分别以物方焦点和像方焦点作为参考点，可以得到薄透镜成像的牛顿公式，它的形式和折射球面的牛顿成像公式形式相同。

薄透镜成像的三种放大率都可以分别看做是两个折射球面相应放大率的乘积，根据折射球面的放大率公式，再考虑 $l'_1 = l_2$，可以得到

$$\left.\begin{array}{l} \beta = \dfrac{l'}{l} \\[2mm] \alpha = \dfrac{l'^2}{l^2} \\[2mm] \gamma = \dfrac{l}{l'} \end{array}\right\} \qquad\qquad (7.6-6)$$

7.6.3 薄透镜物像的几个特殊位置关系

薄透镜有四组特殊的物像共轭点，如表 7-2 所示。熟悉这些特殊情况，有助于我们分析和设计光学系统。

表 7-2 薄透镜几组共轭点及其放大率

物距	像距	β	α	γ
$l=0$	$l'=0$	1	1	1
$l=1.5f$	$l'=3f'$	-2	4	$-1/2$
$l=2f$	$l'=2f'$	-1	1	-1
$l=3f$	$l'=1.5f'$	$-1/2$	$1/4$	-2

7.7 平面的折射成像

生活中和实际的应用光学系统中，经常会碰到光线经过平面折射成像，譬如：透过水面观察水池中的物体，透过玻璃观察物体，在光学系统中的平凸、平凹透镜及反射棱镜成像等。本节首先给出光线经过折射平面折射的光路计算公式，依此研究折射平面和平行平板的成像问题。

7.7.1 平面折射光路计算公式

如图 7-24 所示，平面界面两侧介质的折射率分别为 n 和 n'，一光线 AO 入射后发生折射，由图可见

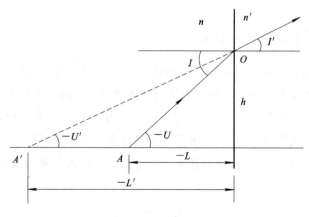

图 7-24 平面折射

$$I = -U$$

$$\sin I' = \frac{n}{n'} \sin I$$

$$U' = -I'$$

$$L \tan U = L' \tan U'$$

折射平面可以看做是曲率半径为无穷大的球面，上述公式也可以由折射球面的光路计算公式在曲率半径为无穷大的条件下得到。由上面的关系式可以求得像方孔径角和像方截距为

$$\sin U' = \frac{n}{n'} \sin U \tag{7.7-1}$$

$$L' = L \frac{n'}{n} \frac{\cos U'}{\cos U} = L \frac{\sqrt{n'^2 - n^2 \sin U}}{n \cos U} \tag{7.7-2}$$

该式即为平面折射光路计算的基本公式。可见，对于折射平面来说，像方截距 L' 是物方孔径角 U 的函数，也就是说，光轴上由同一物点发出的具有不同 U 的光线，经过平面折射之后，并不能都相交于一点，即不能成完善像。

7.7.2 折射平面近轴区成像

如果在折射平面中，将入射光线限制在近轴区，则由(7.7-2)式可得像方截距为

$$l' = l \frac{n'}{n} \tag{7.7-3}$$

可见，近轴光经过平面折射，可以成完善像，像面相对于物面移动了

$$\Delta l' = l' - l = l \left(\frac{n'}{n} - 1 \right) \tag{7.7-4}$$

根据折射球面的放大率公式，同时考虑到(7.7-3)式，可以得到折射平面近轴区成像的放大率为

$$\beta = 1, \quad \alpha = \frac{n'}{n}, \quad \gamma = \frac{n}{n'} \tag{7.7-5}$$

即对任一物面的物成一个正立等高的像。

7.7.3 折射平行平板的光路计算

折射平板可以看做是由两个折射平面构成的光学系统，图 7-25 给出了一个厚度为 d 的平行平板，设它处于空气中，即两边的折射率都等于1，构成平行平板的介质的折射率为 n。从光轴上点 A 发出的物方孔径角为 U_1 的光线射向平行平板，经第一面折射后，折射光线的反向延长线与光轴交于点 A_1'，随后光线经过第二个平面折射，出射光线的延长线与光轴交于点 A_2'。光线在第一个折射面和第二个折射面上的入射角和折射角分别为 I_1、I_1' 和 I_2、I_2'，按折射定律有

$$\sin I_1 = n \sin I_1'$$

$$n \sin I_2 = \sin I_2'$$

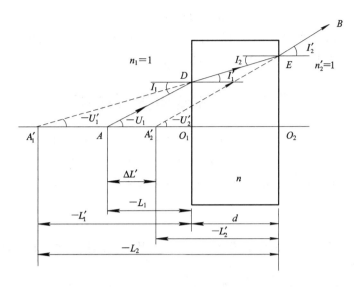

图 7 - 25　平行平板的折射

因两个折射面平行，有 $I_2 = I_1'$，$I_2' = I_1$，故 $U_1 = U_2'$，可见出射光线 EB 和入射光线 AD 相互平行，即光线经平行平板折射后方向不变。光线在经过两个平面两次折射时，其物方和像方的截距依次为 L_1、L_1'、L_2 和 L_2'，由折射平面光路计算公式(7.7 - 2)有

$$L_1' = L_1 \frac{n \cos U_1'}{\cos U_1}, \quad L_2' = L_2 \frac{\cos U_2'}{n \cos U_2}$$

由转面公式有

$$L_2 = L_1' - d, \quad U_2 = U_1'$$

可以得到

$$L_2' = L_1 - \frac{d \cos U_1}{\sqrt{n^2 - \sin^2 U_1}} \qquad (7.7 - 6)$$

A_2' 相对于 A_1 沿光轴移动量为 $\Delta L' = L_2' - L_1 + d$，令 $U = U_1$，可得

$$\Delta L' = d \left(1 - \frac{\cos U}{\sqrt{n^2 - \sin^2 U}} \right) \qquad (7.7 - 7)$$

上式就是折射平行平板像方截距的计算公式。它表明，像方截距和 U 值有关，即物点 A 发出的同心光束，经过平行平板折射后，不再是同心光束，所以折射平行平板成像是不完善的。同时可以看出，厚度越大，轴向位移越大，成像不完善程度也越大。

7.7.4　折射平行平板的成像

将经过平行平板的光线全部限制在近轴区，(7.7 - 7)式变为

$$\Delta l' = d \left(1 - \frac{1}{n} \right) \qquad (7.7 - 8)$$

上式表明，近轴光线的轴向位移只与平行平板厚度 d 及折射率 n 有关，而与入射光线的物方孔径角无关。因此物点以近轴光经平行平板成像是完善的。

由于出射光线和入射光线相互平行，因而平行平板的角放大率为 1。按照放大率之间的关系，可以得到平行平板的放大率为

$$\alpha = \beta = \gamma = 1 \qquad\qquad (7.7-9)$$

即平行平板的三个放大率均为1，所以物体经过平行平板在近轴区成像后，仅仅将物沿光轴平移一段距离，并不改变物的大小和空间方向。

7.8 平面镜和棱镜系统

光学系统中，除了广泛应用共轴球面光学系统外，还广泛使用平面镜和棱镜系统。它们在光学系统中的主要作用是缩小仪器的体积，减轻仪器的重量，改变光路方向，变倒像为正像等。下面简要讨论平面镜、棱镜系统的成像特征。

7.8.1 平面镜成像

平面镜是反射面为平面的反射成像光学元件。从几何结构上看，它是曲率半径为无穷大的球面反射镜。

如图 7-26(a)所示，PP' 为一个平面镜，现考虑由实物点发出的同心光束，经过该平面镜反射后光束的传播。首先考虑一条由 A 点发出的垂直于平面镜的特殊入射光线 AP 的光路，根据反射定律，光线将沿原路返回。再考虑另外任意一条入射光线 AO 的光路，反射光线沿 OB 方向出射。这两条光路出射光线的反向延长线相交于 A' 点，A' 和 A 关于平面镜对称，A' 的位置与入射光线 AO 的方向无关。可见，由 A 点发出的同心光束，经过平面镜反射后，是一个以 A' 点为顶点的同心光束，也就是说，平面镜对物点 A 成完善像。由于 A 为任一物点，因而平面镜对整个物空间均成完善像。

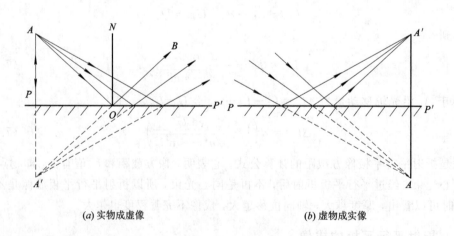

(a) 实物成虚像　　　　　　　　　(b) 虚物成实像

图 7-26　单个平面镜成像

如果射向平面反射镜的是一束会聚的同心光束，即物点是一个虚物点，则如图 7-26(b)所示，当光束经平面镜反射后成一实像点。

不管物和像是虚还是实，相对于平面反射镜来说，物和像始终是对称的。由其对称性，可以得到平面镜成像的放大率为

$$\beta = 1, \quad \alpha = -1, \quad \gamma = -1 \qquad\qquad (7.8-1)$$

如果在物空间建立一个右手坐标系 $O\text{-}xyz$，其像的大小与物相同，但却是左手坐标系

$O'-x'y'z'$，如图 7-27 所示，这种物像不一致的像，叫做"镜像"或"非一致像"。如果物体为右手坐标系，而像也为右手坐标系，这样的像称为"一致像"。容易想到，物体经奇数个平面镜成像，为镜像，而经偶数个平面镜成像，为一致像。

平面镜还有一个性质，即当保持入射光线的方向不变，而使平面镜转动一个 α 角时，反射光线将转动 2α 角。如图 7-28 所示，AO 为入射光线，NO 为平面镜转动前入射点的法线，$A'O$ 为平面镜转动前的反射光线。当平面镜绕入射点 O 顺时针转动 α 角时，其入射点法线也旋转 α 角，同时入射角增大了 α 角，所以旋转后出射光线相对于原来出射光线沿平面镜的旋转方向旋转了 2α 角。在光点式灵敏电流计、红外系统的光机扫描元件中，都应用了平面反射镜的这个特性。

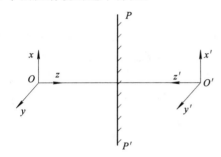

图 7-27　单个平面镜成镜像

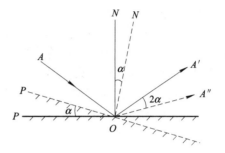

图 7-28　平面镜转动对光线的影响

综上所述，单个平面镜的成像特性如下：

① 平面镜对物空间均成完善像；

② 物和像关于平面镜对称，成非一致像；

③ 实物成虚像，虚物成实像；

④ 平面镜的转动对光线的转角有放大作用。

由于平面镜对物空间均成完善像，平面反射镜在光学仪器中常用来改变光路方向，如图 7-29 所示。

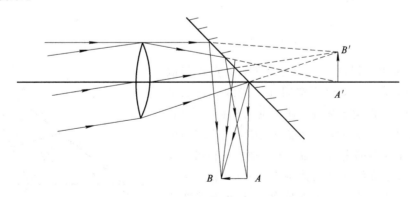

图 7-29　平面镜改变光路方向

7.8.2　双平面镜系统成像

将两个半平面反射镜组合在一起，使得两个反射面构成一个二面角，就构成了双平面镜系统。构成双平面镜的两个半平面镜的公共边线称为双平面镜的棱，和棱线垂直的平面称为主截面。

由于单个平面镜对物能够成完善像，因而双平面镜对物也成完善像。物体发出的光线经过双平面镜会多次反射，所以可以成多个像。如图 7-30 所示，主截面内一个物点 A，它发出的部分光线首先经过半平面镜 RP 反射，形成一个虚像 A_1；形成该虚像的光线如果能够传播到第二个半平面镜 QP 上，则会经过 QP 反射成像而形成 A_2；形成 A_2 的光线如果能够传播到半平面镜 RP 上又会形成新的虚像；如此循环，两个半平面镜反复成像会形成多个像点。

当然，物点 A 发出的部分光线有可能首先经过半平面镜 QP 反射，形成虚像 B_1；形成 B_1 的光线又会经过半平面镜 RP 反射成像，成像新的虚像 B_2；如此循环，两个平面镜反复成像会形成另外一组像点。

物点经过双平面镜形成两组像，每组像的数目是有限的，并不会在两个平面镜间无限地循环成无穷多个像。当任一组像在成像过程中，经任一半平面镜成像正好落在双平面镜背后的阴影区时，成像将结束。如图 7-31 所示，假如在成像过程中，经 QP 所成的像落在了图中由波浪线表示的阴影区的 C 点，则形成像 C 的光线只能位于图中斜线表示的扇形区域，而这些光线不会被半平面镜 RP 反射，所以不会再被 RP 反射成像。双平面镜对物点成像的数目和两个双平面镜的夹角有关，一般夹角越小，成像数目越多。

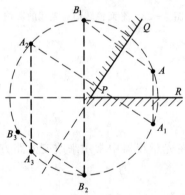

图 7-30 双平面镜成像

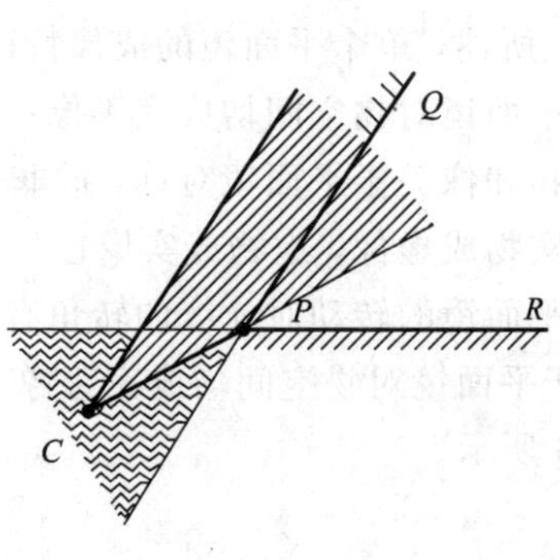

图 7-31 双平面镜阴影区成像

双平面镜也可以改变光的传播方向。现在采取反射定律的矢量形式，分析空间任一光线经过双平面镜的两个半平面镜连续各一次反射后的传播方向。如图 7-32 所示，双平面镜放在空气中，建立直角坐标系，使双平面镜的主截面为 xOy 平面，z 轴沿棱线方向，首先反射光线的平面镜位于 $y=0$ 平面，第二个反射镜面和第一个反射的夹角为 α，规定在光线传播的区域，从第二个反射镜面旋转到第一个反射镜面，顺时针为正，逆时针为负，图中 α 为正。假如入

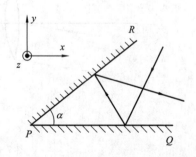

图 7-32 空间光线经双平面镜反射

射光线矢量与 z 轴的夹角为 θ，在 xOy 平面的投影和 Ox 轴的夹角为 φ，入射光线矢量为

$$\boldsymbol{A}_0 = \boldsymbol{i}\sin\theta\cos\varphi + \boldsymbol{j}\sin\theta\sin\varphi + \boldsymbol{k}\cos\theta$$

光线在双平面镜连续两次反射,两次反射面的法线为
$$N_1^0 = -j, \quad N_2^0 = -i \sin\alpha + j \cos\alpha$$
入射光线在连续两次反射后的出射光线分别为 A_1 和 A_2,由反射定律的矢量形式有
$$A_1 = A_0 - 2(A_0 \cdot N_1^0) N_1^0, \quad A_2 = A_1 - 2(A_1 \cdot N_2^0) N_2^0$$
将 A_0、N_1^0 和 N_2^0 的表示式代入,可得
$$A_2 = i \sin\theta \cos(\varphi + 2\alpha) + j \sin\theta \sin(\varphi + 2\alpha) + k \cos\theta \qquad (7.8-2)$$
可以看出,反射后光线与双平面镜棱的夹角没变,而在主截面内的投影与 x 轴的夹角增大了 2α。由于出射光线的传播方向仅仅与双平面镜的夹角和入射光的传播方向有关,因而入射到同一反射面的平行光线,连续两次反射后仍为平行光。

现在考虑两种特殊情况,一种是光线位于主截面内,另外一种是光线经过直双平面镜的反射。

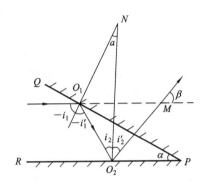

当入射光线位于主截面内,即(7.8-2)式中 $\theta = 90°$ 时,出射光线也在主截面内,出射光线相对于入射光线旋转了 2α。这一点利用几何关系也可以很容易证明。如图 7-33 所示,由几何关系可以证明,这时出射光线与入射光线的夹角 $\beta = 2\alpha$。

图 7-33　主截面内光线经双平面镜反射

夹角为直角的双平面镜称为直双平面镜。将 $\alpha = 90°$ 带入(7.8-2)式可以得到,光线经过直双平面镜两次反射后出射光线方向为
$$A_2 = -i \sin\theta \cos\varphi - j \sin\theta \sin\varphi + k \cos\theta \qquad (7.8-3)$$
由该式可见,反射前后,光线与双平面镜棱线的夹角不变,但在主截面上的投影反向。所以从光线的传播方向来看,直双平面镜相当于一个平面镜,如图 7-34 所示。

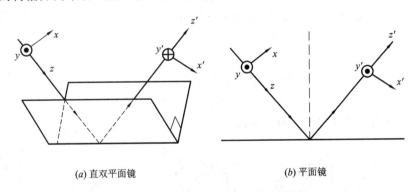

(a) 直双平面镜　　　　　　　　　(b) 平面镜

图 7-34　直双平面镜和平面镜对光线的反射及反射成像

与平面镜成像不同,在直双平面镜中,光线经过两次反射成一致像,而平面镜成非一致像。在分析物像方向关系时,方便的做法是在物空间建立三维坐标系,分析其在像空间的像。如图 7-34(a)所示,在反射前,沿着图示入射光线的方向取作为 z 轴,而取 y 轴与直双平面镜的棱线垂直,建立右手坐标系。经过反射后,在像空间,沿出射光线的方向作为 z' 轴,由于 y 轴与直双平面镜的棱线垂直,因而在像空间的像 y' 轴仍然与直双平面镜的棱垂直,但是相对 y 轴反向。由于成一致像,因而按照右手系可以确定 x' 轴。作为对比,

在图 7-34(b)中给出了平面镜成像的成像关系。当存在平面镜的光学系统成非一致像时，在不想改变成像光束的传播方向时，可以将一个镜面用直双平面镜代替，从而得到一个一致的像。这在后面的棱镜系统中得到了广泛应用。

7.8.3 反射棱镜

由两个半平面镜可以构成一个双面镜，同样，双面镜的两个反射面可以由一块玻璃上的两个内反射面构成，如图 7-35 所示。在同一块玻璃上，将一个或多个反射平面代替反射镜面，就构成了反射棱镜。光线在反射棱镜内反射时要求有高的反射率，可以设计棱镜结构使反射面上的入射角大于全反射临界角；如果不能够使入射角大于全反射的临界角，则该反射面需要镀全反射膜。

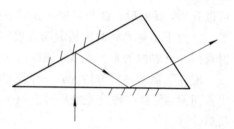

图 7-35　反射棱镜

反射棱镜一般有两个折射面和若干个反射面，统称为工作面。在两个折射面上，一般光线都垂直入射。两个工作面的交线称为棱，垂直于棱的截面称为主截面。

根据不同的需求，反射棱镜可以制作成很多结构。按结构难易程度分，有普通棱镜、屋脊棱镜和复合棱镜。普通棱镜就是单个的简单棱镜，如等腰直角棱镜、五角棱镜等。复合棱镜是由两个或两个以上的普通棱镜组成的棱镜，如阿贝棱镜等。下面主要介绍普通棱镜和屋脊棱镜。

1. 普通棱镜

普通棱镜中，工作面和主截面垂直，它的几何结构相当于一个直棱柱，工作面为棱柱的侧面。依据反射面个数的多少有一次反射棱镜、二次反射棱镜、三次反射棱镜等。一次反射棱镜如图 7-36 中的一次等腰直角棱镜，它对光线的作用和成像相当于平面镜。

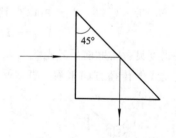

图 7-36　一次等腰直角棱镜

二次反射棱镜中，光线在棱镜内经过了两次反射，它对光线的作用和成像相当于双平面镜，如图 7-37 中的半五角棱镜、直角棱镜、五角棱镜、二次等腰直角棱镜、斜方棱镜。

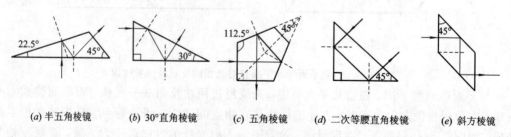

(a) 半五角棱镜　　(b) 30°直角棱镜　　(c) 五角棱镜　　(d) 二次等腰直角棱镜　　(e) 斜方棱镜

图 7-37　二次反射棱镜

三次反射棱镜指光线在棱镜内经过三次反射，如图 7-38 中的施密特棱镜。

反射棱镜在成像系统中，可以根据平面镜成完善像的性质展开，一般展开为平行平板。展开的方法就是逐次将各反射面以后的光路对反射面作镜像。图 7 - 39 给出了一次等腰直角棱镜（图(a)）和五角棱镜（图(b)）的展开过程图。

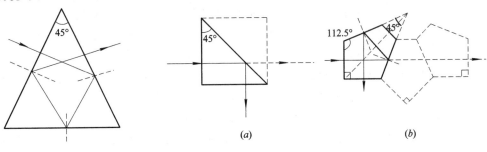

图 7 - 38　施密特棱镜　　　　　　　　　　　图 7 - 39　棱镜展开

2. 屋脊棱镜

由直双平面镜的讨论可知，光线经平面镜的反射可以用直双平面镜代替，光的传播方向不变，但是光线经过直双面镜反射时，光实际反射两次，成了两次镜像。所以在棱镜系统中如果有奇数个反射面，则物体成镜像。为了获得和物相似的像，在不宜增加反射面的情况下，可以用两个互相垂直的反射面代替其中的一个反射面，这两个互相垂直的反射面叫做屋脊面，带有屋脊面的棱镜叫做屋脊棱镜。屋脊棱镜中，棱镜的棱线和构成屋脊面的直双平面镜的棱线垂直。图 7 - 40 给出了一次等腰直角棱镜及由其构成的屋脊等腰直角棱镜。因一般画棱镜时主要画出主截面，故为了区分屋脊棱镜，在屋脊棱镜的主截面表示中，在屋脊面上加一条线。如图 7 - 40 的右上角处，分别给出了一次等腰直角棱镜及其屋脊棱镜的主截面表示。

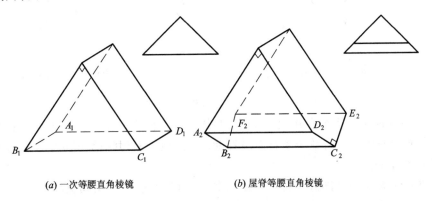

(a) 一次等腰直角棱镜　　　　　　　(b) 屋脊等腰直角棱镜

图 7 - 40　等腰直角棱镜

7.8.4　反射棱镜的成像

反射棱镜的作用是改变光学系统光轴的方向和像的方向。光轴方向的改变可按照反射定律确定，这里主要研究确定反射棱镜成像方向的方法。

棱镜系统可以分解为由单个简单棱镜和屋脊棱镜构成的系统。如果各简单棱镜的主截面平行，称棱镜系统有单一主截面。等腰直角棱镜构成的屋脊棱镜系统就是一个简单的单一主截面棱镜系统。首先分析它的成像方向。

如图7-41(a)所示，在棱镜的物空间按照右手关系建立直角坐标系$O-xyz$，选择棱镜物空间的光轴方向作为Oz轴，沿棱镜棱线的方向作为Oy轴，按照右手关系确定Ox轴。沿Oz轴的光线经过棱镜系统反射和折射得到出射光线，即为棱镜像空间的光轴，作为像空间直角坐标系的$O'z'$轴。对于等腰直角棱镜，由于各个工作面和Oy轴方向平行，物空间直角坐标系的Oy轴在像空间成的像$O'y'$轴和Oy轴平行且同方向。由于光线经过一次反射成像，因而成非一致像，像空间坐标系为左手坐标系，从而可以确定$O'x'$轴的方向。

而对于等腰直角屋脊棱镜，物空间建立坐标系的方法和图7-41(a)相同，如图7-41(b)所示，由于存在屋脊面，Oy轴正好位于屋脊面的直双平面镜的主截面内，因而物空间直角坐标系的Oy轴在像空间成的像$O'y'$轴和Oy轴平行但反向。由于光线在等腰直角屋脊棱镜内经过了两次反射，成一致像，因此$O-xyz$坐标系在棱镜的像空间成的像也为右手系，从而可以确定$O'x'$轴的方向。

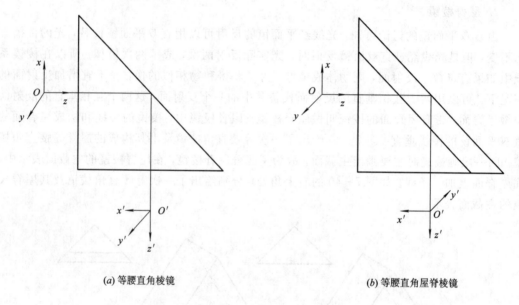

(a) 等腰直角棱镜　　　　　　　　　　　　(b) 等腰直角屋脊棱镜

图7-41　棱镜成像方向确定

当单一主截面棱镜系统存在屋脊面时，将影响像空间坐标系$O'y'$的方向，显然偶数个屋脊面$O'y'$与Oy平行，奇数个屋脊面两者反向。由此可以得到单一主截面棱镜系统成像方向判定的如下方法：

（1）在棱镜系统物空间按照右手系建立坐标系$O-xyz$，Oz沿物空间光轴方向，Oy沿棱镜棱线方向（垂直单一主截面），物空间直角坐标系在棱镜像空间成像后坐标系为$O'-x'y'z'$；

（2）按照反射和折射定律确定棱镜系统像空间的光轴，即$O'z'$方向；

（3）当棱镜系统存在偶数个屋脊面时，$O'y'$轴与Oy轴平行，存在奇数个屋脊面两者反向；

（4）当棱镜系统存在偶数个反射面（一个屋脊面算两个反射面）时，系统成一致像，所以$O'-x'y'z'$为右手系，按照右手系确定坐标轴$O'x'$；当棱镜系统存在奇数个反射面时，系统成非一致像，所以$O'-x'y'z'$为左手系，按照左手系确定坐标轴$O'x'$。

下面举例说明上述规律的应用。如图7-42(a)所示的棱镜系统，由于系统中无屋脊面，故 $O'y'$ 与 Oy 同向；$O'z'$ 为光轴的出射方向；由于沿光轴的光线的反射次数为七次，所以 $O'-x'y'z'$ 为左手系，从而可以确定 $O'x'$ 与 Ox 反向。如图 7-42(b) 所示的有一对屋脊面的棱镜系统，因有一对屋脊面，故 $O'y'$ 与 Oy 反向；$O'z'$ 为光轴出射方向；由于沿光轴的光线的反射次数为八次，所以 $O'-x'y'z'$ 为右手系，从而可以确定 $O'x'$ 与 Ox 反向。

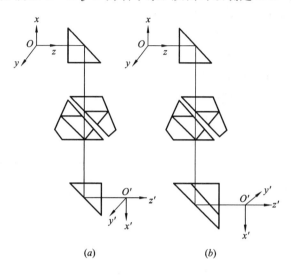

图 7-42　棱镜成像方向举例

当棱镜系统可以看做是由多个单一主截面棱镜系统的组合时，可将上面的判断方法逐次应用到各个单一主截面棱镜系统中。譬如，对于如图 7-43 所示由两个主截面互相垂直的等腰直角棱镜构成的棱镜系统，将上述成像方向分析方法分别用到两个棱镜上。

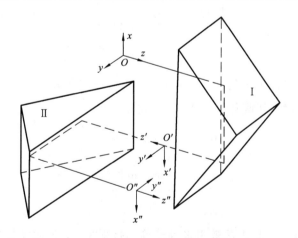

图 7-43　主截面互相垂直的棱镜系统

对棱镜 I，因无屋脊面，故 $O'y'$ 与 Oy 同向；$O'z'$ 为光轴的出射方向；光轴反射次数为两次，故 $O'-x'y'z'$ 满足右手关系，$O'x'$ 与 Ox 反向。对棱镜 II，$O'x'$ 与棱镜 II 主截面相垂直，因无屋脊面，故 $O'x''$ 与 $O'x'$ 同向；$O'z''$ 为光轴的出射方向；光轴反射次数为两次，故 $O'-x''y''z''$ 满足右手关系，$O'y''$ 与 $O'y'$ 反向。由图可见，$O'x''$ 和 $O''y''$ 相对 Ox 和 Oy 均转了 180°，即在垂轴平面内，像的上下和左右相对于物均颠倒过来。这种转像系统可以应用于成倒像的系统，比如双筒望远镜，它能将望远镜所成物体的倒像颠倒过来，使观察者看到与原物方位完全一致的像。

7.8.5 折射棱镜

折射棱镜如图 7-44 所示，两个工作面（折射面）不同轴，其交线称为折射棱，两工作面的夹角称为棱镜的顶角。设棱镜位于空气中，其材料的折射率为 n，顶角为 α，入射角为 i_1，折射光线相对于入射光线的偏角为 δ，其正负号以入射光线为起始边来确定，当入射光线以锐角方向顺时针转向折射光线时为正，反之为负，图中 $\delta > 0$。

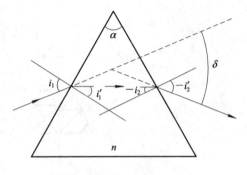

图 7-44　折射棱镜

由图 7-44 有

$$\alpha = i_1' - i_2$$

$$\delta = i_1 - i_1' + i_2 - i_2'$$

两式相加有

$$\alpha + \delta = i_1 - i_2'$$

由折射定律有

$$\sin i_1 = n \sin i_1', \quad \sin i_2' = n \sin i_2$$

将上两式相减并进行变换，可得

$$\sin \tfrac{1}{2}(i_1 - i_2')\cos \tfrac{1}{2}(i_1 + i_2') = n \sin \tfrac{1}{2}(i_1' - i_2)\cos \tfrac{1}{2}(i_1' + i_2)$$

从而有

$$\sin \frac{1}{2}(\alpha + \delta) = \frac{n \sin \frac{1}{2}\alpha \cos \frac{1}{2}(i_1' + i_2)}{\cos \frac{1}{2}(i_1 + i_2')} \tag{7.8-4}$$

对于给定的棱镜，α 和 n 为定值，因而由上式可知，偏向角 δ 只与 i_1 有关。可以证明，当 $i_1 = -i_2'$ 或 $i_1' = -i_2$ 时，其偏向角 δ 最小。上式可写为

$$\sin \frac{1}{2}(\alpha + \delta_m) = n \sin \frac{\alpha}{2} \tag{7.8-5}$$

或

$$n = \frac{\sin \frac{1}{2}(\alpha + \delta_m)}{\sin \frac{\alpha}{2}} \tag{7.8-6}$$

式中，δ_m 为最小偏向角。此式常被用来求玻璃的折射率 n。为此需将被测玻璃做成棱镜，顶角 α 取 60°左右，然后用测角仪测出 α 角的精确值。当测得最小偏向角后，即可用上式求得被测棱镜的折射率。

当折射棱镜两折射面间的夹角 α 很小时，这种折射棱镜称为光楔。因为 α 角很小，光楔可近似地认为是平行平板，则有 $i_1' \approx i_2$，$i_2' \approx i_1$，代入(7.8-4)式得

$$\sin \frac{1}{2}(\alpha + \delta) = \frac{n \sin \frac{1}{2}\alpha \cos i_1'}{\cos i_1}$$

注意到当 α 很小时，δ 也很小，所以上式中的正弦值可以用弧度值代替，解出 δ，得

$$\delta = \alpha \left(n \frac{\cos i_1'}{\cos i_1} - 1 \right)$$

当 i_1 和 i_1' 也很小时，上式可写为

$$\delta = \alpha(n-1) \qquad\qquad (7.8-7)$$

此式表明，当光线垂直或近于垂直射入光楔时，其所产生的偏向角 δ 仅取决于光楔的折射率 n 和两折射面间夹角 α。

在光学仪器中，常把两块相同的光楔组合在一起相对转动，用来产生不同的偏向角。如图 7-45 所示，两个光楔中间有一空气间隔，使相邻工作面平行，并可以绕水平轴转动。当两个光楔以相同角速度反向旋转时，如果两个光楔的主截面平行，如图 7-45(a) 所示，将产生最大的总偏向角；随后当两个光楔相对转动了 180°，如图 7-45(b) 所示，两个主截面仍然平行，但是楔角方向相反，这相当于一个平行平板，偏向角等于零。当两个光楔相对转动了 360° 时，如图 7-45(c) 所示，产生和图 7-45(a) 情况相反的最大偏向角。

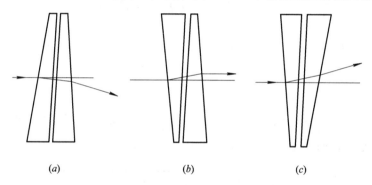

(a) $\qquad\qquad$ (b) $\qquad\qquad$ (c)

图 7-45 光楔

当两主截面不平行，即两光楔相对转动了任意角度 φ 时，光线的偏转可以看做两个运动的合成，如图 7-46 所示，则组合光楔的总偏向角为

$$\delta = 2(n-1)\alpha \cos\frac{\varphi}{2}$$

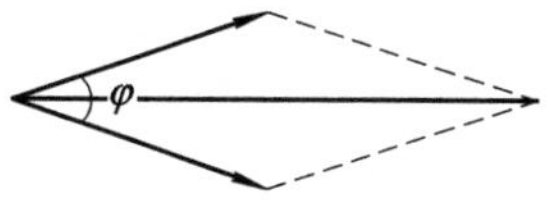

图 7-46 双光楔运动合成

这种双光楔可以把光线的小偏向角转换成为两个光楔的相对转角。因此在光学仪器中常用它来补偿或测量光线的小角度偏差。

另外，当两个光楔以不同角速度（ω_1，ω_2）、不同方向旋转时，可以产生玫瑰式、螺旋式、线条式、圆式以及其它形式的扫描花样，如图 7-47 所示，因此是一种灵活的扫描器，可以实现某些红外系统中的物面扫描。

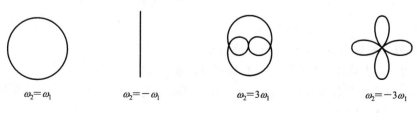

$\omega_2 = \omega_1$ $\qquad\qquad$ $\omega_2 = -\omega_1$ $\qquad\qquad$ $\omega_2 = 3\omega_1$ $\qquad\qquad$ $\omega_2 = -3\omega_1$

图 7-47 旋转光楔的扫描图形

例　题

例 7 - 1　一根被空气包围着的玻璃棒，折射率为 1.5163，其左端研磨成一个半径为 20 mm 的凸的半球，如在距半球顶点左侧 60 mm 处放置一点光源，设从点光源发出的边缘光线与光轴夹角的正弦 $\sin U = -0.025$，试计算该边缘光线的光路。

解：按(7.2 - 1a)式得

$$\sin I = \frac{L-r}{r}\sin U = \frac{-60-20}{20} \times (-0.025)$$
$$= 0.100\ 000(I = 5.739\ 17°)$$

由(7.2 - 1b)式得

$$\sin I' = \frac{n}{n'}\sin I = \frac{1}{1.5163} \times 0.100\ 000$$
$$= 0.065\ 950\ 0(I' = 3.781\ 40°)$$

由(7.2 - 1c)式得

$$U' = I + U - I' = 5.739\ 17 - 1.432\ 54 - 3.781\ 40 = 0.525\ 230°$$
$$(\sin U' = 0.009\ 166\ 86)$$

由(7.2 - 1d)式得

$$L' = r + r\frac{\sin I'}{\sin U'} = 20 + 20 \times \frac{0.065\ 950\ 0}{0.009\ 166\ 86} = 163.888\ \text{mm}$$

即边缘光线的像方截距为 163.888 mm，如图 7 - 48 所示。

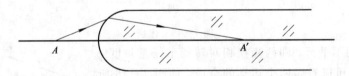

图 7 - 48　例 7 - 1 用图

利用(7.2 - 6)式对上述结果进行验证：

$$L' = \frac{L \sin U \cdot \cos \dfrac{I'-U'}{2}}{\sin U' \cdot \cos \dfrac{I-U}{2}}$$

$$= \frac{-60 \times (-0.025)\cos \dfrac{3.781\ 40 - 0.525\ 230}{2}}{0.009\ 166\ 86 \cos \dfrac{5.739\ 17 - 1.432\ 54}{2}}$$

$$= 163.888\ \text{mm}$$

光路计算一般取六位数，允许第六位数差 5。

例 7 - 2　在上例中，若光组结构参量不变，即 $r=20$ mm，$n=1$，$n'=1.5163$，且 L 仍为 -60 mm，则由点光源发出的一同心光束中，当取 U 为 $-1°$、$-2°$、$-3°$ 三条光线进行计算时，折射后的结果如何？

解：在光学系统设计中，为了计算和分析光路的方便，常将计算结果按步骤列成一表格。本例所要计算的三条光路的计算过程和结果列于表 7 - 3。

表 7 - 3 折射球面光路列表计算

	n	1.0		
	n'	1.5163		
	r	20		
	U	$-1°$	$-2°$	$-3°$
	L	-60	-60	-60
$-$	r	20	20	20
	$L-r$	-80	-80	-80
$\times$	$\sin U$	$-0.017\,452\,4$	$-0.034\,899\,5$	$-0.052\,336\,0$
$\div$	r	20	20	20
	$\sin I$	0.069 809 6	0.139 598	0.209 344
$\times$	n	1.0	1.0	1.0
$\div$	n'	1.5163	1.5163	1.5163
	$\sin I'$	0.046 039 4	0.092 064 9	0.138 062
$\times$	r	20	20	20
$\div$	$\sin U'$	0.006 357 32	0.012 952 9	0.020 038 2
	$L'-r$	144.829	142.153	137.799
$+$	r	20	20	20
	L'	164.849	162.153	157.799
	U	$-1°$	$-2°$	$-3°$
$+$	I	4.003 05°	8.024 58°	12.0839°
$-$	I'	2.638 80°	5.282 41°	7.935 72°
	U'	0.364 25°	0.742 17°	1.148 18

例 7 - 3 已知空气中一个由折射率为 1.5163 的介质构成的透镜的结构参数如下(单位是毫米)：$r_1=10$, $r_2=-50$, $d_1=5$。高度 $y_1=10$ mm 的物体位于透镜前 $l_1=-100$ mm 处，求像的位置和大小。

解：本题可用折射球面的物像公式(7.3-1)逐面计算。根据题意

$$n_1 = n_2' = 1.0, \quad n_1' = n_2 = 1.5163$$

首先计算第一面的成像：利用公式

$$\frac{n_1'}{l_1'} - \frac{n_1}{l_1} = \frac{n_1'-n_1}{r_1}$$

代入数据

$$\frac{1.5163}{l_1'} - \frac{1.0}{-100} = \frac{1.5163-1.0}{10}$$

求得

$$l_1' = 36.4233 \text{ mm}$$

$$\beta_1 = \frac{n_1 l_1'}{n_1' l_1} = \frac{1 \times 36.4233}{1.5163 \times (-100)} = -0.240\ 212$$

接着计算第二面的成像，由转面公式有

$$l_2 = l_1' - d_1 = 36.4233 - 5 = 31.4233 \text{ mm}$$

利用公式

$$\frac{n_2'}{l_2'} - \frac{n_2}{l_2} = \frac{n_2' - n_2}{r_2}$$

代入数据，求得

$$l_2' = 17.0707 \text{ mm}$$

$$\beta_2 = \frac{n_2 l_2'}{n_2' l_2} = \frac{1.5163 \times 17.0707}{1 \times 31.4233} = 0.823\ 73$$

整个透镜的垂轴放大率为 $\beta = \beta_1 \beta_2$，像的大小为

$$y_2' = \beta y_1 = (-0.240\ 212) \times (0.823\ 73) \times 10 = -1.978\ 70 \text{ mm}$$

例 7 - 4　一凹球面反射镜，半径 $r = -12$ cm，当物距分别为 -2、-4、-9 和 -24 cm 时，求像的位置和垂轴放大率。

解： 由(7.4 - 3)式和(7.4 - 5)式，可求出

$$l = -2 \text{ cm}, \qquad l' = 3 \text{ cm}, \qquad \beta = \frac{3}{2}$$

$$l = -4 \text{ cm}, \qquad l' = 12 \text{ cm}, \qquad \beta = 3$$

$$l = -9 \text{ cm}, \qquad l' = -18 \text{ cm}, \qquad \beta = -2$$

$$l = -24 \text{ cm}, \qquad l' = -8 \text{ cm}, \qquad \beta = -\frac{1}{3}$$

由计算结果可以看出，当实物处于球面反射镜焦点和顶点之间时，成正立、放大的虚像；当实物处于焦点和球心之间时，成倒立、放大的实像；当实物处于球心以外时，成倒立、缩小的实像。

例 7 - 5　有一正薄透镜对某一物体成实像时，垂轴放大率 $\beta = -0.5 \times$；若将物体向透镜移近 100 mm 时，则所得的实像与物大小相同，求透镜的焦距。

解法一： 采用高斯成像公式求解。设物体移动前物距和像距分别为 l 和 l'，由薄透镜成像的垂轴放大率和题意有 $\beta = l'/l = -0.5$，所以

$$l = -2l'$$

由薄透镜成像的高斯公式

$$\frac{1}{l'} - \frac{1}{l} = \frac{1}{f'} \tag{1}$$

结合上式可得

$$l = -3f'$$

当薄透镜移动后，垂轴放大率 $\beta = -1 \times$，同理结合薄透镜成像公式可得这时成像的物距为

$$l_1 = -2f'$$

由于薄透镜第二次成像前物向右移动了 100 mm，即 $l_1 - l = 100$ mm，可得

$$f' = 100 \text{ mm}$$

解法二： 采用牛顿成像公式求解。根据垂轴放大率公式 $\beta = -f/x = f'/x$，在薄透镜移

动前 $\beta_1 = -0.5$，所以焦物距

$$x_1 = -2f'$$

在薄透镜移动后，$\beta_2 = -1$，所以这时的焦物距为

$$x_2 = -f'$$

由于薄透镜第二次成像前物向右移动了 100 mm，即 $x_2 - x_1 = 100$ mm，所以

$$f' = 100 \text{ mm}$$

例7-6　由两个焦距依次为 $f'_1 = 50$ mm，$f'_2 = -150$ mm 的薄透镜组成光学系统，对一实物成一放大 4 倍的实像，并且第一个透镜的垂轴放大率 $\beta_1 = -2\times$。

（1）试求两透镜的间隔；

（2）试求物面和像面的位置；

（3）保持物面位置不变，移动第一透镜至何处时，仍能在原像面位置得到物体的清晰像？这时的垂轴放大率变为多大？

解：（1）根据题意，整个系统对实物成放大 4 倍的实像，因此，系统的放大率 $\beta = -4\times$，因为 $\beta = \beta_1 \beta_2$，$\beta_1 = -2\times$，所以 $\beta_2 = 2\times$。

根据薄透镜垂轴放大率公式 $\beta_1 = -x'_1/f'_1 = -f_1/x_1$，可以得到

$$x_1 = -25 \text{ mm}, \quad x'_1 = 100 \text{ mm}$$

同理可得

$$x_2 = -75 \text{ mm}, \quad x'_2 = 300 \text{ mm}$$

由公式 $l = x + f$，$l' = x' + f'$，可得

$$l_1 = -75 \text{ mm}, \quad l'_1 = 150 \text{ mm}$$

$$l_2 = 75 \text{ mm}, \quad l'_2 = 150 \text{ mm}$$

由于第一个透镜所成的像即是第二个透镜的物，如图 7-49 所示，所以两个薄透镜的间隔 d 为

$$d = l'_1 - l_2 = 75 \text{ mm}$$

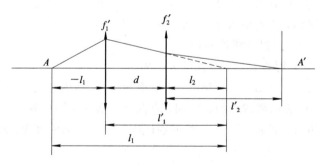

图 7-49　例 7-6 用图

（2）根据上面的计算结果可知物面位于第一个薄透镜前 75 mm 处，像面位于第二个薄透镜后 150 mm 处。

（3）由于像面位置不变，第二个薄透镜的位置没有变化，因而当第一个透镜位置变化后，物体经过第一个薄透镜成像后像面的位置不变。假如第一个薄透镜移动的距离为 Δx，规定向右移动为正，向左移动为负，则移动后第一个薄透镜成像的物距和像距为

$$x_3 = x_1 - \Delta x, \quad x_1' = x_1' - \Delta x$$

两者满足薄透镜成像的牛顿公式，即 $x_3 x_3' = f_1 f_1'$，带入数值可得

$$\Delta x = 0(舍去), \quad \Delta x = 75 \text{ mm}$$

即第一个薄透镜应该向右移动 75 mm。透镜移动后对于第一个透镜 $x_3 = -100$，根据放大率公式 $\beta = -f/x$，可得

$$\beta_1 = -\frac{1}{2}$$

所以这时整个系统的放大率为

$$\beta = \beta_1 \beta_2 = -\frac{1}{2} \times 2 = -1$$

习 题

7-1 有一玻璃球，折射率为 $\sqrt{3}$，今有一光线射到球面上，入射角为 60°，求反射光线和折射光线间的夹角。如果入射点处球面的切面和水平面的夹角为 30°，试确定入射光线、反射光线和折射光线的方向。

7-2 水槽有水 20 cm 深，槽底有一点光源，水的折射率为 1.33，水面上浮一不透光的纸片，使人从水面上以任意角度观察都看不到光，则这纸片最小面积是多少？

7-3 证明光线通过二表面平行的玻璃板时，出射光线和入射光线的方向平行。

7-4 空气中的玻璃棒，$n' = 1.5163$，左端为一半球形，$r = 20$ mm。轴上一点源，$L = -100$ mm。求 $U = -2°$ 的光路。

7-5 简化眼把人眼的成像归结为只有一个曲率半径为 5.7 mm，介质折射率为 1.333 的单球面折射，求这种简化眼的焦点位置和光焦度。

7-6 一透镜的结构参数为：$r_1 = 10$ mm，$r_2 = -50$ mm，$d = 5$ mm，$n_1 = 1.0$，$n_2 = 1.5163$，$n_3 = 1.0$。计算 $L_1 = -100$ mm，$U_1 = -2°$ 光线的像方截距。

7-7 有一玻璃球，折射率为 $n = 1.5$，半径为 R，放在空气中。

(1) 物在无限远时，经过球成像在何处？

(2) 物在球前 $2R$ 处时像在何处？像的大小如何？

7-8 一个半径为 100 mm 的玻璃球，折射率为 1.5。球内有两个小气泡，看来一个恰好在球心，另一个在球表面和球心的正中间，求两个气泡的实际位置。

7-9 一球面镜对其前面 200 mm 处的物体成一缩小一倍的虚像，求该球面镜的曲率半径。

7-10 有一个放映机，使用一个凹面反光镜进行聚光照明，光源经过反光镜反射以后成像在投影物平面上。光源长 10 mm，投影物高为 40 mm，要求光源像等于投影物高，并且反光镜离投影物平面距离为 600 mm，求该反光镜的曲率半径。

7-11 一透镜对无穷远处和物方焦点前 5 m 的物体成像，二像的轴向间距为 3 mm，求透镜的焦距。

7-12 位于光学系统前的一个 20 mm 高的物体被成像为 12 mm 的倒立实像，当物体向系统方向移动 100 mm 时，其像位于无穷远，求系统焦距。

7-13 身高为 1.8 m 的人站在照相机前 3.6 m 处拍照，若拟拍成 100 mm 高的像，照相机镜头的焦距为多少？

7-14 单透镜成像时，若共轭距为 250 mm，求下列情况下透镜的焦距：

(1) 实物成像，$\beta=-4$；

(2) 实物成像，$\beta=-1/4$；

(3) 虚物成像，$\beta=-4$。

7-15 一个薄透镜焦距为 100 mm，当一个长为 40 mm 的物体平放在透镜的光轴上时，其中点位于薄透镜前 200 mm 处，求：

(1) 物体中心的像点及物体像的长度；

(2) 当物体绕其中心旋转 90°时，它的像的位置和大小。

7-16 长 2/3 m 的平面镜挂在墙上，镜的上边缘离地 4/3 m，一人立于镜前，其眼离地 5/3 m，离墙 1 m，求地面上能使此人在镜内所看到的离墙最近及最远之点。

7-17 夹角为 35°的双平面镜系统，当光线以多大的入射角入射于一平面镜时，其反射光线再经另一平面镜反射后，将沿原光路反向射出？

7-18 有一双平面镜系统，光线与其中的一个镜面平行入射，经两次反射后，出射光线与另一镜面平行，问两平面镜的夹角为多少。

7-19 垂直下望池塘水底的物时，若其视见深度为 1 m，求实际水深，已知水的折射率为 4/3。

7-20 用显微镜观察裸露物体时，物平面 AB 离显微镜物镜定位面 CD 的距离为 45 mm，如果在物平面上覆盖一个厚度为 1.5 mm、折射率为 1.525 的盖玻片(图 7-50 中虚线所示)，则为保持像面位置不变，物平面到定位面 CD 间的实际距离应为多少？

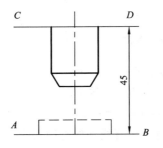

图 7-50 题 7-20 用图

7-21 有一等边折射三棱镜，其折射率为 1.65，求光线经该棱镜的两个折射面折射后产生最小偏向角时的入射角和最小偏向角。

第 8 章　理想光学系统

　　由上一章的讨论知道，除平面镜外，别的基本光学元件只有在近轴区才能成完善像。在实际应用中，为了保证像面的一定亮度，经常要求较宽范围内的光束参与成像，这时的像和近轴区的完善像有一定的差异，这种差异称为光学系统的像差。此时，对于光学系统的成像分析包括近轴区完善像的大小和位置的确定，以及光学系统的像差分析。本章的主要内容是确定近轴区完善像的大小和位置，下一章将主要讨论光学系统的像差。

　　在讨论光学系统近轴区完善像的大小和位置时，由于受到近轴区的限制，分析系统成像时物点的位置和成像光束的大小将受到约束，这必然会对问题的分析带来不便。为此，针对光学系统引入一个物理模型，即能够对空间任意大的物体、以任意宽的光束成完善像的光学系统，称为理想光学系统。本章将讨论有关理想光学系统的性质和成像问题。

8.1　理想光学系统的基点和基面

8.1.1　理想光学系统的基本特性

　　理想光学系统具有以下基本特性：

　　① 点成点像。即物空间的每一点，在像空间必有一个点与之对应，且只有一个点与之对应，这两个对应点称为物像空间的共轭点。

　　② 线成线像。即物空间的每一条直线在像空间必有一条直线与之对应，且只有一条直线与之对应，这两条对应直线称为物像空间的共轭线。

　　③ 平面成平面像。即物空间的每一个平面，在像空间必有一个平面与之对应，且只有一个平面与之对应。这两个对应平面称为物像空间的共轭面。

　　④ 对称轴共轭。即物空间和像空间存在着一对唯一的共轭对称轴。当物点 A 绕物空间的对称轴旋转一个任意角 α 时，它的共轭像点 A' 也绕像空间的对称轴旋转同样的角度 α，这样的一对共轭轴称为光轴。

　　根据理想光学系统上述特征，可以得到如下推论：物空间的任一个同心光束必对应于像空间中的一个同心光束；若物空间中的两点与像空间中的两点共轭，则物空间两点的连线与像空间两点的连线也一定共轭；若物空间任意一点位于一直线上，则该点在像空间的共轭点必位于该直线的共轭线上。

　　上述定义只是理想光学系统的基本假设。在均匀透明介质中，除平面反射镜具有上述理想光学系统的性质外，任何实际的光学系统都不能绝对完善成像。

研究理想光学系统成像规律的实际意义在于，用它所成的像可以作为衡量实际光学系统成像质量的标准。通常把理想光学系统计算公式（近轴光学公式）计算出来的像，称为实际光学系统的理想像。另外，在设计实际光学系统时，用理想像近似表示实际光学系统所成像的位置和大小，即实际光学系统设计的初始计算。

8.1.2 理想光学系统的基点和基面

理想光学系统是一个物理模型，没有具体的几何结构。为了通过它研究与实际光学系统近轴区成像等价的理想像，在理想光学系统中需要定义一些能够确定其物像关系的参数，这就是理想光学系统的基点和基面。理想光学系统的基点和基面确定后，其成像的关系应该完全确定。

下面，我们首先看两个例子，以确定在光学系统中应该定义哪些基点和基面。

如图 8-1 所示，在一个光学系统的近轴区，已知两个物面 π_1 和 π_2 的共轭像面分别为 π_1' 和 π_2'，其垂轴放大率分别为 β_1 和 β_2。现考虑任一物点 A，通过它的任一条入射光线与两个已知物面的交点分别为 B_1 和 B_2，它们相对光轴的高度为 y_1 和 y_2。B_1 和 B_2 经过光学系统成像的像点 B_1' 和 B_2' 必然位于两个已知物面的共轭面 π_1' 和 π_2' 上，其相对光轴的高度分别等于 $\beta_1 y_1$ 和 $\beta_2 y_2$，从而可以确定像点 B_1' 和 B_2' 的位置，并且经过 B_1' 和 B_2' 的光线就是入射光线对应的出射光线。通过 A 点再作另外一条光路，它与两个已知物面的交点为 C_1 和 C_2；同理，可以作出相应的出射光线，它与 π_1' 和 π_2' 的交点为 C_1' 和 C_2'。显然，两条出射光线 $B_1' B_2'$ 和 $C_1' C_2'$ 的交点就是 A 点的像点 A'。由此可见，当光学系统成完善像时，已知两个共轭面及其垂轴放大率就可以完全确定光学系统的成像关系。

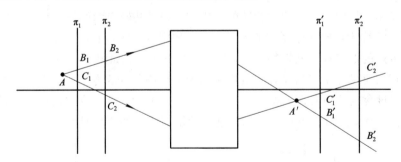

图 8-1 由两个共轭面确定物像位置关系

在图 8-2 所示的另一个光学系统的近轴区，已知一个物面 π 和其共轭像面 π'，它们之间的垂轴放大率为 β，还已知两对共轭点，即 B_0、C_0 和其高斯像点 B_0'、C_0'。现考虑任一物点 A，作出通过它和 B_0 的一条入射光线，该入射光线与已知的物面 π 的交点为 B_1，根据 π 的共轭像面 π' 的位置和它们之间的垂轴放大率可以确定 B_1 的像点 B_1'，则由 B_0' 和 B_1' 就确定了出射光线。同理，可以确定出与通过 A 和 C_0 的入射光线相应的出射光线 $C_0' C_1'$。这两条出射光线 $B_0' B_1'$ 和 $C_0' C_1'$ 的交点即为 A 的像点 A'。由此可见，当光学系统成完善像时，已知一对共轭面及其垂轴放大率和两对共轭点，也可以完全确定光学系统的成像关系。

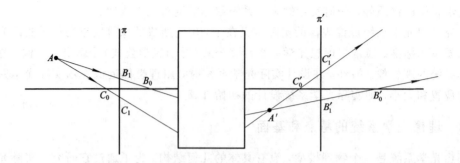

图 8-2　由一对共轭面和两对共轭点确定物像位置关系

　　类似地，在理想光学系统中，已知两个共轭面及其垂轴放大率，或者已知一对共轭面及其垂轴放大率和两对共轭点，光学系统的成像关系就可以完全确定。理想光学系统正是通过垂轴放大率已知的一对共轭面和几对共轭点来定义它的基点和基面的。

1. 主点和主平面

　　在理想光学系统中，将垂轴放大率为 1 的一对共轭面称为主平面，其中物面称为物方主平面，像面称为像方主平面。物方主平面和光轴的交点称为物方主点，习惯用 H 表示；像方主平面和光轴的交点称为像方主点，习惯用 H' 表示。

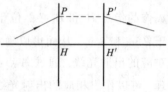

　　主平面具有以下的性质：假定物空间的任意一条光线和物方主平面的交点为 P，如图 8-3 所示，它的共轭光线与像方主平面交于 P' 点，则 P 和 P' 距光轴的距离相等。

图 8-3　主平面的性质

2. 焦点和焦平面

　　在理想光学系统中定义了两对特殊的共轭点。一对共轭点为光轴上位于无穷远的物点和其像点 F'，F' 称为理想光学系统的像方焦点，如图 8-4(a)所示。另外一对共轭点为光轴上位于无穷远的像点和其共轭物点 F，F 称为物方焦点，如图 8-4(b)所示。

　　像方焦点相对像方主点沿光轴的线度称为像方焦距，表示为 f'，物方焦点相对物方主点沿光轴的线度称为物方焦距，表示为 f，如图 8-4 所示。经过像方焦点和光轴垂直的平面称为像方焦平面，经过物方焦点和光轴垂直的平面称为物方焦平面。

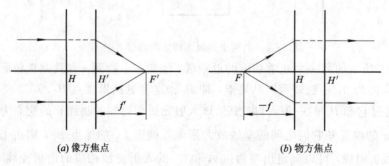

(a) 像方焦点　　　　　　　　　　　　(b) 物方焦点

图 8-4　理想光学系统的像方焦点和物方焦点

3. 节点和节平面

　　焦点是按照共轭点的空间位置定义的，有时根据光学系统对光线的传播方向的影响定义共轭点，这就是节点。理想光学系统的节点是指角放大率为+1的一对共轭点。在物空间的节点称为物方节点，像空间的节点称为像方节点，分别用字母 J 和 J' 表示。过物方节点并垂直于光轴的平面称为物方节平面，过像方节点并垂直于光轴的平面称为像方节平面。

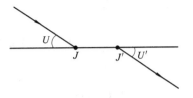

图8-5 节点的性质

节点具有以下的性质：通过物方节点的光线经过光学系统后，出射光线必然通过像方节点，并且光的传播方向不变，如图8-5所示，恒有 $U=U'$。

节点和节平面与焦点和焦平面、主点和主平面统称为理想光学系统的基点和基面。显然，已知 H、H'、F 和 F'，光学系统的成像完全确定，通常表示理想光学系统时给出该四个点，同时画出两个主平面。

8.1.3 基本几何光学元件的基点和基面

光学系统近轴区可以成完善像时，近轴区的成像可以用一个成像关系与它等效的理想光学系统来分析。这时，将等效的理想光学系统的基点和基面也称为光学系统的基点和基面，通过定义可以确定光学系统的基点。对于简单的光学系统，通过定义法确定基点比较方便。而对于复杂的光学系统，按照定义确定比较麻烦，在8.3节将介绍确定复杂光学系统基点、基面的方法。下面按照基点和基面的定义，分析薄透镜、单个折射球面和球面反射镜的基点和基面。它们的焦点在上一章根据定义已经确定，主要考虑主点和节点。

1. 薄透镜的基点和基面

由上一章薄透镜成像关系知道，当薄透镜的 $l=0$ 时，则有 $l'=0$，$\beta=1$，$\gamma=1$，所以薄透镜的物方主点和像方主点重合，位于薄透镜光心的位置，同时物方节点和像方节点也位于光心处。

2. 折射球面的基点和基面

在折射球面中，轴向放大率 $\beta=nl'/n'l$，所以主平面相对顶点的位置满足

$$nl_H' = n'l_H$$

根据折射球面的成像公式可得

$$l_H' = l_H = 0$$

即折射球面的物方主点和像方主点重合，位于顶点上。

由于节平面上角放大率 $\gamma=1=l_J/l_J'$，因而 $l_J=l_J'$，根据折射球面成像公式可得

$$l_J' = l_J = r$$

即折射球面的物方节点和像方节点重合，位于球心处。

3. 球面反射镜的基点和基面

根据轴向放大率 $\beta=-l'/l$ 和 $\gamma=l/l'$，球面反射镜的主平面和节平面相对顶点的位置满足

$$l_H' = -l_H, \quad l_J = l_J'$$

根据球面反射镜的成像公式可得

$$l_H' = l_H = 0, \quad l_J' = l_J = r$$

即球面反射镜的物方主点和像方主点重合，位于顶点上；球面反射镜的物方节点和像方节点重合，位于球心处。

8.2 理想光学系统的物像关系

8.2.1 图解法求像

对于理想光学系统，只要知道基点的位置，其成像性质就确定了，可以根据基点的性质通过作图方法确定物体和其高斯像的位置和大小，这种方法称为图解法。

如图 8-6 所示，理想光学系统的主点和焦点位置已知时，欲求一垂轴物体 AB 经光学系统的像，只需过 B 点作两条特殊的入射光线，其中一条光线平行于光轴，出射光线必过像方焦点 F'；另一条光线过物方焦点，出射光线必平行于光轴。两出射光线的交点 B' 就是物点 B 的像点。因 AB 垂直于光轴，故过像点 B' 作垂直于光轴的线段 $A'B'$ 就是物体 AB 经系统后所成的像。

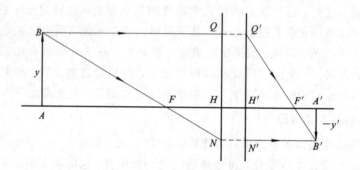

图 8-6　理想光学系统图解法求像

为了作图方便起见，有时需要知道任意光线经过光学系统后的出射方向，这时可以根据焦平面的性质作图，下面介绍两种常用的方法。

一种方法是过物方焦点作一条与任意光线平行的辅助光线，任意光线与辅助光线所构成的和光轴有一定夹角的平行光束经光学系统折射后应会聚于像方焦平面上一点，这一点可由辅助光线的出射线平行于光轴而确定，从而求得任意光线的出射线的方向，如图 8-7(a) 所示。

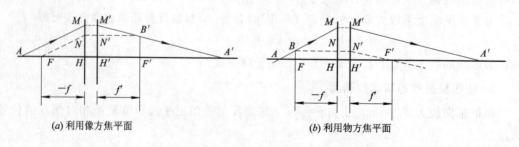

(a) 利用像方焦平面　　　　　　　　(b) 利用物方焦平面

图 8-7　任意入射光线的出射光线的作图

另一种方法是认为任意光线是由物方焦平面上一点发出的光束中的一条。这时过该入射光线与物方焦平面的交点作一条平行于光轴的辅助线,其出射线必过像方焦点。由于入射光线的出射线平行于辅助光线的出射线,因而可求得任意光线的出射线方向,如图8-7(b)所示。

图解法求解物像关系,方法简单、直观,便于判断像的位置和虚实,但精度较低。为了更全面地讨论物体经光学系统的成像规律,常采用解析法确定物像的关系。

8.2.2 理想光学系统成像公式

1. 牛顿公式

在物方和像方分别以物方焦点和像方焦点作为参考点确定物面和像面的位置时,联系物距和像距的公式为牛顿公式。如图8-8所示,有一垂轴物体 AB,其高度为 y,经理想光学系统后成一倒像 $A'B'$,像高为 y'。由相似三角形 $\triangle BAF$ 和 $\triangle FHN$,$\triangle H'M'F'$ 和 $\triangle F'A'B'$ 得

$$\frac{-y'}{y} = \frac{-f}{-x}, \quad \frac{-y'}{y} = \frac{x'}{f'}$$

由此可得

$$xx' = ff' \tag{8.2-1}$$

这就是牛顿公式。

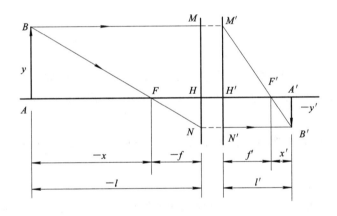

图 8-8 理想光学系统物像关系导出用图

2. 高斯公式

在物方和像方分别以物方主点和像方主点作为参考点确定物面和像面的位置时,联系物距和像距的公式称为高斯公式。l 和 l' 分别表示以物方主点为参考点的物距和以像方主点为参考点的像距,由图可知

$$l = x + f$$
$$l' = x' + f'$$

代入牛顿公式,整理后可得

$$\frac{f'}{l'} + \frac{f}{l} = 1 \tag{8.2-2}$$

这就是高斯公式。

3. 焦距间的关系

如图 8-9 所示，$A'B'$ 是物体 AB 经理想光学系统所成的像，由轴上点 A 发出的任意一条成像光线 AQ，其共轭光线为 $Q'A'$。AQ 和 $Q'A'$ 的孔径角分别为 u 和 u'。HQ 和 $H'Q'$ 的高度均为 h。

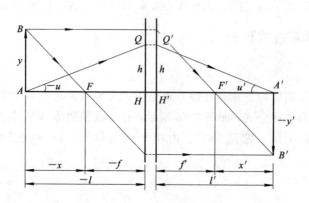

图 8-9　理想光学系统导出两焦距关系用图

由图得

$$(x + f)\tan u = h = (x' + f')\tan u' \tag{8.2-3}$$

因 $x = -\dfrac{y}{y'}f$，$x' = -\dfrac{y'}{y}f'$，代入上式可得

$$yf \tan u = -y'f' \tan u' \tag{8.2-4}$$

对于理想光学系统，不管角度 u 和 u' 有多大，上式均能成立。因此，当 QA 和 $Q'A'$ 是近轴光时，上式也能成立。上式在近轴近似 $\tan u \approx u$、$\tan u' \approx u'$ 情况下，可表示为

$$yfu = -y'f'u'$$

与光学系统近轴区成完善像时的拉亥不变量 $nuy = n'u'y'$ 相比较，可得理想光学系统物方和像方两焦距之间关系的重要公式

$$\frac{f'}{f} = -\frac{n'}{n} \tag{8.2-5}$$

当光学系统处于同一介质中，即 $n' = n$ 时，两焦距绝对值相等、符号相反，即

$$f' = -f \tag{8.2-6}$$

4. 光焦度

光焦度是光学系统对光线的会聚本领或发散本领的数值表示，它与光学系统的焦距有关。光学系统的光焦度，用字母 φ 表示，定义为

$$\varphi = \frac{n'}{f'} = -\frac{n}{f} \tag{8.2-7}$$

5. 拉亥不变量

将 (8.2-5) 式代入 (8.2-4) 式，得到理想光学系统的拉亥不变量公式

$$ny \tan u = n'y' \tan u' \tag{8.2-8}$$

此式对任何能成完善像的光学系统均成立。

8.2.3 放大率

1. 垂轴放大率

理想光学系统的垂轴放大率 β 定义为像高 y' 与物高 y 之比。由图 8-8 得

$$\beta = \frac{y'}{y} = -\frac{f}{x} = -\frac{x'}{f'} \tag{8.2-9}$$

因为 $l' = x' + f'$, $l = f + x$, 上式又可以表示为

$$\beta = \frac{nl'}{n'l} \tag{8.2-10}$$

此式与单个折射球面近轴区成像的垂轴放大率公式完全相同, 表明理想光学系统的成像性质可以在实际光学系统的近轴区得到实现。在一对共轭面间垂轴放大率为定值, 与物体在物面的位置无关。

2. 轴向放大率

当轴上物点 A 沿光轴移动一微小距离 $\mathrm{d}x$(或 $\mathrm{d}l$)时, 像 A' 沿光轴相应移动 $\mathrm{d}x'$(或 $\mathrm{d}l'$), 则理想光学系统的轴向放大率 α 定义为

$$\alpha = \frac{\mathrm{d}x'}{\mathrm{d}x} = \frac{\mathrm{d}l'}{\mathrm{d}l} \tag{8.2-11}$$

对牛顿公式或高斯公式关于物距和像距微分, 可以求得

$$\alpha = -\frac{x'}{x} = \frac{nl'^2}{n'l^2} \tag{8.2-12}$$

结合垂轴放大率公式(8.2-10), 可得 α 和 β 的关系为

$$\alpha = \frac{n'}{n}\beta^2 \tag{8.2-13}$$

如果光学系统处于同一介质中, 则 $\alpha = \beta^2$。

3. 角放大率

理想光学系统的角放大率 γ 定义为像方孔径角 u' 的正切与物方孔径角 u 的正切之比, 即

$$\gamma = \frac{\tan u'}{\tan u} \tag{8.2-14}$$

由(8.2-3)式, 角放大率 γ 可以表示为

$$\gamma = \frac{l}{l'} \tag{8.2-15}$$

结合垂轴放大率公式(8.2-9)和(8.2-10), 角放大率 γ 也可以表示为

$$\gamma = \frac{x}{f'} = \frac{f}{x'} \tag{8.2-16}$$

可得 γ 和 β 的关系为

$$\gamma = \frac{n}{n'\beta} \tag{8.2-17}$$

可见, 理想光学系统的角放大率只和光线与光轴的交点的位置有关, 而与孔径角大小无关。光轴上同一对共轭点, 所有像方孔径角的正切和与之相应的物方孔径角的正切之比恒

为常数。

将(8.2-13)和(8.2-17)式相乘，得到三种放大率之间的关系为

$$\alpha\gamma = \beta \qquad (8.2-18)$$

8.2.4 理想光学系统的基点位置关系

光学系统中焦点和主点已知，光学系统的成像关系确定，随之节点也确定。根据角放大率为1的节点的定义，以及理想光学系统角放大率公式(8.2-16)，可得节点相对于焦点的位置为

$$x_J = f', \quad x'_J = f \qquad (8.2-19)$$

即物方节点相对物方焦点的线度等于系统像方焦距，像方节点相对像方焦点的线度等于系统物方焦距，如图8-10所示。这时有基本的线度公式

$$HJ = H'J' = f' + f \qquad (8.2-20)$$

当光学系统物方和像方折射率相同时，根据(8.2-6)式，有 $HJ = H'J' = 0$，这时节点和主点重合，如图8-11所示。

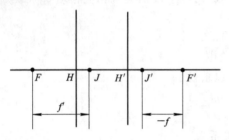

图8-10 理想光学系统的基点关系　　　图8-11 同一介质中理想光学系统的基点关系

8.2.5 光学系统基点的测量

光学系统基点可以进行计算，也可以在实验室通过近轴区成像进行测量。

1. 节点测量

节点有一个重要的性质：通过节点的光线，传播方向不变，即入射和出射光线彼此平行，利用该性质可以进行节点测量。实验的装置如图8-12所示，在水平导轨上有一个转台，转台可以沿与导轨垂直的铅垂线360°转动。将测量的光学系统放置在转台上，光学系统在转台上可以前后移动。当转台与导轨平行时，平行光管发出的平行于导轨轴线方向的平行光通过光学系统

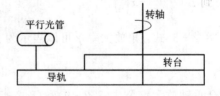

图8-12 节点测量装置

后，成像在像方焦平面上。因此可以在光学系统后用屏接收像，确定像方焦平面。

确定像方焦平面后，小角度转动转台，这时如果像方节点 J' 偏离导轨的轴线，如图8-13所示，则由于入射光线的传播方向没变，经过像方节点 J' 的出射光线的方向仍然平行于导轨的轴线，该出射光线和光学系统像方焦平面的交点 P 就是平行光管发出的平行光的会聚像点。显然，该像点偏离导轨轴线 Δd。如果转轴和光学系统像方节点 J' 重合，当转

台小角度转动时，经过像方节点的出射光线的位置不变，从而像点不动，据此就可以确定系统像方节点的位置。将转台旋转 $180°$，可以确定物方节点。当光学系统放置在同一种介质中时，实际上也确定了光学系统的主点。

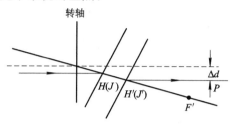

图 8-13　节点测量原理图

2. 二次成像法测量焦距

二次成像法测量焦距的原理如图 8-14 所示，即：将物放置在两个不同的物平面上，并测量两次成像后像的大小，以及相对于第一次成像，第二次成像物面和像面的移动量 Δx 和 $\Delta x'$，则由两次成像后像的大小可以确定两对共轭面的垂轴放大率 β_1 和 β_2。根据理想光学系统垂轴放大率公式有

$$\beta_1 = -\frac{x_1'}{f'} = -\frac{f}{x_1}$$

$$\beta_2 = -\frac{x_2'}{f'} = -\frac{f}{x_2}$$

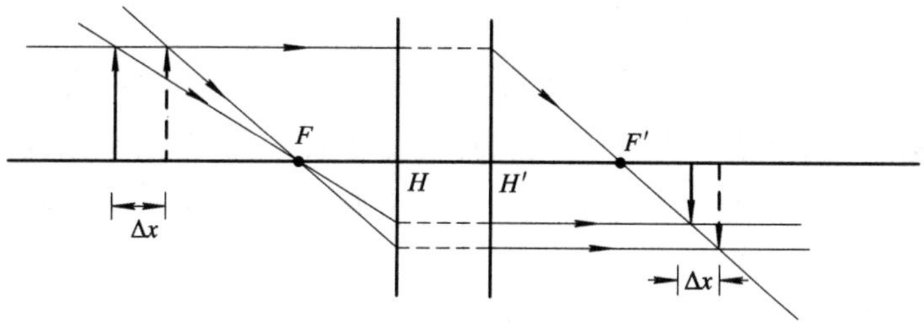

图 8-14　两次成像法测焦距

考虑到 $\Delta x = x_2 - x_1$，$\Delta x' = x_2' - x_1'$，将上面两式相减得

$$f' = \frac{\Delta x'}{\beta_1 - \beta_2} \tag{8.2-21a}$$

$$f = \frac{\Delta x}{1/\beta_1 - 1/\beta_2} \tag{8.2-21b}$$

从而通过二次成像，并测量两对共轭面的垂直放大率及其物面或像面的相对距离，就可以确定光学系统的焦距。

3. 平行光线法测量焦距

当光学系统放置在同一种介质中，让平行光通过光学系统时，可以确定光学系统的像方焦平面。然后改变平行光管发出的平行光的方向，使其与光学系统光轴的夹角为 U，如图 8-15 所示，则在像方焦平面上像点将偏离光轴，偏离距离为 h'，由图可见，光学系统的焦距为

$$f' = \frac{h'}{\tan(-U)} \qquad (8.2-22)$$

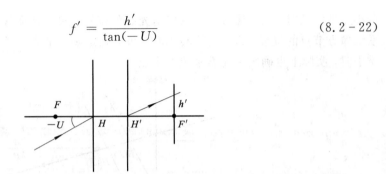

图 8-15　平行光线法测焦距

8.3　理想光学系统的组合

　　一个光学系统可以看做一个光学单元或几个光学单元的组合，每个光学单元可以是一个折射曲面、一个透镜或几个透镜组成，这些光学单元常称为光组。光组可以单独看做是一个理想光学系统，由焦距、焦点和主点描述。本节讨论如何由已知主点和焦点位置的几个光组，求得它们所构成组合系统的基点。

8.3.1　双光组组合

　　双光组组合是光组组合中常遇到的组合，也是最基本的组合。如图 8-16 所示，系统由两个光组构成，它们的焦距分别为 f_1'、f_1 和 f_2'、f_2，各自物方和像方折射率分别为 n_1、n_1' 和 n_2、n_2'，其中 $n_2 = n_1'$，其基点位置如图中所示。两光组间的相对位置由第二光组的物方焦点 F_2 相对第一光组的像方焦点 F_1' 的相对线度 Δ 表示，Δ 称为该系统的光学间隔。以 H_1' 为参考点，H_2 相对 H_1' 的线度表示为 d，称为两光组间的空间距离。显然它们存在关系：

$$d = f_1' + \Delta - f_2 \qquad (8.3-1)$$

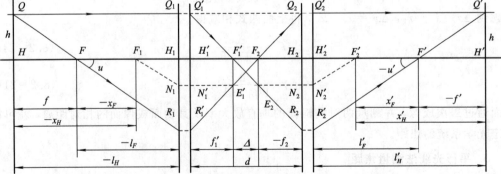

图 8-16　双光组组合图

　　在物空间作一条平行于光轴的光线 QQ_1，经第一光组折射后过焦点 F_1' 射入第二个光组，交第二个光组的物方主平面于 R_2 点。利用物方焦平面的特性作出经第二个光组的出

射线 $R_2'F'$，$R_2'F'$ 与光轴交点 F' 就是合成光组的像方焦点。入射光线 QQ_1 的延长线与其共轭光线 $R_2'F'$ 的交点 Q' 必位于合成光组的像方主平面上。过 Q' 作垂直于光轴的平面 $Q'H'$，即为合成光组的像方主平面，它和光轴的交点 H' 为合成光组的像方主点。线段 $H'F'$ 为合成光组的像方焦距 f'，图中 $f' < 0$。

同理，按照光路可逆，可以作出一条出射光线为平行于光轴的光线 $Q_2'Q'$ 的光路，自右向左重复上述步骤，即可求出合成光组的物方焦点 F 和物方主点 H，HF 为物方焦距 f，图中 $f > 0$。为了方便后面公式推导，选择 $Q_2'Q'$ 的高度也为 h。

上面通过图解法得到了组合光组的基点，下面基于图 8-16 给出确定基点位置的解析关系。组合光组的像方焦点 F' 和像方主点 H' 的位置可以以第二个光组的像方主点 H_2' 为参考点确定，这时它们相对参考点的线度表示为 l_F' 和 l_H'，也可以以第二个光组的像方焦点 F_2' 为参考点确定，这时它们相对参考点的线度表示为 x_F' 和 x_H'。按照符号法则，在图 8-16 中它们均大于零。

同样，组合光组的物方焦点 F 和物方主点 H 的位置可以以第一光组的物方主点 H_1 为参考点，也可以以第一个光组的物方焦点 F_1 为参考点来确定，它们分别表示为 l_F、l_H 和 x_F、x_H，在图 8-16 中，它们均小于零。

1. 焦点位置公式

由图 8-16 可见，合成光组的像方焦点 F' 和第一光组的像方焦点 F_1' 对第二光组来说是一对共轭点。F' 的位置 x_F' 可用牛顿公式求得。这时公式中的 $x = -\Delta$，$x' = x_F'$，所以有

$$x_F' = -\frac{f_2 f_2'}{\Delta} \qquad (8.3-2a)$$

同理，组合光组的物方焦点 F 和第二光组的物方焦点 F_2 对第一光组来说是一对共轭点。故有

$$x_F = \frac{f_1 f_1'}{\Delta} \qquad (8.3-2b)$$

由于

$$l_F' = x_F' + f_2'$$
$$l_F = x_F + f_1$$

所以，将 (8.3-2) 式代入上式，可得基点相对于主点 H_2' 和 H_1 确定的组合光组焦点位置公式：

$$\begin{cases} l_F' = f_2'\left(1 - \dfrac{f_2}{\Delta}\right) \\[2mm] l_F = f_1\left(1 + \dfrac{f_1'}{\Delta}\right) \end{cases} \qquad (8.3-3)$$

2. 焦距公式

由图 8-16，根据 $\triangle Q'H'F'$ 与 $\triangle N_2'H_2'F_2'$ 相似，$\triangle Q_1'H_1'F_1'$ 与 $\triangle F_1'F_2 E_2$ 相似，可以得到

$$\frac{-f'}{f_2'} = \frac{Q'H'}{H_2'N_2'} = \frac{h}{H_2'N_2'}, \qquad \frac{f_1'}{\Delta} = \frac{Q_1'H_1'}{F_2 E_2} = \frac{h}{H_2'N_2'}$$

所以

$$f' = -\frac{f_1' f_2'}{\Delta} \tag{8.3-4a}$$

同理，$\triangle QHF$ 与 $\triangle F_1 H_1 N_1$ 相似，$\triangle Q_2 H_2 F_2$ 与 $\triangle F_1' E_1' F_2$ 相似，有

$$\frac{f}{-f_1} = \frac{QH}{H_1 N_1} = \frac{h}{H_1 N_1}, \quad \frac{-f_2}{\Delta} = \frac{Q_2 H_2}{F_1' E_1'} = \frac{h}{H_1 N_1}$$

所以

$$f = \frac{f_1 f_2}{\Delta} \tag{8.3-4b}$$

3. 主点位置公式

由图 8-16 可见

$$\begin{cases} x_H' = x_F' - f' \\ x_H = x_F - f \end{cases}$$

将(8.3-2)式和(8.3-4)式代入上式，整理后得

$$\begin{cases} x_H' = \dfrac{f_1' - f_2}{\Delta} f_2' \\[3mm] x_H = \dfrac{f_1' - f_2}{\Delta} f_1 \end{cases} \tag{8.3-5}$$

又由于

$$\begin{cases} l_H' = x_H' + f_2' \\ l_H = x_H + f_1 \end{cases}$$

将(8.3-5)式代入上式，并且考虑(8.3-1)式的关系，整理后得

$$l_H' = \frac{d}{\Delta} f_2' \tag{8.3-6a}$$

$$l_H = \frac{d}{\Delta} f_1 \tag{8.3-6b}$$

4. 光焦度公式

根据光焦度的定义式(8.2-7)，以及组合光组的焦距公式(8.3-4a)，组合光组的光焦度 φ 可以表示为

$$\varphi = \varphi_1 + \varphi_2 - \frac{d\varphi_1\varphi_2}{n_2} \tag{8.3-7}$$

其中 φ_1 和 φ_2 为构成组合光组的两个光组的光焦度。

采用双光组组合的方法，原则上可以确定由多个光组构成的光学系统。但是当光组的数目较大时，这种方法的求解过程将比较复杂。这时可以采取别的方法，譬如下面将要介绍的正切法和截距法。

8.3.2 正切法

如图 8-17 所示，已知三个光组的基点及各光组之间的间隔，作任意一条平行于光轴的入射光线通过三个光组的光路。当光学系统确定，该光路完全确定，其光线在每个光组上的入射高度分别为 h_1、h_2、h_3，出射光线与光轴的夹角为 u_3'。由图可知

$$f' = \frac{h_1}{\tan u_3'}, \quad l_F' = l_3' = \frac{h_3}{\tan u_3'}, \quad l_H' = \frac{h_3 - h_1}{\tan u_3'}$$

将上式推广到由多个光组构成的系统，例如系统有 k 个光组，则

$$f' = \frac{h_1}{\tan u_k'} \tag{8.3-8a}$$

$$l_F' = l_k' = \frac{h_k}{\tan u_k'} \tag{8.3-8b}$$

$$l_H' = \frac{h_k - h_1}{\tan u_k'} \tag{8.3-8c}$$

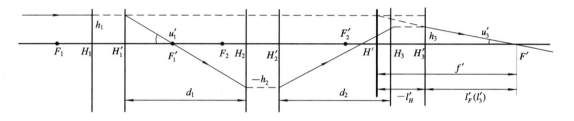

图 8-17　三光组组合

由此可见，如果确定了入射光线平行于光轴的一条光路，由出射光线和光轴的夹角以及它在最后一个光组的主平面上的截距，就可以确定像方焦点和主点。下面推导求解 u_k' 和 h_k 的公式。

以第二个光组为例，设第二个光组的物方、像方焦距分别为 f_2 和 f_2'，物距和像距分别为 l_2 和 l_2'，将高斯成像公式两边同时乘以 h_2，可得

$$\frac{h_2}{l_2'} f_2' + \frac{h_2}{l_2} f_2 = h_2$$

由于 $\tan u_2 = \frac{h_2}{l_2}$，$\tan u_2' = \frac{h_2}{l_2'}$，以及光焦度公式 $\varphi_2 = \frac{n_2'}{f_2'} = -\frac{n_2}{f_2}$，上式可以表示为

$$\tan u_2' = \frac{h_2}{f_2'} + \frac{n_2}{n_2'} \tan u_2$$

在转面公式 $l_3 = l_2' - d_2$ 的两边同时乘以 $\tan u_2'$，可得

$$h_3 = h_2 - d_2 \tan u_2'$$

将其推广到任一光组，有

$$\tan u_i' = \frac{h_i}{f_i'} + \frac{n_i}{n_i'} \tan u_i \tag{8.3-9}$$

$$h_{i+1} = h_i - d_i \tan u_i' \tag{8.3-10}$$

显然，给定初值 h_1 和 $\tan u_1$，将上式应用到各个光组，就可以得到 u_k' 和 h_k。在正切法求解基点时必须取 $\tan u_1 = 0$，h_1 可以任意取值，通常取 $h_1 = f_1'$。

通过上面的方法可以求得像方基点。将光学系统倒置，按照上述公式可以确定倒置后光学系统像方的基点，即为原来光学系统物方的基点。或者根据光路可逆，给定 h_k，取 $\tan u_k' = 0$ 求解 h_1 和 u_1，则

$$f = \frac{h_k}{\tan u_1}, \quad l_F = l_1 = \frac{h_1}{\tan u_1}, \quad l_H = \frac{h_1 - h_k}{\tan u_1} \qquad (8.3-11)$$

8.3.3 截距法

截距法采用逐次成像法,通过确定无穷远物逐次经过各个光组成像的物距和像距来确定基点。设光学系统由 k 个光组构成,第 i 个光组成像的物距和像距为 l_i 和 $l_i^{'}$,取 $l_1 = \infty$,根据像方焦距的定义可以知道,这时第 k 个光组的像点即为系统的像方焦点,即

$$l_F^{'} = l_k^{'} \qquad (8.3-12)$$

根据正切法像方焦距公式(8.3-8a),像方焦距可以表示为如下的求解公式:

$$f' = \frac{h_1}{\tan u_k^{'}} = \frac{h_1}{\tan u_1^{'}} \frac{\tan u_2}{\tan u_2^{'}} \frac{\tan u_3}{\tan u_3^{'}} \cdots \frac{\tan u_k}{\tan u_k^{'}}$$

由于

$$l_1^{'} = \frac{h_1}{\tan u_1^{'}}, \quad \frac{l_2^{'}}{l_2} = \frac{\tan u_2}{\tan u_2^{'}}, \quad \cdots, \quad \frac{l_k^{'}}{l_k} = \frac{\tan u_k}{\tan u_k^{'}}$$

因而焦距可以表示为

$$f' = \frac{l_1^{'} l_2^{'} l_3^{'} \cdots l_k^{'}}{l_2 l_3 \cdots l_k} \qquad (8.3-13)$$

上式结合(8.3-12)式就可以确定系统像方基点。将光学系统倒置,按照上述公式可以确定倒置后光学系统像方的基点,即为原来光学系统物方的基点。或者根据光路可逆,令 $l_k^{'} = \infty$,求解 l_1,得

$$\left. \begin{array}{l} l_F = l_1 \\ f = \dfrac{l_1 l_2 l_3 \cdots l_k}{l_1^{'} l_2^{'} l_3^{'} \cdots l_{k-1}^{'}} \end{array} \right\} \qquad (8.3-14)$$

8.3.4 无焦系统

当光学系统将无穷远的物体成像在无穷远时,即平行光束进入光学系统后,出射光束仍然是平行光束,这种系统称为无焦系统或望远镜系统。在无焦系统中,当物位于有限距离时,物像关系就不能够通过先确定光学系统的基点的办法来确定。下面,将无焦系统看做图 8-18 所示的两个光组构成的系统,建立其物像关系。

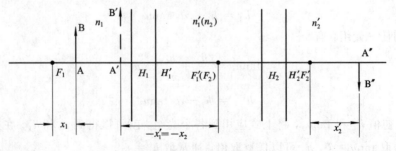

图 8-18 无焦系统成像

1. 物像关系

根据牛顿成像公式,两次成像的物像关系为

$$x_1 x_1' = f_1 f_1' \quad \text{和} \quad x_2 x_2' = f_2 f_2'$$

由于 $x_1' = x_2$，因而

$$x_2' f_1 f_1' = x_1 f_2 f_2' \tag{8.3-15}$$

2. 垂轴放大率

两个光组的垂轴放大率公式为 $\beta_1 = -x_1'/f_1'$，$\beta_2 = -f_2/x_2$，根据组合系统放大率公式 $\beta = \beta_1 \beta_2$，可得

$$\beta = \frac{f_2}{f_1'} \tag{8.3-16}$$

3. 轴向放大率

两个光组的垂轴放大率公式为 $\alpha_1 = -x_1'/x_1$，$\alpha_2 = -x_2'/x_2$，根据组合系统放大率公式 $\alpha = \alpha_1 \alpha_2$，可得

$$\alpha = \frac{f_2 f_2'}{f_1 f_1'} \tag{8.3-17}$$

4. 角放大率

根据光学系统放大率之间的关系 $\beta = \alpha \gamma$，可得

$$\gamma = \frac{f_1}{f_2} \tag{8.3-18}$$

如果无焦系统处于空气中，有 $f_1' = -f_1$，$f_2' = -f_2$，则放大率公式可表示为

$$\left.\begin{array}{l} \beta = -\dfrac{f_2'}{f_1'} \\[2mm] \alpha = \left(\dfrac{f_2'}{f_1'}\right)^2 \\[2mm] \gamma = -\dfrac{f_1'}{f_2'} \end{array}\right\} \tag{8.3-19}$$

由此可见，望远镜系统的放大率与物像位置无关，仅取决于构成它的两个光组的焦距的大小。当这两个光组确定后，其放大率为一常数。

当两个无焦系统组合后，依旧得到一个无焦系统。当用无焦系统观察远处物体时，由于无穷远射来的平行光线经无焦系统后仍为平行光，此时在置于出射光束光路的屏上，我们不能看到任何像；若要获得像就必须在无焦系统后面放一个有限焦距的光组，这里有限焦距光组可以是摄影物镜，也可以是观察者的眼睛。

8.4 厚透镜及其基点与基面

在光学系统的设计中，确定光学系统的基点非常重要，通过它们可以非常直接地了解光学系统物像的位置关系。确定光学系统基点的方法是由各个基本光学单元的基点，利用上节讨论的光组组合方法进行。对于简单的光学单元，譬如球面镜、折射球面和薄透镜等的基点可以通过定义很容易确定，前面已经进行了讨论。对于厚透镜，它是经常应用的基

本光学元件，但其结构比较复杂，通过定义确定其基点比较麻烦。本节采用双光组组合方法研究厚透镜的基点和基面。

8.4.1 厚透镜基点一般公式

确定厚透镜基点常用的方法是将厚透镜看做两个折射球面的组合，通过双光组组合方法来确定。现在以双凸透镜为例，推导厚透镜的基点位置和结构参数的一般公式。如图 8-19 所示，两个曲率半径为 r_1 和 r_2 的折射球面构成一个厚度为 d 的双凸透镜，构成透镜材料的折射率为 n，透镜前后介质为空气。

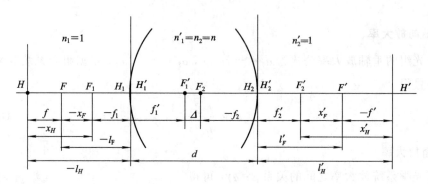

图 8-19 厚透镜的基点

图中画出了两个折射球面的基点，两个折射球面的参数分别以下标 1 和 2 表示，两个折射球面的焦距为

$$f_1 = -\frac{r_1}{n-1}, \quad f_1' = \frac{nr_1}{n-1}$$

$$f_2 = \frac{nr_2}{n-1}, \quad f_2' = -\frac{r_2}{n-1}$$

光学间隔为

$$\Delta = d - f_1' + f_2 = \frac{n(r_2 - r_1) + (n-1)d}{n-1}$$

根据以上参数，由双光组组合(8.3-4)和(8.3-6)式可得

$$f' = -\frac{f_1' f_2'}{\Delta} = \frac{nr_1 r_2}{(n-1)[n(r_2 - r_1) + (n-1)d]} = -f \qquad (8.4-1)$$

$$l_H' = \frac{-dr_2}{n(r_2 - r_1) + (n-1)d} \qquad (8.4-2)$$

$$l_H = \frac{-dr_1}{n(r_2 - r_1) + (n-1)d} \qquad (8.4-3)$$

由于透镜放在同一介质中，节点和主点重合，通过上面三个关系，由结构就可以确定该透镜的基点。

8.4.2 厚透镜基点

厚透镜有六种结构，即双凸透镜、双凹透镜、平凸透镜、平凹透镜、正弯月透镜和负弯月透镜，可参看图 7-22。下面对这六种结构透镜的基点进行具体的分析。

1. 双凸透镜

双凸透镜的 $r_1 > 0$，$r_2 < 0$，由(8.4-1)式可知，其像方焦距的正负与 $n(r_2 - r_1) + (n-1)d$ 异号，因此有：

当 $d < \dfrac{n(r_1 - r_2)}{n-1}$ 时，$f' > 0$，透镜为一个正透镜。由式(8.4-2)和(8.4-3)可知，这时 $l'_H < 0$，$l_H > 0$，图 8-20 给出了一种基点分布结构。若使 d 增大到 $d > \dfrac{n(r_1 - r_2)}{n-1}$ 时，则 $f' < 0$，双凸透镜变成了一个负透镜。

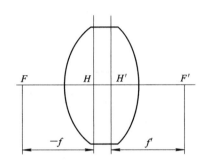

图 8-20 双凸透镜的基点

由于双凸透镜的厚度 d 一般均能满足 $d < \dfrac{n(r_1 - r_2)}{n-1}$ 的条件，故双凸透镜一般是正透镜。

2. 双凹透镜

双凹透镜的 $r_1 < 0$，$r_2 > 0$，不管 r_1、r_2、d 为何值，恒有 $f' < 0$，总为负透镜。由(8.4-2)和(8.4-3)式可知，此时 $l'_H < 0$，$l_H > 0$，两个主平面均位于透镜的内部，如图 8-21 所示。

3. 平凸透镜

平凸透镜的 $r_1 > 0$，$r_2 = \infty$，对(8.4-1)式关于 r_2 求极限，可得焦距公式为

$$f' = \frac{r_1}{n-1} > 0$$

主点公式为

$$l'_H = -\frac{d}{n}$$

$$l_H = 0$$

即平凸透镜总为正透镜，它的像方主平面位于透镜内部，物方主平面和球面顶点相切，如图 8-22 所示。

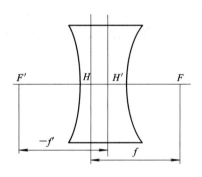

图 8-21 双凹透镜的基点

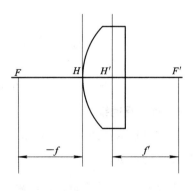

图 8-22 平凸透镜的基点

4. 平凹透镜

平凹透镜的 $r_1 < 0$，$r_2 = \infty$，类似于平凸透镜，对 (8.4-1) 式关于 r_2 求极限，可得

$$f' = \frac{r_1}{n-1}, \quad l'_H = -\frac{d}{n}, \quad l_H = 0$$

即平凹透镜总为负透镜，其像方主平面位于透镜内部，物方主平面和球面顶点相切，如图 8-23 所示。

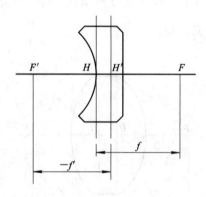

图 8-23 平凹透镜的基点

5. 正弯月透镜

正弯月形透镜的 $r_1 r_2 > 0$，且 $r_1 < r_2$。由 (8-39) 式得 $f' > 0$，即正弯月形透镜的像方焦距 f' 恒为正值，即为正透镜；当 r_1 和 r_2 大于零时，$l'_H < 0$，$l_H < 0$。图 8-24 给出了一种基点分布。

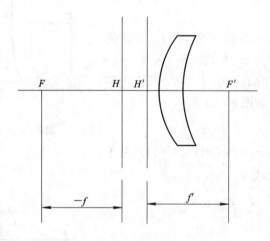

图 8-24 正弯月透镜的基点

6. 负弯月透镜

负弯月形透镜的 $r_1 r_2 > 0$，且 $r_1 > r_2$。与双凸透镜相似，负弯月形透镜的焦距随着厚度不同而可正可负。

当 $d < \dfrac{n(r_1 - r_2)}{n-1}$ 时，$f' < 0$，即此时的透镜为一个负透镜；当 r_1 和 r_2 大于零时，

$l'_H > 0$，$l_H > 0$。图 8-25 给出了一种基点分布。若增大 d 到 $d > \dfrac{n(r_1 - r_2)}{n-1}$ 时，则 $f' > 0$，透镜变为一个正透镜。因负弯月形透镜的厚度一般都比较小，故负弯月形透镜的像方焦距通常是负值。

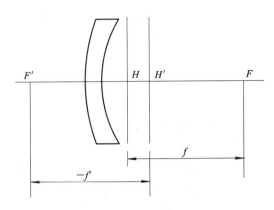

图 8-25　负弯月透镜的基点

8.5　矩阵在近轴光学系统中的应用

在几何光学中引入光线后，光波通过几何光学元件的传播问题可以通过简单的几何关系来表征。为了研究完善像，一般需要作近轴区近似，从球面的近轴区的光路计算公式来看，实际上是一种线性近似。研究表明，任意两个平面间，入射光线的参数和出射光线的参数间满足线性关系，从而可以将两个平面间的光线的传播通过矩阵联系，这大大方便了光线传播的研究，同时也提供了另外一种分析和设计光学系统的有效方法。与此同时，两个平面间不同组光线参数满足相同的关系，而光波可以看做光线束，通过矩阵也可以研究光波间的关系。本节将给出在近轴近似下，从光学元件到光学系统描述光线传播的传递矩阵，以及其在光学系统成像、基点的确定和激光稳定腔体设计中的应用。在下节将讨论光学系统传递矩阵在高斯光束传播特性研究中的应用。

8.5.1　光线矢量的线性变换矩阵

光路追迹是分析和研究光学系统的成像和像质分析的基础。光学系统给定，对于特定的入射光线，其光路完全确定。确定光路就是确定在各个横截面上的光线矢量，即它的位置和方向。在共轴球面光学系统中，一般可以将问题限制在子午面内研究，这时确定横截面上光线矢量的参数为光线与横截面交点的高度和光线的方向。设一条光路在两个不同横截面上光线的参数分别为 h、u 和 h'、u'，如图 8-26 所示，则有

$$h' = g_1(h, u), \quad u' = g_2(h, u)$$

对于几何光学元件构成的光学系统，在近轴区一般可以成完善像，这时不同横截面光线参数之间的关系为线性关系，即可以表示为

$$h' = ah + bu, \quad u' = ch + du \tag{8.5-1}$$

如果光线矢量的两个参数采用矩阵表示，定义

图 8-26 光学系统光线矢量定义

$$\boldsymbol{r} \overset{\mathrm{d}}{=} \begin{bmatrix} h \\ -u \end{bmatrix}, \quad \boldsymbol{r'} \overset{\mathrm{d}}{=} \begin{bmatrix} h' \\ -u' \end{bmatrix} \tag{8.5-2}$$

则光线矢量的线性变换关系可以通过矩阵表示为

$$\begin{bmatrix} h' \\ -u' \end{bmatrix} = \begin{bmatrix} a & -b \\ -c & d \end{bmatrix} \begin{bmatrix} h \\ -u \end{bmatrix} = \begin{bmatrix} A & B \\ C & D \end{bmatrix} \begin{bmatrix} h \\ -u \end{bmatrix} \tag{8.5-3}$$

上式中已将矩阵 $\begin{bmatrix} a & -b \\ -c & d \end{bmatrix}$ 表示为 $\begin{bmatrix} A & B \\ C & D \end{bmatrix}$。进一步,定义

$$\boldsymbol{M} \overset{\mathrm{d}}{=} \begin{bmatrix} A & B \\ C & D \end{bmatrix} \tag{8.5-4}$$

为光学系统两个横截面间光线矢量的传递矩阵或高斯矩阵,则光线矢量的线性变换关系可表示为

$$\boldsymbol{r'} = \boldsymbol{M}\boldsymbol{r} \tag{8.5-5}$$

应当指出,采用矩阵表示不仅可以研究光学系统在近轴区的成像问题,也可以研究高斯光束经过光学系统的传输特性。因为在采用矩阵法研究高斯光束传输问题的相关文献中,角度符号的规定与传统几何光学中角度符号的规定正好相反,所以在上面光线矢量的矩阵表示中,角度取了负号,这样定义的好处是,下面讨论得到的结果可以直接用于研究高斯光束在光学系统中的传输问题。

8.5.2 基本光学元件的特征传递矩阵

基本光学元件可以看做简单的光学系统,在其入射面和出射面之间可以定义传递矩阵,称为光学元件的光线矢量的特征传递矩阵。下面推导常见的基本光学元件在近轴区光线矢量的特征传递矩阵。

1. 均匀介质的特征传递矩阵

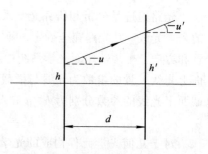

如图 8-27 所示,在均匀介质中有两个与光轴垂直的平面,两者沿光轴的距离为 d,一条光线在两个平面上的光线参数为 h、u 和 h'、u'。由于光线在均匀介质中作直线传播,因而它们之间满足

$$h' = h - du$$
$$u' = u$$

将上式与(8.5-1)式对比,可以得到光线在均匀介质中传播的特征传递矩阵为

图 8-27 均匀介质中光线矢量关系

$$M = \begin{bmatrix} 1 & d \\ 0 & 1 \end{bmatrix} \qquad (8.5-6)$$

2. 单个折射球面的特征传递矩阵

如图 8-28 所示，由折射率分别为 n 和 n' 两种介质构成的曲率半径为 r 的球面，近轴区的入射光线和折射光线的参数为 h、u 和 h'、u'，根据折射球面的基本关系有

$$h' = h$$

$$u' = \frac{n'-n}{n'r}h + \frac{n}{n'}u$$

将上式与(8.5-1)式对比，可以得到单个折射球面的特征传递矩阵为

$$M = \begin{bmatrix} 1 & 0 \\ -\dfrac{n'-n}{n'r} & \dfrac{n}{n'} \end{bmatrix} \qquad (8.5-7)$$

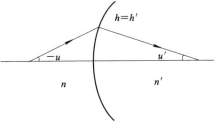

图 8-28　折射球面上光线矢量关系

3. 介质平面的特征传递矩阵

介质平面可以看做是折射球面在曲率半径为无穷大时的特例，所以在折射球面的特征传递矩阵(8.5-7)式中令 $r \to \infty$，可以得到介质平面的特征传递矩阵为

$$M = \begin{bmatrix} 1 & 0 \\ 0 & \dfrac{n}{n'} \end{bmatrix} \qquad (8.5-8)$$

4. 反射球面镜的特征传递矩阵

由于折射定律可以看做反射定律的特殊形式，因而在(8.5-7)式中令 $n' \to -n$，可以得到反射球面镜的特征传递矩阵为

$$M = \begin{bmatrix} 1 & 0 \\ -\dfrac{2}{r} & -1 \end{bmatrix} \qquad (8.5-9)$$

5. 平面反射镜的特征传递矩阵

在(8.5-9)式中，令 $r \to \infty$，可以得到平面反射镜的特征传递矩阵为

$$M = \begin{bmatrix} 1 & 0 \\ 0 & -1 \end{bmatrix} \qquad (8.5-10)$$

6. 薄透镜的特征传递矩阵

如图 8-29 所示，一个像方焦距为 f' 的薄透镜放在同一种介质中，薄透镜入射面和出射面上光线矢量的参数为 h、u 和 h'、u'，在近轴区有

$$u = \frac{h}{l}, \quad u' = \frac{h'}{l'}$$

由于 $h = h'$，根据薄透镜的成像公式 $\dfrac{1}{l'} - \dfrac{1}{l} = \dfrac{1}{f'}$，可以得到薄透镜入射面和出射面上光线矢量参数的变换关系为

$$h' = h$$

$$u' = \frac{1}{f'}h + u$$

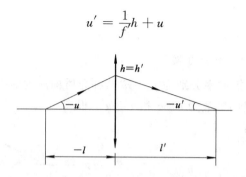

图 8 - 29　薄透镜光线矢量关系

从而可以得到薄透镜的特征传递矩阵为

$$\boldsymbol{M} = \begin{bmatrix} 1 & 0 \\ -\dfrac{1}{f'} & 1 \end{bmatrix} \tag{8.5-11}$$

7. 理想光学系统的两个主平面之间的特征传递矩阵

如图 8 - 30 所示，一个理想光学系统物方和像方的折射率为 n 和 n'，焦距分别为 f 和 f'，一条近轴区光路在物方主平面和像方主平面上光线矢量的参数为 h、u 和 h'、u'，由图可见：

$$u = \frac{h}{l}, \quad u' = \frac{h'}{l'}$$

根据主平面的性质，即 $h = h'$，和理想光学系统的成像公式 $\dfrac{f'}{l'} + \dfrac{f}{l} = 1$，以及焦距之间的关系式 $\dfrac{f'}{f} = -\dfrac{n'}{n}$，可以得到入射面和出射面上光线矢量参数的变换关系为

$$h' = h$$

$$u' = \frac{1}{f'}h + \frac{n}{n'}u$$

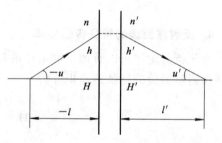

图 8 - 30　理想光学系统光线矢量关系

从而可以得到理想光学系统主平面之间的特征传递矩阵为

$$\boldsymbol{M} = \begin{bmatrix} 1 & 0 \\ -\dfrac{1}{f'} & \dfrac{n}{n'} \end{bmatrix} \tag{8.5-12}$$

8.5.3　光学系统的传递矩阵计算

如图 8 - 31 所示，由多个光学元件构成的系统，平面 π_1 和平面 π_2 分别是光学系统物空间和像空间任意的两个平面，现在计算这两个平面之间的光线参数的传递矩阵，即高斯矩阵。如果将两个基本光学元件之间的均匀介质也看做基本光学单元，其特征传递矩阵由 (8.5-6) 式表示，则光线在 π_1 和 π_2 两个横截面之间的传播，可以看做光线顺次通过包括均匀介质在内的基本光学单元。如果光学系统由 N 个基本光学单元构成，它们的特征传递矩阵依次为 $\boldsymbol{M}_1$、$\boldsymbol{M}_2$、$\cdots$、$\boldsymbol{M}_{N-1}$ 和 $\boldsymbol{M}_N$，任一光路中，光线在各个基本光学单元表面的光线

矢量为 r_1、r_2、$\cdots$、r_N 和 r_{N+1}，则

$$r_2 = M_1 r_1, \ r_3 = M_2 r_2, \ \cdots, \ r_N = M_{N-1} r_{N-1}, \ r_{N+1} = M_N r_N$$

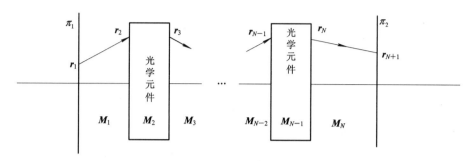

图 8-31　光学系统光线矢量关系

所以

$$r_{N+1} = M_N M_{N-1} \cdots M_2 M_1 r_1 \tag{8.5-13}$$

如果令平面 π_1 和 π_2 上的光线矢量分别表示为 r 和 r'，则 $r = r_1$，$r' = r_{N+1}$，假如平面 π_1 和 π_2 之间的传递矩阵为 M，则应该有

$$r' = Mr$$

将上式和(8.5-13)式对比，可以得到 π_1 和 π_2 之间的传递矩阵 M 为

$$M = M_N M_{N-1} \cdots M_2 M_1 \tag{8.5-14}$$

光学系统的结构参数决定了 M 矩阵的四个元素，这四个元素也体现了光学系统的成像关系，称为高斯常数。

　　由基本光学单元特征传递矩阵的表示可以看出，各个矩阵对应的行列式 $|M_i| = n_i/n_i'$，由光学系统的折射率的转面公式可得

$$|M| = \frac{n}{n'} \tag{8.5-15}$$

其中 n 和 n' 分别为光学系统物方和像方的折射率，当光学系统物方和像方的折射率相等时，$|M| = 1$。

　　现在考虑光学系统一对共轭面间的传递矩阵。

　　光学系统一对共轭面间的传递矩阵可以看做由三个特征传递矩阵构成，即如图 8-32 所示，从物平面到物方主平面间均匀介质的传递矩阵 M_1，理想光学系统两个主平面间的传递矩阵 M_2，以及从像方主平面到像面之间均匀介质的传递矩阵 M_3。

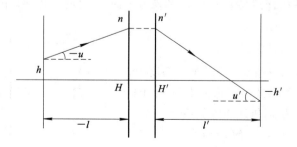

图 8-32　理想光学系统共轭面间传递矩阵

根据基本光学元件的特征矩阵，则

$$\boldsymbol{M}_1 = \begin{bmatrix} 1 & -l \\ 0 & 1 \end{bmatrix}$$

$$\boldsymbol{M}_2 = \begin{bmatrix} 1 & 0 \\ -\dfrac{1}{f'} & \dfrac{n}{n'} \end{bmatrix}$$

$$\boldsymbol{M}_3 = \begin{bmatrix} 1 & l' \\ 0 & 1 \end{bmatrix}$$

所以物面到像面的传递矩阵 $\boldsymbol{M}$ 为

$$\boldsymbol{M} = \boldsymbol{M}_3 \boldsymbol{M}_2 \boldsymbol{M}_1 = \begin{bmatrix} 1 & l' \\ 0 & 1 \end{bmatrix} \begin{bmatrix} 1 & 0 \\ -\dfrac{1}{f'} & \dfrac{n}{n'} \end{bmatrix} \begin{bmatrix} 1 & -l \\ 0 & 1 \end{bmatrix}$$

$$= \begin{bmatrix} 1-\dfrac{l'}{f'} & -l+\dfrac{ll'}{f'}+\dfrac{l'n}{n'} \\ -\dfrac{1}{f'} & \dfrac{l}{f'}+\dfrac{n}{n'} \end{bmatrix} = \begin{bmatrix} A & B \\ C & D \end{bmatrix}$$

由于

$$A = 1-\frac{l'}{f'} = -\frac{x'}{f'} = \beta$$

$$B = \frac{ll'}{f'}\left(-\frac{f'}{l'}+1-\frac{f}{l}\right) = 0$$

$$D = \frac{l}{f'}-\frac{f}{f'} = \frac{x'}{f'} = \gamma$$

因此共轭面间的传递矩阵为

$$\boldsymbol{M} = \begin{bmatrix} \beta & 0 \\ -\dfrac{1}{f'} & \gamma \end{bmatrix} \tag{8.5-16}$$

根据上式，通过计算光学系统物空间和像空间两个面间的传递矩阵，就可以由物面位置确定共轭像面位置，或者由像面位置确定共轭物面位置，同时还可以确定光学系统的焦距，以及两个共轭面间的放大率。

8.5.4 高斯矩阵与光学系统主平面和焦点的位置关系

设任一光学系统的任意物方平面 π_1 和像方平面 π_2 之间的传递矩阵为

$$\boldsymbol{M} = \begin{bmatrix} M_{11} & M_{12} \\ M_{21} & M_{22} \end{bmatrix}$$

如图 8-33 所示，考虑一条平行于光轴，高度为 h 的入射光线，经过光学系统后在像方平面 π_2 上的光线参数为 h' 和 u'，根据传递矩阵关系有

$$\begin{bmatrix} h' \\ -u' \end{bmatrix} = \begin{bmatrix} M_{11} & M_{12} \\ M_{21} & M_{22} \end{bmatrix} \begin{bmatrix} h \\ 0 \end{bmatrix}$$

即

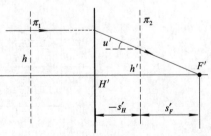

图 8-33　高斯矩阵与像方基点

$$h' = M_{11}h, \quad u' = -M_{21}h$$

如果以平面 π_2 作为参考面，确定系统像方基点，将像方主平面和像方焦平面相对平面 π_2 的线度表示为 s'_H 和 s'_F，则

$$\left.\begin{aligned} f' &= \frac{h}{u'} = -\frac{1}{M_{21}} \\ s'_F &= \frac{h'}{u'} = -\frac{M_{11}}{M_{21}} \\ s'_H &= s'_F - f' = \frac{h'-h}{u'} = -\frac{M_{11}-1}{M_{21}} \end{aligned}\right\} \qquad (8.5-17)$$

依据光路可逆，可以确定物方基点。如图 8-34 所示，考虑一条平行于光轴的出射光线，它的高度为 h'，相应的入射光线在物空间的平面 π_1 上的光线矢量参数为 h 和 u，它们满足

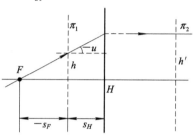

图 8-34 高斯矩阵与物方基点

$$\begin{bmatrix} h' \\ 0' \end{bmatrix} = \begin{bmatrix} M_{11} & M_{12} \\ M_{21} & M_{22} \end{bmatrix} \begin{bmatrix} h \\ -u \end{bmatrix}$$

由于

$$\boldsymbol{M}^{-1} = \frac{1}{|\boldsymbol{M}|} \begin{bmatrix} M_{22} & -M_{12} \\ -M_{21} & M_{11} \end{bmatrix}$$

可得

$$\begin{bmatrix} h \\ -u \end{bmatrix} = \frac{1}{|\boldsymbol{M}|} \begin{bmatrix} M_{22} & -M_{12} \\ -M_{21} & M_{11} \end{bmatrix} \begin{bmatrix} h' \\ 0' \end{bmatrix}$$

所以

$$h = \frac{M_{22}}{|\boldsymbol{M}|} h', \quad u = \frac{M_{21}}{|\boldsymbol{M}|} h'$$

如果以平面 π_1 作为参考面，确定系统物方基点，将物方主平面和物方焦平面相对平面 π_1 的线度表示为 s_H 和 s_F，则

$$\left.\begin{aligned} f &= \frac{h'}{u} = \frac{|\boldsymbol{M}|}{M_{21}} \\ s_F &= \frac{h}{u} = \frac{M_{22}}{M_{21}} \\ s_H &= s_F - f = \frac{h-h'}{u} = \frac{M_{21}-|\boldsymbol{M}|}{M_{21}} \end{aligned}\right\} \qquad (8.5-18)$$

8.5.5 传递矩阵在激光谐振腔设计中的应用

产生激光不仅需要能够实现粒子数反转的增益介质，还需要能够形成光振荡的腔体。共轴球面谐振腔体是非常重要的一种激光腔，特别对于气体激光器。当在谐振腔体内建立了稳定的光场后，从波动光学的角度来说，形成了一定的电磁场模式。而从几何光学的角度来说，光线在谐振腔内多次往返传播后能够再现。光线在谐振腔内的传播实际上是光线交替在均匀介质中的传播和球面的反射，所以采用矩阵研究谐振腔光线的传播比较方便，

它也经常用于共轴球面激光谐振腔稳定性的分析。

图 8-35 给出了一个典型的共轴球面谐振腔的结构。左右分别为曲率半径为 R_1 和 R_2 的球面。为了简单，假设腔体内为空气，腔长为 L。首先确定光线往返一次的传递矩阵。光线往返一次可以看做 4 个过程：① 在腔内从左向右传播 L，传递矩阵为 M_+；② 经过右反射面的反射，其传递矩阵为 M_r；③ 从右向左传播 L，传递矩阵为 M_-；④ 经过左面的反射，其传递矩阵为 M_l。根据我们的符号法则，上面四个传递矩阵为

$$M_+ = \begin{bmatrix} 1 & L \\ 0 & 1 \end{bmatrix}, \quad M_r = \begin{bmatrix} 1 & 0 \\ 2/R_2 & -1 \end{bmatrix}$$

$$M_- = \begin{bmatrix} 1 & -L \\ 0 & 1 \end{bmatrix}, \quad M_l = \begin{bmatrix} 1 & 0 \\ -2/R_1 & -1 \end{bmatrix}$$

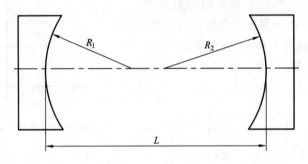

图 8-35　共轴球面激光谐振腔

而光线在谐振腔往返一次的传递矩阵为上述四个矩阵依次的乘积，即

$$M = M_l M_- M_r M_+ = \begin{bmatrix} A & B \\ C & D \end{bmatrix} \tag{8.5-19}$$

其中

$$\left. \begin{array}{ll} A = 1 - \dfrac{2L}{R_2}, & B = 2L\left(1 - \dfrac{L}{R_2}\right) \\[3mm] C = -\left[\dfrac{2}{R_1} + \dfrac{2}{R_2}\left(1 - \dfrac{2L}{R_1}\right)\right], & D = \left(1 - \dfrac{2L}{R_1}\right)\left(1 - \dfrac{2L}{R_2}\right) - \dfrac{2L}{R_1} \end{array} \right\} \tag{8.5-20}$$

光线往返一次前后光线参数间的关系为

$$\begin{bmatrix} h \\ -u \end{bmatrix} = \begin{bmatrix} A & B \\ C & D \end{bmatrix} \begin{bmatrix} h_0 \\ -u_0 \end{bmatrix} \tag{8.5-21}$$

当光线往返 n 次后，变换矩阵为 n 个单次往返传递矩阵的乘积，即 M^n。根据矩阵理论，有

$$M^n = \begin{bmatrix} A & B \\ C & D \end{bmatrix}^n = \begin{bmatrix} A_n & B_n \\ C_n & D_n \end{bmatrix}$$

$$= \frac{1}{\sin\varphi} \begin{bmatrix} A\sin(n\varphi) - \sin[(n-1)\varphi] & B\sin(n\varphi) \\ C\sin(n\varphi) & D\sin(n\varphi) - \sin[(n-1)\varphi] \end{bmatrix} \tag{8.5-22}$$

其中

$$\varphi = \arccos\frac{1}{2}(A + D) \tag{8.5-23}$$

这时光线参数关系为

$$\begin{bmatrix} h_n \\ -u_n \end{bmatrix} = \begin{bmatrix} A_n & B_n \\ C_n & D_n \end{bmatrix} \begin{bmatrix} h_0 \\ -u_0 \end{bmatrix} \qquad (8.5-24)$$

根据上式，可以确定光线任意次往返传播后的参数。同样，根据上式可以确定共轴球面谐振腔的稳定条件。要形成稳定的谐振腔，光线经过任意次的往返都不能逸出腔外，这时要求式(8.5-22)中各个元素必须有限，这要求式(8.5-23)给出的 φ 必须为实数，从而可以得到谐振腔稳定的条件

$$\left[\frac{1}{2}(A+D)\right]^2 \leqslant 1 \qquad (8.5-25)$$

将式(8.5-20)代入，可得稳定性条件为

$$0 \leqslant \left(1 - \frac{L}{R_1}\right)\left(1 - \frac{L}{R_2}\right) \leqslant 1 \qquad (8.5-26)$$

8.6 *ABCD* 法则及其在激光束传输中的应用

8.6.1 *ABCD* 法则——光波面曲率半径在传播介质中的变化规律

从物理光学的角度来看，光波在光学系统中的传播实际上是其波面的推进。在成像系统的近轴区，波面可以看做球面，因此光波可以由波面在光轴上的位置和波面的曲率半径来描述。而在几何光学中，光的传播是采用光线描述的。现在，建立两者之间的关系。如图8-36所示，光学系统物空间近轴区任一球面波面，其半径为 R。R 的符号规定为以球面曲率中心为参考点，参考点以右波面上点的曲率半径为正，以左波面上点的曲率半径为负，这样就可以通过 R

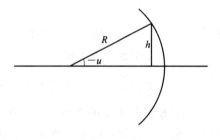

图 8-36 光线参数与波面曲率半径

正负区分会聚和发散的球面波。与该波面对应的光线沿球面的法线方向传播，如果在球面上任一点的光线矢量参数为 h 和 u，由几何关系知道

$$R = \frac{h}{\sin(-u)}$$

在近轴区

$$R = \frac{h}{-u}$$

同理，在光学系统像空间任一波面上有

$$R' = \frac{h'}{-u'}$$

显然，若任意球面波波面上任一光线矢量参数给定，则相应的波面的曲率半径就可确定。

假如光学系统两个面的传递矩阵为 $\boldsymbol{M} = \begin{bmatrix} A & B \\ C & D \end{bmatrix}$，其光线矢量参数满足

$$\begin{bmatrix} h' \\ -u' \end{bmatrix} = \begin{bmatrix} A & B \\ C & D \end{bmatrix} \begin{bmatrix} h \\ -u \end{bmatrix}$$

可以得到两个面上相应球面波波面曲率半径的变化关系为

$$R' = \frac{AR + B}{CR + D} \qquad (8.6-1)$$

上述关系称为 $ABCD$ 法则，它被广泛用于计算激光束的传播。

8.6.2 *ABCD* 法则用于基模高斯光束的传播

1. 基模高斯光束及基本参数

高斯光束是激光器所产生的光波，它是圆柱坐标系中的波动方程的解，依据激光腔的结构和工作条件不同，可为基模高斯光束、厄米分布高阶模高斯光束、拉盖尔分布高阶模高斯光束和椭圆高斯光束等。其中基模高斯光束在横截面内分布各向同性，比较简单。基于标量场理论，它的电场强度复振幅的表示式为

$$U(x, y, z) = U_0 \frac{w_0}{w(z)} \exp\left[-\frac{x^2 + y^2}{w^2(z)}\right] \exp\left\{i\left[k\left(z + \frac{x^2 + y^2}{2R(z)}\right) - \varphi(z)\right]\right\}$$

在与激光束传播方向垂直的任意一个平面上，振幅随着到光束中心的距离的增大，按照指数形式衰减，衰减函数关系为

$$\exp\left[-\frac{x^2 + y^2}{w^2(z)}\right]$$

式中的 $w(z)$ 为振幅衰减到中心幅值 $1/e$ 时的位置到光束中心的距离，称为光束在该平面上的光斑半径。基模高斯光束的相位部分除了一个附加相位 $\varphi(z)$ 外，还存在一个二次相位因子 $\exp\left[i\left(k\frac{x^2 + y^2}{2R(z)}\right)\right]$，它表明在该平面上波面为一个球面，其曲率半径为 $R(z)$。

一般基模高斯光束的光斑半径、波面的曲率半径和附加位相 $\varphi(z)$ 在不同横截面上是不同的。光斑半径最小的平面称为激光束的束腰，束腰半径为 w_0。假设激光束的波长为 λ，以束腰位置作为 z 轴方向的参考面，则沿光波传播方向上不同横截面上光斑半径和波面的曲率半径可以表示为

$$w^2(z) = w_0^2 \left(1 + \frac{z^2}{z_0^2}\right) \qquad (8.6-2)$$

$$R(z) = z\left(1 + \frac{z_0^2}{z^2}\right) \qquad (8.6-3)$$

$$\varphi(z) = \arctan \frac{z}{z_0} \qquad (8.6-4)$$

上式中 z_0 为一个由束腰大小决定的量，称为激光束的共焦参量，它与束腰大小的关系为

$$z_0 = \frac{\pi w_0^2}{\lambda} \qquad (8.6-5)$$

(8.6-2)式也可以表示为

$$\frac{w^2(z)}{w_0^2} - \frac{z^2}{z_0^2} = 1$$

上式说明高斯光束的光斑边缘的包络随 z 按照双曲线变化，其半实轴大小为 w_0，半虚轴大

小为共焦参量 z_0。通常以双曲线的渐近线与传播方向的夹角定义高斯光束的发散角，即

$$\theta_0 = \frac{\lambda}{\pi w_0} \tag{8.6-6}$$

2. ABCD 法则——复曲率半径

高斯光束与一般的球面波不同，在光波传播的任一垂直的平面上，它除包含波面的曲率半径外，还包含光束的光斑尺寸，所以通常定义复曲率半径为 $q(z)$，即

$$\frac{1}{q(z)} = \frac{1}{R(z)} + \mathrm{i}\, \frac{\lambda}{\pi w^2(z)} \tag{8.6-7}$$

或

$$q(z) = z - \mathrm{i} z_0 \tag{8.6-8}$$

如果光学系统两个平面间的传递矩阵为 $\boldsymbol{M}$，高斯光束在两个平面上的复曲率半径分别为 $q_1(z)$ 和 $q_2(z)$，则它们满足

$$q_2 = \frac{A q_1 + B}{C q_1 + D} \tag{8.6-9}$$

或者

$$\frac{1}{q_2} = \frac{C + D/q_1}{A + B/q_1} \tag{8.6-10}$$

8.6.3 基模高斯光束经过薄透镜的变换

如图 8-37 所示，一高斯光束经过一个焦距为 f' 的薄透镜，入射光束的束腰半径为 w_0，共焦参量为 z_0，束腰相对透镜的物距为 l。该光束经过透镜后，其出射光束的束腰半径为 w'_0，共焦参量为 z'_0，束腰相对透镜的像距为 l'。在透镜表面上，入射光束和出射光束的曲率半径分别为 R 和 R'，光斑尺寸分别为 w 和 w'。在这里，仍遵从第7章的符号法则：束

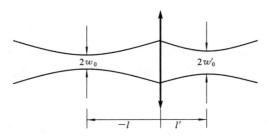

图 8-37　高斯光束经过薄透镜变换

腰位于薄透镜前时，l 为负，但是波面曲率半径为正；位于薄透镜后时，l 为正，波面曲率半径为负。根据(8.6-2)和(8.6-3)式有

$$\left. \begin{aligned} w^2 &= w_0^2 \left(1 + \frac{l^2}{z_0^2} \right) \\ w'^2 &= w_0'^2 \left(1 + \frac{l'^2}{z_0'^2} \right) \end{aligned} \right\} \tag{8.6-11}$$

$$\left. \begin{aligned} R &= -l \left(1 + \frac{z_0^2}{l^2} \right) \\ R' &= -l' \left(1 + \frac{z_0'^2}{l'^2} \right) \end{aligned} \right\} \tag{8.6-12}$$

透镜表面上入射光束和出射光束的复曲率半径 q 和 q' 为

$$\frac{1}{q} = \frac{1}{R} + i\frac{\lambda}{\pi w^2}, \quad \frac{1}{q'} = \frac{1}{R'} + i\frac{\lambda}{\pi w'^2} \tag{8.6-13}$$

根据薄透镜的特征矩阵和 $ABCD$ 法则(8.6-10)式，q_1 和 q_2 满足

$$\frac{1}{q'} = -\frac{1}{f'} + \frac{1}{q} \tag{8.6-14}$$

比较上式两边的实部和虚部，可得

$$\begin{cases} w' = w \\ \dfrac{1}{R'} - \dfrac{1}{R} = -\dfrac{1}{f'} \end{cases} \tag{8.6-15}$$

可见薄透镜对高斯光束变换时，在透镜表面上光斑尺寸变换前后不变，波面的曲率半径满足薄透镜的成像公式。上面成像公式等号右边出现负号，是因为物距和像距以薄透镜光心为参考点，而曲率半径是以曲率中心为参考点，两者相差一个符号。

将(8.6-12)式代入(8.6-15)式，可以得到光束经透镜变换前后束腰位置和大小的关系为

$$\begin{cases} l' = f' - \dfrac{f'^2(l+f')}{(l+f')^2 + z_0^2} \\ w_0'^2 = \dfrac{f'^2 w_0^2}{(l+f')^2 + z_0^2} \end{cases} \tag{8.6-16}$$

如果在物方入射光束的束腰以薄透镜物方焦点为参考点，表示为 x，在像方出射光束的束腰以薄透镜像方焦点为参考点，表示为 x'，则上式可以简化为

$$\begin{cases} x' = \dfrac{-f'^2 x}{x^2 + z_0^2} \\ w_0'^2 = \dfrac{f'^2 w_0^2}{x^2 + z_0^2} \end{cases} \tag{8.6-17}$$

可见，光束经过薄透镜变换前后束腰的位置并不满足薄透镜成像的高斯公式。图 8-38 给出了按照正透镜焦距归一化的不同共焦参量的光束经过正薄透镜后束腰位置和大小随入射光束束腰相对透镜位置的变化关系。

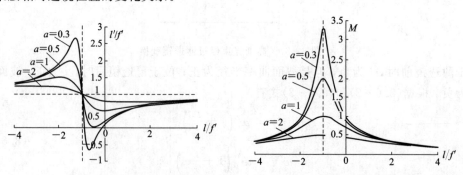

(a) 归一化束腰的像距 l'/f' 和物距 l'/f' 的关系 　　(b) 束腰的相对变化 $M = w_0'/w_0$ 与 l/f' 关系

图 8-38　不同归一化共焦参量 $a = z_0/f'$ 的高斯光束经过薄透镜变化关系

由图可以看出：

① 当入射光束束腰距离透镜非常远时，出射光束束腰位于像方焦点；

② 当入射光束束腰位于物方焦点时，出射光束束腰位于像方焦点，并且出射光束束腰达到最大，为

$$w_0' = \frac{f'w_0}{z_0}$$

8.6.4 基模高斯光束经过无焦系统的变换

无焦系统经常被用于激光束的扩束和光斑的压缩，现在采用 $ABCD$ 法则研究激光束经过无焦系统变化的基本关系。如图 $8-39$ 所示，设无焦系统由两个薄透镜构成，它们的焦距分别为 f_1' 和 f_2'，首先考虑从第一个薄透镜的入射面到第二个薄透镜的出射面间的传递矩阵 $\boldsymbol{M}$。这时无焦系统可以看做是由三个基本光学单元构成的，这三个单元即两个薄透镜和它们之间长度 $d = f_1' + f_2'$ 的均匀介质单元。三个单元的特征矩阵依次为

$$\boldsymbol{M}_1 = \begin{bmatrix} 1 & 0 \\ -\dfrac{1}{f_1'} & 1 \end{bmatrix}$$

$$\boldsymbol{M}_2 = \begin{bmatrix} 1 & f_1' + f_2' \\ 0 & 1 \end{bmatrix}$$

$$\boldsymbol{M}_3 = \begin{bmatrix} 1 & 0 \\ -\dfrac{1}{f_2'} & 1 \end{bmatrix}$$

则传递矩阵为

$$\boldsymbol{M} = \boldsymbol{M}_3 \boldsymbol{M}_2 \boldsymbol{M}_1 = \begin{bmatrix} \beta & f_1' + f_2' \\ 0 & \dfrac{1}{\beta} \end{bmatrix} \tag{8.6-18}$$

其中，$\beta = -f_2'/f_1'$，为望远镜系统的垂轴放大率。

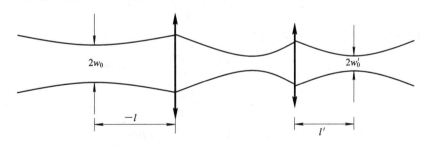

图 $8-39$ 高斯光束经过无焦系统变换

如果入射光束的束腰大小为 w_0，共焦参量为 z_0，束腰相对第一个薄透镜的物距为 l，经过透镜后，出射光束的束腰大小为 w_0'，共焦参量为 z_0'，束腰相对第二个薄透镜的像距表示为 l'，在第一个薄透镜上入射光束和第二个薄透镜上出射光束的曲率半径分别表示为 R 和 R'，光斑大小分别表示为 w 和 w'，复曲率表示为 q 和 q'。根据 $ABCD$ 法则，即 $(8.6-9)$ 式有

$$q' = \beta^2 q + \beta(f_1' + f_2')$$

通过比较等式两边的实部和虚部，可得

$$l' = f_2' + \beta^2(f_1' + l) \left.\right\}$$
$$w_0' = \beta w_0$$
$$(8.6-19)$$

如果在物方入射光束的束腰以第一个薄透镜物方焦点为参考点，表示为 x，在像方出射光束的束腰以第二个薄透镜像方焦点为参考点，表示为 x'，则上式中第一式可以简化为

$$x' = \beta^2 x \qquad\qquad (8.6-20)$$

从上面的结果可见，无焦系统对激光束变换时，

① 入射光束的束腰位置只影响出射光束的束腰位置，而不影响束腰大小；

② 变换后束腰变为原来的 β 倍，根据（8.6 - 6）式，发散角压缩为原来的 $1/\beta$。当 $f_1' > f_2'$ 时，光路可以压缩光斑大小扩展光束的发散角；当 $f_1' < f_2'$ 时，光路可以扩展光束，压缩光束的发散角；

③ 第一个薄透镜的前焦点和第二个薄透镜的后焦点对于束腰为一对共轭点。

例　题

例 8 - 1　有一理想光学系统位于空气中，其光焦度为 $\varphi = 10D$。当焦物距 $x = -100 \text{ mm}$，物高 $y = 40 \text{ mm}$ 时，试分别用牛顿公式和高斯公式求像的位置和大小，以及轴向放大率和角放大率。

解：由已知条件，系统的焦距和物距分别为

$$f' = \frac{1}{\varphi} = 100 \text{ mm}$$

$$l = x + f = -100 - 100 = -200 \text{ mm}$$

由牛顿公式得焦像距和垂轴放大率分别为

$$x' = \frac{ff'}{x} = \frac{-100 \times 100}{-100} = 100 \text{ mm}$$

$$\beta = \frac{y'}{y} = \frac{-x'}{f'} = \frac{-100}{100} = -1$$

由高斯公式得像距、垂轴放大率和像高分别为

$$l' = \frac{lf'}{l+f'} = \frac{-200 \times 100}{-200 + 100} = 200 \text{ mm}$$

$$\beta = \frac{y'}{y} = \frac{l'}{l} = \frac{200}{-200} = -1$$

$$y' = \beta y = -1 \times 40 = -40 \text{ mm}$$

因 $\beta = -1$，所以轴向放大率和角放大率分别为

$$\alpha = \frac{n'}{n}\beta^2 = 1$$

$$\gamma = \frac{\beta}{\alpha} = \frac{-1}{1} = -1$$

例 8 - 2　位于空气中的两个薄透镜，其参数为 $f_1' = 90 \text{ mm}$，$f_2' = 60 \text{ mm}$，$d = 50 \text{ mm}$，求组合系统的焦距和基点位置。

解法一：采用双光组组合方法求解。系统的光学间隔为

$$\Delta = d - f_1' + f_2 = 50 - 90 - 60 = -100 \text{ mm}$$

根据双光组组合焦距和主点计算公式有

$$l_H' = \frac{d}{\Delta} f_2' = \frac{50}{-100} \times 60 = -30 \text{ mm}$$

$$l_H = \frac{d}{\Delta} f_1 = \frac{50}{-100} \times (-90) = 45 \text{ mm}$$

$$f' = -\frac{f_1' f_2'}{\Delta} = -\frac{90 \times 60}{-100} = 54 \text{ mm}$$

由于光组处于空气中,故有

$$f = -f' = -54 \text{ mm}$$

焦点位置为

$$l_F = l_H + f = 45 + (-54) = -9 \text{ mm}$$

$$l_F' = l_H' + f' = -30 + 54 = 24 \text{ mm}$$

所以系统物方主点位于第一个薄透镜后 45 mm 处,物方焦点位于第一个薄透镜前 9 mm 处;像方主点位于第二个薄透镜前 30 mm 处,像方焦点位于第二个薄透镜后 24 mm 处;系统的像方焦距为 54 mm。

解法二:采用截距法求解。

首先求解像方基点。令 $l_1 = -\infty$,按高斯公式和过渡公式有

$$l_1' = f_1' = 90 \text{ mm}$$

$$l_2 = l_1' - d_1 = 90 - 50 = 40 \text{ mm}$$

$$l_2' = l_F' = \frac{l_2 f_2'}{l_2 + f_2'} = \frac{40 \times 60}{40 + 60} = 24 \text{ mm}$$

由(8.3-13)式得

$$f' = \frac{l_1' l_2'}{l_1} = \frac{90 \times 24}{40} = 54 \text{ mm}$$

像方主点位置为

$$l_H' = l_F' - f' = 24 - 54 = -30 \text{ mm}$$

即像方主点位于第二个薄透镜前 30 mm 处,像方焦点位于第二个薄透镜后 24 mm 处;系统的像方焦距为 54 mm。

对于物方基点的求解,令 $l_2' = \infty$,按高斯公式和过渡公式有

$$l_2 = f_2 = -60 \text{ mm}$$

$$l_1' = l_2 + d_1 = -60 + 50 = -10 \text{ mm}$$

$$l_1 = l_F = \frac{l_1' f_1'}{f_1' - l_1'} = \frac{-10 \times 90}{90 - (-10)} = -9 \text{ mm}$$

由(8.3-14)式得

$$f = \frac{l_1 l_2}{l_1'} = \frac{-9 \times (-60)}{-10} = -54 \text{ mm}$$

物方主点位置为

$$l_H = l_F - f = -9 - (-54) = 45 \text{ mm}$$

所以系统物方主点位于第一个薄透镜后 45 mm 处，物方焦点位于第一个薄透镜前 9 mm 处；物方焦距为 -54 mm。

例 8 - 3 已知三个共轴薄透镜构成的光组的参数分别为 $f_1' = -f_1 = 100$ mm，$d_1 = 10$ mm，$f_2' = -f_2 = -50$ mm，$d_2 = 20$ mm，$f_3' = -f_3 = 50$ mm，求组合光组的基点位置和焦距大小。

解：像方基点位置和像方焦距的确定。

设 $h_1 = 100$ mm，$u_1 = 0$，由$(8.3 - 9)$和$(8.3 - 10)$式得

$$\tan u_1' = \frac{h_1}{f_1'} = \frac{100}{100} = 1 = \tan u_2$$

$$h_2 = h_1 - d_1 \tan u_1' = 100 - 10 \times 1 = 90 \text{ mm}$$

$$\tan u_2' = \tan u_2 + \frac{h_2}{f_2'} = 1 + \frac{90}{-50} = -0.8 = \tan u_3$$

$$h_3 = h_2 - d_2 \tan u_2' = 90 - 20 \times (-0.8) = 106 \text{ mm}$$

$$\tan u_3' = \tan u_3 + \frac{h_3}{f_3'} = -0.8 + \frac{106}{50} = 1.32$$

于是，组合光组的主点和焦点由以下计算而确定：

$$l_F' = \frac{h_3}{\tan u_3'} = \frac{106}{1.32} = 80.3 \text{ mm}$$

$$f' = \frac{h_1}{\tan u_3'} = \frac{100}{1.32} = 75.76 \text{ mm}$$

$$l_H' = l_F' - f' = 80.3 - 75.76 = 4.54 \text{ mm}$$

物方基点位置和物方焦距的确定。

将整个光组颠倒 $180°$，此时 $f_1' = 50$ mm，$f_2' = -50$ mm，$f_3' = 100$ mm，$d_1 = 20$ mm，$d_2 = 10$ mm，设 $h_1 = 50$ mm，$u_1 = 0$，由$(8.3 - 9)$和$(8.3 - 10)$式得

$$\tan u_1' = \frac{h_1}{f_1'} = \frac{50}{50} = 1 = \tan u_2$$

$$h_2 = h_1 = d_1 \tan u_1' = 50 - 20 \times 1 = 30 \text{ mm}$$

$$\tan u_2' = \tan u_2 + \frac{h_2}{f_2'} = 1 + \frac{30}{-50} = 0.4 = \tan u_3$$

$$h_3 = h_2 - d_2 \tan u_2' = 30 - 10 \times 0.4 = 26 \text{ mm}$$

$$\tan u_3' = \tan u_3 + \frac{h_3}{f_3'} = 0.4 + \frac{26}{100} = 0.66$$

$$l_F' = \frac{h_3}{\tan u_3'} = \frac{26}{0.66} = 39.39 \text{ mm}$$

$$f' = \frac{h_1}{\tan u_3'} = \frac{50}{0.66} = 75.76 \text{ mm}$$

$$l_H' = l_F' - f' = -36.37 \text{ mm}$$

将以上计算结果变号，即得

$$l_F = -39.39 \text{ mm}, \quad f = -75.76 \text{ mm}, \quad l_H = 36.37 \text{ mm}$$

例 8 - 4　一双凸透镜两面半径分别为 $r_1 = 50$ mm，$r_2 = -50$ mm，厚度 $d = 5$ mm，折射率 $n = 1.5$，求透镜的焦距及焦点和主面的位置。假如物面位于透镜前 100 mm 处，求像面位置及垂轴放大率。

解：(1) 首先确定透镜入射面和出射面间的传递矩阵。它由透镜的两个折射面和它们中间的均匀介质的特征矩阵构成，三个特征矩阵为

$$\boldsymbol{M}_1 = \begin{bmatrix} 1 & 0 \\ -\dfrac{1}{150} & \dfrac{1}{1.5} \end{bmatrix}, \quad \boldsymbol{M}_2 = \begin{bmatrix} 1 & 5 \\ 0 & 1 \end{bmatrix}, \quad \boldsymbol{M}_3 = \begin{bmatrix} 1 & 0 \\ -\dfrac{1}{100} & 1.5 \end{bmatrix}$$

则透镜入射面和出射面间的传递矩阵为

$$\boldsymbol{M}_0 = \boldsymbol{M}_3 \boldsymbol{M}_2 \boldsymbol{M}_1 = \begin{bmatrix} \dfrac{29}{30} & \dfrac{10}{3} \\ -\dfrac{59}{3000} & \dfrac{29}{30} \end{bmatrix}$$

根据(8.5 - 17)和(8.5 - 18)式可得

$$f' = -f = \frac{3000}{59} = 50.8475 \text{ mm}$$

$$s_F' = \frac{2900}{59} = 49.1525 \text{ mm}$$

$$s_H' = s_F' - f' = -\frac{100}{59} = -1.6950 \text{ mm}$$

$$s_F = -\frac{2900}{59} = -49.1525 \text{ mm}$$

$$s_H = s_F - f = \frac{100}{59} = 1.6950 \text{ mm}$$

即该透镜的焦距为 50.8475 mm，物方主点位于透镜前表面以右 1.6950 mm 处，物方焦点位于透镜前表面以左 49.1525 mm 处，像方主点位于透镜后表面以左 1.6950 mm 处，像方焦点位于透镜后表面以右 49.1525 mm 处。

(2) 当物位于透镜前 100 mm 处时，设像位于透镜后 s' 的位置，则从物面到像面的传递矩阵为

$$\boldsymbol{M} = \begin{bmatrix} 1 & s' \\ 0 & 1 \end{bmatrix} \begin{bmatrix} \dfrac{29}{30} & \dfrac{10}{3} \\ -\dfrac{59}{3000} & \dfrac{29}{30} \end{bmatrix} \begin{bmatrix} 1 & 100 \\ 0 & 1 \end{bmatrix} = \begin{bmatrix} \dfrac{29}{30} - \dfrac{59s'}{3000} & 100 - s' \\ -\dfrac{59}{3000} & -1 \end{bmatrix}$$

将上式与共轭面间的传递矩阵(8.5 - 16)式对比，可得

$$s' = 100 \text{ mm}$$

$$\beta = -1$$

所以像面的位置位于透镜后 100 mm 处，垂轴放大率为 -1。

习　题

8 - 1　作图：

（1）作轴上虚物点 A 的像 A'。

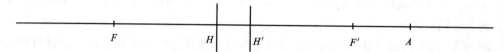

（2）作轴上实物点 A 的像 A'。

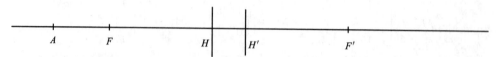

（3）作垂轴虚物 AB 的像 $A'B'$。

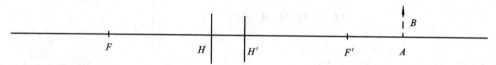

（4）作垂轴实物 AB 的像 $A'B'$。

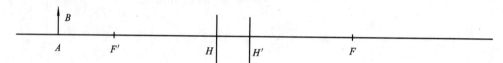

（5）画出焦点 F、F' 的位置。

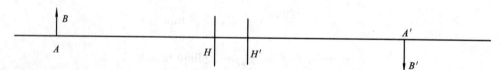

（6）画出焦点 F、F' 的位置（光学系统两边介质相同）。

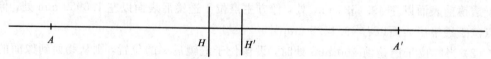

8-2　设一个光学系统处于空气中，$\beta=-10$，由物面到像面的距离为 7200 mm，两焦点距离为 1140 mm，求该系统的焦距。

8-3　一个薄透镜对某一物体成实像，放大率为 -1，今以另一薄透镜紧贴在第一透镜上，则发现像向透镜方向移动了 20 mm，放大率为原先的 3/4。求两块透镜的焦距。

8-4　一薄透镜 $f'_1=100$ mm 和另一薄透镜 $f'_2=50$ mm 组合，组合焦距仍为 100 mm，求二者的相对位置和组合的主点位置。

8-5　用焦距同为 60 mm 的两个薄透镜组成目镜，两者间距为 40 mm，求目镜的焦距和主点位置。

8-6　一薄透镜系统由 6D 和 -8D 的两个薄透镜组成。两者间距为 30 mm。求组合系统的光焦度和主点位置，若把两透镜顺序颠倒，再求其光焦度和主点位置。

8-7　有三个薄透镜：$f'_1=100$ mm，$f'_2=50$ mm，$f'_3=-50$ mm，其间隔 $d_1=10$ mm，$d_2=10$ mm，设该系统处于空气中，求组合系统的像方焦距。

8-8 一球形透镜，直径为 40 mm，折射率为 1.5。求其焦距和主点位置。

8-9 已知透镜 $r_1 = -50$ mm，$r_2 = 250$ mm，$d = 5$ mm，$n = 1.5$。求其焦距和主点位置。

8-10 一个透镜位于空气中，已知该透镜的参数为 $r_1 = -200$ mm，$r_2 = -300$ mm，$d = 50$ mm，$n = 1.5$。求透镜的物方主平面之前 100 mm 处的物点，经透镜后所成的像点位置。

8-11 有一双薄透镜系统，$f_1' = 100$ mm，$f_2' = -50$ mm，要求总长度(第一透镜至系统像方焦点的距离)为系统焦距的 7/10。求二透镜的间隔和系统的焦距。

8-12 灯丝与光屏相距 L，其间的一个正薄透镜有两个不同的位置使灯丝成像于屏上。设透镜的这两个位置的间距为 d。试证透镜的焦距 $f' = (L^2 - d^2)/(4L)$。

8-13 两个相同的双凸厚透镜位于同一直线上，相距 26 mm。构成透镜的两个球面的半径分别为 60 mm 和 40 mm，厚度为 20 mm，折射率为 1.5163。试求透镜组的焦距和基点位置。设透镜位于空气中。

8-14 由两个同心的反射球面(两球面的球心重合)构成的光学系统，按照光线的反射顺序，第一个反射球面是凹面，第二个反射球面是凸面，要求系统的像方焦点恰好位于第一个反射球面的顶点，若两球面间隔为 d，求两球面的半径 r_1 和 r_2 以及组合焦距。

8-15 由位于空气中的两个薄透镜所组成的系统，其中 $f_1' = 20$ mm，$f_2' = -10$ mm，$d = 8$ mm，又知物高 $y = 10$ mm，$l_1 = -40$ mm。求第一个透镜到最后一个透镜间的特性矩阵，以及像的位置和大小。

8-16 试用矩阵方法求由焦距分别为 40 mm、50 mm 和 60 mm，相隔均为 10 mm 的三个薄透镜组成的光学系统的焦距和主点位置。

8-17 有一凹面反射镜和一凸面反射镜，半径都为 10 cm，现将它们面对面地放置在相距 20 cm 的同一轴线上，并在它们顶点的中点放置一高 3 cm 的物体。试用矩阵方法求物体先经过凸面反射镜再经过凹面反射镜所成的像面位置和大小。

第9章 光学系统像差基础和光路计算

前面的讨论指出，光学系统在近轴区可以成完善的像。实际上，成像的光束往往包含部分不能够看做为近轴区的非近轴光线，这时成像与近轴区的完善像存在一定的偏离，这就是光学系统的像差。另外，光学元件自身有一定的大小，同时在光学系统中也可能设置一些带孔的不透光的金属薄片，它们对于成像的光线会有一定的限制作用，也会影响光学系统的成像质量。为此，本章将分析光学系统的光束限制，同时简要介绍光学系统基本的像差理论和光路计算方法。

9.1 光学系统中的光阑

9.1.1 光阑及其分类

在光学系统中，把可以限制光束的光学元件的边框或者特别设计的一些带孔的金属薄片，通称为光阑。光阑的内孔就是限制光束的光孔，这个光孔对光学元件来说称为通光孔径。光阑的通光孔一般是圆形的，其中心和光轴重合，光阑平面与光轴垂直。

实际光学系统中的光阑，按其作用可分为以下三种。

（1）孔径光阑 它是限制轴上物点成像光束立体角的光阑，有时也称为有效光阑。如果在过光轴的平面上进行考察，这种光阑决定了轴上点发出成像光束的孔径角。照相机中的光阑（俗称光圈）就是这种光阑。

在光学系统中，合理地选取孔径光阑的位置可以改善轴外点的成像质量。因为对于轴外点发出的宽光束而言，孔径光阑的位置不同，就等于在该物点发出的光束中选择不同部分的光束参与成像，一般设置孔径光阑总是希望选择成像质量较好的那部分光束，而把成像质量较差的那部分光束拦掉。但是在有些光学系统中，孔径光阑的位置是有特定要求的。例如放大镜、望远镜等目视光学系统，孔径光阑或它的像一定要在光学系统的外边，使之与眼睛的瞳孔相重合，以达到良好的观察效果。又如在光学计量仪器中，通常将孔径光阑设置在物镜的焦平面上，以达到精确测量的目的。

（2）视场光阑 它是限制物平面上或物空间中成像范围的光阑。如照相机中的底片框就是视场光阑。

孔径光阑和视场光阑是光学系统中的主要光阑，一般光学系统中都有这两种光阑。

（3）消杂光光阑 光学系统中将那些非成像物体射来的光、光学系统各折射面反射的光和仪器内壁反射的光等，通称为杂光。杂光进入光学系统，将使像面产生明亮背景，使像的对比度降低，有损于成像质量。消杂光光阑不限制通过光学系统的成像光束，主要是拦掉一部分杂光。一些光学系统，如天文望远镜、长焦距平行光管等，都专门设置消杂光光阑，而且在有些光学系统中可以有多个消杂光光阑。有时在光学系统中，常把镜管内壁加工成内螺纹，并涂以黑色无光漆或煮黑来达到消杂光的目的。

9.1.2 孔径光阑和入瞳、出瞳

在光学系统中，无论有多少个光阑，一般来说，总有一个光阑主要限制给定物面上物点进入光学系统光束的宽度，或者说它控制进入光学系统光能量的强弱，该光阑称为光学系统的孔径光阑。

如图 9-1 所示的系统中，存在光阑 Q_1QQ_2 和透镜框 M_1M_2 两个光阑，为了确定孔径光阑，就要看光阑 Q_1QQ_2 和透镜框 M_1M_2 究竟是哪一个主要起限制成像光束的作用。为此，只需比较两者各自对轴上已知物点 A 所发出的光线的限制情况即可。

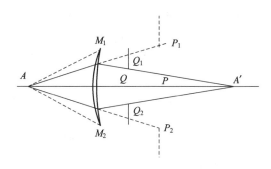

图 9-1 孔径光阑的确定

首先考虑光阑 M_1M_2 对物点 A 的成像光束的限制作用，这时先不考虑光阑 Q_1QQ_2 的大小。物点 A 和光阑 M_1M_2 同时位于透镜的物空间，从 A 点发出的光束直线传播到达光阑 M_1M_2，因此边缘点 M_1 和 M_2 确定了受到光阑 M_1M_2 限制，A 点发出所能够成像的最边缘的光线，也就是说光阑 M_1M_2 将 A 点发出的成像的光束限制在 $\angle M_1AM_2$ 范围内。

现在考虑光阑 Q_1QQ_2 对物点 A 的成像光束的限制作用，同样这时先不考虑光阑 M_1M_2 的大小。光阑 Q_1QQ_2 处于透镜的像空间，物体在透镜的物空间，从 A 点发出的光束不再通过直线传播直接到达光阑 Q_1QQ_2，因此不能直接从轴上物点 A 各引一条到光阑边缘 Q_1 和 Q_2 的光线来确定光阑 Q_1QQ_2 对 A 点发出的光束的限制。但可根据光阑 Q_1QQ_2 的位置和大小，以及透镜成像的共轭关系，按照光从左向右传播时该光阑在透镜物空间的共轭物（或者按照光从右向左传播该光阑所成的像）的位置和大小来确定光阑 Q_1QQ_2 对 A 点发出的光束的限制。如图 9-1 所示，P_1PP_2 是光阑 Q_1QQ_2 在透镜物空间的共轭物，若从轴上 A 点引一条到 P_1 的光线，则经过透镜折射后，正好沿光阑边缘 Q_1 通过，它给出了受到 Q_1QQ_2 限制 A 点发出所能够成像的一条最边缘的光线，也就是说光阑 Q_1QQ_2 将 A 点发出的成像的光束限制在 $\angle P_1AP_2$ 范围内。显然物点 A 发出的实际成像光束同时受到光阑 M_1M_2 和 Q_1QQ_2 的限制，由图可以看出，$\angle P_1AP$ 小于 $\angle M_1AP$，即光阑 Q_1QQ_2 的共轭物对轴上物点 A 的张角最小，也就是说光阑 Q_1QQ_2 限制了 A 点成像光束的范围。因此，该例中光阑 Q_1QQ_2 就是孔径光阑。

根据光路可逆，将所有光阑和物点 A 被它后面的光组在系统像空间成像，这时像点 A' 对所有光阑在像空间的像的张角中，对孔径光阑在像空间的像对像点 A' 的张角也应该

最小，所以在像空间也可以确定光学系统的孔径光阑。

由此可知，要在光学系统中的多个光阑中找出哪一个是限制光束的孔径光阑，只需先求出所有光阑经它前面的光组在系统物空间对应的共轭物位置和大小，然后求出所有共轭物对轴上物点 A 的张角，其中最小张角对应的实际光阑，就是系统的孔径光阑。同样地，也可以在系统的像空间确定孔径光阑，只需求出所有光阑经它后面的光组在系统像空间所确定的像的位置和大小，所有光阑在系统像空间的像对轴上像点 A' 的张角中，最小张角对应的实际光阑，就是系统的孔径光阑。

再譬如图 9-2 所示的光学系统有三个光阑，各光阑在系统物空间的共轭物如图 9-3 所示。透镜 L_1 在系统物空间的共轭物就是它本身；光阑 Q_1QQ_2 的共轭物为 P_1PP_2；透镜 L_2 的共轭物为 L_2'。由物点 A 对各个光阑的共轭物的边缘引连线，可以看出张角 P_1AP 最小。所以，P_1PP_2 对应的光阑 Q_1QQ_2 主要限制了光轴上物点 A 的成像光束，即为孔径光阑。孔径光阑在物空间的共轭物 P_1PP_2 称为整个光学系统的入射光瞳，简称入瞳。由物点 A 发出经过入瞳边缘的光线与光轴的夹角，即图中角 U，称为光学系统的物方孔径角。此角即为轴上物点作边缘光线完成光路计算时的孔径角。同理，把所有光阑通过其后面的光组成像到系统的像空间去，如图 9-4 所示。L_1' 是透镜 L_1 的像；$P_1'PP_2'$ 是孔径光阑 Q_1QQ_2 的像；透镜 L_2 在像空间的像就是它本身。孔径光阑在系统像空间的像 $P_1'PP_2'$ 称为整个光学系统的出射光瞳，简称出瞳。轴上物点 A 的共轭像点为 A'。显然，所有光阑在像空间的像中，出瞳对像面中心点 A' 所张的角为最小，将经过出瞳边缘的光线与光轴的夹角，即图中角 U'，称为光学系统的像方孔径角。

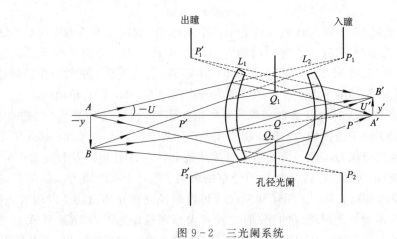

图 9-2 三光阑系统

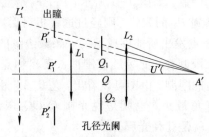

图 9-3 在物空间确定孔径光阑   图 9-4 在像空间确定孔径光阑

很显然，对一定位置的物体，入瞳决定了能进入系统成像的最大光束孔径，并且是物面上各点发出并进入系统成像光束的公共入口。出瞳是物面上各点的成像光束经过系统后的公共出口。入瞳通过整个光学系统所成的像就是出瞳，二者对整个光学系统是共轭的。如果孔径光阑在整个光学系统的像空间，它本身也就是出瞳；同理，如果孔径光阑在整个光学系统的物空间，它自身就是入瞳。

由物面上轴外物点发出的经过入瞳中心的光线称为该物点的主光线。由于共轭的关系，对于理想光学系统，主光线也必然经过孔径光阑中心和出瞳中心。显然，各物点的主光线是物点发出的成像光束的光束轴线。

光学系统的孔径光阑是对一定位置的物面而言的，如果物面位置发生变化，所有光阑在物空间的共轭物对于物面上位于光轴上的物点的张角将发生变化，这时对光轴上点的光束起主要限制作用的光阑也将发生变化，即孔径光阑和物面位置有关。当物体位于物方无限远时，只需比较各光阑通过其前面光组在整个系统的物空间对应的共轭物的大小，以直径最小者为入瞳。

入瞳的大小是由光学系统对成像光能量的要求或者对物体细节的分辨能力的要求来确定的。常以入瞳直径和系统的像方焦距之比 D/f' 来表示，称为相对孔径，它是光学系统的一个重要成像性能指标。相对孔径的倒数称为 F 数。对照相物镜来说，有时称 F 数为光圈数。

9.1.3 视场光阑和入窗、出窗

在一个实际的光学系统中，除孔径光阑外，还有其它的光阑。在大多数情况下，轴外点发出并充满入瞳的光束，会被这些光阑所遮拦。在图 9-5 中，由轴外点 B 发出充满入瞳的光束，其下面有一部分被透镜 L_1 拦掉，其上面有一部分被透镜 L_2 拦掉，只有中间一部分(图中阴影区)可以通过光学系统成像，这样轴外点的成像光束宽度小于轴上点的成像光束宽度，使像面边缘的光照度有所下降。显然，物点离光轴愈远，其成像光束的宽度比轴上点成像光束的宽度小得愈多，当物点距离光轴足够远时，将不会有物点发出的光线通过系统所有光阑到达像面，这时物点就不能成像。也就是说，光学系统中由于光阑的存在，物面有一定的成像范围，它由光学系统中除了孔径光阑外别的光阑的位置和大小决定。其中有一个光阑主要决定了物平面上或物空间中的成像范围，该光阑称为光学系统的视场光阑。

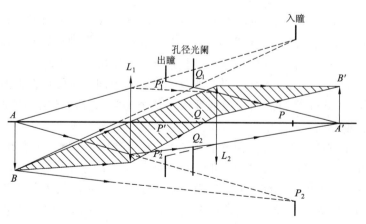

图 9-5　光阑对通过入瞳的光束的影响

轴外物点发出的充满入瞳的光束被遮拦情况，与光学系统中除了孔径光阑外别的光阑的位置和大小有关，同时还与入瞳的大小有关。为了简单起见，先讨论孔径光阑或入瞳为无限小的情况。此时只有主光线附近的一束非常细的光束可能通过光学系统。因此，光学系统的成像范围，便由对主光线发生限制的光阑所决定。

图9-6为图9-5在孔径光阑、入瞳和出瞳均为无限小时的原理图，其中透镜L_2经过它前面的光学系统在物空间对应的共轭物为L'_2。过物平面上不同高度的两点 B 和 C 作主光线 BP 和 CP，它们与光轴的夹角不同，并分别经过透镜 L_1 的下边缘和 L_2 的上边缘（在系统物空间为 L'_2 的下边缘）。由图9-6可见，主光线 CP 虽能通过透镜 L_1，但被透镜 L_2 的边框拦掉，在系统的物空间被 L'_2 拦掉；主光线 BP 能通过 L_1，也恰好能通过 L_2，在系统的物空间也能通过 L'_2。显然，物面上一点要成像，它发出的主光线在物空间应该通过所有光阑在物空间对应的共轭物，所以物面上的成像范围就由所有光阑在物空间的共轭物中对入瞳中心张角的最小者决定。在图9-6中，L'_2 对入瞳中心的张角比 L_1 对入瞳中心的张角小，由 L'_2 所决定的物面上 AB 范围以内的物点都可以被系统成像，而 B 点以外的点，如 C 点，已不能通过系统成像。因此，透镜 L_2 的边框是决定物面上成像范围的光阑，是视场光阑。根据光路可逆，类似孔径光阑一样，视场光阑也可以在系统的像空间确定。

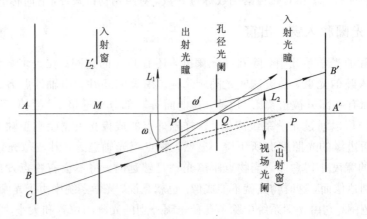

图9-6　孔径光阑为无限小时视场光阑的确定

由此可知，要在光学系统中的多个光阑中找出哪个是限制光束的视场光阑，只需求出所有光阑被它前（后）面的光组在系统物（像）空间对应的共轭物（像）的位置和大小，求出它们对入（出）瞳中心的张角，其中张角最小者所对应的实际光阑，就是系统的视场光阑。

视场光阑经它前面的光学系统在整个光学系统的物空间对应的共轭物称为整个光学系统的入射窗，简称入窗；通过后面的光学系统在整个光学系统的像空间的像称为出射窗，简称为出窗。在物空间，入瞳中心与入窗上下边缘的连线所形成的夹角称为系统的物方视场角，表示为 2ω，它的一半，称为物方半视场角。在像空间，出瞳中心与出窗上下边缘连线所形成的夹角，称为系统的像方视场角，表示为 $2\omega'$，它的一半，称为像方半视场角。当物体在有限距离时，习惯用入瞳中心和入窗上下边缘连线与物面的两个交点之间的线距离来表示物方视场，称为物方线视场，表示为 $2y$；在像空间，用出瞳中心和出窗上下边缘连线与像面的两个交点之间的线距离来表示像方视场，称为像方线视场，表示为 $2y'$。

视场光阑是对一定位置的孔径光阑而言的，当孔径光阑位置改变时，原来的视场光阑将可能被另外的光阑所代替。

9.2 光学系统光阑对成像的影响

9.2.1 渐晕

上节讨论了当入射光瞳为无限小时的情况下，其它光阑对主光线的遮挡。实际上，光学系统的入射光瞳总有一定大小，此时光学系统的入窗不能完全决定光学系统的成像范围。为了便于说明问题，在图9-7中仅画出物平面、入瞳面和入窗平面，来分析物空间的光束被限制的情况。当入瞳为无限小时，物面上能成像的范围应该是由入瞳中心与入窗边缘连线所决定的 AB_2 区域。但是当入瞳有一定大小时，B_2 点以外的一些点，虽然其主光线不能通过入窗，但光束中还有主光线以上一小部分光线可以通过入窗被系统成像，图中 B_3 为入瞳上边缘和入窗下边缘连线与物面的交点，它才是被系统成像的最边缘点。由此可见，考虑到入瞳的大小后，物面的成像范围扩大了。但是在物面上 B_1B_3 段的物点发出充满入瞳的光束中，会有一部分被视场光阑遮挡。这种轴外物点发出的充满入瞳的光束被别的光阑部分遮挡的现象，称为轴外点光束的渐晕。

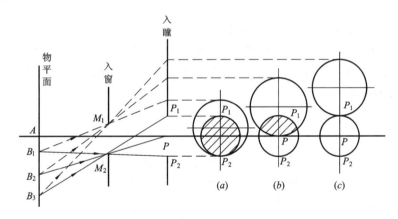

图9-7 孔径光阑为有限大小时渐晕现象

由于渐晕现象，物面上不同区域的物点成像光束的孔径角是不同的，物面成像部分可以分为三个区域。

① 以 B_1A 为半径的圆形区，其中每个点均以充满入瞳的全部光束成像。此区域之边缘点 B_1 由入射光瞳下边缘 P_2 和入射窗下边缘点 M_2 的连线所确定。在入射光瞳平面上的成像光束截面如图9-7(a)所示，其中小圆为入瞳，大圆为入窗相对 A 点在入瞳所在平面上的投影。

② 以 B_1B_2 绕光轴旋转一周所形成的环形区域。在此区域内，每一点已不能用充满入瞳的光束成像。在子午面内看光束，由 B_1 点到 B_2 点，其能通过入射光瞳的光束，逐渐变窄，这就是轴外点渐晕。此区域的边缘点 B_2 由入射光瞳中心 P 和入射窗下边缘 M_2 的连线确定。B_2 点发出的光束在入射光瞳面上的截面如图9-7(b)所示。

③ 以 B_2B_3 绕光轴旋转一周所得到的环形区域。在此区域内各点的光束渐晕更严重，由 B_2 点到 B_3 点时，几乎没有光线通过光学系统，B_3 点是可见视场最边缘点，它由入射光瞳上边缘点 P_1 和入射窗下边缘点 M_2 的连线决定。B_3 点发出的光束在入射光瞳面上的截面如图 $9-7(c)$ 所示。

为了描述光学系统物面上各点的渐晕程度，定义渐晕系数。轴外物点发出的成像光束在入瞳面上光束的截面（即图 $9-7$ 中阴影区域）与入瞳截面的比值，称为面渐晕系数，表示为 K_s。在子午面上，轴外物点发出的成像光束在入瞳面上光束的宽度（即图中阴影区域在子午面上的长度）与入瞳直径的比值，称为线渐晕系数，表示为 K_D。在图 $9-7$ 中，AB_1 段的线渐晕系数为 1，B_2 点的线渐晕系数为 50%，B_3 点的线渐晕系数为 0。

以上三个区域只是大致的划分，实际在物平面上，由 B_1 到 B_3 点的线渐晕系数由 100% 到 0 是渐变的，并没有明显的界限。由于光束是光能量的载体，通过的光束越宽，其所携带的光能就越多。因此，物平面上第一个区域所成的像，光照度最大，并且均匀，从第二个区域开始，像的光照度逐渐下降一直到零，整个视场并无明显界限。

光学系统的入瞳具有一定大小时，也可以不存在渐晕。如图 $9-8$ 所示，令入射光瞳直径为 $2a$，以入瞳面作为轴线线度的参考面，用 p 表示物平面相对入瞳的线度，q 表示入窗相对入瞳面的线度，图中 p 和 q 均为负值。由图可得

$$B_1B_3 = 2a\frac{p-q}{q}$$

由上式可见，要使物面消渐晕，有两种情况：

① $B_1B_3 = 0$，即 $p = q$ 时，入窗和物平面重合，这时视场为有限的范围。

② $AB_1 \to \infty$，即入窗和入瞳重合时，视场为无限大，这种情况只有在光学系统中仅有一个光阑时才存在。

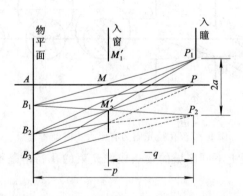

图 9-8 入瞳为有限大小时不存在渐晕的条件

在投影仪器的光学系统中，视场光阑就设置在物平面上，此时其出射窗恰好落在像平面上，像平面内视场边缘清晰，没有渐晕。在照相机中，显然不便于把视场光阑放在物平面上，这时可把视场光阑放在像平面上，其入射窗恰好落在物平面上，也没有渐晕。

应该指出的是，并不是所有情况下物平面与入窗重合时，都可使渐晕为零。在上面讨论中，主要考虑了系统的孔径光阑和视场光阑，当光学系统中透镜较多且孔径都不太大时，有些光线即使不被孔径光阑和视场光阑遮挡，也会被别的光阑遮挡而造成渐晕。

9.2.2 景深和焦深

1. 景深

前面我们所讨论的只是在垂直于光轴的平面上点的成像问题，属于这一类成像的光学仪器有生物显微镜、照相制版物镜和电影放映物镜等。实际上还有很多光学仪器要求对整个空间或部分空间的物点成像在一个像平面上，例如，普通的照相机物镜和望远镜就是这一类。对一定深度的空间在同一像平面上要求所成的像足够清晰，这就是光学系统的景深问题。

图 9-9 中，P 为入瞳中心，P' 为出射光瞳中心，A' 所在的平面就是要求成像的平面，譬如照相机胶卷所在的平面，称为景像平面，在物空间与景像平面共轭的平面，即 A 所在的平面称为对准平面。现在分析在距光学系统入瞳面不同的距离的两个物面上的两个物点 B_1、B_2 的成像。

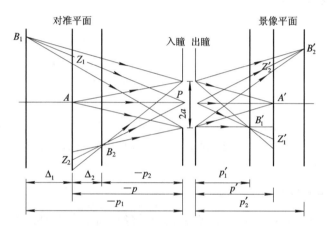

图 9-9　光学系统的景深

考虑入瞳有一定大小，由于 B_1 和 B_2 不在对准平面上，因而它们发出并充满入瞳的光束在景像平面前后形成两个像点 B'_1 和 B'_2，而在景像平面上形成两个弥散斑 Z'_1 和 Z'_2。实际中，物体经过光学系统所成的像是用探测器或眼睛来接收的，而探测器或眼睛都有一定的分辨率，例如，人眼角分辨率约为 $1'$，因此，并不需要物点必须在景像平面上成一个像点，只要物点在景像平面上成像得到的弥散斑的大小不大于探测器或眼睛在景像平面上要求的线分辨率，就可以认为物点在景像平面上成了一个清晰的像。由此可见，考虑到像的探测或观察的实际情况，允许在景像平面上成像为一个有限大小的弥散斑，这时对准平面前后一定范围内的物体均可以在景像平面成清晰像。这种能够在像平面上获得足够清晰像的物空间的深度，称为光学系统的景深。其中能成足够清晰像的最远平面（如物点 B_1 所在的平面）称为远景，能成清晰像的最近平面（如物点 B_2 所在的平面）称为近景。它们离对准平面的距离以 Δ_1 和 Δ_2 表示，称为远景深度和近景深度。光学系统的景深就是远景深度与近景深度之和，即 $\Delta = \Delta_1 + \Delta_2$。

下面推导景深的解析表达式。如图 9-9 所示，在物方和像方分别以入瞳面和出瞳面作为参考面度量轴向线度。物方的对准平面、远景和近景相对入瞳面的线度分别表示为 p、

p_1 和 p_2，它们的像面相对出瞳面的线度分别表示为 p'、p_1' 和 p_2'。景像平面上的弥散斑 Z_1' 和 Z_2' 可以看做对准平面上弥散斑 Z_1 和 Z_2 在像空间的共轭像，设对准平面和景像平面间的垂轴放大率为 β，则有

$$Z_1' = |\beta| Z_1, \quad Z_2' = |\beta| Z_2$$

对于给定像面的接收系统，它有一定的空间分辨率，设在像面上允许的弥散斑的直径为 Z_0'，则在物面上允许的弥散斑为 $Z_0 = Z_0'/\beta$。设入瞳和出瞳的直径分别为 D 和 D'，从图 9-9 中相似三角形关系可得

$$\frac{D}{Z_0} = \frac{-p_1}{\Delta_1} = \frac{\Delta_1 - p}{\Delta_1}, \quad \frac{D}{Z_0} = \frac{-p_2}{\Delta_2} = \frac{-\Delta_2 - p}{\Delta_2}$$

用对准平面上的弥散斑作为变量，远景和近景位置可以表示为

$$p_1 = \frac{Dp}{D - Z_0}, \quad p_2 = \frac{Dp}{D + Z_0} \tag{9.2-1}$$

远景深度和近景深度可以表示为

$$\Delta_1 = \frac{-pZ_0}{D - Z_0}, \quad \Delta_2 = \frac{-pZ_0}{D + Z_0} \tag{9.2-2}$$

光学系统的景深为

$$\Delta = \Delta_1 + \Delta_2 = \frac{-2pZ_0 D}{D^2 - Z_0^2} \tag{9.2-3}$$

由上式可见，光学系统的景深与入瞳大小 D，入瞳相对对准平面的距离 p 以及对准平面上允许的弥散斑的大小 Z_0 有关。在 Z_0 和 p 一定的条件下，光学系统的入瞳直径越小，这时的景深越大。

2. 照相机物镜的景深

对准平面上允许的弥散斑的大小 Z_0 决定于景像平面上允许的弥散斑的直径 Z_0'，Z_0' 的允许值为多少，要视光学系统的用途而定。下面分析照相机的景深。

一个普通的照相物镜，当照片上各点的弥散斑对人眼的张角小于人眼的最小分辨角（1′）时，看起来好像是点像，可认为图像是清晰的。用 ε 表示人眼的角分辨率，当 ε 确定之后，照片上允许的弥散斑大小与眼睛到照片的观察距离有关，因此须要确定这一距离。

在用眼睛观察照片时，为了得到正确的空间感觉而不发生景像弯曲，就要求照片上图像各点对眼睛的张角与直接观察空间时各对应点对眼睛的张角相等。符合这一条件的距离，称为正确透视距离。如图 9-10 所示，眼睛在 R 处，d 为正确透视距离，这时景像平面上的像 $A'B'$（即 y'）对 R 点的张角应与物空间的共轭线段 AB（即 y）对入瞳中心 p 的张角相等，由此得

$$\frac{y'}{d} = \tan(-\omega) = \frac{y}{p}$$

因此，正确透视距离为

$$d = \frac{y'}{y} p = -|\beta| p \tag{9.2-4}$$

所以景像平面上或照片上弥散斑直径的允许值为

$$Z_0' = d\varepsilon = -|\beta| p\varepsilon$$

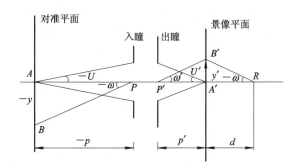

图 9 - 10　正确透视距离

对应于对准平面上弥散斑的允许值为

$$Z_0 = \frac{Z_0'}{|\beta|} = -p\varepsilon \qquad (9.2-5)$$

将上式代入(9.2-2)式求得远景深度 Δ_1 和近景深度 Δ_2 为

$$\Delta_1 = \frac{p^2\varepsilon}{D+p\varepsilon}, \quad \Delta_2 = \frac{p^2\varepsilon}{D-p\varepsilon} \qquad (9.2-6)$$

可见,当照相物镜的入瞳大小 D 和对准平面的位置 p 以及眼睛的角分辨率 ε 一定时,远景深度 Δ_1 较近景深度 Δ_2 大,总的成像空间深度即景深 Δ 为

$$\Delta = \Delta_1 + \Delta_2 = \frac{2Dp^2\varepsilon}{D^2 - p^2\varepsilon^2} \qquad (9.2-7)$$

如果用物方孔径角 U 代替入瞳直径,由图 9-10 可见,它们有以下关系:

$$D = 2p\,\tan U$$

这样,光学系统的景深(9.2-7)式变为

$$\Delta = \frac{4p\varepsilon\,\tan U}{4\,\tan^2 U - \varepsilon^2} \qquad (9.2-8)$$

由(9.2-7)和(9.2-8)式可知,入瞳直径愈小,即孔径角愈小,景深就愈大。在天气比较晴朗时,在保证一定的曝光量的前提条件下,可以选择比较大的光圈数,得到比较小的入瞳直径,拍摄的照片可以获得大的空间深度的清晰像就是这个道理。

下面讨论两种具体情况。

① 如果要使对准平面以后的整个物空间都能在景像平面上成清晰像,即远景深度 $\Delta_1 = \infty$,对准平面应位于何处?

由(9.2-6)式可知,当 $\Delta_1 = \infty$ 时,分母应等于零,故

$$p = -\frac{D}{\varepsilon} \qquad (9.2-9)$$

即从对准平面中心看入瞳时,其对眼睛的张角应等于极限角 ε。当 $p = -D/\varepsilon$ 时,近景位置 p_2 为

$$p_2 = p + \Delta_2 = p + \frac{p^2\varepsilon}{D-p\varepsilon} = \frac{p}{2} = -\frac{D}{2\varepsilon} \qquad (9.2-10)$$

因此,把照相机物镜调焦于 $p = -D/\varepsilon$ 的距离时,在景像平面上可以得到从入射光瞳前距离为 $\frac{D}{2\varepsilon}$ 的平面起到无限远的空间内物体的清晰像。

② 如果把照相机物镜调焦于无限远，即 $p=\infty$ 时，近景位于何处？

将(9.2-5)式代入(9.2-1)式的第二式中，并对 $p=\infty$ 求极限，即可求得近景位置为

$$p_2 = -\frac{D}{\varepsilon} \tag{9.2-11}$$

就是说，这时的景深等于自物镜前距离为 D/ε 的平面开始到无限远。显然，这种情况下近景距离较第一种情况大 1 倍。所以，把对准平面调在无限远时，景深要小一些。

3. 焦深

在实际中经常会碰到另外一种情况，对于一个物面经过光学系统成像后，如果要用屏或者探测器接收像时，最为理想的情况就是在物面的高斯像面上接收，但是由于接收器存在一定的空间分辨率，实际上物面的高斯像面前后一定范围内都能够接收到清晰的像，这时能够接收到清晰像的像面的范围称为光学系统的焦深。如图 9-11 所示，对准平面上物点成像在景像平面上，如果接收面上允许弥散斑的大小为 Z_0'，这时，景像平面前后在景像平面上形成弥散斑大小为 Z_0' 的两个像点所在的平面距离景像平面的距离为 Δ_1' 和 Δ_2'，从图关系有

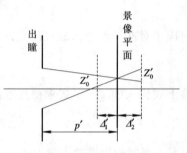

图 9-11 焦深示意图

$$\frac{Z_0'}{D'} = \frac{\Delta_1'}{p'} = \frac{\Delta_2'}{p'}$$

则焦深为

$$\Delta' = \Delta_1' + \Delta_2' = \frac{2p'Z_0'}{D'} \tag{9.2-12}$$

由上式可见，焦深与允许弥散斑直径 Z_0'，理想像距 p' 及出瞳口径 D' 有关。在 Z_0' 和 p' 一定的条件下，焦深和景深一样，也是随着入瞳或出瞳的增加而减小的。

景深和焦深都是能够获得清晰成像的一段空间范围，景深指的是物空间的深度，焦深则指像空间的深度。这两个概念都与像面允许有一定的分辨率相联系，都与孔径光阑有关。随着孔径光阑尺寸减小，使光学系统中被限制光束的口径减小，从而使景深和焦深都相应加大；反之，孔径光阑加大，将使景深和焦深都变小。

9.2.3 几个特殊光学系统的光阑的作用

1. 助视光学系统

人眼看不清楚近处太小或太远的物体，这时可以借助于显微镜和望远镜来扩展人眼的视觉范围。这种扩展人眼视觉范围的光学仪器称为助视光学仪器，具体的结构在下一章详细讨论。在这一类光学仪器中，由于是用人的眼睛接收光学系统的像，而人眼睛的光阑瞳孔只有 2～6 mm，因而必须考虑人眼对于光束的限制。在这类光学仪器的设计中，对于孔径光阑有专门的要求，一般要求它的出瞳设计在光学系统的外部，在使用时，人眼和系统的出瞳重合。

2. 物方远心光路

在光学仪器中，有很多是用来测量长度的。它通常分为两种情况：一种情况是光学系

统有一定的放大率，使被测物之像和一刻尺相比，以求知被测物体的长度，如工具显微镜等计量仪器；另一种是把一标尺放在不同位置，通过改变光学系统的放大率，使标尺像等于一个已知值，以求仪器到标尺间的距离，如大地测量仪器中的视距测量等。

第一种仪器光学系统的实像平面上，放置有已知刻值的透明刻尺（分划板），分划板上的刻尺格值已考虑了物镜的放大率，因此，按刻度读得的像高即为物体的长度。此方法用做物体的长度测量，刻尺与物镜之间的距离应保持不变，以使物镜的放大率保持常数。这种测量方法的测量精度，在很大程度上取决于像平面与刻尺平面的重合程度。这一般是通过对整个光学系统（连目镜）相对于被测物体进行调焦来达到的。但是，由于景深及调焦误差的存在，不可能做到使像平面和刻尺平面完全重合，这就难免要产生一些误差。像平面与刻尺平面不重合的现象称为视差。由于视差而引起的测量误差可由图 9-12 来说明。图中，$P_1'P'P_2'$ 是物镜的出射光瞳，$B_1'B_2'$ 是被测量物体的像，M_1M_2 是刻尺平面，由于二者不重合，像点 B_1' 和 B_2' 在刻尺平面上成弥散斑 M_1 和 M_2，实际测量得到的长度为 M_1M_2，显然比真实像 $B_1'B_2'$ 要长一些。视差越大，光束对光轴的倾角越大，其测量的误差也越大。

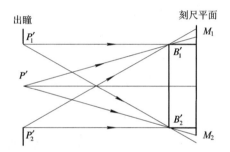

图 9-12　视差

如果适当地控制主光线的方向，就可以消除或大为减少视差对测量精度的影响，这只要把孔径光阑设置在物镜的像方焦平面上即可。如图 9-13 所示，光阑也是物镜的出射光瞳，此时，由物镜射出的每一光束的主光线都通过光阑中心所在的像方焦点，所以物方主光线都平行于光轴。如果物体 B_1B_2 正确地位于与刻尺平面 M 共轭的位置 A_1 上，那么它成像在刻尺平面上的长度为 M_1M_2；如果由于调焦不准，物体 B_1B_2 不在位置 A_1 而在位置 A_2 上，则它的像 $B_1'B_2'$ 将偏离刻尺，在刻尺平面上得到的将是由 $B_1'B_2'$ 的投影形成的弥散斑。但是，由于物体上同一点发出的光束的主光线并不随物体的位置移动而发生变化，因

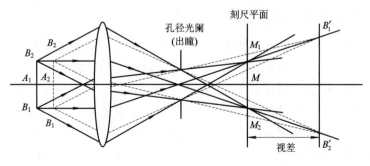

图 9-13　设置光阑消除视差——测长

此物体两端的主光线仍然通过 M_1 和 M_2 点，M_1 和 M_2 点将是物体两端在刻尺平面上形成的两个弥散斑的中心，这时按在刻尺平面上投影像读出的长度仍为 M_1M_2。也就是说，上述调焦不准并不影响测量结果。因为这种光学系统的物方主光线平行于光轴，主光线的会聚中心位于物方无穷远处，也称之为物方远心光路。

3. 像方远心光路

第二种情况是物体的长度已知（一般是带有分划的标尺），位于望远物镜前要测定其距离的地方，物镜后的分划板平面上刻有一对间隔为已知的测距丝。欲测量标尺所在处的距离时，调焦物镜或连同分划板一起调焦目镜，以使标尺的像和分划板的刻线平面重合，读出与固定间隔的测距丝所对应的标尺上的长度，即可求出标尺到仪器的距离。同样，由于调焦不准，标尺的像和分划板的刻线平面不重合，使读数产生误差而影响测距精度。为消除或减小这种误差，可以在望远镜的物方焦平面上设置一个孔径光阑，如图 9-14 所示。由于光阑也是物镜的入瞳，此时进入物镜光束的主光线都通过光阑中心所在的物方焦点，因而在像方的这些主光线都平行于光轴。如果物体 B_1B_2（标尺）的像 $B_1'B_2'$ 不与分划板的刻线平面 M 重合，则在刻线平面 M 上得到的是 $B_1'B_2'$ 的投影像，即弥散斑 M_1 和 M_2。但由于在像方的主光线平行于光轴，因此按分划板上弥散斑中心所读出的距离 M_1M_2 与实际的像长 $B_1'B_2'$ 相等。M_1M_2 是分划板上所刻的一对测距丝，不管它是否和 $B_1'B_2'$ 相重合，它与标尺所对应的长度总是 B_1B_2，显然，这不会产生误差。这种光学系统，因为像方的主光线平行于光轴，其会聚中心在像方无穷远处，故称之为像方远心光路。

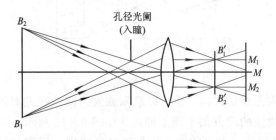

图 9-14　设置光阑消除视差——测距

9.3　像差基本概念

9.3.1　光学系统的成像质量与像差

对于成像光学系统，我们总是希望光学系统能够获得一个与物完全相似的像，即完善像；另外一方面我们还希望像足够明亮，并且保证足够大的视场，要求光学系统有一定大小的相对孔径和视场，这时成像光束往往超出了近轴区的范围，将破坏像的完善性，即成像存在缺陷，这时一个物点的像不再是一个点。实际上在光学成像系统中，能够引起成像质量变差的因素还有很多，譬如考虑到光学系统元件有一定的大小，必然存在光的衍射，即使从几何成像的角度来说成了完善像，譬如单个平面反射镜的成像，这时一个物点的像点也不是一个几何点。当一个物点在像面上不再成点像，而成为一个光斑时，意味着到达像面上一点的光场可能来自不同的物点，它们会在像面上发生干涉，这时物面照明光场的位相差别（即光源的相干性）也将影响成像质量。

评价一个光学系统成像质量好坏的最简单的方法就是，给定物体，测量或计算像，通过图像分析和处理的方法分析像与物的偏差来分析成像质量。在像质分析和评价中可以采用特殊结构的物体来评价其成像质量：一种方法是点扩展函数法，即选择点物，研究其在像面上光斑的结构；另外一种方法是可以选择周期性结构的物体研究其像面上光场周期性的分布，即传递函数法。

光学系统理想的点扩展函数为数学中的 Dirac δ 函数，从成像的角度来说，就是点物成点像。实际上，上面提到的光源的相干性、光学系统的结构、光学系统的结构尺寸以及构成光学元件材料的光学特性等都会影响光学系统的点扩展函数，实际光学系统的点扩展函数一般为有一定大小的光斑函数。确定光学系统成像的点扩展函数的一个方法就是基于光的电磁场理论，计算物点发出的光波经过光学系统的传播，这时计算太过于复杂。在光学系统设计中，如果先不考虑光波的物理特性，即忽略光源的相干特性以及光波传播的衍射效应，主要关心来自光波在光学元件界面的折射或反射引起的成像质量的缺陷，这时可以计算光学系统的光路，通过分析各个物点发出的光束在像面上的分布，研究光学系统的成像质量，即光学系统的像差理论。

在实际的光学成像系统中，成像光线多数不能看作近轴光线，这时实际的成像光路和理想成像的光路存在差别，这种差别引起的成像质量的缺陷，称为光学系统的像差。光学系统像差是影响光学系统成像质量最主要的因素之一，像差分析是光学系统设计中的一个重要环节。光学系统的像差理论比较复杂，下面将介绍光学系统像差的研究方法、光学系统主要的初级像差以及它们对于光学成像的影响。

9.3.2 像差的描述和分类

在光学系统中，描述像差的方法主要有两种：波像差法和几何像差法。波像差法借助波面进行研究。如果光学系统成完善像，则任一物点发出的球面波经过光学系统后在像空间应该是以高斯像点为球心的球面波。实际上，由于光学系统成像的缺陷，像空间成像光波的波面偏离了球面，且偏离球面的程度体现了光学系统成像缺陷的大小。因此，可以以成像光波在像空间实际波面偏离成完善像等光程的球面的多少来衡量光学系统的成像缺陷，这种描述光学系统像差的方法称为波像差法。

光学系统像差的研究，也可以以高斯像作为成像的参考，以物体发出的光线经过光学系统后其出射光线相对于高斯像的偏差来衡量光学系统成像缺陷，这种方法称为几何像差法，这时的偏差称为几何像差。为了定量表示几何像差，可以在高斯像面上以实际光线和高斯像面的交点相对于高斯像点的相对偏离量来表示，称为横向几何像差。有时也以物点发出的部分成像光线的交点相对于高斯像面的轴向线度表示几何像差，称为轴向像差。本节主要基于光线，讨论光学系统的几何像差。

单色波成像时，依据像差对于像面缺陷的影响方式不同，分为五种单色像差：球差、彗差、像散、场曲和畸变。

如果成像光波为复色光时，由于介质的色散，介质对不同颜色的光波的折射率不同，从而同一物点发出的沿同一方向不同波长的光线在界面上折射角不同，从而传播方向不同，这时不同颜色光波的几何像差也不同，从而也影响光学系统的成像质量，这种像差称为色差。色差又可以分为位置色差和倍率色差。

定量地讨论光学系统的像差比较复杂，读者可以参考相关的光学系统设计的书籍。下面定性地介绍各种像差及其对成像的影响。

9.3.3 球差

7.1 节中曾指出，自光轴上一点发出的光线，经球面折射后所得的像方截距 L' 是物方孔径角 U（或入射高度 h）的函数。因此，轴上点发出的同心光束经光学系统各个球面折射以后，不再是同心光束，入射光线的孔径角 U 不同，其出射光线与光轴交点的位置就不同，相对于理想像点有不同的偏离，这就是球差，如图 9-15 所示。球差值可以由轴上点发出的不同孔径的光线经系统后的像方截距与其近轴光的像方截距之差来表示，称为轴向球差，即

$$\delta L' = L' - l' \tag{9.3-1}$$

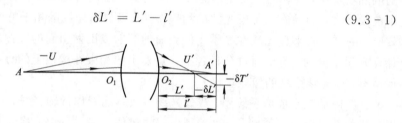

图 9-15 轴上点的球差

由于球差的存在，使得在高斯像面（理想像面）上得到的不是点像，而是一个圆形弥散斑。也可以以弥散斑的半径表示球差，称为横向球差，它与轴向球差的关系为

$$\delta T' = \delta L' \tan U' \tag{9.3-2}$$

球差是光轴上物点存在的唯一的一种单色像差，它与物点发出光线的物方孔径角有关。物方孔径角与光线在入瞳面上经过的点的位置有关。光学系统入瞳多为圆形，轴上点发出的光束在通过光学系统前、后均对称于光轴，所以子午面内光轴以上的光束的球差就可以表示物点发出的全部光束的球差。子午面内光轴以上一条光线的球差，实际上代表了与光轴有相同夹角的圆锥面上光束的球差，称为一个带光球差。如果光线在入瞳面上归一化高度（光线在入瞳面高度与入瞳半径的比值）为 K_η，则该带光球差称为 K_η 带光球差，譬如当 $K_\eta = 0.707$ 时，相应光线的球差称为 0.707 带光球差。而常常将 $K_\eta = 1$ 的带光球差称为边光球差。

球差的存在，使得物点在高斯像面上成一个弥散斑，这将使像模糊不清。对于单个折射球面，根据第 7 章的例题可见，物方孔径角越大，球差量越大。为使光学系统成像清晰，必须校正球差。

通过透镜光路的计算可以看出，对于单透镜来说，光线的物方孔径角愈大，球差量也愈大，这说明单透镜自身不能校正球差，即不能使之为零。还可以看出，单正透镜的球差均为负值，单负透镜产生正球差。因此，正、负透镜组合起来可能使球差得到校正。大部分光学系统只能做到对某个孔径带校正球差，一般是对边光球差校正，若边光球差为零，则称该系统为消球差系统。

9.3.4 彗差

彗差是轴外像差的一种，是轴外物点宽光束成像所产生的像差，它与视场和孔径均有关。下面以单个折射球面为例说明彗差的形成原因。

为了了解轴外物点所发出的充满入瞳的光束的结构和传播，可通过主光线取出两个互相垂直的截面，其中一个是主光线和光轴决定的平面，称为子午面；另一个是通过主光线和子午面垂直的截面，称为弧矢面。由于在两个垂直方向光线的传播不同，因而分别考虑子午面和弧矢面内光线形成的彗差。首先分析子午面内光束的彗差。

如图 9-16 所示，为了分析方便，从轴外物点 B 作一条经过折射球面曲率中心 C 的直线，称为辅轴(辅助光轴)。相对于辅轴(可以看做新的光轴)，物点 B 可以看做轴上点，而由 B 发出通过入瞳的光束变为非近轴光线。这时 B 发出的子午光束，对辅轴来说就相当于轴上点光束，其中经过入瞳上、下边缘的光线分别称为上光线、下光线。上光线、主光线和下光线与辅轴的夹角不同，它们有不同的球差值，三条光线不能交于一点。因此，在折射前主光线是子午光束的轴线，而折射后不再是光束的轴线，光束失去了对称性。用上、下光线的交点到主光线的垂直于光轴方向的偏离来表示这种光束的不对称，称为子午彗差，以 K'_T 表示。它是在垂轴方向量度的，故是垂轴像差的一种。

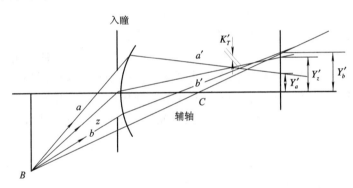

图 9-16　子午面彗差

上、下光线的交点会偏离近轴区的高斯像面，这种偏离与后面要讲的另外一种单色像差——场曲有关，如果不考虑这种偏离，子午彗差的数值可以以轴外光束上、下光线在高斯像面上交点高度的平均值和主光线在高斯面上交点的高度之差表示。如果上、下光线和主光线分别与物点 B 所在物平面在近轴区的高斯像面交点的高度为 Y'_a、Y'_b 和 Y'_z，则子午彗差表示为

$$K'_T = \frac{1}{2}(Y'_a + Y'_b) - Y'_z \qquad (9.3-3)$$

弧矢面上弧矢光束的彗差如图 9-17 所示。由轴外点 B 发出的弧矢光束的前光线 c 和后光线 d 折射后为光线 c' 和 d'，它们不能够和主光线相交于一点，设它们相交于 B'_s 点。由于前、后光线对称于子午面，故点 B'_s 应在子午面内。点 B'_s 到主光线的垂直于光轴方向的距离称为弧矢彗差，表示为 K'_s。

因为前光线和后光线关于子午面对称，所以两者和高斯面交点的高度相同。弧矢彗差的数值是以轴外光束前光线或后光线在高斯像面上交点的高度 Y'_c 或 Y'_d 和主光线在高斯面

上交点的高度之差表示，即

$$K'_s = Y'_c - Y'_z \qquad (9.3-4)$$

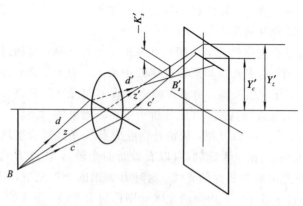

图 9 - 17　弧矢面彗差

　　如果将上、下光线的交点距离高斯像面的偏离忽略，同时将前、后光线的交点距离高斯像面的偏离也忽略，则经过入瞳边缘的整个环带上的光束在高斯像面上将形成一个中心偏离主光线与高斯像面交点的圆环，如图 9 - 18(a) 所示；环带的 a、b 两点在物点的子午面上，经过这两点的上、下光线交像面于 ab 点；经过弧矢面上 c、d 两点的前、后光线，交像面于 cd 点，该点仍在子午面上；以此类推，经过环带上其它点的光线 e、f 交像面于 ef 点，光线 g、h 交像面于 gh 点等等。如果将入瞳面看做由不同半径的环带构成，如图 9 - 18(b) 所示，不同的环带上的光束在高斯像面上将形成不同的相互重叠的圆环。入瞳面上环带半径越大，像面上形成圆环的半径和偏离主光线与高斯像面交点的距离越大，最终会形成一个以主光线在像面上的交点 B'_z 为顶点的彗星状光斑，如图 9 - 18(c) 所示。

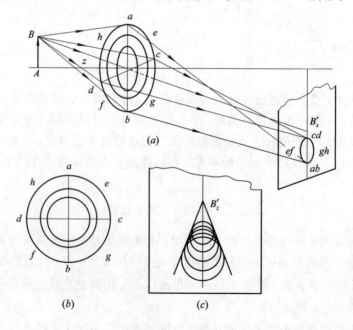

图 9 - 18　彗差

彗差对成像的影响就是会将物面上轴外点成像为彗星状弥散斑，破坏了轴外视场的成像清晰度。

9.3.5 像散

前面讨论了轴外点发出的宽光束的彗差。若把孔径光阑缩小到很小，只允许沿主光线的很细的光束通过，则彗差不再存在。这时子午面内的光束将近似会聚于主光线上一点 B'_t，如图 9-19 所示，称为子午像点。相对于辅轴而言，弧矢面内的光线和主光线有近似相同的夹角，可以认为位于以辅轴为轴线的一个圆锥面上，所以它们将会聚于图示主光线与辅轴的交点 B'_s 上，称为弧矢像点。这说明，该系统在两个相互垂直的方向上聚焦本领不同，一个物点发出的两个相互垂直方向的光束相交于不同位置。这种成像缺陷现象就是光学系统的像散现象。像散以子午像点和弧矢像点沿光轴方向的相对距离度量，如果子午像点和弧矢像点的像距为 l'_t 和 l'_s，即

$$x_{ts} = l'_t - l'_s \tag{9.3-5}$$

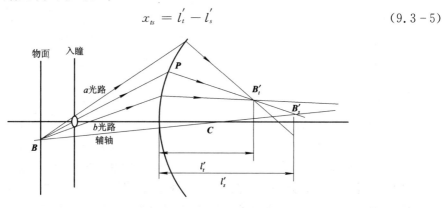

图 9-19　像散

如图 9-20 所示，若有一个屏沿光轴移动，当移动到子午像点 B'_t 所在的平面时，屏上会得到一条与子午面垂直的短线，称为子午焦线，这个平面为子午焦面。当屏移动到弧矢像点 B'_s 所在的平面时，屏上会得到一条位于子午面内与光轴垂直的短线，称为弧矢焦线，这个平面为弧矢焦面。而屏从子午焦面移动到弧矢焦面时，屏上的光斑首先是一个长轴沿垂直子午面方向的椭圆，随后椭圆的长轴逐渐变短，短轴逐渐变长，会逐渐变成一个圆的光斑，随着屏的继续移动，光斑变为长轴位于子午面内的椭圆光斑。

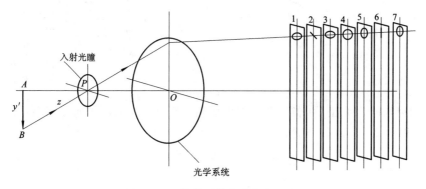

图 9-20　像散对物点成像的影响

上面讨论了像散对物点成像的影响。对于一个有像散的光学系统，不能够使物面上所有的物点成清晰的像。如图 9−21(a) 所示，平面物为一组同心圆和沿半径方向的直线组成，圆心在光轴上。假如成像系统旋转对称，存在像散，则在子午焦面上的像中，各圆环的像很清楚，但沿半径方向直线的像比较模糊，如图 9−21(b) 所示，而在弧矢焦面上的像中，各圆环的像是模糊的，而沿半径方向的直线的像比较清楚，如图 9−21(c) 所示。

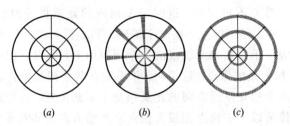

(a)　　　　　　(b)　　　　　　(c)

图 9−21　像散对物面成像的影响

如果光学系统存在像散，一个物面将形成两个像面，在各个像面上不同方向的线条清晰度不同，像散严重时，轴外点得不到清晰像。光学系统的像散和物体在物面上的位置有关，像散的校正是使某一视场(一般是 0.707 视场)的像散值为零，而其他视场仍然有剩余像散。

9.3.6　场曲

仍然考虑物点发出的细光束的成像。由前面的分析知道，一个轴外物点将成位于不同平面上的两个像点，即子午像点和弧矢像点。如果物点遍及物面一定的区域，则子午像点和弧矢像点在像空间将形成两个像面，由于两个像点的间距即像散与物点相对光轴的距离有关，因而两个像面通常是两个弯曲的曲面。物点在光轴上没有像散，因此两个曲面在光轴上相切，如图 9−22 所示。这种像面的弯曲称为场曲，其中子午像面的弯曲称为子午场曲，弧矢像面的弯曲称为弧矢场曲。

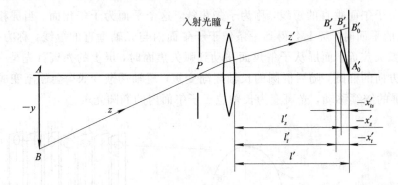

图 9−22　场曲

在不同视场时，利用子午像面和弧矢像面相对于高斯像面的轴向偏离衡量子午场曲和弧矢场曲，即

$$\left. \begin{array}{l} x_t' = l_t' - l' \\ x_s' = l_s' - l' \end{array} \right\} \qquad (9.3-6)$$

场曲和像散的关系为

$$x'_{ts} = x'_t - x'_s \qquad (9.3-7)$$

球面光学系统存在像面弯曲也是球面本身的特性所决定的。如果没有像散，子午像面和弧矢像面重合在一起，仍然会存在像面弯曲。当光学系统存在严重的场曲时，就不能使一个较大的平面物体上所有的物点同时清晰成像。当把中心调焦清晰，边缘就变模糊，反之，边缘调清晰，中心就变模糊。图 9-23 是对一块十字线分划板进行调焦的情况。图(a)是对中心调清晰，而边缘模糊；图(b)是对边缘调清晰，而中心模糊。

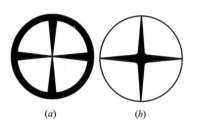

图 9-23　场曲对物面成像的影响

9.3.7　畸变

轴外物点成像，无论是宽光束还是细光束都有像差存在，即使只有主光线通过光学系统，由于球差的影响，它仍不能和理想的近轴光一致。因此，主光线和高斯像面交点的高度不等于理想像高，这种差别就是系统的畸变。随着视场改变，畸变值也改变。例如，一垂直于光轴的平面物体，其图案如图 9-24(a)所示，它由成像质量良好的光学系统所成的像应该是一个和原来物体完全相似的方格。但是，在有些光学系统中也会出现如图中(b)或(c)那样的成像情况。这种成像发生变形的缺陷，称为畸变，其中图 9-24(b)表示枕形畸变（正畸变），图 9-24(c)表示桶形畸变（负畸变）。

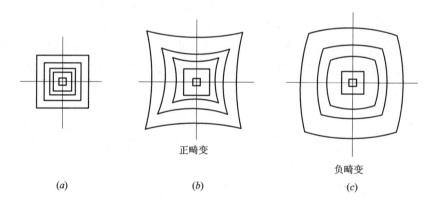

正畸变

负畸变

(a) 　　　　　　　　　　(b) 　　　　　　　　　　(c)

图 9-24　畸变对成像的影响

光学系统产生畸变的原因是，在一对物、像共轭平面上，垂轴放大率 β 随视场角大小而改变，不再保持常数，使像相对于物失去了相似性。

设轴外高为 y 的物点的高斯像高为 y'_0，其主光线在高斯像面上交点的高度为 y'，则畸变表示为

$$\delta y' = y' - y'_0 \qquad (9.3-8)$$

上式给出的是绝对畸变。光学设计中，也常用绝对畸变相对于理想像高 y'_0 的百分比来表示，称为相对畸变，以 q' 表示：

$$q' = \frac{y' - y'_0}{y_0} \qquad (9.3-9)$$

如果理想成像的垂轴放大率为 β_0，即 $\beta_0 = y'_0/y$，实际放大率 β 定义为 $\beta = y'/y$，则上式可以

表示为

$$q' = \frac{\beta - \beta_0}{\beta_0} \qquad (9.3-10)$$

如果 $|\beta|$ 随着物点到光轴的距离增大而增大，则为正畸变或枕形畸变；反之，为负畸变或桶形畸变。

结构完全对称的光学系统，以 $\beta = -1$ 成像，畸变能自动消除。对于薄透镜或薄透镜组光学系统，当光阑与它们重合时，也不产生畸变。当光阑不与透镜组重合时，光阑的位置对于畸变有明显的影响。

9.3.8 位置色差（轴向色差）

在实际应用中，绝大部分光学仪器用白光成像。白光是各种不同波长（或颜色）单色光的组合，它经光学系统成像可看成是同时对各种单色光的成像，各单色光成像时都具有前面所述的各种单色像差。由于构成光学系统光学元件的材料存在色散，光学系统的元件，譬如透镜对不同波长的单色光具有不同的折射率，从而当白光经过光学系统第一个表面折射以后，各种色光就被分开，随后它们就在光学系统内以各自的光路传播，造成了各种色光之间成像位置和大小的差异，即造成了不同波长的单色像差之间的差异。

现考虑轴上物点经过单个薄透镜在白光照明下的成像，如图 9-25 所示。根据薄透镜焦距公式(7.6-3)，透镜的像方焦距是介质折射率的函数。介质一般都存在色散，在正常色散区，随着波长的增大，折射率将变小。所以，对于正薄透镜来说，红光（表示为 C）的像方焦距较大，然后是黄光（表示为 D），而蓝光（表示为 F）的像方焦距较小。因此，物点经过薄透镜成像，即使在近轴区也不能够得到一个完善像，不同颜色的光波成像在光轴的不同位置，波长由短到长，它们的像点离开透镜由近到远排列在光轴上，这种现象称为位置色差，也称轴向色差。

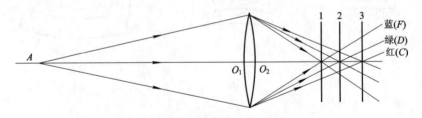

图 9-25 位置色差

在图 9-25 中，如果用一个屏在不同位置接收像，则光场的分布不同。如果屏放在蓝光像点所在的平面，这时屏上将得到一个中心为蓝色、边缘为红色的彩色弥散斑；如果屏放在红光像点所在的平面，这时屏上将得到一个中心为红色、边缘为蓝色的彩色弥散斑；如果屏放在黄光像点所在的平面，这时屏上将得到一个中心为黄色的彩色弥散斑。

若以数值表示位置色差，首先应确定是对哪两种色光考虑其色差。一般是以两种消色差谱线中波长较长的谱线的像点位置为基准来确定色差。设 λ_1 和 λ_2 为消色差谱线的波长，且 $\lambda_1 < \lambda_2$，两种波长的光成像的像方截距为 L'_{λ_1} 和 L'_{λ_2}，则位置色差表示为

$$\Delta L'_{\lambda_1 \lambda_2} = L'_{\lambda_1} - L'_{\lambda_2} \qquad (9.3-11)$$

在光学系统中不同色光的位置色差不同，同时，不同色光的单色像差也不同。如果考

虑到非近轴光线的成像，一种色光的位置色差和像差与光线在入瞳面上的位置有关。光学系统在校正单色像差和色差时，只能够对一种色光进行单色像差的校正，对两种色光的某一带光线进行位置色差校正。在靠近可见光谱区间边缘的两种色光为红光和蓝光，对人眼最敏感的是黄绿色光。所以目视仪器对黄绿色校正单色像差，对 C 光和 F 光校正位置色差。

9.3.9 倍率色差(垂轴色差)

光学系统校正了位置色差以后，轴上点发出的两种单色光通过系统后交于光轴上同一点，即认为两种色光的像面重合在一起。如果是薄透镜光组，当两种色光的焦点重合时，则焦距相等，根据放大率公式 $\beta = -f/x$ 可知，在像面上两种光有相同的放大率。如为复杂光学系统，两种色光的焦点重合，因主平面不重合而有不同的焦距，即有不同的放大率。实际上一般只能对两种色光的一个带光线校正位置色差，不能够对所有色光的光线校正位置色差。对轴外点来说，不同色光的垂轴放大率不一定相等。这时一个有一定高度的物体成像时，不同颜色的光波在一个像面上成像的高度不同，这种光学系统对不同色光的放大率的差异称为倍率色差，也称放大率色差或垂轴色差。

倍率色差数值表示为轴外点发出两种色光的主光线在消单色像差的色光高斯像面上的交点的高度之差。以目视光学系统为例，若被观察面是黄绿光(D)的高斯像面，则所看到的 F 光和 C 光的像高是它们的主光线在 D 光高斯像面交点的高度 Y_F' 和 Y_C'，如图 9-26 所示，则倍率色差表示为

$$\Delta Y_{FC}' = Y_F' - Y_C' \tag{9.3-12}$$

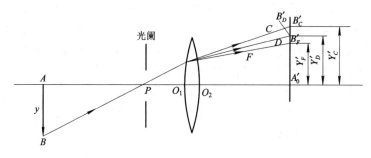

图 9-26 倍率色差

倍率色差是在高斯像面上量度的，故是垂轴(横向)像差的一种。倍率色差严重时，物体的像有彩色边缘，即各种色光的轴外点不重合。因此，倍率色差破坏轴外点像的清晰度，造成白色像的模糊。大视场光学系统必须校正倍率色差。所谓倍率色差校正，是指对所规定的两种色光，在某一视场使倍率色差为零。

9.4 光学系统中一般光路计算

在实际的光学系统中，一般总是存在有一定的像差。这时研究光学系统的成像问题，特别是分析光学系统的成像质量时，一种基本的方法就是计算从物面上各点发出的多条光线的光路，通过分析出射光线空间的分布来分析光学系统的成像质量。光路计算也是光学

系统设计中的一个重要的环节。当光学系统的基本结构确定后，进一步确定各个光学元件的几何参数时，需要对物面上不同点发出的光线进行光路分析，以便调整光学系统的结构参数，将光学系统的像差影响减小到一个可以接受的范围内，改善光学系统的成像质量。本节将介绍光路计算的基本方法和公式。

9.4.1 光学系统计算光路的分类

光学系统实际的光路有无数多条，在通过光路计算分析光学系统的成像质量问题时，一般应该选择具有代表性的若干条光路计算。根据需要计算的光路不同，一般可以分为以下四种。

① 近轴光线的光路计算。在分析光学系统成像质量时，一般就是将实际像和近轴区的理想像进行对比分析，近轴光线的光路的计算主要是为了确定光学系统近轴区成像的高斯像面和各物点的高斯像点的位置。

② 子午面内光路的计算。实际的光学系统一般都是沿光轴旋转对称的，其物面上到光轴距离相等的一个圆环上的每个物点，经过光学成像的情况完全相同，所以只要分析子午面上光轴的上（下）半平面与物面交线上各个物点的成像，就可以了解整个物面上的成像情况，因此，可将研究的物点限制在子午面内。由于子午面内物点发出的成像光束，关于子午面对称，同时包含主光线，其光路计算比较简单，因而子午面内的光路是经常被计算的光路。子午面内的光路也是色差和单色像差中球差、子午彗差、宽光束子午场曲、像散和畸变计算都需要计算的光路。

③ 沿主光线的细光束光路计算。它是计算细光束像散和场曲所必须进行的光路计算。

④ 空间光路的计算。子午面内光轴外物点发出的成像光束中，包含了不在子午面内传播的空间光线，对于这些光路的计算，应该在三维空间进行，这些光路称为空间光路，相应的光路计算称为空间光路的计算。空间光路计算是计算弧矢彗差、宽光束弧矢场曲和宽光束像散及对像质作出全面了解和判断所必须进行的光路计算。

本节对于光路计算的讨论，主要是为了熟悉光路分析的基本概念和像差分析的基本思路，并且对几种初级像差有更深的定性了解，所以只介绍前三种光路的计算，有关空间光路的计算可以参看相关的书籍。

9.4.2 光学系统近轴光线的光路计算

近轴光线的光路计算主要是确定近轴区成像的高斯像面和各物点的高斯像点的位置。近轴光线一般分为两类，分别称为第一近轴光线和第二近轴光线，如图 9 - 27 所示。

第一近轴光线是指由物面上位于光轴上物点发出的经过入瞳边缘的光线。该光路的出射光线与光轴的交点就是高斯像面与光轴的交点。它用于确定高斯像面的位置。

第二近轴光线是指由轴外物点发出的主光线。该光路的出射光线和高斯像面的交点就

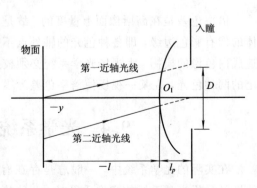

图 9 - 27 光路计算的近轴光线

是物点的高斯像点。它用于确定轴外物点的高斯像点。

对于球面系统，近轴光线的光路计算采用的公式就是第7章讨论的折射球面的近轴区光路计算公式，即(7.2-7)式，只要知道了入射光线经过第一个球面的初始参数，结合转面公式，就可以确定出射光线，即可求解整个光路。在此，主要给出光路计算的初始参数，即入射光线经过第一个折射球面时的物方截距 l_1 和物方孔径角 u_1。

如图 9-27 所示，假设物面距离光学系统第一个折射球面的物距为 l，入瞳相对第一个折射球面顶点的线度为 l_p，入瞳的直径为 D，物高为 y，则

第一近轴光线的初始参数：

当物面位于有限距离时，

$$l_1 = l, \quad u_1 = \arctan \frac{D/2}{l - l_p} \tag{9.4-1a}$$

当物面位于无限远时，入射光线为平行光轴，光线参数为光线的高度，即

$$h_1 = \frac{D}{2} \tag{9.4-1b}$$

第二近轴光线的初始参数：

当物面位于有限距离时，

$$l_1 = l_p, \quad u_1 = \arctan \frac{-y}{l - l_p} \tag{9.4-2a}$$

当物面位于无限远时，

$$l_1 = l_p, \quad u_1 = \omega \tag{9.4-2b}$$

ω 为物点相对光轴对于入瞳中心的张角。

9.4.3 光学系统子午面内光线的光路计算

对于球面系统，子午面内光线的光路计算公式是第7章讨论的折射球面的光路计算公式，即(7.2-1)式，只要知道了入射光线经过第一个球面的初始参数，结合转面公式，就可以确定出射光线，即可求解整个光路。在此，主要给出光路计算的初始参数，即入射光线经过第一个折射球面时的物方截距 L_1 和物方孔径角 U_1。

子午面内光路对于成像的影响，主要取决于物点的位置和物点发出的光线在入瞳面上的位置，所以确定入射光线通常是指光线在物面和入瞳面上的位置，即距离光轴的高度。由于不同光学系统的物面大小和入瞳大小不同，通常采用归一化的参数给出，即孔径取点系数和视场取点系数。

假如光学系统入瞳的半径为 η_0，入射光线在入瞳面上的高度为 η，称 $K_\eta = \eta/\eta_0$ 为孔径取点系数。显然，$-1 \leqslant K_\eta \leqslant 1$，一般称 $K_\eta = 1$ 的光线为上光线，称 $K_\eta = -1$ 的光线为下光线，对于主光线，$K_\eta = 0$。

当物方半视场角为 ω_0，物面上物点主光线的孔径角为 ω，则称 $K_w = \omega/\omega_0$ 为视场取点系数。显然，$-1 \leqslant K_w \leqslant 1$，在轴对称光学系统中，由于光轴上点的成像和光轴下对称点的成像特性相同，故一般取 $-1 \leqslant K_w \leqslant 0$。

根据物面的位置不同，子午面内光路的计算分为两种情况，即物面位于无穷远处和物面位于有限距离处。

1. 物面位于无穷远处入射光线的参数

1）物点位于光轴外

如图 9-28 所示，由物点发出进入光学系统的光束为平行光束，这时所有入射光线和光轴的夹角相等，等于物点对应的物高对于入瞳中心的张角 ω，可以用视场取点系数 K_w 表示为

$$U_1 = \omega_0 K_w \qquad (9.4-3\text{a})$$

对于入瞳面上高度为 η 的入射光线，其物方截距为

$$L_1 = l_p + \eta_0 K_\eta \cot(\omega_0 K_w) \qquad (9.4-3\text{b})$$

在实际计算中，根据要求计算的光路数目不同，可以选择不同的视场取点系数 K_w 和孔径取点系数 K_η。如果轴外物点只需要计算三条光路，则一般选择 $K_w = -1$，$K_\eta = -1,0$ 和 1。

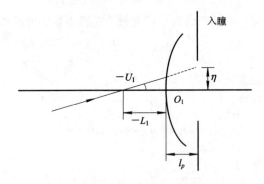

图 9-28　无穷远物点光线参数

2）物点位于光轴上

这时物点发出进入光学系统的光束为平行于光轴的平行光束，入射光线参数由其相对光轴的高度确定。对于入瞳面上高度为 η 的入射光线，入射光线的参数为

$$h_1 = \eta_0 K_\eta \qquad (9.4-4)$$

2. 物面位于有限距离处入射光线的参数

如图 9-29 所示，入射光线的参数由光线在物面上的高度 y 和入瞳面上的高度 η 唯一确定。y 和 η 可以用视场取点系数 K_w 和孔径取点系数 K_η 表示为

$$\left.\begin{array}{l} \eta = \eta_0 K_\eta \\ y = (l_p - l)\tan(\omega_0 K_w) \end{array}\right\} \qquad (9.4-5)$$

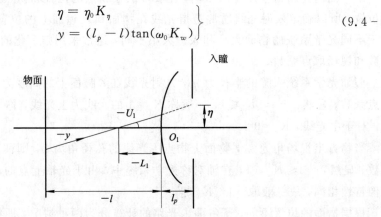

图 9-29　有限远物点光线参数

根据图 9-29 中关系可得

$$\tan U_1 = \frac{y - \eta}{l_p - l} = \tan(\omega_0 K_w) - \frac{\eta_0}{l_p - l} K_\eta \qquad (9.4-6a)$$

$$L_1 = l_p + \eta_0 K_\eta \cot U_1 \qquad (9.4-6b)$$

当物点位于光轴上，即 $K_w = 0$ 时，上式可以简化为

$$\tan U_1 = \frac{\eta_0}{l - l_p} K_\eta = K_\eta \tan U_0 \qquad (9.4-7a)$$

$$L_1 = l \qquad (9.4-7b)$$

其中 U_0 为系统物方孔径角。

如果轴外物点只需要计算三条光路，则一般选择 $K_w = -1$，$K_\eta = -1$，0 和 1。

9.4.4 沿轴外物点主光线细光束的光路计算

根据前面沿主光线细光束像散的分析已知，这时子午面内的光束和弧矢面内的光束经过单个折射球面后，交于主光线上不同的位置，其中上、下光线和主光线的交点形成子午像点 B_t'，主光线和前后光线交点形成弧矢像点，弧矢像点实际上就是主光线和辅轴的交点 B_s'，如图 9-30 所示。现在讨论子午像点和弧矢像点的计算公式。

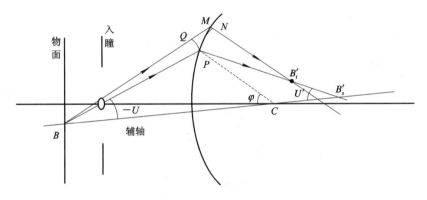

图 9-30　轴外物点发出的沿主光线的细光束成像计算

1. 子午像点的计算

沿主光线细光束的子午像点和弧矢像点均位于主光线上，主光线的光路为子午面内的光路，可以通过本节第二部分求解，所以像面分析假设主光线的光路已经计算，它的光路参数已知。与子午面内光路计算物距和像距的度量方法不同，在子午像点和弧矢像点的计算中，物距和像距是沿主光线来定义的。如图 9-30 所示，假如 B 点发出的主光线与第一个球面的交点为 P，则物点 B 的物距以 B 沿主光线相对 P 的线度定义，表示为 t，因 $t < 0$，所以线段长度 $BP = -t$。同样，子午像点 B_t' 到球面上 P 的线度为 t'，则 B_t' 到 P 的线段的长度为 $PB_t' = t'$。

如果上光线和球面的交点为 M；以物点为原点，过 P 点画圆弧交上光线于 Q 点；以子午像点 B_t' 为原点，过 P 点画圆弧交上光线的出射光线于 N，主光线在球面上的入射角和折射角分别表示为 I 和 I'，则圆弧 PQ 和 PN 与圆弧 PM 的关系为

$$\widehat{PQ} = \widehat{PM} \cdot \cos I, \quad \widehat{PN} = \widehat{PM} \cdot \cos I'$$

如图 9-30 所示，以辅轴为光轴度量角度，主光线物方和像方孔径角为 U 和 U'。当光线从主光线变化到上光线，则物方孔径角的变化为 $\mathrm{d}U = -\angle PBM$（$\mathrm{d}U$ 为负值），像方孔径角的变化为 $\mathrm{d}U' = \angle PB'_t N$。由弧度角的定义，物方和像方孔径角的变化可以由圆弧 PM 表示为

$$\mathrm{d}U = \frac{\widehat{PQ}}{t} = \frac{\widehat{PM}}{t} \cos I, \quad \mathrm{d}U' = \frac{\widehat{PN}}{t'} = \frac{\widehat{PM}}{t'} \cos I'$$

由于圆弧 PM 在球面上，设辅轴与球面 P 点的法向夹角为 φ，有 $\widehat{PM} = r\,\mathrm{d}\varphi$，所以

$$r\,\mathrm{d}\varphi \cos I = t\,\mathrm{d}U, \quad r\,\mathrm{d}\varphi \cos I' = t'\,\mathrm{d}U'$$

由 $\varphi = I + U = I' + U'$，有 $\mathrm{d}\varphi = \mathrm{d}I + \mathrm{d}U = \mathrm{d}I' + \mathrm{d}U'$，代入上式得

$$\mathrm{d}\varphi = \frac{\mathrm{d}I}{1 - r\cos I/t} = \frac{\mathrm{d}I'}{1 - r\cos I'/t'} \tag{9.4-8}$$

又由于在折射球面上满足折射定律 $n\sin I = n'\sin I'$，所以

$$n\,\mathrm{d}I \cos I = n'\,\mathrm{d}I' \cos I' \tag{9.4-9}$$

代入(9.4-8)式，有

$$\frac{n'\cos^2 I'}{t'} - \frac{n\cos^2 I}{t} = \frac{n'\cos I' - n\cos I}{r} \tag{9.4-10}$$

2. 弧矢像点的计算

以主光线与球面的交点 P 为参考点，沿主光线，物点 B 相对 P 点的线度为 s，弧矢像点 B'_s 到球面的线度为 s'。在 $\triangle BPC$ 和 $\triangle B'_s PC$ 中应用正弦定理有

$$\frac{r}{s} = \frac{\sin U}{\sin \varphi} \tag{9.4-11a}$$

$$\frac{r}{s'} = \frac{\sin U'}{\sin \varphi} \tag{9.4-11b}$$

将 n' 乘以(9.4-11b)式再减去 n 乘以(9.4-11a)式，得

$$\frac{n'}{s'} - \frac{n}{s} = \frac{n'\sin U' - n\sin U}{r\sin \varphi} \tag{9.4-12}$$

由于

$$n'\sin U' - n\sin U = n'\sin(\varphi - I') - n\sin(\varphi - I) = \sin\varphi(n'\cos I' - n\cos I)$$

将其代入(9.4-12)式，可得

$$\frac{n'}{s'} - \frac{n}{s} = \frac{n'\cos I' - n\cos I}{r} \tag{9.4-13}$$

3. 转面公式

由于物距和像距不同于子午面内光路计算中物距和像距的度量，因而转面公式也不同于子午面内光路计算的转面公式。

如图 9-31 所示，主光线与第 i 个和第 $i+1$ 个球面的交点为 P_i 和 P_{i+1}，第 i 个球面成像后，子午像点和弧矢像点为 B'_{ti} 和 B'_{si}，则第 $i+1$ 个球面成像时子午像点的物距和弧矢像点的物距分别为

$$\left.\begin{array}{l} t_{i+1} = t'_i - P_i P_{i+1} \\ s_{i+1} = s'_i - P_i P_{i+1} \end{array}\right\} \tag{9.4-14}$$

即在子午面内光路计算的转面公式中，以相邻两个球面间主光线的长度 P_iP_{i+1} 代替原来相邻球面间的空间间隔 d_i。当主光线的光路计算后，P_iP_{i+1} 就可以计算出。

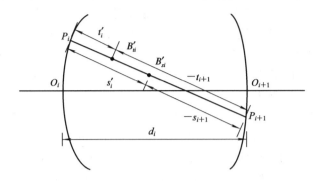

图 9-31　子午像点和弧矢像点计算的转面关系

9.5　光学系统设计软件——ZEMAX 简介

设计一个实用的光学系统，可以分为两步。第一步称为初步设计阶段，根据光学系统的实际使用要求，确定光学系统的基本结构和构成的各个光学元件的光学参数，譬如光学系统应该由几个透镜构成，系统需要不需要倒像系统，是否需要棱镜来改变光路，以及各个透镜的焦距等，这时主要的依据就是近轴光学的成像理论，也就是第 7 章和第 8 章讨论的内容。第二步为像差设计阶段，根据光学系统的具体成像要求，确定光学系统的具体结构参数，譬如构成透镜的材料、各个曲面的几何尺寸等，这时的理论是光学系统的像差理论。

由于研究光学系统的历史比较早，多数实际应用光学系统已经有典型的光学结构。所以在第一个阶段，可以根据实际设计的光学系统的要求，查阅相关的文献，获得光学系统的基本结构。而实际应用中，由于光学系统的应用条件不同，对于系统的性能指标要求不尽相同，因而需要根据具体情况确定光学元件的具体结构参数，使得满足成像要求和系统功能的条件下，光学系统的结构最简单，成本最低，这就是光学设计的第二阶段，即像差设计阶段。在光学设计的第一个阶段中，实际上得到的是设计者希望的理想光学系统，而第二阶段才是以它为目标设计一个实际的应用光学系统，因此第二阶段在光学系统设计中更为重要和有实际意义。在像差设计阶段中，一般来说，计算的光路越多，对于成像质量的分析越全面，选择的具体光学元件的结构可变参数越多，才可以得到性能更好的应用系统，这时要进行大量的光路分析和计算。所以像差设计阶段的一个重要的特点就是光路计算的过程比较繁琐，重复性比较强。

随着电子技术特别是计算机及其软件技术的快速发展，像差设计阶段的繁琐计算工作日趋简化，它们可以通过设计程序让计算机完成。现在已经有多家公司针对光学系统设计和分析开发了多种软件。譬如美国 Radiant Zemax 公司开发的 ZEMAX 软件、美国 Optical Research Associates(2010 被 Synopsys' Optical Solutions Group 兼并)公司开发的 CODE V 软件，美国 Lambda Research Corporation 公司开发的 OSLO(Optics Software for Layout and Optimization)软件等。这些软件随着电子和光学技术的发展也在不断地发展，版本也在不断地提高。随着计算机技术和软件的发展，譬如计算机运行速度和内存的提高，多线程技术和并行计算等，这些软件操作越来越方便，同时使得复杂光学系统的设计和优化变得愈来愈容易，光学系统性能的分析更快捷方便。随着光学理论和技术的发展，这些软件目前不仅可以研究传统的由几何光学元件构成的成像光学系统，也可以分析包含物理光学元件构成的光学系统，甚至可以分析光的偏振特性；为了满足客户不同设计的要求，也提供了宏指令，使得这些软件成为光学系统二次开发和分析的平台。

光电子技术的发展，对于一个光学工程技术人员来说，学习、掌握并使用一种甚至几种光学系统设计软件，十分重要，也是高效开发实用光学系统的一个基本条件。光学系统设计软件还将不断的发展和变化，但是它们建立的物理理论基础不会改变，而要学会使用其中的任意一款软件，都必须具备一定的光学系统设计的理论基础知识。通过前面的基本光学理论的学习，读者应已具备了使用这些软件的理论基础。这一节将主要以 ZEMAX 为例，介绍光学系统设计软件的使用。

9.5.1　ZEMAX 基本概况

ZEMAX 起初是由美国 Focus Software Inc. 开发，现在是合并更名后的 Radiant Zemax 公司的产品。ZEMAX 是一套综合性的模拟、分析和辅助设计光学系统程序，它将实际光学系统的设计概念、优化、分析、公差以及报表整合在一起，可进行光学组件设计与照明系统的照度分析，也可建立反射，折射，衍射等光学模型，它不仅是一套辅助设计软件，更是全功能的光学设计分析软件，具有直观、功能强大、灵活、快速、容易使用等优点。目前有三种不同的版本：ZEMAX - SE(标准版本)、ZEMAX - XE(扩展版本)和 ZEMAX - EE (工程版本)，其中 ZEMAX - XE 包含了 ZEMAX - SE 的所有功能，ZEMAX - EE 包含了 ZEMAX - XE 的所有功能，所以 ZEMAX - EE 版本功能最强大。

ZAMAX 功能强大，采用菜单式操作界面，容易操作，菜单条目较多。ZAMAX 的使用手册对其操作和功能进行了详细的介绍，同时也有一些基本的实例。在 ZEMAX 使用手册中，主要对其各项功能的使用进行了详细的介绍，但未介绍基本的物理原理，所以要求使用者具备一定的光学理论和光学系统设计的基本知识。本节内容并不详细介绍 ZEMAX 的操作和使用，仅作为初级使用者的一个入门教程，基于前面介绍的理论，帮助大家能够使用它的基本功能，并进行基本的光学设计。具体内容分四部分：ZEMAX 的设计环境介绍、光学系统结构设计、成像分析和结构优化，将从完成一个光学系统的结构设计、系统性能分析和优化整个过程，介绍 ZEMAX 软件，并只介绍其部分最基本的功能。

9.5.2　ZEMAX 设计环境

ZEMAX 的开发环境由一些窗口构成，主要包括主窗口(Main Windows)、编辑窗口(Editor Windows)、图形窗口(Graphic Windows)、文本窗口(Text Windows)和对话框(Dialogs)。

主窗口是 ZEMAX 的重要开发环境，当 ZEMAX 程序运行后就进入该窗口。它主要由位于顶端的主菜单和工具栏以及下端的状态栏构成。菜单栏给出了 ZEMAX 各个功能的入口，也包括别的窗口的入口，主要有文件栏(File)、编辑栏(Editors)、系统栏(System)、分析栏(Analysis)、工具栏(Tools)、报表栏(Reports)、宏指令栏(Macro)、扩展命令栏(Extensions)、窗口栏(Window)和帮助栏(Help)，见图 9 - 32。

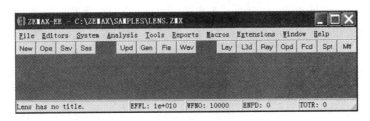

图 9 - 32　ZEMAX 的主窗口

文件栏主要用于文件的生成(New)、打开(Open)、保存(Save)和重命名(Save as)、退出系统(Exit)、工作环境基本参数的设置(Preference)等菜单项。Preference 菜单项可以设置工作目录、图形窗口、文本窗口、编辑窗口等基本属性。在 ZEMAX 主窗口菜单栏下面有 48 个快捷按钮，在最下端有四个状态显示栏，用户按照自己的要求可以在 Preference 菜单项中进行定义。

编辑栏用于进行光学系统结构参数的输入和编辑，也包括输入的撤消命令(Undo)。点击编辑菜单项可以弹出相应的编辑或文本窗口，譬如下面的用于光学系统元件参数设置的 Lens Data Editor。

系统栏用于光学系统参数的设置，譬如光学系统的孔径，物点在物平面上的位置，光学系统工作的波长等与成像有关的光学系统参数。点击系统栏中菜单项可以弹出相关参数设置的对话框。编辑栏和系统栏参数的设置将在本节第三部分介绍。

分析栏的命令不会改变原来设定光学系统的参数，它根据设定的系统参数画出光学系统的结构图，分析光学系统的成像特性，譬如分析系统的像差和色差、传递函数和光路计算结果等。点击分析栏中菜单项或子菜单项可以弹出相应的窗口。它将在本节第四部分介绍。

工具栏的命令将整体分析优化光学系统的成像特性，它有可能改变原来光学系统的基本参数。它的基本操作和用法将在本节第五部分介绍。

报表栏的命令以文本的形式给出光学系统的基本结构的参数或元件的参数。点击分析栏中菜单项或子菜单项可以弹出文本窗口。

宏指令栏的命令用于编辑和运行 ZPL 宏。

窗口栏中按照窗口标题列出了当前被激活的所有窗口，点击任何一个将被置于屏幕的最前端。

帮助栏提供在线帮助文档。

9.5.3　光学系统结构的设定

ZEMAX 并不是一个完全的光学系统的设计软件，也就是说，你不可以输入你对光学系统光学参数和性能的要求，就要求 ZEMAX 设计出满足你要求的光学系统。在采用 ZEAMX 分析和辅助设计光学系统以前，你应该选择并输入你要设计的光学系统基本结构。本节主要介绍在如何将你选择好的模型输入到 ZEMAX 中，以便它可以帮助你进行成像分析和结构优化。

ZEMAX 有两种程序模式，即 Sequential mode 和 Non-Sequential mode。在 Non-Sequential mode 中，光线的传播比较复杂，程序会根据光学元件的空间分布，追踪光线的传播，这时光线可能要多次经过一个光学元件，它一般用于光的散射等问题的分析，不用于成像光学系统。在 Sequential mode 中，严格按照光线在实际传播过程中经过各个光学元件的顺序输入光学元件，主要用于光学成像系统的分析和辅助设计。两种模式下光学系统的结构参数的设置基本相同，下面以在 Sequential mode 下完成一个光学系统参数的设置、分析和辅助优化为例进行介绍。

光学系统结构参数包括与系统成像有关的系统参数和光学系统的结构参数。

1. 系统参数

系统参数主要包括波长、用于光路分析和成像评价的成像的物点和光学系统孔径。

（1）**波长**　点击主窗口菜单的 System 栏下的 Wavelength 菜单项，可以弹出波长设置的对话框。ZEMAX 支持同时设置多达 12 种波长，可以直接输入，也可以通过对话框下面的下拉式单选框选择输入。在下拉式单选框中，列出了主要的原子光谱谱线波长和目视光学仪器的色差分析和矫正用的光波波长。在波长的数值后面有一个单选框，用来选择主波长，在光学系统进行近轴基点、物像共轭面位置以及像差分析、矫正色差等操作时一般采用主波长。

（2）**物点**　光学系统进行成像分析时许多输出和物点的位置有关，需要设置物点。点击主窗口菜单的 System 栏下的 Fields 菜单项，可以弹出物点设置的对话框。在此可以设置多达 12 个物点。物点有四种设置方法，即 Angle、Object height、Paraxial image height 和 Real image height，可以通过窗口顶端的单选框选择。Angle 选项设置物点到入瞳中心的张角，Object height 选项设置物点相对光轴的距离，Paraxial image height 选项设置近轴区像点，Real image height 选项设置按照主光线得到的像点。

（3）**光学系统孔径**　点击主窗口菜单的 System 栏下的 General 菜单项，可以弹出一个对话框，它包含多个页面，其中 Aperture 页面用于设置光学系统的孔径的大小。孔径的设置可以有多种方法，比如直接设置入瞳的大小、数值孔径、F 数或专门指定孔径光阑，可以通过下拉式单选框 Aperture type 来选择。

2. 结构的设置

ZEMAX 中的光学元件，可以是几何光学元件，譬如透镜、平面镜、球面镜等，也可以是物理光学元件，譬如光栅、Fresnel 波带板等。每个光学元件被分解为一个或多个界面，以便通过设置各个界面上的参数来实现目的。各个界面的参数可以包括基本参数和附加参数。

基本参数在 Lens Data Editor 窗口中设置，点击主窗口菜单的 Editor 栏下的 Lens Data 菜单项，可以弹出该编辑窗口。该编辑窗口的主体是一个可以进行文本编辑的表格，表格的行代表光学系统的一个界面，表格的列给出了界面的各个参数。当打开 Lens Data Editor 时，一般有三行，分别是物面、光阑和像面，可以通过该窗口的菜单 Edit 的子菜单项命令在物面和像面之间选择插入或删除界面，界面按照在表格中的顺序自上向下编号，编号从 0 开始，即物面的界面编号为 0。

各个界面的基本参数可以分为两个部分，其中第一个部分是对多数界面，它的定义基本相同，可以称为通用参数；第二部分是与具体界面结构相关的 15 个结构参数，见图 9 - 33。

	Surf:Type	Comment	Radius	Thickness		Glass	Semi-Diameter	Conic	Par 0(unused)	Par 1(unused)	Par 2(unused)
OBJ	Standard		Infinity	Infinity			0.000000	0.000000			
STO	Standard		100.00000	6.000000		BK7	12.500000	0.000000			
2	Standard		-100.0000	95.429826	M		12.308673	0.000000			
IMA	Standard		Infinity				0.337477	0.000000			

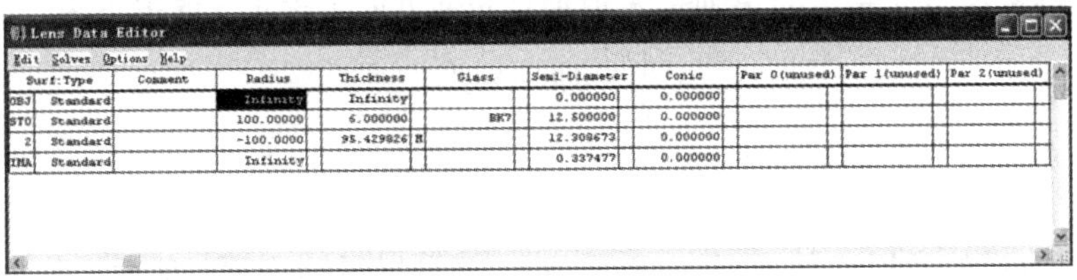

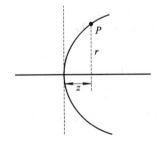

图 9-33　Lens Data Editor 窗口

与具体界面有关的结构参数的具体定义可以参考手册，现在主要介绍通用参数。通用参数包括：

（1）**界面的类型(Type)**　当光标停留在其上面时，双击可以弹出一个对话框，可以选择界面的类型，譬如标准球面、光栅面、波带板面等。

（2）**注释(Comment)**　自己可以对界面加一个注释。

（3）**曲率半径(Radius)**　给出界面在光轴处的曲率半径，符号法则和第 7 章规定相同。

（4）**厚度(Thickness)**　这是指下一个界面相对它的位置线度，即前后两个界面的空间间隔。对于折射界面为正，反射界面为负。

（5）**材料(Glass)**　该界面到下一个界面间的介质。ZEMAX 定义了一般光学介质材料库，可以选择。介质材料库定义了介质的色散关系，用户也可以自己定义。

（6）**半孔径尺寸(Semi-Diameter)**　定义界面的半孔径。当定义了系统的孔径后，系统会根据已经定义的光学系统结构的参数自动设置它的大小，用户也可以自己设置。

（7）**曲面特征参数(Conic)**　ZEMAX 的界面一般为二次曲面，它给出二次曲面特性的参数，下面将详细说明。

附加参数在 Extra Data Editor 窗口中可以设置。点击主窗口菜单的 Editor 栏下的 Extra Data 菜单项，可以弹出该编辑窗口。它和 Lens Data Editor 一样，主体是一个可以进行文本编辑的表格，它的各行和 Lens Data Editor 将第一行(物面)去掉后，一一对应。在它的上面各个光学元件可以定义多达 242 个附加参数，对于各个界面它的具体的意义可以参考使用手册。

ZEMAX 中基本的界面类型为 Standard，它是一个旋转对称的二次曲面，为其它界面结构的基础。曲面的形状由曲面上各点相对经过曲面顶点(曲面和光轴的交点)沿光轴的线度 z 描述，如图 9-34 所示，称为 Sag，z 可以表示为

$$z=\frac{cr^2}{1+\sqrt{1-(1+k)c^2r^2}} \qquad (9.5-1)$$

图 9-34　ZEMAX 的二次曲面结构

其中，c 为曲面在顶点的曲率，即该点曲率半径 R 的倒数，其符号法则遵从第 7 章的规定，即曲率中心在顶点以右为正，以左为负；k 就是在 Lens Data Editor 中通用参数 Conic 的值，当 $k<-1$ 时，曲面为双曲面，当 $k=-1$ 时，为抛物面，当 $-1<k<0$ 时，为扁长椭球面(半长轴沿光轴方向)，当 $k=0$ 时，为球面(包括平面，$c=0$)，当 $k>0$ 时，为扁圆椭球面(半长轴垂直光轴)。c 和 k 与双曲面半实轴 a

和半虚轴 b，椭球面沿光轴方向半轴长 a 和垂直光轴方向半轴长 b 的关系为

$$\frac{1}{c} = R = \pm \frac{b^2}{a} \qquad (9.5-2)$$

$$k = -\varepsilon^2 = -\frac{a^2 - b^2}{a^2} \qquad (9.5-3)$$

所以通过选择合适的通用参数 Radius 和 Conic，就可以得到平面、球面、抛物面、双曲面和椭球面。

以 Standard 界面为基础，结合基本参数中与具体界面结构有关的结构参数和附加参数，可以得到更为复杂的光学元件界面。比如 Odd Asphere 界面，它的界面由如下关系给出：

$$z = \frac{cr^2}{1 + \sqrt{1 - (1+k)c^2 r^2}} + \sum_{i=1}^{8} A_i r^i \qquad (9.5-4)$$

其中，第一项为 Standard 的表达式，只需要设置参数 Radius 和 Conic；第二项有 8 个系数，通过界面基本参数中的结构参数设置。而 Extended odd asphere 界面的关系为

$$z = \frac{cr^2}{1 + \sqrt{1 - (1+k)c^2 r^2}} + \sum_{i=1}^{N} A_i r^i \qquad (9.5-5)$$

同样，第一项由基本参数的通用参数 Radius 和 Conic 设置，而第二项由附加参数给出，这时 N 最大，可以取到 240。总之，通过界面的参数设置在 ZEMAX 中可以实现几乎所有几何和物理光学元件。在 Lens Data Editor 和 Extra Data Editor 中，当光标在任何一个界面所在的行时，表格中各列对应的数据如果定义，则标题变为其定义的结构参数的名称，如果没有定义，则为 No Used。

最后介绍在光学系统中用的比较多的薄透镜的设置。在 ZEMAX 专门有一个类型——Paraxial，Paraxial 类型的界面功能相当于一个薄透镜，这时在基本参数的结构参数中可以设置它的像方焦距。

3. 光轴的改变

在 ZEMAX 中界面参数都是在界面和光轴垂直的条件下定义的，同时光路分析时所有参数是以光轴为参照对象的。当光学系统中要设置倾斜放置的光学元件，或者存在平面镜、反射棱镜等可以改变光学系统的光轴方向的元件时，就需要用到 Coordiante Break 这一个特殊的界面。

Coordinate Break 是一个 Dummy Surface，它自身并不影响光线的传播，只起到改变光学系统的坐标系的作用。Coordinate Break 有 6 个参数，分别是 x 和 y 方向的平移量，绕 x、y 和 z 轴的旋转角度，以及一个表示平移和旋转顺序的标志。现在以一个平面镜和原来光学系统成 45° 放置的系统为例说明如何使用 Coordiante Break。

如图 9-35 所示，系统在平面镜前后的光轴沿顺时针旋转了 90°，而平面镜的光轴与平面镜以前光路的光轴成 45°。所以，系统光轴的改变需要经过两次，首先改变 45°，这时光轴和平面镜垂直，设置平面镜，在平面镜后再将光轴沿顺时针方向旋转 45°。这时应该增加三个界面，其

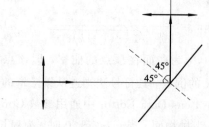

图 9-35 Coordinate Break 的使用

中第 1 个和第 3 个界面的类型为 Coordinate Break，参数"Tilt about x"设为 45°；第二个为 Standard 类型，通过设定参数：Radius＝Infinity，Conic＝0，Glass＝Mirror 成为平面镜。（该构成也可以通过主窗口菜单中 Tools|Add Fold Mirror 命令由系统完成。）

4. 像面的设置

在进行基本结构参数设定后，我们不仅指定了物面，也指定了像面，但是这时设定的物面和像面对于设定的主波长在近轴区不一定是一对共轭面，而手动要做到这一点，必须进行一定的近轴区成像计算。在 ZEMAX 中，提供了近似将像面设置为物面共轭面的方法。

在 ZEMAX 中，倒数第二个界面（IMG 面前的一个面）的参数 Thickness 不需要手动设置。可以将光标移动到倒数第二个界面的 Thickness 列，双击鼠标，出现一个对话框；将 Solve type 由 Fixed 改为 Marginal Ray Height；这时在结构输入表中该参数后将出现一个"M"，系统会按照主波长计算系统物面的像面位置，自动设置 Thickness。

9.5.4　光学系统成像的分析

ZEMAX 对光学系统及其成像的特性提供了多种分析工具，分析工具集中在系统菜单中 Analysis 下，分析结果以图形窗口或文本窗口显示出来，各个窗口上端有进行相关操作的菜单，可以进行显示内容的设置，打印和窗口操作等操作。在此介绍几种常用的分析工具，主要介绍其功能。关于参数设定等操作，可参考手册。

1. 系统结构图（集中在主菜单下 Ananysis|Layout 中）

2D Layout：只有在旋转对称的系统中，该功能有效，给出系统子午面的截面图，如果定义了物点和波长，同时给出几条主要的光路，显示内容的参数可以在其设置对话框中设置。

3D Layout：给出三维结构图，通过上、下、左、右光标键和 Page up 和 Page down 键，可以改变观察图形的角度。

Wire frame、Solid mode：与 Shaded mode、3D Layout 相似，给出三维结构图，只是画透镜的方式不同。

ZEMAX element Drawing 和 ISO element Drawing：给出单个界面面，单镜片和双镜片的结构图。

2. 特性图（集中在主菜单下 Ananysis|Fan 中）

Ray aberration：给出物点以不同波长发出的光束中，子午面和弧矢面光线的几何像差。

Optical path：给出物点以不同波长发出的光束中，子午面和弧矢面光线的波像差。

Pupil aberration：给出物点以不同波长发出的光束中，子午面和弧矢面在光阑面上的像差。

3. 点列图（集中在主菜单下 Ananysis|Spot diagrams 中）

其以光线追迹方法，计算物点发出的入瞳上采样光线的光路，得到像方平面上光斑的采样图。

Standard、Full field 和 Matrix：以图形显示各个物点以不同波长的光波成像时在像面上的光斑。

Through focus：给出像面前后不同面上各个物点以不同波长光波成像形成的光斑。

4. 传递函数（集中在主菜单下 Ananysis∣MTF 及 PSF 中）

其给出系统的调制传递函数和点扩展函数等。

5. 像面分析（集中在主菜单下 Analysis∣Image simulation 中）

Geometry image ananysis 和 Geometry bitmap image ananysis：以一定的扩展源而不是点源作为物，基于光线追迹方法计算位于不同位置的物的像。

Diffraction image ananysis 和 Extended diffraction image ananysis：以一定的扩展源而不是点源作为物，基于光学传递函数（OTF）计算位于不同位置的物的像。

6. 像差分析（集中在主菜单下 Ananysis∣Miscellaneous 中）

Field curv/dist：有两个二维图，一个给出子午和弧矢场曲，另一个给出畸变。

Grid distortion：以二维网格形式给出畸变。

Longitudinal aberration：给出轴上物点的轴向球差。

Lateral color：给出色差与物点距离光轴距离的关系。当选项"All wavelength"选择时，给出各定义的波长相对主波长的垂轴色差；当选项"All wavelength"没有选择时，给出波长最大和最小的两个波长的垂轴色差。

7. 光路计算（在主菜单下 Ananysis ∣Calculations∣Ray trace 中）

其可以完成光路计算。光路的参数由入瞳和物面上的归一化的位置坐标确定，可以在设置对话框中设置。

8. 高斯光束传输分析（集中在主菜单下 Ananysis∣Physical optics 中）

其基于物理光学方法，可以分析高斯光束在光学系统中的传播。

9.5.5　光学系统结构的优化

当给出光学系统的结构后，可能给定的参数并不能够满足光学系统成像性能参数的实际要求，ZEMAX 允许对光学系统提出一定的要求，它会通过优化给出一个在一定程度上满足要求的光学系统，这通过主菜单 Tools∣Design 下的优化命令完成。光学系统的优化设计包括以下几个基本步骤：

（1）选择优化时可以更改的参数，即优化变量。在各个界面参数中由用户定义的参数都可以作为优化变量。设置方法很简单，将光标移动到任一变量上，单击鼠标，会弹出一个对话框，有一个 Solve type 的选项，为一个下拉式单选框，选择 Variable，这时在该参数后面将出现一个"V"，该参数将成为一个优化变量。在优化的过程中该参数将发生变化。

（2）设定优化的条件。优化条件可以是对于系统结构参数的限制，譬如透镜的厚度的限定，两个光学元件的间隔范围限定，也可以是光学系统光学参数的限定，譬如系统的焦距，也可以是成像质量参数的限制，譬如像差系数的限制等。这些优化条件可以通过 ZEMAX 系统内部定义的上百个控制命令来实现。

单击主菜单 Editor∣Merit function，会弹出一个评价函数编辑窗口，如图 9 - 36 所示，它的主体也是一个表格，用于进行优化条件及其参数的设置。一般一行就是一个或部分优化条件，在表格中可以插入和删除行，按照自己的要求改变系统的优化条件。在每行的类型列可以设置优化命令，在其上单击鼠标右键会弹出对话框，如图 9－37 所示，通过下拉选择框选择系统内定的优化命令，并设置相关的参数，设置的参数会在表格后面的列显示，这些参数也可以在表格上直接修改。

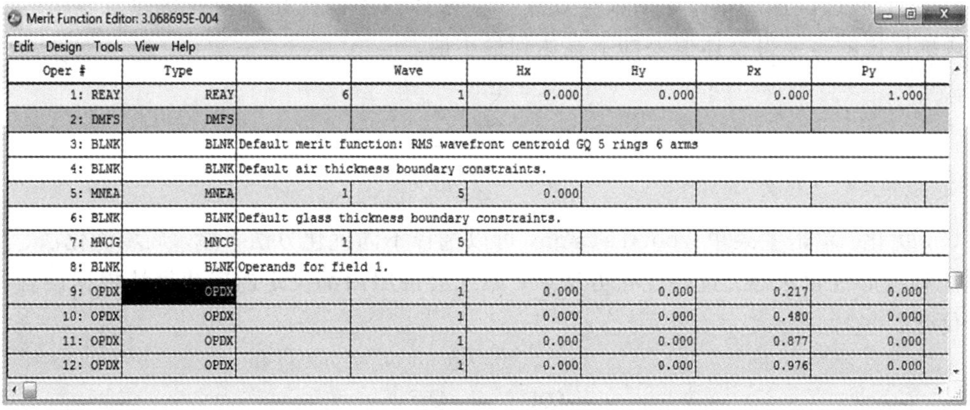

Oper #	Type		Wave	Hx	Hy	Px	Py
1: REAY	REAY	6	1	0.000	0.000	0.000	1.000
2: DMFS	DMFS						
3: BLNK	BLNK	Default merit function: RMS wavefront centroid GQ 5 rings 6 arms					
4: BLNK	BLNK	Default air thickness boundary constraints.					
5: MNEA	MNEA	1	5	0.000			
6: BLNK	BLNK	Default glass thickness boundary constraints.					
7: MNCG	MNCG	1	5				
8: BLNK	BLNK	Operands for field 1.					
9: OPDX	OPDX		1	0.000	0.000	0.217	0.000
10: OPDX	OPDX		1	0.000	0.000	0.480	0.000
11: OPDX	OPDX		1	0.000	0.000	0.877	0.000
12: OPDX	OPDX		1	0.000	0.000	0.976	0.000

(a) 左半部分

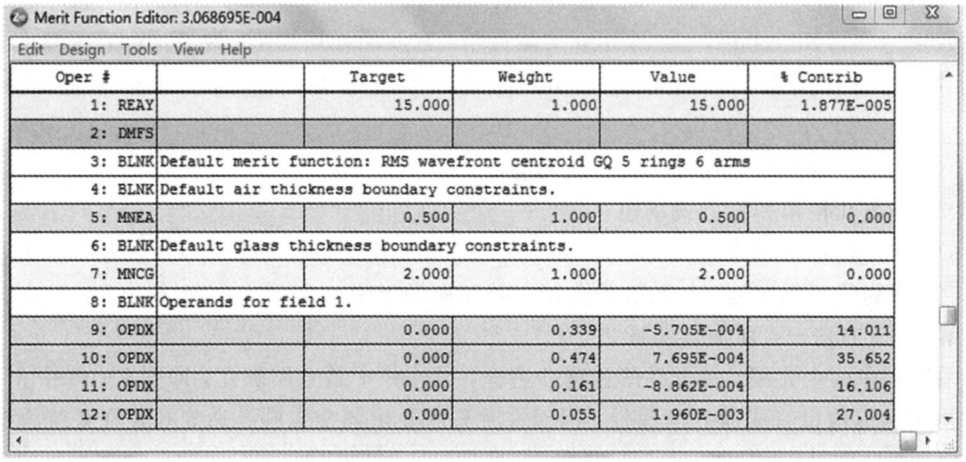

Oper #		Target	Weight	Value	% Contrib
1: REAY		15.000	1.000	15.000	1.877E-005
2: DMFS					
3: BLNK	Default merit function: RMS wavefront centroid GQ 5 rings 6 arms				
4: BLNK	Default air thickness boundary constraints.				
5: MNEA		0.500	1.000	0.500	0.000
6: BLNK	Default glass thickness boundary constraints.				
7: MNCG		2.000	1.000	2.000	0.000
8: BLNK	Operands for field 1.				
9: OPDX		0.000	0.339	-5.705E-004	14.011
10: OPDX		0.000	0.474	7.695E-004	35.652
11: OPDX		0.000	0.161	-8.862E-004	16.106
12: OPDX		0.000	0.055	1.960E-003	27.004

(b) 右半部分

图 9－36　评价函数设置界面

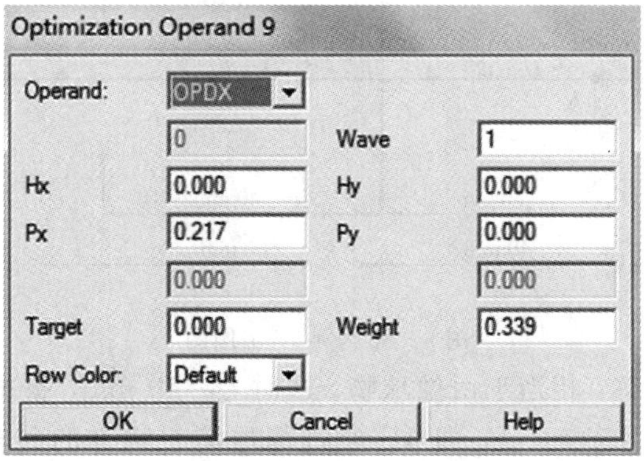

图 9－37　评价函数命令设置界面

当设置了多个优化条件后，一般不存在能够完全满足所有优化条件的光学系统结构，……光学系统的优化实际上就是寻找一个在最大程度上满足所有优化条件的光学系统结构参数。每个优化命令一般都有一个目标值 t_i，优化后系统存在一个真实值 V_i，两者存在差异 $d_i = V_i - t_i$，通过设置优化命令的权重系数 w_i，来体现不同优化命令在优化过程中的重要性。系统优化就是使得整体偏差即下式达到最小值。

$$\Delta = \frac{\sum_{i=1}^{\infty} w_i d_i^2}{\sum_{i=1}^{\infty} w_i}$$

（3）优化。单击主菜单 Tools|Design，可以选择不同优化方法，譬如局域优化法、全局优化法和锤形优化法等。选择优化方法后，系统会按照内部设定的优化算法根据设置参数进行优化。

例　题

例 9-1 已知一个焦距为 20 mm 的薄透镜，它的通光口径 D_1 为 30 mm，在薄透镜前 30 mm 处有一个物点 A，在透镜后 40 mm 处有一个通光孔径 D_2 为 12 mm 的金属圆孔，试求：

（1）这个系统的孔径光光阑和视场光阑；

（2）物方孔径角和物方视场角；

（3）像方孔径角和像方视场角；

（4）当物位于无限远时，系统的孔径光阑和视场光阑。

解：（1）**方法一**：在物方求解。

系统存在两个光阑，一个是薄透镜的边框，另外一个是金属圆孔，即图 9-38 中 M_1 和 M_2。由于透镜前没有成像光学元件，因而这时只需要求解金属圆孔通光孔径在系统物空间的共轭场。

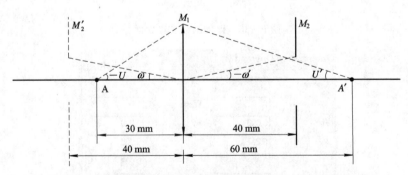

图 9-38　例 9-1 用图

仍然按照右光路求解，相当于由像求物，这时 $l' = 40$ mm，根据薄透镜成像公式可得 $l = -40$ mm，垂轴放大率 $\beta = -1$，即 M_2 经过薄透镜在物方的共轭场 M_2' 位于薄透镜前 40 mm 处，孔径仍然为 12 mm。如图 9-38 所示。比较 M_1 和 M_2' 对于物点 A 的张角大小，可以发现 M_1 对 A 的张角大小比较小，所以 M_1 为系统的孔径光阑，相应的 M_2 就为系统的视场光阑。

方法二：在像方求解。

首先求解物点 A 经过系统在像空间的像。系统只有一个成像光学元件，即薄透镜，根据薄透镜成像公式，这时已知 $l=-30$ mm，可得 $l'=60$ mm，如图 9-38 所示。由于两个光阑的后面没有成像光学元件，因而它们经过后面光学系统的成像就是它们自身，比较它们对像点 A' 的张角，显然，M_1 对 A' 的张角大小比较小，所以 M_1 为系统的孔径光阑，相应的 M_2 就为系统的视场光阑。

（2）物方孔径角和半视场角如图 9-38 中的 U 和 ω，根据图中关系有

$$\tan U = -\frac{15}{30} = -\frac{1}{2}, \quad \tan\omega = \frac{6}{40} = \frac{3}{20}$$

所以物方孔径角和物方视场角依次为

$$U = -\arctan\frac{1}{2}, \quad 2\omega = 2\arctan\frac{3}{20}$$

（3）像方孔径角和半视场角如图 9-38 中的 U' 和 ω'，根据图中关系有

$$\tan U' = \frac{15}{60} = \frac{1}{4}, \quad \tan\omega' = -\frac{6}{40} = -\frac{3}{20}$$

所以像方孔径角和像方视场角依次为

$$U' = \arctan\frac{1}{4}, \quad 2\omega' = -2\arctan\frac{3}{20}$$

（4）当物位于无限远时，在物方光阑的共轭场 M_2' 的孔径大小小于 M_1 的孔径大小，所以 M_2 为系统的孔径光阑，相应的 M_1 就为系统的视场光阑。

例 9-2 已知两个焦距依次为 120 mm 和 20 mm 的薄透镜构成一个无焦系统，第一个薄透镜的通光口径为 18 mm，第二个薄透镜的通光口径为 4 mm。假若在第一个薄透镜的像方焦平面上设置一个通过孔径为 3 mm 的光阑，试求该系统对无穷远的物面成像时，

（1）系统的孔径光光阑和视场光阑；

（2）系统出瞳的位置和大小。

解：（1）系统有三个光阑，如图 9-39 中的 M_1、M_2 和 M_3。这时在物空间的物和像空间的像均在无穷远处。如果在系统物空间直接求解，就需要求解 M_2 和 M_3 经过第一个薄透镜在系统物空间所成的像。实际上，孔径光阑和视场光阑的判断不仅仅可以在系统的物空间和像空间，在光学系统中任一光学元件的物空间或像空间都是可以的。现在在第一个薄透镜的像空间判断光阑。

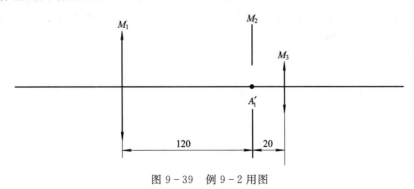

图 9-39 例 9-2 用图

物在第一个薄透镜的像空间的像点位于第一个薄透镜的像方焦点，即图中 A_1'，这时光阑 M_1、M_2 和 M_3 在该空间的像就是它们自身，所以直接判断三个光阑自身对于 A_1' 的张角大小，最小者即为孔径光阑。显然，第一个薄透镜的边框 M_1 对应的张角最小，故 M_1 为系统的孔径光阑。

在第一个薄透镜的像空间，M_2 和 M_3 对 M_1 中心张角最小者为视场光阑，显然为 M_2。

（2）系统的出瞳为 M_1 经过第二个薄透镜在系统像空间所成的像。这时 $x = -120$ mm，根据薄透镜成像的牛顿公式可得 $x' = 10/3$ mm，由放大率公式 $\beta = -x'/f'$ 可得 $\beta = -1/6$，所以出瞳位于第二个薄透镜以后 $l' = x' + f' = 20 + 10/3 = 70/3$ mm 处，大小为 $\beta y = 3$ mm。

习　题

9-1　焦距 $f' = 100$ mm 的薄透镜，直径 $D_0 = 40$ mm，在透镜前 50 mm 处有一个光孔，直径 $D_p = 35$ mm。求物体在 $-\infty$ 和 -300 mm 时，孔径光阑、入瞳和出瞳的位置及大小。

9-2　有两个正薄透镜 L_1 和 L_2，焦距分别为 90 mm 和 60 mm，孔径分别为 60 mm 和 40 mm，两镜的间隔为 50 mm。在 L_2 之前 18 mm 处有一直径为 30 mm 的光阑 p。当物位于无穷远时，孔径光阑是哪个？

9-3　将一个像方焦距 $f' = 40$ mm，直径 $D_1 = 30$ mm 的薄透镜做成放大镜，眼瞳位于透镜像方焦点 F' 上，眼瞳直径 $D_2 = 4$ mm，物面放在透镜物方焦点 F 上，试问：

（1）哪一个是孔径光阑，哪一个是视场光阑；

（2）入瞳在哪里，物方孔径角等于多少；

（3）入窗在哪里，物方线视场等于多少；

（4）视场边缘有无渐晕。

9-4　一个望远镜光学系统由两个正薄透镜组成，已知物镜的焦距 $f_1' = 1000$ mm，其通光口径 $D_1 = 50$ mm，物镜与目镜相隔 1200 mm，目镜的通光口径 $D_2 = 20$ mm，其光学间隔 $\Delta = 0$。今在物镜的像方焦平面上设置一直径为 16 mm 的圆孔光阑，求此光学系统的孔径光阑、视场光阑和物方视场角。

9-5　现有一个照相机，其物镜 $f' = 75$ mm，现以常摄距离 $p = 3$ m 进行拍摄，相对孔径分别采用 1/3.5 和 1/22，试分别求其景深。

9-6　如果照相物镜的对准平面以后的整个空间都能在景像平面上成清晰像，物镜的焦距 $f' = 75$ mm，所用光圈数 $F = 16$，求对准平面位置和近景面的位置。如果调焦于无限远处，即 $p = \infty$，求近景位置。

第 10 章　光学仪器的基本原理

人们很早就利用透镜、反射镜和棱镜制造出了各种仪器,这些仪器称为光学仪器。能够帮助人眼观察微小物体或远处物体的光学仪器有放大镜、显微镜和望远镜等,这类可以改善和扩展视觉的仪器称为助视光学仪器或目视光学仪器。有的光学仪器是为了在屏上得到一个缩小或放大的像,譬如照相机和幻灯机等,这种光学仪器叫做摄影及投影光学仪器。还有的光学仪器能起到分光作用,譬如分光镜、摄谱仪和单色仪等,这类光学仪器叫做分光仪器。随着科学技术的发展,光学仪器的种类越来越多,应用越来越广,其理论基础也涉及到各个方面,但是利用几何光学理论足可以描述许多光学仪器的主要性能。本章将主要用前面所学过的共轴球面系统中的成像理论,分析目视光学系统的成像原理,弄清楚它们扩展人眼视觉的基本方法,以及这些系统的设计方法、构成和要求。

10.1　光辐射基本概念和规律

在前面几章中,我们用几何光线的方法讨论了光学系统的成像规律,其中并未涉及能量大小问题。从光学系统对能量传递的观点来看,几何光线的行进方向近似地代表光能的传播方向,光学系统可以看做光能的传送系统。在光学系统中影响像面的像质不仅包括光学系统自身成像的缺陷,也包括到达像面上光能量的多少,即到达像面的光能的强弱是否足以使接收器响应。由于光线不能表示能量或能流的多少,因而无法从光线理论研究像面光能量的强弱。像面光能量的多少需要从光的辐射理论来分析。本节仅简要介绍光辐射的基本关系和概念。

10.1.1　光辐射基本物理量

1. 辐射通量

辐射源或被辐射源照明能够反射或折射能量的物体统称辐射体。辐射体向四周空间作辐射时,不断发出辐射能。显然,同一辐射体辐射的时间越长,发出的辐射能量越多。为了描述各种辐射体辐射能量的性能,引进辐射通量的概念。将单位时间内该辐射体所辐射的总能量称为"辐射通量",用符号 Φ_e 表示,并采用一般的功率单位瓦特作为辐射通量的计量单位。实际上,辐射通量就是辐射体的辐射功率。

辐射体辐射的电磁波,都有一定的波长范围,通常采用辐射通量的光谱密度表示辐射体的辐射通量按波长分布的特性。如果在波长为 $\lambda \sim \lambda + d\lambda$ 的范围内辐射通量为 $d\Phi_e$，则辐射通量的谱密度定义为

$$\Phi_{e\lambda} = \frac{d\Phi_e}{d\lambda} \qquad (10.1-1)$$

辐射体的辐射通量可以由辐射通量谱密度表示为

$$\Phi_e = \int_0^{+\infty} \Phi_{e\lambda}\, d\lambda \qquad (10.1-2)$$

2. 视见函数

辐射体发出的辐射通量，最终由接收器接收。但是，不同波长的相同辐射通量引起接收器的响应量是不一样的，这种对不同波长辐射的响应程度称为接收器的光谱灵敏度。人眼的光谱灵敏度定义为视见函数，以 V_λ 表示。

在整个电磁波谱中，人眼只能对波长在 $400 \sim 760$ nm 范围内的电磁波辐射产生视觉，在此波长范围内的电磁辐射称为可见光，对可见光以外的红外线和紫外线几乎全无视觉反应。在可见光范围内，人眼对黄绿光 $\lambda = 555$ nm 最敏感，如果取该光的视见函数值 $V_{555} = 1$，则别的颜色光的视见函数值 $V_\lambda < 1$，其中在红外和紫外区基本上为零。

不同人在不同观察条件下，视见函数略有差别。为统一起见，1971 年国际光照委员会 (CIE) 在大量测定基础上，规定了视见函数的国际标准。表 10-1 就是明视觉视见函数的国际标准。图 10-1 为相应的视见函数曲线。

表 10-1　明视觉视见函数的国际标准

光线颜色	波长/nm	V_λ	光线颜色	波长/nm	V_λ
紫	400	0.0004	黄	580	0.8700
紫	410	0.0012	黄	590	0.7570
靛	420	0.0040	橙	600	0.6310
靛	430	0.0116	橙	610	0.5030
靛	440	0.0230	橙	620	0.3810
蓝	450	0.0380	橙	630	0.2650
蓝	460	0.0600	橙	640	0.1750
蓝	470	0.0910	橙	650	0.1070
蓝	480	0.1390	红	660	0.0610
蓝	490	0.2080	红	670	0.0320
绿	500	0.3230	红	680	0.0170
绿	510	0.5030	红	690	0.0082
绿	520	0.7100	红	700	0.0041
绿	530	0.8620	红	710	0.0021
黄	540	0.9540	红	720	0.00105
黄	550	0.9950	红	730	0.00052
黄	555	1.0000	红	740	0.00025
黄	560	0.9950	红	750	0.00012
黄	570	0.9520	红	760	0.00006

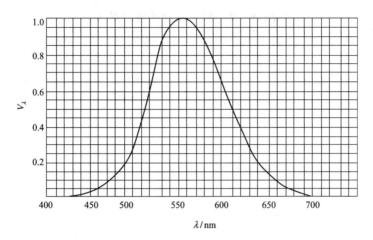

图 10-1　视见函数曲线

有了视见函数就能比较两个不同波长的辐射体对人眼产生视觉的强弱。例如人眼同时观察距离相同的两个辐射体,假定在观察方向,两者的辐射特性相同,即达到眼睛的辐射通量相同,它们的辐射波长分别为 600 nm 和 500 nm。由表 10-1 可得 $V_{600} = 0.631$,$V_{500} = 0.323$,因此,辐射波长为 600 nm 的辐射体对人眼产生的视觉强度是辐射波长为 500 nm 的辐射体对人眼产生的视觉强度的 0.631/0.323 倍,即近似等于两倍。

3. 光通量

辐射体的辐射通量中,只有波长处于可见光范围内的辐射通量才能引起人眼的光刺激,并且光刺激的强弱不仅取决于可见光范围内的辐射通量,还取决于人眼的视见函数。我们把辐射通量经过视见函数 V_λ 折算到能引起人眼光刺激的等效能量称为光通量。在整个波段范围内光通量为

$$\Phi = C \int_0^{+\infty} V_\lambda \Phi_{e\lambda} \, \mathrm{d}\lambda \qquad (10.1-3)$$

光通量的单位是流明,以符号 lm 表示。流明和瓦之间存在一个换算系数 C,经过理论计算和实验测定,国际照明委员会正式规定转换系数 $C = 683$ lm/W。其含义是,对于波长为 555 nm 的单色光辐射,1 W 的辐射通量等于 683 lm 的光通量,或者说,1 lm 的光通量等于 1/683 W 的辐射通量。

4. 发光效率

辐射体的光通量与辐射通量之比称为光源的发光效率,以 η 表示为

$$\eta = \frac{\Phi}{\Phi_e} = \frac{C \int_0^{+\infty} V_\lambda \Phi_{e\lambda} \, \mathrm{d}\lambda}{\int_0^{+\infty} \Phi_{e\lambda} \, \mathrm{d}\lambda} \qquad (10.1-4)$$

发光效率值代表了光源每瓦辐射通量所能产生的光通量流明数,因此它是表征光源质量的重要指标之一。实际计算辐射通量比较困难,所以对于由电能转换为光能的电光源,直接用光源的耗电功率代替辐射通量,于是光源的发光效率为

$$\eta = \frac{\text{光源的光通量}}{\text{光源消耗的电功率}} \qquad (10.1-5)$$

表 10-2 所列是一些常用光源的发光效率。

表 10－2   常用光源的发光效率

光源名称	发光效率/(lm/W)	光源名称	发光效率/(lm/W)
钨丝灯	10～20	炭弧灯	40～60
卤素钨灯	约30	钠光灯	约60
荧光灯	30～60	高压汞灯	60～70
氙灯	40～60	镝灯	约80

5. 发光强度

辐射体一般沿不同方向其辐射特性不同。为了表示这种差异，定义沿空间某个方向单位立体角的辐射的光通量称为辐射体沿该方向的发光强度，用符号 I 表示。设空间沿任一方向很小的立体角 $\mathrm{d}\Omega$ 内辐射的光通量为 $\mathrm{d}\Phi$，则发光强度定义为

$$I = \frac{\mathrm{d}\Phi}{\mathrm{d}\Omega} \qquad (10.1-6)$$

发光强度的单位是坎德拉(cd)，它是国际单位制七个基本单位之一。别的光辐射物理量的单位都可以看作为它的导出单位。立体角的单位为球面度(sr)。发光强度的单位坎德拉与光通量的单位流明的关系是 1 cd＝1 lm/sr。

6. 光出射度

为了描述辐射体表面各点的辐射光通量的强弱，定义辐射体表面单位面积辐射的光通量为光出射度，表示为 M。设辐射体表面 P 点周围有一微小的元面积 $\mathrm{d}S$，元面积 $\mathrm{d}S$ 辐射的光通量为 $\mathrm{d}\Phi$，则 P 点的光出射度 M 定义为

$$M = \frac{\mathrm{d}\Phi}{\mathrm{d}S} \qquad (10.1-7)$$

光出射度的单位是勒克斯，以 lx 表示，1 lx＝1 lm/m²。

7. 光亮度

辐射体表面单位面积沿垂直方向单位立体角内辐射的光通量称为辐射体表面的光亮度。如图 10－2 所示，假如辐射体表面 A 点的面元为 $\mathrm{d}S$，在和 $\mathrm{d}S$ 法线方向夹角为 θ 的方向立体角为 $\mathrm{d}\Omega$ 的范围内的辐射的光通量为 $\mathrm{d}\Phi$，则辐射体在 A 点在该方向上的光亮度 L 定义为

$$L = \frac{\mathrm{d}\Phi}{\cos\theta \cdot \mathrm{d}S \cdot \mathrm{d}\Omega} \qquad (10.1-8)$$

光亮度的单位曾称尼特(nt)和熙提(sb)，1 nt＝1 cd/m²，1 sb＝1 cd/cm²，尼特和熙提现已被废除。

因为 $\mathrm{d}\Phi/\mathrm{d}\Omega$ 代表 A 点面元 $\mathrm{d}S$ 沿和法线夹角为 θ 的方向上的发光强度，所以上式又可以表示为

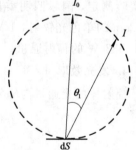

图 10－2   光亮度和光强度

$$L = \frac{I}{\cos\theta \cdot \mathrm{d}S} \qquad (10.1-9)$$

上式表明，辐射面元 $\mathrm{d}S$ 在与其法线成 θ 角的方向的光亮度等于该方向上发光强度 I 与垂直该方向面积($\cos\theta \cdot \mathrm{d}S$)之比。

大多数均匀发光的物体，在各个方向上的光亮度都近似一致。设辐射面元 $\mathrm{d}S$ 在其法

线方向上的发光强度为 I_0，根据光亮度公式(10.1−9)有

$$I(\theta) = I_0 \cos\theta \qquad (10.1-10)$$

上式称为发光强度的余弦定律，又称朗伯定律。符合发光强度的余弦定律的辐射体称做余弦辐射体或朗伯辐射体。

表 10−3 为常用发光表面的光亮度值。

表 10−3　常用发光表面的光亮度值

表面名称	光亮度/(cd/cm²)	表面名称	光亮度/(cd/cm²)
地面上所见太阳表面	$(15\sim20)\times10^4$	日用白炽钨丝灯	$300\sim1000$
日光下的白纸	2.5	放映投影灯	2000
晴朗白天的天空	0.5	汽车钨丝前灯	$1000\sim2000$
月亮表面	0.25	卤素钨丝灯	3000
月光下白纸	0.03	碳弧灯	$(1.5\sim10)\times10^4$
烛焰	0.5	超高压球形汞灯	$(4\sim12)\times10^4$
钠光灯	$10\sim20$	超高压电光源	25×10^4

8. 光照度

辐射体辐射的能量以电磁波的形式向外传播，当它传播到另外的物体表面，物体将被照射。为了表示被照射物体表面各点被照射的强弱，定义被照射物体单位面积接收到的光通量称为光照度，用符号 E 表示。在物体表面任一点 P 周围取微小面元 dS，假定它接收到的光通量为 $d\Phi$，则光照度定义为

$$E = \frac{d\Phi}{dS} \qquad (10.1-11)$$

如果较大面积的表面被均匀照明，则投射到其上的总光通量除以总面积便是该表面的光照度。

光出射度和光照度是一对相同意义的物理量，只是光出射度指的是发出光通量，而光照度指的是接收的光通量数值，两者单位相同，都是勒克斯。

在各种工作场合，需要适当的光照度值才利于工作的进行。各种情况下希望达到或所能达到的光照度值见表 10−4。

表 10−4　不同工作环境的光照度要求

场　　合	光照度/lx
观看仪器的示值	$30\sim50$
一般阅读及书写	$50\sim75$
精细工作(修表等)	$100\sim200$
摄影场内拍摄电影	1×10^4
对原稿进行照相制版时	$(3\sim4)\times10^4$
明朗夏日采光良好的室内	$100\sim500$
太阳直照时的地面光照度	10×10^4
满月在天顶时的地面光照度	0.2
无月夜天光在地面产生的光照度	3×10^{-4}

在外光源的照明下，物体的表面获得一定的光照度，这时物体会反射或散射出照射在

其上的光通量，这种发光表面称二次光源。二次光源的光出射度除与受照以后的光照度有关外，还与表面的性质有关，可表示为

$$M = \rho E \tag{10.1-12}$$

式中的 ρ 称为表面的反射系数。几乎所有的物体的反射系数均小于1。

多数物体对光的反射具有选择性，即物体的反射系数通常和波长有关，当白光照明物体时，不同物体表现为不同的颜色，就是因为它们对不同波长的反射系数不同。在可见光谱中，对于所有波长的反射系数相同且接近于1的物体称为白体，如氧化镁、硫酸钡或覆有这些物质的表面，其反射系数大于0.95；反之，对于所有的波长反射系数值均接近于零的物体称为黑体，例如炭黑和黑色的毛糙表面即是，其反射系数仅0.01。

10.1.2 光源直接照射表面时的光照度（距离平方反比定律）

首先考虑当光源可以看做点光源时，对于一个小面元的照度。如图10-3所示，发光强度为 I 的点光源 O 对于面元 dS 所张的空间立体角为 $d\omega$，面元中心和光源 O 点的距离为 r，它们的连线与面元的法线方向的夹角为 θ，根据光源的发光强度的定义，得到 dS 面元上的光通量为

$$d\Phi = I \, d\omega = \frac{I \cdot \cos\theta \cdot dS}{r^2}$$

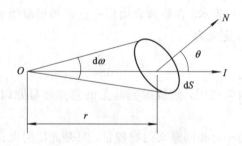

图 10-3 点源对小面元的照度

从而在面元上的光照度为

$$E = \frac{d\Phi}{dS} = \frac{I \cdot \cos\theta}{r^2} \tag{10.1-13}$$

即点光源照射一个小面元时，面元的光照度与点光源的发光强度成正比，与点光源到面元的距离平方成反比，并与面元法线与照射光束方向的夹角的余弦成正比。垂直照射时（$\theta=0$），光照度最大，掠射时（$\theta=90°$），光照度为零。地球表面受到太阳的照射，可以将太阳看做一个点光源，在正午时是垂直照射，所以照度大，地面温度高；在早晨和傍晚照射的角度大，所以照度小，地面温度低。

当光源为一个面光源时，显然光源面积越大，对于同样的物体的照度越大。这时将面光源可以看做许多小的面光源的组合，不考虑光的相干性，则像面上总的照度为各个面光源在像面上照度的代数和，所以我们主要考虑一个小的面光源对于一个小的物面的照度。

如图10-4所示，亮度为 L 的面光源 dS_1 和物面 dS_2 相距为 r，它们中心的连线与 dS_1 和 dS_2 的法线的夹角依次为 θ_1 和 θ_2，dS_2 对 dS_1 中心张的立体角为 $d\omega_1$，根据亮度的定义，由 dS_1 发出到达 dS_2 上的光通量为

$$d\Phi = L \cdot \cos\theta_1 \cdot dS_1 \cdot d\omega_1 = \frac{L \cdot \cos\theta_1 \cdot dS_1 \cdot \cos\theta_2 \cdot dS_2}{r^2}$$

从而在物面上的照度为

$$E = \frac{d\Phi}{dS_2} = \frac{L \cdot \cos\theta_1 \cdot \cos\theta_2 \cdot dS_1}{r^2} \tag{10.1-14}$$

上式表明，小面光源直接照射一微面积时，微面积的光照度与面光源的光亮度和光源的大小成正比，与距离的平方成反比，并与两平面的法线和照射光束方向的夹角的余弦成正比。

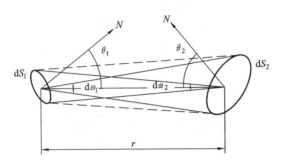

图 10-4　小面元间的照度

如果 dS_1 对 dS_2 中心张的立体角表示为 $d\omega_2$，式(10.1-14)又可以表示为

$$E = \frac{d\Phi}{dS_2} = L \cdot \cos\theta_2 \cdot d\omega_2 \tag{10.1-15}$$

下面考虑如图 10-5 所示的一个亮度为 L 的圆面光源对于在一个平行放置的物面中心的光照度。设光源边缘对物面中心的半张角为 U，由于光源面较大，将光源分割为许多宽度很小的圆环，圆环边缘对物面中心的半张角为 φ，圆环的宽度引起 φ 的变化量为 $d\varphi$，则圆环对物面中心所张的立体角为

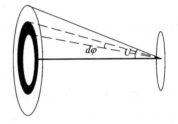

$$d\Omega = 2\pi \sin\varphi \, d\varphi$$

图 10-5　面光源对物面照度

根据(10.1-15)式，圆环对物面中心的照度贡献为

$$dE = L \cdot \cos\varphi \cdot d\Omega = 2\pi L \sin\varphi \cos\varphi \, d\varphi$$

整个光源面对物面照度为

$$E = \int dE = \int_0^U 2\pi L \sin\varphi \cos\varphi \, d\varphi = \pi L \sin^2 U \tag{10.1-16}$$

10.1.3　光亮度的传递规律

根据能量守恒定律，如果不考虑光能传递过程中的拦光、吸收、反射等损失，则光能量应该是一个定值，由此可知表示单位时间能量多少的光通量在传递过程中始终不变。但是，光亮度的传递却比较复杂，它要随介质和传递形式而变化。下面先讨论光束投射到两种介质界面上经过折射后的光亮度变化。

假设入射微光管以入射角 I_1 投射到 n_1 和 n_2 两种介质界面 P 上，并以折射角 I_2 折射后进入 n_2 介质中，如图 10-6 所示，光管与界面相交形成的面元为 ΔS，以在界面上的投射点为球心，做一个半径为单位长度的球面，球面与入射和折射微光管相交处形成两个面元 dS_1 和 dS_2，入射光管和折射光管在界面上投影的角度为 $d\varphi_1$ 和 $d\varphi_2$。面元 dS_2 所对应的立体角为 $d\omega_2$，由图中几何关系得到

$$d\omega_2 = \sin I_2 \cdot dI_2 \cdot d\varphi_2$$

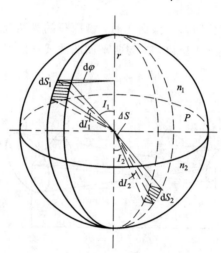

图 10 - 6　折射界面光亮度传递关系

假定折射光束的光亮度为 L_2，根据光亮度公式(10.1-8)，则通过界面上面元 ΔS 在 n_2 介质中输出的光通量为

$$d\Phi_2 = L_2 \cdot \Delta S \cdot \cos I_2 \cdot d\omega_2 = L_2 \cdot \Delta S \cdot \cos I_2 \cdot \sin I_2 \cdot dI_2 \cdot d\varphi_2$$

如果入射光束的光亮度为 L_1，同样根据光路可逆，通过界面上面元 ΔS 在 n_1 介质中输出的光通量为

$$d\Phi_1 = L_1 \cdot \Delta S \cdot \cos I_1 \cdot \sin I_1 \cdot dI_1 \cdot d\varphi_1$$

由于不考虑界面上能量的损耗，无论把 ΔS 看做位于 n_1 介质中还是位于 n_2 的介质中，它所输出的光通量应该相等，即 $d\Phi_1 = d\Phi_2$，所以

$$L_1 \cdot \cos I_1 \cdot \sin I_1 \cdot dI_1 \cdot d\varphi_1 = L_2 \cdot \cos I_2 \cdot \sin I_2 \cdot dI_2 \cdot d\varphi_2$$

根据折射定律，入射光线和折射光线共面，所以 $d\varphi_1 = d\varphi_2$，并且

$$n_1 \cdot \sin I_1 = n_2 \cdot \sin I_2$$

上式对角度取微分有

$$n_1 \cdot \cos I_1 \cdot dI_1 = n_2 \cdot \cos I_2 \cdot dI_2$$

将以上两式带入，可得

$$\frac{L_1}{n_1^2} = \frac{L_2}{n_2^2} = L_0 \tag{10.1-17}$$

上式表明，折射前后微光管内的光亮度是有变化的，但是，光亮度和该介质的折射率平方的比值却是一个不变量，称为基本亮度。

光在均匀介质中的传播可以看做折射定律在 $n_1 = n_2$ 的特例在空间的积累，光在界面上的反射可以看做折射定律在 $n_2 = -n_1$ 的特例，这两种情况下，在光线行进方向上光亮度不变，它们同样都满足关系式(10.1-17)。

光在实际光学系统中的传播可以看做光经过多次的折射、反射，以及包括在空气和光学元件内的均匀介质的传播的过程，在每个过程中，(10.1-17)式均成立，也就是说，光学系统中间任一平面上沿光传播方向基本亮度总是一个常数。它便是联系光学系统物像空间亮度的基本关系。

10.2 眼　　睛

人眼是目视光学仪器成像的接收器，是整个成像光学系统的一个重要组成部分。所以在研究目视光学仪器之前，我们首先要对人眼有一个必要的了解，以便于理解光学仪器设计要求和设计方法。

10.2.1 眼睛的结构

人眼本身就是一个光学系统，外表大体呈球形，直径约为 25 mm，其内部结构如图 10-7 所示。

（1）**巩膜和角膜**　眼的最外层是一层白色坚韧的巩膜，将眼球包围起来。而巩膜的正前方曲率较大的一部分是角膜，是由角质构成的透明球面，厚度约 0.55 mm，折射率为 1.3771，外界光线首先通过角膜而进入眼睛。

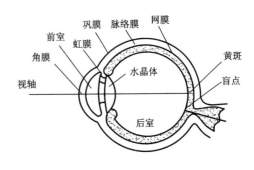

图 10-7　眼睛的构造

（2）**前室**　角膜后面的一部分空间称为前室。前室中充满了折射率为 1.3374 的透明水状液。

（3）**虹膜和瞳孔**　前室之后是中心带有圆孔的虹膜，眼睛的彩色由虹膜显示出来。虹膜中心的圆孔称为瞳孔，它能限制进入眼睛的光束口径。瞳孔的直径可随物体的明暗而自动改变，以调节进入眼睛的光通量。

（4）**水晶体**　虹膜后面是由多层薄膜组成的呈双凸透镜形的水晶体，各层折射率不同，而且前表面曲率半径可以改变，以改变水晶体的焦距，使不同距离的物体都能成像在网膜上。

（5）**后室**　水晶体后面的空间称为后室，里面充满透明液体玻璃液，折射率为 1.336。

（6）**网膜**　后室的内壁与玻璃液紧贴的为网膜，它是眼睛的感光部分，其上布满了神经细胞和神经纤维。

（7）**黄斑和盲斑**　位于网膜中部的椭圆形区域称为黄斑，其凹部密集了大量的感光细胞，是网膜上视觉最灵敏的区域。而盲斑则是神经纤维的出口，没有感光细胞，不产生视觉。

（8）**脉络膜**　网膜的外面包围着一层黑色膜即是脉络网膜，它的作用是吸收透过网膜的光线，把后室变成一个暗室。

黄斑的中心和眼睛光学系统像方节点的连线称为视轴。眼睛的视场虽然很大，可达到 150°，但只在视轴周围 6°~8° 范围内能清晰识别，其它部分就比较模糊。所以，观察景物时，眼球会自动在眼窝内转动，以便将物体调整在视轴上。

上面简要地介绍了眼睛的构造。从光学角度看，眼睛中最主要的是三样东西：网膜、水晶体和瞳孔。网膜是眼睛成像的接收器；水晶体是眼睛的调焦部分，正是因为它的调焦作用，使得人眼可以看清楚远近不同位置的物体；瞳孔是眼睛的孔径光阑，可以使眼睛观察不同亮度的物体而不受伤。

10.2.2　眼睛的调节和适应

正常的眼睛，既能看清远处的物体，也能看清很近的物体，其原因是随着物体距离的改变，水晶体的焦距会发生改变，使远近不同物体都能够在网膜上成像。眼睛的这种本能地改变光焦度(或焦距)以看清远近不同物体的过程，称为眼睛的调节。

眼睛的调节是有一定范围的。当肌肉完全松弛时，眼睛能看清楚的最远的点称为远点；当肌肉在最紧张时，眼睛能看清楚的最近的点称为近点。以 p 表示近点到眼睛物方主点的距离，以 r 表示远点到眼睛物方主点的距离，如果 p 和 r 以 m 为单位，则其倒数，即

$$\frac{1}{p} = P, \quad \frac{1}{r} = R \tag{10.2-1}$$

分别是近点和远点的折光度数或视度。

正常眼睛的远点位于无穷远处。在正常照明下最方便和最习惯的工作距离称为明视距离，常规定明视距离为 25 cm。在明视距离之内人眼还能够调节，也就是说正常眼睛的近点位于明视距离内。

从远点到近点之间的距离就是眼睛的最大调节范围，但通常不是用该距离表示眼睛的调节范围，而是用二者的折光度数之差表示。它们的差值以字母 $\overline{A}$ 表示，即

$$\overline{A} = R - P \tag{10.2-2}$$

对每个人来说，远点距离和近点距离随年龄而变化。随着年龄的增大，肌肉调节能力衰退，近点逐渐变远，而使调节范围变小。青少年时期，近点距眼睛很近，调节范围很大，可达十几个折光度；45 岁以后，近点已在明视距离以外，调节能力仅几个折光度。

人眼除了能随物体距离改变而调节水晶体的曲率以外，还能在不同明暗条件下工作。眼睛所能感受的光亮度的变化范围是非常大的，其比值可达 $10^{12}：1$。这是因为眼睛对不同的光亮度条件有适应的能力，这种能力称为眼睛的适应。

在黑暗处，眼睛适应于感受十分微弱的光能。此时，眼睛的灵敏度大为提高，瞳孔增大(约 6 mm)，使进入眼睛的光能增加，看清周围的景物。能被眼睛感受的最低光照度值约为 10^{-6} lx，相当于一支蜡烛在 30 km 远处所产生的光照度。

同样，由暗处到光亮处也要产生眩目现象，表明对光适应也有一过程。此时，眼睛灵敏度大大降低，瞳孔也随之缩小(约 2 mm)。在光照度 10^5 lx 下，并不影响眼睛的工作能力，这相当于太阳直照地面时的情况。

10.2.3　眼睛的缺陷与校正

正常眼在肌肉完全放松的自然状态下，能够看清无限远处的物体，即眼睛的远点位于无限远($R=0$)，像方焦点正好和网膜重合，如图 10-8(a)所示。若不符合这一条件就是非正常眼，或称视力不正常。

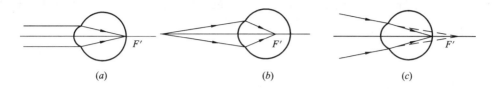

图 10-8　正常眼和非正常眼

(a)　　　　　　　　　(b)　　　　　　　　　(c)

非正常眼有好几种，最常见的有近视眼和远视眼。

所谓近视眼，就是其远点在眼睛前方有限距离处（$R<0$），无限远处物成像在视网膜之前所致。因此，眼前有限距离的物体才能成像在网膜上，见图 10-8(b)。

所谓远视眼，就是其近点变得很远，当眼睛放松时，无限远物成像在网膜之后，即使肌肉最紧张，250 mm 以内的物点也成像于网膜之后。因此，射入眼睛的光束只有是会聚时，才能正好聚焦在网膜上，见图 10-8(c)。

弥补眼睛缺陷常用的方法是戴眼镜。显然，近视眼应配上一块负透镜，远视眼应配上一块正透镜，如图 10-9 所示。

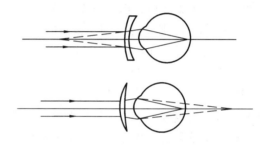

对于近视眼，眼镜的作用就是将无限远的物成像在眼睛的远点处，相当于将眼睛的远点矫正到无限远。在眼镜的成像过程中，$l=-\infty$，$l'=r$，根据薄透镜的成像公式可见近视眼佩戴的眼镜的光焦度为 $\varphi=R$。如远点为 2 m 的近视眼，所需佩戴的眼镜的光焦度为 $-0.5D$。

图 10-9　近视眼和远视眼的校正

对于远视眼，眼镜的作用就是明视距离的物成像在眼睛的近点处，相当于将眼睛的近点由明视距离外矫正到明视距离的位置。眼镜的成像过程中，$l=-25$ cm，$l'=p$，根据眼镜的成像关系和薄透镜的成像公式可见近视眼佩戴的眼镜的光焦度为 $\varphi=4+P$。如近点为 125 cm 的远视眼，所需眼镜的光焦度为 $3.2D$。

医院和商店通常把 1 折光度称为 100 度。所以，$-0.5D$ 叫做近视 50 度，$3.2D$ 叫做远视 320 度。

10.2.4　眼睛的分辨率

眼睛能分辨开两个很靠近的点的能力，称为眼睛的分辨率。刚刚能分辨开的两点对眼睛物方节点所张的角度，称为角分辨率。角分辨率值越小，眼睛的分辨本领越高。

由于光的衍射，一个物点经过眼睛在网膜上形成的不是一个点，而是一个光斑，即爱里斑。只有在物空间两个物点距离足够远，其两个爱里斑分别落在两个不同的视神经细胞上，两个物点才能够分辨开。所以，眼睛的角分辨率的大小由两个主要因素决定，即网膜上爱里斑的大小和视神经细胞的大小。两者比较接近，下面基于光的衍射给出眼睛的分辨率。

由物理光学可知，对于通光孔径为 D 的光学系统，极限角分辨率 α_e 为

$$\alpha_e = \frac{1.22\lambda}{D}$$

(10.2-3)

对眼睛而言，上式中的 D 就是瞳孔直径。当 D 的单位为 mm 时，对于眼睛最为敏感的波长为 555 nm 的黄绿光而言，

$$\alpha_e = \left(\frac{140}{D}\right)''$$ (10.2 - 4)

在良好的照明条件下，α_e 在 $50'' \sim 120''$ 之间，一般可认为 $\alpha_e = 60'' = 1'$。

10.3 放 大 镜

10.3.1 视角放大率

通过对人眼光学特性的讨论，我们知道了人眼的视角分辨率为 $60''$。如果远距离两目标对人眼的张角小于 $60''$，它们的像不能落在网膜相邻的细胞上，我们就分不清是一个点还是两个点。如果我们先用一个光学仪器对这两个目标成像，使它们的两个像点对人眼的张角大于 $60''$，当人眼观察这两个像点时，就可以看清这两个像点，因此也就是分得清两个目标了。也就是说，如果使用仪器扩大了视角，人们就可以看清肉眼直接观察时看不清的目标。下面，我们具体讨论这个问题。

设同一目标用人眼直接观察时的视角为 ω_e，在网膜上对应的像高为 y_e'；通过仪器观察的视角为 ω_s，在网膜上对应的被仪器放大了的像高为 y_s'。设 l' 为眼睛的像方节点到网膜的距离，如果忽略眼睛调节的影响，可以认为是一个常数，如图 10-10 所示，这时有

$$y_e' = -l' \tan\omega_e, \quad y_s' = -l' \tan\omega_s$$

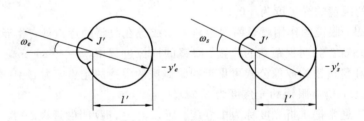

图 10-10　眼睛视角放大率

对于同一个目标，由于用人眼直接观察和通过仪器观察时在网膜上所成的像的大小不同，便产生了放大的感觉。通过仪器观察时，网膜上的像高与人眼直接观察时网膜上的像高之比，表示了该仪器的放大作用，一般用 Γ 表示。由上面的关系得到

$$\Gamma = \frac{y_s'}{y_e'} = \frac{\tan\omega_s}{\tan\omega_e}$$ (10.3 - 1)

由上式可见，Γ 等于同一目标用仪器观察时的视角和人眼直接观察时的视角正切之比，所以称为仪器的视（角）放大率。例如，用一个视角放大率等于 10 倍的仪器进行观察时，它在网膜上所成的像高正好等于人眼直接观察时像高的 10 倍，仿佛人眼在直接观察一个放大了 10 倍的物体一样。显然，对目视光学仪器的一个首要的要求就是扩大视角。

此外，人眼在完全放松的自然状态下，无限远目标成像在网膜上，为了在使用仪器观察时人眼不至于疲劳，目标通过仪器后应成像在无限远，或者说要出射平行光束，这是对

目视光学仪器的一个要求。

10.3.2　放大镜的视角放大率

　　放大镜是帮助眼睛观察细小物体或细节的光学仪器，它主要是扩大眼睛的视角。正的薄透镜是一个最简单的放大镜。

　　图 10-11 是放大镜成像的光路图。为了得到放大的正立的像，物体应置于放大镜物方焦点 F 附近并且靠近透镜的一侧。物 AB 高为 y，它被放大成一高为 y' 的虚像 $A'B'$。这一放大的虚像对眼睛所张角度的正切为

$$\tan\omega' = \frac{y'}{-x' + x'_z}$$

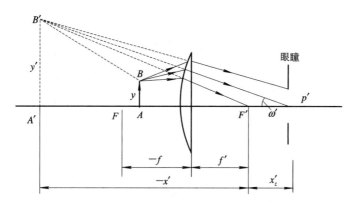

图 10-11　放大镜

　　当眼睛直接观察物体时，一般是将物置于明视距离，即相距人眼 250 mm 处。此时，物体对眼睛的张角正切为

$$\tan\omega = \frac{y}{250}$$

根据（10.3-1）式，放大镜的视角放大率 Γ 为

$$\Gamma = \frac{\tan\omega'}{\tan\omega} = \frac{\dfrac{y'}{-x+x'_z}}{\dfrac{y}{250}} = \frac{250y'}{(-x'+x'_z)y}$$

将 $\beta = y'/y = -x'/f'$ 代入上式，得

$$\Gamma = \frac{250}{f'}\frac{x'}{x'-x'_z} \tag{10.3-2}$$

由此可见，放大镜的放大率，除了和焦距有关外，还和眼睛离开放大镜的距离有关。

　　在实际使用过程中，眼瞳大致位于放大镜像方焦点 F' 的附近，则上式中的 x'_z 相对于 x' 而言，是一个很小的值，可以略去。所以，放大镜的放大率公式，通常采用以下形式：

$$\Gamma = \frac{250}{f'} \tag{10.3-3}$$

式中，焦距 f' 以 mm 为单位。例如，$f' = 100$ mm，则放大镜的放大率为 2.5 倍，写为 2.5×。

　　由上式可见，放大镜的放大率仅由其焦距所决定，焦距越大，放大率越小。由于单透

镜有像差存在，不能期望以减小透镜的焦距来获得大的放大率。简单放大镜放大率都在 3× 以下。如能用组合透镜减小像差，则放大率可达 20×。

10.3.3　放大镜的光束限制

放大镜总是与眼睛一起使用，所以整个系统有两个光阑：放大镜镜框和眼睛的瞳孔，如图 10-12 所示。眼瞳是系统的出射光瞳，也是孔径光阑，而镜框为视场光阑，也是入射窗和出射窗。因此，物平面上能够被成像的范围，就被镜框直径 $2h$、眼瞳直径 D 及它们之间的距离 d 所决定。

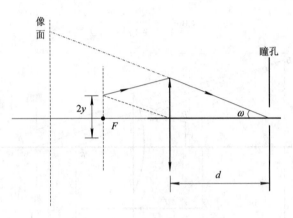

图 10-12　放大镜光束限制和视场

定义线渐晕系数为 0.5 的物面为视场范围，线视场表示为 $2y$，则物面边缘的光线经过薄透镜边缘正好经过瞳孔(孔径光阑)中心，假如物面非常靠近透镜的物方焦平面，则有

$$\frac{h}{d} = \frac{y}{f'}$$

考虑到视角放大率的关系式(10.3-3)，有

$$2y = \frac{500h}{\Gamma d} \tag{10.3-4}$$

可见，放大镜的放大率越大，视场越小。

10.4　显　微　镜

为了观察近处物体的微小细节，用视角放大率为 20× 的放大镜是远远不够的。而放大镜的视放大倍数越大，其焦距应越短，20× 的放大镜，其焦距不过 12.5 mm 左右。这样短的距离对许多工作是不方便的，甚至在实际中是不允许的。为了在提高视角放大率的同时，也能获得合适的工作条件，一种方法就是先用一组透镜放大物体，然后再通过放大镜观察放大的像，这样通过两级放大，就可以观察到物体更细微的结构。根据这样的思路，就形成了视角放大率更高的显微镜。

10.4.1　显微镜的结构及其成像

显微镜从成像的角度可以看做是一个两级放大系统，从结构上可以看做是两个光学系统的组合，其中，对观察物体直接进行尺寸放大的一组透镜称为显微物镜，靠近眼睛、扩大视角的放大镜是显微镜目镜。显微镜物镜和目镜一般结构比较复杂，都是由一组透镜构成，为了分析问题的方便，可以用单个的薄透镜表示显微物镜和目镜。图 10 - 13 给出了显微镜的原理图。

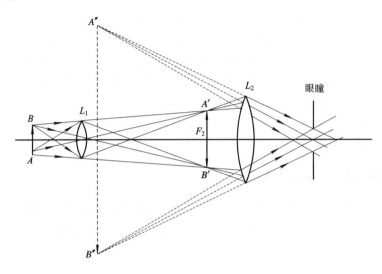

图 10 - 13　显微镜原理图

图中，L_1 和 L_2 分别为显微物镜和目镜，人眼在目镜后面的一定位置上观察，物镜像方焦点到目镜物方焦点的距离，即物镜和目镜组合系统的光学间隔称为光学筒长。物体 AB 位于物镜前方、离开物镜的距离大于物镜的焦距但小于两倍物镜焦距处，它经物镜成像后，形成一个放大的倒立实像 $A'B'$，使 $A'B'$ 恰位于目镜的物方焦平面上，或者在靠近物方焦平面的位置上。$A'B'$ 再经过目镜放大为虚像 $A''B''$ 后供眼睛观察。虚像 $A''B''$ 的位置取决于目镜的物方焦点 F_2 和 $A'B'$ 之间的距离，可以在无限远处，也可以在观察者的明视距离处。目镜的作用和放大镜一样，所不同的只是眼睛通过目镜看到的不是物体本身，而是被物镜放大了一次的像。

10.4.2　显微镜的分辨率

显微镜存在光阑，由于光的衍射效应，一个物点在像面上形成的应该是圆孔的衍射斑。根据瑞利判据，这时光学系统只能够分辨物面上一定大小的物体，即显微镜存在一定的分辨率。

显微镜的分辨率以它所能分辨的物面上两点间最小距离 σ_0 表示。由光的衍射理论已知，即式(3.2 - 34)，其分辨率表示式为

$$\sigma_0 = \frac{0.61\lambda}{n \cdot \sin U} = \frac{0.61\lambda}{NA} \tag{10.4 - 1}$$

式中，λ 为测量时所用光波的真空波长；n 为显微镜物空间的折射率；U 为显微镜的物方孔径角，NA 称为物镜的数值孔径。σ_0 值越小，显微镜的分辨率越高，分辨本领越强。

对于不能自身发光的物点，根据照明情况不同，分辨率是不相同的。阿贝在这方面作了很多研究工作。当被观察物体不发光，而被其它光源垂直照明时，分辨率为

$$\sigma_0 = \frac{\lambda}{\mathrm{NA}} \qquad (10.4-2)$$

在斜照明时,分辨率为

$$\sigma_0 = \frac{0.5\lambda}{\mathrm{NA}} \qquad (10.4-3)$$

从以上公式可见,显微镜对于一定波长光线的分辨率,在像差校正良好时,完全由物镜的数值孔径所决定,数值孔径越大,分辨率越高。这就是在实际应用中,总希望显微镜要有尽可能大的数值孔径的原因。当显微镜的物方介质为空气时,物镜可能具有的最大数值孔径为 1,一般只能达到 0.9 左右。而当在物体与物镜第一片之间浸以液体,例如浸以 $n=1.5\sim1.6$ 甚至 1.7 的油或其它高折射率的液体时,数值孔径可达 $1.5\sim1.6$。

通常在显微镜的物镜上刻有表示数值孔径的数字。例如物镜上刻有 N.A.0.65 字样,即表示该物镜的数值孔径为 0.65。

10.4.3 显微镜的视角放大率

假设显微镜所观察的物体高度为 y_1,经过物镜和目镜成像后眼睛直接观察像时,像对人眼睛的张角为 ω'。如果把物体放在眼睛明视距离处,其对眼睛的张角为 ω,则显微镜的视角放大率定义为

$$\Gamma = \frac{\tan\omega'}{\tan\omega} \qquad (10.4-4)$$

在显微镜中目镜的作用和放大镜一样,只不过它观察的是显微物镜对物体所成的像,而不是物体本身。所以可同样定义显微目镜的视角放大率。如物体的高度为 y_1,经过物镜所成的像高为 y_1',当将 y_1' 放在眼睛明视距离处时,其对眼睛的张角为 ω_1,根据 $(10.3-3)$ 式,目镜的视角放大率为

$$\Gamma_e = \frac{\tan\omega'}{\tan\omega_1} = \frac{250}{f_e'} \qquad (10.4-5)$$

由于

$$\tan\omega = \frac{y_1}{250}, \quad \tan\omega_1 = \frac{y_1'}{250}$$

同时考虑到物镜的垂轴放大率为

$$\beta_0 = \frac{y_1'}{y_1}$$

因此显微镜的视角放大率为

$$\Gamma = \beta_0 \Gamma_e \qquad (10.4-6)$$

即显微镜的视角放大率为显微物镜的垂轴放大率和目镜的视角放大率的乘积。

为了得到比较大的显微物镜的垂轴放大率,物体一般都放置在物镜物方焦平面前非常靠近物方焦平面的位置;为了得到比较大的目镜视角放大率,要求物镜所成的像位于目镜一倍焦距内非常靠近目镜物方焦平面的位置,这时,物镜所成像的焦像距近似等于显微镜的光学筒长,即 $\Delta = x_1'$。如果将显微镜看做物镜和目镜的组合系统,则系统的焦距可以表示为

$$f' = -\frac{f_0' f_e'}{x_1'}$$

根据物镜垂轴放大率公式 $\beta_0 = -x_1'/f_0'$，这时显微镜的视角放大率表示为

$$\Gamma = \frac{250}{f'} \qquad (10.4-7)$$

它与放大镜的放大率公式具有完全相同的形式。可见，显微镜实质上就是一个比放大镜具有更高视角放大率的复杂化了的放大镜。当物镜和目镜都是组合系统时，就可以得到很高的视角放大率。由于在显微镜中系统焦距总是小于零，因而与放大镜成像不同的是它成一个倒立的像。

为了充分利用物镜的分辨率，使已被显微镜物镜分辨出来的细节能同时被眼睛看清，显微镜必须有高的视角放大率，以便把它放大到足以被人眼所分辨的程度。但是并不是显微镜的视角放大率越高越好，如果显微镜视角放大率非常高，将间距小于分辨率值的两点放大到眼睛可以分辨的视角，就会形成赝像。所以显微镜存在一个有效的视角放大率。如果将大小等于显微镜分辨率的物体，经过显微镜放大后对眼睛的视角位于 $2' \sim 4'$ 范围，一般眼睛可以分辨，这时要求显微镜视角放大率满足

$$2' < \Gamma \frac{\sigma_0}{250} < 4'$$

取光波的波长为 555 nm 的黄绿光，这时上式可以近似表示为

$$500 \text{ NA} < \Gamma < 1000 \text{ NA} \qquad (10.4-8)$$

满足上式的视角放大率称为显微镜的有效视角放大率。一般浸液物镜最大数值孔径为 1.5，所以光学显微镜能够达到的有效放大率不超过 $1500\times$。

由以上关系式可见，显微镜的放大率取决于物镜的分辨率或数值孔径。当使用比有效放大率下限更小的放大率时，不能看清物镜已经分辨出的某些细节。如果盲目取用高倍目镜得到比有效放大率上限更大的放大率，是无效的。

10.4.4 显微镜的聚光本领

设显微镜中物面、入瞳和出瞳面上的亮度分别为 L_0、L_D 和 $L_{D'}$，物空间和像空间的折射率为 n 和 n'，由(10.1-17)式有

$$\frac{L_0}{n^2} = \frac{L_D}{n^2} = \frac{L_{D'}}{n'^2} = L_0 \qquad (10.4-9)$$

其中，L_0 为系统基本亮度。

像面上的照度，可以由出瞳面上的亮度 $L_{D'}$ 和像方孔径角 U' 表示，根据(10.1-16)式，像面的照度为

$$E_i = \pi L_{D'} \sin^2 U' \qquad (10.4-10)$$

根据光学系统的正弦条件

$$ny \sin U = n'y' \sin U'$$

同时，假设显微镜像方折射率为 1，即介质为空气，则(10.4-10)式可以用基本亮度表示为

$$E_i = \frac{\pi L_0 n^2 \sin^2 U}{\beta^2} = \frac{\pi L_0}{\beta^2} \text{NA}^2 \qquad (10.4-11)$$

其中，U 为物方孔径角；β 为物像间的垂轴放大率。

由此可见，在显微镜中，NA 是一个重要的参数，它与显微镜的分辨本领、放大本领和

聚光本领都有关。

显微镜的种类很多,应用十分广泛。大量使用的有生物显微镜,金相显微镜和工具显微镜等。随着科学技术的进步,许多单纯的光学显微镜正在向光、机、电、计算机综合应用的方向过渡。例如,在半导体集成电路生产线上安置的显微镜,在其物镜焦平面上放置光电耦合器件CCD,由CCD把接收的光信号转变为视频信号再输入到监视器上,工人就可以通过观察监视器上集成电路影像的情况,进行焊接等操作,避免了长期用目镜观察的疲劳。

10.4.5　显微镜的光束限制

显微镜中,孔径光阑的设置随物镜而异。对于单组低倍物镜,其镜框即为孔径光阑;对于多组透镜构成的复杂物镜,或者以最后一组透镜框作为孔径光阑,或者在物镜的像方焦平面上或附近设置专门的孔径光阑,譬如9.2.3节介绍的测量显微镜。对于观察显微镜,眼睛都紧贴目镜镜筒,为了方便观察,一般显微镜的出瞳设计在目镜表面,大小和眼睛的瞳孔相近,观察时瞳孔和显微镜的出瞳重合。

从前面的成像关系可以看出,在显微镜内存在物体经过物镜成像的实像面,所以可以在该实像面上设置视场光阑,这时入窗和物面重合,可以保证消除渐晕。同时也可以在物镜的实像面上放置分划板,对被观察物体进行测量,它限制了系统的成像范围,显微系统的视场用成像物面上的最大尺寸表示(即线视场),这时视场光阑的大小等于物面的线视场与物镜的垂轴放大率的乘积。一般显微镜视场光阑的直径约为 20 mm,所以成像的线视场为

$$y_{max} = \frac{20}{\beta_0} \tag{10.4-12}$$

即物镜垂轴放大率越大,线视场越小。

10.5　望　远　镜

10.5.1　望远镜的结构

望远镜是用来观察无限远物体的仪器。根据上节讨论的对目视光学仪器的共同要求,仪器应出射平行光,成像在无限远,因此望远镜应该是一个将无限远目标成像在无限远处的无焦系统。对于无限远目标,如果通过一定焦距的透镜组,将成像在透镜组的像方焦平面上,而不是无限远处,那么透镜组不可能构成望远系统。考虑到上节讨论的放大镜和显微镜的构成,如果再加一目镜,使上述透镜组的像方焦平面与目镜物方焦平面重合,则其组合系统就实现了将无限远目标成像到无限远的目的。因此望远镜可以包含两个部分,即物镜和目镜。从双光组组合的角度来看,物镜和目镜构成一个无焦系统,其目镜的物方焦点应与物镜的像方焦点重合。当用于观测有限距离的物体时,两系统的光学间隔是一个不为零的小数量。作为一般的研究,可以认为望远镜是由光学间隔为零的物镜和目镜组成的无焦系统。

在分析中,可以将物镜和目镜用单个薄透镜表示,这时满足无焦条件物镜和目镜有两

种结构，即伽利略（Galileo）望远镜和开普勒（Kepler）望远镜。

1. 伽利略望远镜

伽利略望远镜的物镜由正透镜构成，目镜由负透镜构成，如图 10 - 14 所示。该系统最早是在 1608 年由荷兰人发明的，伽利略首先将它用于天文观察，并发现了木星的卫星，故称为伽利略望远镜。

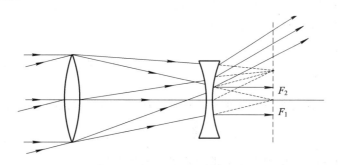

图 10 - 14　伽利略望远镜结构

伽利略望远镜结构紧凑，筒长短，系统成正像。但是该系统的目镜是负透镜，当物镜为孔径光阑时，出瞳位于目镜前，很难和眼睛重合。因此，该系统作为助视光学仪器时，眼睛常为孔径光阑，物镜为视场光阑，导致该系统存在渐晕现象。同时，因为它不存在中间的实像，不可以设置分划板进行物体线度的测量等原因，逐渐被开普勒望远镜所代替。

2. 开普勒望远镜

开普勒望远镜于 1611 年在 Kepler 所著的光学中论述，并于 1615 年首次制造出来。它的物镜和目镜均由正透镜构成，如图 10 - 15 所示。在开普勒望远镜中，因镜筒内存在实像，可以在物镜的实像面上设置视场光阑和分划板，进行消渐晕和物体大小的测量。应当指出，开普勒望远镜成的是倒像，这在天文观察和远距离目标的观测中无关紧要，但在一般观察用望远镜中，总是希望出现正立的像，为此，应该在系统中加入倒像系统。

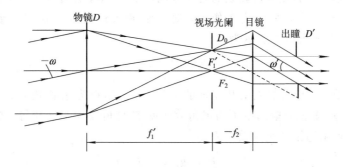

图 10 - 15　开普勒望远镜结构

10.5.2　望远镜的分辨率

望远镜的物平面和像平面都比较远，很难从物面和像面上定义望远镜的分辨极限，一般都是在物镜的像面（像方焦平面）上定义分辨率。望远镜中刚好能够分辨开的物镜像方焦平面上两点的最小距离称为望远镜的分辨率。

通常，望远镜物镜的边框为系统的孔径光阑，其孔径为 D，则物镜的光束限制相当于一个通光孔径 D 的衍射孔，其后有一个焦距为物镜像方焦距的正透镜。因此，如图 10-16 所示，在物镜的像方焦平面上的光场分布和圆孔远场区的夫朗和费衍射类似，在物镜的像方焦平面上刚好能够分辨开两点的最小距离对透镜光心（入瞳的中心）的张角，即为望远镜的角分辨极限

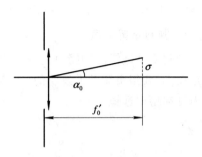

图 10-16 望远镜的角分辨率

$$\alpha_0 = \frac{1.22\lambda}{D} \qquad (10.5-1)$$

从而在物镜的像面上刚好能够分辨的两点的最小距离，即望远镜的分辨力为

$$\sigma = \frac{1.22\lambda f_0'}{D} = 1.22\lambda F_{\text{num}} \qquad (10.5-2)$$

称 D/f_0' 为相对孔径，f_0'/D 为 F 数，即照相机中的光圈数。

10.5.3 望远镜的放大本领

望远镜的视角放大率和显微镜有很大的区别：显微镜观察近处的微小物体可以直接放置在眼睛明视距离观察，而望远镜通常观察的是远处的比较大的物体，不可能放置在眼睛的明视距离直接观察。远处物体之所以要用望远镜观察，是因为直接观察时它对眼睛的张角远小于 $1'$，而使用望远镜观察远处的物体时，眼睛观察望远镜所成的像，像对眼睛的张角应大于 $1'$。因此，望远镜的视角放大率定义为

$$\Gamma = \frac{\tan\omega_t}{\tan\omega_e} \qquad (10.5-3)$$

其中，ω_e 和 ω_t 分别为直接观察和通过望远镜观察物体时，物和望远镜像对眼睛的张角。

望远镜中，物体和像距离望远镜都比较远，同一目标对人眼的张角和对仪器的张角（即物体的物方视场角 ω）完全可以认为是相等的，即 $\omega_e = \omega$，开普勒望远镜的光路分析如图 10-15 所示。物体通过整个系统成像后，对人眼的张角就等于仪器的像方视场角，即 $\omega_t = \omega'$。这时，视角放大率可表示为

$$\Gamma = \frac{\tan\omega'}{\tan\omega} \qquad (10.5-4)$$

由图可以看到，ω 是入射光束和光轴的夹角，ω' 是出射光束和光轴的夹角，二者正切之比是角放大率 γ。显然，望远系统的视角放大率 Γ 与角放大率 γ 相等。根据无焦系统角放大率公式，可得望远镜的视角放大率为

$$\Gamma = \frac{f_0}{f_e} = -\frac{f_0'}{f_e'} \qquad (10.5-5)$$

又由于

$$\frac{D}{2f_0'} = \frac{D'}{2f_e'}$$

所以

$$\Gamma = -\frac{D}{D'} \qquad (10.5-6)$$

上式没有考虑入瞳面和出瞳面间垂轴放大率为负值时的符号。

由望远镜视角放大率公式可见，视角放大率仅仅取决于望远系统的结构参数，其值等于物镜和目镜的焦距之比。当物镜和目镜都为正焦距（$f_1' > 0$，$f_2' > 0$）的光学系统时，如开普勒望远镜，其视角放大率 Γ 为负值，系统成倒立的像；当物镜的焦距为正（$f_1' > 0$），目镜焦距为负（$f_2' < 0$）时，如伽俐略望远镜，其放大率 Γ 为正值，系统成正立的像。类似于显微镜定义有效视角放大率一样，为了充分利用物镜的分辨率，同时又不形成赝像，望远镜中也要求望远镜将等于望远镜分辨率的物体经过视角放大后，对眼睛的视角正好等于眼睛的角分辨率 $1'$，即

$$\alpha_0 \Gamma = 1'$$

将(10.5-1)式带入上式，同时取光的波长为 555 nm，可得

$$\Gamma = \frac{60''}{\left(\frac{140}{D}\right)''} \approx \frac{D}{2.3} \approx 0.5D \tag{10.5-7}$$

由上式求出的视角放大率称为正常视角放大率，按其设计的望远镜进行观测时，易于疲劳。通常设计望远镜时，宜采用大于正常放大率的数值，即工作放大率通常为正常放大率的 $1.5 \sim 2$ 倍。

望远镜的设计受到各种因素的制约，一般应根据实际的应用需求，折衷选择不同的设计参数。例如，由望远镜的视角放大率与视场角的关系式(10.5-4)可见，当目镜的类型确定时，它所对应的像方视场角 ω' 就一定，这时增大视角放大率必然引起物方视场角 ω 的减小。因此，视角放大率总是应和望远镜的物方视场角一起考虑。如军用望远镜的设计，为易于找到目标，希望有尽可能大的视场角，但望远镜倍率不宜过大。

望远镜系统的视角放大率和仪器结构尺寸的关系由(10.5-5)式给出，当目镜的焦距确定时，物镜的焦距随视角放大率增大而加大。若望远镜镜筒长度以 $L = f_1' + f_2'$ 表示，则随 f_1' 的增大镜筒变长。当目镜所要求的出瞳直径确定时，物镜的直径随视角放大率增大而加大。这种关系在某些应用中，是增大视角放大率的障碍。

10.5.4 望远镜的聚光本领

在望远镜中，由于目镜的像面较远，对于给定的目镜，显然物镜上像面的照度越大，像面的照度也越大，所以仅仅考虑物镜的成像，分析物镜像面上的照度。

在望远镜系统中，因一般物体处在有限距离上，所以物体经过物镜成像的像面距物镜的像方焦平面有一定的距离，如图 10-17 所示，其中孔径光阑经过物镜的像（物镜系统的出瞳）和物体经过物镜的像相对于物镜像方焦点的线度为 x_p' 和 x_0'。如果在物镜的像方空间的折射率为 n'，物镜系统出瞳的直径为 D'，它上面的亮度为 L'，基本亮度为 $L_0 = L'/n'^2$，它对像面中心的半张角为 U'，根据(10.1-16)式，像面上的光照度为

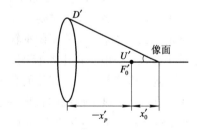

图 10-17　望远镜像面的照度

$$E_i = \pi L_0 n'^2 \sin^2 U'$$

其中

$$\sin U' = \frac{0.5D'}{x_0' - x_p'}$$

假设物镜系统的出瞳面和像面上的垂轴放大率表示为

$$\beta_p = -\frac{x_p'}{f_0'}, \quad \beta = -\frac{x_0'}{f_0'}$$

从而

$$\sin U' = \frac{0.5\dfrac{D}{f_0'}\beta_p}{\beta_p - \beta}$$

取 $n' = 1.0$，则物镜的像面的光照度为

$$E_i = \frac{0.25\pi L_0 \left(\dfrac{D}{f_0'}\right)^2 \beta_p^2}{(\beta_p - \beta_0)^2} \qquad (10.5-8)$$

当物体位于无穷远时，$\beta_0 \rightarrow 0$，这时

$$E_i = 0.25\pi L_0 \left(\frac{D}{f_0'}\right)^2 \qquad (10.5-9)$$

所以在望远镜系统中像面的光照度与物镜的相对孔径的平方成正比。即

$$E_i \sim \frac{1}{F_{num}^2} \qquad (10.5-10)$$

10.6 物 镜 和 目 镜

结合前面对显微镜和望远镜的原理、结构及系统特点的介绍，本节简要地介绍一些常用的显微镜和望远镜的物镜和目镜，以便对实际使用的光学系统中的光学元件有一个初步的了解。

10.6.1 显微镜的物镜

由于显微镜主要用于观察或测量近处微小物体，所以如何把物体放大到足够大，并且分辨清楚细节，这是显微镜的主要任务。

从前面的讨论看到，物镜的垂轴放大率和数值孔径是物镜的两个重要参数，一般物镜上都标明这两个参数，如图 10-18 所示。显微镜物镜倍数越高，其数值孔径也越大，这就要求物镜的焦距短和孔径大。显微物镜的视场一般比较小，当物镜的孔径大时，像差将比较严重，主要包括球差、彗差及色差等。因此，显微物镜的结构随数值孔径的增大而趋向复杂。显微物镜根据它们校正像差的情况不同，通常分为消色差物镜、复消色差物镜和平视场物镜三大类。

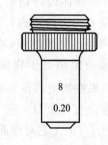

图 10-18 显微物镜

1. 消色差物镜

消色差物镜是应用最广泛的一类显微物镜。为了提高分辨率，它的数值孔径比较大。因此，它至少应校正轴上点的色差和球差。由于它的视场很小，因而即使对轴外像差不作重点考虑，也能满足一般的使用要求。这种显微物镜称为消色差物镜。不同放大率和数值孔径的消色差显微物镜的结构型式很早就已定型。

低倍物镜(3×～6×)本身是一个简单的双胶合透镜，如图10-19(a)所示。

中倍物镜(6×～10×)由两组双胶合透镜组成，如图10-19(b)所示。两组单独消轴向色差，整个系统的垂轴色差自动校正，而球差由前组和后组互相配合校正。这种物镜即通常所谓的里斯特(Leister)显微物镜。

高倍物镜(40×以上)可认为是在里斯特物镜后加了一个接近半球形的透镜而得，如图10-19(c)所示。这种结构的物镜也称为阿米西(Amici)物镜。

浸液物镜的放大率很高(90×～100×)，其结构如图10-19(d)所示，也叫做阿贝浸液物镜。应用浸液，主要是为了提高物镜数值孔径。此外，还可使第一面近于不产生像差，光能损失也可减少。

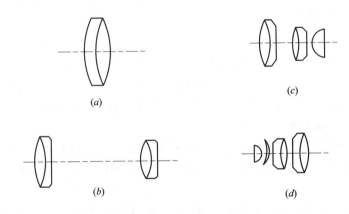

图10-19 消色差物镜

2. 复消色差物镜

复消色差物镜主要用于研究用显微镜及显微照相中，它是指校正二级光谱色差的物镜。通常我们说消色差是指消除或校正指定的两种颜色光线像点位置之差，如目视光学仪器一般对C、F光线校正色差。当校正C、F光线的色差之后，C、F光线聚交于一点，但其它颜色的光线并不能够聚交于同一点，因此仍有色差的存在，这样的色差称为二级光谱色差。

在一般的消色差显微物镜中，二级光谱色差随着倍率和数值孔径的提高越来越严重，因此在高倍消色差物镜中，二级光谱往往成为影响成像质量的主要因素，需要进行校正。为校正二级光谱色差通常需要采用特殊的光学材料，常用的是萤石。复消色差显微物镜比相同数值孔径的消色差物镜复杂。

3. 平视场物镜

平视场物镜主要用于显微照相和显微投影，它要严格地校正像面弯曲。这种物镜的结构非常复杂。

前面讲过的所有物镜中都没有校正场曲，对于高倍显微物镜和视场较大的显微物镜，由于场曲的存在,可见的清晰视场十分有限,为了看清视场中的不同部分,只能用分别调焦的方法来补救,而现代显微镜往往有显微照相和 CCD 摄像,这就必须采用平视场物镜。平视场显微物镜结构往往比较复杂,常需要加入若干个弯月形厚透镜来实现。

10.6.2 望远镜的物镜

望远物镜相对孔径和视场都不大,要求校正的像差较少,只校正球差、彗差和轴向色差,所以它们的结构一般比较简单,常采用的物镜类型有如下几种。

1. 折射式望远物镜

(1) **双胶合物镜** 这是一种常用的望远物镜,它结构简单,制造方便,光能损失小。当合理选择玻璃时,可同时校正球差和色差。因为这种物镜不能校正轴外像差,所以视场角不得超过 8°~10°。

(2) **双分离物镜** 与双胶合物镜相比,双分离物镜可以在更大的范围内选择玻璃,使球差、色差同时得到校正。双分离物镜能够适应的相对孔径比双胶合物镜大。当双胶合物镜因孔径过大而难于胶合时,使用双分离物镜特别合适,只是装配校正比较困难。

2. 反射式望远物镜

大口径的望远镜,例如从几百毫米到几米口径的物镜,基本全部采用反射式物镜。为了提高分辨率和聚光能力,要求望远镜的孔径相当大,有的直径达几米。这么大的物镜若用透射式,会给工艺制造带来极大的困难,又很难保证面型的精度。采用反射式物镜,不但可设计得很轻巧,还能降低对材料的要求。另外,反射式物镜无色差,易于做成大孔径,并且当反射面形状合适时,又可校正球差。

单个抛物面反射镜能很好地校正球差,但彗差严重,因而可用的视场很小。反射式物镜多采用双反射式系统。著名的有牛顿(Newton)系统、卡塞格伦(Cassegrain)系统和格里高里(Gregory)系统。

(1) **牛顿系统** 该系统由一个抛物面和一块与光轴成 45°的平面反射镜构成,如图10-20所示。无限远轴上点经抛物面反射后,在它的焦点 F_1' 成一理想像点,再经平面反射镜后得到一个理想像点 F'。

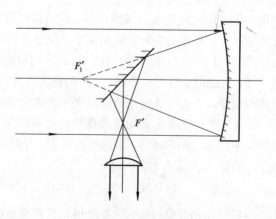

图 10-20 牛顿系统

(2) **卡塞格伦系统** 该系统由一个抛物面主镜和一个双曲面副镜构成,如图10-21(a)所示。抛物面的焦点和双曲面的虚焦点重合于 F_1'。无限远轴上点经抛物面理想成像于 F_1'，再经双曲面理想成像于实焦点 F'，卡塞格伦系统成倒像。由于系统长度短，主镜和副镜的场曲符号相反，有利于扩大视场，因此目前被广泛采用。

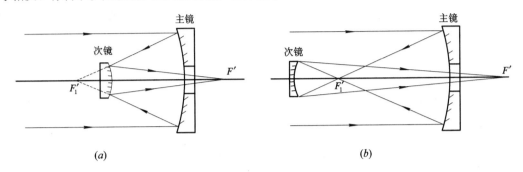

(a)   (b)

图 10-21　卡塞格伦望远镜系统与格里高里望远镜系统

（3）**格里高里系统**　该系统由一个抛物面主镜和一个椭球面副镜构成，抛物面焦点严格与椭球面的一个焦点 F_1' 重合，如图 10-21(b) 所示。无限远轴上点经抛物面后在 F_1' 处成一个理想像点，再经椭球面理想成像于另一个焦点 F'。格里高里系统成正像，但系统较长。

3. 折反射式望远镜物镜

反射系统对轴外像差的校正是很困难的，于是一种折反式系统逐渐发展起来了。它以球面反射镜为基础，加入适当的折射元件，用来校正球差，得到良好的效果。典型的折反式系统有施密特（Schmidt）物镜和马克苏托夫物镜。

（1）**施密特物镜**　该物镜由球面主反射镜和一个施密特校正板组成。施米特校正板放置在球面反射镜的球心上，如图 10-22(a) 所示。施密特校正板为透射元件，一面为平面，另一面为非球面，位于主镜球心上。它一方面用于校正球面反射镜的球差，另一方面作为整个系统的入瞳，使球面不产生彗差和像散。该系统球差得到很好的校正，色差极小，又不产生彗差、像散和畸变，仅有场曲。相对孔径可达 1∶2，甚至达到 1∶1，视场可达到 20°。

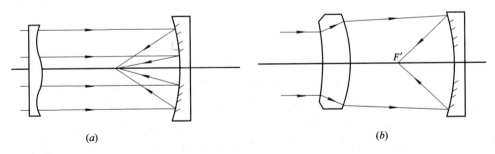

(a)   (b)

图 10-22　折反射式望远物镜

(a) 施密特物镜；(b) 马克苏托夫物镜

（2）**马克苏托夫物镜**　该物镜由球面主反射镜和弯月形厚透镜组成，如图 10-22(b) 所示。弯月型透镜满足一定条件可不产生色差，用它可以补偿主镜的球差。当光阑和厚透镜位置接近于主镜球心时，产生的轴外像差很小。相对孔径一般不大于 1∶4，视场为 3°。

10.6.3　目镜

目镜是放大视角用的仪器，是望远镜和显微镜的重要组成部分，它的作用相当于一个放大镜。目镜把物镜的像进一步放大后，成像于人眼的明视距离或无限处。若目镜焦距为 f_e'，则目镜的放大率为

$$\Gamma_e = \frac{250}{f_e'}$$

1. 目镜的光学特性

目镜的光学特性由它的视场角 $2\omega'$、焦距 f_e'、相对出瞳距离 L_z'/f_e' 和工作距 l_2 决定。

根据望远镜视角放大率的关系，无论是提高望远镜的放大率，还是增大望远系统的视场角，都会引起目镜视场角的增大。同时，显微镜观察范围也受到目镜视场的限制。但是，增大目镜视场的困难在于轴外像差的校正。一般目镜视场角为 $40°\sim50°$，广角目镜的视场角为 $60°\sim80°$，$90°$ 以上的目镜称为特广角目镜。双眼仪器的目镜视场不超过 $75°$。在目视仪器中，由于在观测时人眼的瞳孔须与出瞳重合，以便使不同视场的出射光束都能进入眼瞳中，在目镜设计中要求出瞳位于目镜最后一个面以后一定的距离处，因此称出瞳相距镜最后一面顶点的距离为目镜的出瞳距离 L_z'。目镜的出瞳距离 L_z' 和目镜的焦距 f_e' 的比值称为相对出瞳距离。

无论在显微系统还是望远系统中，物镜框通常都为孔径光阑，它距目镜的距离相对于目镜焦距大的多，所以物镜框经目镜所成的像，即出瞳接近目镜的像方焦点。因此，目镜的出瞳距离近似等于焦点到目镜最后一面的距离。对于一定结构的目镜，相对出瞳距离近似地等于一个常数。一般目镜的相对出瞳距离为 $0.5\sim0.8$。

目镜的第一面顶点到物方焦平面的轴向距离 l_2 称为目镜的工作距。为了使目镜适应于近视眼和远视眼的需要，目镜应有视度调节的能力。为了保证在调节时目镜的第一面不与装在物镜像平面上的分划板相碰，要求目镜的工作距离大于目镜调视度所需的最大轴向移动量（如果没有分划板，则上述要求就不必要了）。每调节一个折光度，目镜相对于物体（即分划板）应移动的距离为

$$x = \frac{f_e'^2}{1000} \tag{10.6-1}$$

通常视度调节范围为 ±5 折光度，则目镜的调节范围应为 $\pm5x$。为了保证视度调节时不使目镜表面与分划板相碰，目镜的工作距离应大于视度调节的最大的轴向位移 $5x$。

由上面的讨论可知，目镜是一种小孔径、大视场、焦距短、光阑在外面的光学系统。目镜的这些光学特性决定了目镜的像差特性。目镜的轴上点像差不大，无需特别注意就可使球差和色差满足要求，但轴外像差很严重。轴外像差中，以彗差、像散、场曲、畸变和垂轴色差对目镜的成像质量影响最大。但是总的来说，目镜对轴外像差要求不是非常严格的。一般大视场目镜在使用中，多以扩大视场来搜索目标，然后把目标转移到视场中心来进行观察和瞄准。因此，在搜索目标时，不一定要求十分清晰。所以对目镜边缘视场的像差可以放宽。

2. 几种目镜的结构

1）惠更斯目镜

惠更斯目镜由两块平凸透镜组成，其间隔为 d。图 10-23 是这种目镜的结构示意图。图中透镜 L_1 为场镜，透镜 L_2 为接目镜。两者的焦距分别为 f_1' 和 f_2'。场镜把物镜成的像再一次成像在两透镜中间，该处是接目镜的物方焦面，中间像经过接目镜成像在无限远处。

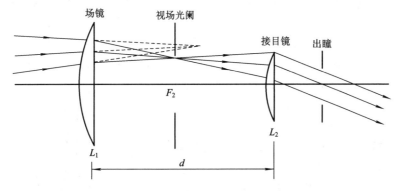

图 10-23　惠更斯目镜

惠更斯目镜的场镜和接目镜都选用同一种玻璃材料时，若间隔 $d=(f_1'+f_2')/2$，则可满足校正垂轴色差的条件。为此，可把焦距和间隔设计成如下关系：

$$f_1' : d : f_2' = (x-1) : x : (x+1) \tag{10.6-2}$$

为消除渐晕现象，在接目镜的物方焦面上设置视场光阑。此时，场镜产生的轴外像差很大，很难予以补偿。所以惠更斯目镜不宜在视场光阑平面上设置分划板。否则，从目镜里观察到的物体和分划板的像不可能都是清晰的。所以惠更斯目镜不宜用在测量仪器中，而常用于观察不测量的仪器中。其光学特性为 $2\omega'=40°\sim 50°$，$L_z'/f_e'=1/3$。

2）冉斯登目镜

冉斯登（Ramsden）目镜由两块凸面相对的平凸透镜组成，其间隔 d 小于惠更斯目镜两透镜的间隔。

当目镜两块透镜的焦距和间隔相等时，可满足校正垂轴色差的条件。但是整个目镜的两个焦点分别位于两块透镜上，目镜的工作距离为零。这种情况下不适宜安装分划板，而且出瞳直径小，也不利于观察。一般将两块透镜的间隔适当缩短，焦距也略有差异。如图 10-24 所示。

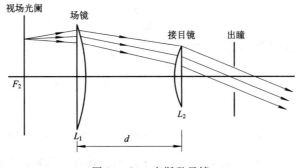

图 10-24　冉斯登目镜

在成像质量上，由于间隔小，因而场曲比惠更斯目镜的小。冉斯登的场镜平面朝向物镜，由物镜射出的主光线近似垂直该平面，这有利于校正彗差和像散。

冉斯登目镜用在出瞳直径和镜目距都不大，且要求放置分划板的测试仪器中。它的光学特性为 $2\omega'=30°\sim40°$，$L_z'/f_e'=1/4$。

3）凯涅尔目镜

凯涅尔(Kellner)目镜可认为是将冉斯登目镜的接目镜改成双胶合镜组得到的。实际上，冉斯登目镜中接目镜和场镜之间隔 $d\leqslant(f_1'+f_2')/2$，所以垂轴色差没有校正好。把接目镜改成一组双胶合透镜，就能在校正彗差和像散的同时，校正好垂轴色差。成像质量比冉斯登目镜好，视场也扩大了，出瞳距有所增长。其光学特性为 $2\omega'=40°\sim50°$，$L_z'/f_e'=1/2$。

垂轴色差也随之校正。根据像差理论可知，它还能校正两种像差，即彗差和像散。

4）对称式目镜

对称式目镜是应用非常广泛的中等视场目镜。它由两个双胶合镜组构成，如图 10-25 所示。为加工方便，这两个透镜组采用相同的结构。对称式目镜要求各组自行校正色差，这样和上述几种目镜比较，对称目镜的结构更紧凑，因此场曲更小。但由于胶合面半径比较小，产生的高级像差大，因而限制了这种目镜的视场。它的光学特性为 $2\omega'=40°\sim42°$，$L_z'/f_e'=1/1.3$。

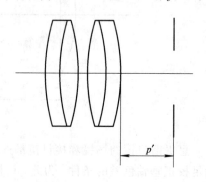

图 10-25　对称式目镜

例　题

例 10-1　已知显微镜的视角放大率为 $-300\times$，目镜的焦距为 20 mm，求显微镜物镜的倍率。假定人眼的视角分辨率为 $60''$，问使用该显微镜观察时，能分辨的两物点的最小距离等于多少。

解：目镜的视角放大率为

$$\Gamma_e=\frac{250}{20}=12.5\times$$

根据显微镜视角放大率公式，可得

$$\beta_0=\frac{\Gamma}{\Gamma_e}=\frac{-300}{12.5}=-24\times$$

设能分辨的两物点的最小距离为 σ，则

$$\frac{\sigma}{250}\Gamma=60''$$

所以

$$\sigma=\frac{250}{300}\times\frac{1}{60}\times\frac{\pi}{180}=0.000\ 24\ \text{mm}=0.24\ \mu\text{m}$$

例 10-2　用一架 $5\times$ 的开普勒望远镜，通过一个观察窗观察位于距离 500 mm 远处的目标，假定该望远镜的物镜和目镜之间有足够的调焦可能，该望远镜物镜焦距 $f_0'=$

100 mm，求此时仪器的实际视角放大率等于多少。

解：根据题意，望远镜视角放大率 $\Gamma = -5\times$，由视角放大率公式可得

$$f_e' = -\frac{f_0'}{\Gamma} = -\frac{100}{-5} = 20 \text{ mm}$$

当物体位于物镜前 500 mm 时，设物体经过物镜成像的像距为 l'，由薄透镜成像公式有

$$\frac{1}{l'} - \frac{1}{-500} = \frac{1}{100}$$

求解可得

$$l' = 125 \text{ mm}$$

物镜成像的垂轴放大率为

$$\beta = \frac{l'}{l} = \frac{125}{-500} = -\frac{1}{4}$$

设物高为 y，则通过望远镜观察物体时，系统的像对眼睛的张角为 ω'，则

$$\tan\omega' = \frac{y'}{f_e'} = \frac{-y/4}{20} = -\frac{y}{80}$$

题中望远镜通过调焦来观察有限距离的目标，既不同于观察无限远目标，又不同于观察近距离小物体，由于有观察窗的原因，目标不可能接近。因此不能按物在 25 cm 明视距离处计算人眼直接观察时对应的视角，人眼直接观察物体的视角为 ω，有

$$\tan\omega = \frac{y}{500}$$

所以仪器的实际视角放大率为

$$\Gamma = \frac{\tan\omega'}{\tan\omega} = -\frac{500}{80} = -6.25\times$$

例 10-3 欲看清 10 km 处相隔 100 mm 的两个物点，用开普勒望远镜。试求：

(1) 望远镜至少应选用多大倍率（正常倍率）；

(2) 当筒长 L 为 465 mm 时，物镜和目镜的焦距；

(3) 保证人眼极限分辨角为 $1'$ 时，物镜和目镜的口径 D_1 和 D_2；

(4) 物方视场角 $2\omega = 2°$ 时，求像方视场角 $2\omega'$ 的值；

(5) 视度调节 ± 5 个折光度时，目镜应移动的距离。

解：(1) 眼睛直接观察 10 km 处相隔 100 mm 的两个物点时，物体对眼睛的张角为

$$\theta = \frac{100 \text{ mm}}{10 \text{ km}} = 10^{-5} \text{ rad}$$

要使眼睛看清物体，则放大后视角应该大于 $1'$，所以选用的望远镜的视角放大率应为

$$\Gamma = -\frac{1'}{10^{-5}} = -\frac{1}{10^{-5}} \times \frac{1}{60} \times \frac{\pi}{180} \approx -30\times$$

(2) 由于 $\Gamma = -\frac{f_0'}{f_e'}$，以及 $f_0' + f_e' = 465$ mm，因而

$$f_0' = 450 \text{ mm}, \quad f_e' = 15 \text{ mm}$$

(3) 物镜的角分辨率为 $60''/30 = 2''$，根据角分辨率公式，有

$$D_1 = \frac{140}{2} = 70 \text{ mm}$$

根据公式 $\Gamma=-D/D'$，所以 $D_2=70/30=23.3$ mm。

（4）望远系统中视角放大率等于角放大率，所以 $\Gamma=\tan\omega'/\tan\omega$，从而
$$2\omega'=2\arctan(\Gamma\tan\omega)=2\arctan(30\times1°)=55.28°$$

（5）目镜调节 5 个视度时应该移动的距离为
$$x=\pm5\times\frac{f_e'^2}{1000}=\pm5\times\frac{15^2}{1000}=\pm1.125\ \text{mm}$$

例 10-4 图 10-26 为开普勒望远系统和斜方棱镜组合而成的 10 倍望远系统，若物镜的焦距 $f_0'=160$ mm，斜方棱镜入射面到物镜距离为 115 mm，轴向光束在棱镜上的通光口径 D_0 为 22.5 mm（斜方棱镜展开厚度 $d=2D_0$，折射率为 $n=1.5$），试求：

（1）目镜焦距；

（2）目镜距棱镜出射面的距离；

（3）孔径光阑位于物镜框上时，物镜的口径；

（4）出射瞳孔直径；

（5）出射瞳孔距目镜的距离。

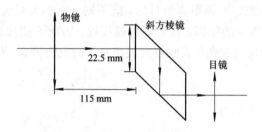

图 10-26　例 10-4 用图

解：（1）根据望远镜视角放大率公式 $\Gamma=-\dfrac{f_0'}{f_e'}$，得
$$f_e'=-\frac{f_0'}{\Gamma}=-\frac{160\ \text{mm}}{-10}=16\ \text{mm}$$

（2）棱镜按照光路展开后为一个平板，平板的厚度为 $d=2D_0=2\times22.5=45$ mm。物镜成像后，经过棱镜成像，然后经过目镜成像，由于平板在近轴区成像时轴向放大率和角放大率均为 1，对像的大小没有影响，仅仅将像沿光轴运动
$$\Delta d=d\left(1-\frac{1}{n}\right)=45\times\left(1-\frac{1}{1.5}\right)=15\ \text{mm}$$

所以这时物镜到目镜沿光轴的实际间距为
$$L=f_0'+f_e'+\Delta d=160+16+15=191\ \text{mm}$$

物镜到棱镜的距离 $L_1=115$ mm，光在棱镜内传播的距离为 $d=45$ mm，目镜距棱镜出射面的距离为 L_2，则物镜到目镜沿光轴的实际间距应该为 L_1、d 和 L_2 之和，所以
$$L_2=L-L_1-d=191-115-45=31\ \text{mm}$$

（3）物镜的口径应该至少保证棱镜通光口径内的光线能够通过，仅仅考虑光线经过物镜的传播，如图 10-27 所示，可见物镜孔径 D 应该满足
$$\frac{D}{160}=\frac{22.5}{160-115}$$

486

求解可得
$$D = 80 \text{ mm}$$

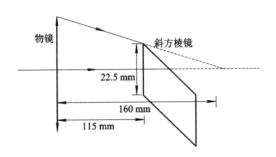

物镜

斜方棱镜

22.5 mm

160 mm

115 mm

图 10 - 27　例 10 - 4 求解用图

（4）根据 $\Gamma = -D/D'$，可得出瞳直径为
$$D' = 8 \text{ mm}$$

（5）物镜的边框即入瞳经过棱镜成像后再经过目镜成像，由于棱镜的存在，物镜和目镜的间距增加，但是棱镜将入瞳成像后沿光轴同样移动 Δd，所以入瞳经过棱镜成像后像位于目镜前 $f'_0 + f'_e = 176 \text{ mm}$ 处。通过薄透镜成像公式可以求解，设出瞳对目镜的像距为 l'，则
$$\frac{1}{l'} - \frac{1}{-176} = \frac{1}{16}$$

所以
$$l' = 17.6 \text{ mm}$$

即出瞳位于目镜后 17.6 mm 处。

例 10 - 5　光学系统设计举例。光学系统的设计，一般可以分为两个阶段：初步设计阶段和像差设计阶段。初步设计阶段通常叫做外形尺寸计算，是基于光学系统成理想像的基本理论，确定能够完成特定理想成像要求的光学系统的结构和光学元件的光学参数，譬如透镜的口径和焦距等。而像差设计阶段则是确定光学元件的具体材料和几何结构，譬如透镜的材料、外形结构及各面的具体曲率半径等。

现在基于成像光学理论设计一个望远系统的外形尺寸，要求系统能够消除渐晕，镜筒长度 $L = 250 \text{ mm}$，视角放大率 $\Gamma = -24\times$，视场角 $2\omega = 1°40'$。

解：首先根据题意，要消除渐晕，可以选择开普勒望远镜结构，光学系统的基本外形结构示意如图 10 - 28 所示。进而我们需要确定物镜和目镜的焦距，视场光阑的直径，物镜和目镜的口径，为了确定目镜的具体结构，还需要考虑它的视场角和出瞳距。

（1）求物镜和目镜的焦距 f'_1 和 f'_2。根据开普勒望远镜的结构和视角放大率公式，有如下方程组：
$$L = f'_1 + f'_2 = 250 \text{ mm}$$
$$\Gamma = -\frac{f'_1}{f'_2} = -24$$

求解可得物镜和目镜的焦距分别为
$$f'_1 = 240 \text{ mm}, \quad f'_2 = 10 \text{ mm}$$

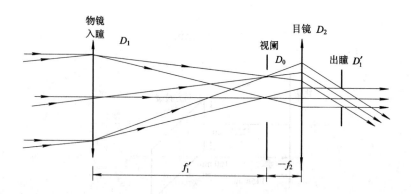

图 10-28　开普勒望远镜光路

（2）求视场光阑的直径 D_0。为了消除渐晕，视场光阑设置在物镜的像方焦平面上，直径为

$$D_0 = 2f_1' \tan\omega = 2 \times 240 \times 0.01455 = 6.98 \text{ mm}$$

可以取 $D_0 = 7$ mm。

（3）求物镜和目镜的口径 D_1 和 D_2。物镜的口径决定了望远镜的空间和角分辨率，由于望远镜的像一般是用眼睛来接收，为了和眼睛匹配，物镜的分辨率要和系统视角放大率相适应，这样物镜的口径就由系统的视角放大率决定。根据望远镜的口径与放大率关系式 $\Gamma \sim 0.5D_1$，可求出物镜的口径 D_1。为了减轻眼睛的负担，可取 $\Gamma = (0.5 \sim 1)D_1$，这样 $D_1 = (1 \sim 2)\Gamma$。取系数为 1.5，则

$$D_1 = 1.5\Gamma = 36 \text{ mm}$$

为了使得视场边沿的物发出的充满入瞳的光线能够通过目镜，要求视场边沿的物发出的光束，即和光轴夹角等于物方半视场角的光束中，沿物镜下边沿传播的光线正好通过孔径光阑的上沿，也正好通过目镜的上边沿，根据该光路可得目镜的孔径 D_2 为

$$D_2 = D_0 + (D_1 + D_0) \times |\Gamma| = 6.98 + (36 + 6.98) \times 24 = 8.77 \text{ mm}$$

（4）求目镜的视场角 $2\omega'$。根据系统光路，

$$\tan\omega' = |\Gamma| \tan\omega = 24 \times 0.01455 = 0.3492$$
$$2\omega' = 38°30'$$

（5）求出瞳距。系统的入瞳就是物镜框，出瞳为其经过目镜成的像，根据视角放大率和入瞳、出瞳的大小关系，有

$$D_1' = \frac{D_1}{|\Gamma|} = 1.5 \text{ mm}$$

出瞳的位置根据牛顿成像公式，有

$$x' = \frac{f_2 f_2'}{-f_1'} = \frac{100}{240} = 0.42 \text{ mm}$$

所以出瞳位于目镜后，瞳距为

$$l' = f_2' + x' = 10.42 \text{ mm}$$

（6）选取物镜和目镜的结构。根据以上物镜和目镜的参数，考虑到助视光学系统对于像差的要求，可以选取物镜和目镜的结构。由于物镜的相对孔径 $D_1/f_1 = 36/240 = 1/6.67$，焦距 $f_1 = 240$ mm，选用双胶合物镜即可。由于目镜的视场只有 $38°30'$，又没有其它特殊的

要求,可以选用凯涅尔目镜或对称目镜。

习　题

10-1　对正常人来说,观察前方 1 m 远的物体,眼睛需调节多少视度?

10-2　某人看不清在其眼前 2.5 m 远的物,问需要佩戴怎样光焦度的眼镜才能使眼睛恢复正常。另一个人看不清在其眼前 1 m 内的物,问需要佩戴什么样光焦度的眼镜才能使眼睛视力恢复正常。

10-3　有一焦距为 50 mm、口径为 50 mm 的放大镜,眼睛到它的距离为 125 mm,求放大镜的视角放大率和视场。

10-4　已知显微镜目镜 $\Gamma_e = 15$,它的焦距为多少?物镜 $\beta = -2.5\times$,共轭距 $L = 180$ mm,求其焦距及物方和像方截距。问显微镜总放大率为多少,总焦距为多少。

10-5　一架显微镜,物镜焦距为 4 mm,中间像成在物镜像方焦点后 160 mm 处,如果目镜放大率为 20 倍,则显微镜的总放大率为多少?

10-6　有一架显微镜,视角放大率 $\Gamma = -1000\times$,目镜焦距为 25 mm,显微物镜的数值孔径为 1.3,求系统在物平面上能分辨的两物点的最小间隔以及在物镜像平面上能分辨的最小间隔(照明波长为 555 nm)。

10-7　电子显微镜以电子束代替可见光束,电子束通过特殊的光学系统,即电子光学系统成像,可获得极高的分辨率。假定电子显微镜的数值孔径为 0.02,电子束的波长为 0.1 nm,求该电子显微镜可分辨的两物点最小间隔。

10-8　一望远物镜焦距为 1 m,相对孔径为 1:12,测出出瞳直径为 4 mm,试求望远镜的放大率和目镜焦距。

10-9　一伽利略望远镜,物镜和目镜相距 120 mm,若望远镜放大率为 4,问物镜和目镜的焦距各为多少。

10-10　拟制一架放大率为 6 的望远镜,已有一焦距为 150 mm 的物镜,问组成开普勒型和伽利略型望远镜时,目镜的焦距应为多少,筒长各为多少。

10-11　一台天文望远镜通光口径为 4 m,求能被它分辨的双星最小夹角($\lambda = 555$ nm)。与人眼相比,分辨率提高了多少倍?

10-12　拟制一个 10 倍的惠更斯目镜,若两片都用 $n = 1.5163$ 的 K9 玻璃,且 $f_1' : f_2' = 2:1$,满足校正倍率色差。试求两片目镜各面的曲率半径和它们的间隔。

10-13　拟制一个 10 倍的冉斯登目镜,若两片都用 $n = 1.5163$ 的 K9 玻璃,且 $f_1' = f_2'$,$d = (f_1' + f_2')/2$。求两片目镜各面的曲率半径和它们的间隔。

10-14　试根据以下数据:$\Gamma = -6\times$,$2\omega = 7°$,$L = 175$ mm,$D_1' = 4$ mm,确定开普勒望远镜以下外形尺寸:物镜和目镜的焦距、物镜的通光孔径、视场光阑的直径及目镜的视场角。

10-15　在由一正一负两薄透镜组构成的摄远型望远物镜的正负透镜之间加入一个直角边长为 30 mm、折射率为 1.5 的直角棱镜,使光轴折转 90°。直角棱镜入射面距正透镜组 18 mm,出射面距负透镜组 12 mm,正透镜组的像方焦点位于负透镜组后 50 mm 处,摄远物镜的总焦距为 150 mm。试问正透镜组和负透镜组的焦距各为多少。

部分习题参考答案

第1章

1-1　$-i+\sqrt{3}j$；$k=-(\sqrt{3}i+j)$；$v=3\times10^8$ m/s；4 V/m；$\dfrac{3}{\pi}\times10^8$ Hz；π m

1-2　5×10^{14} Hz；0.6 μm；1.538 56

1-3　$E=10\cos(53°7'-2\pi\times10^{15}t)$

1-4　$\widetilde{E}=2A\cos(8.7\times10^2\pi x)$；$f_x=435$ mm^{-1}；$f_y=0$

1-5　$Ae^{j2\pi(x+0.5y)\times10^{-4}}$；$f_x=\dfrac{\cos\alpha}{\lambda}=1.0\times10^{-4}$ nm^{-1}；$f_y=\dfrac{\cos\beta}{\lambda}=0.5\times10^{-4}$ nm^{-1}

1-6　$f_x=125$ mm^{-1}；$f_y=-200$ mm^{-1}；$f_z=236$ mm^{-1}

1-7　(1) $E(f)=iAL\{{\rm sinc}[2L(f+f_0)]-{\rm sinc}[2L(f-f_0)]\}$

　　(2) $E(f)=AL\left\{{\rm sinc}(2Lf)-\dfrac{1}{2}{\rm sinc}[2L(f+2f_0)]-\dfrac{1}{2}{\rm sinc}[2L(f-2f_0)]\right\}$

　　(3) $E(f)=\dfrac{1}{\sqrt{\alpha^2+(2\pi f)^2}}e^{j\arctan\left(\frac{2\pi f}{\alpha}\right)}$

　　(4) $E(f)=e^{-\pi f^2}$

1-8　右旋圆偏振光；右旋椭圆偏振光，椭圆长主轴沿 $y=x$；线偏振光，振动方向沿 $y=-x$

1-9　$\psi=45°$，$1.31A$，$0.542A$

1-11　$v=1.965\,26\times10^8$ m/s；$v_g=1.900\,52\times10^8$ m/s

1-12　c^2/v；$\dfrac{1}{\varepsilon\mu}c^2\bigg/\left\{v\left[1+\dfrac{\omega}{2\varepsilon\mu}\dfrac{{\rm d}(\varepsilon\mu)}{{\rm d}\omega}\right]\right\}$

1-13

入射角	0°	20°	45°	56°40′	90°
折射角	0°	13°	27°43′	33°20′	41°8′
反射光偏振度	0	0.1669	0.8235	1	0
折射光偏振度	0	0.0075	0.0461	0.085	

1-14　94.8%

1-15　右旋椭圆偏振；左旋椭圆偏振

1-16　$-80°21'$；$84°18'$

1-17　19.8%；10.5%

1-18　60.40°；15.1%

1-20　$R_0=4.3\%$；$R_{45}=5.3\%$

1-21　$T=0.83$

1-22　$I=0.92I_0$

1-23　$\varphi_i=\alpha=56°40'$；$R_\perp=15.7\%$

1-25　$n\geqslant1.63$

1-27　$2u=68.16°$

1－28　$2u = 68.48°$

1－29　$\arcsin\sqrt{\dfrac{2n^2}{1+n^2}}$；$2\arctan\dfrac{1-n^2}{2n}$

1－31　$\theta = 60°28'$ 或 $46°03'$

1－32　$\Delta\varphi = \varphi_{rs} - \varphi_{rp} = 45°$，反射光为右旋椭圆偏振光

1－33　$R = 0.636$，$\varphi_{rs} - \varphi_{rp} = 29°5'$

第 2 章

2－1　$\Delta\varphi = \dfrac{2\pi}{\lambda}d\left[(n^2 - \sin^2\theta)^{\frac{1}{2}} - \cos\theta\right]$

2－3　$l = \Delta x = \dfrac{\lambda}{\sin\theta_O + \sin\theta_R}$

2－4　$I(x, y) = A_1^2 + A_2^2 + 2A_1 A_2 \cos\left[\dfrac{2\pi}{\lambda}(\cos\alpha_2 - \cos\alpha_1)x + \dfrac{2\pi}{\lambda}(\cos\beta_2 - \cos\beta_1)y\right]$

　　　$d_x = \dfrac{\lambda}{\cos\alpha_2 - \cos\alpha_1}$，$d_y = \dfrac{\lambda}{\cos\beta_2 - \cos\beta_1}$

2－5　$\Delta y = 0.08$ cm；$\Delta\varphi = \dfrac{\pi}{4}$；$\dfrac{I_P}{I_0} = 0.8536$

2－6　$t = 1.6667 \times 10^{-2}$ mm

2－7　$\lambda = 0.5870$ μm

2－8　6×10^{-3} mm

2－9　5.5 mm，0.55 mm

2－10　1 mm；3 条

2－11　$h = 0.426$ μm

2－12　$\lambda = 0.4235$ μm，0.4800 μm，0.5538 μm，0.6545 μm

2－13　$D = 41.25$ μm；$\lambda = 0.5492$ μm

2－14　200 条；122 条

2－17　$\lambda_2 = 0.4231$ μm

2－18　0.000 422/℃

2－19　0.5884 μm

2－20　1.000 292 5

2－21　$\theta_5 = 4.36°$，$\theta_{20} = 8.79°$，$r_5 = 3.81$ cm，$r_{20} = 7.67$ cm；$m_5 = 1690$，$m_{20} = 1675$

2－22　0.86 mm

2－23　反射光：0.81，0.029 24，0.019 19，0.012 59，0.008 26，$R^{2n-3}T^2 I_0$

　　　透射光：0.0361，0.023 69，0.015 54，0.010 20，0.006 69，$T^2 R^{2n-2} I_0$

2－24　200 mm

2－25　$\Delta\lambda = 9 \times 10^{-3}$ nm

2－26　0.4473；14

2－27　至少损失 8.32%；2.44%

2－28　$h = 53.2$ nm，$R_M = 0.323$；$h = 106.4$ nm，$R_m = 0.043$

2－29　(1) 0.0075；(2) 0.0107；(3) 0.0087；(4) 0.014

2－30　0.4583 nm；0.6875 nm

2－31　$n_2 = 1.7076$

2－32　106.25，0.9631；52.97，0.9273

2－33　(1) 600 nm；(2) 20 nm；(3) 596 nm，566 nm

2－34　1250

2－36　59.2 μm

2－37　0.4575 mm

2－38　0.021 mm

2－39　(1) 条纹区在 x 方向宽度 2.297 mm

　　　(2) 12 个暗纹

2－40　$\Delta\nu = 1.498 \times 10^4$ Hz；$\Delta_C = 2.0027 \times 10^4$ m

2－41　$\Delta d = \dfrac{\lambda_1 \lambda_2}{2n(\lambda_1 - \lambda_2)}$

第 3 章

3－1　菲涅耳衍射区：取 $[(x-x_1)^2 + (y-y_1)^2]_{max} \sim 2$ cm²，$z_1 \gg 25$ cm；夫朗和费衍射区：取 $(x_1^2 + y_1^2)_{max} \sim 1$ cm²，$Z_1 \gg 160$ m

3－2　0.002 23；0.002 40

3－3　3.253 mm×9.760 mm 的竖直矩形

3－4　10.9 km

3－5　0.734

3－6　292.8 m

3－7　0.007°；61 μm

3－8　17.9%

3－9　2 倍；0.19 μm；0.12 μm

3－10　(1) 500 mm^{-1}；(2) $D/f = 0.34$

3－11　物镜分辨本领 428.9 线/mm

3－13　0.5 mm

3－14　63 μm

3－15　16；0.4133 cm

3－16　(1) $d = 0.211$ mm，$b = 0.053$ mm

　　　(2) 分别为零级条纹的 0.811，0.405，0.090

3－17　$I = I_0 \left(\dfrac{\sin\alpha}{\alpha}\right)^2 \left(\dfrac{\sin 6N\alpha}{\sin 6\alpha}\right)^2$，$I = 4I_0 \left(\dfrac{\sin\alpha}{\alpha}\right)^2 \left(\dfrac{\sin 6N\alpha}{\sin 6\alpha}\right)^2 \cos^2 2\alpha$，$\alpha = \dfrac{\pi b \sin\theta}{\lambda}$

3－18　$2\theta = 0.104$ rad；7；1.52×10^{-5} rad

3－19　3λ；$3(n-1)\lambda$

3－20　1.01 cm

3－21　$A = 2 \times 10^4$，4×10^4，6×10^4；$\theta = 33.5°$，$55.9°$；$m = 3$，共 7

3－22　标准具：$A = 3.34 \times 10^6$；$\Delta\lambda_f = 0.005$ nm；$\dfrac{d\theta}{d\lambda} = 3.55 \times 10^{-1}$ rad/nm

光栅：$A = 3.6 \times 10^4$；$\Delta\lambda_f = 632.8$ nm；$\dfrac{\mathrm{d}\theta}{\mathrm{d}\lambda} = 1.844 \times 10^{-3}$ rad/nm

3 - 23　987.09

3 - 24　1×10^{-8} m；500 nm；5 mm

3 - 25　0.625×10^{-3} mm；1.09×10^{-5} rad；1.25×10^{-2} nm；0.36×10^{-2} nm

3 - 26　(1) 3.34×10^{-2} mm，4.08×10^{-2} mm

　　　　(2) 1.3 mm，3.2 mm

3 - 27　87.8 cm

3 - 28　-1，0，$+1$，$+2$

3 - 29　$3°27'$

3 - 31　3.26 mm 或 1.88 mm

3 - 32　亮；移近 250 mm；移远 500 mm

3 - 33　200 cm，$\dfrac{200}{3}$ cm，$\dfrac{200}{5}$ cm，…

3 - 34　～4 倍

3 - 35　2 倍

3 - 36　0.795 mm；50 cm

3 - 37　$3.55\sqrt{2(n-1)}$ mm；$3.55\sqrt{2n-1}$ mm

3 - 38　16；～3.2 mm

3 - 39　5.92 mm；-2.5 m

3 - 40　$22°19'$

3 - 41　$\dfrac{1}{2}\delta(f_x)\delta(f_y) + \dfrac{1}{4}\left[\delta\left(f_x - \dfrac{1}{0.8\lambda}\right) + \delta\left(f_x + \dfrac{1}{0.8\lambda}\right)\right]\delta(f_y)$

3 - 44　$I(x, y) = \left(\dfrac{1}{\lambda z_1}\right)^2 \left[L^2 \, \mathrm{sinc}\left(\dfrac{Lx}{\lambda z_1}\pi\right)\mathrm{sinc}\left(\dfrac{Ly}{\lambda z_1}\pi\right) - l^2 \, \mathrm{sinc}\left(\dfrac{lx}{\lambda z_1}\pi\right)\mathrm{sinc}\left(\dfrac{ly}{\lambda z_1}\pi\right)\right]^2$

3 - 45　$I(x, y) = \left(\dfrac{2ab}{\lambda z_1}\right)^2 \mathrm{sinc}^2\left(\dfrac{ax}{\lambda z_1}\right)\mathrm{sinc}^2\left(\dfrac{by}{\lambda z_1}\right)\cos^2\left(\dfrac{\pi d x}{\lambda z_1}\right)$

3 - 46　$E(P) = C \cdot \dfrac{a}{2}\left[\mathrm{sinc}\left(u + \dfrac{\pi}{2}\right) + \mathrm{sinc}\left(u - \dfrac{\pi}{2}\right)\right]$，　$u = \dfrac{\pi a x}{\lambda z_1}$

3 - 47　$E(P) = -\dfrac{\mathrm{i}e^{\mathrm{i}kf}}{\lambda f}\delta\left(\dfrac{y}{\lambda f}\right)e^{-\pi\left(\frac{x}{f\lambda}\right)^2}$

第 4 章

4 - 3　$d_i = \dfrac{k_i}{\dfrac{1}{\varepsilon_{ii}} - \dfrac{1}{n^2}}\left[\sum_{i=1}^{3}\left(\dfrac{k_i}{\dfrac{1}{\varepsilon_{ii}} - \dfrac{1}{n^2}}\right)^2\right]^{-\frac{1}{2}}$

4 - 4　$e_i = \dfrac{k_i}{1 - \dfrac{\varepsilon_{ii}}{n^2}}\left[\sum_{i=1}^{3}\left(\dfrac{k_i}{1 - \dfrac{\varepsilon_{ii}}{n^2}}\right)^2\right]^{-\frac{1}{2}}$

4-6 (1) 44.83° (2) 0.33°

4-7 3°31′

4-8 o 光线沿界面法线方向，e 光线比 o 光线远离光轴，$\alpha = 1°43′$；$\varphi = 1856\pi$

4-9 5.1 cm

4-11 (1) 不变

(2) 右旋圆偏振光

(3) 左旋圆偏振光

(4) 右旋椭圆偏振光

4-16 11°26′

4-17 $n = 1.56$；$h_H = 61$ nm，$h_L = 219$ nm

4-18 透射光仍为线偏振光，振动方向以 $2\omega_0$ 的角速度变化

4-20 (1) 右旋椭圆偏振光

(2) 2.747

4-21 左旋

4-24 $d = 0.0162$ mm；$\theta = 26.565°$

4-25 $\dfrac{5}{16}I_0$

4-26 $\lambda_9 = 764.4$ nm，$\lambda_{10} = 688.0$ nm，$\lambda_{11} = 625.5$ nm，…，$\lambda_{15} = 458.7$ nm，

$\lambda_{16} = 430.0$ nm，$\lambda_{17} = 404.7$ nm，$\lambda_{18} = 382.2$ nm

4-27 $0.12I_0$

4-28 (1) 4 个极大，$I_{max} = I_0/2$

(2) 4 个极小，$I_{min} = 0$

4-29 7.41 mm；0.5

4-30 (1) 0.743 mm

(2) 1.71×10^{-3} mm

4-31 0.0122

第 5 章

5-1 3.46 kV；2.31 kV

5-2 100 V

5-7 2.39°

5-8 71%

5-9 4.15 mm

5-10 2.78°；1.62 T

第 6 章

6-1 7.1960 cm；5.0295 cm；2.1661 cm

6-2 56.1%

6-3 −0.234 rad/μm

6-4 (1) $A=1.575\,40$，$B=1.464\,31\times10^4\ \text{nm}^2$

(2) 1.617 61

(3) $-1.4332\times10^{-4}/\text{nm}$

6-5 1.458 996；1.450 750

6-6 14%

6-7 0.866/m；0.365/m

6-8 $\dfrac{2}{3}$

6-9 9.5%

6-10 斯托克斯光波长：

$\lambda_1=502.90\ \text{nm}$，$\lambda_2=512.83\ \text{nm}$，$\lambda_3=517.76\ \text{nm}$，$\lambda_4=528.94\ \text{nm}$，

$\lambda_5=573.24\ \text{nm}$，$\lambda_6=573.73\ \text{nm}$

反斯托克斯光波长：

$\lambda_1=473.96\ \text{nm}$，$\lambda_2=465.47\ \text{nm}$，$\lambda_3=461.47\ \text{nm}$，$\lambda_4=452.94\ \text{nm}$，

$\lambda_5=424.83\ \text{nm}$，$\lambda_6=424.56\ \text{nm}$

第7章

7-1 90°，子午面内取为 $y=0$ 面，沿光轴为 z 轴，光线方向：

$$\boldsymbol{A}_i^0=\boldsymbol{e}_z,\ \boldsymbol{A}_r^0=\frac{\sqrt{3}}{2}\boldsymbol{e}_x+\frac{1}{2}\boldsymbol{e}_z,\ \boldsymbol{A}_t^0=-\frac{1}{2}\boldsymbol{e}_x+\frac{\sqrt{3}}{2}\boldsymbol{e}_z$$

7-2 $1.63\times10^3\ \text{cm}^2$

7-4 93.6465 mm

7-5 22.82 mm，-17.12 mm，$58.4D$

7-6 15.9128 mm

7-7 $R/2$；$2R$，$\beta=-1$

7-8 -100 mm，-60.5 mm

7-9 400 mm

7-10 -240 mm

7-11 122.5 mm

7-12 60 mm

7-13 0.19 m

7-14 40 mm；40 mm；-40 mm

7-15 (1) $l'=200$ mm，41.6667 mm；(2) $l'=200$ mm，-40 mm

7-16 2/3 m，4 m

7-17 35°

7-18 60°

7-19 4/3 m

7-20 45.5164 mm

7-21 51.2°，55.6°

8－2　600 mm

8－3　40 mm，240 mm

8－4　$d=100$ mm；$l_H=200$ mm，$l_H'=-100$ mm

8－5　$f'=45$ mm，$l_H=30$ mm，$l_H'=-30$ mm

8－6　$-0.56D$，$l_H=428.6$ mm，$l_H'=321.4$ mm；$-0.56D$，
　　　$l_H=-321.4$ mm，$l_H'=-428.6$ mm

8－7　64.1 mm

8－8　$f'=30$ mm，$l_H=20$ mm，$l_H'=-20$ mm(两个主平面重合，位于过球心的平面上)

8－9　$f'=-82.87$ mm，$l_H=0.5525$ mm，$l_H'=-2.7624$ mm

8－10　$f'=-1440$ mm，$l'=-93.5065$ mm(相对透镜后顶点 $l'=-213.5065$ mm 处)

8－11　81.62 mm，158.1 mm

8－13　$f'=41.7413$ mm，$l_H+l_{0H}=42.0934$ mm(相对第一个透镜前顶点)，
　　　$l_{0H}'+l_H'=-39.2627$ mm(相对第二个透镜后顶点)

8－14　$3d$，$2d$，$-3d$

8－15　$\begin{bmatrix} \dfrac{3}{5} & 8 \\ \dfrac{1}{100} & \dfrac{9}{5} \end{bmatrix}$，$l_2'=-\dfrac{160}{11}$ mm，$y'=\dfrac{50}{11}$ mm

8－16　$f'=\dfrac{240}{11}$ mm，$l_H=\dfrac{120}{11}$ mm，$l_H'=-\dfrac{156}{11}$ mm

8－17　$l_2'=-\dfrac{70}{11}$ cm，$y'=-\dfrac{3}{11}$ cm

第 9 章

9－1　当物体在$-\infty$处时：孔径光阑为光孔，$l_p=-50$ mm，$D=35$ mm，
　　　$l_p'=-100$ mm，$D'=70$ mm；
　　　当物体在-300 mm 处时：薄透镜边框，$l_p=0=l_p'$，$D=D'=40$ mm

9－2　光阑 p

9－3　眼瞳，放大镜边框；无限远，$U=-2.86°$；放大镜边框，26 mm；有

9－4　物镜边框，圆孔光阑，0.9167°

9－5　0.243 98 m，1.637 37 m

9－6　16.12 m，8.06 m；16.12 m

第 10 章

10－1　$1D$

10－2　$-0.4D$，$3D$

10－3　$5\times$，22.62°

10 - 4   16. 67 mm, 36. 73 mm, -51.43 mm, 128. 57 mm, $-37.5\times$, -6.67 mm

10 - 5 $-800\times$

10 - 6   0. 26 μm, 26 μm

10 - 7   3. 05 nm

10 - 8 $-20.83\times$, 48 mm

10 - 9   160 mm, -40 mm

10 - 10   25 mm, 175 mm; -25 mm, 125 mm

10 - 11   0. 035$''$, 1700$\times$

10 - 12   19. 36 mm, ∞; 9. 68 mm, ∞; 28. 13 mm

10 - 13 ∞, -12.91, 12. 91, ∞, 25

10 - 14   150 mm, 25 mm; 24 mm; 18. 3 mm; 40. 3°

10 - 15   100 mm, -150 mm

参 考 文 献

[1] 石顺祥,王学恩,刘劲松. 物理光学与应用光学[M]. 2版. 西安:西安电子科技大学出版社,2008.

[2] 玻恩 M,沃耳夫 E. 光学原理[M]. 7版. 杨葭荪,等,译. 北京:电子工业出版社,2005.

[3] BORN M, WOLF E. Principles of Optics. 7ed. Cambridge:Cambridge University Press,2001.

[4] 石顺祥,刘继芳,孙艳玲. 光的电磁理论:光波的传播与控制[M]. 2版. 西安:西安电子科技大学出版社,2013.

[5] 李景镇. 光学手册(上卷)[M]. 西安:陕西科学技术出版社,2010.

[6] 母国光,战元龄. 光学[M]. 2版. 北京:人民教育出版社,2009.

[7] 曲林杰,廖延标,李昱,等. 物理光学[M]. 北京:国防工业出版社,1980.

[8] 赫克特 E,赞斯 A. 光学[M]. 秦克诚,等,译. 北京:人民教育出版社,1980.

[9] 梁栓廷. 物理光学[M]. 4版. 北京:机械工业出版社,2012.

[10] 久保田广. 波动光学[M]. 刘瑞祥,译. 北京:科学出版社,1983.

[11] 郭永康. 光学[M]. 北京:高等教育出版社,2005.

[12] 程路. 光学原理及发展[M]. 北京:科学出版社,1990.

[13] 叶玉堂,肖峻,饶建珍. 光学教程[M]. 2版. 北京:清华大学出版社,2011.

[14] 杨振寰. 光学信息处理[M]. 天津:南开大学出版社,1986.

[15] 卞松玲,刘木兴,刘良读,等. 傅里叶光学[M]. 北京:兵器工业出版社,1989.

[16] 游明俊. 傅里叶光学[M]. 北京:兵器工业出版社,2000.

[17] 谢建干,明海. 近代光学基础[M]. 北京:高等教育出版社,2006.

[18] 蔡伯荣. 集成光学[M]. 成都:电子科技大学出版社,1990.

[19] 叶培大,吴彝尊. 光波导技术理论基础[M]. 北京:人民邮电出版社,1981.

[20] 孙雨南,王茜蒨,伍剑,等. 光纤技术:理论基础与应用[M]. 北京:北京理工大学出版社,2006.

[21] 李志能. 现代光学系统原理[M]. 北京:北京理工大学出版社,1990.

[22] 周炳琨,高以智,陈倜嵘,等. 激光原理[M]. 6版. 北京:国防工业出版社,2009.

[23] 张树霖. 近场光学显微镜及其应用[M]. 北京:科学出版社,2000.

[24] 金国藩,严瑛白,邬敏贤. 二元光学[M]. 北京:国防工业出版社,1998.

[25] YARIV A. Optical Electronics in Modern Communications. 5ed. Oxford University Press, Inc., 1997.

[26] NELSON D F. Electric, Optic, & Acoustic Interactions in Dielectrics. New York:John Wiley & Sons,1979.

[27] 张以谟. 应用光学[M]. 3版. 北京:电子工业出版社,2008.

[28] 安连生. 应用光学[M]. 3版. 北京:北京理工大学出版社,2008.

[29] 郁道银,谈恒英. 工程光学[M]. 3版. 北京:机械工业出版社,2011.

[30] MEYER ARENDT J R. Introduction to Classical and Modern Optics. New Jersey:Prentice-Hall, Inc., Englewood Cliffs,1989.

[31] JENKINS F A, WHILE H E. Fundamentals of Optics. 4ed. New York:McGraw-Hill, Inc., 1976.